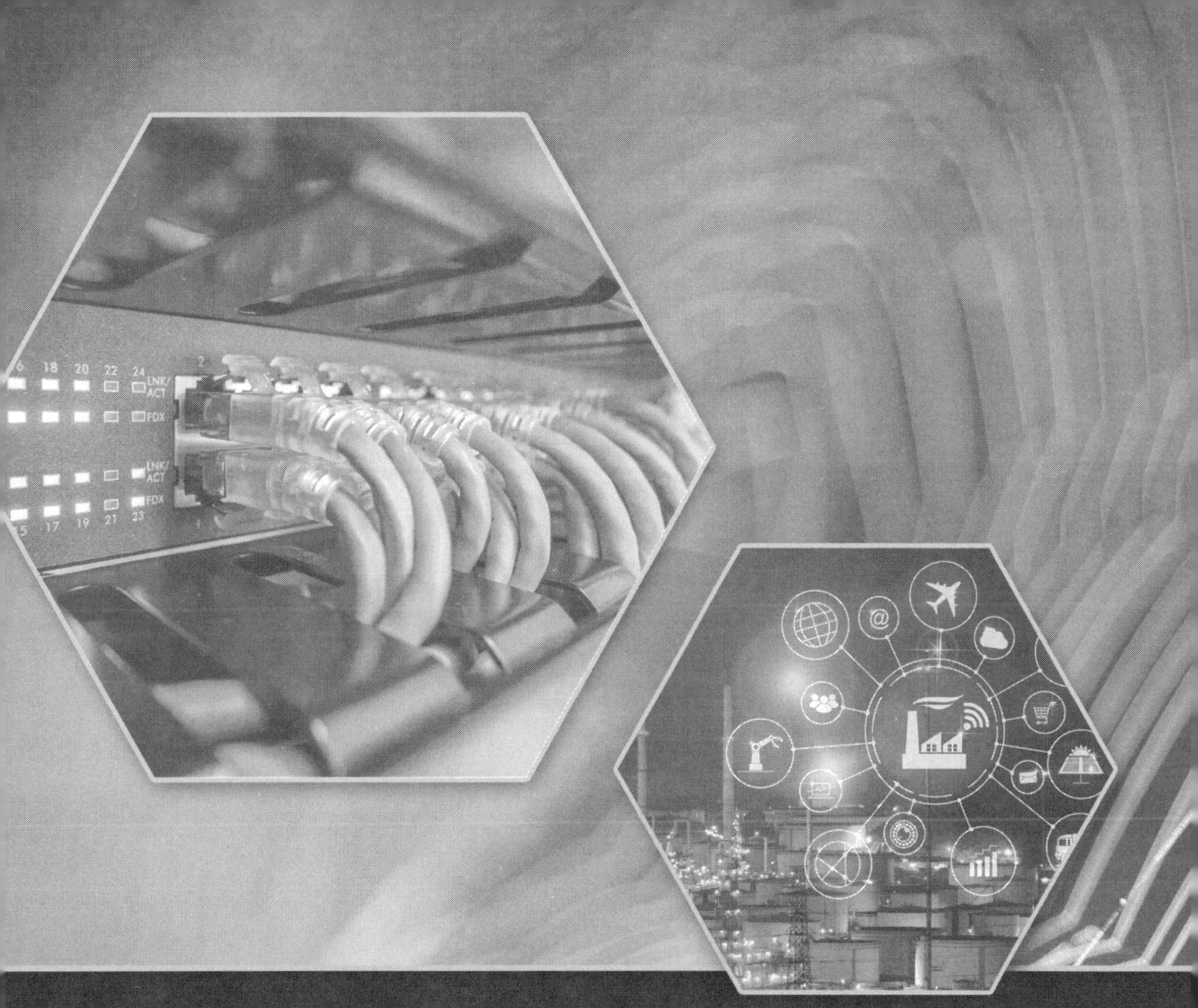

Industrial Network System

산업용 통신망 시스템

- 펌웨어 구현에서부터 IOT 연동기술까지 -

김동성 지음

홍릉과학출판사

머리말

5G와 AI 기반의 초연결 및 초지능을 바탕으로 일어나는 4차산업혁명을 통해 공장 자동화 및 산업용 응용 시스템의 유무선 통신망 기반의 실시간 시스템 분야에서도 큰 변화가 일어나고 있다. 특히 무선 제어 기술의 도입과 산업용 사물 인터넷 기술 및 컴퓨팅 분야의 신기술은 산업용 시스템의 지능성, 신뢰성, 유연성 및 확장성을 크게 향상 시키게 되었다. 수많은 단위기계장치들이 고성능 마이크로프로세서를 기반으로 한 지능형 네트워크와 연동되면서 실시간 임베디드 시스템의 기능 및 적용 영역이 나날이 증가하는 것을 살펴 볼 수 있다. 첨단 항공기, 함정, 전기자동차, 드론 그리고 작은 규모의 지능형 입출력 장치까지도 네트워크 기반의 고성능 임베디드 시스템에 의해서 구성되어지고 이는 상위통신망과 연결되어 산업용 빅데이터를 형성하게 된다. 또한, 이를 통해 유지 보수 및 개발 응용에 획득되어진 산업용 사물인터넷 데이터가 다양한 분야에 사용되어진다.

본 교재는 이러한 신기술과의 접목으로 인한 산업 현장의 요구에 맞추어 유무선 네트워크 기반의 산업용 임베디드 시스템을 설계하기 위한 관련 기초 이론과 이를 위한 내장형 프로그램의 개발 및 장치 활용을 이해시키고 교육하는 것을 목적으로 한다. 이를 위해 상위 설계 기법까지 다양한 "내용 및 구현 사례들"을 포함하여 구성하였다. 관련 개발자 및 학생들의 이해를 돕기 위해 여러 가지 응용 및 구현 사례들을 각 주제별로 선정해 현장에서 적용된 예를 통해 기술의 활용 및 이해를 돕도록 구성하였다.

끝으로, 이 책을 만드는 과정에서 교정 및 실습에 많은 도움을 준 NSL연구원 및 ICT 융합특성화연구센터 관련자들에게 고마움을 전한다. 또한 이 책의 출간을 흔쾌히 맡아주신 홍릉과학출판사의 관계자 분들께 감사드리며, 이 책을 통해 많은 학생들을 비롯하여 현장 엔지니어들이 변화하고 있는 산업용 실시간 통신망시스템에 관련된 기초 및 최신 기술에 쉽게 배우고 이를 활용함으로써 관련 분야를 발전시키는 미래의 주역으로 성장되기를 바란다.

2019년 1월

김동성

차례

Chapter

01

네트워크 기반 임베디드 시스템

1.1.
네트워크 기반 임베디드 시스템의 기초

1.1.1 산업용 임베디드 시스템 디자인을 위한 통신 프로토콜의 기초

1.1.1.1 통신 프로토콜(Communication protocol)

서두로 컴퓨터 통신망에서 프로토콜은 서로 다른 시스템의 개체(entity) 간의 통신을 위해 사용된다. 통신 프로토콜은 각각의 컴퓨터 및 원거리 통신장비, 스마트 기기 사이에서 메시지를 주고받는 양식과 규칙의 체계를 의미한다. 여기에서 개체와 시스템이란 용어는 일반적인 의미로 사용한다. 개체의 예로는 사용자 응용 프로그램, 파일 전송 패키지, 데이터베이스 관리 시스템, 터미널, 스마트 플랫폼 등이다. 시스템의 예는 컴퓨터, 터미널, 원격 센서, 구동기 등이다. 일반적으로 개체는 정보를 송수신 할 수 있는 어떤 것을 가리키며, 시스템은 하나 또는 복수의 개체를 포함하는, 물리적으로 독립된 대상을 일컫는다. 2개의 개체가 성공적으로 교신하기 위해서는 같은 언어로서 이야기해야 한다. 즉, 무엇을 교신하며, 어떻게 교신하며, 언제 교신할 것인가 하는 개체 사이에서 상호간 수용 가능한 규약을 정하여 그에 따름으로써 가능하다. 이러한 규약을 프로토콜이라 하며, 이러한 데이터교환을 관리하는 일련의 집합이다. 프로토콜의 주요 요소는 신택스(syntax), 시멘틱(semantic), 타이밍(timing)의 3가지가 있는데, 신택스는 데이터 형식이나 신호레벨과 같은 것을 포함하며, 시멘틱은 전송의 조정, 에러관리를 위한 제어정보를 포함한다. 타이밍은 속도 조절과 순서조정을 포함한다. 예를 들면, 특정한 형식의 프레임으로 보내져야 하는 것이 신택스 모드를 고정하고 연결을 설정하는 등의 제어필드가 시멘틱, 흐름제어 등이 타이밍의 예이다.

프로토콜의 기능은 다음과 같이 8가지 카테고리로 나누어질 수 있다.

❶ 분할과 재조립

❷ 캡슐화

❸ 연결제어

❹ 순서적인 전달

❺ 흐름제어

❻ 에러 제어

❼ 주소지정

❽ 전송서비스

가. 분할(segmentation)과 재조립

응용 개체가 메시지(응용레벨에서의 데이터전송 논리적 단위)나 데이터를 보내면 낮은 레벨 프로토콜은 이 데이터를 같은 크기의 작은 블록으로 나누어야 하는데 이를 분할이라고 한다. 두 개의 개체 사이에 교환되는 데이터 블록을 프로토콜 데이터 유닛(Protocol Data Unit: PDU)이라고 한다. 분할의 반대는 재조립이다. 결국 분할된 데이터는 응용레벨에 적합한 메시지로 재조립되어야 하는데, 이때 도착하는 블록의 순서가 틀리면 에러가 발생하게 되고 보정을 위한 문제가 복잡하게 된다.

나. 캡슐화(encapsulation)

각 프로토콜 데이터 유닛은 데이터와 제어정보를 모두 가지고 있지만, 제어정보에만 사용되는 프로토콜 데이터 유닛도 있다. 제어정보는 다음과 같은 3가지 카테고리로 나눌 수 있다.

- 주소: 소스, 목적지의 주소가 명시된다.
- 에러 검출 코드: 프레임을 감시하는 시퀀스의 몇몇 종류는 때때로 에러 검출을 위해 포함된다.
- 프로토콜 제어: 프로토콜 기능을 구현하기 위해 필요한 각종 제어

데이터에 제어정보를 덧붙이는 것을 캡슐화라고 한다. 데이터는 개체에 의해 만들어지며, 여기에 제어정보를 붙여 프로토콜 데이터 유닛을 형성한다.

다. 연결 제어

한 개체는 다른 개체에 각 프로토콜 데이터 유닛이 모든 프로토콜 데이터 유닛을 독립적으로 취급하는 방법으로 데이터를 전송한다. 이 과정을 비 연결형 데이터 전송이라고 한다. 이것의 예는 데이터 그램의 사용이 있다. 또 하나 중요한 기술은 연결형 데이터 전송이 있다. 가상회선이 그 대표적 예이다.

라. 순서적인 전달

두 통신 개체가 네트워크에 의해 연결된 다른 호스트에 있다면, 그들이 네트워크를 통해 다른 경로로 전달되므로, 프로토콜 데이터 유닛이 그들이 보낸 순서대로 도착하지 않을 수 있다. 연결형 전송 프로토콜에서는 프로토콜 데이터 유닛 순서가 유지되는 것이 요구된다. 따라서 각 프로토콜 데이터 유닛에 번호가 붙여지고, 숫자가 순서대로 할당되면, 그 번호를 이용하여 수신 개체가 받은 프로토콜 데이터 유닛을 재배열할 수 있다.

마. 흐름 제어(flow control)

흐름 제어는 개체가 보내는 그 데이터 량이나 전송률을 제한하기 위해 수신 개체에 의해 수행되는 기능이다. 단순한 흐름제어는 정지-대기 절차로 매번 전송한 것에 대한 확인응답이 있어야만 다음 전송을 하는 것이다. 어떤 프로토콜에서는 보낼 수 있는 데이터 량을 정해 주는데, 이 기법의 예로는 '슬라이딩 윈도우 기법'이 있다. 흐름 제어는 여러 계층에서 구현되어야 한다. 흐름 제어에 의해 다른 계층 사이의 상호 영향이 발생하기 때문이다.

바. 에러 제어(error control)

데이터나 제어정보의 파손에 대비하는 기법을 에러 제어라고 하는데, 대부분의 경우 프레임의 순서를 검사하여 에러를 찾고 프로토콜 데이터 유닛을 재전송한다. 전송을 보낸 개체가 보낸 프로토콜 데이터 유닛에 대한 확인응답을 특정시간 동안 받지 못하면 타이머가 재전송하도록 활성화시킨다. 흐름 제어와 마찬가지로 에러 제어도 프로토콜의 여러 층에서 수행되어야 한다.

사. 주소 지정(addressing)

주소 지정의 개념은 주소 지정 레벨, 주소 지정 범위, 연결식별자(identifier: ID), 주소모드 등으로 이루어진다. 주소 지정 레벨은 통신 구조에서 개체의 이름이 붙여지는 레벨을 말한다. 전형적으로 유일한 주소는 각 종단 시스템과 중간 시스템(라우터 등)에 관계되어 있다. IP 주소나 인터넷 주소 등이 이에 해당한다. 네트워크 레벨 주소는 프로토콜 데이터 유닛을 네트워크를 통해서 전달할 때 이용된다. 연결 식별자는 비연결형 데이터 전송보다는 연결형 데이터 전송을 이용할 때 필요한 개념이다. 비 연결 데이터 전송의 경우에는 각 데이터를 전송할 때 연결 식별자가 이용된다. 이것은 연결에 대해 숫자로 주어지는 각각의 이름을 배정하는 것을 말한다. 주소 모드는 브로드캐스트, 멀티캐스트 등의 여러 개의 개체를 동시에 가리키는 모드를 일컫는다.

아. 전송 서비스

프로토콜은 개체가 이용할 수 있도록 다양한 추가 서비스를 제공할 수 있다. 일반적인 예를 들자면, 다음과 같은 서비스들이 있다.

- 서비스 등급: 어떤 종류의 데이터는 최소의 처리율이나 최대 지연시간의 제약을 요구할 수 있다.
- 우선순위: 특정한 메시지가 주어진 시간이내에 목적지 개체에 도착해야 하는 경우가 있다. 예를 들어, 연결해제 요청을 들 수 있다.
- 보안: 액세스를 제한하는 보안 서비스도 필요할 수 있다.

1.1.1.2 OSI(Open Systems Interconnection) 참조 모델

서로 다른 이종의 회사 제품들 사이의 호환성과 시장성을 위해서 표준이 필요하다. 통신의 복잡성으로 인해, 하나의 표준으로는 모든 요구조건을 만족시키기 어렵다. 그러므로 기능들을 잘 다룰 수 있는 부분들로 나누어서, 통신 구조를 구성해야 한다. 이것이 표준화의 기본 골격이다. 이러한 이유로 ISO는 1977년에 이와 같은 구조를 개발하기 위해서 소위원회를 만들었으며, OSI라는 참조모델을 만들었다. 현재 존재하는 통신표준들은 OSI 7 계층을 바탕으로 5계층만 사용하는 인터넷 프로토콜과 외부 망과의 연동이 필요 없는 내부 제어망들은 주로 필드버스와 같이 MAC 층이 응용층에 바로 연결되는 3계층을 사용하고 있다.

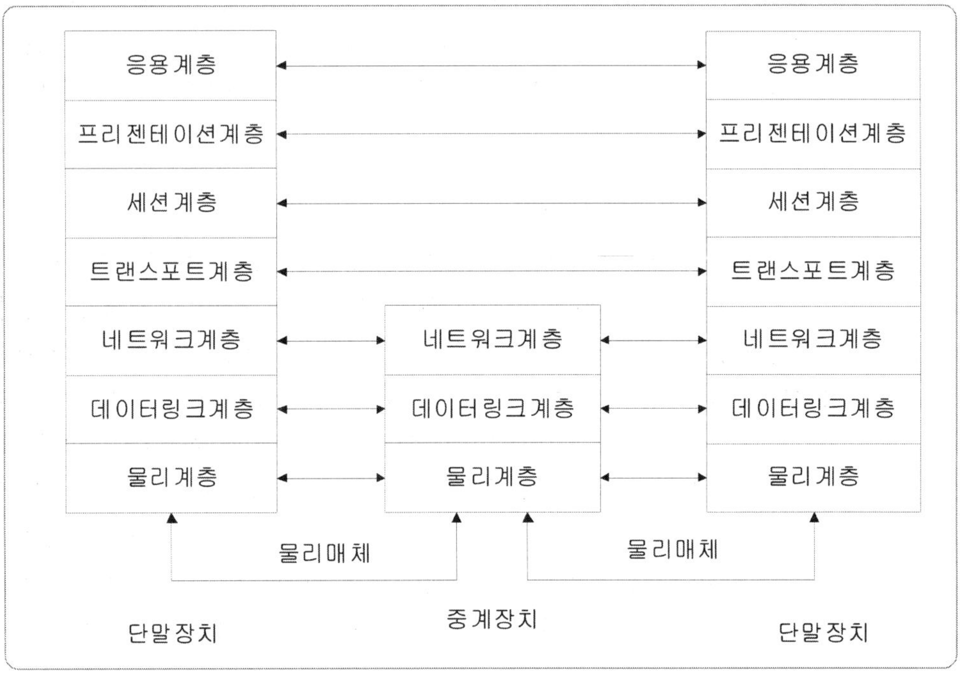

그림 1.1 OSI 계층구조와 통신

OSI 개념에 따라 설계되어 제안된 OSI 참조 모델(reference model)은 〈그림 1.1〉과 같이 7계층의 구조를 제안한다. 층 구조를 사용하여 통신기능들을 계층으로 나누고, 각 층은 다른 시스템과 통신하는 데 필요한 기능의 일부분을 수행한다. 이러한 기능들은 그 상위층에 대해서 서비스를 제공하는데, 그 구체적인 구현은 상위층에 대하여 숨겨진다.

OSI 모델을 만든 주요 동기는 표준화 작업에 대한 틀을 제공하기 위한 것이다. 따라서 모델 내에서 각 층에 대한 여러 개의 프로토콜 표준이 만들어질 수 있는 것이다.

각 층의 기능이 잘 정의되어 독립적으로 동시에 표준화작업이 이루어진다. 한 층의 변화가 다른 층에 영향을 미치지 않아 쉽게 표준이 만들어질 수 있는 계기를 제공한다.

가. 물리계층(physical layer) 또는 인터페이스(interface)

OSI 기준 모델에서 제일 아래쪽에 위치한 계층으로서 인터페이스라고 명칭 한다. 실제 전송 매체이며 전기적 신호를 전송하고 받는다. 이는 시스템과 시스템 간의 물리적인 접속을 위해 필요한 기능을 제공하는 것으로 데이터 단말 장치(DTE: Data Terminal Equipment)와 데이터 통신 장치(DCE: Data Communication Equipment) 간의 물리적 회선을 작동시키고 유지하며 또한 작동을 중지시키는 기능을 수행한다. 물리 계층에 관련된 표준으로는 CCITT 권고안인 X.21, V.24와 EIA-232-D 등이 있다.

나. 데이터 링크 계층(data link layer)

데이터 링크 계층은 하위 계층으로부터 제공되는 물리적인 특성을 이용하여 통신하려는 두 스테이션(station) 간의 데이터 송수신에 대한 기능을 수행한다. 이를 자세히 살펴보면 물리 계층에서 전송되는 비트들을 구별하기 위한 데이터 동기 및 비트들을 식별하는 기능을 제공한다. 또한 수신하는 스테이션에 데이터가 안전하게 도착하는 것을 보장한다. 한 스테이션이 다량의 데이터에 의해서 과부하가 걸리지 않도록 흐름 제어(flow control) 기능도 제공한다.

데이터 링크 계층에서 수행하는 기능 중 중요한 것은 전송 시 오류를 검출하고, 분실되거나 중복된 데이터 또는 오류가 있는 데이터를 복구하는 것이다. 이 계층에 관련된 표준으로는 CCITT의 권고안인 X.25에 포함되어 있는 연결 접근 절차 평형(LAPB: Link Access Procedure Balanced)과 고수준 데이터 링크 제어 절차(HDLC: High-level Data Link Control procedure), ISO 8802-3, ISO 8802-4, ISO 8802-5 등의 데이터 링크 계층 규약이 있다.

다. 네트워크 계층(network layer)

네트워크 계층은 통신에 관계된 응용 프로세스가 존재하는 시스템 간의 데이터 교환 기능을 수행한다. 이는 여러 개의 통신망을 경유하여 통신하는 경우 종단 시스템 간에 있어서 상위 계층에 대하여 같은 품질의 통신로를 제공함을 말한다. 구체적으로 이 계층은 통신망 경로 지정(routing)과 통신망 간의 통신에 관한 사항을 기술하고 있다. 이 계층에 관련된 표준으로는 인터넷 프로토콜의 IP계층, CCITT 권고안인 X.25 등이 있다.

라. 트랜스포머 계층(transport layer)

트랜스포머 계층은 상위 3계층에 대하여 종단 시스템 간에 데이터를 일관성 있게 전송하는 것을 목적으로 하는 계층이다. 이 목적을 수행하기 위해 전송 접속이라는 논리적인 통신로의 설정 및 종단 시스템 간의 데이터 전송에 있어서의 오류 검출, 오류 회복, 흐름 제어 및 접속 다중화 등의 기능을 제공한다. 이에는 0에서 4까지의 등급이 있어 필요에 따라 통신망의 질적 수준을 사용자가 선택할 수 있도록 해 준다. 이 계층은 통신망의 물리적, 기능적 사항으로부터 사용자를 분리시키기 위해서 설계되었다. 이 계층에 관련된 표준으로는 인터넷 계층의 TCP 및 UDP, ISO 8073과 ISO 8602 등이 있다.

마. 세션 계층(session layer)

세션 계층은 표현 실체가 특성에 맞게 데이터를 교환할 수 있는 통신 방법을 제공하는 것을 목적으로 한다. 이 계층은 사용자 간의 데이터 교환을 조직화시키는 수단을 제공하며, 사용자들은 이 계층에서 요구되는 다음과 같은 동기 및 제어의 형식을 선택할 수 있다.

- 반양방향(half-duplex) 대화 또는 양방향(full-duplex) 대화
- 파일 전송에 대한 중간 점검 및 복구를 위한 동기점
- 강제 종료 및 재개
- 일반 데이터 및 빠른 데이터 전송

이 계층에 관련된 표준으로는 ISO 8327, CCITT 권고안인 X.225 등이 있다.

바. 프레젠테이션 계층(presentation layer)

프레젠테이션 계층은 해당 모델에서 사용되는 데이터의 구문, 데이터의 표현을 제공한다. 즉, 상위의 응용 계층으로부터 받은 정보를 공통으로 이해할 수 있는 데이터의 표현 형식으로 변환하는 기능을 수행한다. 예를 들어 응용 계층으로부터 데이터를 받아서 자신과 대등한 위치에 있는 계층과 프레젠테이션 형식 등에 관해서 협상을 한다. 프레젠테이션 계층의 주요한 서비스는 응용 계층의 시스템 규약에 대하여 단말 조작, 파일 조작, 작업 전송 조작 등에 관한 데이터의 형식 처리를 하는 것이다. 이에 관한 표준으로는 ISO 8823 등이 있다.

사. 응용 계층(application layer)

응용 계층은 OSI 모델에서 존재하는 최상위 계층으로 사용자 응용 프로세스를 지원하며, 응용 프로세스 간의 정보 교환 기능을 담당한다. 응용 규약으로는 실체의 활성화 및 비활성화, 감시 등의 시스템 제어 및 관리를 행하는 시스템 관리 규약, 응용 프로세스의 제어 및 관리를 행하는 응용 관리 규약, 정보 처리에서 요구되는 파일 전송 접근 관리, 가상 터미널, 가상 파일 시스템, 작업 전송 조작 등과 같은 전송에 대응한

시스템 규약이 존재한다. 이에 관련된 표준으로는 X.400, 파일 전송·접근 및 관리(FTAM: File Transfer Access and Management), ISO 9506 등이 있다.

1.1.1.3 네트워크 임베디드 시스템 설계를 위한 통신망 기초

이 절에서는 새로운 네트워크 기반 임베디드 시스템을 설계 및 구현하는 경우에 참고 자료가 될 수 있도록 관련 통신망 설계의 기초에 대해 소개한다.

통신망을 도입하여 연결기반 임베디드 시스템을 구축하거나 정보와 자원을 공유하려 할 때, 평소에 친숙하게 사용하던 통신망 혹은 성능이 좋다고 알려진 통신망을 도입하는 경우가 있는데, 이는 종종 시스템 전체의 성능 저하를 불러오는 요인이 된다. 이는 통신망의 체계적인 설계 과정을 거치지 않았기 때문에 발생한다고 볼 수 있다. 통신망을 도입하는 목적을 명확히 하고 선택의 대상이 되는 통신망들을 서로 비교 분석하는 과정을 거치게 되면 충분히 시행착오를 줄일 수 있을 것이다. 이러한 과정들은 다양한 검증 과정을 통해 단계적으로 수행한다.

❙그림 1.2❙ 임베디드 시스템의 통신망 설계단계 예

〈그림 1.2〉는 임베디드 시스템 기반의 통신망 설계 단계의 한 예이다. 먼저 통신망을 도입하는 목적, 즉 통신망에 대한 요구 사항들을 분석해야 한다. 그 후 여러 대상들을 비교 분석하는 과정을 거치게 된다. 이 과정이 끝난 뒤에 선정된 통신망을 구축한다. 물론 통신망을 선정할 때는, 통신망을 구축하여 사용을 할 때의 운영 및 유지 보수를 반드시 고려해야 한다.

이 장에서는 위와 같은 과정에 따라 임베디드 시스템을 위한 통신망을 설계 및 구축하는 경우에 수행하는 과정 중 필요한 사항들을 소개한다. 그리고 통신망 설계 시 고려 대상으로 포함할 수 있는 통신 매체, 망의 형태, 통신 규약, OSI 표준 통신망과 비 OSI 통신망 등에 대하여 장점과 단점을 설명함으로써 원하는 목적을 얻을 수 있는 통신망을 설계하는 데 도움이 되도록 하였다.

1 임베디드 시스템의 통신망 설계 시 고려할 사항

통신망을 도입할 때 무엇보다도 먼저 명확히 해야 하는 것은 바로"왜 대상 임베디드 시스템에 통신망을 도입하려고 하는가?"라는 질문에 대해 대답을 하는 것이다. 특히 실시간 시스템에 있어서 통신망 도입의 목적이 분명하고 통신망에 대한 요구사항이 상세히 분석된 경우에만 도입하고자 하는 통신망에 어떤 기능이 포함되어야 하는가를 결정할 수 있기 때문이다. 우선적으로 도입하려는 통신망이 갖추어야 할 요구 사항들을 확실히 한다. 그리고 여러 가지 통신망들의 구성 요소들의 장점과 단점, 용도와 성능을 비교 분석한다. 이러한 과정 속에는 기술적인 측면뿐만 아니라 관리적인 요소도 포함되어야 한다.

통신망을 도입하여 자동화 시스템을 구축함으로써 얻고자 하는 것은 무엇이고, 얻을 수 있는 이익은 무엇인지를 반드시 확인해야 한다. 자원과 정보를 공유하는 것이 간단하게 통신망을 설치함으로써 덤으로 얻을 수 있는 이익이라는 생각은 위험하다. 자원과 정보에는 여러 종류가 있어 공유하는 것이 좋은 자원과 정보도 있지만 대외적으로 보안을 유지해야 할 자원과 정보도 있기 때문이다. 그리고 통신망을 도입하게 되면 설치한 통신망에 대한 유지와 보수 등의 관리가 필요하기 때문에 추가 비용이 필요하게 된다. 일반적으로는 통신망을 구축함으로써 생산성을 비롯한 각종 성능의 향상, 시스템 응답 시간의 단축, 데이터의 효율적 접속, 다양한 장치들의 설치 및 제거 편의성, 값비싼 기기의 공유 등의 성과를 기대할 수 있다. 반면에 통신망을 구축할 때 우려되는 사항들은 시스템 응답 시간의 증가, 데이터 보안의 문제점, 데이터 정확성의 저하, 통신망 고장 시 전체 시스템 완전 동작 중지, 작업들의 불필요한 독립성 및 복잡성, 운영비용의 증가 등이 있다. 따라서 명확한 목적 및 상세한 분석 없이 단순한 기대 심리로 통신망을 도입하는 것은 바람직하지 못하다는 것을 알 수 있다.

1) 통신망에 대한 일반적 요구 사항

통신망 설계는 통신망을 설치하려는 대상 시스템의 작업 내용과 요구 사항을 분석하여 수행하여야 한다. 대상 시스템을 최적으로 운영할 수 있도록 통신망 설계자는 어떤 기기를 사용할 것인가와 그 기기를 어디에 위치시킬 것인가를 결정해야 하며 각 작업 그룹을 어떻게 통신망의 노드와 연계시킬 것인가를 결정한다. 다음은 대부분의 통신망에 기본적으로 적용되는 요구 사항들이다.

가. 신뢰성

신뢰성은 말 그대로 통신망의 동작이 얼마나 사용자에게 신뢰를 주는가를 나타낸다. 따라서 신뢰성은 시스템이 목표로 했던 작업을 성공적으로 수행하는 정도를 나타내게 되며 높은 신뢰성은 특별히 생산성 및 사용자의 만족도와 깊은 관계가 있다. 이와 같은 신뢰성은 다음과 같은 2가지 지수의 복합적인 결과로 보아야 하는데, 첫째는 데이터 전송에 있어서의 오류 발생률이고 둘째는 하드웨어와 소프트웨어의 고장률이다. 위의 2가지 중 하나라도 높아지면 통신망의 신뢰성은 낮아지게 된다.

나. 고성능

통신망 성능은 중요하다. 통신망의 성능과 관련된 중요한 요소로 통신망의 속도와 통신망에 걸리는 부하(load)를 들 수 있다. 통신망의 속도는 성능에 영향을 주는 기본적인 요소이다. 그러나 보다 중요한 것은 통신망에 걸리는 부하이다. 통신망의 부하는 통신망이 일정 시간 내에 전송해야 할 데이터의 양이 얼마나 되는가와 밀접한 관련이 있다. 따라서 이는 통신망에 연결된 각종 기기에서 동작하는 응용 프로그램이 어떤 것인가와 직결된다. 그러므로 통신망 설계자는 통신망 설계 전에 다음과 같은 질문에 대한 답을 생각하여야 한다.

- 동작하는 응용 프로그램은 어떤 것인가?
- 생성되는 데이터의 종류와 크기는?
- 어떤 종류의 자원을 사용할 것인가?

첫 번째 질문에서는 동작하는 응용 프로그램의 수행 시간 및 수행 빈도 등을 조사해야 한다. 두 번째 질문에서는 응용 프로그램이 동작하면서 생성되어 통신망을 통하여 전송되는 데이터의 종류와 그들의 크기를 결정해야 한다. 데이터의 종류로서 일정한 주기로 계속 전송되는 주기 데이터, 비주기적이면서 실시간으로 전송되어야 하는 비주기적 실시간 데이터, 그리고 비주기적이고 실시간성이 필요 없는 비주기적 비실시간 데이터가 있다. 세 번째 질문은 다음과 같이 풀어서 쓸 수 있다. 만약 통신망에서 전송되는 대부분의 데이터가 한 노드로 집중된다면 그 노드는 데이터 처리 능력이 우수해야 한다. 만일 데이터 처리 능력이 떨어지면 데이터가 빨리 도착하더라도 응답

시간이 길어지게 된다. 이렇게 되면 통신망의 속도가 빠르더라도 전체 시스템의 성능이 높아지지 않는다. 따라서 통신망 설계자는 설계 전에 위와 같은 질문에 대한 답을 충분히 작성해야 한다.

다. 빠른 응답 시간(Response Time)

응답 시간은 사용자가 요구한 후부터 응답을 받을 때까지 걸린 시간을 말한다. 통신망을 사용할 때 응답 시간의 10~30%만이 통신망에서 걸리는 시간이며 나머지 70~90%가 응답을 위해 동작하는 응용 프로그램의 수행 시간이다. 이때 통신망 사용 시간은 실제 통신 매체에서의 전송 시간과 통신망의 각 계층에서 소비된 시간 등을 합한 시간이다. 이러한 응답 시간 중 통신망에서 소요되는 부분을 줄이기 위해서는 데이터 전송률이 높은 통신망을 사용하거나 통신망을 분할하여 사용하는 것도 한 방법이다. 예를 들어 어떤 2개의 기기 그룹이 있고 이 두 개의 그룹에서 나오는 데이터들이 동일하다고 가정하자. 그러면 이 2개의 그룹을 하나의 통신망으로 연결하는 것보다 그룹별로 통신망을 분할하는 것이 훨씬 효율적이며 응답 시간을 줄일 수 있게 된다.

라. 데이터의 일치성(Consistency)

데이터의 일치성에는 시간(time) 일치성과 공간(space) 일치성이 있다. 일반적으로 어떤 생산 공정에서는 센서 등의 하위 기기에서 어떤 한 시각에 표본 추출된 표본 값이 상위의 제어기기 등에서 사용된다. 시간 일치성은 이러한 상위 제어 기기들에서 사용된 데이터가 같은 표본 추출 시각에서의 하위 기기들의 표본 값들과 일치한다는 것을 의미한다. 공간 일치성은 한 시각에 서로 다른 상위 기기에 전송된 표본 값들이 같은 표본 추출 시각에 추출된 값이라는 것을 의미한다.

마. 유효 시간(Valid Time)

주어진 시간 내에 목적지에 도착하지 못한 데이터는 주어진 시간 이후에 사용될 수도 있지만 응용 프로그램이 어떤 것이냐에 따라서 그렇지 못한 경우도 있다. 이렇게 데이터의 사용 여부를 결정하는 기준이 되는 시간을 유효 시간이라 한다. 유효 시간은 어떤 데이터가 만들어진 시점부터 그 데이터의 사용자에게 의미가 있을 때까지의 시간으로 정의된다. 유효 시간은 데이터가 어떤 것이냐에 따라 다르지만 같은 데이터라도 그 데이터의 사용자 또는 응용 프로그램이 어떤 것이냐에 따라 달라지기도 한다. 이러한 입장에서 보면 데이터의 사용자는 자신이 받은 데이터의 시간적 정보를 알 필요가 있다. 즉, 통신망이 사용자에게 데이터의 시간적 정보를 제공해야 한다는 것을 의미한다.

바. 실시간성

앞에서 설명한 것처럼 통신망을 통하여 전달되는 데이터를 실시간성 측면과 주기성 측면에서 살펴보면 주기적 데이터와 실시간 비주기적 데이터, 그리고 비실시간 비주기적 데이터로 나눌 수 있다. 일반적으로 센서 등에서는 주기적으로 데이터가 계속 나오게 된다. 이렇게 연속 제어 등에 사용되는 센서 데이터와 제어 데이터를 주기적 데이터로 분류될 수 있다. 실시간 비주기적 데이터는 이상 신호와 경보 신호 등과 같이 언제 발생할지 모르는데 일단 발생하면 최대한 빨리 전송되어야 하는 데이터이며, 비실시간 비주기적 데이터는 위의 두 가지에 속하지 않는 것으로서 프로그램과 시스템 구성 데이터 등이 있을 수 있다. 주기 데이터는 정해진 주기 내에 전송되지 않으면 의미가 없으므로 당연히 실시간 데이터이다. 통신망은 실시간성을 필요로 하는 데이터를 알맞게 전송할 책임을 가지게 된다.

사. 유연성(Flexibility)

다른 모든 시스템과 마찬가지로 통신망도 시간이 흐르고 여러 가지 변화가 생기면 그 시스템을 새롭게 확장하고 변화시킬 필요가 발생하게 된다. 특히, 통신망에 있어서 이와 같은 변화에 유연하게 대처할 수 있는 정도를 나타내는 유연성은 중요하다. 통신망에 연결되는 각종 기기들의 특성은 끊임없이 변화될 수 있고 통신망은 이와 같은 변화에 영향을 받지 않고 데이터를 전송할 수 있어야 한다. 덧붙여서 통신 관련 소프트웨어는 시스템의 종류나 운영 체제(operating system) 등에 영향을 받지 않아야 한다.

아. 소요 비용(Cost)

통신망과 관련된 소요 비용은 두 가지, 즉 초기 비용과 운영 비용으로 나눌 수 있다. 초기 비용은 통신망을 처음에 구축하면서 드는 비용, 즉 통신망 하드웨어 및 소프트웨어 구입비, 설계 비용, 구축 비용 등을 말하며 운영 비용은 설치된 통신망을 유지 및 보수하고 확장하는 등의 작업에 필요한 비용이다. 유의해야 할 점은 보통 통신망 사용자들은 초기 비용에 집착하게 되고 따라서 초기 비용을 줄이는 노력을 많이 하게 되는데 이러한 경우 오히려 운영 비용이 많이 들어서 결과적으로 초기 비용을 많이 투자한 경우보다 더 많은 비용을 지불하는 경우도 생길 수 있다는 것이다.

자. 가용성

통신망의 가용성은 전체 생산 시스템의 동작 및 발생 이익과 관련되어 있다. 만약 공장의 기간망(backbone network)에 고장이 발생했다고 하자. 이러한 경우 통신망의 고장 때문에 공장의 모든 공정 작업들이 중지된다면 막대한 손해가 발생할 수 있다. 예를 들어 통신망이 고장 나더라도 공장에 전원이 공급되는 한 각 기기들은 계속해서 동작한다. 이때, 중요 데이터가 전달되지 않으면 심각한 문제가 생길 수 있으므로 중요

공정과 관련된 부분 통신망은 기간망과 관계없이 동작되도록 해야 한다. 이것이 바로 통신망의 가용성이다.

차. 전자파 장해 대처 능력

공장에는 여러 종류의 기기가 있고 특히 큰 전류가 흐르는 전력선, 전기 모터(motor), 대용량 릴레이(relay) 등은 상당한 양의 전자파 장애(EMI: Electromagnetic Interference)를 일으킨다. 통신망이 전자파 장해를 이겨 내지 못하면 전송 중인 데이터에 오류가 발생하게 되고 그렇게 되면 데이터의 재전송(retry)이 일어나게 되며 결국 통신망에 대한 부하가 커져 통신망의 효율성이 떨어지게 된다. 따라서 통신망을 설치하는 경우 특히 어떤 통신 매체를 사용할 것인가를 잘 결정해야 한다. 일반적으로 사용되는 매체로는 동축 케이블(coaxial cable), 꼬임 쌍선(twisted pair wire), 광섬유(optical fiber) 등이 있으며 통신망이 설치되는 환경에 맞게 결정되어야 한다. 그리고 경우에 따라서는 한 공장 내에서 여러 종류의 매체가 같이 사용되는 경우도 있다.

카. 유지 및 보수의 용이성

모든 통신망은 설치한 후 사용하면서 유지 및 보수를 해야 한다. 통신망에 문제가 발생하였을 때 신속하게 진단하여 문제점을 해결하는 것은 통신망을 효율적으로 운영하기 위한 중요한 요소이다. 통신망 동작을 막지 않은 상태에서 가능한 한 적은 노력으로 통신망을 유지하고 보수할 수 있는 것이 좋은 통신망이다.

타. 보안

통신망을 사용하는 경우에 보안이 중요하다. 허가되지 않은 사용자가 시스템에 침입하여 생산 과정을 오동작하게 하는 것을 막기 위하여 통신망 관리자는 다음과 같은 일을 해야 한다.

- 통신망 사용자를 제한하고 각 사용자의 접속 권리를 명확히 한다.
- 사용하지 않는 경우 자동적으로 접속 종료(log-off)한다.

파. 통신망 관리

통신망 관리는 통신망이 커질수록 중요해진다. 규모가 작은 통신망에서는 관리자가 눈과 손을 사용하여 검사하고 각 노드의 특성을 정할 수 있지만, 통신망이 커지면 이러한 방식으로 관리하는 것이 불가능해진다. 따라서 특수한 도구, 예를 들어 소프트웨어를 사용하여 통신망 상태를 표시하고 통신 매체를 검사하고 데이터 부하를 분석하는 등의 관리 작업을 해야 한다.

하. 통신망의 서비스

통신망에 대해 요구되는 전형적인 기능은 파일 전송, 터미널 연결, 스마트 기기 및 개인용 컴퓨터 통합, 자동화기기 통합, 분산 응용 지원, 통신망 관리이다. 어떤 시스템에서 데이터의 분석과 저장을 위해 보다 큰 시스템으로 보내는 경우도 파일 전송의 예이며, 통신망을 통한 디스크(disk) 예비 저장과 프로그램의 업로드 및 다운로드도 파일 전송의 다른 예이다.

앞서 언급한 요구 사항들은 대부분의 통신망에 적용되는 대표적인 예들이다. 이런 요구 사항들을 기준으로 하여 적용하려는 시스템에 대한 통신망을 선택하는 것이 바람직하다고 할 수 있다.

2) 대상 통신망의 비교

통신망에 대한 요구 사항을 확인한 후에는 통신망에서 고려해야 할 특징들을 비교 분석하는 과정을 가진다. 여기서는 다음과 같은 사항들을 고려하였다.

첫째는 개방성이다. 산업용으로 제안되었거나 현재 산업 현장에서 사용되고 있는 통신망은 다양하다. 이 중에는 개방형 통신망도 있고 폐쇄형 통신망도 있는데 2가지 방법 모두 장단점을 가지므로 이는 통신망에 대한 요구 사항에 따라 선택할 문제이다.

둘째는 통신망의 망의 형태이다. 통신망을 설치할 시스템이 주어졌을 때 연결하는 방법도 또한 여러 가지가 있을 수 있다. 망의 형태로는 링(ring), 방사형(star), 버스(bus), 나무꼴(tree) 등 여러 가지가 있다. 각각의 방법은 나름대로의 장점과 단점을 가지고 있으며 비용과 효율 및 신뢰성을 고려하여 결정하여야 한다.

셋째는 매체 접속 제어(MAC: Medium Access Control) 규약이다. 통신망에 연결된 기기들은 하나의 통신 매체를 사용하여 전송하게 된다. 따라서 각 기기들이 통신 매체에 접속하는 것을 제어해야 한다. 매체 접속 제어 규약은 실질적으로 통신망의 특성을 결정하기 때문에 통신망에 대해 요구되는 사항들을 분석하여 선택해야 한다.

넷째는 링크 제어(link control)와 흐름 제어(flow control) 등이다. 데이터를 주고받는 통신망의 두 노드 사이에는 논리적(logical) 링크가 형성되고 이 링크를 통하여 데이터가 전송된다. 링크 제어는 신뢰성 있는 데이터의 전송에 중요하다. 그리고 데이터 전송 중에는 데이터의 흐름을 제어할 필요가 있다. 이와 같은 데이터 흐름의 통제를 가리켜서 흐름 제어라고 부른다. 이와 같은 데이터 흐름의 통제가 필요한 것은 데이터 통합성(data integrity)을 보장하기 위한 것이다.

다섯째는 데이터의 전송 속도와 통신 매체이다. 보통 통신 매체에 따라 전송 속도가 결정되기 때문에 2가지를 함께 고려한다. 데이터 전송 속도는 통신망의 전체적인 효과에 큰 영향을 끼친다. 데이터 전송 속도를 결정할 때 있어서 고려해야 하는 사항은 각기 다른 속도를 가지고 있는 여러 개의 하드웨어 기기를 연결할 수 있어야 한다는 것이다. 요구되는 데이터 전송 속도가 결정되면 적절한 통신 매체를 선정해야 한다. 통신 매체를 결정할 때에는 비용과 같은 여러 가지 요인들도 고려해야 한다.

여섯째는 전송 방식이다. 전송 방식은 아날로그 방식과 디지털 방식으로 구분되며, 디지털 방식은 다시 비동기식 전송 방식과 동기식 전송 방식으로 구분할 수 있다. 아날로그 전송과 디지털 전송은 감쇠, 잡음에 대한 특성, 비용 등의 측면에서 서로 차이가 있으므로 위와 같은 사항들을 충분히 고려하여 선택하여야 한다.

일곱째는 연결성 및 접속이다. 연결성은 한 기기가 주어진 작업을 수행하기 위하여 통신망상의 다른 기기들과 연결할 수 있는 능력을 말한다. 대부분의 경우에 기기들은 다양한 기기 공급업체로부터 제공되므로 통신망을 도입할 때는 이와 같은 서로 다른 공급업체로부터 제공된 기기들 간의 연결성을 고려해야 한다. 다음 사항은 접속이다. 통신망을 도입함에 있어서 고려해야 하는 두 가지 유형의 접속이 있다. 하나는 사용자와의 접속이고, 다른 하나는 하드웨어와 소프트웨어의 접속이다. 효율성의 향상을 위해서는 사용자와의 적절한 접속이 필요하다. 또한 통신망은 다른 통신망이나 다른 통신 시스템과의 접속을 위한 기능을 제공해야 한다.

가. 개방형 통신망과 폐쇄형 통신망

서로 다른 종류의 컴퓨터들의 통신을 가능하도록 하기 위해서는 일반화되고 표준화된 통신 규약이 필요하다. 이러한 필요에 의해서 ISO에서는 컴퓨터 통신 구조 모델로서 OSI(Open Systems Interconnection) 모델을 제안하였다. OSI 7계층 모델이 〈표 1.1〉에 나타나 있다.

[표 1.1] OSI 7계층 모델

계층	기능
7계층 응용 계층(application layer)	응용과 관련된 서비스를 제공
6계층 표현 계층(presentation layer)	데이터 형태를 번역(ASCII, EBCDIC, etc)
5계층 세션 계층(session layer)	세션(session), 보완, 권한 등을 관리
4계층 전송 계층(transport layer)	안정한 데이터 전송과 데이터 순서를 관리
3계층 망 계층(network layer)	망의 라우팅(routing), 게이트웨이(gateway), 브리지(bridge)
2계층 데이터 링크 계층(data link layer)	망의 링크(link) 제어, 전송 오류 검출 및 수정
1계층 물리 계층(physical layer)	데이터의 부호화/복호화(encoding/decoding), 송수신 신호

개방형 통신망은 모든 사람에게 통신 규약을 공개하여 누구라도 통신망 시스템을 쉽게 구축 혹은 제작할 수 있도록 하고 그 규약에 맞게 구축한 통신망 시스템을 갖춘 컴퓨터 및 기기들끼리는 데이터를 주고받을 수 있도록 하는 통신망을 지칭하는 것이며, 개방형 통신망의 예로서 MAP(Manufacturing Automation Protocol), TOP(Technical and Office Protocol), TCP/IP(Transmission Control Protocol/Internet Protocol), Profibus(Process Fieldbus), FIP(Field Instrumentation Protocol) 등이 있다. 이들은 OSI 7계층 구조의 일부 혹은 전체를 가지고 있다. 폐쇄형 통신망은 개방형 통신망의 반대가 되는 것으로서 이름 그대로 기기의 제작자들이 기기 간의 규약을 공개하지 않고 자신들이 제작한 기기에만 사용하는 통신망을 말하며, 따라서 다른 제작자로부터 제공된 기기를 그 통신망에 접속하는 것은 어렵거나 불가능한 경우가 대부분이다.

국내의 대부분의 생산 현장에는 개방형 통신망이 구축되어 있지 않은 상태에서 중계장치를 변동해 개방형 및 비개방형 장치가 혼재되어 사용되어지고 있다. 따라서 기 구축된 생산 현장에서 기기들 간에 각종 정보의 원활한 교환이 이루어지지 못하고 있는 상태이다. 산업용 기기들 사이의 데이터 교환이 원활하지 못한 이유는 통신을 염두에 두지 않고 시스템을 구성하였거나, 통신을 할 수 있는 기기가 있다고 하더라도 서로 다른 통신 규약을 채택하거나 폐쇄형 통신 규약을 채택하여 기기 간의 연결이 어렵기 때문이다. 이는 바로 생산 비용에 직결되는 문제이다. 따라서 개방형 통신망이 필요하다. 개방형 통신망은 통신망의 모든 스테이션들의 연결성과 응용 프로그램의 상호 운용성과 응용 프로그램의 이식성을 보장해 주므로 많은 장점이 있다. 따라서 현재 미국과 유럽에서의 공장 자동화 시스템 개발 추세는 통신망과 같은 통신 기술을 기반으로 하여 하드웨어와 소프트웨어가 개방형 구조를 가진 시스템을 개발하는 것이다. 이러한 개방형 구조를 가진 시스템은 다수 업체의 하드웨어 및 소프트웨어를 적절하게 이용할 수 있도록 항상 일정한 접속 방법을 사용자에게 제공하여 주기 때문에 쉽게 구축할 수 있고 생산성을 향상시켜 준다.

하지만 개방형 통신망이 항상 좋은 것은 아니다. 개방형 통신망은 앞서 언급했듯이 유지 보수성, 확장성, 상호 연결성 등에서는 우수하지만 실제로는 성능이 더 낮아질 수도 있으며, 특정 용도를 위해서는 폐쇄형 통신망이 바람직할 수도 있다. 또한 특정 응용을 위해 개발된 폐쇄형 통신망의 경우에는 개방형 통신망에서 얻을 수 없는 많은 장점을 제공하기도 한다.

나. 망의 형태(topology)

망의 형태는 통신망에서 사용되는 통신 매체의 형태를 말한다. 통신망의 성질은 망의 형태에 의하여 많이 결정되는데, 〈그림 1.3〉과 같은 방사형, 링형, 버스형, 나무꼴 등의 모양이 대표적이다.

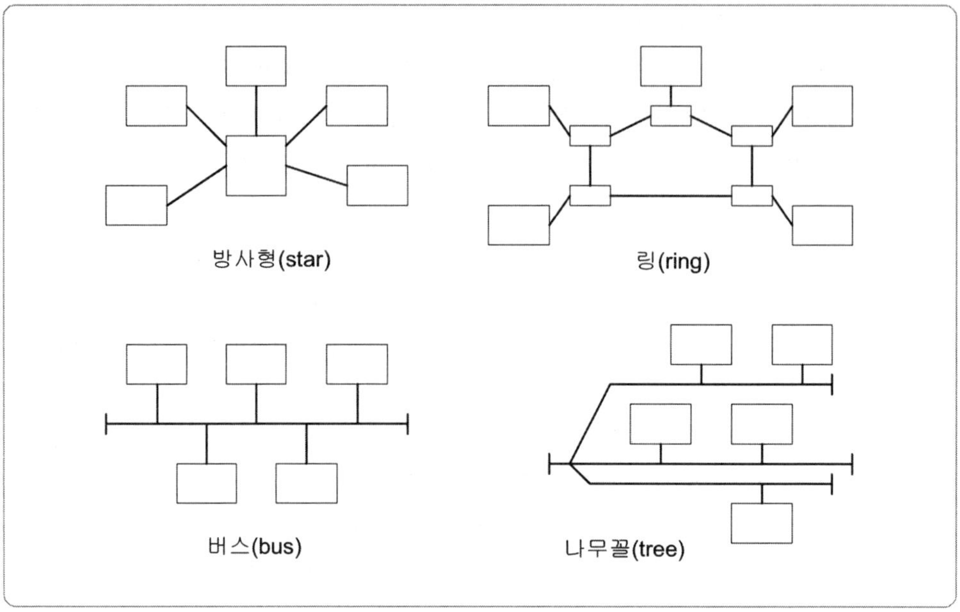

▌그림 1.3▐ 임베디드 시스템의 통신망 설계단계 예

방사형 망은 교환기를 중심으로 한 일반 전화망에서 유래하였으며 통신망에 연결되는 모든 장치는 중앙 장치를 통하여 점 대 점으로 연결된다. 연결이 간단한 것이 장점이다. 하지만 중앙 장치가 고장 나면 통신망 전체에 영향을 미치게 되며, 설치비가 많이 드는 것이 단점이다.

링형의 망은 그림과 같이 고리의 형태로 구성되며, 각 노드는 중계기와 연결되고 데이터는 중계기들 사이에서 두 점간 전송 방식으로 교환된다. 따라서 거의 모든 전송 매체를 사용할 수 있다. 보통 데이터 전송률이 10*Mbps* 인 꼬임 쌍선을 사용하며, 더 높은 속도를 원할 때는 동축 케이블을 사용한다. 광섬유를 사용하여 높은 속도를 얻을 수도 있다.

버스형 망의 특징은 다지점(multipoint) 매체를 사용한다는 것이다. 버스형 망은 가지가 없고 줄기가 하나인 나무꼴 구조로 생각할 수 있다. 모든 노드들이 하나의 통신 매체를 공유하므로 한순간에 하나의 노드만이 데이터를 전송할 수 있다. 따라서 각 스테이션의 매체 접속을 잘 제어해야 한다. 통신 매체로는 동축 케이블과 꼬임 쌍선을 주로 사용한다. 나무꼴 망은 현실적으로 구현이 곤란하여 많이 사용되고 있지는 않다.

위에서 언급한 망의 형태는 기본적인 것이며 이 기본 형태들을 응용하여 나온 여러 형태가 있다. 예를 들어 형태는 그대로이나 다중화를 기본으로 하여 사용하는 고 신뢰형의 망도 있고, 두 가지 이상의 형태를 조합한 혼합형 망도 사용되고 있다.

다. 매체 접속 제어 규약

통신망에서는 여러 개의 기기들이 하나의 통신 매체에 연결된다. 즉, 여러 기기들이 통신망의 전송 능력을 공유한다는 뜻이 된다. 통신망에 연결된 각 장치들이 통신망의 전송 능력을 효율적으로 공유하기 위해서는 각 장치들이 매체에 접속하는 것을 적절하게 제어하는 방법이 필요하게 된다. 이러한 방법을 규정한 규약이 매체 접속 제어 규약이다.

매체 접속 제어 방식을 크게 2가지로 나누면 집중 제어 방식과 분산 제어 방식이 있다. 산업용 통신망에서는 보통 분산 제어 방식을 사용하게 된다. 분산 제어 방식을 다시 분류하면 경합(contention)에 의한 방식과 토큰(token)에 의한 방식으로 나누어진다. 경합 방식에서 통신망에 연결된 각 장치는 자신이 원할 때 바로 통신 매체 접속을 시도한다. 이러한 경우 여러 장치가 동시에 매체 접속을 시도하여 경합이 발생하면 이 경합을 해결하는 방법을 통하여 데이터 전송을 가능하게 한다. 반대로 토큰 방식에서는 토큰이라 불리는 전송 권한이 통신망을 통해 각 장치들을 돌아다니게 되며 토큰을 현재 가지고 있는 장치만이 매체 접속, 즉 전송을 할 수 있다. 이렇게 되면 경합과 같은 것은 발생하지 않는다. 경합 방식으로는 CSMA/CD(Carrier Sense Multiple Access with Collision Detection) 방식이 있으며, 토큰 방식에는 토큰 버스 방식과 토큰 링 방식 등이 있다. CSMA/CD와 토큰 버스 방식은 버스망의 형태를 사용하고 토큰 링 방식은 링망의 형태를 사용한다. 앞에서 설명한 것처럼 토큰 버스나 토큰 링 방식에서 각 노드가 매체를 사용할 수 있는 권한은 토큰이라는 특수한 형태의 데이터를 가지고 제어하는데, 토큰을 가지고 있는 노드는 특정한 시간 동안 매체를 제어할 수 있으며 하나 이상의 프레임을 전송하거나 다른 노드를 불러 응답을 요구할 수 있다. 노드가 데이터를 모두 전송하거나 정해진 시간이 경과하면 토큰을 다음 노드로 보낸다.

❶ CSMA/CD 방식

CSMA/CD 방식은 현재 많이 사용되고 있는 방식 중 하나로 이를 사용하는 대표적인 통신망으로는 이더넷(Ethernet)이 있다. CSMA/CD 방식에서 전송을 원하는 노드는 다른 노드가 매체를 사용하지 않을 때 데이터를 전송할 수 있다. 매체 접속 규약에서는 데이터를 일정한 형태로 구성하여 전송하는데 이 일정한 형태를 프레임이라고 한다. 따라서 지금부터는 프레임을 전송한다는 표현을 사용한다.

CSMA/CD 방식에서 한 노드가 매체를 접속하는 방법은 다음과 같다.

A. 매체가 쉬는 상태(idle state)이면 프레임 전송을 개시하고 그렇지 않으면 B로 간다.

B. 매체가 이용 상태, 즉 다른 노드가 매체를 사용하는 상태이면 쉬는 상태가 감지될 때까지 감시를 계속하고 쉬는 상태가 감지되면 즉시 전송을 개시한다.

C. 전송하는 동안에 충돌이 감지되면, 모든 노드에 프레임의 충돌을 알리는 방해

전파(jamming) 신호를 보내고 전송을 중단한다.

D. 방해 전파 신호를 전송한 후 일정 시간 후에 재전송을 시도한다. (A로 간다.)

한 노드가 자신의 프레임을 전송할 때 자신의 프레임이 다른 노드가 전송하는 프레임과 충돌했는지의 여부는 프레임들이 충돌한 후 자신에게 되돌아온 후에야 알 수 있다. 따라서 어떤 두 노드가 각각 전송한 프레임들이 충돌하는 경우 당연히 두 노드 간의 거리가 멀 때 충돌 검출에 필요한 시간이 최대가 될 수 있다. 이 최대 충돌 검출 시간을 생각해 보자. 통신망에서 멀리 떨어진 두 노드를 생각하고 둘 중 한 노드가 다른 노드로 프레임을 전송했다고 가정해보면 그 프레임이 상대 노드에 도착하는 데 걸리는 시간은 두 노드 간의 전송 지연 시간(propagation delay)이다. 그런데 그 프레임이 상대 노드에 막 도착할 때 그 노드가 프레임을 전송하기 시작하면 충돌이 일어난다. 그러면 원래 프레임을 전송하던 노드는 다시 전송 지연 시간만큼 기다린 후 충돌을 감지할 수 있다. 즉, 거리가 멀리 떨어진 노드 간에 소요되는 최대 충돌 검출 시간은 전송 지연 시간의 2배가 된다.

❷ 토큰 버스 방식

토큰 버스 방식에서 망은 물리적으로는 이름 그대로 버스 형태를 가지게 된다. 그러나 각 노드 사이에서 토큰은 노드들 간에 마치 논리적 링이 구성되어 있는 것과 같은 방식으로 전달된다. 이는 〈그림 1.4〉에 잘 나타나 있다. 노드 A, B, C, D는 버스형의 망으로 연결되어 있다. 토큰은 각 스테이션을 순회하게 되고 토큰을 보유하는 스테이션이 프레임을 전송하게 된다. 그런데 토큰은 논리적인 링을 따라 전송된다는 것이다. 각 노드는 자신이 토큰을 받기 바로 전에 토큰을 가지고 있던 노드, 즉 자신에게 토큰을 전달하는 노드가 어떤 노드인가를 알아야 한다. 그리고 자신의 바로 다음에 토큰을 받을 노드, 즉 자신이 토큰을 전달할 노드가 어떤 노드인지 알아야 한다. 자신에게 토큰을 전달하는 노드를 전임노드(predecessor), 자신이 토큰을 전달하는 노드를 후임노드(successor)라고 한다. 〈그림 1.4〉에서 노드 A의 경우 전임노드는 C, 후임노드는 D가 된다. 따라서 〈그림 1.4〉에서 토큰은 점선으로 된 화살표를 따라 전달된다. 이 점선이 바로 논리적 링이 된다.

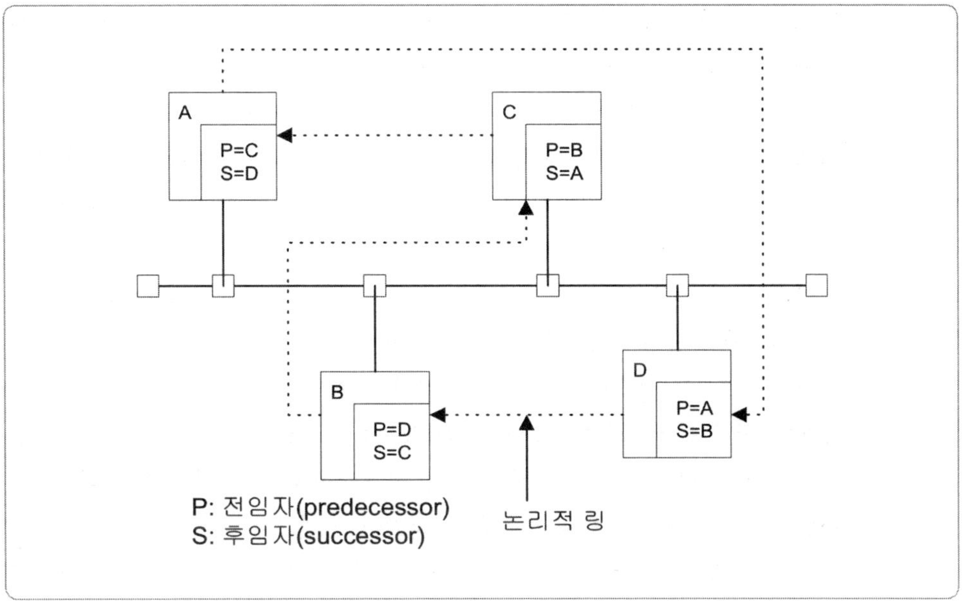

| 그림 1.4 | 토큰 버스 방식

어떤 노드가 프레임을 전송하려면 먼저 토큰을 받아야 하며 토큰을 받으면 일정 시간 동안 한 개 이상의 프레임을 전송할 수 있다. 토큰을 소유하고 있는 노드는 더 이상 전송할 프레임이 없거나 토큰 보유 시간(THT: Token Hold Time)이 경과하면 토큰을 다음 노드에 넘겨준다.

토큰 버스 방식에서 발생 가능한 오류가 두 개 이상의 토큰이 망에 존재하는 것이다. 각 노드는 자신이 토큰을 가지고 프레임을 전송하고 있을 때 다른 노드도 마찬가지로 토큰을 가지고 전송하는 것이 감지되면 자신의 토큰을 버리고 통신망을 감시하는 상태로 전환하게 된다. 이렇게 되어 만약 두 노드가 같이 토큰을 버린 상태가 되면 망에 토큰이 없는 상태가 되고 이 상태가 일정 시간 이상 지속되면 각 노드들이 토큰 복구 작업을 수행하게 된다. 한 노드가 자신의 후임노드로 토큰을 전달할 때에는 토큰을 보낸 후 후임 스테이션이 어떤 정상적인 동작을 하는가를 감시한다. 만약 자신이 토큰을 보낸 후에 후임노드가 일정 시간 이상 어떤 정상적인 프레임을 전송하는 것 같지 않으면 토큰이 제대로 전달되지 않았다고 간주하여 토큰을 다시 전달하게 된다. 그리고 토큰이 제대로 전달될 수 없다고 생각하면 후임노드 교체작업을 수행하게 된다.

❸ 토큰 링 방식

토큰 링 방식은 각 스테이션의 전송 권한으로서 토큰을 사용하고 토큰을 가진 스테이션이 전송한다는 것은 토큰 버스 방식과 동일하다. 그러나 일단 망의 형태가 링이므로 토큰 버스 방식과 여러 가지 측면에서 다른 점을 가지게 된다. 각 스테이션이 전송하는 프레임은 링형의 망을 따라 한 방향으로(unidirectional) 전송된다. 각 노드는 항상 전임노드로부터 프레임을 받고 후임노드로 프레임을 보낸다. 이러한 토큰 링 방식의 최대의 장점은 통신망의 설계 및 구현이 쉽다는 것이다. 일제 송신(broadcast)은 필요 없고 각 노드 내부에서 신호가 다시 만들어지므로 통신망의 노드가 아무리 많더라도 증폭기(amplifier) 등의 장비가 필요 없다.

반대로 토큰 링 방식에서는 신뢰성(reliability)의 부족이 최대의 단점이다. 예를 들어 어떤 한 노드가 고장 났다고 가정하면 그 노드로 들어오는 프레임을 그 노드가 받아서 전송할 수 없으므로 결국 프레임이 제대로 전송될 수 없다. 이는 물리적인 통신매체의 한 부분에 고장이 발생한 경우도 마찬가지이다. 즉, 한 노드의 고장 또는 통신매체의 한 부분의 고장이 결국 통신망 전체 동작을 중단시킬 수 있다는 것이 된다. 이러한 이유로 해서 토큰 링 방식은 신뢰성이 무엇보다 중요한 생산 시스템에서는 비교적 호응을 받지 못했다. 그러나 최근에는 신뢰성을 보다 높이기 위해 링을 이중화하여 사용하는 FDDI(Fiber Distributed Data Interface)가 고안되어 여러 분야에서 널리 사용되고 있다.

라. 링크 제어

두 노드가 데이터를 주고받을 때 보다 신뢰성을 높일 수 있는 방법은 데이터를 전송하기 전에 링크(link)를 만드는 것이다. 이 링크는 물리적으로 눈에 보이는 것이 아니고 두 노드 간의 일정한 약속으로 볼 수 있기 때문에 논리 링크(logical link)라고 한다. 링크 제어 부분은 이러한 링크를 관리하는 역할을 한다.

❶ 링크의 형성

데이터를 전송하는 노드 및 수신하는 노드는 데이터를 전송하기 전에 논리 링크를 형성한다. 이는 기본적으로 두 노드가 현재 정상적인가를 알 수 있게 한다. 따라서 데이터의 신뢰성 있는 전송이 가능하도록 한다.

❷ 데이터 전송

데이터는 두 노드 사이의 링크를 통해서 교환된다. 수신한 노드의 링크 제어는 데이터를 받은 후 송신한 노드에 받았다는 수신 확인 데이터를 보낸다.

❸ 링크의 해제

링크를 통하여 데이터가 다 전송되었고 이 링크는 더 이상 사용하지 않는다고 할 때 링크 제어는 형성되어 있는 링크를 해제한다. 링크가 다시 형성될 때까지 아무런 데이터도 전송될 수 없다. 일반적으로 사용자가 링크를 통해 데이터를 보내기 원하는 한

링크를 해제하지 않는다.

마. 통신 매체

통신 매체는 물리적인 데이터 전송로이다. 산업용 통신망에서 주로 사용되는 통신 매체로는 꼬임 쌍선, 동축 케이블, 광섬유 등이다. 〈표 1.2〉는 각 통신 매체의 전형적인 특성을 나타낸 것이다. 각 매체에서 사용 가능한 최고 데이터 전송률과 대역폭(bandwidth), 그리고 중계기를 설치해야 하는 간격을 나타낸 것이다.

[표 1.2] 하드웨어 매체의 지점 간 통신 특성

통신 매체	최고 데이터 전송률	대역폭	리피터 설치간격
꼬임 쌍선	1*Mbps*	250*kHz*	2~10*km*
동축 케이블	500*Mbps*	350*MHz*	1~10*km*
광섬유	1*Gbps*	1*GHz*	10~100*km*

❶ 꼬임 쌍선

꼬임 쌍선은 두 가닥의 절연된 구리선이 하나의 쌍(pair)을 이루어 균일하게 서로 감겨 있는 형태이다. 이 하나의 쌍이 하나의 통신로의 역할을 한다. 일반적으로 여러 개의 이러한 쌍이 다발로 묶어져 하나의 케이블을 형성하고, 이 케이블은 외피로 감싸져 보호된다. 장거리용 꼬임 쌍선의 경우에는 케이블이 수백 개의 쌍으로 이루어질 수도 있다. 각 쌍들은 서로 감겨 있기 때문에 다른 쌍들과의 간섭 현상을 최소로 줄이게 된다. 한 쌍 내에서의 전선의 굵기는 0.015에서 0.056인치 정도이다.

- 용도

  흔히 사용되는 통신 매체이다. 이 꼬임 쌍선은 전화 시스템의 근간을 형성하고 있을 뿐 아니라, 건물 내의 통신 수단으로 유용하게 사용되고 있다.

- 특성

  디지털과 아날로그 신호 모두를 전송할 수 있으며, 디지털인 경우는 2~3*km*마다 중계기가 필요하고 아날로그 신호인 경우에는 5~6*km*마다 증폭기가 필요하다. 꼬임 쌍선은 다른 통신 매체와 비교할 때 거리, 대역폭, 데이터 전송률에 있어서 상대적으로 많은 제약점을 갖는다. 그리고 자기장과 쉽게 결합될 수 있는 특성을 지니고 있으므로 간섭이나 잡음에 민감하다는 단점도 가진다. 그래서 보통의 경우 간섭이나 잡음에 의한 오류 발생을 줄이기 위해서 보통 금속 망으로 진선을 감싸 외부 신호로부터의 간섭을 감소시킨다. 그리고 근접한 꼬임 쌍선끼리는 그들 각각의 전선을 꼬는 길이를 다르게 함으로써 누화 현상을 감소시킬 수 있다. 기본적으로 전선을 꼬는 것 자체는 저주파에서의 간섭 현상을 감소시킨다.

❷ 동축 케이블

동축 케이블은 내부 도체와 그를 감싸고 있는 원통형의 외부 도체로 구성된다. 따라서 꼬임 쌍선과 마찬가지로 2개의 도체로 구성된다. 그러나 꼬임 쌍선에 비해 보다 폭넓은 주파수 범위를 허용할 수 있다. 내부 도체는 일반적으로 하나의 선이지만 여러 선이 꼬인 형태일 수도 있다. 외부 도체는 매끈한 원통형이나 철망형 일 수 있다. 균일한 간격으로 배치된 절연체 링 등이 내부 도체를 감싸고 있다. 외부 도체는 어떤 표피나 보호막으로 덮여 있다. 한 가닥의 동축 케이블의 지름은 0.4에서 1인치 정도이다.

· 용도

동축 케이블은 용도가 다양한 통신 매체이다. 이는 여러 가지 다양한 용도로 사용되는데, 그 수요가 증가 추세에 있다. 주요한 용도는 다음과 같다.

- 장거리 전화 및 텔레비전 전송
- 텔레비전 분배(distribution)
- 근거리 통신망

· 특성

동축 케이블은 꼬임 쌍선보다 우월한 주파수 특성을 가지며, 따라서 보다 높은 주파수와 데이터 전송률을 제공할 수 있다. 동축 케이블은 꼬임 쌍선에 비해 차폐(shield)가 잘되어 있고 집중적인 구조를 가지므로, 꼬임 쌍선에 비해 간섭과 누화 현상이 적다.

동축 케이블을 이용하여 아날로그 신호를 전송하는 경우에는 수 *km*마다 증폭기를 사용해야 하며 높은 주파수의 신호일수록 증폭기 사용 간격이 좁아져야 한다. 동축 케이블을 이용하여 디지털 신호를 전송하는 경우 대략 1*km*마다 중계기를 사용해야 하며 데이터 전송률을 높게 할수록 중계기 사용 간격은 좁아져야 한다.

❸ 광섬유

원래 광섬유는 두께가 가늘고 구부릴 수 있으며 광선을 투과시킬 수 있는 통신 매체이다. 여러 가지 유리 또는 플라스틱(plastic)이 광섬유를 제작하는 데 사용될 수 있다. 특히 순수한 용해 규소 섬유로 만들어진 광섬유는 손실도가 낮다. 여러 가지 성분으로 구성된 유리 섬유는 손실도는 약간 높아지나, 보다 경제적이며 양호한 성능을 나타내게 된다. 플라스틱 섬유는 가격이 싸지만 손실도가 상대적으로 크므로 다소 높은 손실도가 허용될 수 있는 단거리의 전송에 사용된다.

광섬유는 재료와 관계없이 높은 반사지수를 갖는데, 그보다 낮은 반사지수를 갖는 물질로 된 피복층에 의해 둘러싸여 있다. 피복층은 광섬유를 격리시킴으로써 인접 광섬유와의 누화를 막아 준다. 광섬유 케이블은 광섬유의 다발로 이루어지는데, 이따금씩 안정도를 위해 강철심을 넣기도 한다.

• 용도

광섬유는 장거리 통신용으로 많이 사용되어 왔으며, 군사용으로 그 수요가 증가하고 있다. 최근에는 광섬유의 성능과 가격을 개선함으로써 근거리 통신망과 같은 새로운 분야에 광섬유의 적용이 가능하게 되었다. 꼬임 쌍선이나 동축 케이블에 대한 광섬유의 차이점은 다음과 같다.

- 보다 넓은 대역폭
- 보다 작은 크기와 적은 무게
- 보다 작은 감쇠도
- 전자기적 격리
- 보다 넓은 중계기 설치간격

• 특성

광섬유는 신호가 부호화된 광선을 전체적으로 내부 반사에 의해 전송한다. 결과적으로 광섬유는 1,014~1,015*Hz* 범위의 주파수를 갖는 신호의 통로 역할을 하는 것이다. 이 주파수는 적외선의 한 부분이다.

광섬유는 아날로그 신호 전송용이다. 이는 단지 광파만이 전송될 수 있기 때문이다. 디지털 신호를 전송하기 위해서는 적절한 변조(modulation)를 수행해야 한다.

바. 전송 방식의 분류

여기에서는 각종 전송 방식에 대해 설명한다.

❶ 아날로그 전송과 디지털 전송

아날로그 신호와 디지털 신호는 모두 적당한 통신 매체를 통해 전송될 수 있다. 아날로그 전송의 경우 전송이 아날로그라고 하는 것은 실제로 전송되는 데이터의 내용과는 관계없다. 즉 아날로그 전송은 전송 내용과 관계없이 아날로그 신호를 전송하는 것이다. 이 경우 전송되는 아날로그 신호는 아날로그 데이터를 나타낼 수도 있고 디지털 데이터를 나타낼 수도 있다. 예로서 음성 신호를 전송하는 경우는 아날로그 데이터를 전송하는 경우이며 이진수 데이터가 아날로그 신호를 타고 전송되는 경우는 디지털 데이터가 전송되는 경우라고 할 수 있다. 통신망을 통해 전송되는 아날로그 신호는 일정한 거리를 지나고 나면 그 신호의 세기가 감소한다. 이를 감쇠라고 한다. 따라서 보다 장거리의 전송을 하려면 신호의 세기를 증폭해 주는 증폭기가 시스템에 부착되어야 한다. 그러나 불행히도 이러한 증폭기는 잡음까지도 증폭한다. 그러므로 장거리 전송에서 증폭기를 계속 직렬로 연결하여 사용하는 경우 신호는 잡음 성분으로 인해 크게 왜곡될 수 있다. 실제 데이터가 음성 신호와 같은 아날로그 데이터이면 약간의 왜곡이 생기더라도 인지할 수 있으므로 큰 문제는 아니다. 그러나 만약 실제 데이터가 디지털 데이터라면 잡음 성분의 증폭은 통신상의 중대한 오류를 유발시킬 수 있다. 그러므로 디지털 데이터를 전송하는 아날로그 전송에서는 가능한 한 증폭기를 사용하지 않는 것이 좋다.

아날로그 전송과는 반대로 디지털 전송의 경우에는 전송되는 신호가 데이터를 나타낸다. 디지털 전송도 장거리로 사용하려면 특별한 장치를 사용해야 하는데 이를 중계기라고 한다. 중계기는 디지털 신호를 받아서 0 또는 1인지 구별한 다음 새롭게 완전한 신호를 만들어 전송한다. 이 방식이 디지털 전송에서 감쇠 현상을 극복하는 방법이다.

디지털 전송에서의 이러한 감쇠 극복 방법을 디지털 데이터를 싣고 있는 아날로그 신호 전송에도 적용할 수 있다. 증폭기 대신 중계기를 설치한 후 중계기가 아날로그 신호를 받아서 그 신호에 담겨 있는 디지털 데이터를 복원하여, 이 데이터를 이용하여 새롭고 완전한 아날로그 신호를 다시 만드는 것이다. 이렇게 하면 잡음의 증폭 현상은 방지할 수 있다.

그러면 통신망을 설계할 때 어떤 전송 방식을 택해야 하는가에 대한 질문이 자연스럽게 제기된다. 통신업체나 그 고객들이 제시하는 해답은 디지털 전송이다. 그러나 디지털 전송을 이용하려면 많은 투자를 해야 한다. 그래서 한 번에 전송 방식을 아날로그에서 디지털로 바꾸는 것은 부담이 크다. 현재 장거리 통신 설비나 빌딩 내의 서비스 모두에서 단계적으로 디지털 전송으로, 또 가능한 경우 디지털 신호 기법들로 변환되어 가고 있는 추세이다.

❷ 비동기식 전송과 동기식 전송

데이터를 전송하는 노드가 통신 매체를 통해 데이터를 보내면 수신하는 노드는 그 데이터를 받아야 한다. 이러한 경우 매체를 통해 전송되는 데이터가 정확히 전달되기 위해 여러 가지 전송 방식이 등장하였다. 간단히 말해서 송신 측과 수신 측의 타이밍을 일치시킴으로써 데이터가 정확히 전달되도록 하는 방식이 동기식 전송 방식이고 이러한 타이밍을 일치시키는 동기화 과정 없이 데이터를 문자(character) 단위로 구분하여 전송하는 방식을 비동기식 전송 방식이라고 한다.

먼저 비동기식 전송 방식을 살펴보자. 앞에서 설명한 대로 문자 단위로 데이터가 전송된다. 문자는 시작을 나타내는 시작 비트와 데이터를 담고 있는 데이터 부분, 오류 검출에 사용되는 패리티(parity) 비트, 그리고 문자의 끝을 나타내는 비트들로 구성된다. 수신 측은 휴지 상태 이후에 시작 비트가 검출되면 문자를 읽기 시작한다. 이러한 동작을 지칭하여 수신측은 매 문자마다 재동기(re-synchronization)를 한다고 말한다. 이러한 경우 송신측과 수신측간에 타이밍의 오차에 따라 데이터를 읽을 때 오류가 발생할 수 있다. 그리고 이러한 전송 방식의 경우 실제 데이터와 비교하여 오버헤드(overhead)가 크다. 아무리 오버헤드가 작아도 시작 비트를 포함하여 전체 길이의 20% 정도는 오버헤드라고 할 수 있다. 실제로는 30% 이상인 경우도 많다. 이러한 방식은 전송하려는 데이터의 전체 길이가 짧을 경우에는 상관이 없으나 긴 경우에는 동기 방식에 비해 오버헤드가 커지게 된다.

동기식 전송은 통신을 더 효율적으로 수행하기 위한 수단이다. 동기식 전송에서는 데이터가 시작이나 끝을 나타내는 비트 정보 없이 전송된다. 따라서 송신측과 수신측이 완벽히 동기화 되어야 한다. 동기식 전송에서 데이터 부분은 문자열 또는 비트열로 간주되며 이를 데이터 블록(block)이라고 말한다. 동기식 전송에서 각 데이터 블록의 앞뒤에는 수신측의 동기에 사용되는 프리앰블(preamble)과 포스트앰블(postamble)이라고 불리는 비트열들이 붙는다. 이러한 부분을 보통 제어 정보(control information)라고 하며 이 제어 정보와 데이터 블록을 합쳐 프레임이라고 한다. 즉, 데이터 블록의 길이와는 관계없이 제어 정보의 길이는 일정하다. 따라서 큰 데이터 블록을 전송하는 경우에는 동기식 전송이 비동기식 전송보다 훨씬 효율적이라는 것을 알 수 있다. 앞에서 설명한 대로 비동기식 전송은 20% 이상의 오버헤드가 요구된다. 그러나 동기식 전송의 경우 제어 정보가 대체적으로 100비트보다 작으므로 만약 데이터 블록이 400비트이상이라고 하면 오버헤드는 20% 미만으로 줄어든다. 동기식 전송은 데이터 블록을 문자열로 취급하느냐 비트열로 취급하느냐에 따라 문자 동기 방식과 비트 동기 방식으로 나뉜다.

1.1.2 네트워크 임베디드 시스템 설계를 위한 기초

1.1.2.1 임베디드 시스템의 하드웨어기초

1.1.2.1.1 ARM 프로세서

ARM은 임베디드 시스템에서 고성능화, 저전력화 소형화로 설계된 마이크로프로세서이다. 예를 들어 ARM7TDMI 프로세서의 경우, 60*MHz*기반에 1*MHz*와 1.5*mW*를 소비한다. 그리고 작은 사이즈에 필수 디버그 기능이 제공되어진다. 이 프로세서는 많은 휴대용 임베디드 시스템에 성공적으로 이용되었다. 예를 들면, Panasonic G650의 이동통신을 위한 국제 표준 시스템 모바일에 ARM7100의 경우 PSIO의 스마트 기기에도 이용이 되었다. 이러한 ARM-계열 프로세서는 저전력, 저비용, 고성능을 가지고 있다. 현재는 리우터 성능이 강화된 ARM 계열 프로세서가 스마트 플랫폼에 사용되어지고 있다.

현재의 스마트 플랫폼 기반의 시스템은 더 복잡해지고 더욱 고성능화의 프로세서를 요구하였다. '스마트 폰'이란 휴대폰과 스마트 기기를 하나로 통합한 것인데 초창기에 이는 다중 프로세서를 사용하였다. 스마트 기기 운용부분과 휴대폰의 부분을 각각의 프로세서를 이용한 것이다. 임베디드 시스템은 날이 갈수록 점점 고성능화를 원하게 될 것이면 여기에서는 ARM9-계열의 ARM9TDMI와 ARM7TDMI를 비교하여 어떻게 고성능화되었는지 알아보고 ARM9TDMI 임베디드 코어를 이용한 삼성의 S3C2440의 기능과 앞으로 어떻게 임베디드 시스템에서 이용할지 살펴보고자 한다.

1.1.2.1.2 ARM7TDMI와 ARM9TDMI

ARM9TDMI integer 코어는 ARM9-계열이다. 이 코어는 ARM7TDMI에서 성능이 향상된 프로세서로 단독으로 사용하거나, ARM940T처럼 캐시 프로세서를 함께 이용할 수 있다.

ARM7TDMI에서는 3단계의 파이프라인 과정(Fetch, Decode, Execute)을 지원하고 있었지만 ARM9TDMI에서는 꺼냄, 디코드, 실행, 메모리 접속, 감가 수정의 5단계로 이루어져 CPI(Clocks Per Instruction)가 향상되어져왔다.

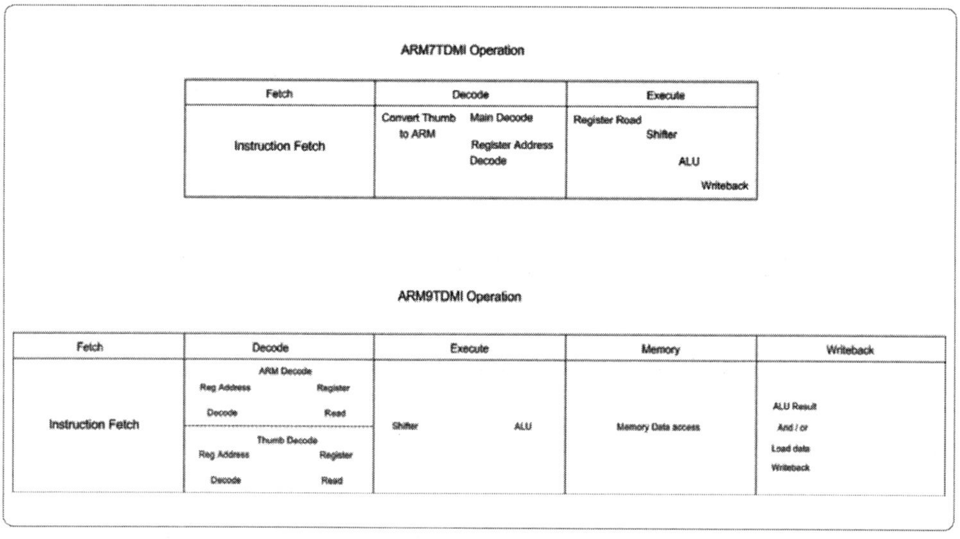

▌그림 1.5▐ ARM 코어의 파이프 라인 과정

또한, ARM9TDMI의 ALU의 경우 산술(arithmetic)과 로직 모듈(logic units) 부분이 분리되어 명령어 수행 시 전력소모가 더욱 줄어들었다.

아래 표는 ARM9TDMI와 ARM7TDMI의 명령어(Load, Store), Data Processing, Branch/Link에 대한 CPI를 비교하였다.

[표 1.3] ARM9TDMI vs ARM7TDMI CPI Analysis

Instruction	% Taken	% Skipped	ARM7TDMI	ARM9TDMI
Data processing	49	4	1	1
Data processing with PC	3	0	3	3
Branch/Branch with link	11	4	3	3
Load register	14	1	3	1–2
Store register	8	1	2	1
Load multiple registers	1	0	7	5
Store multiple registers	2	0	7	6
CPI			1.9	1.5

1.1.2.1.3 ARM 구현

위에서 말한 ARM9TDMI 임베디드 코어는 CPU의 코어이지 CPU 자체를 말하는 것은 아니다. 보통 임베디드 시스템에서 탑재한 칩(CPU)은 이 코어를 포함하고 다양한 기능(인터럽트, 캐시메모리, 컨트롤러 등)을 가지고 있는 원칩이다.

여기에서는 삼성에서 개발한 S3C2440과 StrongArm에 대해서 간단히 알아보기로 한다.

✣ 삼성 S3C2440

삼성의 S3C2440은 16/32비트 RISC 마이크로프로세서로 ARM9TDMI 임베디드 코어로 개발이 되었다. 이는 확장 외부 메모리 컨트롤러, 4채널 DMA 컨트롤러, Nand Flash 컨트롤러, DMA 컨트롤러, IO 포트, PWM 타이머, LCD 컨트롤러, ADC&터치 스크린 인터페이스, 리얼 타임 클럭, 3-ch UART, 2-ch SPI, 2-ch USB host 컨트롤러, 카메라 인터페이스 등의 다양한 기능을 가지고 있다. 이러한 기능은 인텔의 StrongARM SA1100, SA1110 등에 따라 다르게 되면 타겟의 기능에 따라 다른 선택을 해야 한다. 〈그림 1.6〉에서 S3C2440의 구조를 블록 다이어그램으로 나타내었다.

MDS사에서 개발한 MRP-SC2440(Rebis)보드에서는 CPU로 S3C2440을 사용하였고 위에서 언급된 기능을 사용하여 테스트보드를 만든 것이다. TFT-LCD와 카메라 역시 간단한 구동드라이브(LC272C1B) 등을 이용해서 연결한 것이다. 또한 LCD같은 것을 직접 IO 포트와 연결하여 제어가 가능하고 쉽게 임베디드 시스템 목적에 맞는 하드웨어 구축이 가능하게 될 것이다.

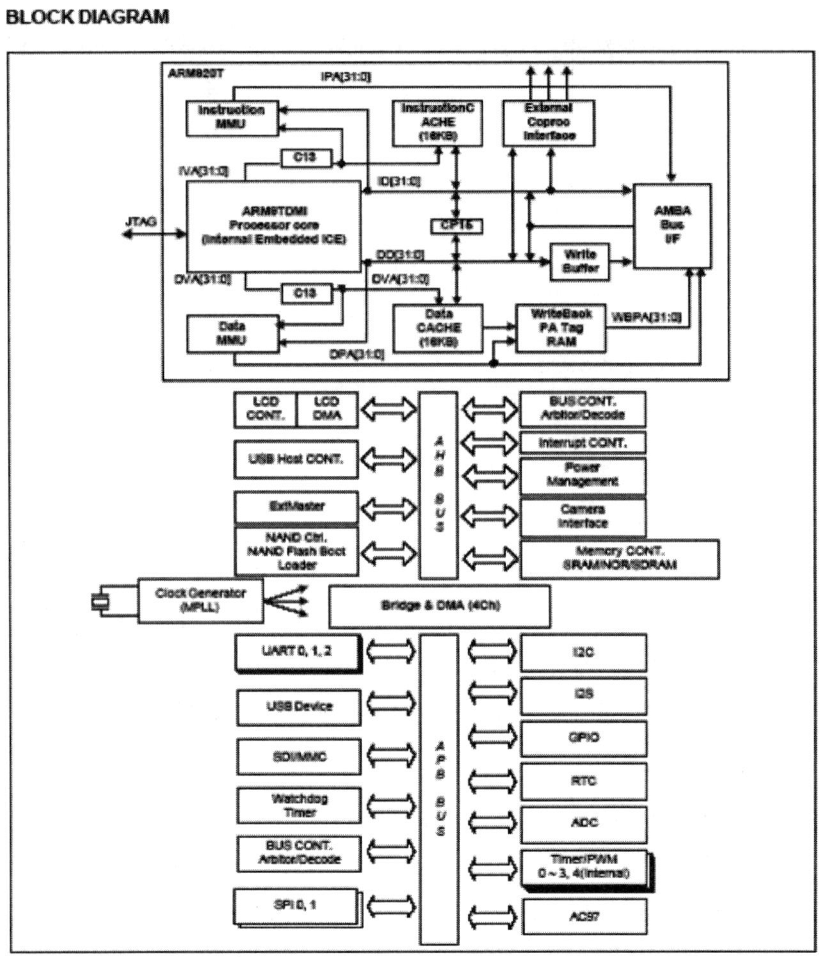

| 그림 1.6 | S3C2440A 블록도

❖ StrongArm

인텔 Strong ARM 기반의 CPU 보드를 설계하기 위해서는 여러 가지 방법이 있지만 좋은 방법은 인텔에서 제공하는 참조보드(reference board)의 회로를 분석해 보는 것이다. 이 밖에도 시중에 많은 종류의 Strong ARM 기반의 회로가 공개되어 있으며 이것을 참조하여 필요한 기능의 하드웨어 설계를 완성할 수 있다.

Strong ARM으로 하드웨어를 설계하게 되면 인쇄 배선 회로 기판을 디자인할 때 일반적인 시스템 설계에 비해 간단하지는 않은데, Strong ARM이 1*mm* 간격(pitch)에 mBGA 패키지이기 때문이다. 〈그림 1.7〉에서 StrongARM의 블록다이어그램을 볼 수 있다.

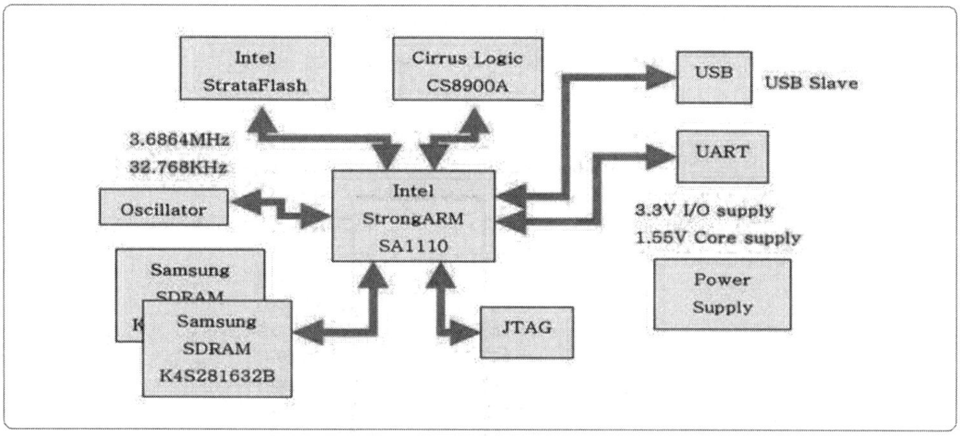

| 그림 1.7 | StrongARM의 블록 다이어그램

ARM9TDMI와 ARM7TDMI는 고성능, 소형화, 저전력을 목적으로 설계되었다. 그리고 인텔이나 삼성 같은 곳에서 ARM코어의 라이선스를 구입하여 StrongARM이나 S3C2440 같은 CPU를 개발했다.

앞으로는 더욱 많은 임베디드 시스템들이 개발되고 사용되어질 것이다. 이에 CPU들은 점점 더 고성능화, 소형화, 저전력화가 이루어져야 하고 시스템의 빠른 개발과 비용을 줄이기 위해 기술적 많은 발전이 있을 것이다.

1.1.2.1.4 8051 마이크로 컨트롤러

1 8051 CPU의 개요

본 절에서는 대표적인 마이크로 컨트롤러인 8051에 대해서 간단히 소개하고 설명한다. 8051은 8비트 원칩 마이크로 컨트롤러로서 8비트 단위의 4개의 입출력 포트와 클록 발진기, 시리얼 통신포트와 내부 메모리를 갖춘 범용 컨트롤러 중 하나이다.

8051의 특징은 다음과 같다.

- 8비트 ALU
- 32개의 분리된 I/O 핀들(P0, P1, P2, P3)
- 2개의 16비트 타이머/카운터
- 양방향 범용 비동기화 수수기(UART: Universal Asynchronous Receiver/Transmitter)
- 2개의 우선순위를 가진 6가지 인터럽트 소스
- 128*RAM*
- 64개의 주소 값으로 분리된 데이터 그리고 코드 메모리

일반적으로 산업용 시스템에서 많이 사용되는 CAN 통신기능이 내장된 CAN 칩 사용을 내장형 시스템에 사용하고 있다. 8051의 핀 배치도는 아래의 〈그림 1.8〉과 같다.

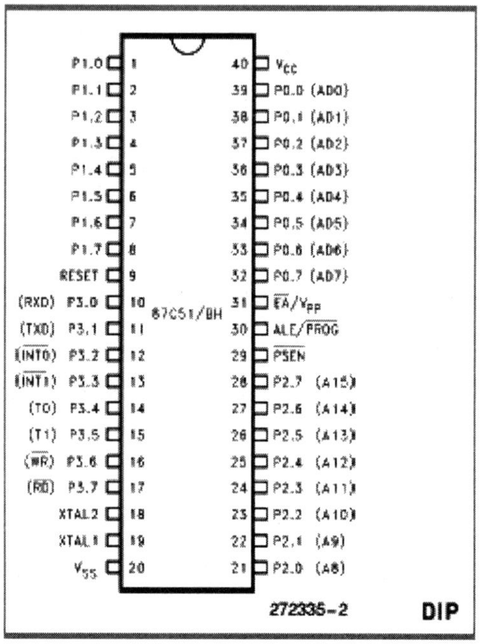

▌그림 1.8▐ 8051의 핀 배치도

2 8051 메모리 구조

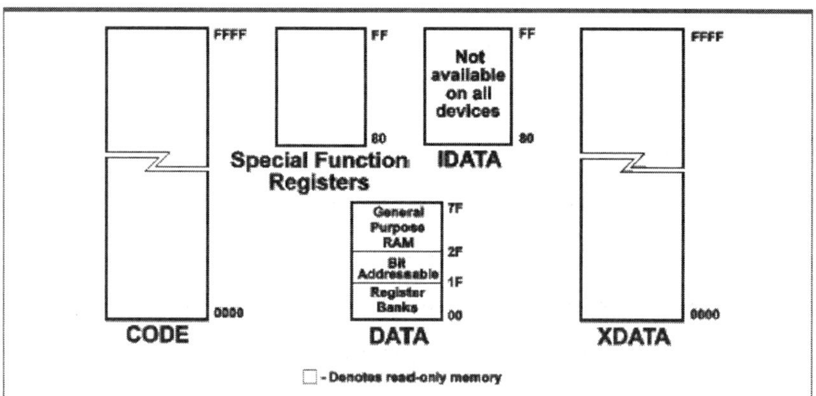

8051의 메모리는 프로그램 메모리와 데이터 메모리로 나누어진다.

▌그림 1.9▐ 8051의 메모리 맵

✤ Code space(프로그램 메모리)

프로그램 메모리는 명령의 실행코드(program code)가 저장되는 메모리로서 64*KB*(0000H~FFFFH)이며 8비트 단위로 읽는다, 내부 프로그램 메모리 4*Kbyte*를 사용할 수 있고 나머지 60*Kbyte*는 외부 프로그램 메모리를 사용할 수 있다.

일반적으로 실행코드 이외에, CODE 세그먼트에 고정된 대조표(lookup table)를 저장해 놓고 사용하기도 한다. 이를 위해서 DPTR이나 프로그램 카운터(program counter)를 사용하여 접근한다.

CPU는 RESET 직후에 0000H 번지부터 프로그램을 실행하므로 EA/=0으로 하면 외부에 있는 프로그램 메모리의 0000H번지부터 프로그램이 시작된다. 그러나 내부 롬을 가지고 있는 모델에서는 내부프로그램 메모리가 0000H~0FFFH번지(8051), 혹은 0000H~1FFFH번지(8052)에 설치되어 있으며, 이때는 EA/=1로 하면 내부 ROM의 0000H번지부터 프로그램이 시작된다. 또 한 가지 고려해야 할 사항은 이 영역에 인터럽트 루틴이 있기 때문에 서비스 루틴을 작성할 경우, 각 영역이 8바이트밖에 되지 않으므로 다른 곳으로 점프를 시켜서 사용하면 된다. 만약 인터럽트를 사용하지 않는다면 이 공간을 일반적인 프로그램 영역으로 사용할 수 있다.

✤ 데이터 메모리(Data space)

Data를 읽고 쓰기가 가능한 메모리로서 CPU 내부에 128바이트 또는 256바이트가 있고, 외부에 64*Kbyte*까지 확장할 수 있다. 일반적으로 이 영역을 DATA 세그먼트라고 부른다. 내부메모리는 직접번지지정이나 레지스터 간접번지 지정으로 8비트 어드레스를 사용하여 액세스하므로 처리속도가 빠른 반면, 외부데이터 메모리(XDATA segment)는 DPTR에 의해서 16비트로 액세스하므로 속도는 늦지만 큰 용량을 사용할 수 있다는 장점이 있다. 따라서 빈번하게 사용하는 변수는 DATA 세그먼트에 두는 것이 좋다.

✤ SFR(Special Function Register)

내부 데이터메모리의 상위 128바이트인 80H~FFH 영역을 직접 번지 지정으로 액세스하면 데이터메모리가 아니라 SFR이 액세스된다.

1.1.2.2 임베디드 시스템의 소프트웨어기초

본 절에서는 임베디드 시스템 프로그래밍의 핵심이 되는 C를 이용한 8051을 다루는 법을 소개한다. C는 다소 간결하면서도 신비로움을 느끼게 하는 언어다. 고수준 언어로서 널리 인용되는 C는 구조화된 프로그래밍, 정의된 절차, 매개인자 전달 그리고 강력한 제어 구조와 같은 정말로 많은 특징들을 포함하고 있다. C의 막강한 기능은 간결하고, 저수준 명령어를 복잡한 함수와 같은 고수준의 언어로 결합시키고 메인 프로세서의 실제적인 바이트와 워드에 접근하도록 하는 능력을 갖고 있고 상당한 정도까지 C는 일종의 보편적인 어셈블리 언어라고 말할 수 있다.

C에 익숙한 대부분의 프로그래머들은 리눅스나 Window 기반에 운용되는 개인용 컴퓨터 안에서 프로그램을 쓰는 데 익숙했을 것이다. 현재 메모리가 64*K*로 제한된 커널에서 조차도, 프로그램에서 작은 변수가 16비트인 정수형일 정도로 상당한 공간이 필요하다. 실제 대부분의 인터페이스는 DOS 명령어와 함수 호출을 통해서 이루어진다. 이와 같이 쓰인 실제적인 C는 단지 변수, 문자열, 배열 등의 조작과 처리와 관계된다.

그러나 현재 8비트 마이크로 컨트롤러에서는 그 상황이 다소 다르다. 한 예로 8051을 보면, 전체 프로그램 크기는 4*K* 내지 8*K*만을 차지하며 RAM의 128바이트만을 이용할 수 있다. 이상적으로 포트와 같은 실제적인 장치와 특별한 기능의 레지스터(SFR)는 C로부터 어드레스를 부여받아야 된다. 절대어드레스에서 벡터를 요구하는 인터럽트가 제공되어야 한다. 후위 루프 데이터의 오버 라이팅을 피하고자 한다면 루틴의 데이터 메모리 할당에 특별한 주의를 기울여야 한다. C의 기본 중에 하나는 매개인자(입력변수)는 함수(서브루틴)로 전달되고, 그 결과는 호출한 상위 루틴으로 스택을 통해 반환된다. 그러므로 함수는 지역변수가 오버라이트(재진입)되는 염려 없이 인터럽트와 후위로부터 호출될 수 있다.

8051의 패밀리의 중대한 제약사항은 적절한 스택이 부족하다는 점이다. 전형적으로 8086과 같은 프로세서는 스택 포인터가 적어도 16*bit*이다. 기본적인 스택포인터 외에도 기본포인터(base pointer)와 같은 다른 스택 상대 포인터가 보통 존재한다. 스택제어 시스템에 관에서 이러한 여분의 요구사항을 가지고, 스택상의 데이터에 접근할 수 있는 능력이 중요하다. 이미 말했듯이 8051 패밀리는 반환 어드레스를 조절하는 능력을 가진 스택 시스템을 갖고 있다. 잠재적으로 사용 가능한 256*byte*의 스택만 가지고는 너무 많은 함수 호출과 매개인자 전달은 하지는 못할 것이다.

이런 이유로 8051상에서 C와 같은 스택 집약적인 언어를 실행한다는 것이 불가능하다고 생각할지도 모른다. 그렇다, 거의 불가능했었다. 8051 사용자에게 여러 해 동안 C를 제공한 컴파일러들이 존재한 반면 그 컴파일러들은 대단히 효과적이지는 못하였다. 68000과 같은 좀 더 강력한 마이크로프로세서를 위해서 원래부터 쓰인 컴파일러로부터 실제로 적용되었다. 스택 문제에 대한 접근은 8051의 실행코드(OPcode)를 사용함에 의해 실행되는 인위적인 스택의 사용을 통해 이루어졌다.

전형적으로, 외부 램에서의 영역은 스택으로써 무시된다. 특별한 라이브러리 루틴은 함수가 호출될 때마다 새로운 스택을 다룬다. 이런 방법은 작동돼 재진입(reentrant) 능력을 부여하는 반면에 가격은 서서히 변해 왔다. 순수한 효과는 프로세서가 프로그램을 수행하는 것보다도 컴파일러 자체의 코드를 수행하는 데 많은 시간을 소비한다는 것이다.

새로운 스택을 생성하는 본래의 비효율성 외에도 컴파일된 프로그램의 코드는 8051의 특성에 맞도록 대단히 최적화되지는 않는다. 이러한 오버헤드로 인해 IO포트에 의해 제어되는 뱅크 전환 확장 메모리의 준비는 거의 필수적인 것이 된다.

그러므로 특별히 8051 프로그래밍에서 어셈블러를 통한 접근은 단지 작지만 시간이 중요시되는 시스템에 대해서만 단지 실질적인 대안이 되었다.

1980년 이전으로 거슬러 올라갈 때, 인텔은 PLM51 형태로 새로운 8051에서 고수준 언어 프로그램을 허용하는 문제를 위해 부분적인 해결 방법을 만들어 왔다. PLM85(8085)로부터 변형된 이 컴파일러는 완벽하지 않았지만 인텔은 이 언어의 완전히 스택에 기반을 둔 실행은 단순하지 않았다는 것을 충분히 인식할 수 있을 만큼 실제적이었다.

채택된 해결책은 단순히 메모리의 정의된 영역에서 단순히 매개인자를 전달하는 것이었다. 이와 같이 각각의 프로시저는 매개인자 받고 그 결과를 반환하는 그 자신의 메모리영역을 갖는다. 만약 전달하는 세그먼트가 내부에 속한 것이라면 호출 시 걸리는 오버헤드는 실제적으로는 꽤 작다.

외부 메모리를 사용하는 것은 프로세서를 느리게 하지만 인위적인 스택을 사용하는 것보다는 더 빠르다. 이 컴파일된 스택 접근을 이용할 때의 단점은 함수의 재진입(reentrance)이 현재 불가능하다는 것이다. 실전에서 이러한 심각한 생략은 전형적인 8051프로그램에서 문제를 일으키지는 않는다. 그러나 최신 C51 버전은 선택적으로 재진입을 허용하기 때문에 몇몇 중요한 함수들의 재진입을 통해 사용하도록 허용하는 것이 전체 프로그램의 효율성에 영향을 주지 않는다.

마이크로 컨트롤러에서 C를 사용할 때 다른 주목할 만한 가치가 있는 고려사항은 다음과 같다.

- 온 칩(on-chip) 상에서와 칩 외부의 주변장치들의 제어
- 인터럽트 제공
- 제한된 명령어들을 잘 이용하기
- 다른 롬과 램 구성을 지원
- 코드공간을 보전하기 위한 고수준의 최적화 기능
- 레지스터 뱅크 전환의 제어
- 진보되거나 특별한 칩 패밀리의 변형 부류들에 대한 지원(예를 들면, 87C751, 80C517 등)

Keil C51 컴파일러는 마이크로 컨트롤러 사용을 위해서 필수한 모든 C 확장성을 포

함하고 있다. 이 C 컴파일러는 인텔에 의해서 개척된 기술위에 세워진 것이지만 부동 소수점 연산, 포맷된/ 포맷되지 않은 IO 등과 같은 적절한 C언어 특징을 첨가했다.

사실상, 그것은 특별히 8051프로세서를 위한 C언어 ANSI 표준을 시행한 것이다.

1.1.2.3 네트워크 기반 임베디드 시스템을 위한 OS

1.1.2.3.1 Windows CE

Windows CE는 개인 범용 컴퓨터 디바이스들을 위한 마이크로소프트사의 새로운 임베디드 오퍼레이팅 시스템으로 핸드헬드(Handheld) 컴퓨터, 터미널, 산업용 제어기 및 다른 소형 컴퓨터 등에서부터 인터넷 TV, 디지털 셋톱박스, 웹폰 등과 인터넷 디바이스에 이르기까지 모든 분야에서 사용 가능한 32비트 윈도우 호환성을 가진 오퍼레이팅 시스템이다.

Windows CE를 OS로 선정하는 이유는 일반적으로 다음과 같다. 첫째, 가정용 및 범용 목적의 PC의 OS의 대부분을 차지하는 Windows 계열(Window or 10 등)과 호환성이 높아 사용자의 편리성 및 네트워크 작업의 편리성이 증대된다. 둘째, 정보 가전기기를 위한 홈 네트워크용 미들웨어인 유니버셜 플러그 앤 플레이가 기본적으로 사용할 수 있어 별도의 작업 없이 UPnP 메커니즘을 이용할 수 있다. 그 밖에 간이 망 관리 프로토콜과 같은 다양한 네트워크 표준을 지원하며, 응용시스템 개발용 도구도 잘 지원되고 있다.

1.1.2.3.2 임베디드(Embedded) 리눅스

임베디드 리눅스는 이미 다양한 임베디드 시스템에서 운영체제로 널리 사용되고 있으며, 앞으로도 그 점유율은 더욱 늘어날 전망이다. 이는 임베디드 리눅스가 가지는 서버적 측면에서의 뛰어난 안정성과 Network에 대한 완벽한 지원에 기반하고 별도의 로얄이나 라이선스 비용이 추가되지 않아 많은 개발업체들이 선호하는 내장형 운영체제이다. 초창기의 Linux는 설치과정이 복잡하여 많은 시행착오가 필요했으나 Redhat 계열을 위시한 최근의 리눅스 배포판들은 이와 같은 설치상의 난해함이 거의 사라진 상태이다.

정보 가전기기와 같은 임베디드 시스템 개발 환경으로 Mandrake Linux을 이용해 볼 수 있다. 정보 가전기기용 에뮬레이터를 개발하기 위한 선결작업으로서, 리눅스 및 리눅스용 인텔 간이 망 관리 프로토콜 소프트웨어 개발 키트의 올바른 설치가 이루어져야하고 이를 이용한 다양한 개발을 해볼 수 있다.

1.1.3 통신 인터페이스의 기초

1.1.3.1 시리얼 데이터통신

처음 컴퓨터가 개발되었을 때에는 개인적인 용도로 컴퓨터를 사용한다는 것은 상상하기 힘든 일이었다. 그러나 하드웨어 기술의 비약적인 발전으로 개인용 컴퓨터가 대량으로 보급되었고 사무실, 실험실, 공장 등에서는 데이터 처리, 문서 편집, 데이터베이스 관리, 공정제어, 전자우편 등의 다양한 정보 처리 수요가 폭발적으로 증가하였다. 이러한 수요에 대응하기 위해서 컴퓨터끼리 서로 연결된 통신망이 등장하게 되었다. 보다 효율적이고 조직적으로 여러 업무를 처리하기 위해서 각 기기들은 신속하고 정확하게, 그리고 쉽게 정보를 교환할 수 있어야 한다. 그래서 많은 규약들이 등장했고, 그에 맞추어 여러 표준들이 제정되었다.

통신에 사용되는 매체와 인터페이스의 물리적인 특성에 관한 표준은 먼저 제정되어야 하는 것들이다. 왜냐하면 신호의 특성에 대한 전기적인 혹은 광학적인(optical) 규약이 없이는 어떠한 형태의 통신도 불가능하기 때문에 어떤 통신이든지 이것들에 관한 표준이 필수적인 요소이다. 물리적인 인터페이스 사양이 없으면 모뎀이나 터미널들의 통신 장비 제조업자들은 여러 범위의 컴퓨터에 범용으로 연결해서 쓸 수 있는 제품을 만들어 낼 수가 없다. 전기적인 신호의 특성에 관한 표준이 없으면 어떠한 형태의 통신이든지 정의하기 어렵게 된다.

보편적으로 사용되고 있는 시리얼 인터페이스 표준인 RS-232C는 1962년에 발표되었으며 1969년, 1972년 그리고 1987년에 개정되었다. 보다 고속의 성능을 낼 수 있는 시리얼 인터페이스 표준인 RS-422와 RS-423은 1975년에 발표되었다. RS-449는 RS-422와 RS-423 표준을 이용하여 RS-232C 인터페이스의 문제점을 개선하고자 제안된 표준이며, 1977년에 발표되었다.

가. RS-232C(V.24)

RS-232는 EIA(Electronic Industries Association)에서 제정한(V.24는 CCITT에서 제정한 표준) 시리얼 데이터 통신을 위한 전기 인터페이스 표준이다. RS는 추천표준으로 권고 표준을 의미하고 232는 일련번호이다. RS-232에는 A, B, C 3가지가 있는데 각각은 온과 오프 레벨의 전압 차의 범위를 정의하고 있다. 그중에서 많이 사용되는 것이 C버전, 즉 RS-232C이다. RS-232C에서는 -3*V*와 -12*V* 사이를 Mark 비트로 정의하고, +3*V*와 +12*V* 사이를 Space 비트로 정의하고 있다. 이러한 신호들은 약 8*m* 정도까지 전송할 수 있다.

쉽게 접할 수 있는 직렬 통신의 또 다른 인터페이스 표준으로는 RS-422와 RS-574를 들 수 있다. RS-422는 보다 낮은 전압과 차동 신호(differential signal)를 사용해서

300m 정도까지 전송이 가능하도록 하고 있다. RS-574는 표준 9핀 PC 직렬 커넥터와 전압에 관해 정의하고 있다.

RS-232 직렬 통신에 관해 이야기하다 보면 데이터 단말 장치(Data Terminal Equipment)와 데이터 통신 장치(Data Communications Equipment)라는 용어를 많이 접하게 된다. 데이터 단말 장치는 개인용 컴퓨터(PC: Personal Computer) 같은 데이터 단말 장치를 지칭하고, 데이터 통신 장치는 모뎀이나 음향 커플러 같은 데이터 통신 장치를 가리킨다. 연결을 할 때에는 보통 데이터 단말 장치 쪽에는 수놈 플러그로 된 25핀 커넥터를 사용하고, 데이터 통신 장치 쪽에 암놈 플러그를 사용한다.

[표 1.4] RS-232C 핀과 신호선 의미

Pin	Description	Pin	Description
1	Earth Ground	14	Secondary TXD
2	TXD – Transmitted Data	15	Transmit Clock
3	RXD – Received Data	16	Secondary RXD
4	RTS – Request To Send	17	Receiver Clock
5	CTS – Clear To Send	18	Unassigned
6	DSR – Data Set Ready	19	Secondary RTS
7	GND – Logic Ground	20	DTR – Data Terminal Ready
8	DCD – Data Carrier Detect	21	Signal Quality Detect
9	Reserved	22	Ring Detect
10	Reserved	23	Data Rate Select
11	Unassigned	24	Transmit Clock
12	Secondary DCD	25	Unassigned
13	Secondary CTS		

온 또는 오프 상태이다. 온 상태는 Mark라고 부르고, 오프 상태는 Space라고 부른다. 직렬 데이터의 전송속도는 보통 bps(bits-per-second) 또는 baud(baud rate)라는 말을 이용해서 표시한다. 이것은 일 초 동안에 보내질 수 있는 비트의 개수를 의미한다. RS-232에 보편적으로 사용되는 전송속도는 9,600과 19,200이다. RS-232 신호도해(signal diagram)는 다음과 같다. 핀의 번호는 수놈 플러그에서 〈그림 1.10〉과 같고 암놈 플러그에서는 〈그림 1.10〉과 좌우대칭 구조이다.

[표 1.5] RS-574 핀과 신호선 의미

Pin	Description	Pin	Description
1	DCD – Data Carrier Detect	6	Data Set Ready
2	RXD – Received Data	7	RTS – Request To Send
3	TXD – Transmitted Data	8	CTS – Clear To Send
4	DTR – Data Terminal Ready	9	Ring Detect
5	GND – Logic Ground		

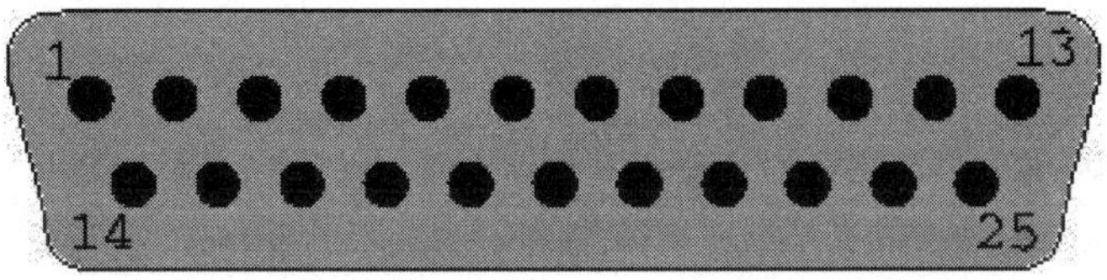

▌그림 1.10▐ RS-232 Signals

❶ 논리적 그라운드(GND: Logic Ground – 핀 5)

기술적으로 볼 때 논리적 그라운드는 신호가 아니다. 그러나 이것이 없으면 다른 어떤 신호도 그 역할을 하지 못한다. 다시 말하면 논리적 그라운드는 기준 전압으로서 전압이 양인지 음인지 판단하는 기준이 된다.

❷ 송신 데이터(TXD: Transmitted Data – 핀 3)

❸ 수신 데이터(RXD: Received Data – 핀 2)

수신 데이터 신호는 데이터를 수신하는 역할을 한다. 송신 데이터와 마찬가지로 Mark를 1로, Space를 0으로 해석한다.

❹ 데이터 캐리어 검출(DCD: Data Carrier Detect – 핀 1)

데이터 캐리어 검출 신호는 직렬 케이블의 다른 쪽 끝에 연결되어 있는 컴퓨터나 기기로부터 수신된다. 이 신호선에 Space 전압이 검출되면 컴퓨터나 기기가 현재 연결되어 있거나 사용 중임을 의미한다. 데이터 캐리어 검출은 항상 사용되거나 이용 가능하지는 않다.

❺ 데이터 단말 준비 신호(DTR: Data Terminal Ready – 핀 4)

데이터 단말 준비 신호는 데이터 단말 장치가 동작 가능한 상태라는 것을 데이터 통신 장치로 전달하는 데 사용되는 신호이다. 동작 가능 상태이면 Space 전압을 만들고, 동작 불가능 상태이면 Mark 전압을 만들어 낸다.

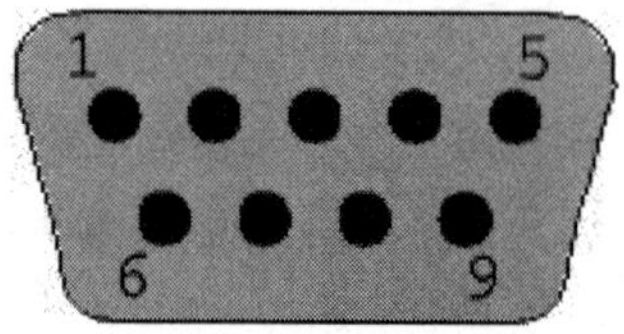

┃그림 1.11┃ IBMPC/AT 9-Pin DSUB Signals (RS-574)

❻ 송신가능(CTS: Clear To Send - 핀 8)

송신가능 신호는 직렬 케이블의 다른 쪽 끝으로부터 수신되며 공간 전압이면 직렬 데이터를 더 보내도 좋다는 것을 의미한다.

❼ 송신 요구(RTS: Request To Send - 핀 7)

송신요구 신호는 보낼 직렬 데이터가 더 준비되어 있을 때 만들어지는 신호이며 공간 전압으로 만들어진다.

RS-232C 데이터 전송 시스템에서 전송되는 각 신호들은 신호 그라운드인 논리적 그라운드를 기준점으로 한 전압의 형태로 인터페이스 커넥터에 나타난다. 예를 들어, 데이터 단말 장치로부터 나오는 전송 데이터(TD: Transmitted Data)는 핀 5번 논리적 그라운드에 대한 전압으로, 핀 3번에 나타난다. RS-232C 수신부는 <그림 1.12>와 같은 전압 범위 내에서 동작한다. 진폭은 3*V*에서 25*V*까지 변한다. RS-232C 구동기(driver)는 5~15*V*, -5~-15*V*까지의 전압 출력을 만들어 낸다.

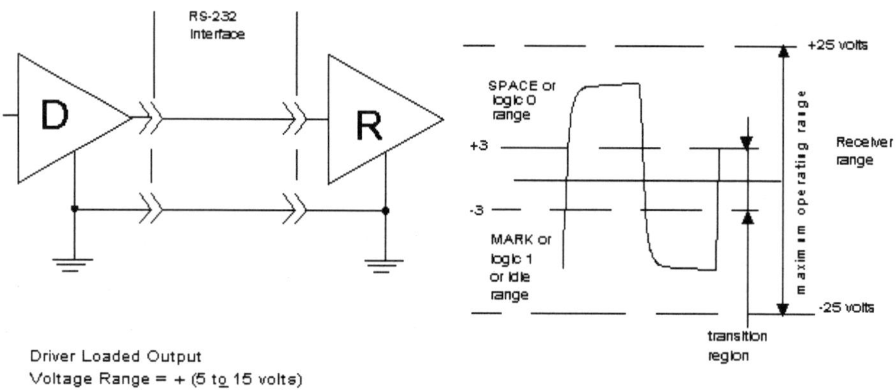

┃그림 1.12┃ RS-232 인터페이스 회로

RS-232C 표준 또는 비슷한 인터페이스 표준에서 RS-232C를 속도는 20*kbps* 이하, 전송선의 길이는 15*m*(50*ft*) 이하로 제한하고 있다. RS-232C는 간단하고, 보편적이며 쉽게 이해할 수 있으므로 어디에서든 많이 사용된다. 그러나 전기 인터페이스로서 몇 가지 단점이 있다. 첫째, RS-232C는 데이터 단말 장치와 데이터 통신 장치 간에 공통 그라운드를 전제로 하고 있다는 점이다. 이것은 데이터 단말 장치와 데이터 통신 장치 간에 거리가 짧을 때에는 상관이 없지만 보다 길어진 거리와 서로 다른 전기적 버스에서 돌아가는 기기들 간의 연결에는 적합하지 않다. 둘째, 하나의 선으로 신호를 전달하므로 잡음에 대해 완벽하게 차폐를 할 수가 없다. 케이블 전체를 차폐함으로써 외부의 잡음에 대해서는 그 영향을 줄일 수가 있으나, 내부적으로 생기는 연결 장치 및 시스템 내부 회로에 의한 잡음은 그대로 남아 있을 수밖에 없다.

나. RS-422(CCITT X.27, V.11)

RS-422A는 EIA(Electronic Industries Association)에서 "평형 전압 디지털 인터페이스 회로의 전기적 특성(electrical characteristics of balanced voltage digital interface circuits)"이라고 명명하고 있는데, 이것은 RS-422 인터페이스 회로의 특성을 잘 설명하고 있다. 즉, 2개의 선의 전압 차이로서 표시되기 때문에 신호 전송자와 신호 수신자 사이의 그라운드 전압이 변하더라도 영향을 받지 않는다. 이런 점에서 RS-422A는 RS-232C의 단점을 보완한 형태라고 말할 수 있다.

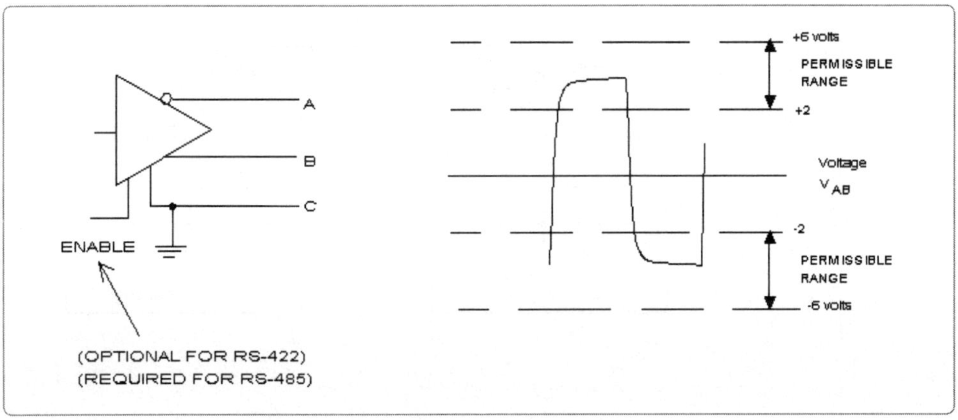

❙그림 1.13❙ 평형 차동 출력 구동기의 구성 및 신호형태

평형 차동 시스템(balanced differential system)에서 구동기에 의해 만들어지는 전압은 하나의 신호를 전달하기 위해서 한 쌍의 신호선에 나타난다. 〈그림 1.13〉은 평형선 구동기의 기호와 존재하는 전압을 표시한 것이다. 평형선 구동기는 A와 B 출력 터미널에 $2V$부터 $6V$까지의 전압을 만들어 낸다. 구동기는 신호 그라운드 연결을 C 출력 터미널로 하고 있다. C 출력 터미널을 신호 그라운드에 적절하게 연결하는 것은 중요하지만, 이 터미널이 데이터 선의 논리적 상태를 결정하는 데에는 사용되지 않는다.

또 구동기는 "가능" 신호라고 불리는 입력신호를 갖고 있다. 이 신호의 목적은 구동기를 출력 터미널 A, B에 연결하는 것이다. 만약 "가능" 신호가 OFF이면 구동기와 전송선의 연결이 끊어져 있는 것이라고 생각하면 된다. RS-485 구동기는 반드시 "가능" 제어 신호를 갖고 있어야 하지만 RS-422 구동기는 이 입력신호를 반드시 가지고 있어야 할 필요는 없다.

〈그림 1.14〉는 전형적인 RS-422 인터페이스 회로로서, 데이터 단말 장치와 데이터 통신 장치 간의 4선 인터페이스 회로이다. 각 구동기(generator or driver)는 10개의 수신기까지 구동할 수 있다. 선로의 두 신호 상태는 다음과 같이 정의된다.

❶ 구동기의 "A" 단말이 선로의 "B" 단말에 대해서 음(negative)일 때, 이것은 Binary 1 (Mark 또는 오프) 상태이다.

❷ 구동기의 "A" 단말이 선로의 "B" 단말에 대해서 양(positive)일 때, 이것은 Binary 0 (Space 또는 온) 상태이다.

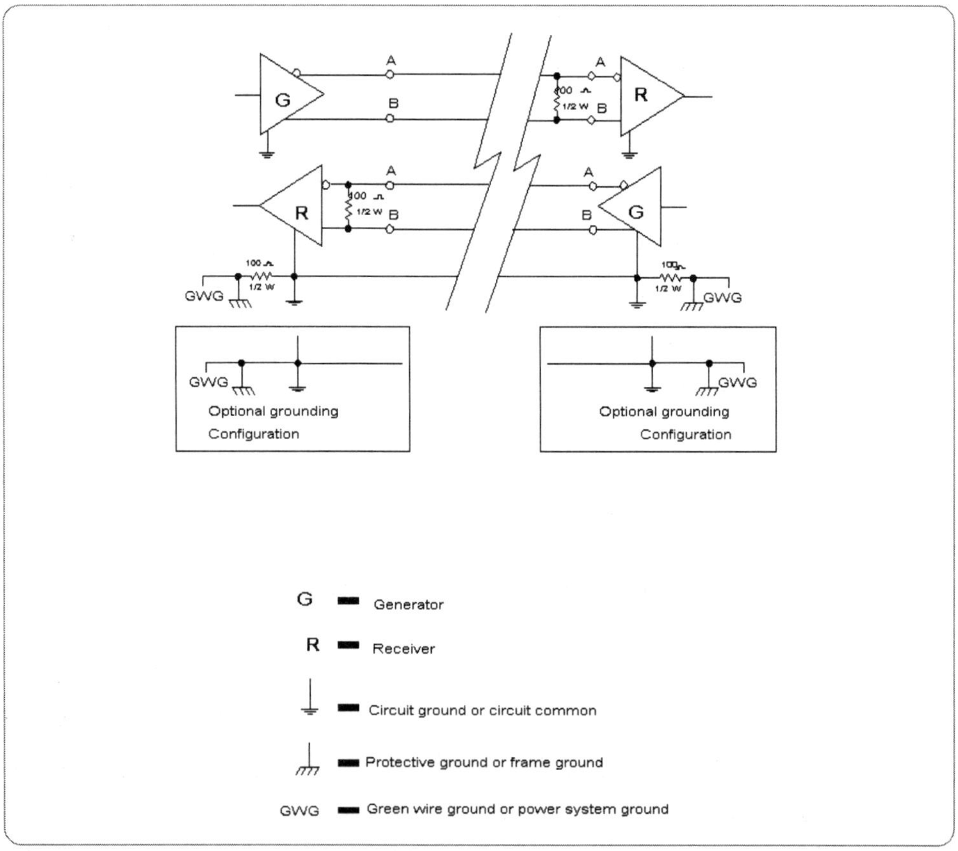

┃그림 1.14┃ 전형적인 RS-422 4선 망

고속으로 데이터를 전송할 때에는 전송 선로에 종단 저항을 부착하는 것이 권장되고 있다. 그림에서 사용된 것은 100옴 1/2와트짜리 저항으로서 전형적으로 사용되는 것이다. 이와 같이 저항을 사용하는 이유는 전송선의 길이와 속도가 증가할수록 신호의 반사에 의한 효과가 커지는데, 반사된 신호는 중첩과 간섭 현상을 일으켜 잘못된 신호를 전달하는 결과를 낳는다. 이를 해결하기 위해서 전송 선로의 끝부분을 임피던스 정합을 통해서 구동기 측에서 볼 때 선로가 무한히 길게 보이도록 한다. 결국 이 저항을 선택할 때에는 전송 선로의 특성 임피던스를 고려해서 선택해야 한다. 90옴 이하의 저항은 사용하면 안 된다. 그림에서 신호 그라운드 선이 시스템에 연결되어 있는데, 이 연결은 수신기에서 공통 모드 전압이 -7*V*부터 +7*V* 사이에 들어가도록 유지시켜 주는 역할을 한다. 이 인터페이스 회로는 신호 그라운드 연결이 없이도 작동할 수 있으나 신뢰성을 보장할 수 없다.

다. RS-485

RS-485 표준은 평형 전송 선로(balanced transmission line)가 공통선 모드(party line mode)에서 사용될 수 있도록 허용하고 있다. 32개의 구동기/수신기 쌍이 2선 공통선 망(party line network)을 공유할 수 있다. 구동기와 수신기의 많은 특성들이 RS-422와 같다. 구동기와 수신기가 허용하는 공통 모드 전압의 범위가 +12*V*부터 -7*V*로 확장되어 있다. 〈그림 1.15〉에 전형적인 2선 다분기(multi-drop), 즉 공통선 망이 도시되어 있다. 전송선이, 선로의 양쪽 끝에는 종단 저항이 부착되어 있고 선로 가운데의 분기 지점에는 연결되어 있지 않다. RS-485 시스템에서도 수신기가 +12*V*부터 -7*V*까지의 전압 범위를 수용할 수 있도록 공통 모드 전압을 유지하기 위하여 신호 그라운드 선을 연결하는 것을 권장하고 있다.

〈그림 1.16〉과 같이 RS-485 통신망은 4선 모드로도 연결되어 사용될 수 있다. 4선 망에서는 하나의 노드가 마스터(master)가 되고 다른 모든 노드들이 슬레이브(slave)가 되는 것이 필요하다. 이 망은 마스터 노드가 모든 슬레이브 노드로 통신을 하도록 연결이 되어 있다. 모든 슬레이브 노드들은 단지 마스터 노드와만 통신이 가능하다. 그렇게 함으로써 혼합된 규약 통신을 하는 장비들에 있어서 몇 가지 이점이 있다. 슬레이브 노드들이 다른 슬레이브 노드가 마스터에 응답하는 것을 듣지 못하기 때문에 슬레이브 노드가 다른 슬레이브 노드에게 부정확하게 응답할 수 없다.

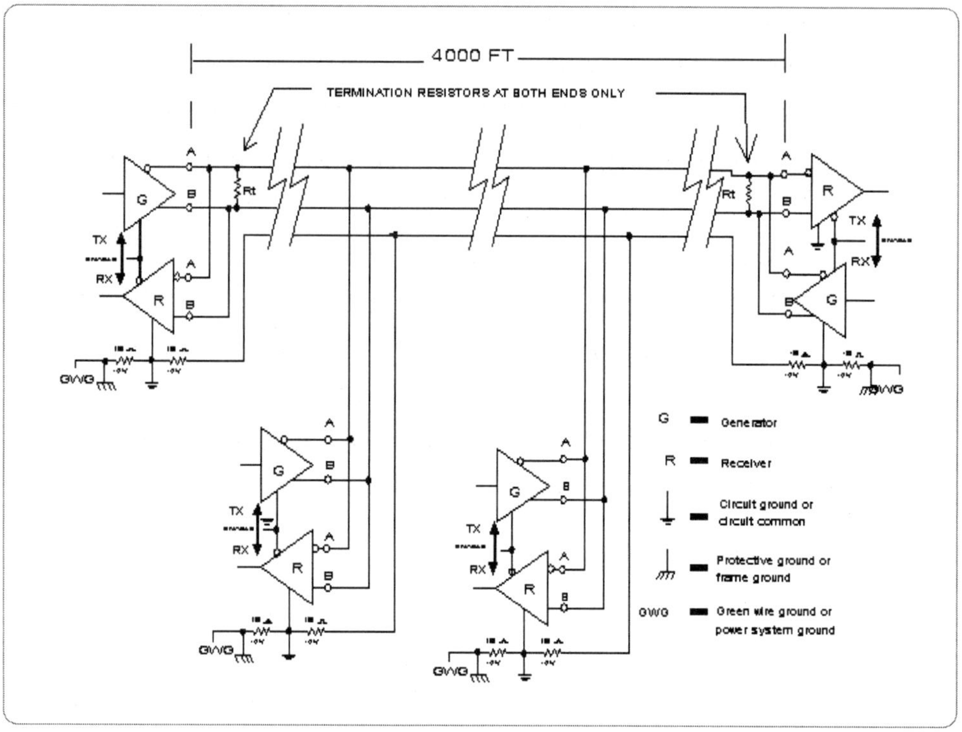

▌그림 1.15▐ 전형적인 RS-485 2선 멀티 드롭 망

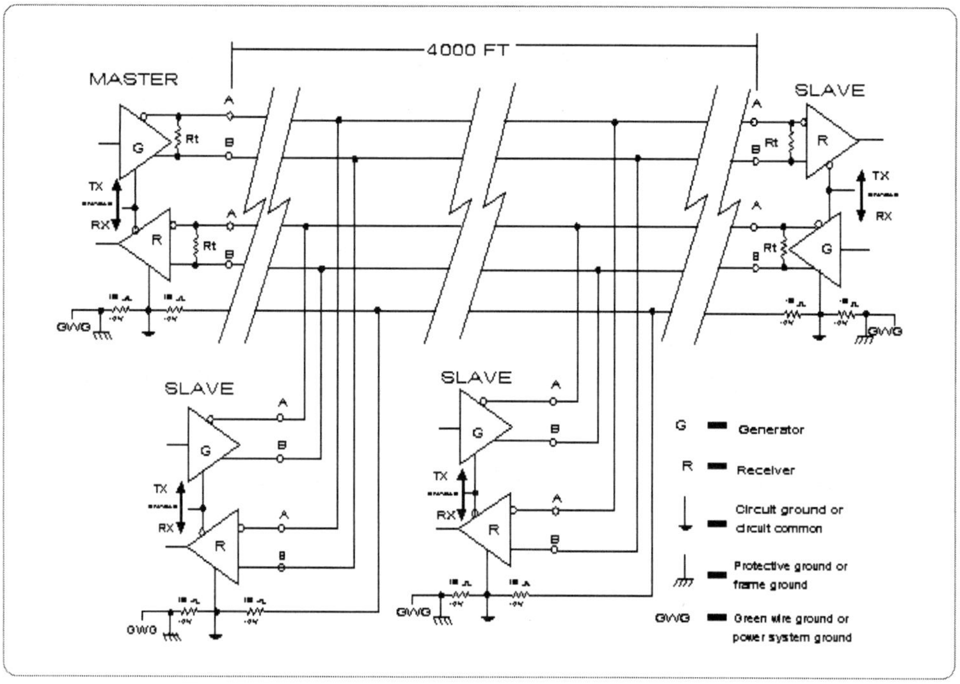

▌그림 1.16▐ 전형적인 RS-485 4선 멀티드롭 망

라. RS-423(CCITT X.26, V.10)

RS-423 데이터 전송은 RS-422형의 평형 선로 수신기와 연결되는 비평형 선로 구동기를 사용한다. 즉, RS-423은 RS-422에서 파생되어 나온 것으로서, RS-232C에서 나오는 비평형 전압 출력과 RS-422와 같은 평형 수신기를 사용한다. RS-423 선로 구동기는 이 시스템에 유일하게 사용되는데, RS-232C와 비슷한 전압을 발생시킨다. 그러나 회전율(slew rate) 제어 입력이 있는데, 이것은 데이터 선로의 상승시간(rise time)과 누화(cross talk)를 제한하기 위해 사용된다. 전형적인 회전율(slew rate) 제어의 조정값은 1~100μs이다. 아래 〈그림 1.17〉에서 RS-423 인터페이스를 보여 주고 있다.

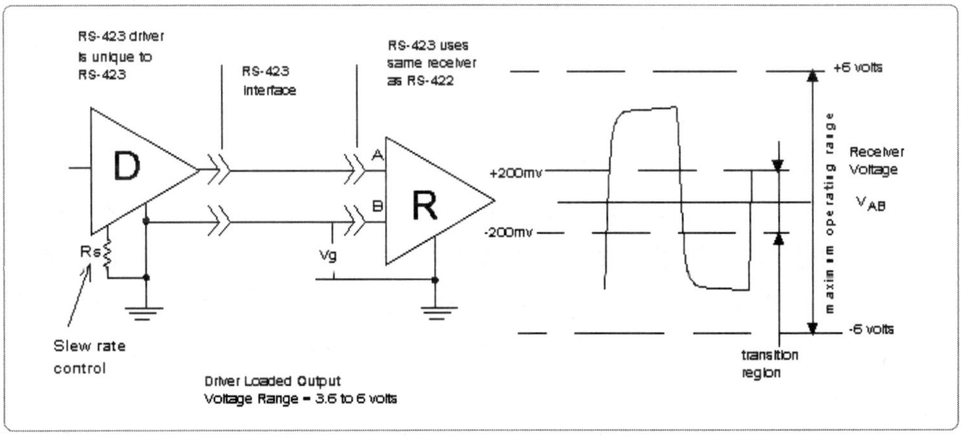

▌그림 1.17▐ RS-423 인터페이스 회로

마. RS-449

RS-449는 1977년 US EIA(US Electronics Industries Association)에 의해서 만들어졌는데, RS-422와 RS-423 전기 표준을 사용함으로써 RS-232C 표준과 관계된 많은 문제점을 고치는 데 목적을 두었다. RS-449는 일반적 목적의 37핀과 9핀 인터페이스로서 직렬 이진 데이터 교환을 위한 데이터 단말 장치와 데이터 통신 장치의 인터페이스에 사용된다. RS-449는 37핀 D-시리즈 커넥터의 사용에 관한 규정을 하고 있는데, 필요할 경우 2차 채널로서 9핀 D-시리즈 커넥터를 추가로 사용하도록 하고 있다. RS-449는 타이밍 신호를 함께 사용할 경우 2*Mbps*까지, RS-422를 사용할 경우 4*Mbps*까지, 지수의 웨이브쉐이핑 또는 138*kbps* 직선의 웨이브 쉐이핑을 사용한 RS-423을 사용할 경우에는 60*kbps*까지의 데이터 전송률을 지원한다. 최대 케이블 길이는 60*m*이다. 25핀 RS-232C 인터페이스를 RS-449에 사용되는 37핀 커넥터에 연결하기 위해서는 어댑터가 필요하다. RS-449는 상대적으로 늦게 소개되었고 또 커넥터에 너무 많은 핀이 필요해서 널리 적용되지 않고 있다.

바. IEEE 488(IEC 625)

❶ 목적

IEEE 488은 최초로 만들어진 국제 표준으로 사용되기 위한 범용의 평행 인터페이스이다. Hewlett Packard는 그들이 사용하던 범용 인터페이스 버스 표준을 1975년에 IEEE에 제출했으며, IEEE 488-1975로 승인을 받았다. 이 표준은 드라이버와 리시버에 Schottky 회로 기술을 이용할 수 있도록 1978년에 개정되었다. 이 표준은 프로그래밍 가능하거나 가능하지 않은 전자적인 계측 장비와 다른 장비들, 그리고 계측 시스템들을 통합하기 위해서 필요한 각종 장비들을 서로 연결하는 데 사용하도록 고안되었다. IEEE 488 표준은 기기에 의존하는 기계적, 전기적, 기능적 인터페이스 요구조건을 정의하고 있으며, 기기들의 상호 연결과 명확한 통신이 만족되도록 요구하고 있다.

❷ 전기적 표준

IEEE 488은 2가지 종류의 데이터 라인이 있다. 하나의 그룹은 데이터 전송을 위한 여덟 개의 라인(DIO1~DIO8)이고 다른 하나는 제어를 위한 8개의 라인이다. 또 다른 여덟 개의 라인은 신호 그라운드와의 접지를 담당하고 있다. 최대 15개까지의 기기들이 IEEE 488 버스에 연결될 수 있으며 데이터의 전송은 최대 20*m*의 거리일 때 1*Mbps* 까지 가능하다. 버스 케이블은 보통 2*m* 길이의 데이지 체인 방식으로 기기들을 연결한다.

음의 논리적 폐기 잔여시간 전압 레벨이 사용된다. 48*mA* 오픈된 수집 라인 구동기가 사용될 때 데이터 비트율은 250*kbps*까지 가능하며 총길이는 20*m*까지이다. 48*mA* Tristate 구동기를 사용하면 데이터 비트율은 500*kbps*까지 올라간다. Tristate 구동기를 사용해서 1*Mbps*의 비트율을 얻기 위해서는 각 인터페이스 도선의 정전용량(capacitance)이 50*pF*보다 작아야 한다.

데이터 전송은 비동기식, 비트 평행, 바이트 직렬로 이루어진다. 그리고 데이터 유효성(Data Valid), 데이터를 위한 준비가 되지 않은 상황(Not Ready For Data), 데이터 수용 불가 상황의 3개의 handshake 라인으로 제어된다. DAV 라인은 데이터 입출력 라인(DIO1~DIO8)에서 데이터가 사용 가능한지 않은지를 표시해 준다. NRFD 라인은 기기가 데이터를 받아들일 준비가 되어 있는지를 나타낸다. 그리고 NDAC 라인은 기기가 데이터를 받고 있다는 것을 표시해 준다.

다음과 같은 5가지의 일반적인 인터페이스 관리 라인이 있다.

- IFC(Interface Clear): 제어기가 모든 액티브 버스 기기들을 알려진 정지한 상태로 만들기 위해 사용된다.
- ATN(Attention): 제어기에 의해서 만들어지며, 핸드쉐이크 과정을 시작하기 전에

버스 기기들의 주의를 얻기 위해서 사용된다. 또한 DIO 라인에 있는 데이터가 어떻게 해석되고 어떤 기기가 응답을 해야 하는지에 대한 것도 규정하고 있다. ATN이 제어기에 의해서 참이 되어 있는 동안 버스상의 기기들의 특정한 응답이 얻어지는데, 이것은 송신자 또는 수신자 주소를 제어기로부터 입/출력 디스크 라인까지 보냄으로써 이루어진다. 모든 기기들은 그 주소를 들으며 ATN이 거짓으로 되면 주소가 적혀진 기기만 데이터를 읽거나 쓰게 된다. 즉, 1번에 하나의 송신자만이 존재한다.

- SRQ(Service Request): 제어기로부터 서비스를 필요로 하는 기기로부터 만들어진다. 현재 이루어지고 있는 이벤트의 순서를 재조정 할 수 있다.
- REN(Remote Enable)
- EOI(End Or Identify): 송신자에 의해서 만들어지는데, 수신자에게 현재 입/출력 디스크에 있는 데이터 바이트가 마지막 것이라는 것을 알려 주기 위해 사용된다. EOI는 ATN과 함께 제어기에 의해서 만들어지며 평행하고 연속적 순서를 시작하기 위해 사용된다.

❸ 기능적 사양

기기들은 하나 또는 여러 개의 기능을 수행하는데 기본적인 것은 다음의 3가지이다.

- 말하기
- 듣기
- 제어

대기 수신자는 버스로부터 데이터를 받는 것만 하고 송신자는 버스 상에 데이터를 보내며 제어기(Controller)는 다른 기기들의 주소를 표시하며 송신자가 버스를 사용할 수 있는 권한을 준다. 하나의 버스 제어기와 하나의 송신자가 1번에 능동 상태(active)가 될 수 있다.

기기들은 모두 고유한 주소를 가지며 제어기는 일제 송신(broadcast)일 때는 필요한 숫자만큼의 대기 수신자의 주소를 표시할 수 있지만 보통의 동작은 하나의 발신자로부터 하나의 대기 수신자까지이다. 발신자는 서비스-요구 메시지를 시스템 제어기로 보냄으로써 직렬 폴 시퀀스를 시작할 수 있다. 제어기는 어떤 기기가 버스 사용권을 요구했는지 결정하기 위해서 모든 기기로부터 차례로 상태 바이트를 얻음으로써 응답한다. 평행 폴은 버스에 있는 기기들이 그들의 상태를 제어기로 동시에 보고함으로써 가능하다.

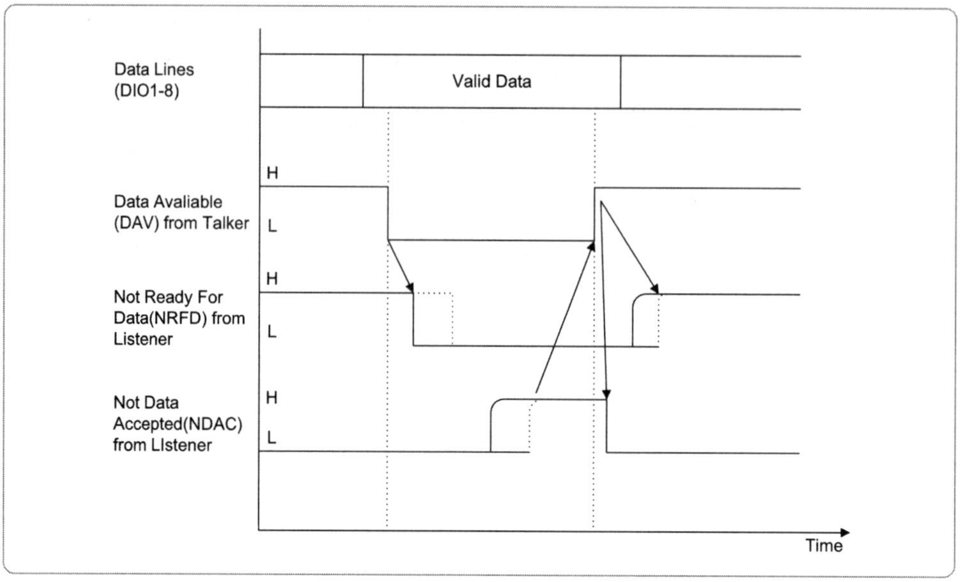

▌그림 1.18▐ IEEE 488 3 결선 기반의 핸드셰이크 기법

기기들은 모두 고유한 주소를 가지며 제어기는 일제 송신(broadcast)일 때는 필요한 숫자만큼의 대기 수신자의 주소를 표시할 수 있지만 보통의 동작은 하나의 발신자로부터 하나의 대기 수신자까지이다. 발신자는 서비스-요구 메시지를 시스템 제어기로 보냄으로써 직렬 폴 시퀀스를 시작할 수 있다. 제어기는 어떤 기기가 버스 사용권을 요구했는지 결정하기 위해서 모든 기기로부터 차례로 상태 바이트를 얻음으로써 응답한다. 평행 폴은 버스에 있는 기기들이 그들의 상태를 제어기로 동시에 보고함으로써 가능하다.

〈그림 1.18〉에 3 결선 기반의 핸드셰이크 방식이 데이터를 보내는 데 필요하다는 것을 보여 주고 있다. 송신자가 대기 수신자가 준비되었다는 것을 확인했으면, 입/출력 디스크 1번부터 8번까지에 데이터를 올리고 음성 상역 데이터를 낮음으로 만든다. 빨리 응답하는 대기 수신자는 NRFD를 Low로 만들어 사용 중이라고 표시한다. 늦게 참가하는 대기 수신자는 데이터를 받았으면 앞의 전송에 의해서 낮은 신호로 되어 있는 NDAC를 높은 신호로 올린다. 송신자가 NDAC가 높음으로 되어 있는 것을 발견하면, 데이터를 제거하고 DAV를 높음으로 올린다. 그래서 모든 대기 수신자는 다음 전송에 준비할 수 있게 된다. 대기 수신자는 다른 데이터를 받을 준비가 되어 있다는 것을 알리기 위해 NDAC를 낮음으로 만든다. 그러면 송신자는 다음 순서 데이터의 핸드셰이크를 반복한다.

1.1.4 펌웨어(Firmware) 구현 기초기술

1.1.4.1 펌웨어의 개요

펌웨어는 하드웨어를 제어하는 마이크로프로그램을 의미하여 프로그램이라는 소프트웨어적인 관점과 하드웨어를 구동시키기 위한 것이기 때문에 하드웨어와 밀접한 관계가 가지고 있다. 일반적으로 메모리 저장장치에 기록된 프로그램의 형태를 갖춘 소프트웨어의 형상을 가지고 있지만 하드웨어 내부에 설정된 롬(ROM: Read Only Memory)에 기록되어 있어서 사용자가 그 내용을 임의로 수정할 수 없도록 구성되어 있다.

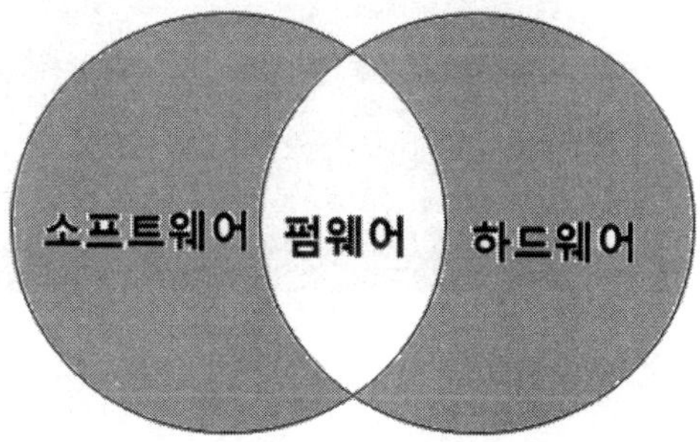

그림 1.19 펌웨어의 정의

기본적으로 하드웨어로 구성된 모든 전자기기는 펌웨어의 범주에 들어갈 수 있으나 일반적으로는 직접적으로 하드웨어를 제어하고 메모리를 관리하는 수준까지를 펌웨어라 한다. 따라서 휴대용 게임기, 휴대폰(스마트폰 제외), PDP, LED TV 등을 넘어서 산업 분야에서는 다양한 형태의 하드웨어기기가 모두 펌웨어로 동작된다. 예를 들어 PC의 전원을 키게 되면 바이오스(BIOS: Basic Input/Output System)가 나타나는데 이는 일반적으로 사용자들이 가장 쉽게 정할 수 있는 펌웨어의 일종이라고 할 수 있다.

본 절에서 예제로 제시한 사이프러스사의 PSoc는 마이크로 컨트롤러 일종의 하나로 마이크로 컨트롤러 코어에 주변장치를 하나의 칩으로 집적하여 출시하였다. 시리즈에 따라 다양한 주변장치를 내장하고 있지만 기본적으로 다음과 같다.

- ADC(Analog-Digital Converter)
- DAC(iDAC, VDAC)
- EEPROM, RAM, Flash ROM(memory)
- Comunication Component(UART, I2C, SPI, MDIO)

· PWM(Pulse Width Modulation)

· GPIO(General-Purpose Input/Output)

Psoc은 기존 마이크로컨트롤러와 다르게 구성하기 쉬운 통합개발환경(Psoc Creator)를 제공한다. 앞으로 다루게 될 Psoc 5는 ARM M3 코어를 가지고 있다.

▌그림 1.20▐ ARM M3 코어

▌그림 1.21▐ LCD 디스플레이, CAP SENSE, Serial Port, LED, switch, GPIO의 지원 사항

〈그림 1.20〉처럼 내장된 형태가 있을 수도 있고 〈그림 1.21〉처럼 원격 제어가 가능한 형태가 있다.

1.1.4.2 EEPROM(메모리) 사용방법

본 절에서는 Psoc 5 개발키트에서 EEPROM을 사용방법을 알아본다. 대부분의 개발키트로 동일한 방향을 사용하므로 공통점으로 적용될 수 있다.

1.1.4.2.1 EEPROM의 기능

- 파워가 꺼져도 값이 유지되어야 할 때: EEPROM(Electrically Erasable Programmable Read-Only Memory)은 전기적으로 저장내용을 지울 수 있지만 읽기 전용 메모리라는 뜻을 가진다. 전기 공급이 끊기 상태에서도 장기간 값을 기억하는 비휘발성 기억장치이다.
- 값을 저장해야 할 때: 위와 같은 이유에서 사용된다.
- 값을 읽기 전용으로 쓰고자 할 때 또한 사용될 수 있다.
- CFP에서 NVR(Non Voltile Register)영역의 값이 주로 ROM에 저장되어 있다가 모듈이 켜지면서 메모리에서 값을 가지고 오게 된다.
- 또 다른 이름으로는 플래시(Flash) 메모리, NVM, ROM 라고도 하고 대부분의 임베디드 시스템 및 스마트기기에서 사용된다.

Psoc 5에서 EEPROM의 특징을 살펴보면 EEPROM 컴포넌트를 top design에 올리고 더블 클릭하여 상세 데이터 메뉴(datasheet)를 활성화 하면 자세히 나온다.

1) 특징

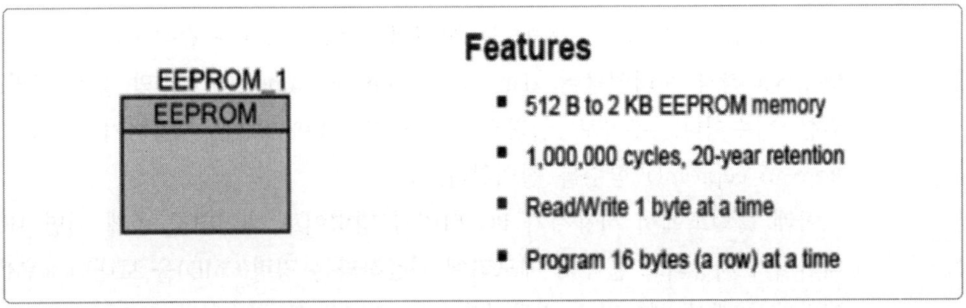

▌그림 1.22▐ EEPROM의 특징

위와 같이 코어칩에 따라 512바이트 에서 2K바이트 까지 저장할 수 있도록 되어 있다. 본 책에서 예제로 살펴놓은 개발키트는 2KB의 사이즈를 가진 개발 툴을 설명한다.

2) 구조

- Psoc의 EEPROM은 바이트단위의 배열(array)로 구성되고 열(row)과 행(column)으로 나눠져 있다.

datasheet에는 Sector, row, 16*byte*로 구성되어 있다. 16*byte*는 한 행(column)이 되고, 행이 64열(row)면 한 섹터(sector)가 된다.

목표는 개발키트를 임의의 제품으로 보고 일련(Serial) 번호와 날짜(Date) 코드, 판매자 이름(Vendor Name)을 가진다고 정한다.

- SN(Serial Number): 0001 (4자리정수)
- DC(Date Code): 20160501 (8자리숫자)
- VN(Vendor Name): ARTECH (10자리 문자열)

이 필드들은 UART 통신을 통해 저장할 수 있도록 하는데 이 때 저장을 위해 EEPROM 컴포넌트를 써서 개발키트 전원을 껐다 켜도 사라지지 않고 저장된 값을 불러 오도록 명령어를 처리한다.

다음은 설계에서부터 코딩 기법까지 구현방식을 설명하고자 한다.

❶ Top Design: UART 컴포넌트와 EEPROM을 올려놓은 다음 UART는 Tx, Rx를 포트 설정하고 이때 UART 보레이트(BAUD RATE)는 115200*bps*로 설정한다.

❷ 하드웨어 구성: UART Tx, Rx 포트에 따라 점퍼선을 연결하고 USB-to-Serial 케이블을 PC와 개발보드로 연결시킨다.

❸ 코딩

가. CLI(Call Level Interface) 추가 및 함수구현

프로그램을 구현하기 위해서는 아래의 〈그림 1.23〉과 같이 CLI를 추가해준다. *sn, *dc, *vn 각각 시리얼넘버, date code, vendor name을 입력 및 읽기 서비스(Read)를 위한 함수이다. 추가로 입력된 데이터를 EEPROM에 저장하기 위해 *save cli와 store_to_eeprom() 함수를 정의한다.

아래 블럭도에서 사용자가 PC 터미널 명령어로 데이터를 쓰게 되면 MCU RAM에 데이터가 저장되고 플래시 메모리에 저장하라는 명령(CMD)을 보내면 RAM에 있는 데이터가 플래시 메모리로 저장된다. 이 때 수행할 함수는 store_to_eeprom()이 된다. 마찬가지로 EEPROM의 저장된 데이터를 RAM으로 가져오는데 이때 수행할 함수는 load_from_eeprom() 이다.

```
void gen_cmd()
{
    if(!strncmp(margv[0],"*set",4))
    {
        UART_PutString("set...\n\r");
    }
    else if(!strncmp(margv[0],"*get",4))
    {
        UART_PutString("get...\n\r");
    }
    else if(!strncmp(margv[0],"*sn",3))
    {
        Set_SN();
    }
    else if(!strncmp(margv[0],"*dc",3))
    {
        Set_DC();
    }
    else if(!strncmp(margv[0],"*vn",3))
    {
        Set_VN();
    }
    else if(!strncmp(margv[0],"*save",5))
    {
        store_to_eeprom();
        printf("Save Done\r\n");
    }
    else if (!strncmp(margv[0],"*",1))
    {
        //UART_PutString("please enter CLI...\n\r");
        printf("please enter CLI...\r\n");
    }
```

▌그림 1.23▌ CLI 추가 및 함수구현

그리고 명령을 통해 PC가 해당 데이터를 요구하면 출력해준다. 프로그램 흐름은 〈그림 1.24〉와 같다.

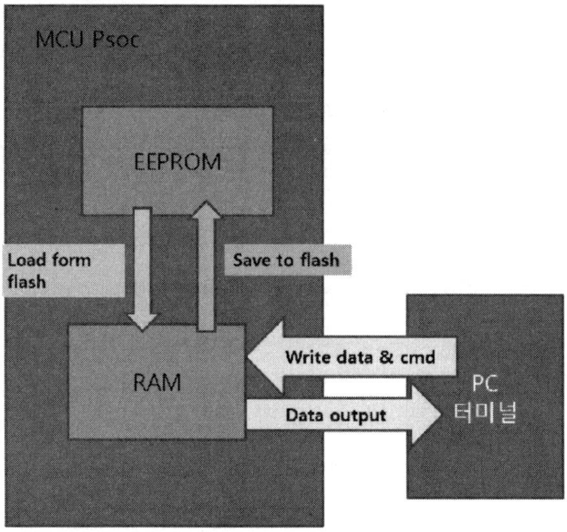

▌그림 1.24▐ MCU Psoc 프로그램 흐름도

나. 데이터 읽기/쓰기(Read/Write) 함수 구현

그림 1.25의 코트 예제와 같이 함수를 구현한다. 데이터를 RAM에 쓰고 읽는 함수인데 저장될 변수는 전역으로 선언 되어 있다. CLI에서"set", "get"에 따라 구현되며 "get" 해당 변수를 출력한다.

데이터 읽기/쓰기 함수의 구현은 대부분의 펌웨어 및 상위 계층의 데이터 통신 기술에서 공통 모듈이며 유사한 형태를 가진다.

```
void Set_SN()
{
    //uint16 sn;
    if(!strncmp(margv[1],"set",3))
    {
        serial_num = (uint16)atoi(margv[2]);
    }
    else if(!strncmp(margv[1],"get",3))
    {
        printf("Serial Number : %d \r\n",serial_num);
    }
    return;
}

void Set_DC()
{
    int i;
    if(!strncmp(margv[1],"set",3))
    {
        for(i=0;i<8;i++){
            date_code[i] = margv[2][i];
        }
    }
    else if(!strncmp(margv[1],"get",3))
    {
        printf("Date Code : %s \r\n",date_code);
    }
}
void Set_VN()
{
    int i;

    if(!strncmp(margv[1],"set",3))
    {
        for(i=0;i<10;i++){
            vendor_name[i] = margv[2][i];
        }
    }
    else if(!strncmp(margv[1],"get",3))
    {
        printf("Vendor Name : %s \r\n",vendor_name);
    }
}
```

❙ 그림 1.25 ❙ 데이터 Read/Write 함수 구현 예제 코드

다. EEPROM 저장 및 Load

EEPROM으로 데이터를 저장할 때는 플래시 메모리의 일부를 지우고 그 위에 값을 작성해야한다. EEPROM에서 데이트를 가지고 올 때는 FM_Read()함수를 쓰는데 플래시메모리로 데이트를 쓰고 읽어 오는 함수를 쉽게 이해할 수 있다.

```
void store_to_eeprom()
{
   int i;
   flashStructType * flashPtr;
   int length;

    flashPtr = (flashStructType *)&flash_data[0];
    //store to data struct  //strcpy(flashPtr->dc,
    flashPtr->sn = serial_num;
    for(i=0;i<8;i++){
        flashPtr->dc[i] = date_code[i];
    }
    for(i=0;i<10;i++){
        flashPtr->vn[i] = vendor_name[i];
    }
    FM_Erasing(0);
    length = (int)sizeof(flashStructType);

    for (i=0; i<length; i+=16)
    {
        FM_Write_16(i, &flash_data[i]);
    }
}
void load_from_eeprom()
{
    int i,length;
    flashStructType * flashPtr;

    length = (int)sizeof(flashStructType);

    for (i=0; i<length ; i++)
        flash_data[i] = FM_Read(i);

    flashPtr = (flashStructType *)&flash_data[0];

    //load from data struct
    serial_num = flashPtr->sn;
    for(i=0;i<8;i++){
        date_code[i] = flashPtr->dc[i];
    }
    for(i=0;i<10;i++){
        vendor_name[i] = flashPtr->vn[i];
    }

}
```

▌그림 1.26▐ EEPROM 저장 및 load 예제 코드

라. 지우기

중간에 EEPROM_1_EraseSector() 함수는 파라미터의 섹터를 지운다. 원래는 파라미터를 받아 처리하는데 일단 강제로 첫 번째 섹터만 지우게 되어있다.

```
void FM_Erasing(unsigned int addr)
{
    cystatus eraseStatus;
    // cystatus writeStatus;
    unsigned short fm_index, fm_end_index;

//  fm_index = addr / 1024;
//  fm_end_index = fm_index + 1;
//
//  for (fm_index; fm_index < fm_end_index; fm_index++)
//  {
        eraseStatus = EEPROM_1_EraseSector(0);
        if (eraseStatus == CYRET_SUCCESS)
        {
            printf("EEPROM Erase Passed\r\n");
        }else if (eraseStatus == CYRET_BAD_DATA)
        {
            printf("EEPROM Erase bad data\r\n");
        }else if (eraseStatus == CYRET_LOCKED)
        {
            printf("EEPROM Erase LOCKED\r\n");
        }
        else
        {
            printf("EEPROM Erase Failed\r\n");
        }
//  }
    return;
}
```

▍그림 1.27▍ 파라미터의 섹터 삭제 예제 코드

마. 쓰기 읽기

쓰기는 API에 EEPROM_1_Write() API를 이용하여 16바이트를 한꺼번에 쓰게 되어 있다. 한 열이 16바이트이기 때문에 이때 행 번호를 파라미터로 받는다.

```
void FM_Write_16(unsigned int addr, unsigned char *byte)
{
    // cystatus eraseStatus;
    cystatus writeStatus;
    //unsigned char * wP;
    unsigned char rowNo, byteNo;

    rowNo = addr / 16;
    byteNo = addr % 16;

    //writeStatus = EEPROM_1_ByteWrite(byte, rowNo, byteNo);
    writeStatus = EEPROM_1_Write(byte,rowNo);

    if (writeStatus != CYRET_SUCCESS)
    {
        printf("EEPROM Erase Failed (%x, %d, %d)\r\n", byte, rowNo, byteNo);
    }
    return;
}

unsigned char FM_Read(unsigned int addr)
{
    //cystatus eraseStatus;
    //cystatus writeStatus;
    reg8 * regP;

    regP = (reg8 *)CYDEV_EE_BASE;

    return regP[addr];
}
```

▍그림 1.28 ▍ EEPROM_1_Write() API를 이용한 쓰기 과정

읽기는 regP 포인터가 EEPROM base 주소를 가리키고 있고 파라미터로 넘어오는 주소 값의 데이트를 돌려준다.

다음과 같이 처음에는 아무 값도 들어 있지 않다가 명령어로 값을 입력하고 *save로 EEPROM에 값을 넣는다. 그리고 전원을 OFF/ON 하여 다시 값을 읽었을 때 작성된 값이 정확이 읽혀지는 것을 볼 수 있다.

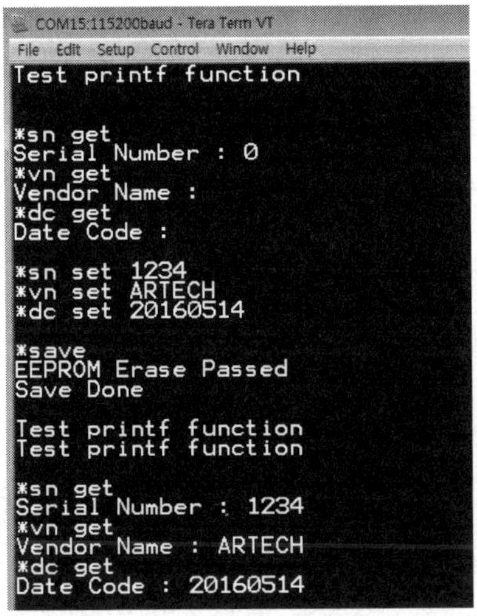

| 그림 1.29 | EPROM 동작 결과

1.1.4.3 인터럽트(Interrupt)

인터럽트에 대해서 알아보고 Psoc에서 인터럽트를 어떻게 설계하여 사용하는지에 대해서 예제를 중심으로 알아보고자 한다. 인터럽트(Interrupt)를 정의하면 실행 중인 프로그램을 일시 중단하고 다른 프로그램을 끼워 넣어 실행시키는 것, 즉 인터럽트 요인이 되는 조건이 생겼을 때 실행 중인 프로그램을 중단하고 강제적으로 다른 루틴으로 가서 프로그램을 실행한 후 다시 실행중이였던 프로그램을 돌리는 것이다.

다음은 인터럽트의 관련 기술을 설명한다.

- 인터럽트 우선순위(priority): 여러 개의 인터럽트가 동시에 발생할 수 있을 때 먼저 우선순위를 정하여 인터럽트가 일어나면 우선적으로 인터럽트를 발생시키기 위해서 정의한다.
- nested interrupt(중첩인터럽트): 우선순위가 낮은 인터럽트가 발생되어 실행되다가 높은 우선순위를 가지는 인터럽트가 발생하면 해당 인터럽트 루틴을 멈추고 높은 우선순위 인터럽트를 실행시키게 되는 상황을 의미한다.
- pending interrupt: 인터럽트가 걸리면 해당 인터럽트 플래그를 설정하고 인터럽트 루틴으로 진입함과 동시에 해당 인터럽트 플래그를 초기화시킨다. 그런데 소프트웨어적으로 인터럽트 처리를 중지시켰거나, 높은 우선순위의 인터럽트가 실행되고 있을 때 새로운 인터럽트를 처리하려고 한다면 논리적 모순이 발생하므로 이 경우 인터럽트 플래그만 설정시킨 상태에서 허가 조건이 성립될 때 까지 보류시키게 되는데 이 상황을 인터럽트 정지(interrupt pending) 상태라고 한다.

- ISR(Interrupt Service Routine): 인터럽트가 발생했을 때에 주행시키는 루틴이다.
- Interrupt Vector: 인터럽트가 발생했을 때, 그 인터럽트를 처리할 수 있는 서비스 루틴(ISR)들의 주소를 가지고 있는 공간을 지칭하며 각 인터럽트마다 처리 루틴을 가지고 있어서 그 루틴의 처음주소를 인터럽트 벡터라고 볼 수 있다.

예제코드는 다음과 같다.

❶ Find Code Example ➜ Psoc5 ➜ Interrupts Example를 연다.

❷ 프로젝트 설정

예제를 열면 동시에 이 예제에 대한 설명 PDF파일이 열리고 기본적으로 Top Design과 핀 맵 설정을 보여준다.

구현 및 실행 시 특징들을 살펴보면 아래와 같이 4가지로 나누어 볼 수 있다.

❶ GPIO 인터럽트 활성화: GPIO를 이용하여 인터럽트 처리하는 예제이다.

❷ Clear Pending 인터럽트: 위에 설명과 같이 보류되어 있는 인터럽트를 클리어 시키는 것도 보여준다.

❸ 인터럽트 우선순위 설정 및 중첩 인터럽트 설명한다.

❹ custom ISR(Interrupt Service Routine): 사용자 정의 ISR 셋팅법이다.

여기서 위의 특징들이 어떻게 실행되는지 예제를 통해 알아보도록 한다.

- 개발보드 설정: 개발보드 모델에 따라 설정법에 대해서 설명하고 있다. 나와 있는 테이블을 보고 알맞게 설정한다.
- 프로젝트 동작 설명: 인터럽트를 이용하여 버튼으로 외부인터럽트를 발생시키고 이때 LED를 켜는 것으로 인터럽트 처리가 되고 있음을 확인하는 간단한 예제이다. 이 때 스위치버튼을 누르면 첫 번째 인터럽트에 의해 LED 1이 점등되고 1초 후 LED 2가 점등됩니다. 그리고 1초 후 LED 2가 꺼지고 LED 1 꺼진다.

스위치버튼에서 손을 때면 위에 동작을 다시 반복한다. 하지만 여기서 주의사항은 버튼을 눌렀다가 때면 인터럽트가 연속해서 일어나고 정지(pending)상태가 안돼서 한 번 더 실행 될 수 있다.

1) 추가기능

이해를 돕기 위해 기본예제 구성에 LCD를 추가하여 메시지를 출력하는 것을 설명하고자 한다. LED만 동작시켜 보면 이해가 어려울 수 있으니 LCD에도 출력 시켜 볼 수 있도록 해본다.

2) Top Design

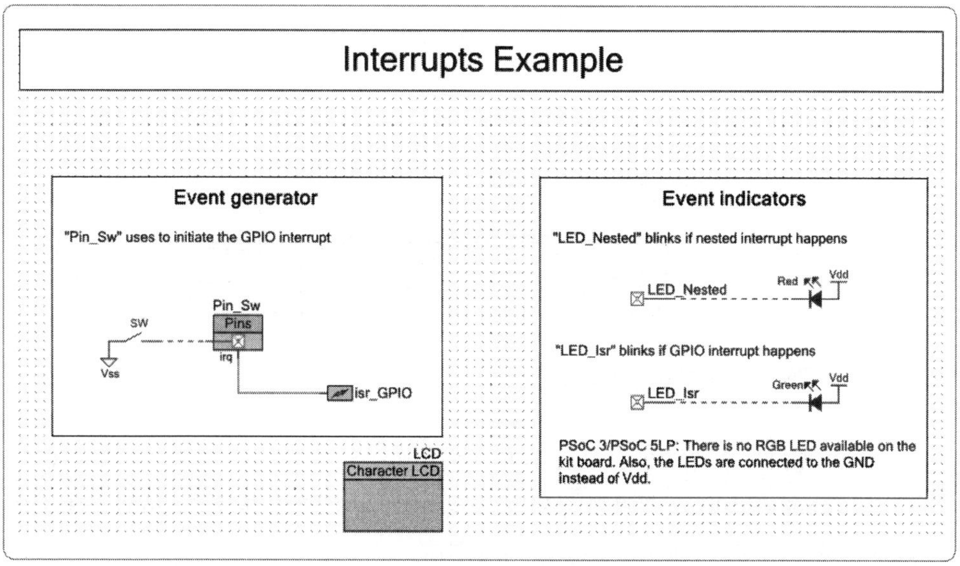

| 그림 1.30 | 인터럽트 구현의 예

- Pin_Sw: push_down 스위치와 연결되어 외부 인터럽트를 받아들이는 기능을 제공한다.
- isr_GPIO: 인터럽트 선언을 위한 함수이다.
- LCD: LCD창에 출력하기 위해서 선언하며 포트연결을 하는 기능을 지원한다.

3) Code 설명

```
#include <project.h>

#define NESTED_ISR                              (1u)
#define DEFAULT_PRIORITY                        (3u)
#define HIGHER_PRIORITY                         (2u)

#if(CY_PSOC4)
    #define LIGHT_OFF                           (1u)
    #define LIGHT_ON                            (0u)
#else
    #define LIGHT_OFF                           (0u)
    #define LIGHT_ON                            (1u)
#endif /* (CY_PSOC4) */

/* Interrupt prototypes */
CY_ISR_PROTO(GPIOIsrHandler);
CY_ISR_PROTO(NestedIsrHandler);
```

| 그림 1.31 | Code 설명 과정

매크로 선언 및 프로토 타입 선언이다. 여기서 중요한 것은 바로 CY_ISR_PROTO (hanler)이다. 인터럽트 루틴을 처리하기 위해 항상 핸들러(handler)를 이와 같이 선언하고 뒤에서 핸들러 루틴을 구현한다.

```
CY_ISR(GPIOIsrHandler)
{
    /* Clear pending Interrupt */
    CyDelay(500u);
    isr_GPIO_ClearPending();

    /* Clear pin Interrupt */
    Pin_Sw_ClearInterrupt();

    /* Turn On the LED */
    LED_Isr_Write(LIGHT_ON);
    LCD_Position(1u, 0u);
    LCD_PrintString("GPIO interrupt");

    /* Cause nested software interrupt after 1000 ms */
    CyDelay(1000u);
    CyIntSetPending(NESTED_ISR);

    /* Turn Off the LED */
    LED_Isr_Write(LIGHT_OFF);
    LCD_ClearDisplay();
}

CY_ISR(NestedIsrHandler)
{
    /* Clear pending Interrupt */
    CyIntClearPending(NESTED_ISR);
    LCD_ClearDisplay();
    LCD_Position(1u, 0u);
    LCD_PrintString("nest interrupt");
    /* Turn On the LED for 1000 ms */
    LED_Nested_Write(LIGHT_ON);
    CyDelay(1000u);

    /* Turn Off the LED and wait for 1000 ms */
    LED_Nested_Write(LIGHT_OFF);

    CyDelay(1000u);
}
```

▎그림 1.32▕ CY_ISR_PROTO(hanler) 구현 과정

GPIOIsrHandler로 인터럽트가 일어났을 때와 NestedIsrHandler로 일어났을 때 처리를 한다. GPIOIsrHandler를 보면 isr_GPIO_ClearPending()은 보류 인터럽트를 초기화 시키고 Pin_Sw_ClearInterrupt()는 Pin SW 핀으로 들어온 인터럽트를 초기화 시킨다.

CyIntSetPending(NESTED_ISR)는 NESTED_ISR 인터럽트를 강제로 보류한다. 이러면 실제로 인터럽트를 발생시키는 것이 되는데 소프트웨어적으로 인터럽트를 발생 시키는 것이다. 또한 NESTED_ISR 루틴으로 제어권을 넘겨서 실행하라는 의미이다.

```
int main()
{
    LCD_Start();
    LCD_ClearDisplay();

    /* Set initial state (off) for LED */
    LED_Isr_Write(LIGHT_OFF);
    LED_Nested_Write(LIGHT_OFF);

    /* Sets up the GPIO interrupt and enables it */
    isr_GPIO_StartEx(GPIOIsrHandler);

    /* Changes initial priority for the GPIO interrupt */
    isr_GPIO_SetPriority(DEFAULT_PRIORITY);

    /* Sets up the nested interrupt, sets priority and enables it */
    CyIntSetVector(NESTED_ISR,NestedIsrHandler);
    CyIntSetPriority(NESTED_ISR,HIGHER_PRIORITY);

    CyIntEnable(NESTED_ISR);

    /* Enable global interrupts */
    CyGlobalIntEnable;

    for(;;)
    {
    LCD_Position(0u, 0u);
    LCD_PrintString("No interrupt");

    }
}
```

▌그림 1.33▐ isr_GPIO_StartEx(GPIOIsrHanler) 활성화 과정

isr_GPIO_StartEx(GPIOIsrHanler)는 isr_GPIO 핀에서 일어나는 인터럽트를 GPIOIsrHandler 루틴으로 처리하도록 활성화 시킨다.

isr_GPIO_SetPriority(DEFAULT_PRIOITY)는 인터럽트 우선순위를 지정해 주는데 DEFAULT_PRIOITY가 적을수록 우선순위가 높다. 우선순위 범위는 0~7의 값을 가진다.

CyIntSetVector(NESTED_ISR, IsrHandler)는 NESTED_ISR의 주소에 (사실상 벡터테이블의 인덱스라고 볼 수 있다.) IsrHandler 루틴을 지정해 준다는 뜻으로 CyIntEnable (NESTED_ISR)는 NESTED_ISR 인터럽트를 활성화 시키며 0~31의 값을 가질 수 있다.

1.1.4.4 UART 통신

모든 펌웨어의 기본이 되는 또는 템플릿 코드가 되는 UART 통신을 설명하고자 한다. PSoC의 UART 컴포넌트를 이용해서 PC와 Psoc 개발보드와의 UART 통신을 통해 정보를 주고받도록 하는 것이 목표이다. 이것이 왜 펌웨어의 기본 템플릿 코드가 되

는지 설명하자면 일반적으로 보드가 만들어지면 GUI도 제공이 되게 되어 있다. 여기서 보드란 (제품보드(CFP, SFP…), EVboad(칩 EVB, CFP EVB))등이 있다. 이때 GUI를 제작하기 위해서는 보드와 PC가 통신이 되어야 하는데 일반적으로 USB통신, USB to Serial Cable을 통한 직렬(Serial) 통신을 이용하며 그 중 하나가 UART 또는 RS232가 된다.

정확한 UART 통신의 목표는 다음과 같다.

❶ PSoC 칩과 UART 통신으로 문자열을 보낸다. (PC-〉Psoc)

❷ PSoC 칩은 UART 통신으로 들어온 문자열(명령어)에 따라 임의의 동작(LED, Eacho)을 수행한다.

설계는 top Design 및 핀맵핑 ➜ 하드웨어 ➜ 텍스트(text) 코딩의 순서로 이루어진다. 순서는 자유롭게 할 수 있는데 하드웨어구성을 먼저 하거나 나중에 해도 영향을 미치지 않는다. 왜냐하면 펌웨어와 하드웨어는 구분되어 있기 때문이다.

❶ 프로젝트 만들기 등 처음시작은 PSoC의 Getting_Started_with_PSoC5를 참고하면 된다. 사이프러스 홈페이지(www.cypress.com)에서도 제공하고 있다.

❷ UART 컴포넌트 올리기: 그림과 같이 UART 컴포넌트를 작성하면 된다.

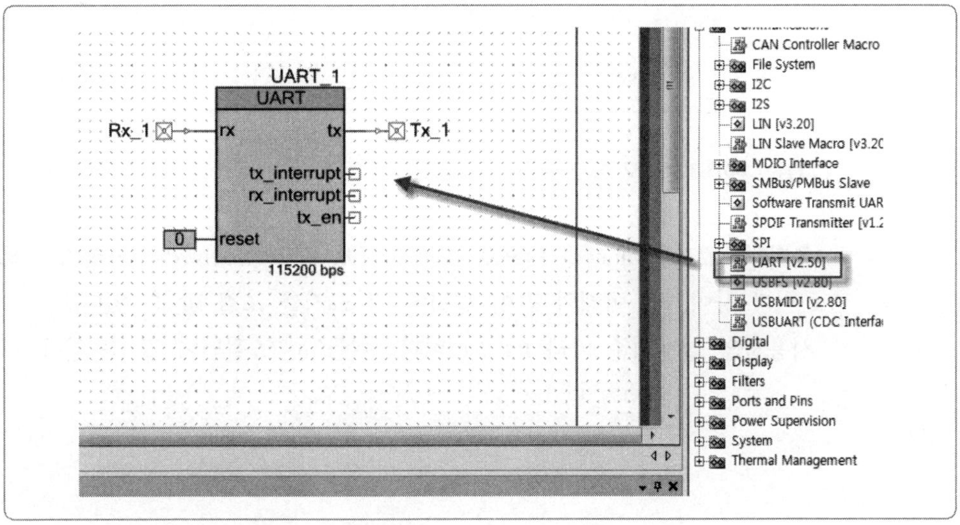

| 그림 1.34 | UART 컴포넌트 설정의 예

✤ UART 내부 컴포넌트 설정

일단 UART 컴포넌트에 tx와 rx의 이름을 바꿔 보도록 한다. 그림과 같이 포트 부분

을 더블 클릭 한 다음 이름만 바꿔주면 된다. 그리고 UART 컴포넌트를 더블클릭하여 아래와 같이 구성창을 열고 'Configure' 탭에서 아래와 같이 값을 바꿔준다.

FULL UART (TX,RX)을 송수신 하고 Bit per second, 보레이트를 실행하며 115200으로 나머지는 일반적인 RS232 통신 설정이다.

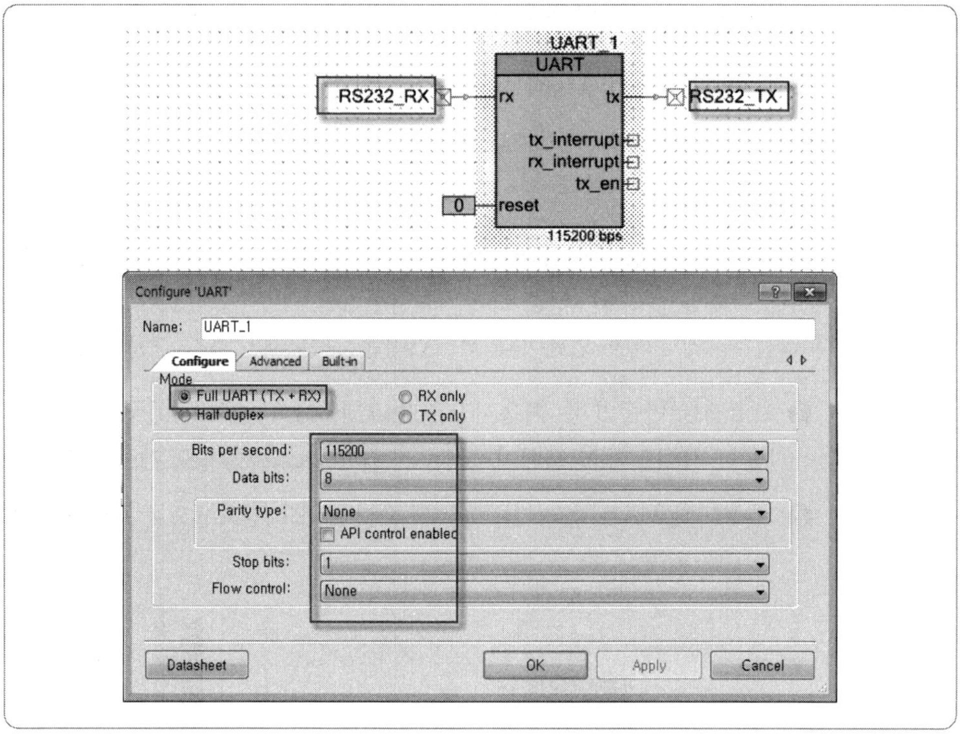

| 그림 1.35 | RS232 통신 설정

추가적으로 'Advanced' 탭으로 가서 RX-On Byte Received 체크상자는 해제하고 Rx Tx 버퍼 사이즈를 아래와 같이 입력해 그 크기를 조절 할 수 있다.

사용자의 설계기준 따라 Rx Tx 버퍼 사이즈는 조절되어 질 수 있다.

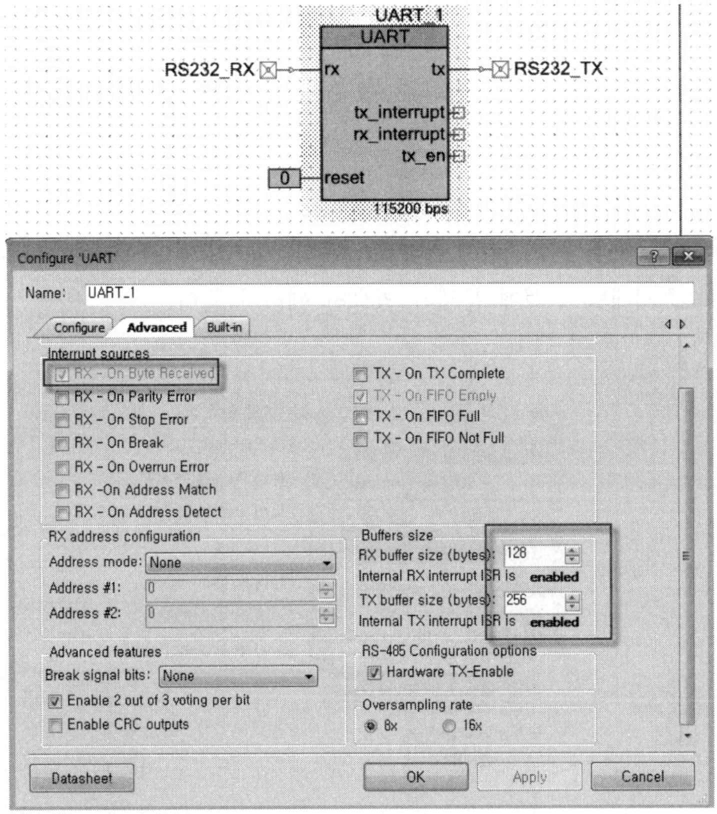

▌그림 1.36▐ Rx Tx 버퍼 사이즈 조정 예

4) 핀 매핑

프로젝트창의 Project_PsoC5.cydwr을 클릭하면 디바이스(칩)의 핀맵이 뜬다. 우측 상단에 보면 우리가 사용하는 UART 포트리스트가 있는데 Port란에 드롭다운 버튼을 클릭하여 핀을 지정해준다. 여기서 지정한 대로 점퍼를 연결해야하는데 예시는 P6[0] = Rx P6[6] = Tx로 설정했다.

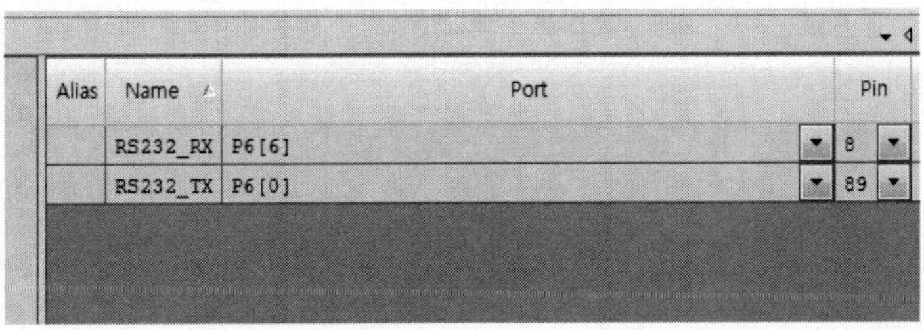

▌그림 1.37▐ 핀 매핑 실행 예

5) 하드웨어 구성

본격적으로 코딩에 앞서 하드웨어를 구성해보면 USB-to-Serial 케이블을 PC와 Serial 포트에 연결하고 2개 점퍼를 Rx P6_6, Tx P6_0로 연결해주면 완료된다.

6) 코드생성

Build - 응용 객체 생성 메뉴(Generate Application)를 누르면 구성한 컴포넌트를 제어하는 함수들을 자동으로 만들어준다. 마지막에 구성 완료(Build Succeeded)라고 뜨고 스케매틱 구성에 문제가 있으면 에러가 뜬다.

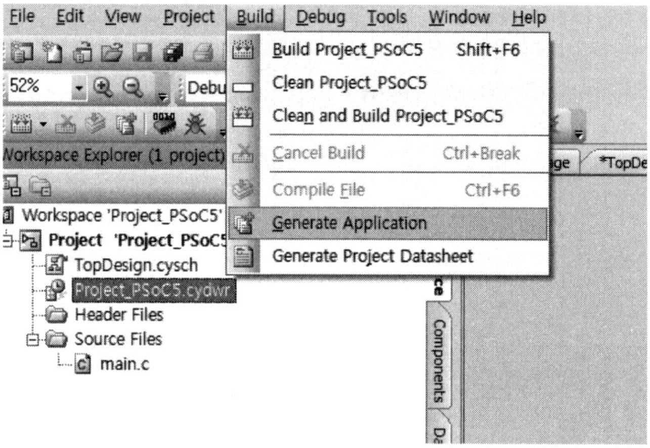

▌그림 1.38▌ 응용 객체 생성 메뉴

본격적인 코딩에 앞서 UART 컴포넌트가 재대로 동작하는지 확인해본다.

❶ UART 컴포넌트 확인하기

UART 확인을 위한 구현 코드는 그림 1.39와 같다. 자동으로 생성된 main() 함수에 주석을 참고하여 다음과 같이 코딩하면 된다.

```
#include <project.h>

#include "stdio.h"
#include "stdlib.h"
#include "string.h" //standard input output

char put_c(char c)
{
    // UART_PutChar(c);
    UART_1_PutChar(c);
    return c;
}

int main()
{
    char8 ch; //Data received from the Serial port

    CyGlobalIntEnable; /* Enable global interrupts. */

    //UART start
    UART_1_Start();

    /* Place your initialization/startup code here (e.ç

    for(;;)
    {
        /* Place your application code here. */
        ch = UART_1_GetChar();
        if(ch > 0)
        {
            if(ch == 'C'){
                put_c('H');
            }
        }
    }
}
```

▌그림 1.39▐ UART 컴포넌트 확인

일단 표준 입출력(input output) 함수를 쓰기 위해 stdio.h, string.h... 등등 include 시켜 준다. 시리얼통신으로 문자를 출력하기 위해 put_c() 라는 함수를 만드는데 내부에는 UART_1_PutChar() API를 사용했다.

여기서 API를 보려면 UART 컴포넌트를 더블 클릭 한 다음 데이터시트(datasheet)를 클릭하면 UART 컴포넌트에 사용할 수 있는 API를 볼 수 있다.

〈표 1.6〉과 같이 UART_PutChar() 함수는 한 바이트의 데이터를 출력(output) 버퍼로 보내는 역할을 하고 있다. 여기서 주의 할 점은 실제 사용할 때는 정의한 컴포넌트 이름이 함수의 프리픽스가 된나. 즉 나음과 같이 컴포넌트이름_PutChar()이므로 UART_1_ Putchar()를 사용해야한다.

[표 1.6] 각 함수의 기능

UART_PutChar()	Puts a byte of data into the transmit buffer to be sent when the bus is available
UART_PutString()	Places data from a string into the memory buffer for transmitting
UART_PutArray()	Places data from a memory array into the memory buffer for transmitting
UART_PutCRLF()	Writes a byte of data followed by a Carriage Return and Line Feed to the transmit buffer

다시 코드설명으로 돌아와서 메인(main) 함수 안에서는 컴포넌트 시작을 알리는 UART_1_Start() 함수를 입력한 후 폴링루프로 들어가 하나의 문자를 버퍼로부터 읽어오는 UART_1_GetChar() 함수로 문자를 하나씩 연속적으로 읽어온다. 그리고 그 문자가 'C' 이면 'H'를 전송하게 된다.

[결과]

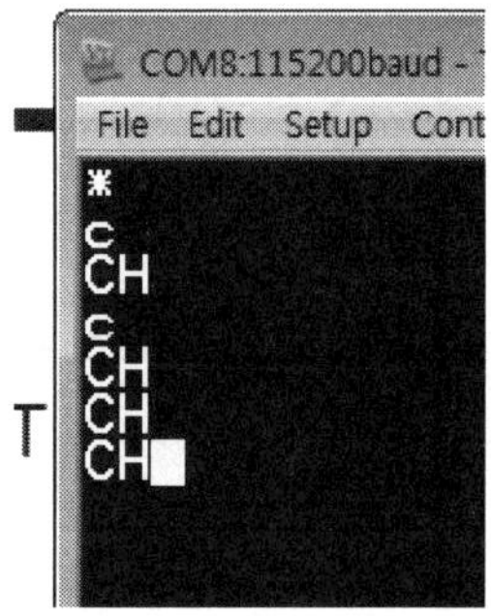

▌그림 1.40▐ 컴포넌트 동작 예

C를 쳤더니 바로 H가 뜨는데 이는 컴포넌트가 동작한다는 것을 의미한다.

❷ UART로 문자열 송수신하기

이제 터미널에서 문자열을 입력하면 PSoC가 문자열을 입력받아 명령을 처리하고 문자열을 되돌려주는 것을 만들어보고자 한다.

코딩하기에 앞서 그림과 같이 파일을 분리하였다. main.c에 모든 함수나 변수, 매크로를 선언하기 보다는 uti.h와 util.c를 통해서 함수와 변수를 선언하도록 파일을 분리하였다. 핵심코드는 다음과 같다.

```
for(;;)
{
    /* Place your application code here. */
    ch = UART_1_GetChar();
    if(ch > 0u)
    {
        if(ch != '\n')// until EOL(end of line)
        {
        inputKey[num] = ch; //save input buffer
        num++; // 0,1,2....
        }
        else // after all input
        {
            inputKey[num] = ch;

            if(inputKey[0] == '*')
            {
                if(inputKey[2] == '\n') UART_1_PutString("please enter CLI...\n\r");

                else if(inputKey[1] == 'w')
                {
                    UART_1_PutString("wwwwww\n\r");
                }
                else if(inputKey[1] == 'm')
                {
                    UART_1_PutString("mmmmmm\n\r");
                }

            }
            else if(inputKey[0] == 'H'){
                UART_1_PutString("mmmmmm\n\r");
            }
            else{
                /*...*/
            }
            /*buffer clear*/
            Uart_Buf_Clean(UART_BUF_SIZE);
            num=0;
        }
    }
}
```

▌그림 1.41▐ UART로 문자 송신하는 코드 예제

우선 터미널을 통해 문자열을 보내고 엔터키를 치는 형식으로 보낸다. 문자열이 하나씩 들어올 때 마다 inputkey 배열에 저장을 한다.

엔터키가 입력되면 버퍼에 있는 문자를 하나하나 읽어오면서 처리하는 것인데 "w"가 입력되면 "wwwwwww"의 방식으로 출력하고 처리가 끝나면 입력버퍼를 클리어시킨다. Uart_Buf_Clean 함수는 사이즈만큼의 값을 0로 만드는 기능을 제공한다.

[결과]

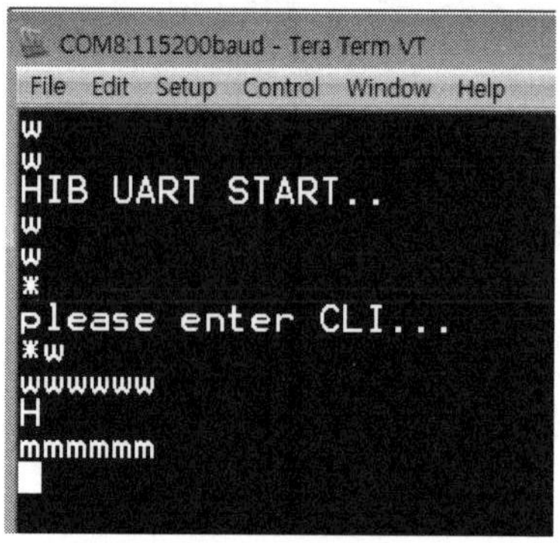

▌그림 1.42▐ 입력조건에 따른 라인 출력 예

입력조건에 따라 여러 라인이 출력 되는 것을 확인할 수 있다.

1.1.4.5 I2C 통신

본 장에서는 PSoC 3를 통해서 I2C통신을 활성화 하고 이를 사용하는 법을 설명하고자 한다.

첫 번째 목표는 SoC 3 개발보드 상에서 I2C 마스터슬레이브 컴포넌트를 구현하고 간단히 데이터를 주고받는 것이다. 그리고 두 번째 목표는 추가로 PSoC 3보드를 물려서 슬레이브 전용 펌웨어를 다운로드 한 다음 마스터 보드내의 슬레이브와 슬레이브 PSoC 3 두 군데서 값이 제대로 전송되는지 확인하는 것이다.

PSoC 내의 I2C 통신을 살펴보면 우선, Psoc find example을 통해서 I2CM 예제를 연다. 예제명은 'DelSig_I2CM' 그리고 'DelSig_I2CM_test' 이다. 여기서 DelSig_I2CM_test는 I2C 슬레이브가 간단히 구현된 예제이다.

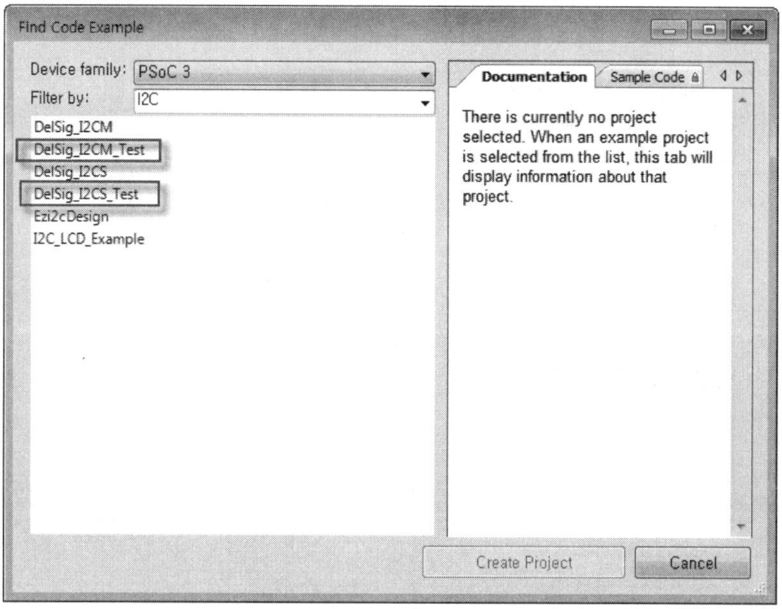

▌그림 1.43▐ I2C 슬레이브가 구현된 예

I2C 통신을 위해서 일단 마스터 쪽 부터 차례대로 살펴보도록 한다.

1) Top Design

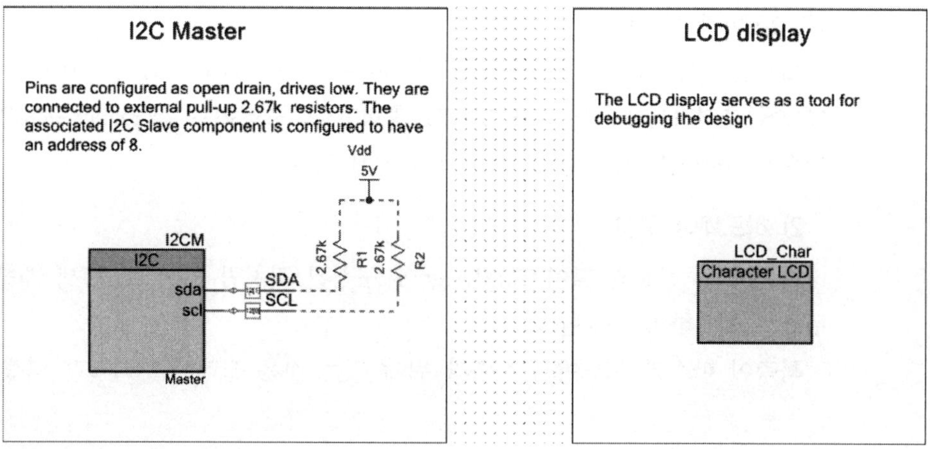

▌그림 1.44▐ Top Design 구현 예

I2C Mater 컴포넌트가 올라가 있다. 파란색으로 표현된 부분은 실제로 하드웨어적으로 만들어 줘야 하는 부분이다.

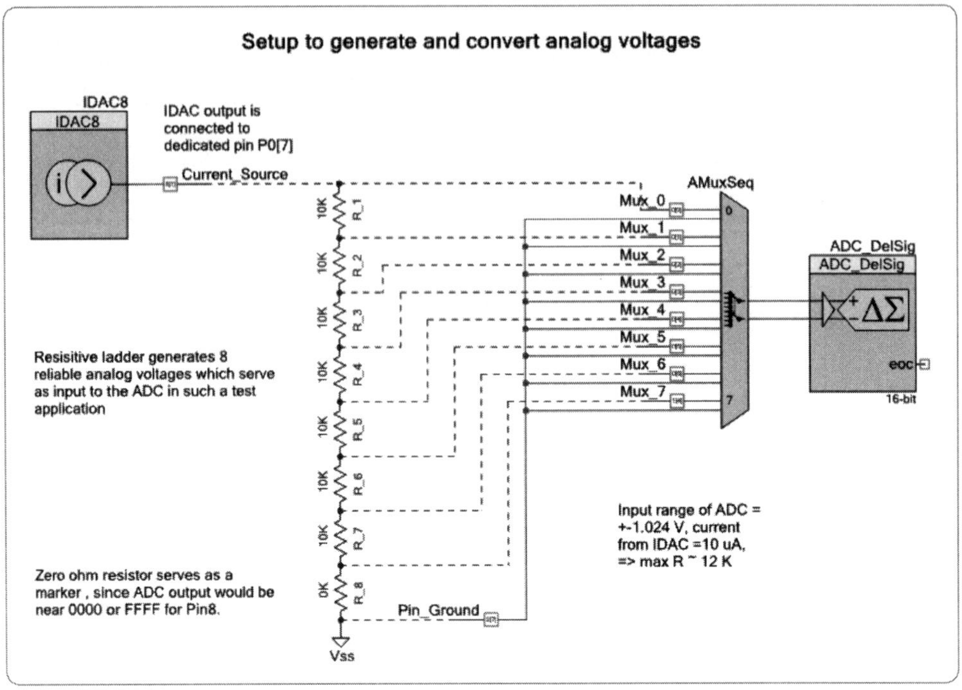

▌그림 1.45▐ IDAC 전류 출력 예

위 그림 1.45는 두 번째 단계의 예이다. 예제는 IDAC로부터 생성된 전류가 저항에 의해 8단계로 나눠서 흘러가고, 여기서 IDAC은 전류소스이다. 이것이 mux를 거쳐 ADC로 넘어가게 되는데 이때 mux는 들어오는 것 중 하나만 출력으로 분기시켜 준다. 2초마다 한 번씩 이 동작을 반복한다.

ADC로 읽은 값은 I2C통신으로 슬레이브로 넘어가고 I2C 슬레이브는 값을 받아 LCD에 출력하는데 마스터도 LCD로 출력한다. 슬레이브 scematic 구성은 간단하다. 단순히 슬레이브 I2C 컴포넌트와 LCD밖에 없다.

2) 하드웨어 구성

다음 그림 1.46과 같이 Topdesign에 구성된 것처럼 Psoc 보드 세 개를 SCL, SDA 핀으로 연결하여 구성한다.

좌측이 마스터 보드이고 우측과 위에 있는 것은 슬레이브 1, 2가 되겠다.

❙ 그림 1.46 ❙ 테스트베드 구축 예

3) 컴포넌트 속성 구성

❖ Master I2C 속성 방법구성

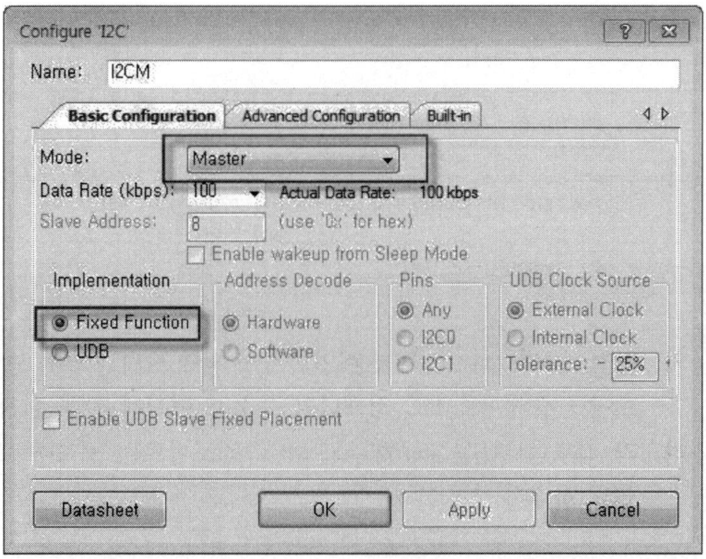

❙ 그림 1.47 ❙ IDAC 구성 메뉴 화면

위 그림과 같이 설정 모드를 마스터로 설정해주면 끝이다. 이외에 IDAC8 컴포넌트와 ADC_DelSig 컴포넌트는 예제에서 설정한 대로 사용한다.

4) 설정관련코드

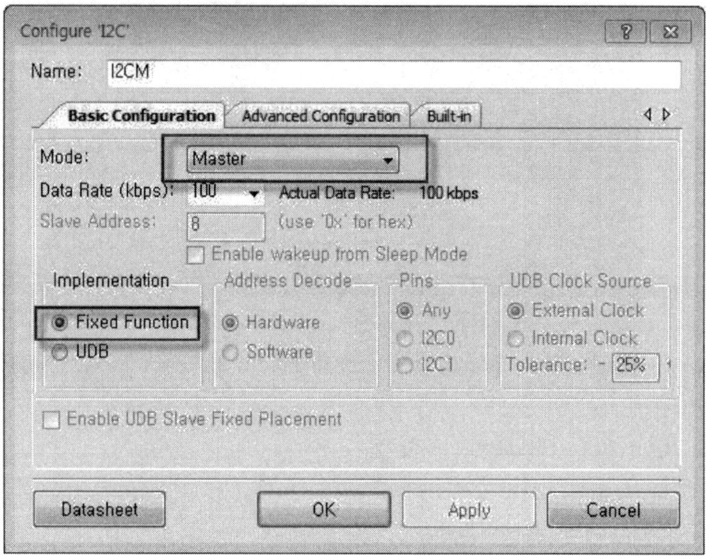

▍그림 1.48 ▍ 설정관련코드 예

```
#include <device.h>

/* The I2C Slave address by default in a PSoC device is 8 */
#define I2C_SLAVE_ADDRESS    0x00
#define I2C_SLAVE_ADDRESS2   (10u)
/* Set the write buffer length to be 16 bits or 2 bytes */
#define WR_BUFFER_SIZE       (2u)
```

▍그림 1.49 ▍ 설정관련코드 예

가. 먼저 매크로 선언부는 슬레이브의 주소를 나타냅니다. 나중에 슬레이브 프로젝트에서 슬레이브 I2C 컴포넌의 주소는 여기에 맞게 설정해주어야 한다.

나. 각 컴포넌트들을 start해주고 MUX 컴포넌트는 차례대로 다음 값을 분기할 수 있는 함수를 호출한다.

```
        ADC_DelSig_StartConvert();
        /* Wait until the ADC conversion is complete */
        ADC_DelSig_IsEndConversion(ADC_DelSig_WAIT_FOR_RESULT);
        /* Since the ADC conversion is complete, stop the conversion */
        ADC_DelSig_StopConvert();
        sample_full = ADC_DelSig_GetResult16();
        AMuxSeq_Next();
        sample_segment[0] = sample_full >> 8u & 0x00FFu;
        sample_segment[1] = sample_full & 0x00FFu;
```

▌그림 1.50 ▌ ADC를 통한 읽기 쓰기 예

다. ADC를 통해 읽은 값을 sample_segment[] 배열에 넣는다. 이때 MSB, LSB에 각 8*bit*(1*bypte*)씩 저장하는데 이는 I2C로 값을 보내기 위한 버퍼라고 보면 된다.

```
do
{
    /* The syntax below automatically writes a buffer of data to a slave
     * device from start to stop.
     */
    if(flag == 0){
    temp = I2CM_MasterWriteBuf(I2C_SLAVE_ADDRESS, (uint8 *)sample_segment,WR_BUFFER_SIZE, I2CM_MODE_COMPLETE_XFER);
    }else{
    temp = I2CM_MasterWriteBuf(I2C_SLAVE_ADDRESS2, (uint8 *)sample_segment,WR_BUFFER_SIZE, I2CM_MODE_COMPLETE_XFER);
    }
}
while (temp != I2CM_MSTR_NO_ERROR);

/* Wait for the data transfer to complete */
while(I2CM_MasterStatus() & I2CM_MSTAT_XFER_INP);

temp = I2CM_MasterClearStatus();
```

▌그림 1.51 ▌ I2CM_MasterWriteBuf 함수를 통한 정보 전송의 예

라. I2CM_MasterWriteBuf 함수를 통해 디바이스주소, 값을 파라미터로 보내어 슬레이브로 보낸다. 그리고 전송이 다 되었는지 체크한다. 이 때 flag 변수에 따라 어느 디바이스로 보낼지 결정하는데 이후에 flag 변수는 토글 된다. 따라서 2초마다 한 번씩 토글 되면서 슬레이브 1, 슬레이브 2에 번갈아가며 정보를 보내준다.

2개의 슬레이브는 동일한 설정과 동일한 코드를 가지며 단지 I2C 컴포넌트의 주소만 다르게 설정된다.

❶ 컴포넌트 속성 구성

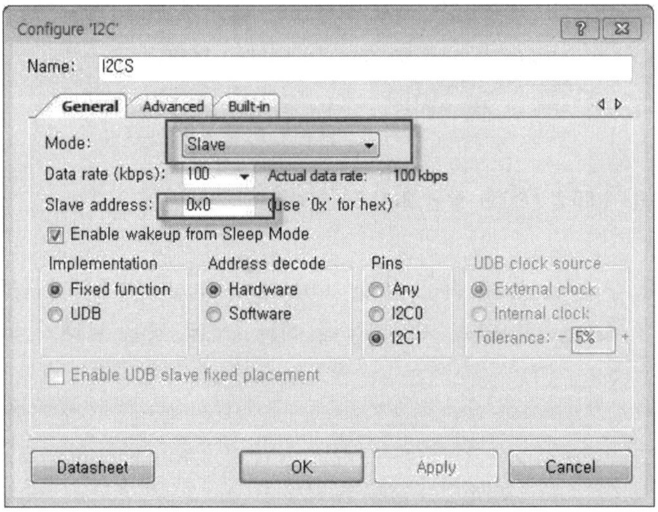

❙ 그림 1.52 ❙ I2C 속성 구성 메뉴

슬레이브 모드로 지정해주고 Slave address 란에 핵사코드로 0x0를 넣어주었다.

❷ 코드

```
int main()
{
    uint8 wrBuf[WR_BUFFER_SIZE];
    uint8 byteCount = 0u;

    /* Set up the write buffer for the I2C Slave */
    I2CS_SlaveInitWriteBuf((uint8 *) wrBuf, WR_BUFFER_SIZE);

    I2CS_Start();

    /* The LCD will display the values read from ADC in hex */
    LCD_Char_Start();

    /* Enable global interrupts - required for I2C */
    CyGlobalIntEnable;
```

❙ 그림 1.53 ❙ 코드 구현의 예

가. 슬레이브는 wrBuf[] 배열 즉 버퍼공간을 선언해주고 I2CS_SlaveInitWriteBuf() 버퍼 포인터와 버퍼 사이즈를 지정해준다. 따라서 wrBuf[]는 마스터에 의해 쓰여진 데이터 버퍼가 된다. 다음 I2CS_SlaveGetWriteBufSize(); 함수가 호출되면 자동으로 수신버퍼를 재설정한다.

```
for(;;)
{
    /* Check if the write from the master is complete */
    if(I2CS_SlaveStatus() & I2CS_SSTAT_WR_CMPLT)
    {
        byteCount = I2CS_SlaveGetWriteBufSize();

        I2CS_SlaveClearWriteStatus();
        I2CS_SlaveClearWriteBuf();

        /* If both bytes are received from master, display on LCD */
        if(byteCount == WR_BUFFER_SIZE)
        {
            /* Read and display received data on the LCD and verify this is same as
             * sent by master.
             */
            LCD_Char_ClearDisplay();
            LCD_Char_PrintString("0x");
            LCD_Char_PrintInt8(wrBuf[0]);
            LCD_Char_PrintInt8(wrBuf[1]);
        }
        else /* Wrong number of bytes read */
        {
            /*  Indicate a read error and wait for next read */
            LCD_Char_ClearDisplay();
            LCD_Char_PrintString("I2C Error! ");
            LCD_Char_PrintInt8(byteCount);
            /* Place error handling code here */
        }
    }
} /* End forever loop */
```

| 그림 1.54 | 마스터/슬레이브 간 정보전송

I2CS_SlaveStatus() 함수를 통해 마스터를 통해 슬레이브로 정보전송이 완료되면 즉 수신비트를 감지하고 사이즈를 얻어온 후에 데이터를 LCD에 출력하게 된다.

과거에 나온 컴퓨터 기기들은 펌웨어가 롬의 내부에 저장되어 데이터의 수정이 불가능했다. 하지만 현재는 전원의 OFF이후에도 내용이 보관되어지는 EPROM이나 플래시 메모리를 사용함으로써 펌웨어의 개선 및 수정이 동적으로 가능하게 되었고 이는 유지 및 보수에 있어 개발자에게도 개선된 유연성을 제공하게 되었다. 특히 하드웨어나 연동된 시스템 프로그래밍을 하는 엔지니어들에게 펌웨어 구현기술은 반드시 필요한 기술로 자리 잡아 가고 있다.

1.2.
유선 네트워크 기반 임베디드 시스템 관련 통신 기술

1.2.1 전력선 통신 기반 임베디드 시스템 구현 기술 소개

인터넷의 발전은 2000년대 초반부터 가정에서 사용되는 전자제품들을 하나로 연결할 수 있는 홈 네트워크의 구축에 대한 수요를 만들었다. 인터넷과 정보가전제품 간의 연결은 바로 통신에 의해서 구현될 수 있기 때문이다. 현재 보편화된 홈오토메이션이 이미 일반 가정에 보급되고 있는데, 집안 곳곳의 조명과 비디오 도어폰을 제어할 수 있는 가정자동화 시설이 최근에 건축되는 아파트의 경우 대부분 설치돼 있고, 휴대용 단말 장치나 인터넷을 통해서 사용자가 집 밖에서 전기밥솥이나 보일러 등을 켜거나 끌 수도 있게 되었다.

정보 통신 사업자의 최근 관심 중의 하나가 "last one mile solution"을 확보하는 것인데, 이는 바로 가입자에 이르는 로컬(Local) 망을 확보하는 것이 얼마나 중요한 지를 단적으로 나타내는 것이다. 루슨트에서 막대한 비용을 치르면서 케이블 TV회사를 인수한 것도 바로 이 로컬 망을 확보하여 고속 멀티미디어 서비스를 제공하고자 함이다. 이 로컬 망을 얼마나 효율적이고 경제적으로 구축하느냐 하는 것이 정보 통신 사업자에게는 중요한 문제라고 해도 과언이 아닐 것이다.

로컬 망, 즉 가입자 망을 구축하는 방법으로 새로 구축하는 것과 기존의 포설된 망을 이용하는 것으로 크게 분류할 수 있는데, 이 중 새로 구축하는 방법으로서 최근 관심이 고조되는 것으로는 무선 가입자 망을 들 수 있다. 즉, 무선을 사용함으로써 기지국에서 가입자까지의 선로 포설 비용을 최소화하겠다는 것이 큰 목적이라 하겠다.

기존 포설된 망을 이용하는 방법으로 대표적인 것이 케이블 TV망을 이용하는 것이다. 케이블망은 선로의 품질이 우수하여 고품질의 고속 멀티미디어 서비스를 제공할 수 있는 장점이 있다. 그러나 케이블망은 모든 가입자에게 연결되는 망이 아니며, 또한 일부 선진 국가에만 적용될 수 있는 방법이라는 단점이 있다.

기존 포설된 망 중에서 넓은 분포도 및 모든 수용가에게 연결된 망으로 전력선 망을 들 수 있다. 전력선은 통신 선로로 설계된 선로가 아니므로 특히 고속 통신을 지원하기 위해서는 많은 기술적 문제가 있는 것으로 알려져 있다. 전력선을 이용하여 고속 멀티미디어 서비스를 제공하고자 하는 사업자(주로 전력 회사)의 요구에 따라 이러한 기술적 문제들이 점차 해결되어 가고 있다. 이미 *Mbps*급의 고속 전력선 가입자 망이 발표되어 여러 곳에서 시범 및 실용화 단계에 있다. 이에 본 절에서는 다양한 전력선 기반의 응용장치 및 이를 위한 네트워크 기반 임베디드 시스템을 소개한다. 그리고 고속 및 저속 전력선 통신 칩을 이용한 하드웨어 및 시스템 설명하고자 한다.

1.2.1.1 고속 전력선 통신망 기술의 개요

〈표 1.7〉은 고속 전력선 통신망을 두 가지 형태로 나누어서 범위, 목적, 응용, 기술 등을 간략히 비교한 것이다.

[표 1.7] 고속 전력선 통신망의 개요

	범위	목적	응용	기술	비고
전력선 가입자망	저압 배전선 및 구내전력선	전화 및 멀티미디어 데이터 서비스	전화/인터넷 홈쇼핑, 홈뱅킹, 화상회의, 원격진료/교육 등	부하/잡음에 대한 강인성, 고속(2~10*Mbps*)	또 하나의 가입자망(전화선, 무선 케이블)
전력선 부가서비스망	고압 및 저압 배전선	유틸리티 회사(전력, 가스, 수도)의 부가서비스망	원격검침, 수요관리, 원격제어 설비감시/제어용 통신망	장거리전송(수십 *km*) 고압 커플링 계통 절체연동	64*Kbps*

전력선 통신망을 이용한 옥외 망 및 옥내 망의 구성은 〈그림 1.55〉와 〈그림 1.56〉을 통해 요약할 수 있다. 일반적으로 가공선은 평균 60가구의 수용가(subscriber)가 있고, 지중선의 경우는 100 ~ 300가구의 수용가가 있다. 〈그림 1.55〉의 경우를 보면 3상 전력선, 음성 및 데이터 접속, 백본 통신망 접속이 가능한 전력선 통신망 라우터/스위칭 장치를 통하여 200/100*V* 저압 전력선이 사용자에게 연결되는 저전력 가입자망의 구성을 나타낸다.

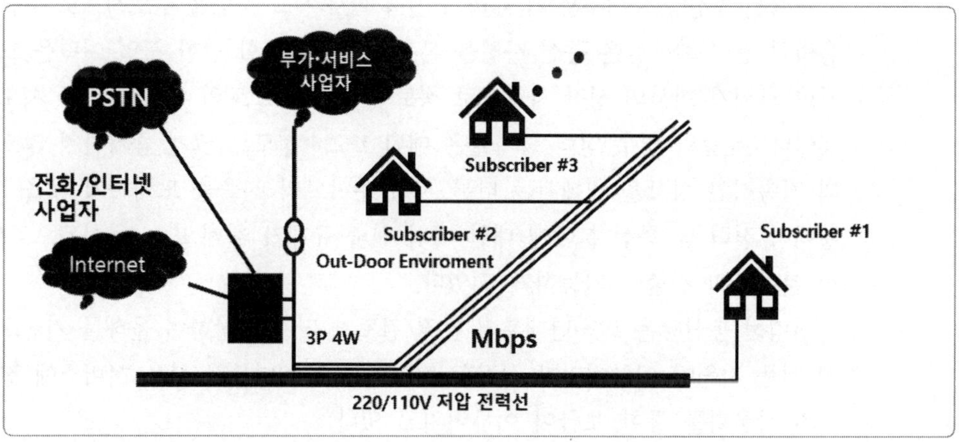

그림 1.55 전력선 가입자망 구성도

〈그림 1.56〉은 각 수용가 내부의 구성도를 나타낸 것으로 옥내용 모뎀을 이용하고 전화 연결 장치를 이용하여 홈 네트워크 망을 구성한 경우의 예를 들었다. 즉 옥외 망으로는 전력량계까지의 연결선을 통해 에너지 관련 회사는 원격 검침 및 원격 수요 관리를 할 수 있으며, 홈 네트워크 망의 전력선을 통해 정보 가전기기(Web TV, PC, Web phone, Printer, etc)를 연결할 수 있는 구조로 되어 있다.

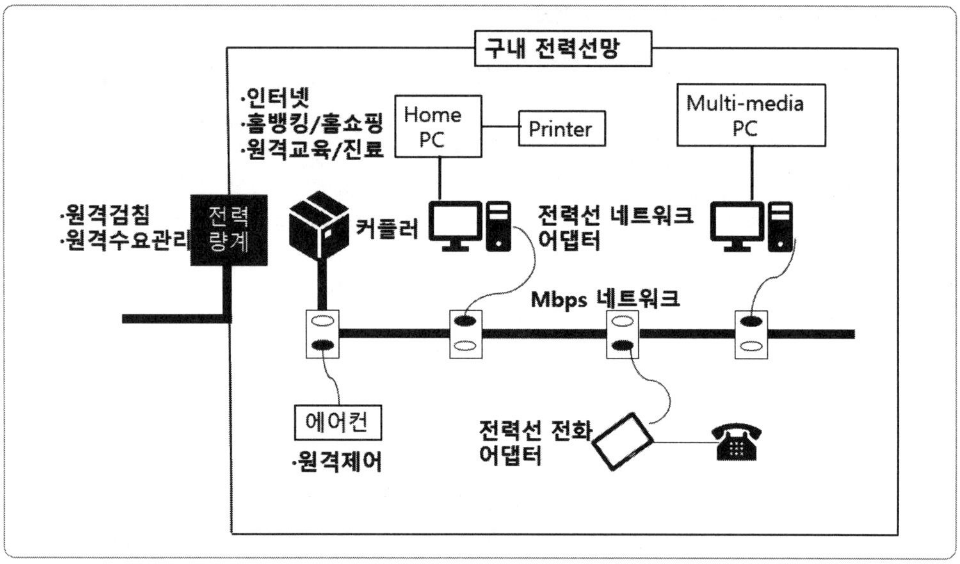

▌그림 1.56▐ 고속 전력선 통신망을 이용한 옥내망의 구성도

1.2.1.2 기술 개발 환경의 분석

❶ 외부 환경

전력선 통신망은 대부분 각 나라의 전력 회사가 그 사업을 주도적으로 추진하고 있다. 유럽의 전력 회사들은 통신 사업을 본격적으로 주도할 만한 사업 여력을 보유하고 있으며 21세기 회사의 성장 사업으로 정보 통신 사업으로의 진출을 적극 시도하고 있는 것이다. 유럽의 경우 전력 증가율은 매년 1~2% 정도로 크게 증가하지 않으므로 자사의 지속적인 성장을 위해서는 다른 사업 분야로의 진출을 모색하지 않을 수 없는 상황에서 전력 및 통신 분야에 대한 사업 진출 규제가 철폐 또는 완화됨으로써 정보 통신 분야로의 진출이 가능하게 되었다.

전력선 통신망은 1990년대부터 본격 검토가 되기 시작하여 올해를 기점으로 본격적인 제품 지원이 이루어지기 시작할 전망이며 2000년부터 상용 서비스에 진입해 현재까지 상용화를 통한 보급이 이루어지고 있다.

따라서 전력선 통신망 사업에 참여하는 기업이 자사의 기술적 장점을 확보할 경우 다른 업체와의 기술적/사업적 제휴가 충분히 가능하며 이미 이와 같은 시도가 관련 업체들 간에 이루어지고 있다. 또한 사업자, 즉 전력 회사들은 대부분 지역 분할 구도로 자사의 전력 가입자들을 관리하고 있으므로 다른 지역의 전력 회사와는 근본적으로 사업 경쟁을 할 필요가 없다. 따라서 이들 지역 전력 회사들 간은 상호 정보 교환 및 사업 추진이 자유롭게 이루어지고 있으며 이와 같은 상황을 바탕으로 각국의 전력 회사들이 참여하는 국제 전력선 통신 포럼을 통해 표준화 작업 등이 이루어지고 있다.

이와 같이 전력선 가입자 망에 대한 관심이 크게 고조되고 있으며 이의 세계적 규모의 시장이 기대되는 상황이므로 전력선 가입자 망 기술 개발은 국가적으로도 중요한 사업이라 할 수 있다. 전력선 가입자 망을 통해 유럽과 같은 선진국에서는 고속 멀티미디어 서비스를 제공할 수 있으며, 동유럽, 중국, 인도 등과 같은 개도국에 대해서는 전화 자체만으로도 충분한 사업성이 보장된다. 또한 기존 고속 액세스 네트워크, 인프라와 연계하여 구내 통신망으로의 활용할 경우 경쟁력 있는 해결책이 될 수 있다.

❷ 내부 환경

전력선 통신망을 성공적으로 개발, 구축하기 위해서는 국내뿐만 아니라 각국의 전력선 채널에 대한 상세한 정보 입수 및 조사를 기반으로 하여 전력선 통신에 적합한 통신 알고리즘 및 신호 처리 방식을 개발하고 이를 바탕으로 전력선 통신 가입자 장치 및 기지국 장치를 개발하는 것이 필요하다.

일단 로컬 전력선 가입자 망에 대한 기술적 문제만 해결될 경우 상위 시스템에 대해서는 국내의 정보 통신과 관련된 기술이 충분히 축적되어 있으므로 무선망과 연동한 전체적인 망 개발 및 운영이 가능하다.

이미 이 부분에 대해서는 기술적 검토가 충분히 이루어졌으며 외국 전력 계통에 대해서도 현장 조사 및 실험을 통해서 사업 및 기술의 타당성 검증을 수행한 바 있다. 그러나 전력선 가입자 망은 전력 계통, 네트워크 및 텔레커뮤니케이션의 통합 기술, 빌링 체계, 신기술에 따른 제도 마련 등 다양한 요소 기술 및 총체적 전략 등이 연결되어 요구된다. 특히 기존 유무선망과의 연동기술 및 장·단점 분석도 반드시 필요하다.

1.2.1.3 고속 전력선망 기술의 계통도 및 핵심 기술

고속 전력선 통신 단말 장치는 전력선 채널 상에서 고속 통신을 구현하기에 사용하고자 하는 대역 또는 통신 범위 및 주변 환경을 고려하여 적합한 주파수 응답 및 잡음 특성 등을 사전 조사한 후, 이를 바탕으로 목표하는 통신 속도를 구현하기 위한 전력선 통신 알고리즘을 결정하고 이 알고리즘이 동작하기 위한 아날로그 신호 처리 부분 등이 결정되어야 한다.

1.2.1.3.1 고속 전력선 통신 모뎀용 칩셋 개발

PLC 모뎀의 변복조 방식으로는 QAM(Quadrature Amplitude Modulation), GMSK(Gaussian Minimum Shift Keying), CCK(Complementary Code Keying), CCSK(Cyclic-Code Shift Keying), MOK(M-ary Orthogonal Keying), QPSK(Quadrature Phase Shift Keying) 등이 있다. 또한, 다중화 방식인 OFDM(Orthogonal Frequency Division Multiplexing), OCDM(Orthogonal Code Division Multiplexing) 등과 같은 여러 가지 방식들이 있다. 10*Mbps* 이상의 고속 데이터 전송을 지원할 수 있는 PLC(Power Line Carrier) 모뎀 시스템 개발에 있어서 이러한 여러 가지 방식들을 비교 분석하여 PLC 채널 환경에 적합한 고속 모뎀 시스템을 개발하는 것은 필수적이다. 특히 심한 AWGN, 교류 Harmonic 성분 잡음, 임펄스 잡음, 시변 페이딩이 존재하는 전력선의 열악한 채널환경을 보상하기 위하여 고속 등화기 구조, 고속 FEC 구조에 대한 연구가 필요하며, 인터넷 접속, 파일 전송, 주변기기 공유, 그리고 다른 많은 네트워킹 응용을 위해 기존 LAN망과의 연동이 가능하도록 이더넷, IP, 802.11 등의 MAC 프로토콜과의 연동이 필요하다.

전력선에 존재하는 많은 전기적인 부하로 인해 전송 신호 전력이 손실되는 것을 보상하는 ENAFE(Enhanced Analog Front End)라는 기술이 있다. 또한 ENAFE 기술을 사용하여 전력선 채널에 적합한 프로토타입 PLC 모뎀 시스템을 구현할 수 있다.

전력선 칩의 핵심 기술 사항은 고속의 변복조 기술, 고속 FEC 구조 기술, 고속 등화기 구조 기술, MAC 인터페이스 기술, ASIC 칩 설계 기술이다. 〈그림 1.57〉에서 모뎀 칩의 구성을 개략적으로 블록다이어그램으로 나타내었다.

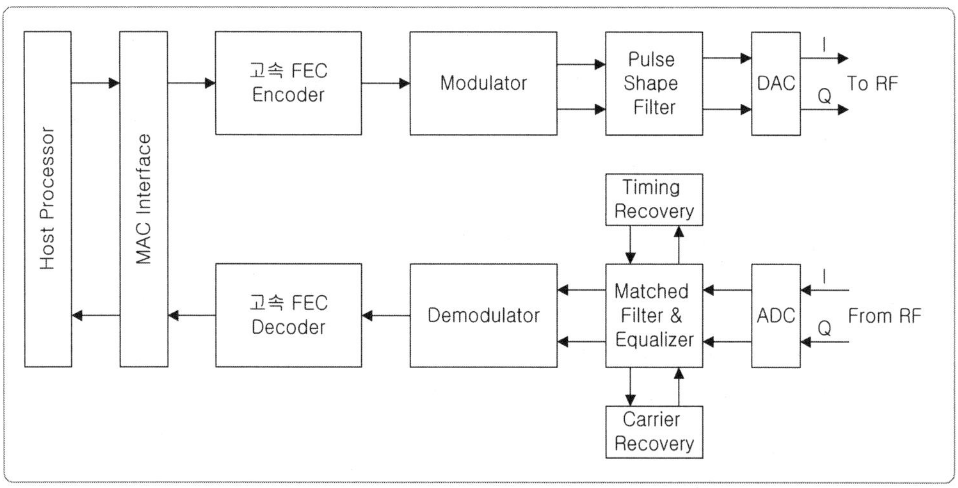

▌그림 1.57▌ 전력선 통신용 모뎀 칩의 구성도의 예

1.2.1.3.2 고속 전력선 통신을 위한 모뎀 알고리즘의 개발

전력선 채널은 시변 특성과 함께 예측할 수 없는 frequency null, colored noise와 같은 특성을 가지고 있으므로, 단일 반송파나 협대역 변복조 기술보다는 다중 반송파나 대역 확장 기법의 통신 방법이 적절하다. 전력선 통신 연구의 초기에는 이 중 DS/SS(Direct Sequence/Spread Spectrum)에 의한 변복조 기술이 많이 연구되었으나, 최근 들어 OFDM(Orthogonal Frequency Division Multiplexing) 등 다중 반송파 기술에 대한 관심이 고조되고 있다.

DS/SS는 이미 셀룰러폰 등에 성공적으로 응용된 사례가 있지만, 무선 채널에 적용된 rake 수신기 등의 구조는 전력선 환경에 적당하지 않은 것으로 알려져 있으며, OFDM은 역시 DAB(Digital Audio Broadcasting), 무선 근거리 통신망(Wireless LAN), HDTV 등에 적용되었으나, 주파수 편이 보상, PAR(Peak-to-Average Ratio) 등의 단점을 갖고 있으므로, 모의실험 등을 통해 보다 효과적인 기법을 선택하는 것이 연구 초기의 중요한 주제가 될 것이다.

DS/SS방식의 경우, 고속의 적응 등화 기술, 간섭에 강인한 PN 부호 동기화 기술이 요구된다. OFDM을 전력선 채널에서 적용하기 위해서는, 부 채널 간 적응 비트 할당 기술, 부 채널별 적응 출력 제어 기술, PAR 감쇄 기술 등이 필요하다. 두 방식 모두에 대해 실시간으로 채널의 변화를 추적하는 채널 추정 기술, 채널 코딩 및 연집 에러 방지를 위한 인터리빙 기술, 주파수 동기 기술, 시간 동기 기술, 임피던스 매칭과 노이즈 필터링을 위한 적응 AFE 기술, 대역의 효율적인 사용을 위한 Echo 기술, MAC 프로토콜 설계 및 개발과 연계된 타 사용자 간섭 제거 기술 등을 적용하고, 전력선 환경에 적당하도록 최적화해야한다.

1.2.1.3.3 고속 전력선 통신을 위한 MAC 설계

❶ MAC 프로토콜 및 인터페이스 디자인

MAC설계의 핵심 기술은 MAC 프로토콜과 상하위 연동 인터페이스를 설계하는 것이다. 네트워크의 성능과 안정성을 결정하는 것은 MAC의 구현이 어떻게 이루어지는지에 있다. 특히 이것은 전력선을 이용한 고속 통신망의 구현에서 중요한 부분이다. 전력선은 다른 전송 매체에 비해 전송 성능이 떨어지며, 안정성이 나쁘기 때문에 MAC 프로토콜과 인터페이스 설계는 전력선망 구현의 핵심이다.

❷ 시뮬레이터 및 테스트베드

MAC 설계에서 필수적인 부분은 설계된 MAC의 성능을 테스트하고 수치적인 검사 결과를 얻을 수 있는 테스트 환경이다. 특히 전력선이 특성상 갖게 되는 지역 의존적인 전송 특성과 다양한 간섭 요인들은 테스트 환경의 중요성을 높여 주고 있다. MAC의 성능을 분석하기 위해 시뮬레이터 소프트웨어를 사용하는 방법과 테스트베드를 직접 제작, 실제 상황에 가까운 조건하에서 하드웨어적으로 테스트하는 방법을 이용한다.

❸ 트래픽 모델링 기법

MAC 성능을 측정하는 데 필수적인 기술로 트래픽 모델링 기법을 들 수 있다. 기존의 선행된 전송선의 트래픽 연구를 사용하여, 실제 전송선을 이용하여 망을 구축한 상황에 근접한 트래픽 모델을 구현한다. 트래픽 모델을 개발하는 데 중요한 것은 효율적이면서도 정확하여야 한다는 것이다. 정확성을 높이기 위해서 국내와 국외의 경우로 나누어 모델을 고려해야한다.

❹ 기타

현재까지 연구되어 있는 MAC에 대한 방대한 연구 자료 및 노하우를 활용하여 빠른 시일 안에 전력선에 적합한 MAC 프로토타입을 개발할 수 있다. 기존의 MAC에 대한 연구 결과를 활용하기 위해서 유/무선을 비롯한 다양한 환경에서 개발되어 사용 중인 MAC 기술을 분석 자료를 이용, 전력선의 특성과 토폴로지에 대한 연구 결과에 근거한 전력선 망에 적합한 MAC 프로토타입을 개발한다.

1.2.1.3.4 홈 네트워크 망 트래픽 특성 분석과 네트워크 설계

❶ 트래픽 모니터링 및 통계화

홈 네트워크 망의 구성요소 및 서비스에 의해 발생하는 트래픽을 모니터링하는 기술을 개발한다. 이는 구성요소별 또는 각 서비스별로 트래픽의 특성을 모니터링하는 것이 필요하다. 특히, 서비스별 트래픽 모니터링 시에는 각 서비스의 서비스 품질보장을 해 주기 위해 주로 필요한 트래픽 변수들에 대한 통계적인 조사방법을 개발해 볼 수 있다.

❷ 트래픽 예측 및 제어

단순한 모니터링을 넘어 이를 통한 트래픽 예측 기법을 개발해 볼 수 있다. 트래픽 예측 기법은 일정한 주기를 갖고 반복적으로 발생하는 트래픽을 예측하여 미리 자원을 예약하거나 제어 신호와 같은 중요한 트래픽에 높은 우선순위를 두어 정확한 전달을 보장해 주기 위해서 필요한 기술이다.

이와 같이 트래픽의 모니터링과 통계화, 그리고 이에 따른 트래픽의 예측 기법을 통해 트래픽 제어 기법을 개발한다. 이는 서비스 품질보장에 있어 중요한 자원 예약이나 트래픽의 효과적인 전달을 위한 라우팅, 트래픽의 지속적인 변동으로 인한 불안정성을 제거하기 위한 안정화 기법 등이 이에 포함된다. 이는 망의 물리적·논리적 구성, 망의 규모, 사용하는 MAC 프로토콜 등에 크게 영향을 받으며, 결국 이들과의 의

존성을 고려하여 설계할 수 있다.

❸ 홈 네트워크 망 구성 및 제어

홈 네트워크 망의 구성요소 및 서비스가 정해질 경우, 이를 통해 구성할 수 있는 최적의 망구조를 설계하는 기법을 개발한다. 가정별, 지역별, 국가별로 다른 구조를 갖고 있는 홈 네트워크의 전력선 구조를 감안할 때, 그러한 물리적인 망의 구조를 기반으로 각 서비스를 효과적으로 제공하기 위한 논리적인 구조를 설계하는 것은 중요하다.

게다가 이미 홈 네트워크의 전력선이 깔려 있어서 물리적인 구조가 고정된 상태에서 사용자가 편하게 망을 구성하여 사용할 수 있도록 하기 위해서, 간단히 모뎀 단말 장치를 이용하여 전원 단자에 꽂는 것만으로도 자동으로 설정 및 동작을 할 수 있도록 할 필요가 있다. 이를 위해서 다양한 전력선 배전의 품질 및 형상에 대해 자동으로 망을 구성하고 설정하는 기능을 개발한다.

초기 설치 후 망의 구성요소를 추가 혹은 제거할 때와 같이 망의 변화가 오는 경우에 이에 대해 적응적으로 망의 구조를 변경할 수 있어야 한다. 또한 구성요소의 오동작 등과 같은 망의 상황이 동적으로 변하는 경우에 대해서는 망의 보호 및 복구를 수행할 수 있어야 한다. 이를 위해서 동적 망 구성 설정 및 복구 기술을 고려해 보아야 한다.

1.2.1.3.5 전력선 통신망 홈 네트워크 및 지능형 홈 오토메이션

스마트 기기 및 컴퓨터 같은 기기가 홈 네트워크에 하나씩 설치되면서 컴퓨터를 이용하여 홈 네트워크의 가전기기를 제어하거나 컴퓨터가 가지는 정보를 공유하고자 하는 수요가 발생하고 있다. 특히 데이터의 압축을 위한 MPEG 기법의 발달, 고화질 모니터와 고화질 디지털 카메라의 개발, 신호 처리 기술의 발달, 고속 데이터 통신 가격의 하락 등은 컴퓨터가 가지는 많은 데이터를 홈 네트워크의 가전기기들이 공유하고자 하는 주변 여건을 조성하여 합리적인 가격으로 데이터의 공유가 가능하도록 지원해 준다. 따라서 다양한 멀티미디어 서비스의 등장과 가입자 망의 발달, 네트워크 기능을 가지는 사물인터넷 기반의 가전기기의 발달에 힘입어 홈 네트워크 고속 데이터 통신망에 대한 수요가 증가하고 있다.

또한, 가전기기의 디지털화는 고성능 저가의 디지털 홈 네트워크 구축을 촉진시키고 있으며, 인터넷과 같은 컴퓨터 네트워크와의 연동 및 홈 오토메이션 구축을 용이하게 하고 있다. 이미 고성능 홈 네트워크 표준 후보로는 IEEE 1394, CEBus, X10, Loneworks 등이 많이 사용되고 있다.

그리고 이 표준에 맞춘 정보 가전기기들의 개발이 활발히 이루어지고 있다. 또한 이들 홈 네트워크 프로토콜과 인터넷과의 연동에 관한 표준으로는 IP over IEEE 1394가 제정되어 있는 실정이다. 이런 표준화와는 별도의 개념으로 인터넷과 홈 네트워크 및 가전기기들의 접속을 시험적으로 구현한 시스템들이 상용화 되어 있다. 개발된 시스템으로는 TV와 웹과의 연동을 위한 인터넷 TV 시스템 등이 대표적인 예로 볼 수 있으며, 웹 폰 같은 통신기기를 이용한 인터넷 접속 시스템도 개발되었다. 자바기반의 브라우저를 이용한 홈오토메이션 사용자 인터페이스 시스템도 개발되어 사용되고 있으며 전력선망을 이용하여 사용 가능한 홈오토메이션 통신 프로토콜은 다음과 같은 것들이 있다.

❶ CEBus

CEBus는 10년의 기간에 걸쳐 집약된 기술로서 개발되었다. 그리고 수많은 회사들의 공동 작품이다. 그것은 수많은 다른 형태의 매체를 지원하는데, 그 매체들은 그들을 매개하는 버퍼 없이도 공존할 수 있다. CEBus는 CSMA/CD 프로토콜을 사용하며, 32*byte*의 정보를 각각의 패킷에 담고 있었는데, 각각의 집들은 유일한 주소를 차례로 할당받는다.

❷ X10

X10은 가정 자동화를 현실성 있게 만든 선구자적 시스템으로 되어 있다. 이 프로토콜의 장점은 전력선을 기반으로 중복 케이블 공사를 할 필요가 없다는 데 있다. 이 시스템은 256개의 다른 주소를 가진 장치들을 허용하여, 하나의 장치가 다수의 수신 장치를 제어할 수 있다. 이 X10은 성공적인 것이기는 하지만, 아직까지 단순한 동작관련 제어에만 사용되고 있다.

❸ Lonworks

Lonworks는 가정용 시스템 시장의 유력한 경쟁자 중의 하나인 Echelon에 의해서 개발되었다. Lonworks는 2개로부터 32000개의 장치들을 연결시켜 주는 것을 허용하는 매력적인 통신망이다. 이 통신망에서는 중앙 제어장치가 필요 없으며, 각각의 통신을 하는 노드들은 동일한 프로토콜을 사용한다. 그리고 그 통신망의 매체에 대하여 자체에 탑재된 접속부를 제공한다. 각각의 노드들은 그 결과로 Neuron이라는 일반적인 칩을 기본 칩으로 사용하고 있다. 이 통신망은 대부분의 매체를 지원하는 것이 검증되어 있고, 1.25*Mbps*라는 빠른 전송률을 허용한다.

❹ IEEE 1394

IEEE 1394-1995-"Firewire"로 더 잘 알려진－직렬 통신망 버스는 주로 디지털 오디오/비디오용 응용제품을 주목표로 하고 있었다. 이 통신망은 25*MB/s*라는 고속의 데이터 전송률을 허용하면서, 63개의 다른 오디오/비디오 응용장치를 단일 버스 브릿지에 연결할 수 있고, 4.5*m* 길이까지 사용할 수 있다. 이 통신망은 1394카드를 이용해서

PC에 접속할 수 있도록 하고 있다. 이러한 형태의 버스는 자동적으로 ID들을 할당해 주고 속도를 높일 수 있어 구매자가 좋아할 수 있는 장점을 가지고 있다. 1394카드는 다시 일반적인(custom) 칩 사용을 필요로 한다.

1.2.1.3.6 원격 검침 시스템

전력선 통신 기반의 원격 검침 시스템의 개발은 시간별 차등 요금제, 부하 예측 및 제어 등 전력회사의 수요관리 시스템에 대한 기반 조성에 필수적 수요·부하관리 효과의 증대를 가지고 온다. 실시간 정보에 의한 판매 분석·예측 및 경영전략 구현을 위해 다양한 요금제도 시행 가능(실시간 요금제)이 이러한 기술로 인해 가능해진다.

각 나라의 에너지 관련 회사의 IT기술을 도입하여 전기, 수도, 가스 등의 검침 업무를 자동화하고, 이에 해당되는 표준이 완성되었다. 현재 많이 사용되는 시스템은 무선, 기간통신망, 고속 전력선 통신을 이용한 원격 검침 방식이다. 고속 전력 통신 방식의 대표적인 제조회사는 EMETCON 시스템의 Cannon Technology, System-10의 DCSI, Turtle Energy Mgmt. Sys.의 Hunt Technologies 등이 있으며, 최근의 PLC 기술의 발전과 더불어 새로운 제조회사들이 생겨나고 있다. 이들은 검침 단말기뿐만 아니라 Utility Data Network을 개발하여 시스템을 상품화하고 있는 실정이다. 또한 Nertec 등의 여러 회사는 무선, 전화, PLC의 혼합 방식도 개발하고 있다. 특히 스마트 그리드 기술의 도입으로 5G 및 무선기술과 연동된 IT기반 기술들이 원격 검침 시스템에 활용되고 있다.

1.2.1.3.7 저압 배전선 채널 환경 특성 분석

전력선 통신망에서는 고압의 송전선이나 고압의 배전선을 통신 채널로 이용하였다. 본 절에서는 통신 채널로 이용하고자 하는 저압의 전력선과는 다른 환경을 보이고 있다. 최근 저압의 전력선을 통신 채널로 이용한 시스템들이 시도되어 왔다. 그러나 이들 시스템들은 가정 내의 국한된 범위 내에서의 정보 교환이 이루어지는 국부적인 시스템들이다. 전송 거리를 확장하기 위해서는 고려되어야 할 사항들이 많다. 사실 저압의 전력선 쪽이 통신 채널로서의 환경은 좋지 않다. 왜냐하면 각종 전기기기와 가전제품 및 사무기기로부터 발생되는 잡음들이 바로 전력선으로 송출되고 있으며 또한 부하가 전력선에 연결되어 있는 구성 형태들이 시간과 공간에 따라 상당하게 다르기 때문이다. 그러므로 전력선 통신 시스템을 설계할 때 고려해야 할 요소가 되는 전력선의 잡음 특성, 임피던스 특성 및 신호 감쇄 특성 등을 조사하여 전력선의 전송특성을 파악할 수 있다.

1.2.1.4 응용기술

1.2.1.4.1 전력선 기반의 응용 기술 동향

홈 네트워크/오토메이션 구축을 위해서는 전화선, 전력선, 무선의 RF, 블루투스(Bluetooth) 등 여러 가지 망 구현 기법이 개발되고 있다. 이러한 방법들 중에서 전력선의 경우는 새로운 추가 배선 작업이 필요 없다는 점과 데이터 전송과 전력 공급을 동시에 할 수 있다는 등의 장점들로 인해 최근 들어 상용화 및 기술개발이 진행되고 있다.

일반적으로 홈 네트워크 구현이 성공하기 위해서는 다양한 요구조건을 만족시켜야 한다. 즉, 홈 네트워크상의 플러그&플레이 기능, 자율적인 구성(self-configuration) 관리 기능, 값싼 케이블 구축과 쉬운 인터페이스 등 다양한 요구조건을 충족시켜야 한다. 특히 집안 전체의 통합 에너지 관리 문제 및 배선이 추가로 필요하지 않다는 측면에서는 전력선 통신이 홈 네트워크/오토메이션을 위한 강력한 후보 중에 한 방법이라고 볼 수 있다. 하지만 이 요구 사항을 만족하기 위해서 전력선 통신은 데이터 전송의 신뢰성 및 고속 전송 속도의 지원 문제가 먼저 해결되어야 한다.

전력선 기반의 홈 네트워크 망 구축의 또 다른 문제점 중의 하나는 서로 상호 통신을 위한 공통의 인터페이스를 공유하지 못하고 있다는 데 있다. 비단, 이것은 전력선 통신만의 문제가 아니라 홈 네트워크 시스템 구축의 공통적인 문제이다. 만약, 오디오/비디오, 에어컨, 세탁기, 전자레인지, 냉장고, 전등 등 가정 내에 존재하는 가전기기 및 관리 시스템을 전력선 통신을 통해 통합하여 운용할 수 있다면 전력 효율을 효과적으로 높일 수 있을 것이다. 이러한 이유에서 홈 네트워크 구축을 위한 여러 가지 홈 네트워크 미들웨어 및 표준들이 전력선 통신을 기반으로 한 여러 가지 작업들을 수행하고 있다.

일반적으로 전력선 통신은 주변 환경에 큰 인덕턴스가 존재하여 낮은 주파수 성분을 제외한 모든 주파수 성분을 감쇄시킨다. 이러한 이유로 높은 전송 속도를 얻는 데 많은 어려움이 있기 때문에 전력선 통신은 대부분 홈오토메이션, 원격 제어 등의 응용 분야에서 낮은 데이터 전송 속도의 용도에 제한적으로 이용되어 왔다. 따라서 컴퓨터나 프린터간의 데이터 전송이나 인터넷 TV에서의 비디오 데이터의 전송과 같이 고속 멀티미디어 데이터 전송을 요구하는 응용분야에서는 사용되지 못하고 있다.

그러나 최근에는 고속 통신을 요구하는 정보 가전기기 쪽에 전력선 통신을 사용하기 위하여 전송의 안전성, 신뢰성을 확보하고, 다중 접속이나 다중화를 위해 부호 분할이 용이한, 그리고 간섭 및 방해에 강한 개선된 확산 스펙트럼 대역방식 및 다양한 통신 기법들이 적용되고 있다.

본 절에서는 홈오토메이션용 저속용 전력선 칩 및 모뎀 제품에 관해서 주로 소개한다.

그리고 이들을 이용해서 홈 네트워크/오토메이션에 응용할 수 있는 방법에 대해서 소개한다. 고속 전력선 통신 칩(1*Mbps* 이상)과 고속 전력선 통신 모뎀의 경우는 간단한 제품 소개 내용만을 기술한다.

1.2.1.4.2절에서는 홈오토메이션을 위한 저속 전력선용으로 사용되는 전력선용 트랜시버 칩에 대해서 몇 가지 제품의 예를 들어 설명을 하고, 1.2.1.4.3절에서는 상용화된 전력선 통신 모뎀을 기반으로 한 제품 및 이를 이용한 간단한 구축 사례를 소개한다.

1.2.1.4.2 지능형 홈 오토메이션 응용 제품을 위한 저속 전력선용 칩

전력선은 심한 부가 백색 잡음(AWGN), 교류 고주파(Harmonic) 성분 잡음, 임펄스 잡음 등이 존재하는 열악한 채널 환경을 가지고 있다. 이 잡음들은 전력선에 연결되어 있는 많은 전기 기구들로부터 기인한 것으로 연속 에러를 유발시켜 BER(Bit Error Rate) 성능을 심각하게 저하시키며, 전력선 모뎀이 충분히 안정적으로 동작하지 못하게 한다. 현재 상용화된 저속 전력선 모뎀은 주로 대역 확산 기술(Spread Spectrum Technology)을 사용하고 있기 때문에 시스템이 복잡해져 각 가정에 널리 보편화되기엔 가격이 비싸다. 또한 전력선 네트워크의 모든 노드 사이의 상호 작용과 트래픽 컨트롤을 해결하기 위해 구조가 복잡해져 네트워크의 각 노드에 필요 이상의 비용을 가중시키고 있는 것이 현실이다.

❶ 저속 전력선용 칩의 현황

본 절에서는 홈 네트워크/오토메이션을 위한 저속의 전력선 트랜시버 칩 및 칩셋을 위주로 간단히 소개한다.

홈 오토메이션을 위해 다양한 회사에서 칩셋 및 개발용 도구를 보안 및 전등 제어, 백색 가전의 통신에 적용한 사례를 소개하고 있다. 본 절에서는 그 대표적인 예로 저속용 전력선 통신용 칩셋 중에 많이 사용되는 Adaptive Network사와 Itran사, 그리고 Intellon사의 저속 전력선 제품을 살펴본다.

(a) ANI: ANI000 (b) Itran: IT800 (c) Intellon: SSC485

▌그림 1.58▐ PLC 트랜시버 칩의 예

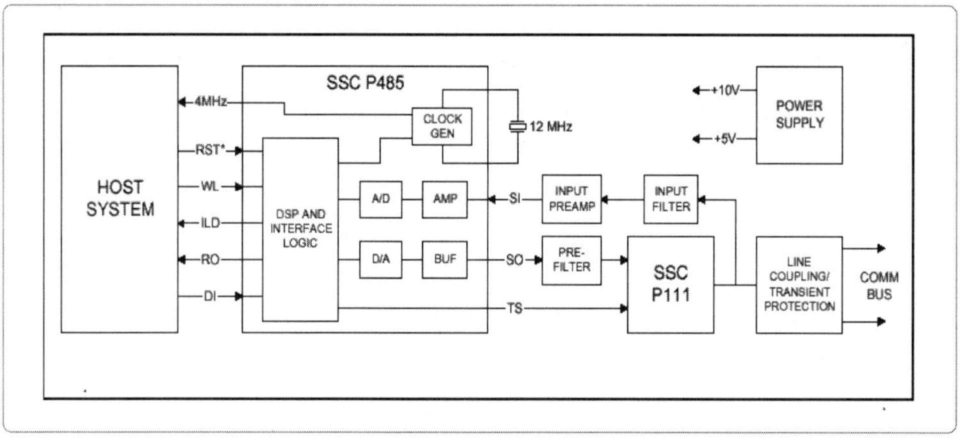

▌그림 1.59▐ Intellon사의 SSC485 인터페이스 회로도

〈그림 1.58〉에 (a)는 미국 Adaptive Network사의 AN1000이라는 전력선 통신 트랜시버 칩이다. Adaptive Network사가 생산하는 칩셋은, 확산대역 변조 방식, 적응동기화(Adaptive synchronization) & 등화(equalization), 에러제어 코딩, 토큰 패싱(token passing) 프로토콜을 복합적으로 사용한다. Adaptive Network사에서 생산해 낸 제품으로는 전송 속도에 따라 AN1000, AN192, AN48 등이 있다. AN1000(AN1000CS)은 전력선 물리층 제어기, DLP 데이터 링크 층과 응용층 프로세서 등의 3가지 칩들로 구성되어 있고, 100*kbps*의 전송 속도를 가지고 있다.

〈그림 1.58〉의 (b)는 이스라엘 Itran사의 IT800 PLC 트랜시버 칩이다. 미국의 전자산업 협회 EIA(Electronic Industrial Association)-600(CEBus) 데이터 링크 층과 전력선 물리층과 호환되는 IT800 전력선 트랜시버 칩셋은 최저 3*Kbps*에서 최고 7*Kbps*의 속도를 지원하도록 설계되어 있다. 이 칩의 경우 직렬 인터페이스와 유럽의 Cenelec A 밴드를 만족시키는 전력선 인터페이스를 제공한다. 이 응용 제품들을 살펴보면 주로 보안 및 홈오토메이션에 사용됨을 알 수 있다.

〈그림 1.58〉의 (c)와 〈그림 1.58〉은 Intellon사의 SSCP485 PLC 트랜시버 칩 배치도이다. 이 칩 역시 저가의 전력선 응용 제품을 만들기 위해서 확산 대역 통신 방식을 사용하고 있다. 이 칩의 경우는 앞서 소개한 칩들과는 달리 사용자가 용도에 따라 전력선, TP 케이블 및 다른 미디어를 사용할 수 있도록 인터페이스를 제공하고 있다.

❙ 그림 1.60 ❙ Domosys사의 CEBus용 개발용 보드

〈그림 1.60〉은 CEBus용 모뎀을 시판하는 Domosys사의 CEway칩을 위한 개발용 보드로, 이와 유사한 형태의 개발용 보드가 Intellon사에서도 제공되고 있다.

저속용 전력선 칩으로는 앞에서 소개된 칩 외에도 일본의 National Semiconductor사의 단종 된 전력선과 무선공용의 LM1893이라는 칩을 사용한 연구 사례도 있으며, 역시 National Semiconductor의 ICSS200X 계열의 제품도 사용되고 있다. 이 외에도 유럽 쪽의 제품 예로서는 ST Microelectronics의 반이중 동기식 FSK(Frequency Shift Key) 방식을 이용한 ST7536이라는 칩도 있다. 또한, 무선용 프로토콜을 변경해서 8*bit* 마이크로프로세서인 PIC을 이용해 간단한 전력선 모뎀을 만든 사례도 있다. 이 외에도 오래전부터 상용화되어 널리 사용되는 장치로는 Lonworks 프로토콜 기반의 PLT-22 트랜시버 장치와, X-10 프로토콜 기반의 트랜시버 칩셋도 있다.

❷ 고속 전력선 칩의 개발 현황

현재 전력선 통신용의 고속 통신 칩셋의 개발은 10*Mbps* 이상 속도의 제품들이 Itran사, Intellon사, Enikia사, 기인 텔레콤 등의 회사에서 모뎀 또는 칩셋의 형태로 현장에서 최종 테스트되고 있거나 상용화 되어 있다. CEBus 프로토콜 기반의 고속 모뎀 제품으로는 Itran사와 Intellon사에서 각자 제품 생산을 예정하고 있으며, IEEE 802.3인 이더넷(Ethernet) 프로토콜 기반의 고속 전력선 통신 제품으로는 국내회사인 Xelline(구: 기인 텔레콤)과 미국의 Enikia라는 회사에서 최종 필드 테스트 및 마무리 작업을 수행하고 있다. 이 외에도 많은 업체들이 고속 전력선 통신 분야에서 선두를 지키기 위해서 신기술들을 이용하여 많은 제품들을 발표하고 있다.

1.2.1.4.3 전력선용 모뎀 장치를 이용한 응용 구현 사례 연구

가전기기 네트워크화 추진의 필요성에 의해 가전 업체들이 향후 세계 시장에서 경쟁력을 가지기 위한 가전기기의 스마트화 및 네트워크화를 통해 서비스를 제공하는 사업모델을 추구하고 있다. 또한, 인터넷의 발전으로 인한 기존의 전력선 기반의 홈오토메이션 개념의 변화로 인터넷 또는 무선 단말기를 이용해 가전기기를 저속 및 고속 전력선으로 연결하는 기술에 대한 연구들이 진행되고 있다.

본 절에서는 기존 연구를 토대로 여러 가지 전력선 칩 기반의 임베디드 장치를 이용하여 테스트 베드를 꾸미는 방법에 대해서 알아보고자 한다.

❶ CEBus(Consumer Electronic Bus)용 응용장치

CEBus는 Consumer Electronic Bus의 약자로 미국 EIA-600의 표준이다. CEBus는 제어 구조를 대상으로 각 오브젝트를 만들어서 조명과 같은 일부 제품에 대한 규격을 제시하고 있다. 그러나 CEBus의 경우 홈오토메이션(Home automation)과 같은 저속 제어 데이터를 대상으로 하고 있고, 인터넷을 기반으로 사용자 중심 및 고속 멀티미디어 기기에 대한 사용 입장에서 접근하는 규격은 현재 정의하고 있지 않다.

CEBus는 가정 내 장치들 사이의 통신을 위해 집안의 120*V*, 60cycle의 전선을 사용한다. CEBus 전력선 통신 기술은 집안의 전력에서 발생하는 노이즈 등 방해 요인을 없애기 위해 확산 대역 기술을 적용하였다. 확산 대역 기술은 하나의 주파수를 이용하는 것보다, 여러 개의 주파수 범위에서 하나의 전송 신호를 확산하는 방식으로 사용한다. CEBus 전력선 통신은 100*Hz*에서 400*Hz*의 범위에서 이들 신호를 확산(spread)한다. 그러나 주파수 호핑(frequency hopping)이나 직접 시퀀스 확산(direct sequence spreading) 방법을 사용하는 것 대신에, CEBus는 이전의 사용한 주파수대와 상관없이 매번 신호를 받을 때마다 새로운 주파수로 동작한다. CEBus 프로토콜은 〈표 1.8〉과 같은 CAL(Common Applcation Language)에 정의된 함수를 이용해서 집안의 전구 및 스프링쿨러 등의 장치를 객체화할 수 있도록 되어 있다.

[표 1.8] CAL에 정의된 함수의 리스트

Node control	· Power · On_offline · Serial_no · Manuf_name · Manuf_model · Product_class · Product_name · System_addr · Unit_addr · Group_addr · Capability_class · Reset · Context List · Configured · Setup · User_feedback · Config_master · Source_unit_addr · Source_system_addr · Conformance_level · Authentication_keys · Reporting_condition · Dest_address · Previous_value · Report_header
Context control	· Object_list
Data channel receiver	· Medium · Default_channel · Current_channel
Data channel transmitter	· Medium · Default_channel · Current_channel · Carrier_type
Binary switch	· Current_position · Default_position · Function_of_position · Persistence · Reporting_condition · Dest_address · Previous_value · Report_header

Domosys사의 제품은 2가지의 CECom 장비[CECom 120 V(P-CC-1000), CECom 240 V(P-CC-2000)]가 있으며, CECom 120 V(P-CC-1000)가 2개를 사용하여 간단히 테스트 베드를 구축할 수 있다. 〈그림 1.61〉의 CECom 모뎀은 전력선의 패킷 모니터링이나 다른 네트워크 장치들에 대한 질의(querying) 같은 여러 가지 작업(task)들을 수행할 수 있다. CECom은 일반적으로 PC와 널 모뎀(null modem) 선을 이용한 모뎀이나, 시리얼 포트를 사용한 다른 디바이스들과 연결을 할 수 있다. S/W로는 MACS 펌웨어(Firmware)라고 불리는 Domosys사에서 제공하는 응용 펌웨어를 사용하고 있으며, 개발자에 의해 개발된 다른 펌웨어를 로드할 수 있다.

▌그림 1.61▐ CEBus 모뎀-Domosys사의 CECom

CECom 모뎀은 Normal DLL mode로 사용하고, CEBus 노드로 동작이 가능하며, 호스트에서 받은 패킷을 전송할 수 있으며, 해당하는 주소나 다른 그룹 주소에 패킷을 전송할 수 있도록 되어 있다.

〈그림 1.62〉의 Domometer는 전력 감시 및 부하 배분 등의 기능을 지원한다. 이 장치를 통하여 사용자는 원하는 디바이스의 에너지 절약 모드를 선택하면, 연결한 기기의 에너지 낭비를 제어할 수 있다.

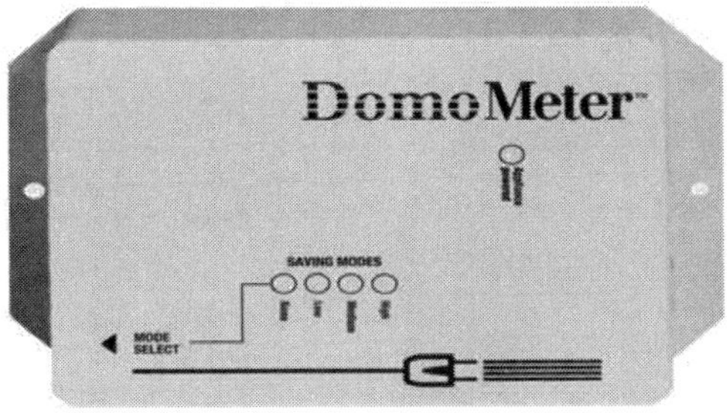

❙ 그림 1.62 ❙ CEBus용 장치-Domosys사의 Domometer

〈그림 1.63〉은 원격지역에서 웹브라우저를 통해 CEBus 장치를 컨트롤하고 브라우징할 수 있는 방법에 대한 것을 나타낸다. 홈 네트워크 망에 홈 서버가 있다고 가정하고, 이 홈 서버에는 CECom을 통해 홈 네트워크 전력선망과 연결되어 있다. 홈 서버에는 웹서버와 CECom을 컨트롤하는 서버 프로그램이 실행 중이며 이를 통해 인터넷에 연결된 원격 컴퓨터의 웹브라우저 상에서 컨트롤 및 브라우징이 가능하다. 그리고 홈 네트워크의 CEbus 장치는 〈그림 1.63〉과 같이 CECom을 통해 전력선망에 연결된 또 다른 PC를 사용한다.

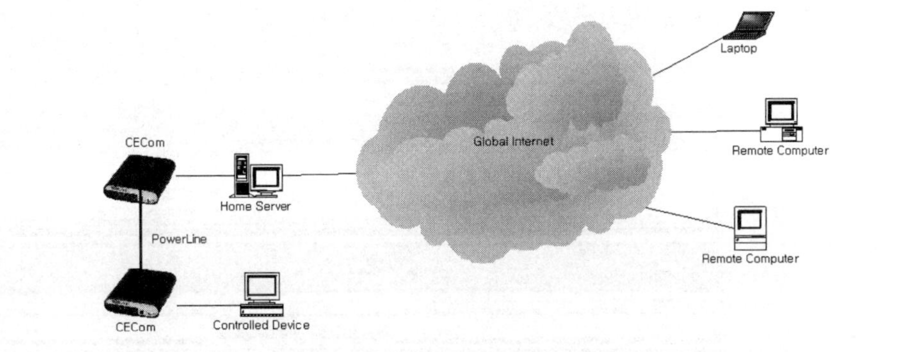

❙ 그림 1.63 ❙ 일반적인 CEBus 모뎀의 테스트 베드 구축 예

홈 서버의 서버 프로그램과 원격컴퓨터의 클라이언트 프로그램은 〈그림 1.64〉와 같은 구조를 갖는다. 서버 프로그램은 클라이언트 프로그램과 통신을 위한 TCP/IP 모듈, CECom을 컨트롤하기 위한 CEBus ActiveX 단위 모듈, 그리고 서버 프로그램의 상태를 모니터링 할 수 있게 하는 인터페이스 모듈로 구성되어 있으며 각각의 모듈은 서로 필요한 데이터를 주고받는다. 클라이언트 프로그램은 서버 프로그램과 통신을

위한 TCP/IP 모듈과 사용자의 입력을 받고 CEBus 장치의 상태를 보여 주기 위한 모듈로 구성되어 있다.

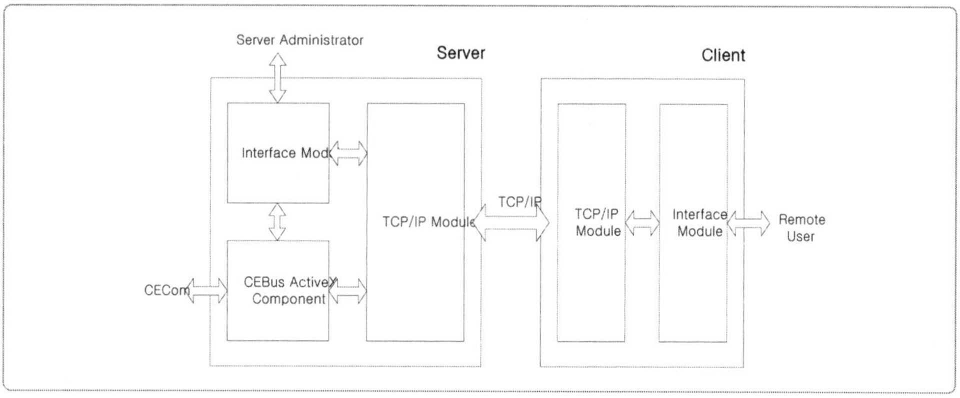

❙그림 1.64❙ CEBus용 모뎀을 이용한 연결 방법의 예

〈그림 1.65〉는 CECom 모뎀의 동작을 테스트할 수 있는 CETester 프로그램의 동작 예이다.

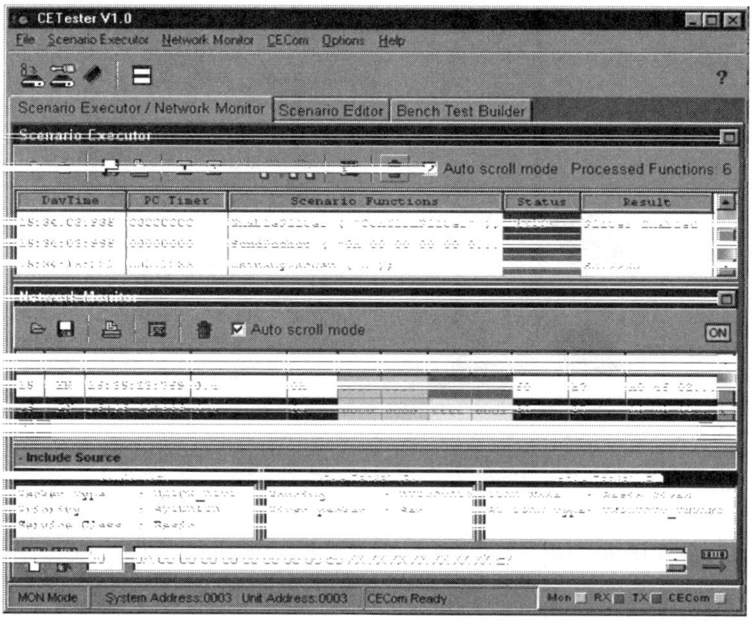

❙그림 1.65❙ CEBus-CETester 프로그램

❷ Lonworks 프로토콜용 응용 장치

Lonworks은 미국의 Echelon사의 빌딩 자동화용으로 개발된 프로토콜이다. Lonworks 프로토콜은 개방적이고 단위 디바이스가 서로 상호 운용 가능하고, 따라서 여러 벤더의 제품을 사용/대체할 수 있는 제어가 관련되는 모든 분야에서의 네트워크 구축을 위해서 개발되었다. Lonworks 프로토콜 호환 제품들은 단위 디바이스부터 상위 어플리케이션까지 한 벤더의 폐쇄적인 제품으로 시스템 설치부터 유지보수, 시스템 업그레이드까지 종속적인 네트워크를 구축하는 게 아니라, 각 분야별 디바이스 개발, 시스템 통합, 유지보수 등의 작업을 전문화하여 하나의 통합된 네트워크 시스템으로 구축하기 위해 각 제품들을 제공하고 있다.

▌그림 1.66▐ PLT-22 single inline package

〈그림 1.66〉는 가전기기와 같은 시스템에 적용하기 위하여 Lonworks 프로토콜 기반으로 만들어진 PLT-22 트랜시버 모듈이다. 이 모듈을 이용해서 응용 개발자는 전력선 기반의 시스템을 구축할 수 있다. 〈그림 1.67〉은 PLT-22 모듈 및 Echelon사의 8bit 마이크로프로세서인 뉴런 칩의 내부 구성도를 나타내고 있다. Lonwork의 전력선 장치는 이러한 모듈이 결합되어 하나의 시스템을 이루도록 하고 있다.

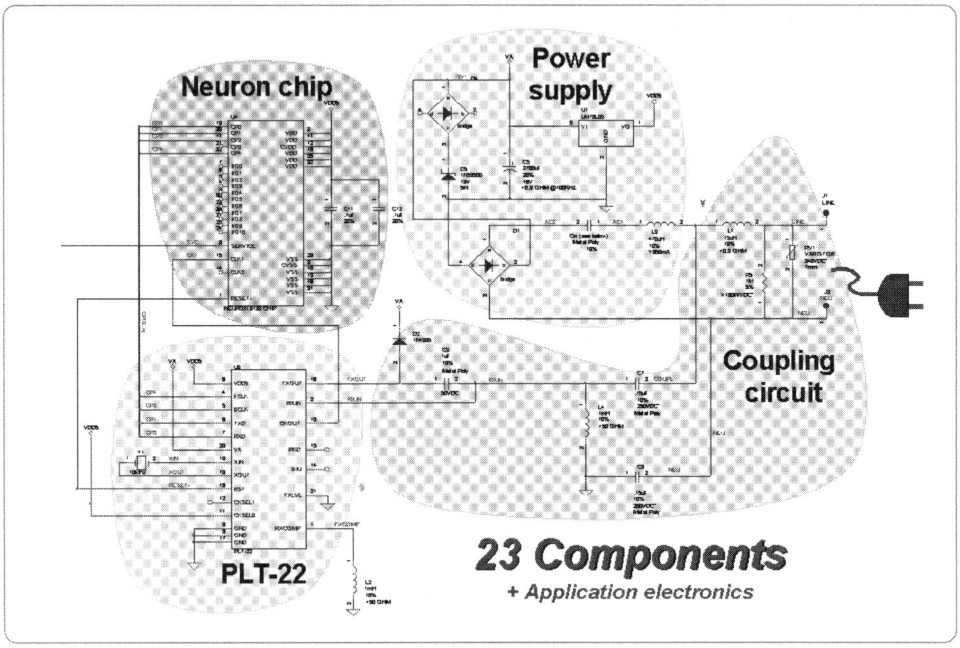

▌그림 1.67▌ 각 PLT-22 Node 구성

Lonworks 장치 기반의 테스트 베드 구축 방법은 여러 가지 형태가 존재할 수 있다. 본 절에서는 〈그림 1.68〉과 같이 Nodebuilder를 이용해 간단한 온도 모니터링을 전력선 장치로 하는 방법에 대해서 설명한다. 개발과정은 먼저 PC에 PC NSS 인터페이스 카드를 설치하고 Nodebuilder 개발 툴을 인스톨한다. 이때, NSS Card, LTM-10 장비는 모두 Coupler를 통해 전력선과 연결되어 있어야 한다. 개발준비가 완료되면 Nodebuilder 개발 툴을 이용하여, LTM-10 모듈에 로딩 할 프로그램을 작성한다. 툴을 이용하여 Compiler, Building, Loading의 과정을 단순히 처리할 수 있다. 프로그램은 Neuron C 프로그래밍이라고 명명된 단순화된 C 컴파일러(Compiler)로 되어 있으며, 시간과 이벤트의 개념이 추가되어 있다.

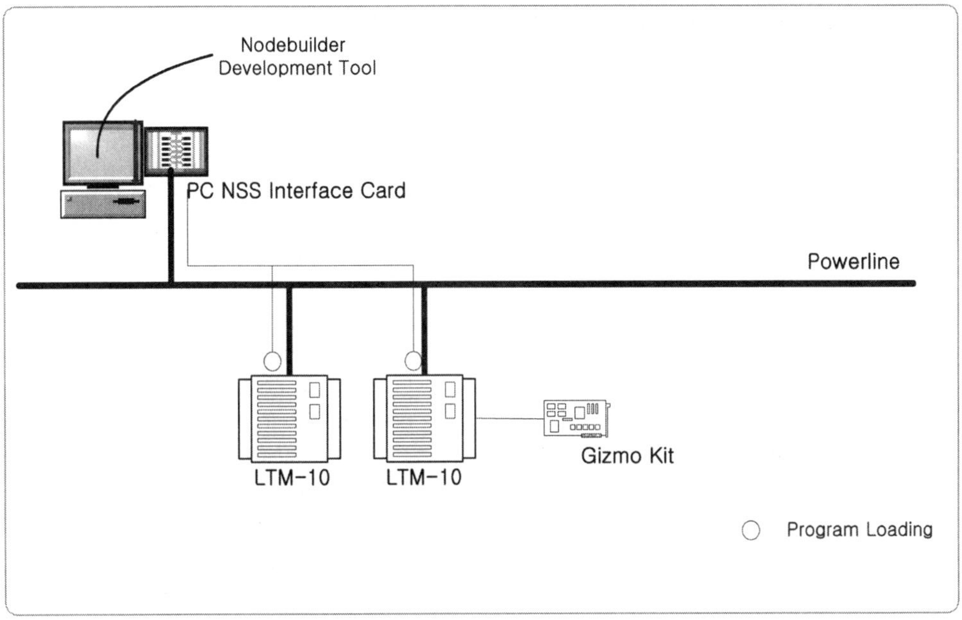

┃그림 1.68┃ 간단한 Lonworks system 구성의 예

로딩 과정을 마치고 난 뒤, 바인딩 과정이 필요하다. 바인딩은 두 LTM-10 모듈이 서로를 Neuron ID를 통해 전력선 망에서 상호 인식이 가능하게 하고, 서로 전달될 망 변수의 연관관계를 설정하는 작업이다. 이 작업은 NetUtil 프로그램을 통해 이루어진다. NetUtil 프로그램은 Echelon사의 홈페이지에서 얻을 수 있다. 바인딩까지의 과정이 마치면, 두 LTM-10 기기는 통신이 가능하다.

〈표 1.9〉는 Lonwork 프로토콜 제품들을 지원하기 Lonmark Ver 1.0에 기술되어 있는 가전기기 관련 내용을 소개한다. 현재 가전기기에 대한 표준의 경우는 냉장고에 관한 사례를 제시하고 있다. 이 경우는 백색 가전 중의 하나인 냉장고의 디스플레이 용도로 만들어졌으므로, 사용자가 모니터링 하고자 하는 냉장고 도어 패널에 표시되는 여러 가지 형태의 변수(온도, 습기 등)만을 정의하고 있다.

[표 1.9] 냉장고용 온도 조절기용 함수 정의 예

온도조절기	필수망 변수	· Temperature Setpoint Input · Space Temperature Output · Heat Control Output · Cool Control Output · Unit Status Output
	선택망 변수	· Space Temperature Input · Occupancy Input · Application Mode Input · Setpoint Offset Input · Energy Hold Off Input · Effective Setpoint Output · Terminal Load Output · Terminal Fan · Energy Hold Off Output
	구성 설정	· Send Heartbeat · Occupancy Temperature Setpoints · Receive Heartbeat · Minimum Temperature Delta · Location Label · Heating Setpoint Upper Limit · Heating Setpoint Lower Limit · Cooling Setpoint Upper Limit · Cooling Setpoint Lower Limit

❸ X-10 프로토콜 기반 응용 통신 장치

X-10은 저속의 전력선 통신 프로토콜로 과거부터 오랫동안 미국을 중심으로 사용되어 왔다. 오랜 기간 사용된 만큼 신뢰성은 이미 입증 받았으며, 저속의 전력선 장치 및 칩셋을 개발할 경우 많은 개발자들이 참고로 하고 있는 프로토콜 중에 하나이다. X-10은 60*bps*의 저속으로, 보통 기기의 On/OFF 또는 전등의 밝기 조절 등이 제어대상이 된다. House Code와 Unit(0-9)로 제어하려는 대상을 지정하여 사용할 수 있으며, 제품은 플러그에 꽂기만 하면 바로 사용할 수 있는 간단한 형태로 되어 있다.

본 절에서는 미국 Active Home사의 X-10 제품을 기준으로 소개한다.

일반적으로 X-10 제어기는 제어 신호를 내보내는 부분으로 RF 신호로도 조작이 가능하며, House Code와 Unit Code로 조작하려는 기기를 지정할 수 있도록 되어 있다. X-10 PC 인터페이스 모듈은 PC에서 기기를 조작하려고 할 때 사용하며, 전력선에 연결되고 PC에서는 RS-232C 시리얼 케이블로 연결된다. X-10 램프 모듈은 조작하려는 기기를 설치하는 장치로 플러그에 꽂은 뒤, 조작하려는 기기를 램프 모듈에 있는 플러그에 꽂도록 되어 있다. 〈그림 1.69〉는 마이크로소프트사가 주도하고 있는 홈 네트워크용 미들웨어인 UPnP(Universal Plug and Play) 개발 툴 킷과 X-10 장치를 이용한 테스트베드의 전체 구성도이다. X-10 Lamp Module에 연결된 전등은 X-10 제어기가 연결되고 마이크로소프트사의 Window ME가 탑재된 PC상에서 조작 가능하도록 되어 있다.

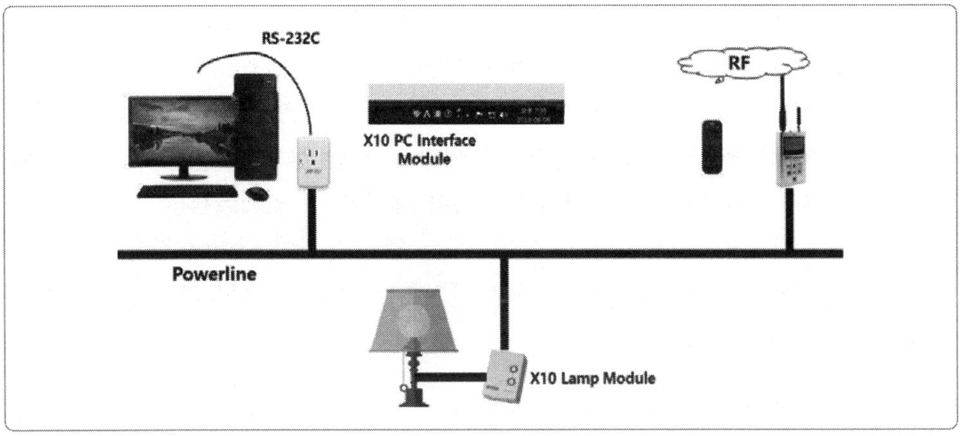

▌그림 1.69▐ 홈 미들웨어용 개발 툴을 이용한 X-10 테스트

❹ Serial 통신 인터페이스가 지원되는 전력선 모뎀의 테스트 베드 구축 예

직렬 인터페이스가 지원되는 전력선 통신 모뎀을 이용한 자바 기반의 테스트베드 구축은 〈그림 1.70〉에서와 같이 각각의 컴퓨터는 디바이스-서버-클라이언트로 구성할 수 있으며, 디바이스와 서버 간에는 전력선을 통한 통신을 하며, 클라이언트와 서버는 TCP/IP 통신을 하도록 꾸밀 수 있다.

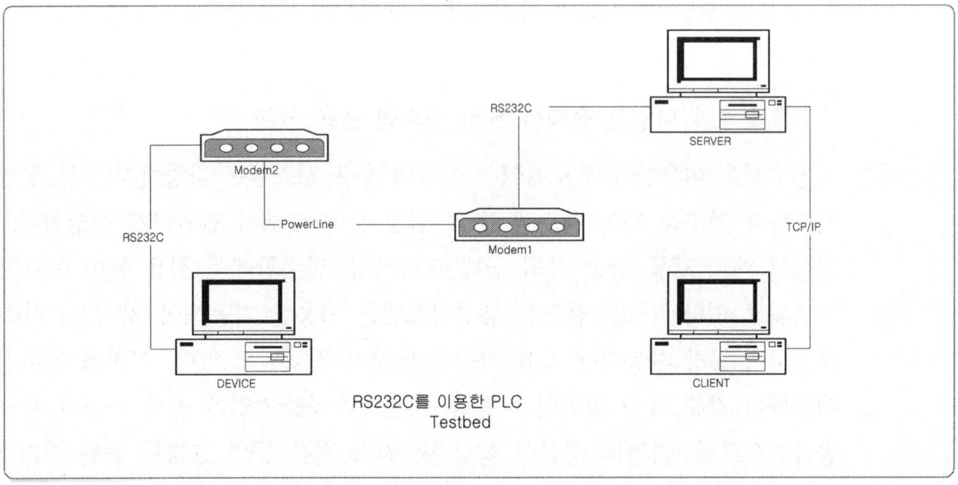

▌그림 1.70▐ 시리얼 인터페이스 기반의 전력선 모뎀을 이용한 테스트 사례

디바이스는 서버에게 자신의 상태를 데이터를 통하여 서버에게 알릴 수 있고, 서버는 그러한 데이터들을 클라이언트에게 전달한다. 또한 서버는 클라이언트로부터 데이터를 받아서, 디바이스에게 그 데이터를 전달하기도 하며, 디바이스는 그러한 데이터의 정보에 따라 알맞은 동작을 할 수 있다.

〈그림 1.70〉의 테스트베드는, 시리얼 인터페이스를 지원하는 전력선 모뎀을 이용하여 전력선을 통한 데이터의 흐름을 알아보고, 데이터의 흐름을 제어함으로써, 전력선 모뎀을 이용한 네트워크 제어의 가능성을 보여 준다.

웹 브라우저를 통하여 서버에 접속하였을 때, 연결된 디바이스의 정보가 서버를 통하여 접속된 웹 화면에 나타나게 되며, 그러한 정보를 바탕으로 클라이언트(=웹브라우저)는 디바이스를 전력선을 통하여 제어할 수 있게 된다.

예를 들어, 세탁기와 같은 경우에는 웹을 통하여 서버에 접속하였을 때, 서버는 세탁기에게 정보를 요구하게 되며, 세탁기는 서버에게 다음과 같은 정보를 제공하게 될 것이다.

- 세탁기의 이름(name), 위치(location), 모델명(model), 만든 이(manufacturer)
- 현재 세탁모드, 동작 상태, 남은 시간, 물 수위
- 수온, 소비 전력, 세제종류(세제, 표백제, 섬유유연제) 등이 있다.

이러한 세탁기의 초기 상태가 서버에게 전달이 되면, 서버는 그 데이터들을 클라이언트에게 TCP/IP 통신에 맞는 포맷으로 전달하게 될 것이다. 클라이언트가 볼 수 있는 포맷으로 전달이 되면, 그때부터 클라이언트는 서버를 통하여 디바이스에게 원하는 방법으로 정보를 전달할 수가 있다.

앞에서 설명한 전력선용 프로토콜 이외에도 이더넷 기반의 전력선 모뎀들이 있으나, 이 경우는 일반 랜 카드와 유사하게 사용하므로 테스트 베드 구축 예는 본 절에서 생략한다.

1.2.1.4.4 다양한 전력선 통신 시스템 응용 사례

전력선을 이용한 홈오토메이션 이외의 응용 시스템은 다양하지만 본 장에서는 차량 시스템과 가로등 제어 시스템, 원격 검침 등에 대해서 간단하게 설명한다. 이 외에도 화물선 내의 냉동 창고 간의 상태 모니터링, 잠수함에의 적용 등이 이루어진 사례가 보고되고 있다. 또한, 전력선 통신시스템을 이용한 자동제어 및 감시 시스템 기술을 응용하여 공장 자동화에 응용 가능한 연구가 진행되고 있다. 기존에 설치된 전력선을 이용하여 각종 생산 설비의 자동화 구현으로 중소기업에 공장 자동화 시스템을 확대 공급함으로써, 기업의 생산성 향상 및 원가 절감 등의 효과를 높일 수가 있다.

1.2.1.4.5 고속 전력선 통신 모뎀 시스템 개발

고속 PLC 모뎀 시스템은 홈 네트워킹, SOHO 네트워킹, 홈오토메이션, 홈 엔터테인먼트, Power line telephony, 분산 제어 시스템 등의 다양한 분야에 활용될 수 있기 때문에 고속 PLC 모뎀 시장은 홈 네트워킹/오토메이션 산업의 시장 수요와 직접적인 관련이 있다.

또한 유럽을 중심으로 저전압 배전선망을 이용한 가입자망은 무선 가입자망을 대체할 새로운 가입자망으로 급속히 성장하고 있다. 선진국에는 전력선을 통한 고속의 멀티미디어 서비스 제공, 개도국에는 전화 가입자망 제공이라는 막대한 잠재 시장이 예상돼 전 세계적인 관심이 집중되고 있다. 이와 같이 PLC 모뎀 칩셋 시장과 직접적인 관련이 있는 홈 네트워킹과 홈 오토메이션 산업은 가전, 컴퓨터, 통신, 반도체 간 긴밀한 협조 체제하에서만 발전 가능하며, 핵심 부품 개발을 위한 반도체 부문과 단말기 개발을 위한 가전이나 통신 및 컴퓨터 부문의 총체적 협조가 요구된다. 따라서 정보 가전 분야의 새로운 수요창출, 인터넷을 비롯한 통신 분야의 발전, 수입원 확대와 사업 다각화를 모색하고 있는 컴퓨터 업계와 네트워크 장비의 시장 확대를 가져올 수 있을 것으로 예상된다.

이상과 같이 본 절을 통한 고속 PLC 모뎀 시스템 개발은 다양한 분야에 활용 가능하며 산업 전반에 걸쳐 큰 파급 효과를 가져다줄 수 있다.

1.2.1.4.6 MAC 설계 및 구현 기술

MAC은 하나의 전송 매체를 다른 여러 개체들이 공유하여 동시에 사용할 수 있도록 해 주는 네트워크 및 통신에서 기본적이며, 중요한 기술이다. 따라서 MAC의 디자인이 어떻게 되느냐가 그 통신망의 성능을 결정짓는다.

최적화된 전력선망의 MAC은 전력선의 속성상 갖게 되는 가격 경쟁력뿐만 아니라 성능에서도 다른 망에 견줄 수 있는 경쟁력을 갖게 되므로 이는 곧 정보화 사회에서 전국적 규모의 통신망을 제공할 수 있다는 뜻이 된다. 이로 인해 통신 관련 하드웨어 업계와 정보 서비스 제공업계의 시장 성장이 자연스럽게 이루어지며, 경제적인 발전뿐만 아니라 기술력도 이에 따라 함께 성장하게 된다. 이것은 소비자들이 양질의 통신 서비스를 저렴한 비용으로 받게 된다는 것을 의미하므로 결국 업계와 소비자 모두에게 이익을 가져다준다고 할 수 있다. 이 외에도, 전력선 통신망에 대한 세계적인 수요를 고려해 보면 국가적인 차원에서의 이점도 상당하다고 할 수 있다. 즉 기술적인 면뿐만 아니라 경제적인 면에서의 이익도 상당히 클 것으로 예상된다.

1.2.1.4.7 홈 네트워크 망 트래픽 특성 분석과 네트워크 설계

고속 전력선 통신망뿐만 아니라 최근의 가입자망이나 홈 네트워크 망으로 연구되고 있는 대부분의 기술들이 주로 물리계층의 동작에 집중되어 있다. 이는 물리계층의 종류, 즉 전화선이나 케이블망, 무선망, 전력선망 등 다양한 망들에 대해 경쟁적으로 적용 가능성을 검토하고 있기 때문이기도 하지만, 그만큼 프로토콜 스택상의 하위계층의 기능들이 구성되어 정상적으로 동작을 하게 되면 이를 추상화하여 상위계층에 제공하기 때문에, 상위계층에 대한 절박한 연구가 불필요 하다고 볼 수 있다.

하지만, 고속 전력선 통신망의 경우에는 다른 가입자망 혹은 홈 네트워크 망과는 달리 그 물리적인 망 구성이 고정되어 있는 경우가 많으므로, 그와 같은 상황에서 이를 어떻게 논리적으로 잘 구성하여 동작시키느냐 하는 것은 망의 성능 및 제공 서비스의 품질과 밀접한 관련을 갖고 있다. 따라서 망의 최적 구조를 설계하고 동적으로 설정을 변경하는 기능 등은 물리계층 기술의 개발 못지않게 중요하다.

이러한 기술들은 MAC계층의 동작 기술에 따라 그에 최적화된 구조를 설계하는 기능을 가지고 있으므로, 전력선 통신망뿐만 아니라 다른 가입자망이나 홈 네트워크 망 구조에서도 본 절에서 개발된 기술을 보완하여 사용할 수 있다. 트래픽 특성에 대한 분석, 통계화, 예측을 통한 트래픽 제어 기술의 경우에도 고속 전력선 통신망에 특화된 서비스가 아닌 일반적인 서비스들에 관해서는 다른 종류의 망에 대해서도 이의 적용이 가능하다. 결론적으로 본 절에서 개발하는 기술들은 어느 정도 일반성을 갖고 있기 때문에, 본 절에서는 고속 전력선 통신망에 최적화된 형태로 개발되지만 어느 정도의 보완과 수정을 통해 일반적인 용도로도 사용이 가능하므로 그 파급효과는 크다고 할 수 있다.

1.2.1.4.8 원격 검침 시스템의 기술

고속 전력선 통신망을 이용한 원격 검침 시스템의 개발은 에너지 관련 회사에게 있어서는 중대한 문제이다.

원격 검침 시스템의 개발은 시간별 차등 요금제, 부하 예측 및 제어 등 전력회사의 수요관리 시스템에 대한 기반 조성에 필수적 수요·부하관리 효과의 증대를 가지고 온다. 실시간 정보에 의한 판매 분석·예측 및 경영전략 구현을 위해 다양한 요금제도 시행 가능(실시간 요금제)이 이러한 기술로 인해 가능해진다.

직원 검침인력 부족 해소 및 정확한 요금계산으로 민원예방, 현재 어려운 요금계산 방식의 고객 문제 해소 등을 통해 효율적인 고객관리를 할 수 있다. 또한 다양한 고객 전력사용정보 PC통신 제공(매 15분 간격 Data), 다양한 요금제도의 선택사용 권리 부여 고객감동 서비스 구현을 통해 고객에게 여러 가지 서비스 혜택을 줄 수 있다.

1.2.1.4.9 정보 서비스 및 콘텐츠 분야의 기술

콘텐츠 비즈니스의 경우 반드시 하나의 인프라에 종속되던 폐쇄적 운영형태에서 인터넷이라는 오픈 공간에서 멤버십 형태의 운영을 통해 시장을 급격히 넓혀 나갈 수 있다는 장점이 존재한다.

멀티미디어와 같이 초고속망의 절대적인 의존을 보이는 광대역 서비스를 제외한다면 대부분의 콘텐츠 비즈니스는 인터넷 기반으로 개발/운영되어 확장된 개념의 서비스가 가능해진다는 결론에 도달한다.

즉, 초기에는 전력선 통신망의 대역폭 검증과 차별화된 서비스 포맷으로 사용자에게 제공되지만 장기적으로는 인터넷을 기반으로 어떠한 단말기 혹은 어떠한 장소, 어떠한 조건하에서도 활용이 가능해지므로 해당 콘텐츠의 활용성과 파급효과는 크다고 할 수 있다.

전력선은 가정을 기반으로 구성되며 Local Area의 역할이 절대적이므로 서비스 포맷을 가정 중심, 지역 중심으로 특화시킨다면 그에 따른 수용자 측 가치와 사업자 측 가치 그리고 운영자 가치를 모두 향상시켜 주는 중요한 매개(Media)가 된다는 것이 특징이다.

1.2.1.4.10 고속 전력선 통신망을 이용한 홈오토메이션의 기술

컴퓨터 기반의 장치와 스마트 플랫폼이 통신과 교육, 오락을 위한 홈 네트워크에서의 영향력 있는 기반으로 자리를 굳혀 가고 있는 가운데, 인터넷은 정보 접근의 기본적인 수단으로 사용되어 많은 새로운 디지털 기기들이 디지털 네트워크 위에서 음성과 데이터의 통신을 지원해오고 있다. 외부의 정보와 광대역 오락 소스들로부터 고속의 접속이 필요한 것과 마찬가지로 홈 네트워크에서의 기기들 간의 고속의 디지털 데이터 전송에 대한 요구가 급속히 증가하고 있다. 회사에서는 이러한 요구를 LAN (Local Area Network)을 통해 해결하였지만 홈 네트워크에서는 전통적인 LAN에 의해 요구되는 새로운 전선의 배선으로 인한 복잡성과 비용으로 그다지 사용되지 않는다. 이에 따라 무선 및 전력선에 기반 한 네트워크가 홈 네트워크의 정보 가전기기 및 PC 네트워크에서 경제적으로 실행 가능한 접근의 하나로 나타나게 되었다.

전력선 통신망을 이용한 정보 가전기기 및 PC 관련 기기의 홈 네트워킹 및 홈오토메이션 기술이 가능하다면 정보 서비스 회사 서비스 품질 및 가전기기 제조업체의 경쟁성이 높아질 수 있다. 또한 가정 내의 전기 기기를 PC 및 정보 가전 기기 등을 통해 최적제어를 함으로써 가정 내의 에너지 효율을 최적화시킬 수 있다.

이를 위하여 Windows CE나 Java 등과 같은 정보 가전용 운영 체제 기술 등이 발전함에 따라 홈 네트워크에서 고화질의 영상, 비디오 화상 회의, 디지털 영화, 홈 네트워크 전자제어 시스템 등의 필요성이 대두되고, 이를 위해 가전기기들이 점차 디지털

화되고 네트워크 기술이 탑재됨으로써 이들을 연결하는 기술과 홈오토메이션 기술이 발전하게 됨에 따라 홈오토메이션/네트워킹 산업의 성장 가능성이 높아지게 될 것이다.

1.2.2 범용 직렬 버스 통신: USB기술 소개

1.2.2.1 개요

PC와 주변 기기를 중심으로 한 네트워크 기술로 개발된 USB 기술은 인텔사에서 제안되어 컴팩(Compaq), DEC, IBM, 마이크로소프트(Microsoft) 등 여러 컴퓨터 관련 회사들을 중심으로 제정된 표준안이다. 1996년 1월에 1.0 버전이 출시되었으며, PC용 주변 기기들을 최대 127개까지 연결 가능한 범용 인터페이스 표준이다.

〈그림 1.71〉은 USB의 물리적인 연결 형태를 나타낸다. 그림에서 보는 바와 같이 USB는 계층구조의 트리를 통해 연결된다. USB 주변장치에는 하나의 포트가 있으며 포트에 연결된 허브를 통해서 다시 상하층의 USB 디바이스들이 연결되는 구조이다. 각각의 주변장치 내부는 데이터 신호의 송수신하고 버스를 제어할 수 있는 루틴을 가지고 있다. 하지만 보통의 경우 USB 케이블로 연결된 허브와 함께 주변장치가 하나의 복합장치를 이루어 데이터 송수신 및 버스 제어를 하게 된다. 하지만 우선적으로 버스 초기화 시에 호스트로부터 자원을 할당받아야 이러한 기능들이 가능하다.

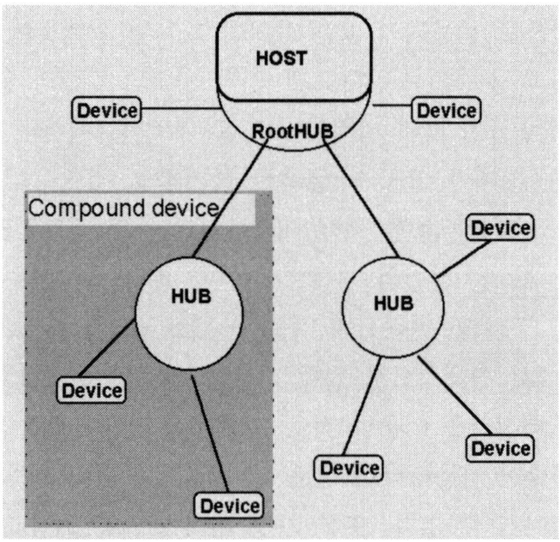

❙그림 1.71❙ 호스트와 주변기기와의 연결

USB 연결을 위한 케이블 인터페이스는 〈그림 1.72〉와 같다. 그림에서 보는 바와 같이 데이터 선 두 개와 전원 선으로 구성되어 있다. 연결포트는 기존의 키보드나

PS/2 마우스처럼 원형 포트로 되어 있지만, 네 개의 선이 나오는 4핀으로 만들어진다. USB 장비들의 전원 공급도 IEEE 1394와 같이 USB 포트의 케이블을 통해서 이루어질 수 있다. USB 주변장비는 케이블과 맞물린 포트를 통해서 전원을 공급받게 된다. 많은 전력을 소모하는 장비일 경우는 별도로 전원을 공급받을 수 있도록 설계할 수 있다. 공급전원 VBus는 $+5V$의 값을 가진다.

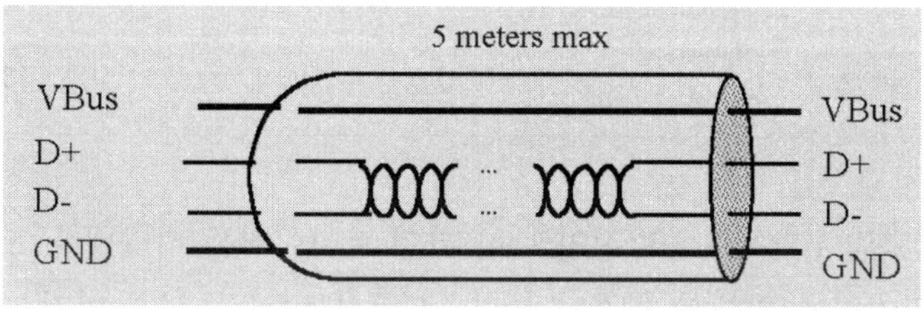

▌그림 1.72▌ USB 케이블 인터페이스

그 외 USB의 특징으로 IEEE 1394와 같이 PnP기능을 제공하고 있어 주변 장치의 연결이 용이할 뿐만 아니라 PC를 끄지 않고도 주변 장치의 설치와 제거가 가능한 특징을 갖고 있다. USB는 최대 12*Mbps*의 전송속도를 지원하고 양방향 비동기식(asynchronous) 전송과 등시방식(Isochronous) 전송이 모두 가능하다. 작은 비용으로 구현 가능할 수 있기 때문에 현재로는 컴퓨터를 중심으로 연결되어있는 여러 포트들을 직렬화 하는 것에만 주로 사용되고 있다.

본 절에서는 USB의 개요 및 토폴로지에 대해서 기술하였고, 이하부터는 USB의 물리계층에 대해서 기술한다.

1.2.2.2 규격

USB 1.0은 최고 12*Mbps*의 전송속도를 지원한다. 이것이 가능한 것은 IEEE 1394처럼 차등 출력 드라이버 방식을 사용하기 때문이다. 공통 모드 방식의 경우 단잡음, 열잡음, 지면접지와 라인 드라이버 사이의 코일/커패시터 성분 등과 같은 잡음 성분의 영향이 많기 때문에 고속 지원에 한계가 있다. 하지만 차등모드 방식은 두 선 사이의 신호레벨 차이에 의존하는데, 두 선이 공통의 잡음을 겪기 때문에 차등에 의해서 그 영향이 사라진다. 라인 드라이버는 12*Mbps*와 1.5*Mbps* 2가지 전송속도를 지원한다. 일반적으로 12*Mbps*는 모든 허브의 주변기기에서 호스트까지의 상향 데이터 전송에 이용되고, 1.5*Mbps*는 호스트에서 주변기기까지의 하향 데이터 전송에 사용된다. 각각의 전송속도에 대한 라인 드라이버의 특성을 정리하면 〈표 1.10〉과 같다. 길이의 제한이 있는 것은 신호 전파 지연에 따른 것이다. 일반적으로 허용되는 최대 지연 시간은

30*ns*이다(12*Mbps*의 경우 비트 셀 타임은 83*ns*가 된다).

[표 1.10] USB 라인 드라이버의 특성

	라인의 종류	라인의 길이	라인의 특성저항	드라이버의 등가저항	신호의 rise/fall time
12*Mbps*	Shielded twisted pair	최대 5*m*	90Ω±15%	29Ω~44Ω	4*ns*~20*ns*
1.5*Mbps*	Unshielded untwisted pair	최대 3*m*	90Ω±15%	29Ω~44Ω	〉75*ns*

〈그림 1.73〉은 일반적인 USB 라인 드라이버를 나타낸다. 드라이버의 저항은 CMOS 드라이버에 의해서 조정이 된다. 꼬임선은 서로 꼬여 있기 때문에 같은 잡음을 겪을 확률이 더 많아지므로 12*Mbps*의 고속 전송에 사용되고, 꼬이지 않은 선보다 확률이 떨어지기 때문에 1.51*Mbps*의 저속 전송에 사용된다. 신호의 rise/fall time은 RFI (Radio Frequency Interference)와 상관이 있다. rise/fall time이 클수록 RFI 방출이 작아진다. 〈표 1.10〉에서 정해진 rise/fall time 규격은 미국 FCC단체에서 규정하고 있는 RFI class B 규격을 맞추기 위함이다.

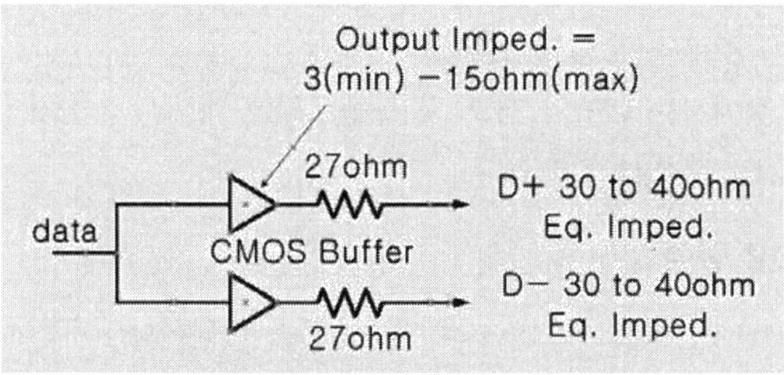

▎그림 1.73▎ 일반적인 USB 라인드라이버

수신단의 경우 신호의 스윙은 0.8~2.5*V*이다. 즉 수신단은 TTL 입력으로 들어오는 신호가 0.8*V*와 2.0*V* 두 지점에서 스위치를 cut-off와 포화 상태로 전환시킨다. Differential "1"은 {(D+) − (D−) 〉 200*mV*, (D+,−) 〉 (DSE)}이고 Differential "0"은 {(D+) − (D−) 〈 200*mV*, (D+,−) 〉 (DSE)}인 상태이다. 데이터의 처음과 끝을 나타내는 Start of Packet/End of Packet, 그리고 주변기기의 연결 상태를 나타내는 끊음, 연결 그리고 데이터 전송을 유보시키는 정지/재시작 등과 같은 버스 상태에 관한 신호 레벨들을 정리하면 〈표 1.11〉과 같다.

[표 1.11] 버스 상태의 신호 레벨

<table>
<tr><th rowspan="2">Bus State</th><th colspan="2">신호 레벨</th></tr>
<tr><th>송신단</th><th>수신단</th></tr>
<tr><td>차등 전압 1</td><td colspan="2">(D+)−(D−) 〉 200 mV and D+ or D− 〉 VSE(min)</td></tr>
<tr><td>차등 전압 0</td><td colspan="2">(D+)−(D−) 〈 −200 mV and D+ or D− 〉 VSE(min)</td></tr>
<tr><td>Data J State</td><td colspan="2"></td></tr>
<tr><td>1.51Mbps</td><td colspan="2">차등 전압 0</td></tr>
<tr><td>12Mbps</td><td colspan="2">차등 전압 1</td></tr>
<tr><td>Data K State</td><td colspan="2"></td></tr>
<tr><td>1.51Mbps</td><td colspan="2">차등 전압 1</td></tr>
<tr><td>12Mbps</td><td colspan="2">차등 전압 0</td></tr>
<tr><td>유휴 State</td><td colspan="2"></td></tr>
<tr><td>1.51Mbps</td><td colspan="2">차등 전압 0 and D− VSE(max) and D+ VSE(min)</td></tr>
<tr><td>12Mbps</td><td colspan="2">차등 전압 1 and D+ VSE(max) and D− VSE(min)</td></tr>
<tr><td>Resume State</td><td colspan="2"></td></tr>
<tr><td>1.51Mbps</td><td colspan="2">차등 전압 1 and D+ VSE(max) and D− VSE(min)</td></tr>
<tr><td>12Mbps</td><td colspan="2">차등 전압 0 and D− VSE(max) and D+ VSE(min)</td></tr>
<tr><td>Start of Packet(SOP)</td><td colspan="2">유휴 ➜ K State</td></tr>
<tr><td>End of Packet(EOP)</td><td>D+ and D− VSE(min)
for 2 bit times followed by
유휴 for 1 bit time</td><td>D+ and D− VSE(min)
for 1 bit time followed by
J State</td></tr>
<tr><td>Disconnect(상향)</td><td></td><td>D+ and D− VSE(max)
for 2.5us</td></tr>
<tr><td>Connect(상향)</td><td></td><td>D+ or D− VSE(max)
for 2.5us</td></tr>
<tr><td>Reset(하향)</td><td>D+ and D− VSE(min)
for 10us</td><td>D+ and D− VSE(min)
for 2.5us
(recognized within 5.5us)</td></tr>
</table>

비연결과 연결은 상향에만 가능하고, 재설정은 하향에만 가능하다. 비 연결 신호와 연결신호가 어떻게 만들어지는지는 주목할 만하다. 주변기기로 연결되는 허브 포트는

〈그림 1.74〉와 같이 구성된다. 주변기기 포트가 연결이 안 된 상태에서는 D+를 어느 임계값 이하의 전압으로 강하시킨다. 이 신호를 받았을 경우 호스트는 현재 연결이 안 된 상태로 인식한다. 반면에 주변기기 포트는 연결되어 있지만 데이터 신호가 전송되지 않는 상태에서는 D+는 pull-up저항에 의해 2.8V로 상승이 되고 D-는 접지가 되는 평형상태(quiescent bias condition)가 된다. 이 신호를 받은 호스트는 현재 유휴상태로 인식한다. 그리고 연결 절차를 통해 연결 상태를 유지하게 된다. 〈그림 1.75〉와 〈그림 1.76〉은 호스트가 인식하게 되는 비 연결 신호와 연결신호를 나타낸다.

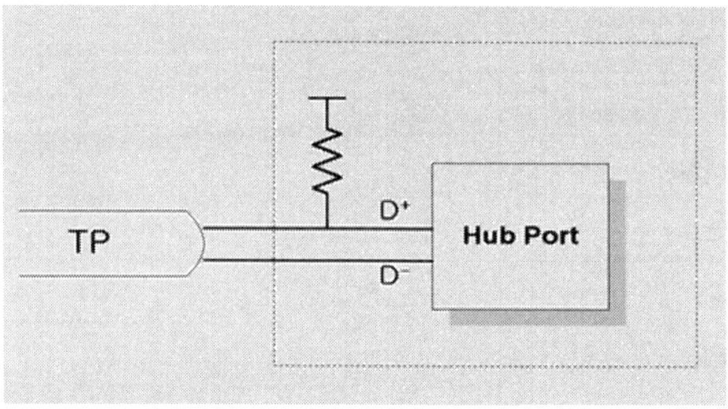

▌그림 1.74▐ 케이블과 허브포트와의 연결

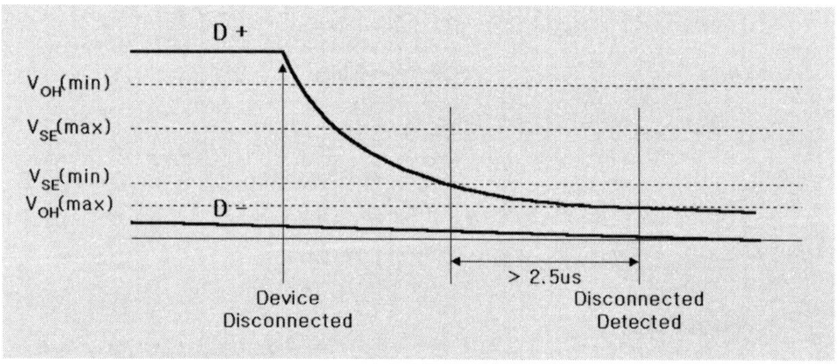

▌그림 1.75▐ 호스트의 주변기기 비 연결 인식신호

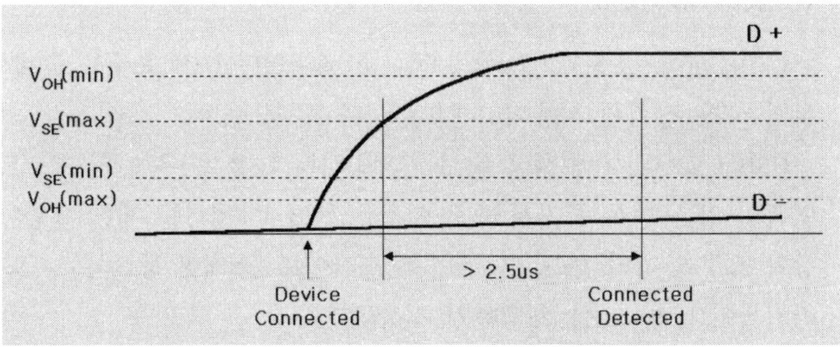

▌그림 1.76▐ 호스트의 주변기기 연결 인식신호

이진데이터에 대한 부호화는 NRZI부호화 방식을 사용한다. NRZI란 0비트에서만 신호레벨이 토글 되는 방식을 말한다. 하지만 계속된 1이 들어올 경우 DC 신호가 들어오므로 비트 스터핑을 NRZI부호화 전에 해 준다. 비트 스터핑은 연속된 여섯 개의 1이 들어올 경우 0을 그다음에 채우는 방식으로 한다. 그렇게 함으로써 DC 성분을 예방한다. 그리고 각각의 패킷은 맨 앞에 Sync 패턴을 가지고 있는데, 0x80의 값을 가진다. 즉 1000000이 NRZI부호기를 통과한 데이터가 Sync 패턴이다. 데이터 부호화 과정은 〈그림 1.77〉과 같다.

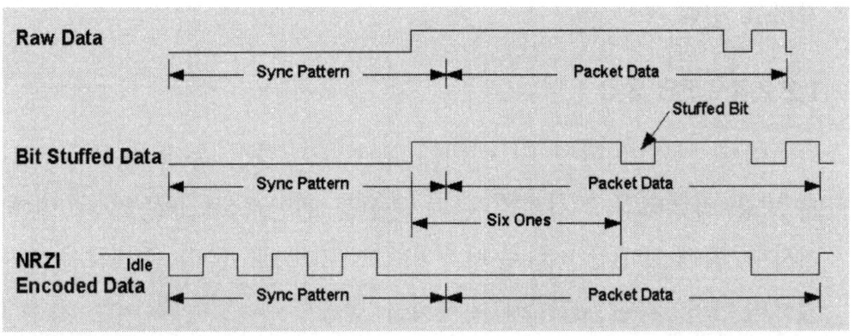

▌그림 1.77▐ 데이터 부호화 과정

그 외의 규격으로 프레임 간의 간격은 1*ms*로서 ±0.05% 오차가 허용되고, 데이터 전송속도는 12*Mbps*의 경우 ±0.25%, 1.5*Mbps*의 경우 ±1.5% 오차의 허용된다. rise/fall time은 12*Mbps*의 경우 최소 4*ns*, 최대 20*ns*까지 허용되고, 1.5*Mbps*의 경우 최소 75*ns*, 최대 300*ns* 범위 내에 들어야 한다. 송신 데이터 신호의 지터는 12*Mbps*의 경우 ±2.0ns, 1.5*Mbps*의 경우 ±25*ns* 범위 내에 들어야 한다.

1.2.2.3 USB 2.0

USB(Universal Serial Bus) 2.0이 제1세대였던 USB 표준을 승계하면서 2002년 대부분의 pc용 장치에 사용되고 있다.

USB 1.x보다 40배 빠른 속도를 제공하는 USB 2.0은 단일 호스트 설계에서 가용 대역폭의 양을 대폭 증가시켰다. 이것은 USB 1.1에서는 제한 요인이었다. 속도에 대한 증가 요구에 따라 하드 디스크, 광 드라이브, 스캐너 등 높은 속도가 필요한 PC 주변기기들이 USB 2.0을 채택하기 시작했다.

가전 기기들은 PC 주변기기보다는 천천히 USB 2.0을 채택할 것이지만, 가전 기기들은 PC 주변기기만큼 PC와 밀접하게 연관되어 있지 않으므로 PC 주변기기와 동일한 속도가 필요하지 않을 때가 많다. 따라서 저렴한 내장형 USB 2.0 솔루션의 출현은 임베디드 장치를 기반으로 한 가전 시장에서 USB 확산의 가속화에 일조할 것이다.

USB 2.0의 장점인 빨라진 전송속도를 USB 1.x와 비교해 보면, USB 1.1은 저속 모드로 1.5*Mbps*, full speed 모드로 12*Mbps*를 지원하지만, USB 2.0은 저속 모드와 40배 빠른 최대 480*Mbps*를 지원하는 high speed 모드가 제공된다. 주요한 응용으로는 이러한 큰 밴드 폭을 필요로 하는 외장 저장장치, 고속 통신망, 컬러프린터, 스캐너 등에 사용된다. 또한 USB 2.0은 USB 1.1에 비해 성능이 향상되었을 뿐 아니라 USB 1.1 장치들과 포워드(forward) 호환성과 백워드(backward) 호환성을 제공하는 장점이 있다. 따라서 기존의 USB 1.1 환경에서도 USB 2.0 디바이스가 그대로 동작하는 장점을 가지고 있다.

1.2.2.4 USB 3.0

스마트 기기의 연결 및 데이터 전송속도 향상 등의 요구사항들을 고려한 USB 3.0은 범용 컴퓨터와 전자기기 간의 통신을 위한 USB 표준의 세 번째 버전이다. 여러 개선사항 중에 USB 3.0은 슈퍼스피드 USB(SS)로 불리는 새로운 전송 속도를 추가하고 있으며 초당 최대 5*Gbit*의 데이터를 전송할 수 있는데 이는 기존 USB 2.0 표준에 비해 약 10배 정도 빠른 것이다.

기존의 USB는 480*Mb/s*의 반이중 브로드캐스트인 데 반해, USB 3.0은 5*Gb/s*의 전이중 지점 간 전송 속도가 강점이다. 추가로 설명하면 USB 3.0은 완전 양방향 통신을 지원한다. 이전 버전은 반이중통신을 지원하나, 3.0은 데이터 채널이 2개이기 때문에 전 이중 통신을 할 수 있고, 하위 호환을 위하는 채널이 따로 있어서 총 3개의 채널이다. 2.0용과 3.0용 버스가 모두 있기 때문에 '듀얼 버스'라고 부른다. 이전까지의 단방향을 무전기에, 송수신을 동시에 할 수 있는 3.0을 스마트 통신 단말기기에 비유하면 이해가 쉽다. 또한 USB 3.0은 장치 폴링 없이 전원 효율을 최적화 하고 활성 및 유휴 전원을 낮춰 절전 효과를 높이며 USB 2.0과 역 호환 되는 것이 특징이다.

USB 2.0까지 핀 개수가 4개로 같으나, 3.0에는 5개가(파워드-B 타입은 7개) 추가되었다. 하위 호환을 위해 기존의 4개의 모양은 조금 짧고 포트의 끝부분에 접점 5개가 추가되었다. 그래서 3.0에 지원되는 전체 기능을 지원 받으려면 전용 케이블을 이용해야 하는 단점들이 있다.

USB 3.0의 경우는 SSD기반의 하드디스크 및 대용량 메모리 장치들의 등장으로 대부분의 범용 및 산업용 PC에서 기본으로 채택되고 있으며 Firewire(IEEE 1394)의 개선된 표준과 시장에서 경쟁하는 구조가 형성되어있다. 〈그림 1.78〉의 경우 현재 생산되는 대부분의 노트북 및 PC에서 제공되는 USB 3.0(Type A)의 핀 구조 및 형상을 보여준다. 그리고 〈표 1.12〉는 USB 2.0에 비해 추가된 USB 3.0의 각 신호의 사양에 대해서 Pin 번호에서부터 그 기능까지 설명하고 있다.

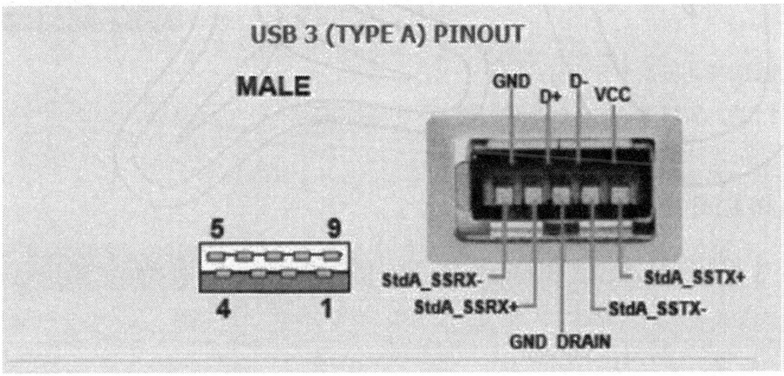

❙ 그림 1.78 ❙ USB 3.0 (TYPE A) 핀 구조도

[표 1.12] USB 3.0 신호레벨

Pin	Name	Direction	Color	Description
1	VBUS		red	+5V power
2	D–	《–》	white	USB 2.0 Data –
3	D+	《–》	green	USB 2.0 Data +
4	GND		black	Ground
5	StdA_SSRX–	《–	purple	SuperSpeed receiver
6	StdA_SSRX+	《–	orange	SuperSpeed receiver
7	GND_DRAIN		ground	Ground
8	StdA_SSTX–	–》	blue	SuperSpeed transmitter
9	StdA_SSTX+	–》	yellow	SuperSpeed transmitter

〈그림 1.79〉는 USB 3.0(TYPE B)의 구조 및 형상을 보여주고 있으며 3.0 표준의 경우 스마트 기기 및 소형기기에 사용되는 USB 3.0 마이크로 핀도 〈그림 1.80〉과 같이 제공하고 있다. 각 표준의 신호정보에 대해서는 〈표 1.13〉, 〈표 1.14〉에서 자세히 설명하고 있다.

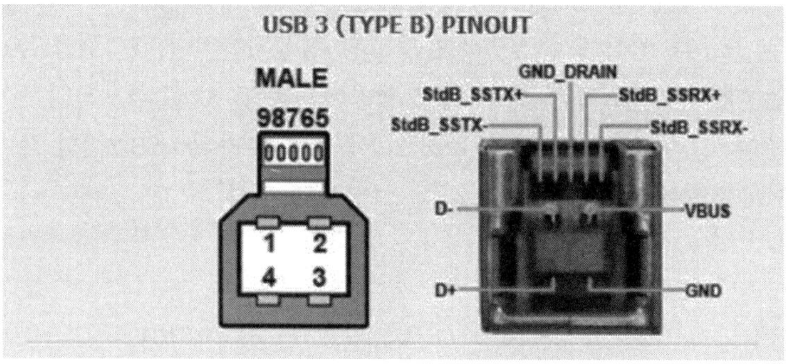

▌그림 1.79▐ USB 3.0 (TYPE B) 핀 구조도

[표 1.13] USB 3.0 신호레벨

Pin	Name	Direction	Color	Description
1	VBUS		red	+5V power
2	D–	《–》	white	USB 2.0 Data –
3	D+	《–》	green	USB 2.0 Data +
4	GND		black	Ground
5	StdB_SSRX–	–》	blue	SuperSpeed receiver
6	StdB_SSRX+	–》	yellow	SuperSpeed receiver
7	GND_DRAIN		ground	Ground
8	StdB_SSTX–	《–	purple	SuperSpeed transmitter
9	StdB_SSTX+	《–	orange	SuperSpeed transmitter

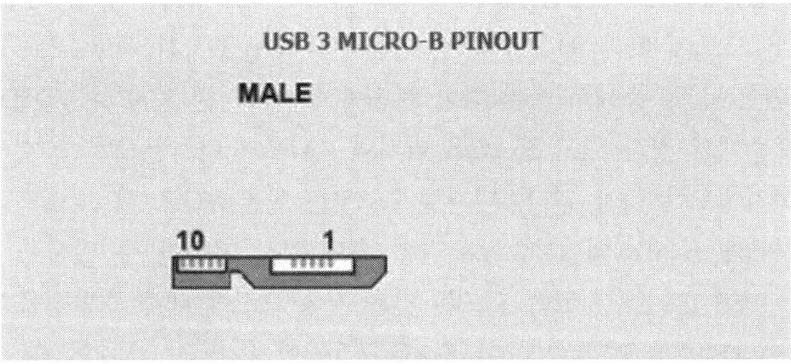

❙ 그림 1.80 ❙ USB 3.0 마이크로-B 핀 구조도

[표 1.14] USB 3.0 신호레벨

Pin	Name	Direction	Color	Description
1	VBUS		red	+5V power
2	D–	⟨⟨–⟩⟩	white	USB 2.0 Data –
3	D+	⟨⟨–⟩⟩	green	USB 2.0 Data +
4	ID		any	OTG ID
5	GND		black	Ground
6	StdB_SSTX–	–⟩⟩	blue	SuperSpeed transmitter
7	StdB_SSTX+	–⟩⟩	yellow	SuperSpeed transmitter
8	GND_DRAIN		ground	Ground
9	StdB_SSRX–	⟨⟨–	purple	SuperSpeed receiver
10	StdB_SSRX+	⟨⟨–	orange	SuperSpeed receiver

1.2.3 IEEE 1394: High Performance Serial Bus 기술 소개

1.2.3.1 개요

IEEE 1394는 마이크로 컴퓨터 표준위원회의 요청에 의해서 1986년에 IEEE 1014 규격에 포함되기 시작하여 1995년 IEEE 1394라는 규격으로 완성되었다. 표준의 목적은 PC가 여러 기타 주변기기 및 멀티미디어들을 제어하는 방식에 있다. IEEE 1394 직렬 버스 인터페이스는 기술적으로는 구현 완성된 상태이고 데스크톱 및 노트북 컴퓨터, VOD용 Set-Top Box, VCR, 캠코더, 디지털TV, 각종 멀티미디어 장비, 프린터와 스캐너, 하드디스크, CD-ROM, 광디스크, DVD와 같은 완제품의 전시회를 통해 널리 보급

화 되고 있다.

홈 네트워크 망 통합으로서 IEEE 1394 인터페이스의 큰 장점은 빠른 전송 속도이다. 모드에 따라 93.304*Mbps*, 196.608*Mbps*, 393.216*Mbps* 세 가지 속도를 지원할 수 있다. xDSL 중에서 빠른 하향 전송속도를 가지는 52*Mbps* VDSL이나 MCNS의 DOCSIS 표준에서 정한 최고 36*Mbps* 디지털 CATV의 디지털 오디오나 동영상 서비스를 전송하기에도 무리가 없다. 디지털 CATV는 물론 VDSL 서비스를 동시에 지원 가능하다. 차세대 B-ISDN의 155*Mbps* 전송 속도 역시 지원할 수 있다.

IEEE 1394에서 고속 모드는 낮은 저속 모드에 대해 호환성을 갖는 특성이 있다. 즉, 196.608*Mbps* 모드는 93.304*Mbps*로도 동작할 수 있고, 393.216*Mbps* 모드는 93.304*Mbps* 와 196.608*Mbps*의 2가지 모드 가운데 어떤 것으로나 동작할 수 있다. 가령 393.216*Mbps* 속도의 서비스와 196.608*Mbps* 속도의 서비스, 그리고 93.304*Mbps* 속도 서비스가 동일한 1394 인터페이스 케이블에 접속되어도 이들 서로 간의 통신이 가능하다. 데이터를 주고받을 주변기기끼리 속도를 맞춰 가며 동작하기 때문이다.

〈그림 1.81〉은 주변기기 사이의 IEEE 1394 버스를 이용한 케이블 연결 모형도이다. IEEE 1394도 USB(Universal Serial Bus)와 비슷한 방식으로 케이블을 통해 전원을 공급받는다. 그러나 IEEE 1394에서는 어느 한 기기의 전원이 꺼지더라도 그와 연결된 다른 기기의 전원은 계속 공급된다는 점이 USB와 다르다. 〈그림 1.81〉에서 보는 바와 같이 IEEE 1394 직렬버스는 트리(Tree) 형태를 취하고 있는데, 주변기기끼리 직렬로 서로 연결되어 있어서 하나의 기기의 전원이 나가도 케이블을 통해 다른 기기로 전원이 계속 공급된다.

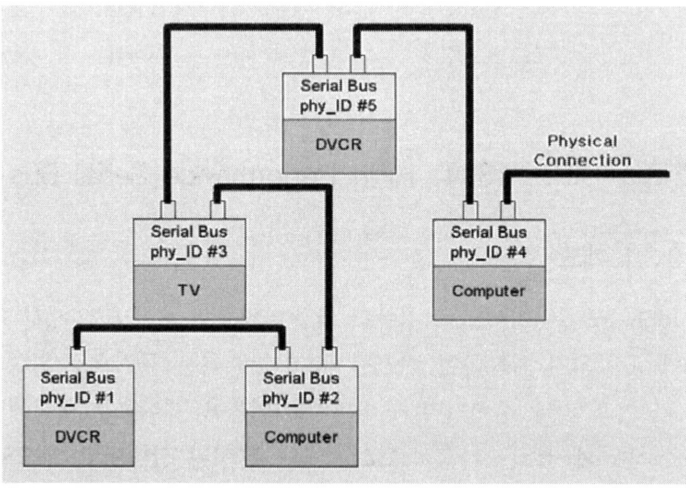

▌그림 1.81▌ 멀티미디어 기기 간의 케이블 연결의 예

IEEE 1394는 교신성 데이터 통신 기능이 우수하다. 차후에 기술하겠지만 6가닥의 전선이 한데 어울려서 하나의 접속회로를 이루는데, 이들 가운데 2가닥은 +, −의 전원이고 나머지 4가닥의 신호선은 데이터와 제어 신호를 위한 것으로써 쌍방향 통신을 직접적으로 제어할 수 있는 루틴을 가지고 있다.

PnP(Plug and Plug)기능을 지원하며 케이블로 연결된 여러 시스템 가운데 부착/제거 등의 변화가 생기면 즉시 그 상황에 맞는 제어신호를 발생시키고 그에 대처하도록 구성되어 있다. 브릿지 탭을 많이 이용할 경우 신호의 반사 등으로 인하여 채널특성이 IEEE 1394는 최대 63개까지의 노드만 허용하도록 제한하고 있다.

IEEE 1394 인터페이스에서 데이터를 전송하는 방법으로 비동기식 전송과 동기식 전송의 2가지 모드를 모두 지원된다. 비동기 전송에서는 데이터와 계층 정보를 명시된 어드레스로 전송한다. 그에 비해 동기식 전송에서는 데이터를 보낼 때 어드레스를 사용하지 않고, 채널번호를 포함시켜서 전송한다. 이런 동기 전송은 동화상이나 음성 정보처럼 시간적인 제약이 많은 멀티미디어 정보를 전송할 때 사용된다. 그리고 비동기 전송은 실시간으로 동작하지 않아도 되나 확실한 전달이 필요한 정보를 전송할 때 이용된다.

IEEE 1394의 단점으로 케이블의 총 전체 길이가 72*m* 이내로 제한되어 있고 직접 연결된 두 기기 간에는 거리가 4.5*m* 이내로 한정되어 있다. 보다 먼 거리의 멀티미디어 간을 연결하기 위해서는 IEEE 1394용 리피터가 필요하다. 리피터를 사용할 경우 지연에 따른 문제가 발생할 수도 있다. 참고로 길이 제한이 있는 것은 신호 전파 지연 때문이다.

본 절에서는 IEEE 1394 중에서 물리계층(PHY)에 대한 규격에 대해서 상세히 다루고 이것을 기반으로 홈 네트워크로 제공되는 서비스들을 IEEE 1394 직렬 버스에 연결, 단말에 분배하는 하드웨어적 고려를 해보고자 한다.

1.2.3.2 규격

버스 초기화 과정을 거치고 트리 인식 과정을 통해 루트 노드가 결정되고 멀티미디어 기기가 self-ID 패킷을 전송한 후 전송 속도와 노드 번호를 할당받는다. self-ID 패킷의 PHY-SPEED는 두 비트를 할당 받고 있는데, 00은 93.304*Mbps*, 01은 196.608*Mbps*(93.304*Mbps* 가능), 10은 393.216*Mbps*(93.304*Mbps*, 196.608*Mbps* 가능)을 나타낸다. 그리고 각 노드 번호에 맞게 데이터 송수신이 순차적으로 이루어진다.

IEEE 1394 케이블은 광케이블을 이용한 전송 방식이 연구 중에 있지만, 현재는 꼬임 쌍선을 기본으로 한다. 〈그림 1.82〉는 케이블 인터페이스를 나타낸다.

TPA/TPA*와 TPB/TPB* 두 쌍의 꼬임 쌍선이 상호 보상적으로 동작을 하면서 데이터 송수신과 버스 제어를 하게 된다. TPA/TPA*와 TPB/TPB*는 양방향 차등전압으로 데이터 비트와 중재 정보를 가진 신호를 가진다. 여기서 차등전압을 사용하는 것은 수백 *Mbps* 와 같이 고속의 전송속도를 지원하기 위해서이다. 일반적으로 공통모드 전압을 사용하는 회선의 경우, 지면접지와의 인덕터, 커패시터 성분, 그 외 열저항 성분 때문에 고속의 데이터를 지원할 수 없다.

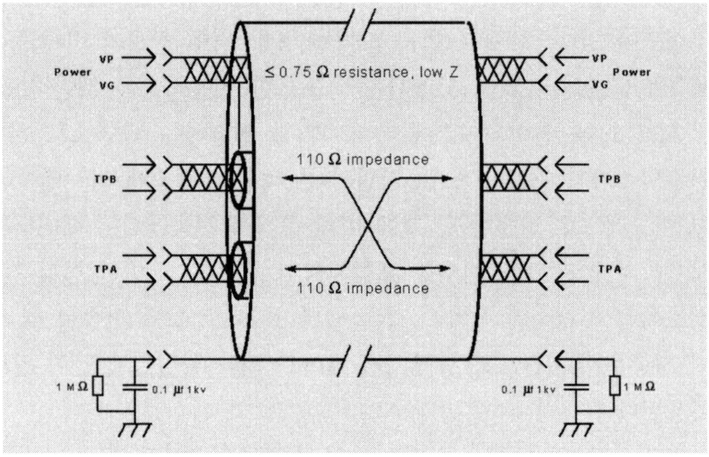

▌그림 1.82▐ IEEE 1394 케이블 인터페이스

하지만 차등전압의 경우 서로 공통의 잡음 성분을 겪기 때문에 차등에 의해 상쇄되어 고속까지 지원할 수 있다. TPA/TPA*와 TPB/TPB*는 1, 0, Z의 값을 가지는데, 여기서 Z는 아이들(유휴) 상태를 나타낸다. 보통 TPA/TPA*가 1의 값을 가지면 TPB/TPB*는 0의 값을 가지는 등 서로 쌍으로 값을 갖는데, Z값은 TPA/TPA*와 TPB/TPB* 두 선이 모두 논리 1의 값을 가지는 경우를 말한다. 이 신호는 Reset 신호로 사용된다. VP와 VG는 전원공급 선으로 8*V* 내지 40*V* 직류전압을 1.5*A*까지 전달할 수 있다. 이는 연결되어 있는 장치의 전원이 꺼지거나 고장 난 상태에서도 인터페이스의 물리적인 특성을 유지할 수 있게 해 주는 중요한 구실을 한다. 그리고 따로 전원장치가 없는 주변기기에 전력 공급 역할을 한다. 때문에 전력소모가 작은 주변기기는 전원장치를 내부에 가질 필요가 없다. 〈그림 1.83〉은 두 개의 꼬임 쌍선과 전력을 공급하는 VG선으로 구성되는 케이블 라인 드라이버 구조를 보여 준다.

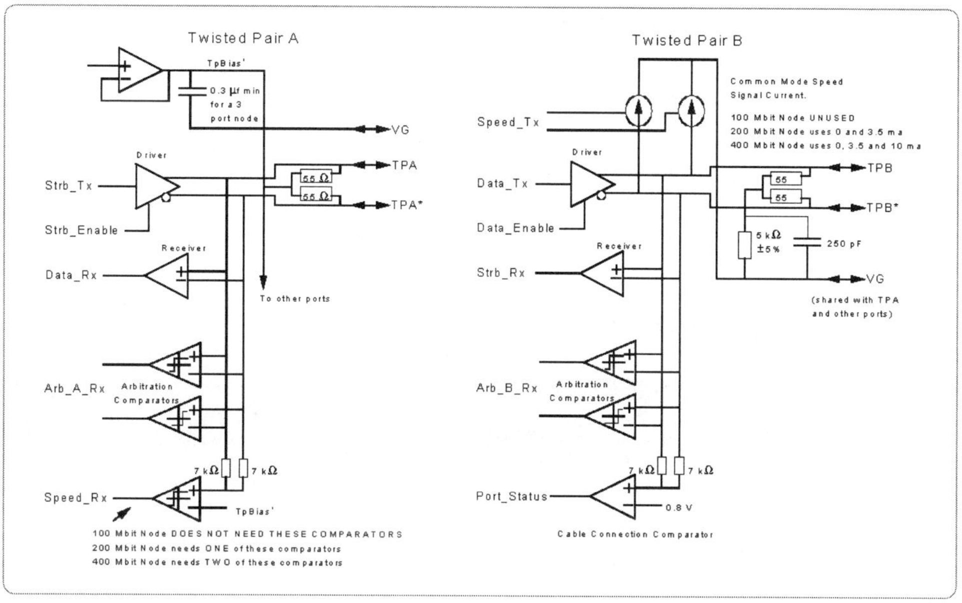

▌그림 1.83▐ 케이블 라인드라이버 구조

각 선마다 데이터 신호, 중재 신호 그리고 신호 선택에 관련된 스트로브 신호를 담고 있는 회로를 가지고 있다. TPA/TPA*는 스트로브 부호화 및 중재와 데이터 수신에 사용되고, TPB/TPB*는 데이터 송신에 사용된다. TPA/TPA*는 Strb_Tx신호를 송신해서 원하는 Data_Rx, Arb_A_Rx, Speed_Rx 신호를 선택 수신한다. Speed_Rx는 98.304, 196.608, 393.216Mbps 중에서 지원 가능한 전송속도 값을 가지고 있다. 그리고 TPB/TPB*는 Data_Tx, Speed_Tx신호를 송신하고, Strb_Rx, Arb_B_Rx, Port_Status 신호를 수신한다. Strb_Tx, Data_Tx, Strb_Enable, Data_Enable 신호는 중재 신호를 만드는 데 사용된다. 한편 Arb_A_Rx, Arb_B_Rx는 비교기(comparator)로 구현할 수 있다. 왜냐하면 앞서 기술했듯이 Arb_A_Rx, Arb_B_Rx는 0과 1의 값을 가질 수 있는데, 두 경우 모두 같은 값을 가질 수 없고, 같은 값을 가진다는 것은 현재 유휴상태를 나타내는 경우를 나타내므로 비교기만으로 간단하게 구현될 수 있다. TpBias 신호는 TPB/TPB*의 Port_Status의 신호를 판별해서 현재 포트가 연결되어 있는지를 확인하고, 연결이 확인되었을 경우 TPA/TPA*가 그 연결 상태를 다른 포트들에게 알려 주는 데 사용하는 신호이다. 앞에서 Strb_Tx, Data_Tx, Strb_Enable, Data_Enable 신호를 이용해서 중재 신호를 만든다고 기술하였다. 데이터 신호와 중재 신호의 신호 레벨은 〈표 1.15〉와 같고, 중재 신호의 규칙을 정리하면 〈표 1.16〉, 〈표 1.17〉과 같다.

[표 1.15] 수신된 차등모드 신호의 크기

신호	93.304Mbps		196.608Mbps		393.216Mbps		단위
	Max	Min	Max	Min	Max	Min	
중재신호(Arb_A, Arb_B)	260	173	262	171	265	168	*mV*
데이터 신호(Data_Rx, Strb_Rx)	260	142	260	132	260	118	*mV*

[표 1.16] TPA/TPA* 중재 신호 생성

필요한 신호		기능	생성된 중재신호 Arb_A_Tx
Strb_Tx	Strb_Enable		
–	0	TPA/TPA*가 diable된 상태	Z
0	1	TPA/TPA*가 enable된 상태 스트로브는 diable된 상태	0
1	1	TPA/TPA*가 enable된 상태 스트로브는 enable된 상태	1

〈표 1.15〉에서 생성된 신호들의 조합으로 버스의 여러 상태를 나타낼 수 있다. 대표적으로 (Arb_A_Tx,Arb_B_Tx)=(Z,Z)인 경우 유휴 상태를, (Arb_A_Tx,Arb_B_Tx)=(0,1)은 데이터 패킷 전송 직전에 보내는 신호이고, (Arb_A_Tx,Arb_B_Tx)=(1,0)은 데이터 패킷 전송 직후에 보내는 신호이며 (Arb_A_Tx,Arb_B_Tx)=(1,1)은 버스를 물리적으로 초기화할 때 사용되는 신호이다.

[표 1.17] Data TPA/TPA* 중재 신호 생성

필요한 신호		기능	생성된 중재신호 Arb_B_Tx
Data_Tx	Data_Enable		
–	0	TPB/TPB*가 diable된 상태	Z
0	1	TPB/TPB*가 enable된 상태 데이터값이 0인 상태	0
1	1	TPB/TPB*가 enable된 상태 데이터값이 1인 상태	1

본 절의 마지막 부분에서 상세하게 다루어지는 케이블 연결 상태 설정에 사용하는 중재 신호에 대해서 그 규정을 정리하면 〈표 1.18〉, 〈표 1.19〉와 같다.

[표 1.18] 송신되는 중재 신호에 의한 상태 결정

Arbitration transmit		Line state name	Comment
Arb_A_Tx	Arb_B_Tx		
Z	Z	IDEL	sent to indicate a gap
Z	0	TX_REQUIEST	sent to parent to request the bus
		TX_GRANT	sent to child when bus is granted
0	Z	TX_PARENT_NOTIFY	sent to parent candidate during tree_ID
0	1	TX_DATA_PREFIX	sent before any packet data and be-tween blocks of packet data in the case of concatenated subactions
1	Z	TX_CHILD_NOTIFY	sent to child to acknowledge the pa-rent_notify
		TX_IDENT_DONE	sent to parent to indicate that self_ID is complete
1	0	TX_DATA_END	sent at the end of packet transmission
1	1	BUS_RESET	sent to force a bus reconfiguration

[표 1.19] 수신되는 중재 신호에 의한 상태 결정

Arbitration receive		Line state name	Comment
Arb_A_Rx	Arb_B_Rx		
Z	Z	IDEL	the attached peer PHY is active
Z	0	RX_PARENT_NOTIFY	the attached peer PHY wants to be a child
		RX_REQUEST_CANCEL	the attached peer PHY abandoned a request (this PHY is sending a grant)
Z	1	RX_IDENT_DONE	the child PHY has completed its self_ID
0	Z	RX_SELF_ID_GRANT	the parent PHY is granting the bus for a self_ID
		RX_REQUEST	a child PHY is granting the bus for a self_ID
0	0	RX_ROOT_CONTENTION	the attached peer PHY and this PHY both want to be a child
		RX_GRANT	the parent PHY is granting control of the bus

0	1	RX_PARENT_HANDSHAKE	attached peer PHY acknowledges parent_notify
		RX_DATA_END	the attached peer PHY has fin-ished sending a block of data is about to release the bus
1	Z	RX_CHILD_HANDSHAKE	attached peer PHY acknowledges TX_CHILD_NOTIFY (the peer PHY is a child of this PHY)
1	0	RX_DATA_PREFIX	the attached peer PHY is about to send packet data or has finished sendign a block of data and is about to send more
1	1	BUS_RESET	sent to force a bus reconfiguration

IEEE 1394 규격에 각 신호들이 가질 수 있는 값에 대한 규격이 정해져 있다. 98.304, 196.608 그리고 393.216*Mbps* 등 세 가지의 고속 전송속도를 지원하기 위해서 우선 TPA/TPA*와 TPB/TPB*의 차등모드 출력 전압은 최대 265*mV*와 최소 172*mV*를 만족시켜야 하고, 공통모드 전압의 경우 TPA/TPA*는 최대 2.015*V*, 최소 1.030*V*를, TPB/TPB*는 최대 2.515*V*, 최소 0.523*V*를 만족시켜야 한다. TPB/TPB*는 포트의 연결 상태를 나타낸다고 앞에서 기술했는데, 공통모드에 대해서 0.6*V*보다 작을 경우 현재 포트가 연결되어 있지 않음을 나타내고 1.0*V*보다 클 경우 포트가 연결되어 있음을 의미한다. 두 전압 사이의 값일 경우 Port_Status가 정의되지 않는다. 신호선의 특성저항은 차등모드(differential mode)에 대해서는 110±6Ω을, 공통모드(common mode)에 대해서는 33±6Ω를 만족시켜야 한다. 신호의 감소는 주파수 영역의 100*MHz* 지점에서는 2.3*dB*, 200*MHz* 지점에서는 3.2*dB*, 400*MHz* 지점에서는 5.8*dB*보다 작아야 한다. 그리고 신호 전파 시간은 TPA/TPA*와 TPB/TPB* 모두 5.05*ns/m*보다 작아야 하고 (393.216*Mbps* 전송속도의 경우 bit cell time은 2.54*ns*에 해당한다), 신호 전파 400*ps*보다 작아야한다. 그리고 1*MHz*에서 500*MHz*까지 측정할 수 있는 네트워크 분석기로 측정한 TPA/TPA*, TPB/TPB*의 Crosstalk는 -26*dB*보다 작아야 한다. 전력선 VP와 VG의 차등모드 특성저항은 65Ω보다 작아야 하고, 각각의 전력선 4.5*m* 길이에 대해 DC 저항은 0.333Ω보다 작아야 한다. 절연된 케이블과 지면접지 사이의 AC 커플링은, (1±0.1)*M*Ω의 저항성분과 60*Hz*의 교류에 대해 25*k*Ω 이상의 특성저항을 가지는 커패시터 성분으로 이루어져 있다. 저전력 소비를 하는 주변기기는 내부적으로 전력 공급원을 가지고 있지 않는 경우가 많다. 이럴 경우 버스의 전력선을 통해 전력 공급이 된다. 전력 공급 회로도는 〈그림 1.84〉와 같다.

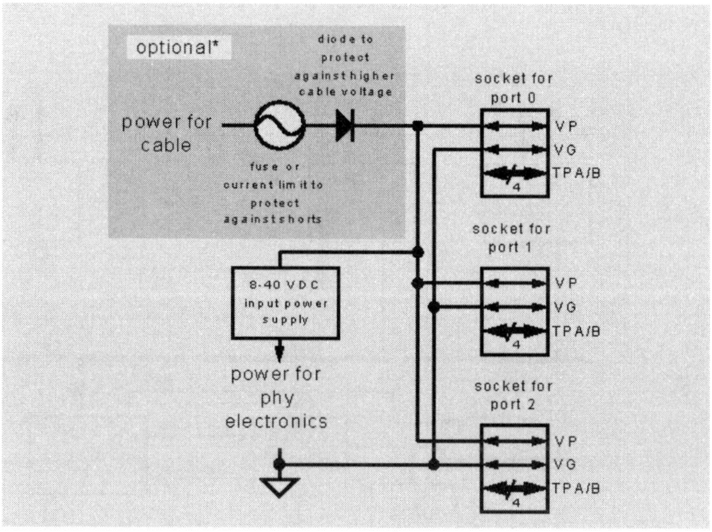

| 그림 1.84 | 전력 공급 인터페이스

주목할 수 있는 점으로 버스의 전력선이 물리는 노드와 전력 공급을 받는 주변기기의 노드 사이에 다이오드가 연결이 되어 있어서 자체 전력 공급을 받는 주변기기의 경우 높은 전압을 유지하므로 다이오드가 컷-오프 되어서 전력공급이 이루어지지 않고, 반대의 경우 전력이 공급되는 구조를 가지고 있다. 포트당 공급되는 최대 전류크기는 1.5*A*에 해당하고, 최소 전압은 8*VDC*, 최대 전압은 40*VDC*에 해당한다.

그 외의 규격으로 데이터 신호의 최대 rise/fall time은 93.304*Mbps*의 경우 3.2*ns*, 196.608*Mbps*의 경우 2.2*ns*, 그리고 393.216*Mbps*의 경우 1.2*ns*가 되어야 한다. 지터와 스큐에 대한 규격은 〈표 1.20〉과 같다. 여기서 지터는 지연(delay)의 편차를 의미하고, 스큐는 이중화된 동일신호가 수신노드에서 어긋나는 정도를 의미한다.

[표 1.20] 송수신 신호의 허용 지터(Jitter) 및 스큐(Skew)

신호	93.304*Mbps*		196.608*Mbps*		393.216*Mbps*		단위
	지터(Max)	스큐(Max)	지터(Max)	스큐(Max)	지터(Max)	스큐(Max)	
송신 신호	0.80	0.40	0.25	0.15	0.15	0.10	*ms*
수신 신호	1.08	0.80	0.50	0.55	0.315	0.50	*ms*

〈그림 1.85〉는 포트1에서 수신한 데이터를 다른 포트들로 송신하는 과정을 나타낸다.

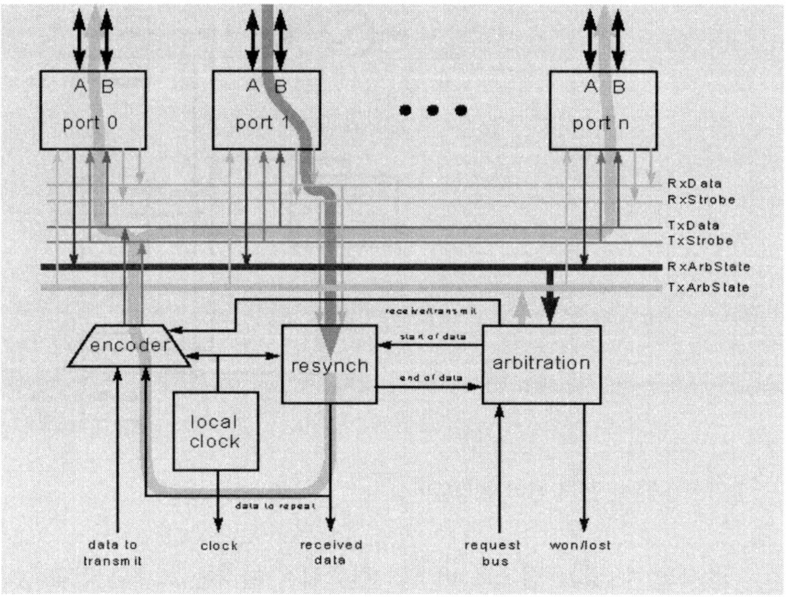

▌그림 1.85▐ IEEE 1394 노드 구조

그림 전체는 하나의 노드에 해당한다. 중재 논리에 의해서 노드1에게 점유권이 이미 주어진 상태이다. 포트1을 통해서 데이터를 수신한다. 수신된 데이터는 자체 지역 클록으로 재 동기화 시키고 부호화 하여 버스에 실리게 된다. 다른 포트들은 RxStrobe 신호를 이용하여 그 데이터를 수신하게 된다. 재 동기화된 신호를 부화화하기 전에 링크계층으로 보내서 패킷으로 만든 후에 그 패킷 데이터를 부호화하여 버스에 실어 보낼 수도 있다.

버스를 비동기적으로 제어하기 위해서 패킷을 주고받는데, 하나의 패킷은 64비트로 이루어져 있다. 동기전송의 경우 널 데이터를 전송하게 된다. 패킷에는 self-ID 패킷, link-on 패킷 그리고 물리층 구성 패킷이 있다. self-ID 패킷에는 10(self-ID임을 나타내는 초기비트), phy_ID(노드 번호), link-active(현재 링크가 on되어 있는지에 대한 신호), sp(전송 속도), PHY_DELAY(리피터를 사용할 경우 허용되는 최대 지연시간), pwr(버스의 공급되는 전력크기-15 *W*, 30 *W*, 45 *W*), p0……p26(포트번호) 필드 등으로 이루어져 있다. link-on 패킷은 자동적으로 인식되어 power-on되지 않는 노드를 on시킬 때 사용되는데, 01(link-on 패킷임을 나타내는 초기 비트)과 phy_ID(노드번호) 필드로 이루어져 있다. link-on 패킷을 효과적으로 이용하는 방법으로 IEEE 장비를 작동시키는 것만으로도 켜고 끌 수 있다. 예를 들어 모뎀을 통해 전화가 오면 자동적으로

PC가 켜져서 전화를 받을 수 있게 된다. 물리층 구성 패킷은 버스 초기화 이후 특정 노드를 루트 노드로 할당하고, 나머지 포트들에 대해서 차례로 번호를 할당할 때 사용된다. 00(물리층 구성 패킷임을 나타내는 초기 비트)과 R(이 비트가 set이면 이 노드가 root임을 나타낸다) 필드 등으로 이루어져 있다. 그 외에 노드나 포트에 대한 관리는 각각의 변수가 있는데, 노드변수는 중재과정에서 사용되는 arb_enable, 루트, physical ID, receive_port, parent_port와 같은 값이 쓰이고, 포트변수 역시 중재과정에서 사용되는 child, connected, child_ID_complete, max_speed와 같은 값들이 쓰인다.

케이블 연결 상태 결정은 버스 초기화, 트리 인식, 자기 인식, 일반 중재 과정으로 이루어져 있다. 케이블의 연결 상태를 결정하는 과정은 〈그림 1.86〉, 〈그림 1.87〉, 〈그림 1.88〉과 같다.

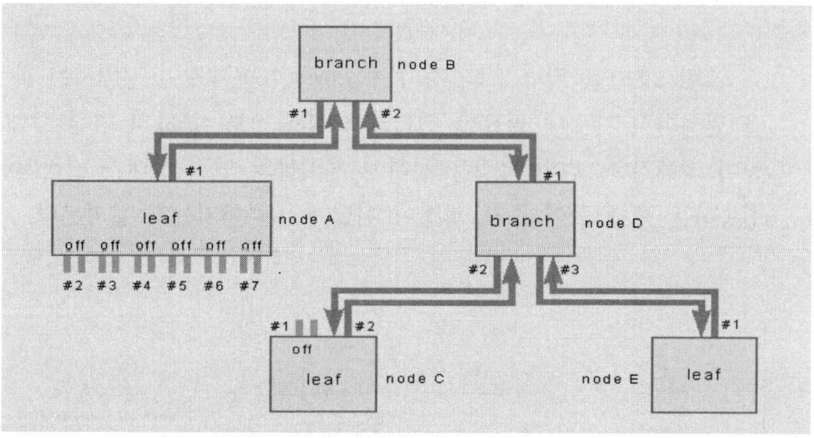

| 그림 1.86 | 버스 초기화 이후의 케이블 상태

버스에 새로운 노드가 추가되면 Reset 신호가 모든 이전의 노드 상태를 지운다. 버스 초기화가 이루어지면 가지와 리프(leaf) 상태로만 결정된다. 가지는 하나 이상의 다른 노드와 연결된 상태이고, 리프는 하나의 다른 노드만 연결된 상태를 말한다. A노드의 off는 중재 과정에 사용되지 않는 포트를 말한다.

임의의 노드가 루트 노드로 결정이 되면 근접한 순서대로 다른 노드의 번호가 결정된다. 루트 방향으로 연결된 포트를 부모 포트라고 하고 반대반향으로 연결된 포트를 자식 포트라고 한다. 주목할 점은 어떤 노드라도 루트 노드가 될 수 있다. 물리층 구성 패킷에 의해 루트 노드를 임의로 결정할 수 있고, 그것에 따라 버스의 연결 상태가 결정된다.

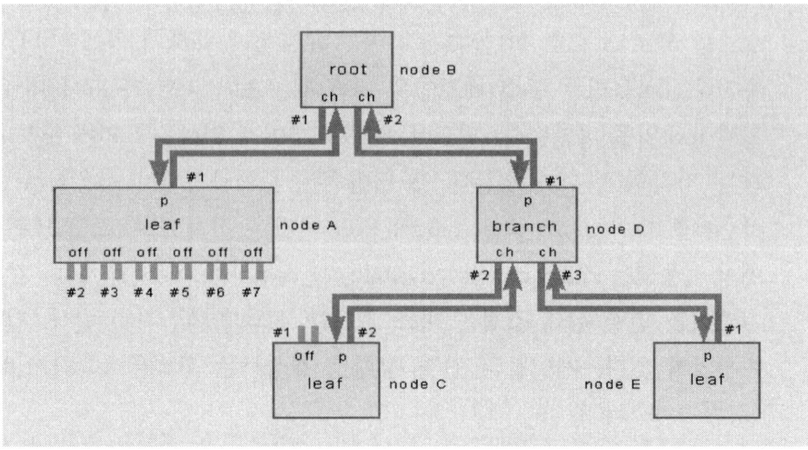

▌그림 1.87▐ 트리 인식이 이루어진 후의 상태

〈그림 1.88〉은 각 노드의 자기 주소(self_ID) 패킷이 정해지는 과정이다. 링크 계층을 활성화시키는 데 필요한 전력크기, 속도정보, 포트의 연결 상태, 전송 속도 정보 등이 정해진다. 위의 과정을 통하여 케이블의 연결 상태가 결정된다. 그러면 패킷을 전송하는 예를 들어 중재 과정이 어떻게 이루어지는지 살펴본다.

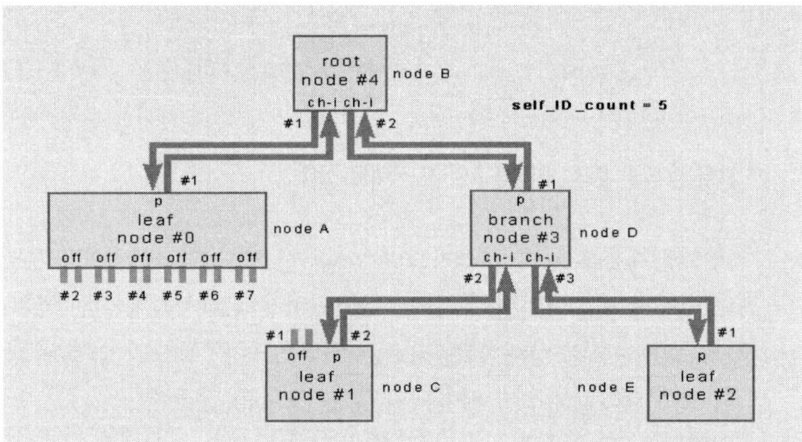

▌그림 1.88▐ 자기 인식이 이루어진 후의 상태

〈그림 1.89〉와 같이 A노드와 E노드가 동시에 상위 노드에 패킷전송을 위한 요청 신호를 보낸다고 가정한다. E노드의 상위인 D노드는 그 위의 상위노드로 요청 신호를 보내고, 아래의 하위노드에게는 버스사용을 금지하는 data_prefix 신호를 보낸다.

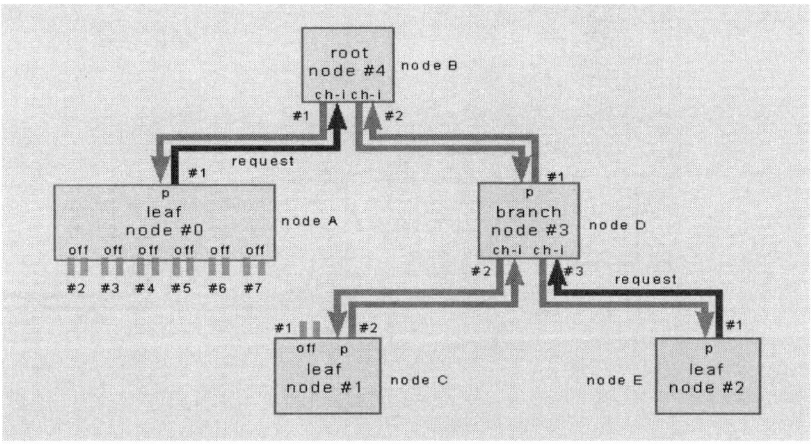

▌그림 1.89▐ 중재 첫 번째 단계

〈그림 1.90〉에서는 같은 방식으로 B노드는 상위노드로 요청 신호를 보내야 하지만 루트 노드이므로 보내지 않고, 다른 하위노드(D노드)에서 data_prefix신호를 보낸다. 루트 노드는 A노드에게 허용신호를 보낸다. data_prefix신호를 받은 D노드는 하위노드에게 data_prefix신호를 보낸다.

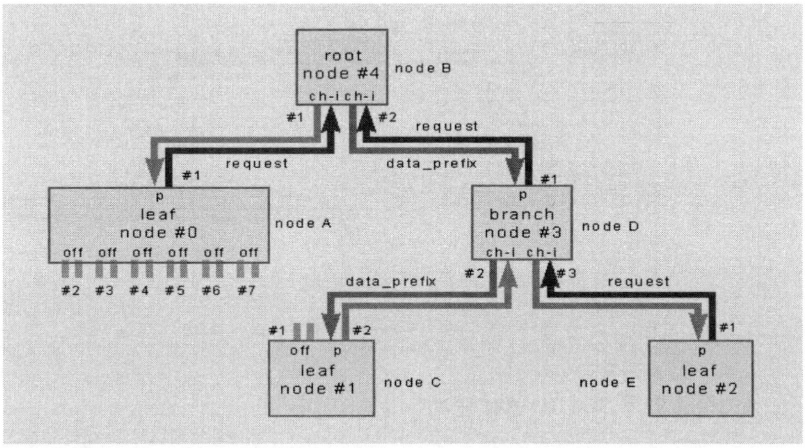

▌그림 1.90▐ 중재 두 번째 단계

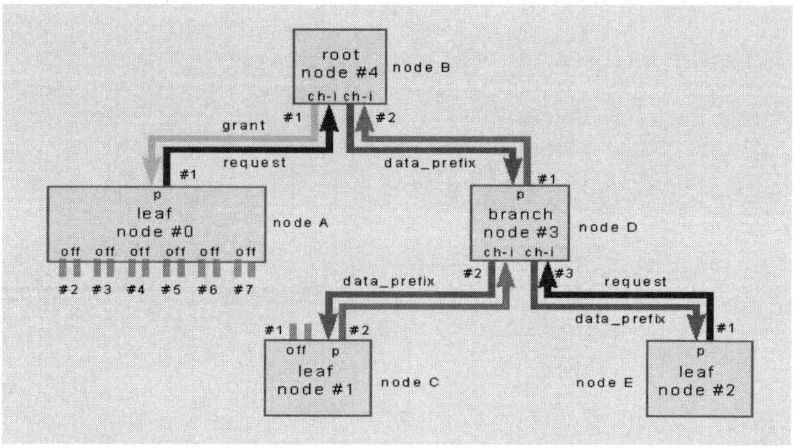

| 그림 1.91 | 중재 세 번째 단계

data_prefix신호를 받은 E노드는 요청을 유보한다. A노드는 data_prefix신호를 보내서 데이터 전송을 시작하겠다는 것을 다른 노드들에게 알린다.

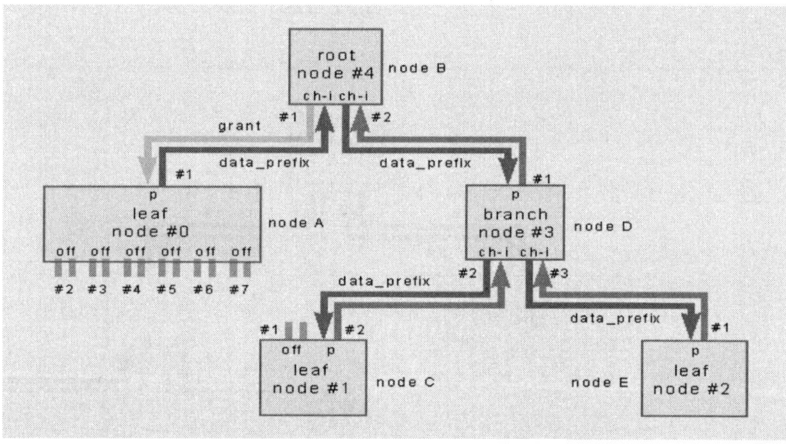

| 그림 1.92 | 중재 네 번째 단계

A노드로부터 data_prefix를 받은 루트 노드 역시 버스의 사용이 금지된다. 이때부터 A노드는 버스를 점유하고 포트 1을 통해 데이터 전송을 시작한다.

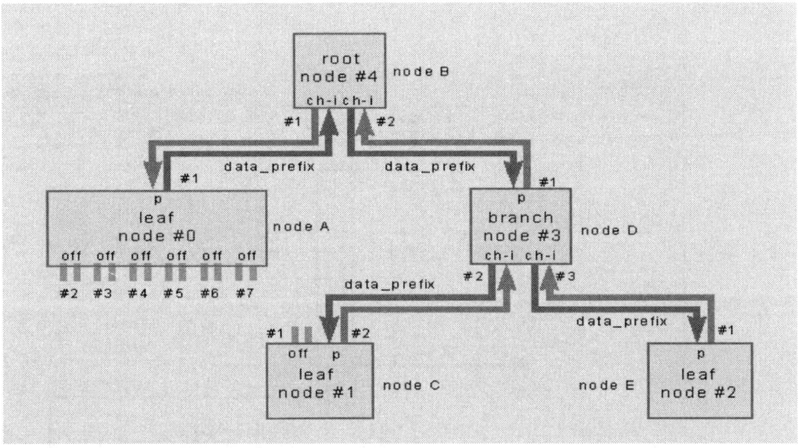

| 그림 1.93 | 데이터 전송 시작

이상에서 살펴본 물리 계층의 기능 및 동작을 종합하면 〈그림 1.94〉와 같다. IEEE 1394 프로토콜은 물리계층, 링크계층, 트랜잭션 계층으로 구성되어 있다. IEEE 1394 프로토콜의 트랜잭션 계층에서는 IEEE 1394의 버스 트랜잭션을 제공하기 위한 요청 및 응답 프로토콜을 처리하며, 링크계층에서는 서비스 데이터를 IEEE 1394 패킷으로 변환시킨다.

PH_DATA request, PH_CLOCK.indicate, PH_DATA.indicate, PH_ARB.request, PH_ARB.confirm과 같은 신호는 트랜잭션 계층에서 만들어진다. 링크계층은 동기 전송 혹은 비동기 전송을 결정하여 각 전송 방식에 맞는 패킷 형식으로 변환한다. 물리계층은 트랜잭션 계층의 데이터 요청에 따라 버스를 중재, 노드의 중재권을 할당받고, 그 노드의 정해진 포트로 수신된 데이터를 자체 내부 클록에 맞추어 수신하거나, 송신할 데이터를 자체 지역 클록에 맞추어 부호화를 한 후에 버스를 통해 다른 포트로 보내게 된다.

IEEE 1394의 경우 그 실시간성과 고속 지원 가능성으로 멀티미디어 통신 외에도 로봇이나 메카트로닉스, 그리고 산업용 응용 장치에도 활용된 사례들이 보고 및 확장되고 있다. 현재에는 애플사의 맥 컴퓨터 및 관련 기기에서 주로 사용되어지고 있으며 1394 a와 1394 b 표준이 있다. 1394 b의 고속 단자 표준이 주로 사용되며 전원 공급기능은 포함되어 있지 않다.

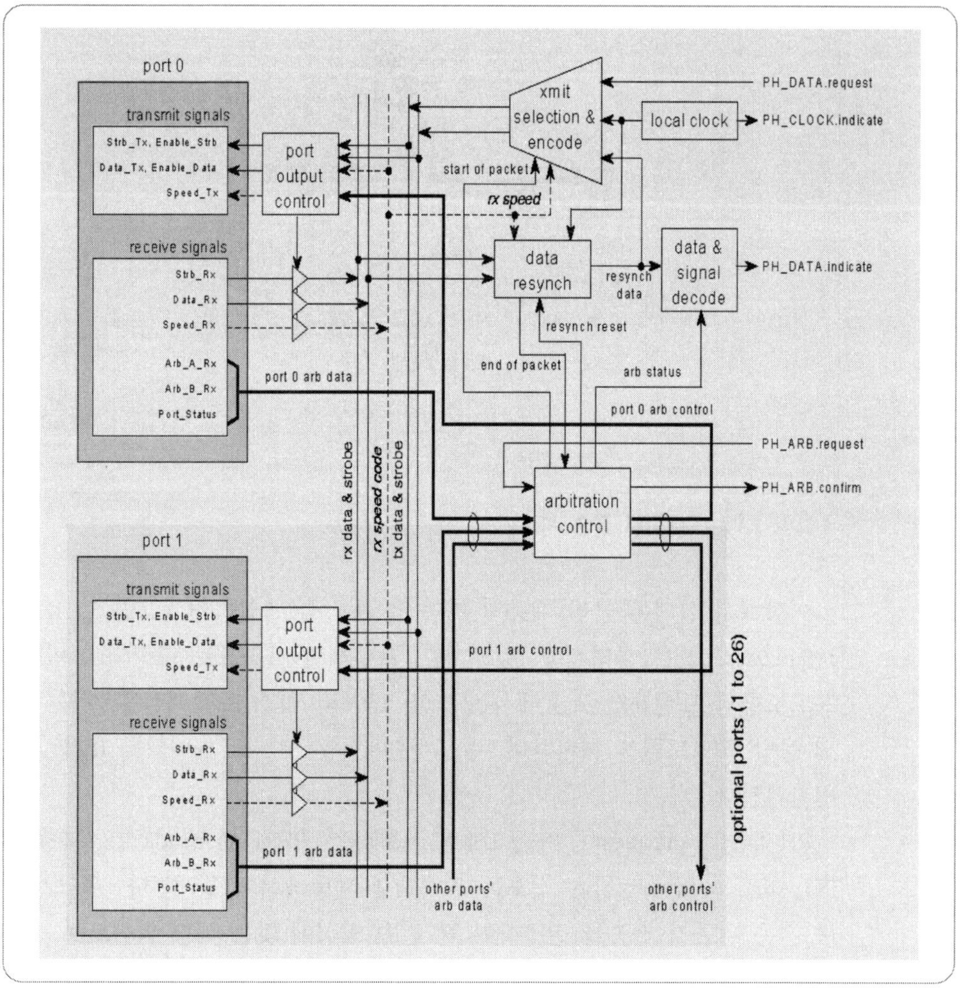

▌그림 1.94▌ IEEE 1394 물리 계층 전체 블록

1.3. 무선 네트워크 기반 임베디드 시스템 관련 통신기술

무선 근거리 네트워크 기술(Wireless Personal Area Network: WPAN)은 애드혹 및 유비쿼터스 네트워킹, 가정 내 망의 구현 기술로 학계 및 관련 업계에서 활발히 채택되고 연구 개발이 진행 중인 중요 분야이다.

현재 산업용 시스템에서 많이 사용되어지는 무선 기술은 IEEE 802.11 기반의 무선 근거리 네트워크 기술이다. AP(Access Point)를 통해 유선 통신망에 접속하는 무선 기술로 사용된다. 기존의 802.11 표준의 속도가 11*Mbps*에 그치고, QoS 지원이 어려운 MAC 방식을 보완하기 위해, 속도가 54*Mbps*에 이르는 802.11a와 QoS를 보강한 802.11e 규격이 지원되고 있다. 하지만, 거리가 100*m* 반경에 이르러야 하므로 전력 소모량 문제, 구현 가격 문제, 멀티미디어 스트림을 위한 QoS 등에 있어 한계를 지닌다(〈그림 1.95〉 참조).

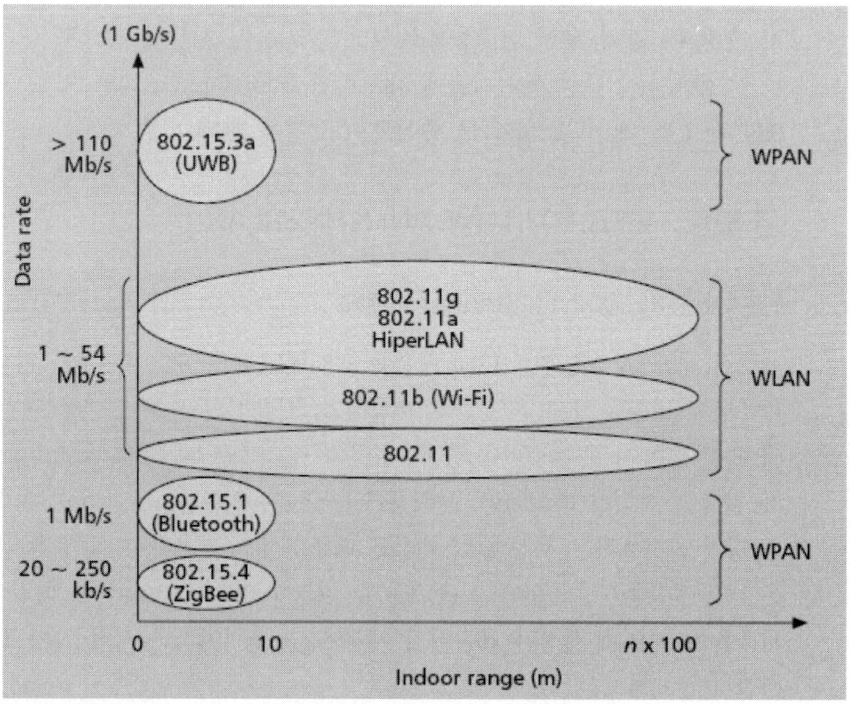

▌그림 1.95▌ Wireless Networking 기술

반면 고속 WPAN(IEEE 802.15.3 기반) 기술은 10*m* 이내의 짧은 범위(short-range)에서 휴대기기들 간에 초고속 멀티미디어 스트림을 지원할 수 있는 55*Mbps*의 새로운 MAC과 PHY를 제공한다. 배터리에 의존하는 휴대기기를 위해 전력 소모량을 적게 하고, QoS를 위해 TDMA 방식을 채택한 것이 MAC 계층의 큰 특징이다. 또한 구현 가격도 적고 초고속 10*m* 범위 안에서 110*Mbps*, 4*m* 범위 안에서 200*Mbps* 전송이 가능한 물리계층 802.15.3a에서 제정 되어 고속 WPAN에 대한 통신, 가전업체들의 활용 예가 많아지고 있다.

WPAN 기술은 WLAN 기술에 비해 우리나라의 주거밀도가 높은 환경에서 사용효용이 높은 10*m* 범위에 최적화되어 있기 때문에 애드 혹 네트워크에 보다 적합해 WLAN 기술은 데이터 전송을 위주로 한 인프라 접속용으로 사용되고, WPAN 기술은 멀티미디어 스트림을 주로 하고 인프라 없이 언제 어디서나 애드 혹 네트워크를 구성하는데 사용되어, 서로 다른 영역에서 적용되어지고 경쟁관계이면서도 보완적인 측면을 가지고 있다.

무선 통신이 점점 짧은 범위에서의 고속화로 진행됨에 따라 애드 혹 네트워크의 시장형성이 가시화되고 있으며 UWB(Ultra Wide Band)가 새롭게 상용으로 사용이 허용되어 이에 대한 상용화 기술 및 연구들이 적용되고 있는 추세이다. 거의 모든 업체들이 가정 내 망의 무선 연결용으로 WPAN 기술이 사용될 것으로 내다보고 있다.

본 장에서는 무선 통신기술에 대표적인 IEEE 802.11 계열 및 근거리 통신기술인 IEEE 802.15 계열 및 RFID를 중심으로 설명을 한다.

1.3.1 IEEE 802.11(WLAN) & HIPERLAN

1.3.1.1 IEEE 802.11 Standard 개요

무선 랜(WLAN)을 위한 IEEE 표준은 1988년의 IEEE 802.4L로부터 시작하였다. 그리고 1990년에 명칭을 IEEE 802.11로 개명하고, 기술적인 부분에 대한 표준을 완료하였다. 이 표준의 목적은 1980년대 중반, 미국의 FCC(Federal Communications Commission)가 할당한 산업용(Industry), 과학용(Scientific), 의학용(Medicine) 주파수인 ISM 주파수 영역을 사용하는 무선 LAN 개발을 표준화하는 것이다. 이렇게 할당된 주파수 영역은 902∼928*MHz*, 2,400∼2,483.5*MHz*, 5,725∼5,850*MHz* 이다. 따라서 이미 개발된 제품을 기반으로 제정된 표준이기 때문에, 기술적이거나 시장성을 고려한 여러 가지 쟁점이 존재하고 있다.

다양한 데이터 트래픽이 혼재되고 전송량의 극대화에 대한 필요성에 의해 여러 개의 안테나를 사용하는 다중입력 다중출력(MIMO) 기술과 대역폭 손실의 최소화를 위한 MAC 계층과 물리 계층의 변형을 통해 최대 600*Mbps* 속도를 지원하는 무선 랜

(LAN)의 새로운 표준(802.11n)으로 802.11a와 802.11g의 두 배인 108 ~ 320*MHz*의 대역폭을 지원하는 무선 규격 기술이 제안되어졌고 현재 사용되어지고 있다. 이를 통해 직교 주파수 분할 다중(OFDM) 방식과 다중화된 예비 구성으로 신뢰성이 향상 되었으며, 주위 간섭에 강하고, 보다 넓은 지역에서 동작하는 무선 LAN으로 다중 고선명 텔레비전(HDTV), 디지털 비디오 스트리밍 등 높은 대역폭의 동영상도 처리할 수 있다.

1.3.1.2 IEEE 802.11의 전송 방식

IEEE 802.11에서는 OSI 7 계층을 분류할 때, 물리 계층과 데이터 링크 계층에서 MAC 부 계층에 대하여 정의하고 있다. 매체 접근 제어(MAC) 계층은 같은 공간과 시간에 다수의 통신망이 공존하는 것을 허용한다. 즉, 전송 매체를 같이 나누어 쓸 수 있고, 서로 간의 간섭 현상에 대해서 강인성을 가지고 있다. 이와 같은 환경에서 매체 접근 제어를 하기 위해서 IEEE 802.3 표준인 이더넷과 유사한 방식을 쓴다. 802.11을 위한 프로토콜은 CSMA/CA(Carrier-Sense Multiple-Access/Collision Avoidance)이다. 이 방식은 물리 매체 상에서 충돌을 피하기 위해서 물리 계층에서 CCA(Clear Channel Assessment) 알고리즘을 이용한다. 이 방식은 수신된 신호의 세기를 측정해서 일정 수준 이상의 경우, 다른 스테이션에서 전송 중이라고 판단하고 전송을 미룬다. 내신 일정 수준 이하일 경우, 채널에 전송을 개시하여도 좋은 상태라고 판단한다. 표준에서는 802.3에서 사용하는 CSMA/CD(CSMA/Collision Detection)의 방법도 선택 사양으로 정의해 놓고 있다. 그러나 이 방식의 경우, 매체에 해당하는 공간에 다른 무선 통신 기법이 사용하는 주파수의 전파도 떠 있으므로 802.11의 프로토콜에 의한 전송인가를 판단할 수 있는 민감한 감지를 보장할 수 있어야 한다.

그리고 충돌 현상을 방지하기 위해서 전송과정을 RTS(Request_To_Sender), CTS(Clear_To_Send), 데이터와 ACKnowledge 프레임을 순서에 맞추어 보낸다. 먼저 전송하고자 하는 스테이션에서는 목적지의 주소와 전송할 메시지의 길이를 가지고 있는 RTS 프레임을 보낸다. 이 프레임을 받은 스테이션 중에서 목적지에 해당하는 스테이션은 수신할 준비를 하고 나머지 스테이션들은 메시지 전송 길이에 의해서 판단할 수 있는 전송 시간 동안 전송 매체에 접근하지 않는다. 수신할 스테이션은 RTS 프레임을 받고 나면 CTS 프레임을 송신 스테이션으로 응답한다. 만약 RTS 프레임을 전송한 스테이션이 CTS 프레임을 수신하지 못하면, 앞서서 전송한 RTS 프레임이 충돌에 의해서 손상되었다고 판단하고 RTS를 재전송한다. 정상적인 RTS, CTS 프레임의 교환이 끝나면 데이터 프레임이 전송이 시작된다. 그리고 전송이 끝나면, ACK가 보내어진다. 〈그림 1.96〉은 802.11에서의 전송방식을 보여 준다.

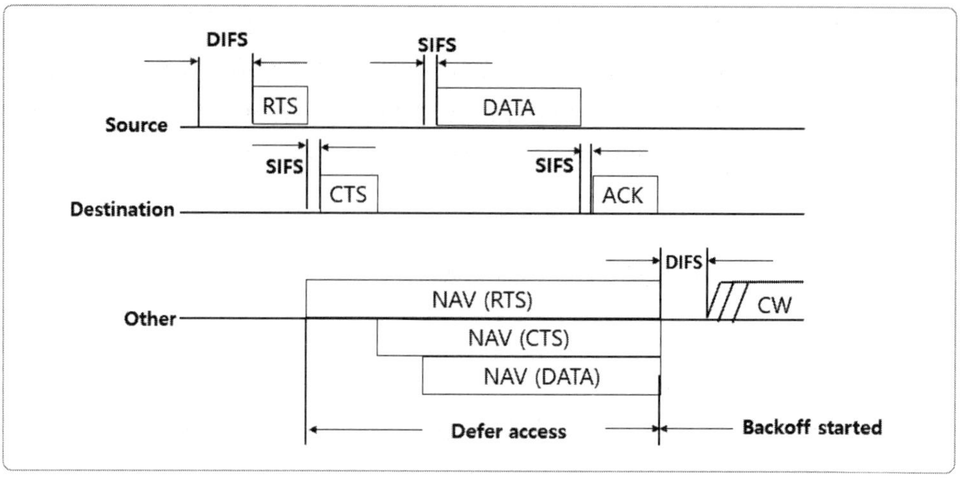

▌그림 1.96▐ IEEE 802.11의 전송방식

1.3.1.3 IEEE 802.11의 네트워크 형상

무선랜 통신망 구성에 있어서, 애드 혹 네트워크인 경우, 움직일 수 있는 단말기들은 서로 독립적인 BSS(Basic Service Set)들 사이에서 통신이 가능하다. 이와 같은 경우, BSS에서 정의된 ID를 가지고 있고, 시간적인 기준을 제공할 수 있는 움직이는 단말이 BSS에 하나가 있어야 한다. 이 구조는 〈그림 1.97〉의 (a)에 나와 있다.

기간망의 형상을 가지는 경우, 움직이는 단말은 AP(Access Point)를 통해서 기간망과 접속할 수 있다. AP는 802.11 네트워크와 유선 백본(Backbone)망과 접속할 수 있는 기능을 제공한다. 그리고 개별적인 BSS들은 AP를 통해서 유선망으로 연결되어 하나의 ESS(Extended Service Set)라는 기간망을 이룬다. 기간망의 형상에서 움직이는 단말은 자신이 속해 있는 ESS에 대한 접속성을 보장받으면서 다른 BSS로 이동할 수 있다. 이 구조는 〈그림 1.97〉의 (b)에 나와 있다.

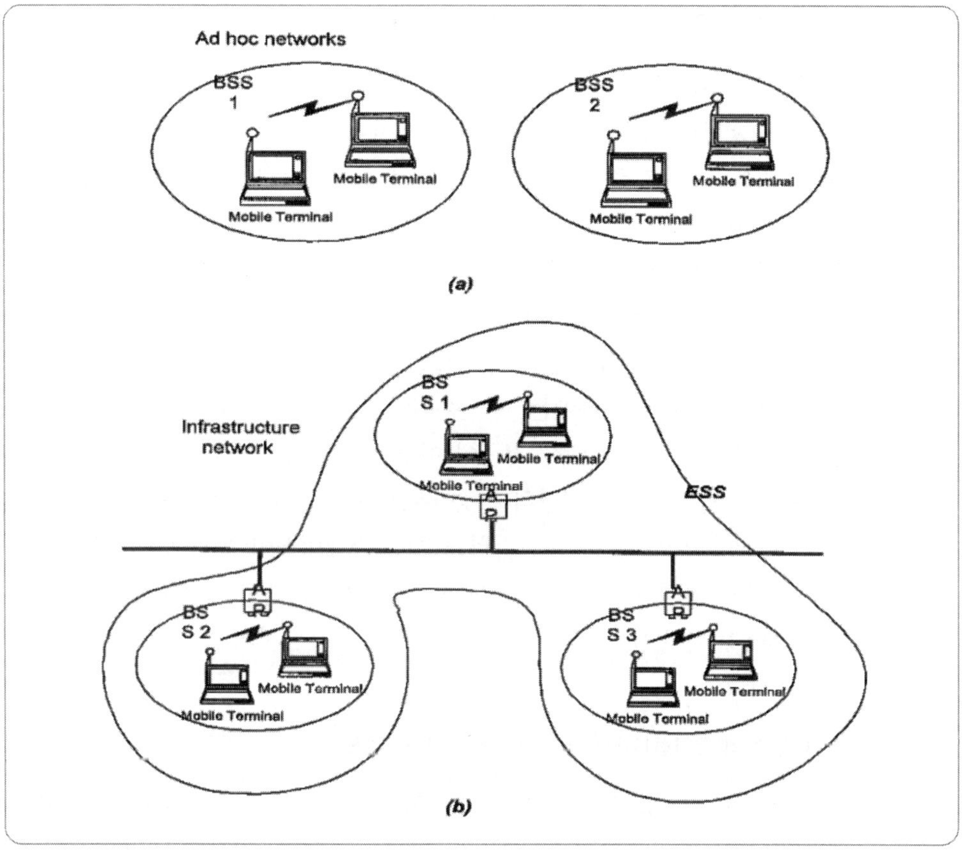

| 그림 1.97 | IEEE 802.11에 의해서 지원되는 네트워크 형상

1.3.1.4 HIPERLAN

1.3.1.4.1 HIPERLAN 개요

HIPERLAN(High-Performance Radio LAN) 표준은 고속 무선 LAN의 유럽형 표준으로서, ETSI(European Telecommunications Standards Institute)의 RES-10 그룹에 의해서 만들어졌다. 이른바, HIPERLAN I이라고 불리는 HIPERLAN은 1992년에 이 그룹에 의해서 처음으로 명명되어졌다. 그리고 같은 해, 표준화가 종료되었다. HIPERLAN은 5.2*GHz* 대역에 전통적인 라디오 변조방식을 사용해서 전송을 하는데, 2~23*Mbps*의 전송속도를 지원한다. 다른 버전의 HIPERLAN은 ATM이나 시장에서의 경쟁력 용도로 사용되는 무선 통신을 위한 것이었으나 현재는 더 이상 상품이 생산되지 않고 참조모델로만 사용되어지고 있다.

1.3.1.4.2 HIPERLAN의 전송 방식

HIPERLAN은 5.176467*GHz*를 기준으로 23.529*MHz*씩 다섯 개의 채널로 구성되어 있다. 사용되는 변조 방식은 GMSK(Gaussian Minimum Shift Keying)인데 인접 채널간의 간섭을 줄이고 증폭기의 효율성을 증대시키기 위하여 채택되었다. 10^{-3} 이하의 패킷 에러율을 유지하여야 하고, 이를 위해서 BCH code가 16개의 인터리브 코드워드(Interleaved Code-word)마다 적용된다.

매체 접근 제어용 프로토콜은 CSMA/CD 방법을 기본으로 하고 있다. 1,700*bit* Time 동안 캐리어가 감지되지 않으면, 어느 노드든지 전송을 시작할 수 있다. 만약 매체에 캐리어가 감지되는 경우에는, 우선순위(Prioritization), 소거(Elimination), Yield 위상의 순서에 의해서 매체에 대한 접근이 이루어진다. 우선순위 단계(Prioritization Phase)에서는 미리 할당된 스테이션의 전송 우선순위에 의해서 매체를 점유하고 싶다는 메시지를 보낸다. 이때 같은 우선순위를 가진 스테이션이 동시에 이 메시지를 보낼 수 있는데, 이를 위해서 소거단계(Elimination Phase)에서 경쟁하게 된다. 다음 단계인 Yield에서는 전송을 개시하지만, 만약 캐리어가 감지되면, 전송 지연을 통해서 충돌을 방지한다.

1.3.1.4.3 HIPERLAN의 네트워크 형상

HIPERLAN I 네트워크에서는 멀티 홉과 애드 혹 구성을 지원한다. HIPERLAN은 멀티 홉을 이용해서 원거리의 통신을 구현할 수 있다. 각각의 HIPERLAN 노드들은 전송노드(Forwarder Node) 혹은 비전송노드(Nonforwarder Node)가 될 수 있다. 비전송노드인 경우, 단순히 자신의 주소로 향하는 패킷만을 받아들인다. 반면, 전송노드인 경우, 자신의 주소가 아니면, 이를 근처의 다른 노드들에게 재전송한다. 비전송노드는 적어도 하나의 인접 노드를 전송노드로서 선정해야 한다. 이러한 라우팅과 HIPERLAN의 동작을 유지하기 위해서, 전송노드와 비전송노드들은 주기적으로 6개와 4개의 데이터베이스를 갱신해야 한다. 현재 HIPERLAN 표준은 참조 모델로만 활용되고 제품을 생산하지 않고 있다.

1.3.1.5 IEEE 802.11과 HIPERLAN의 비교

1994년의 U-NII(Unlicensed-National Information Infrastructure)대역(1.9*GHz*부근의 20*MHz*, 5*GHz* 부근의 300*MHz*)의 해제로 인해서 IEEE 802.11과 HIPERLAN로 대표되는 WLAN 산업은 급속히 발전하였다. 이 WLAN 산업에 있어서 2가지 쟁점이 있는데 한 가지는 미래의 제품 발전을 위해서 허가받지 않은 주파수 영역의 사용 허가를 획득하는 것이다. 그리고 다른 하나는 시장성의 확대이다

IEEE 802.11 워킹그룹에서는

- Task Group a(5*GHz* 대역에서 더 빠른 속도를 위한 표준의 확장)
- Task Group b(2.4*GHz* 대역에서 더 빠른 속도를 위한 표준의 확장)
- Task Group c(802.11프레임을 위한 브리징 표준의 확장)
- 추가적 Task Group(재개정 표준)

위와 같은 네 개의 TG로 나누어 진행하고 있다. 특히 미국이 주도하고 있는 IEEE 802.11은 유럽형 WLAN인 HIPERLAN을 수용하기 위해서 5*GHz* 대역에서 공동연구를 해왔으나 실제로 WINForum에서는 5.1~5.35*GHz*에서 250*MHz*의 대역폭을 가지는 20*Mbps* 급의 SUPERNET(Shared Unlicensed Personal Radio Network)을 제안하고 있다.

앞으로의 WLAN은 미래형 통합 서비스인 BISDN과의 통합성을 제공할 수 있도록 그 방향을 잡아 갈 것이다. 〈표 1.21〉에서 각 생산자 간 무선랜 상품을 비교해 놓았다.

[표 1.21] WLAN 제품 비교표

Vendor Name	제품명	가격	지원 노드 수	주파수	네트워크 유형	변조 타입	최대 데이터 전송률
Aironet	3500 Series	A.P. $1,795	80	2.4–2.4835*GHz*	Ethernet /TR	FHSS	2*Mbps*
		PCMCIA $595					
Breezecom	BreezeNET Pro Series	A.P. $1,495	15+	2.46–2.4835*GHz*	Ethernet /TR	FHSS	3*Mbps*
		PCMCIA $565					
Lucent	WaveLAN2	A.P. $1,295	30–120+	2.42–2.462*GHz*	Ethernet /TR	DSSS	2*Mbps*
		PCMCIA $495					
Netwave	AirSurfer Plus	A.P. $1,499	50	2.4–2.4835*GHz*	Ethernet /TR	FHSS	1*Mbps*
		PCMCIA $499					
Proxim	RangeLAN 2	A.P. $2,095	1048	2.4–2.483*GHz*	Ethernet /TR	FHSS	1.6*Mbps*
		PCMCIA $695					
Raytheon	Raylink	A.P. $1,495	61	2.4–2.4835*GHz*	Ethernet /TR	FHSS	2*Mbps*

총괄적으로 요약하면 IEEE 802.11은 IEEE 작업그룹이 개발한 무선랜을 위한 규격 모음으로서, 현재 802.11, 802.11a, 802.11b, and 802.11g 등 4가지 규격이 이에 속한다. 이 4가지 규격은 경로 공유를 위해 모두 이더넷 프로토콜인 CSMA/CA를 사용한다. 802.11b 표준이 초당 약 11*Mbps*의 속도를 제공하는 데 비해, 최근에 승인된 표준인 802.11g과 802.11e는 비교적 짧은 거리에서지만, 최고 54*Mbps*까지의 빠른 전송속도를 제공한다. 802.11g/e도 802.11b와 같이 2.4*GHz* 대역에서 동작하므로, 둘 간에는 서로 호환성이 있다.

종종 Wi-Fi라고도 불리는 802.11b 표준은 802.11에 대해 후위 호환성을 제공한다. 전통적으로 802.11에서 사용되는 변조방식은 PSK이었지만, 802.11b에서 채택한 변조방식은 더 빠른 데이터 전송속도를 제공하면서도, 다중 경로 전달에 의한 간섭을 받을 소지가 적은 CCK를 사용한다.

802.11a 규격은 무선 ATM 시스템에 적용되며, 액세스 허브에서 주로 사용된다. 802.11a는 5*GHz*~6*GHz*의 무선 주파수 대역폭에서 동작한다. 802.11a는 최고 54*Mbps*까지의 데이터 전송속도를 낼 수 있도록 OFDM이라고 불리는 변조 방식을 사용하지만, 대부분의 경우 실제 통신은 6, 12 또는 24*Mbps*의 속도로 이루어진다.

무선랜에 높은 대역폭의 주파수를 새로이 할당함으로써 비교적 저렴한 가격에 학교 교실 등에서도 네트워크 구축이 가능하게 될 것이다. 비슷한 주파수의 할당 작업이 유럽에서도 이루어졌다. 또한 병원이나 기업들에서도, 아직 근거리통신망이 구축되지 않은 곳에는 무선 랜 시스템을 설치하게 될 것으로 기대된다.

무선랜을 이용하면, 이동 전화 사용자도 무선 접속을 통해 근거리 통신망에 접속할 수 있다. 새로운 표준인 IEEE 802.11은 이러한 기술들 간의 상호 운용성을 증진시킬 것으로 기대된다. 새로운 표준에는 무선랜의 암호화 방법인 WEP 알고리즘도 포함된다.

IEEE 802.11기술인 Wi-Fi 기술은 편재성(Ubiquibity) 부족 및 서비스 영역의 한계로 WiMax로의 새로운 시장 전환을 모색하고 있다. 〈표 1.22〉는 Wi-Fi의 단점을 보완하고 응용 서비스 영역의 확장과 전송 속도를 대폭 높인 WiMax와의 비교표이다. 11*Mbps* 표준인 IEEE 802.11b에서 50*Mbps* 표준인 IEEE 802.11g로 진화 다음 단계로 IEEE 802.16 기반의 제품이 나올 것이라는 것을 예상해 볼 수 있다.

〈표 1.22〉는 Wi-Fi와 WiMAX의 차이점을 보여 준다.

[표 1.22] Wi-Fi와 WiMax의 차이점

	Wi-Fi(IEEE 802.11)	WiMax(IEEE 802.16)	기술적 차이점
거리	하위~300feet (더 넓은 유효범위를 위한 추가 접근 점)	위에서 30*miles* (전형적인 셀 크기인 4~6*miles*)	802.16: MAC 더 넓은 멀티패스 딜레이 확장을 허용(반영)
유효범위	실내동작에서 활용	실외 NLOS 확장된 안테나 기술을 위한 동작 표준 지원	802.16: 256 OFMD (versus 64 OFMD) 적응형 변조
비례 확장성	채널 대역폭은 광역(20*MHz*)과 고정: 셀 절차 계획은 제약됨	가용 스펙트럼의 사용	3 비중복 802.11b 채널 5 비중복 802.11a 채널 802.16: 가용 스펙트럼에 의해 제한
비트율	20*MHz*에서 최고 2.7*bps*/*Hz*에서 600*Mbps*	20*MHz*에서 최고 5*bps*/*Hz*에서 100*Mbps*	802.16: MAC PHY rate 증가로 일정한 효율
QoS	QoS 미지원 802.11e로 표준화하기 위해 실행	QoS 기반의 MAC: 음성/비디오와 서비스 레벨의 구별	802.11: 상호 기동 MAC(CSMA)802.16: 허용요청 MAC

1.3.2 IEEE 802.15.1(Bluetooth)

블루투스는 2.4*GHz*의 ISM(Industrial Scientic and Medical) 대역의 주파수를 사용하여, 장애물이 있는 경우에도 무선 데이터 통신을 제공할 수 있다. ISM 대역의 사용으로 무선 전화 등과의 예상치 못하는 간섭이 발생할 수 있으므로, 블루투스에서는 간섭 방지를 위해 주파수 호핑(FH: Frequency Hopping)을 이용한다. 소비전력은 대기상태에서 0.3*mA*이고 송수신 시는 최대 30*mA*이다. 점대점(point-to-point) 또는 일대다(point-to-multipoint) 방식의 연결이 가능하다. 최대 전송 속도는 1Mbps이나 실제의 효과 속도는 721*Kbps*이고, 전송거리는 반경 10*m* 정도이지만 출력 앰프가 있을 경우에는 최대 100*m*까지 확대 가능하다. 또한 하나의 피코넷에서 최대 일곱 개까지 액티브 상태의 슬레이브가 접속할 수 있으며, 파크(Park) 상태의 슬레이브는 최대 256개까지 접속할 수 있다.

1.3.2.1 전파 스펙트럼(Radio spectrum)

블루투스의 전파 스펙트럼의 대역 선택 시 우선적으로 고려해야 할 것은 상호 작용하는 동작기기들이 별로 없는 대역을 결정하는 것이다. 즉, 전파의 스펙트럼은 사용면허, 즉 라이선스 없이 사용할 수 있도록 개방되어 있어야 한다. 두 번째, 전파의 스펙트럼은 전 세계에서 이용할 수 있어야 한다. 왜냐하면, 블루투스 어플리케이션의 초기 목표는 전 세계를 여행하는 사업가의 휴대 장비들을 세계 어느 곳에서도 새로운 추가 장비 없이 연결하는 것이기 때문이다. 다행히도 전 세계적으로 사용할 수 있는 개방된 전파 대역이 있다. 이러한 대역을 ISM(Industrial Scientic and Medical) 대역이라 한다. 이 ISM 대역은 전문가 그룹을 위해 사용을 할당되었으나 최근에 상업적인 용도로 개방되었다. ISM 대역은 902～928*MHz*, 2,400～2,483.5*MHz*, 5,725～5,850*MHz* 와 같이 다양한 주파수 영역을 의미한다. 여러 가지 주파수 영역 중 블루투스는 약 2.45*GHz*를 중심 주파수로 하는 ISM 대역을 사용한다. 다른 나라들과 마찬가지로 한국에서도 이 전파 영역은 2,400에서 2,483.5*MHz*이다. 미국에서도 동일한 주파수 영역이 사용된다(FCC part 15 requlation 적용). 유럽의 대부분의 지역에서 역시 같은 주파수 영역이 사용 가능하다(ETS-300328 regulation 적용). 또한 프랑스, 일본, 그리고 스페인과 같은 일부 국가에서의 ISM 대역은 조금 다르다. 이는 〈표 1.23〉을 참조한다.

[표 1.23] 국가별 ISM 대역

국가	규제 범위	RF 채널
미국	2.400 ~ 2.4835*GHz*	f = 2402 + k *MHz*, k=0,……,78
유럽(스페인과 프랑스 제외)	2.400 ~ 2.4835*GHz*	f = 2402 + k *MHz*, k=0,……,78
스페인	2.445 ~ 2.475*GHz*	f = 2449 + k *MHz*, k=0,……,22
프랑스	2.4465 ~ 2.4835*GHz*	f = 2454 + k *MHz*, k=0,……,22
일본	2.471 ~ 2.497*GHz*	f = 2473 + k *MHz*, k=0,……,22

요약하면, 세계의 대부분의 국가들에서 2,400*MHz*에서 2,483.5*MHz*의 대역은 자유롭게 사용할 수 있고, 전 세계 공용을 위한 노력이 진행 중이다. 블루투스 역시 이러한 주파수 영역을 이용하고자 하는 통신 규약이다.

1.3.2.2 간섭 면역(Interference immunity)

라디오 밴드는 동일한 주파수 대역을 사용하는 어떠한 무선 송신기에서 자유로운 매체 접근이 가능하다. 따라서 간섭 면역은 중요한 문제이다. 2.45*GHz* 영역에서의 간섭의 크기와 성질은 예측할 수 없다. 왜냐하면, 30*dBm* WLAN 접속점들에서부터 10*dBm* 소형 모니터에 이르기까지 다양한 전파 송신기가 존재할 수 있기 때문이다. 같은 주파수 영역을 공유하는 다른 시스템들은 상호 통신이 불가능하다. 따라서 이러한 다른 시스템들 간에 공동작용 역시 불가능하다. 더 큰 문제는 전자레인지나 조명장치와 같이 더 높은 전력의 송신기에 있다. 이러한 장치들은 2.45*GHz* 대역에서 신호의 간섭이나 누화를 야기한다. 이러한 외부장치로부터의 간섭 외에도, 다른 블루투스 사용자에 의한 동일 채널 간섭도 고려되어야 한다. 간섭 면역은 간섭 억제 또는 간섭 회피에 의해 이루어질 수 있다. 코딩기법이나 직접 확산 방법을 통해 이러한 간섭을 가능한 한 억제할 수 있다. 그러나 개별적으로 작용할 수 있는 애드 혹 전파 환경에서 간섭받는 신호와 간섭하는 신호의 동적범위는 그 차이가 클 수도 있다. 서로 관련 없는 송신기들의 거리 비율과 전력 차를 고려하면, 가까운 거리에 있는 송신기와 먼 거리에 있는 송신기에서 전송한 신호의 수신전력 차이가 50*dB* 이상 차이가 날 수도 있다. 사용자가 원하는 데이터의 전송속도가 1*Mbps* 이상일 경우, 실제로 사용되는 코딩과 처리이득에 의한 확산을 통한 간섭의 억제는 부적합한 방식이다. 따라서 간섭 회피에 의한 접근 방식이 좀 더 유리하다. 왜냐하면, 간섭에 의한 영향이 적거나 없는 주파수 대역을 선택하여 원하는 신호를 전송하는 것이 개별적으로 작용할 수 있는 무선 환경에 더 적합하기 때문이다. 간섭이 펄스로 방해하는(Pulsed Jammer) 형태로 전송되는 신호를 방해할 경우, 시간 축 상의 간섭 회피를 통해 이를 해결할 수 있다. 왜냐하면 간섭이 없는 시간 영역에서의 전송은 간섭의 영향을 전혀 받지 않기 때문이다. 주파수축 상의 간섭 회피는 시간 축 상의 간섭 회피보다 더 나은 성능을 나타낸다. 2.45*GHz* ISM(Industrial Scientic and Medical) 주파수 대역은 약 80*MHz*의 대역폭을 가지고 있고, 대부분의 라디오 전파 시스템의 신호는 주파수 한정(Band Limited) 신호이므로, 지배적인 간섭신호가 없는 주파수 영역을 찾을 수 있다. 또한 주파수 대역 필터링을 통해 다른 주파수 영역에 존재하는 간섭의 영향을 억제할 수 있게 된다. 이러한 필터를 이용하여 50*dB* 또는 그 이상의 간섭 신호의 영향을 억제시킬 수 있다. 그러나 블루투스 유닛을 전자레인지 혹은 IEEE 802.11 WLAN(Wireless Local Area Network)과 같이 사용할 때, 몇몇 문제들을 발생시킨다고 한다. 이러한 노이즈의 간섭 영향들에 대하여 몇몇 연구 자료들이 있다. 그러나 주파수 호핑을 이용한 주파수 축 상의 간섭회피가 효과적인 방법임은 틀림없다. 블루투스에서의 주파수 호핑 방식은 〈그림 1.98〉에서 설명한다.

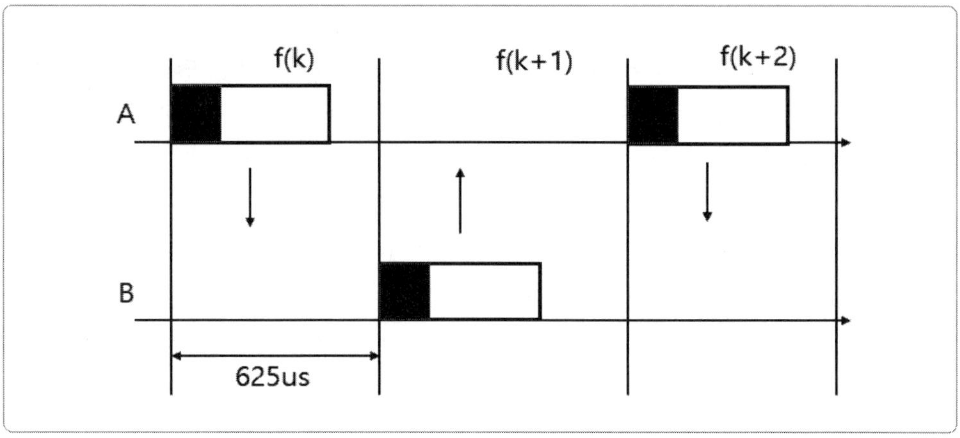

| 그림 1.98 | Frequency Hopping / Time Duplex Division

1.3.2.3 다중 접속 방법(Multiple access scheme)

다중 접속 방법의 선택, 그리고 애드 혹 라디오 시스템의 선정은 ISM(Industrial Scientic and Medical) 대역 상에서 사용자 간의 공동작용이 어렵다는 상황을 염두에 두어야 한다. FDMA(Frequency-Division Multiple Access)는 통신채널의 직교성이 전파 모듈의 수정 진동자의 정확도에만 의존한다는 사실 때문에, 애드 혹 시스템에 적합하다. 이러한 FDMA의 특성은 적응적인 또는 동적인 채널 할당 방식과 적절하게 결합시켜서 사용하면, 간섭 회피를 쉽게 구현할 수 있다. 그러나 FDMA는 ISM 대역 상에서의 확산조건을 위배하기 때문에 이를 애드 혹 시스템에 사용하기는 어렵다. TDMA(Time-Division Multiple Access)방식은 채널 직교성을 위해 엄격한 시간 동기를 필요로 한다. 다수의 사용자가 애드 혹 형상의 연결을 유지할 경우, 공통된 시간 기준을 유지하는 것은 어렵다. 따라서 TDMA 역시 블루투스의 다중접속방법으로 적합하지 않다. CDMA(Code-Division Multiple Access)는 애드 혹 라디오 시스템에 적합한 방식이다. 왜냐하면, CDMA는 확산을 이용하고, 기본적으로 개별적으로 작용할 수 있는 시스템을 다루는 방식을 제공하기 때문이다. DS(Direct Sequence)-CDMA는 원근 문제 때문에 크게 매력적인 해결책은 아니다. 원근 문제를 해결하기 위해서는 공동으로 작용할 수 있는 전력 제어와 큰 처리이득이 필요하다. 추가로, TDMA처럼 DS-CDMA 채널 직교성을 위해서는 동기화가 전제되어야 한다. 마지막으로, 더 높은 통신 속도를 위해서는, 높은 칩 속도를 필요로 한다. 이는 상대적으로 넓은 대역폭을 필요로 하여 간섭의 영향을 증가시키고, 전력 소모량을 증가시킨다. FH(Frequency-Hopping)-CDMA는 애드 혹 라디오 시스템을 위한 좋은 특성들을 많이 가지고 있다. 평균적으로 신호는 큰 주파수 영역 상에 확산된 것처럼 보이지만, 순간적으로는 작은 대역폭만을 차지한다. 이러한 특성을 이용하여 ISM 대역내의 가능한 간섭의 영향을 피할 수 있다. 홉 캐리어 주파수의 성질을 직교하게 만들면, 인접한 주파수 홉 간의 간섭은 필터에 의해 효과적으로 억제할 수 있다. 만약 홉 시퀀스가 직교하지 않다면, 협대역 간섭과 동일 채널 간섭은 통신상에서 짧은 단절을 야기하지만, 이러한 통신상의 순간적인 단절은 상위 통신 계층에서 충분히 해결할 수 있다. 따라서 블루투스는 이러한 FH-CDMA를 바탕으로 한다. 2.45*GHz* ISM 대역 내에, 79홉의 주파수 반송자들이 1*MHz* 간격으로 정의되어 있다. 즉 하나의 채널은 1*MHz*의 대역폭을 가진다. 채널은 평균 625μs의 유지시간을 갖는 호핑 채널이다. 다수의 불특정 허위(Pseudo-Random) 호핑 시퀀스가 정의되어 있다. 하나의 특정 시퀀스는 마스터라 불리는 FH 채널을 제어하는 유닛에 의해 결정된다. 마스터 유닛의 클럭은 호핑 시퀀스의 위상을 결정한다. 호핑 채널의 다른 모든 참여 유닛들은 슬레이브로 정의된다. 각각의 슬레이브는 현재 호핑 채널의 마스터의 특성을 사용하여 호핑 시퀀스를 결정하고 주파수 호핑에 동기를 맞추기 위해서 자신들의 클럭에 시간 오프셋을 더한다. 시간 축 상에서 채널은 슬롯으로 나누어진다. 하나의 슬롯에 해당하는 시간은 최소 유지시간인 625μs이다. 구현의 단순화를 위해, 전 양방향 통신들은 TDD(Time-Division Duplex)를 이용하여 구현한다. TDD는 하나의 유닛이 송신과 수신을 반복수행하는 것을 의미한다. 시간 축 상에서 송신과 수신을 분리함으로써 라디오 송신기의 송/수신 동작 중에 발생하는 혼선(Cross-Talk)을 효과적으로 방지할 수 있다. 이러한 특징은 원-칩 구현(One-Chip Implementation)을 위해 중요하다. 송신과 수신이 다른 시간 슬롯에서 발생하기 때문에, 송신과 수신은 다른 홉 주파수에서 발생한다. 〈그림 1.97〉은 블루투스에 적용된 FH/TDD 채널을 설명한다.

서로 다른 애드 혹 링크는 다른 홉 시퀀스를 갖는 서로 다른 호핑 채널을 이용한다. 또한 슬롯 타이밍도 서로 일치하지 않도록 되어 있다.

ISM 대역에서, FH 시스템의 신호 대역폭은 1*MHz*로 제한된다. 견고성을 위하여 이진 변조 방식이 선택되었다. 상술된 대역폭 제한에 의해, 데이터 전송속도는 1*Mbps*로 제한된다.

버스트데이터 트래픽과 FH 시스템을 효과적으로 지원하기 위해서 비논리적 검출 방식이 적합하다. 블루투스는 변조 지수 k=0.3을 가지는 GFSK(Gaussian-Shaped Frequency Shift Keying) 변조 방식을 사용한다. 논리적인 1은 플러스 주파수 성분으로 논리적인 0은 마이너스 주파수 성분으로 전송한다.

1.3.2.4 토폴로지(Topology): 피코넷(Piconet)과 스캐터넷(Scatternet)

같은 FH 채널을 공유한 두 개 또는 더 많은 블루투스 유닛들은 피코넷을 형성하게 된다. 같은 장소에 존재하는 독립된 피코넷의 클러스터는 스캐터넷이라고 한다. 〈그림 1.99〉에서 피코넷과 스캐터넷의 토폴로지 구성을 볼 수 있다. 피코넷 상의 동작 상태인 유닛의 수는 여덟 개로 제한된다. 1*Mbps*의 채널 용량이 모든 활동 유닛들에 의해 공유되므로, 각 유닛들의 처리량을 높이기 위해서 피코넷 상의 활동유닛의 수를 제한한 것이다. 스캐터넷을 구성하는 각각의 피코넷은 79*MHz* 대역폭 내에서 독립적으로 주파수 홉을 수행한다. 따라서 각각의 피코넷이 공유하는 데이터 대역폭은 하나의 피코넷에서처럼 1*Mbps*가 아니라, 약 79*Mbps*에 해당한다.

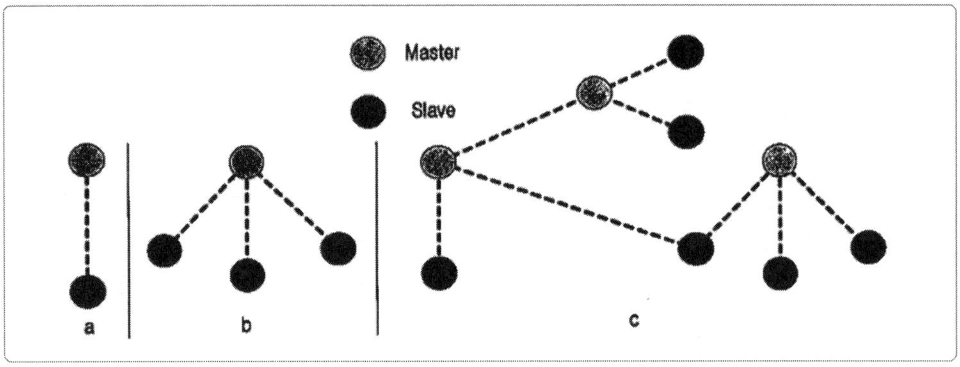

▌그림 1.99▐ (a) 1개의 슬레이브로 이루어진 피코넷 (b) 여러 개의 슬레이브로 이루어진 피코넷 (c) 스캐티넷

블루투스는 지역적인 연결을 전형적인 어플리케이션 목표로 개발된 통신망이기 때문에, 하나의 피코넷에 연결될 수 있는 유닛수의 제한은 큰 문제가 되지 않는다. 한 개의 FH 채널에 더 많은 수의 블루투스 유닛들을 수용하기 위해서 활동모드 외에 부가적인 모드들이 정의되어 있다. 이러한 예로는 다수의 블루투스 유닛들이 연결되어 있는 블루투스 접속점이 있다.

피코넷 채널을 정의하고 채널상의 트래픽을 제어하기 위하여, 마스터-슬레이브 개념을 도입하였다. 피코넷 상의 하나의 유닛은 마스터로 정해진다. 마스터로 정해진 유닛의 특성과 클럭을 이용하여 피코넷 채널의 홉 시퀀스와 위상이 결정된다. 채널 상에 참여하고 있는 다른 유닛들은 슬레이브로 정의된다. 피코넷 상의 모든 슬레이브들은 호핑 채널과 동기를 유지하기 위하여 마스터유닛의 파라미터를 이용한다. 블루투스 시스템에는 계층적 개념이 없는 피어 투 피어(Peer-to-Peer) 통신 시스템이기 때문에, 어떠한 유닛도 마스터가 될 수 있다. 대체로 피코넷을 형성한 유닛(예를 들어, 다른 유닛에 첫 번째 연결을 만든 유닛)이 마스터가 된다. 두 유닛간의 연결이 끊어지고 피코넷이 사라지면, 마스터와 슬레이브의 역할 구분은 무의미하다. 피코넷이 동작 중일 때에도, 마스터의 역할은 다른 슬레이브들 중 하나에게 할당될 수 있다. 이 경우 하나의 피코넷에는 하나의 마스터만이 존재할 수 있기 때문에, 기존의 마스터는 슬레이브 역할을 하게 된다.

피코넷에서 마스터와 슬레이브 간의 최대의 거리는 블루투스 유닛의 클래스에 따라 다르다. 블루투스 표준에는 클래스 1, 2, 그리고 3이라는 세 개의 전력 클래스가 정의되어 있다. 각 클래스의 특징은 〈표 1.24〉에서 설명된 것과 같다. 만약 모든 유닛이 클래스 1이면, 피코넷의 최대의 반경은 100*m*까지 연장될 수 있다.

[표 1.24] 블루투스 송신부의 전력 클래스

클래스	최대 전력	평균 전원	최소 전력	전송거리
Class 1	100*mW*/20*dBm*	N/A	1*mW*/0*dBm*	100*m*
Class 2	2.5*mW*/4*dBm*	1*mW*/0*dBm*	25*mW*/−6*dBm*	10*m*
Class 3	1*mW*/0*dBm*	N/A	N/A	10*cm*

1.3.2.5 매체 접근 제어(Medium access control)

블루투스는 동일한 지역 내에 많은 수의 개별적으로 작용할 수 있는 통신이 발생할 수 있도록 하기 위해서 최적화되었다. 통신 범위 내에 있는 모든 유닛들이 하나의 동일한 채널을 공유하는 다른 애드 혹 네트워크와는 달리 블루투스는 제한된 수의 참여자들이 많은 수의 독립된 채널을 가지고 통신할 수 있도록 설계되었다. 하나의 FH(Frequency-Hopping) 채널은 1*Mbps*의 비트 전송률을 지원한다. 이 채널 용량은 채널상의 모든 참여자들에 의해 공유된다. 이론적으로 79개의 반송자들을 갖는다면, 79*Mbps*까지의 비트 전송률을 지원할 수 있다. 블루투스가 목적으로 하고 있는 사용자는 통신 범위 내에 있는 모든 유닛들이 서로 간의 정보를 모두 공유하는 경우는 거의 없다고 가정한다. 따라서 정보를 교환하기를 원하는 유닛이 연결된 다수의 독자적인 1*Mbps* 채널을 사용함으로써, 80*MHz*의 대역폭을 효과적으로 사용할 수 있다. 홉 시퀀스의 비직교성으로 인해, 이론적 통신 용량을 모두 사용할 수는 없지만, 적어도 1*Mbps*보다 훨씬 큰 통신 용량을 사용할 수 있다.

하나의 FH 블루투스 채널은 피코넷으로 정의된다. 앞에서 설명한 대로 피코넷 채널은 마스터의 특성(홉 시퀀스를 결정)과 시스템 클럭(홉 위상 결정)에 의해서 정의된다. 피코넷에 참가한 다른 모든 유닛은 슬레이브이다. 각각의 블루투스 라디오 유닛은 독립적으로 수행되는 시스템 혹은 고유의 클럭을 가지고 있다. 시스템 내에 공통된 시간기준은 없지만, 피코넷 성립 시에 각각의 슬레이브들은 자신의 클럭에 오프셋을 더하여 마스터의 클럭과 동기화시킨다. 이러한 오프셋들은 피코넷이 취소될 때에는 사라지지만, 나중에 다시 사용할 수 있도록 저장할 수도 있다.

서로 다른 채널은 다른 마스터들을 가지고 있다. 따라서 서로 다른 호핑 시퀀스와 위상을 갖게 된다. 하나의 채널에 참가할 수 있는 블루투스 유닛의 수는 유닛들 간의 고용량(High-Capacity) 링크를 유지하기 위해서 8개(1개의 마스터와 7개의 슬레이브)로 의도적으로 제한된다. 또한 이러한 제한은 어드레싱을 위해 필요한 오버헤드를 줄여 준다.

블루투스는 피어 투 피어(Peer-to-Peer) 통신을 기본으로 한다. 마스터/슬레이브의 역할은 피코넷이 존속하는 동안 하나의 유닛에 부여되는 역할에 지나지 않는다. 즉 마스터와 슬레이브의 차이는 단지 역할의 차이이지, 기능 및 구성은 모두 동일하다. 따라서 피코넷이 취소될 때, 마스터와 슬레이브의 역할 역시 취소된다. 그러므로 피코넷 성립 시에 각 유닛은 마스터 혹은 슬레이브가 될 수 있다. 정의에 의해, 피코넷을 설립하였던 그 유닛이 마스터가 된다. 마스터는 피코넷을 규정짓는 것뿐 아니라, 피코넷에 트래픽을 제어하고 접근 제어를 수행한다.

매체 접근 제어는 완벽한 비경쟁 방법을 사용한다. 625㎲의 짧은 유지시간은 하나의 패킷 전송만을 허용한다. 경쟁기반 매체 제어 방식은 많은 오버헤드를 발생시키고, 짧은 유지시간 을 갖는 블루투스에 적용하기에는 비효율적이다. 블루투스에서 마스터에 의한 중앙 집중 제어를 수행한다. 즉 마스터와 슬레이브 간의 통신, 하나의 슬레이브와의 통신인 유니캐스트, 모든 슬레이브와의 통신인 브로드캐스트만이 가능하다.

타임 슬롯은 마스터의 전송을 위해 교대로 사용된다. 마스터는 정보가 전달되어야 할 슬레이브의 주소를 전송하는 패킷의 헤더에 포함시킨다. 다수의 슬레이브 송신으로 인한 채널에 충돌을 막기 위하여, 마스터는 폴링기법을 사용한다. 즉, 마스터는 각각의 슬레이브-마스터 슬롯에 하나의 슬레이브만이 전송할 수 있도록 권한을 부여한다. 이 결정은 각 슬롯 기초에 의해 수행된다. 즉 오직 마스터-슬레이브 슬롯에서 전송권한이 주어진 슬레이브만 전송이 허용된다. 마스터가 마스터에게 전송할 정보를 가지고 있는 슬레이브에게 정보를 전송한다면, 그 슬레이브를 폴링하기 위한 추가적인 오버헤드는 전혀 없다. 이러한 경우를 암시적 폴링(Implicit Polling)이라 한다.

만약 마스터가 전송할 데이터가 없다면, 마스터는 슬레이브의 정보전송을 위해서는 슬레이브를 확인 후 폴링(Explicit Polling)한다. 마스터가 모든 업링크와 다운링크에서 트래픽을 스케줄링하므로, 슬레이브의 특성을 고려한 지능적 스케줄링 알고리즘이 이용될 수 있다. 마스터의 적절한 트래픽 제어를 통해 피코넷 채널에 참가자들 사이의 충돌을 효과적으로 막아야 한다.

동일한 장소에 있는 독립적인 피코넷들은 동일한 홉 주파수를 사용함으로써 서로 간에 간섭할 수도 있다. 이러한 경우를 대비하여, ALOHA와 비슷한 방식을 적용한다. 즉, 정보는 채널 상에 전송되고 있는 정보가 있는지 없는지를 검사하지 않고 전송된다(No-Listen과 Talk).

만약 그 정보가 틀리게 받아들여지면, 그것은 그다음 전달 기회에서 다시 보내진다. 블루투스 슬롯의 짧은 유지시간 때문에, 충돌 회피 방식은 FH 라디오로 적합하지 않다. 각 홉에서 다른 경쟁자들이 조우하게 되므로, 백오프 기법 역시 효과적이지 않다.

1.3.2.6 패킷 전송을 기본으로 하는 통신(Packet-based communications)

블루투스 시스템은 패킷을 이용하여 통신한다. 즉 정보의 흐름은 패킷단위로 잘라지게 된다. 각 시간 슬롯에서는 단 하나의 패킷만이 전송될 수 있다.

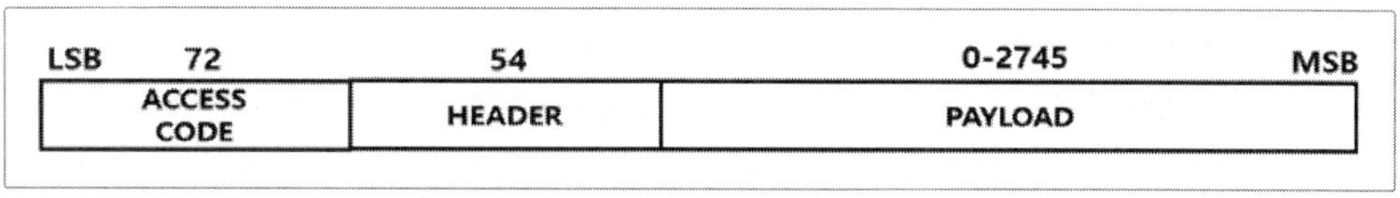

| 그림 1.100 | 블루투스 프레임 구성

모든 패킷들의 구성은 위의 〈그림 1.100〉과 같다. 접근 코드로 시작하고 그 뒤에 패킷 헤더, 사용자의 페이로드(Payload)로 구성되어 있다. 접근 코드는 불특정 허위(Pseudo-Random) 특성을 가지고 있다. 그리고 특정한 접근 운영을 위해 DS(Direct-Sequence) 신호법으로 사용된다. 접근 코드는 피코넷 마스터의 ID를 포함한다. 채널에서 교환된 모든 패킷들은 이 마스터의 ID에 의해 분별된다. 피코넷 마스터에 해당하는 접근 코드와 동일한 접근 코드를 가지는 패킷들만이 수신될 수 있다. 이러한 접근 코드는 하나의 피코넷에서 전송된 패킷들이 우연히 같은 홉 주파수를 갖게 되는 다른 피코넷에 소속된 유닛에 의해 수신되는 것을 방지한다. 수신 측에서, 접근 코드는 슬라이딩 상관기(Sliding Correlator)에 의해서 예정된 코드와 비교가 이루어진다. 그 비교결과가 특정 값을 넘으면 그 패킷을 수신한다. 이 상관기는 DS의 처리이득을 제공한다. TH(Time-Hopping) 패킷의 헤더는 링크의 제어 정보를 포함한다. 3비트의 주소를 이용하여 피코넷에 슬레이브들을 구분하고, 자동재송요구(Automatic Repeat request:ARQ)를 위하여 1비트의 ACK/NACK(Acknowledgment/Negative ACKnowledgement)를 제공한다. 패킷 종류를 결정해 주는 4비트의 코드를 이용하여 16개의 패킷 종류를 제공하고, 헤더의 에러를 발견하기 위한 주기 중복 검사(Cyclic Redundancy Check: CRC) 코드인 8비트 HEC(Header Error Correction) 코드들을 제공한다. 패킷의 헤더는 오버헤드를 제한하기 위하여 18개의 정보 비트로 제한된다. 헤더부분은 1/3 비율 FEC(Forward Error Correction) 코딩으로 보호된다.

블루투스는 네 개의 제어 패킷을 정의한다.

- ID 또는 식별(Identification) 패킷: 접근 코드로만 구성, 시그널링으로 사용
- NULL 패킷: 접근 코드와 패킷 헤더로 구성, 링크 제어 정보를 위해 헤더를 전송

하기 위해 사용

- POLL 패킷: NULL 패킷과 비슷함, 마스터가 슬레이브로부터 응답을 요구할 때에 전송
- FHS(Frequency Hopping Synchronization) 패킷: 주파수 호핑 동기화 패킷, 블루투스 유닛들 간의 클럭과 ID 정보를 교환하기 위해 사용됨, 2개의 유닛들이 동기화될 수 있는 정보를 포함함

나머지 12가지 종류의 패킷은 신호법은 동기와 비동기 통신 서비스를 위하여 정의되어 있다. 세그먼트 1은 싱글슬롯 패킷을 지정하고, 세그먼트 2는 3-슬롯 패킷을, 세그먼트 3은 5-슬롯 패킷을 각각 지정한다. 멀티슬롯 패킷은 하나의 홉 주파수로 전송된다. 즉, 첫 번째 슬롯에서 사용된 홉 주파수가 패킷의 나머지 부분에도 동일하게 사용된다. 그러므로 패킷의 중간에는 주파수 스위치가 발생하지 않는다. 그 패킷의 전송이 완료된 후, 홉 주파수는 현재의 마스터 클럭 값에 의해 정해진 값을 사용한다. 〈그림 1.101〉은 이와 같은 상황을 잘 보여 준다. TX/RX(Transmit/Receive) 타이밍을 유지하기 위해서 오직 홀수의 멀티슬롯 패킷만이 정의되어 있는 것을 주목할 필요가 있다. 슬롯으로 나누어진 채널상에 동기링크와 비동기링크가 정의되어 있다. 패킷 종류에 대한 해석은 동기링크와 비동기링크에서 서로 다르다. 현재, 비동기링크는 페이로드에 FEC 코딩 기법을 지원한다. 또한, 비동기링크에는 싱글슬롯, 3-슬롯, 그리고 5-슬롯 패킷들을 사용할 수 있다. 비동기링크에서의 최대의 사용자 전송률은 약 723.2*Kbps*이다.

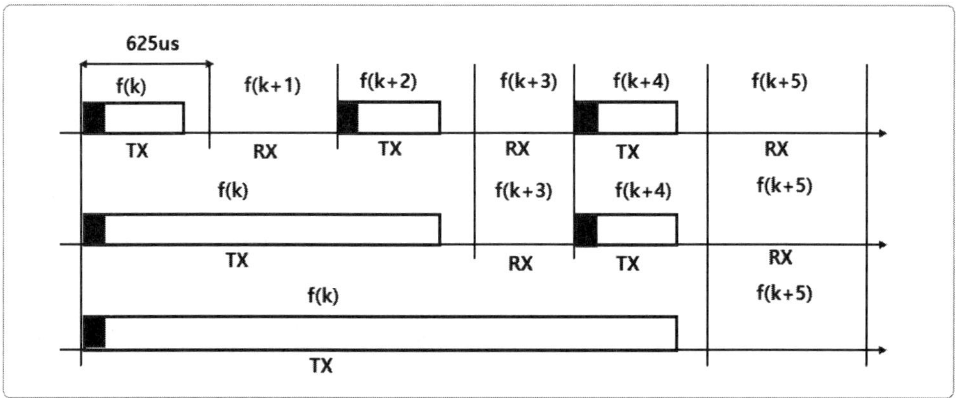

| 그림 1.101 | 블루투스 싱글슬롯, 3-슬롯, 5-슬롯 패킷의 주파수와 타이밍 특성

이 경우에 리턴 링크에서는 57.6*Kbps* 전송률이 보장된다. 비동기링크에서는 링크 상태에 따라 패킷의 길이와 FEC 코딩 등을 변화시킴으로써 현재 링크의 상태에 잘 적응시킬 수 있다. 페이로드 길이는 가변적이며 사용자가 사용하고자 하는 데이터에 따라 달라진다.

그러나 그 최대의 길이는 200㎲로 정해진 RX와 TX 사이의 최소 스위칭 시간에 의해 제한된다. 이러한 다소 긴 스위칭 시간은 개방형 VCO(Voltage Controlled Oscillator)를 직접 변조에 사용 가능하도록 해 주고, RX/TX 사이에서의 패킷 처리를 위한 시간을 제공한다. 동기링크에서는 싱글슬롯패킷만이 정의되어 있다. 패킷의 페이로드 길이도 고정되어 있다. 1/3 FEC, 2/3, 또는 FEC를 사용하지 않는 페이로드가 지원된다. 동기링크는 *64Kbps*의 전 양방향 통신을 지원한다.

1.3.2.7 물리 계층 링크 정의(Physical link definition)

블루투스 링크 음성 데이터와 같은 동기적 서비스와 버스트 데이터와 같은 비동기적 서비스를 모두 지원한다. 블루투스에는 2가지 물리적인 링크 종류가 정의되어 있다.

- SCO(Synchronous Connection-Oriented) 링크
- ACL(Asynchronous Connection-Less) 링크

SCO 링크는 마스터와 슬레이브 간에 일대일 링크이다. SCO 링크는 정해진 인터벌의 이중 슬롯을 예약에 의해서 설립된다.

ACL 링크는 피코넷에 마스터와 모든 슬레이브 간의 일대다(Point-to-Multipoint) 링크이다. ACL 링크는 SOC 링크를 위해서 사용되지 않은 채널에 남아 있는 슬롯을 사용할 수 있다. ACL 링크상의 데이터 트래픽은 마스터에 의해 스케줄 된다. 슬롯으로 나누어진 피코넷 채널의 구성은 동기링크와 비동기링크의 효율적인 혼합 구성을 가능하게 한다. 〈그림 1.102〉는 SCO 링크와 ACL 링크가 존재하는 채널의 예를 보여 준다.

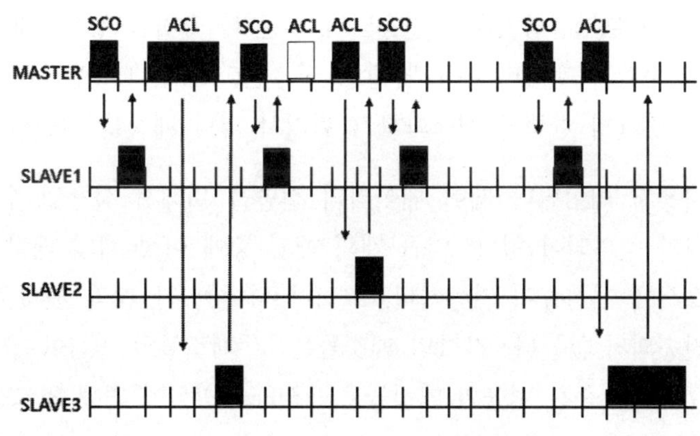

▌그림 1.102▐ 하나의 피코넷 채널에 SCO 링크와 ACL 링크가 섞여 있는 경우

SCO 링크와 ACL 링크를 지원하기 위해 여러 종류의 패킷들이 정의되어 있다. SCO 패킷에는 4가지 종류가 있다. SCO 패킷은 기본적으로 음성 신호의 전송을 위해 사용

된다. 그러나 데이터와 음성 모두를 다루는 패킷도 정의되어 있다. SCO 패킷은 CRC(Cyclic Redundancy Check)을 가지고 있지 않고 재전송되지 않는다. 4가지 SCO 패킷은 다음과 같다.

❶ HV1(High Quality Voice 1): HV1 패킷은 1/3 FEC(Forward Error Correction)에 의해 보호된 10개의 정보 바이트를 포함한 240비트로 구성된다. HV1 패킷은 64*Kbps*의 데이터 전송률을 가지는 음성신호의 1.25*ms*를 전송할 수 있으며, 2개의 시간 슬롯마다 전송되어야 한다.

❷ V2(High Quality Voice 2): HV2 패킷은 2/3 FEC에 의해 보호되는 20개의 정보 바이트를 포함한 240비트로 구성된다. HV2 패킷은 64*Kbps*의 데이터 전송률을 가지는 음성신호의 1.25*ms*를 전송할 수 있으며 4개의 시간 슬롯마다 전송되어야 한다.

❸ HV3(High Quality Voice 3): HV3 패킷은 FEC에 의해 보호되지 않는 30개의 정보 바이트를 포함한 240비트로 구성된다. HV3 패킷은 64*Kbps*의 데이터 전송률을 가지는 음성신호의 3.75*ms*를 전송할 수 있으며 6개의 시간 슬롯마다 전송되어야 한다.

❹ DV(Data Voice): DV 패킷은 일반적으로 데이터와 음성의 두 부분으로 나누어진다. 음성 부분은 80비트로 구성되어 있고, 데이터 부분은 150비트까지 지원할 수 있다. 필요하다면, 데이터 영역은 150비트의 크기를 맞추기 위해서 0으로 채워진다. 음성 신호 영역은 FEC에 위해 보호되지 않지만, 데이터 영역은 2/3 FEC에 의해 보호된다. 패킷의 데이터 영역의 오류로 인해 재전송이 필요한 경우에도 음성신호 영역은 재전송되지 않는다. 그러한 경우, 새로운 음성 데이터가 재전송되는 데이터 부분과 같이 전송된다. DV 패킷은 SCO 링크 상에서 가능한 한 링크의 방해를 최소화하기 위해서 명령 패킷을 전송하기 위해 사용할 수 있다.

사용자 데이터나 제어 데이터의 전송을 위해서 사용될 수 있는 ACL 패킷은 일곱 가지가 정의되어 있다. 일곱 개의 패킷 중에 여섯 개의 패킷은 CRC를 포함하고 있고 필요시에 재전송이 가능하다. 그러나 나머지 한 개의 패킷은 CRC를 포함하지 않고, 재전송되지 않는다. 각각의 패킷들은 그 패킷들의 이름에 그 역할을 인식할 수 있도록 하였다. 중간 비율의 패킷들은 1/3 FEC 방식에 의해 인코딩되기 때문에 '중간 비율(Medium Rate)'이라 불린다. 이러한 에러 정정 방식은 실제의 데이터량보다 3배의 데이터량으로 만들어서 전송함으로써 수신 단에서 에러를 정정할 수 있도록 한다. 이러한 에러 정정 인코딩 방식은 안전하게 전송할 수 있는 방식이지만 패킷이 전송할 수 있는 실시간 데이터의 양을 제한한다.

높은 비율 패킷은 2/3 FEC 방식으로 인코딩되어 있어 비교적 강인한 에러 정정 능력을 보여 주면서 결과로 생성되는 패킷의 길이가 비교적 짧기 때문에 '높은 비율(High Rate)'이라 불린다. 2/3 FEC 인코딩 방식을 사용하면 10 입력 비트에 대해 15비트의 출력을 얻게 된다. 따라서 더 많은 데이터를 전송할 수 있다. 패킷의 이름 뒤에 붙어 있는 1, 3, 5의 수는 패킷이 시간 슬롯수를 의미한다.

ACL 패킷은 다음과 같이 정의된다.

❶ DM1(Data-Medium rate 1): DM1 패킷은 2/3 FEC 인코딩된 18개의 정보 바이트까지로 구성될 수 있다, DM1 패킷은 16비트 CRC를 포함한다. 필요하다면, DM1 패킷은 전체를 0으로 채운 뒤 CRC를 붙여서 전송할 수 있다.

❷ DH1(Data-High rate 1): DH1 패킷은 데이터가 FEC에 의해 인코딩되지 않기 때문에 28개 정보 바이트까지 지원한다는 것 외에는 DM1과 동일하다. 16비트의 CRC를 사용한다.

❸ DM3(Data-Medium rate 3): DM3 패킷은 3개의 슬롯시간을 이용하여 123개의 정보 바이트와 16비트 CRC를 전송하는 것 외에는 DM1과 동일하다.

❹ DH3(Data-High rate 3): DH3 패킷은 DH1과 같이 FEC에 의해 인코딩되지 않는다. DH3 패킷은 3개의 슬롯 시간 동안 185개의 정보 바이트와 16비트 CRC를 전송할 수 있다.

❺ M5(Data-Medium rate 5): DM5 패킷은 5개의 슬롯 시간 동안 226개의 정보 바이트와 16비트의 CRC를 전송한다는 것 외에는 DM1과 동일하다.

❻ DH5(Data-High rate 5): DH5 패킷은 DH1과 같이 FEC에 의해 인코딩되지 않는다. DH5 패킷은 다섯 개의 슬롯 시간 동안 16비트 CRC와 341개까지의 정보 바이트를 전송할 수 있다.

❼ AUX1: AUX1 패킷은 CRC를 포함하지 않고 재전송을 하지 않는다는 것 외에는 DM1과 동일하다. AUX1 패킷은 1개의 슬롯 시간 동안 전송되며 30개 정보 바이트까지 전송한다.

SCO 링크는 3개까지의 64Kbps 대칭 음성 신호를 지원할 수 있다. 〈그림 1.103〉에서는 HV3 SCO 패킷을 사용하여 (a) 1개의 SCO 채널, (b) 2개의 SCO 채널, 그리고 (c) 3개의 SCO 채널을 형성하고 있다.

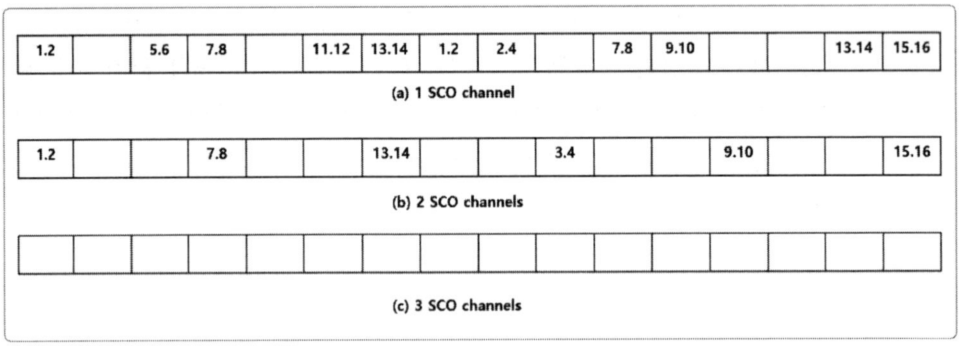

▌그림 1.103▐ 블루투스 채널에서 SCO 링크의 수

ACL 링크는 대칭데이터와 비대칭데이터를 모두 지원할 수 있다. 〈표 1.25〉는 ACL 링크에 의해 제공될 수 있는 데이터 전송률을 보여 준다.

[표 1.25] ACL 링크에 의한 데이터 전송률

형태	대칭(*kbps*)	비대칭(*kbps*)	
DM1	108.8	108.8	108.8
DH1	172.8	172.8	172.8
DM3	256.0	384.0	54.4
DH3	384.0	576.0	86.4
DM5	286.7	477.8	36.3
DH5	432.6	721.0	57.6

1.3.2.8 연결 설정(Connection establishment)

애드 혹 라디오 시스템의 설계상에서 중요한 문제 중의 하나는 링크의 연결을 설정하는 것이다. 각 유닛들은 서로를 어떻게 발견할 것이며, 어떠한 방법으로 연결을 만들 것인가?

블루투스에서는 연결 설정을 위해 스캔, 페이지, 조회 3개의 요소가 정의되어 있다. 스캔은 어떠한 유닛을 찾기 위한 상태를 의미한다. 페이지와 조회의 큰 차이점은 페이지 하는 유닛이 찾고자 하는 유닛의 ID와 클럭 정보를 아는지 모르는지의 차이이다. 전자의 경우가 페이지이고, 후자는 조회에 해당한다. 〈그림 1.104〉은 연결 설정을 위한 블루투스의 상태 다이어그램을 보여 준다.

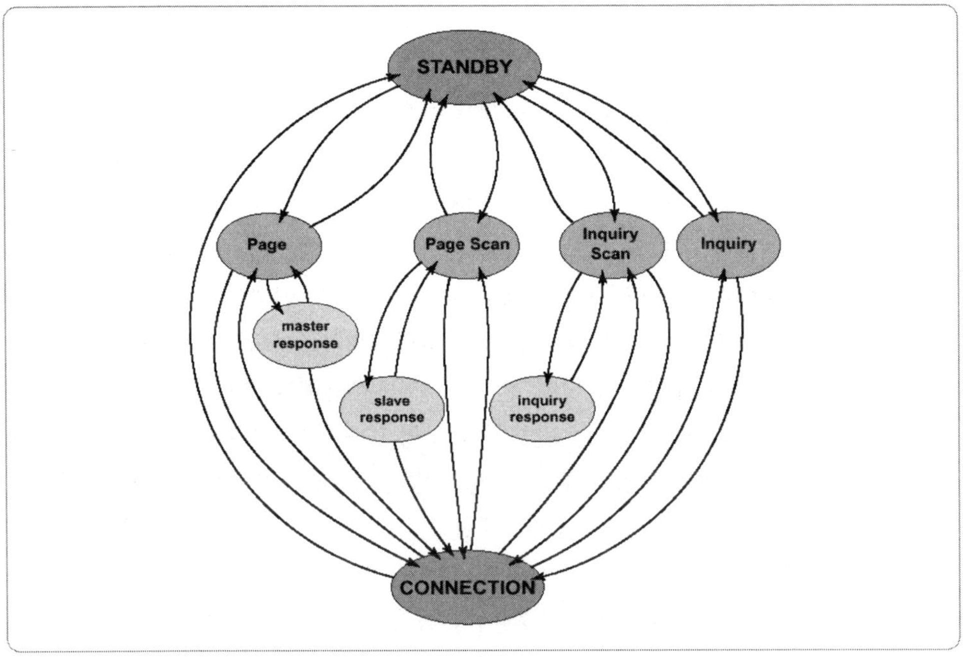

▌그림 1.104▌ 블루투스 링크 컨트롤러의 상태 다이어그램

아이들(Idle) 모드에 있는 라디오 유닛은 전력 소모를 줄이기 위해서 대부분의 시간을 슬립(Sleep) 모드에 있게 된다. 그러나 연결 설정을 위해서는, 유닛은 다른 유닛들이 연결을 원하는지를 알기 위해서 슬립 모드로부터 깨어나 현재의 통신 채널에 귀를 기울여야 한다. 그러나 진정한 의미에서의 애드 혹 시스템에서는 기존의 상업용 셀룰러 라디오 시스템에서와는 달리, 하나의 유닛이 페이지(Page) 메시지를 수신하기 위해 고정적으로 접근해야 할 제어 채널이 존재하지 않는다. 따라서 블루투스 유닛은 자신의 ID를 듣기 위해 주기적으로 슬립 모드로부터 깨어나야 한다. 하지만 이렇게 유닛이 자신의 ID를 듣는 경우, 확실한 ID가 직접적으로 사용되지 않고, ID로부터 유도된 접근 코드를 사용된다.

블루투스 유닛이 스캔하기 위해 깨어났을 때, 유닛은 자신의 고유한 ID로부터 유도된 접근코드와 수신된 신호가 맞는지를 확인하기 위해 슬라이딩 상관기(Sliding Correlator)를 이용한다. 스캔 윈도우는 10*ms* 보다 조금 더 길다. 유닛은 깨어날 때마다 다른 홉 주파수를 이용하여 스캔을 수행한다. 블루투스 웨이크 업 홉 시퀀스는 32 홉 길이이고, 순환한다. 웨이크 업 시퀀스의 모든 홉은 고유하고, 80*MHz* 의 대역폭 중에 적어도 64*MHz* 의 주파수 영역을 차지한다.

홉 시퀀스는 불특정 허위(Pseudo-Random)한 성질을 가지고 각 블루투스 유닛마다 고유하다. 이러한 시퀀스는 유닛의 ID로부터 유도된다. 또한 시퀀스의 위상은 유닛 내의 자유롭게 동작하는 본래의 클럭에 의해 결정된다. 이처럼 아이들(Idle) 모드에 있는 동안, 원래의 클럭은 웨이크 업을 스케줄하기 위해 사용된다.

아이들 모드의 전력 소모와 응답 시간 사이에는 트레이드오프 관계가 있다. 아이들 모드, 즉 슬립 상태에 있는 시간이 길수록 전력 소모는 감소하지만, 접근이 만들어지기까지의 시간은 연장될 것이다. 연결을 원하는 유닛들은 주파수-시간의 불확실성 문제를 해결해야 한다. 즉, 언제 어떠한 주파수를 가지고 아이들 유닛이 깨어날지를 모르기 때문에 연결을 설정하기 위해서는 이러한 문제를 해결해야 한다. 이 불확실성을 풀기 위해서는 전력 소모를 요구하는 것이므로, 연결을 원하는 유닛, 즉 페이징 유닛에게 할당된다. 라디오 유닛은 대부분의 시간을 아이들(Idle) 모드에 있기 때문에, 연결을 원하는 페이징 유닛이 전력 소모를 감당해야 한다.

페이징 유닛이 연결을 원하는 유닛의 ID를 알고 있다고 가정하자. 그렇다면, 페이징 유닛은 웨이크 업 시퀀스를 알고 있는 것이고, 따라서 페이지 메시지로 사용할 접근 코드를 만들어 낼 수 있다. 페이징 유닛은 다른 주파수를 이용하여 접근 코드를 반복하여 전송한다. 매 1.25*ms* 마다 페이징 유닛은 두 개의 접근 코드를 전송하고 응답을 두 번씩 듣는다. 따라서 페이징 동작 중의 홉 비율은 3,200*hops/s*가 된다.

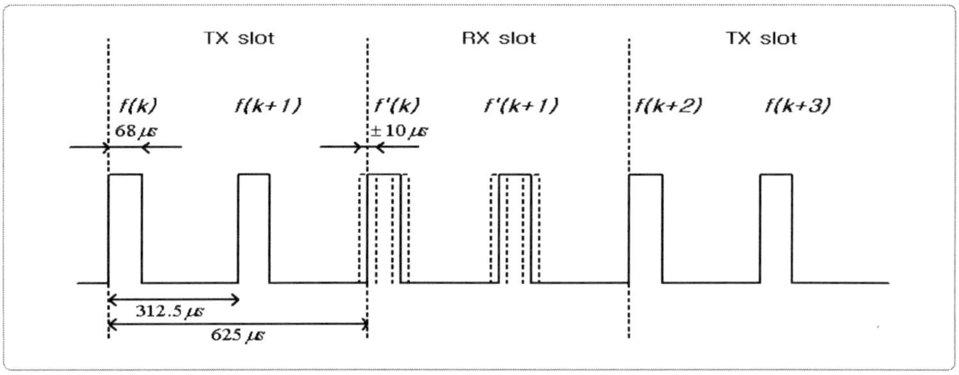

▌그림 1.105▐ 블루투스 페이징 유닛에 대한 주파수와 타이밍 동작

〈그림 1.105〉에서 보인 것처럼, TX(Transmit) 슬롯 동안, 페이지 하는 유닛은 현재의 TX 홉 주파수인 f(k)와 f(k+1)에 해당하는 ID 패킷을 전송한다. RX(Receive) 슬롯에서는, 현재의 RX 홉 주파수인 f '(k)와 f '(k+1)에 해당하는 응답이 수신되기를 기다린다. 수신 주기 역시 페이징 패킷 전송 후에 정확히 625㎲이고 10㎲ 불확정 윈도우를 가진다. 연속적인 접근 코드는 웨이크 업 시퀀스로부터 선택된 다른 홉으로 전송된다. 10*ms* 기간 동안 16개의 다른 홉 주파수가 전송된다. 이러한 16개의 홉 주파수는 웨이크 업 시퀀스의 반에 해당한다. 페이징 유닛은 아이들 유닛의 슬립 기간 동안 16개의 주파수를 순환으로 사용하는 접근 코드를 전송한다. 아이들 유닛이 16개의 주파수 중에 어떤 하나의 주파수에서 깨어나게 되면, 유닛은 접근 코드를 수신하고 연결

설정 과정이 시작된다. 그러나 페이징 유닛이 아이들 유닛이 사용하고 있는 위상 정보를 알지 못하기 때문에, 32홉의 웨이크 업 시퀀스 가운데서 16개의 남아 있는 주파수 중에 하나의 주파수에서 깨어날 수도 있다. 그러므로 만약 페이징 유닛이 슬립 시간에 해당하는 시간 후에도 아이들 유닛으로부터 응답을 받지 못하면 남아 있는 절반의 홉 시퀀스를 이용한 접근 코드를 계속하여 전송할 필요가 있다. 따라서 최대 접근 지연은 슬립 시간의 두 배이다. 이렇게 페이지와 조회 과정에서는 16개의 주파수로 이루어진 두 개의 주파수 연결 묶음을 반복하여 전송함으로써 주파수의 불확실성을 해결한다. 〈그림 1.106〉은 이렇게 사용되는 주파수 트레인의 예를 나타낸다.

1.2	3.4	5.6	7.8	8.10	11.12	13.14	16.16	1.2	3.4	5.6	7.8	9.10	11.12	13.14	15.16

| 그림 1.106 | 블루투스 주파수 트레인

아이들 유닛이 페이지 메시지를 수신하면, 아이들 유닛은 자신의 ID로부터 유도된 접근 코드를 페이징 유닛에게 응답하여 페이지메시지를 수신하였음을 알려 준다. 아이들 유닛으로부터 접근 코드를 수신한 페이징 유닛은 연결 설정을 위한 자신의 모든 정보(Identity와 Clock)를 포함한 FHS(Frequecy Hopping Synchronization) 패킷을 전송한다. 이 정보는 피코넷을 설립하기 위하여 페이징 유닛과 아이들 유닛 양쪽 모두에 의해서 사용된다. 즉 다시 말하면, 페이징 유닛은 FH(Frequency-Hopping) 채널을 정의하기 위해 자신의 ID와 클럭을 이용하여 마스터가 되고 아이들 유닛은 슬레이브가 된다.

지금까지 설명한 페이징과정은 페이징 유닛이 아이들 유닛의 클럭에 대해 전혀 모르고 있는 상황을 가정한다. 그러나 연결 설정을 하기 위한 유닛들이 전에 접촉하였으면, 페이징 유닛은 아이들 유닛 클럭의 추정치를 이용하게 된다. 유닛이 연결될 때, 각각의 유닛들은 자신들의 클럭 정보를 교환하고 자신의 자율 고유 클럭과 다른 유닛의 자율 고유 클럭 시간 오프셋을 저장한다. 이 오프셋은 연결이 존재하는 동안만 정확한 값을 유지한다. 연결이 종료될 때에는 이 오프셋 정보는 클럭 편차에 의해 오차를 가지게 된다. 이러한 오프셋의 신뢰도는 마지막 연결이 종료된 이후로 경과된 시간에 반비례한다. 그러나 페이징 유닛은 아이들 유닛의 위상을 추정하기 위해 오프셋 정보를 사용할 수 있다.

페이징 유닛이 추정한 아이들 유닛의 클럭을 k'라고 가정한다. 웨이크 업 시퀀스의 시간 *m*에서의 홉 주파수를 *f*(*m*)이라고 한다면, 페이징 유닛은 아이들 유닛이 f(k')에서 깨어난다고 생각한다. 그러나 10*ms* 동안 페이징 신호를 전송하기 때문에, 페이징 유닛은 16개의 다른 주파수 영역, 즉 f(k'−8), f(k'−7), …… f(k'), f(k'+1), …… f(k'+7)

을 처리할 수 있다. 그 결과, 페이징 유닛의 위상 추정치는 k' − 8부터 k' + 7까지를 처리할 수 있게 된다. 자율 클럭은 250*ppm*의 정확성을 가지는 자율 클럭을 가지고 있기 때문에, 클럭 추정치 k는 마지막 연결 후에도 적어도 5시간 동안 유효하다. 이런 경우에, 평균 응답 시간은 슬립 시간의 반이 된다.

연결을 설정하기 위해서는 페이지 메시지와 웨이크 업 시퀀스를 결정하기 위한 수신 유닛의 ID가 필요하다. 이러한 정보가 알려지지 않은 경우, 연결을 원하는 유닛은 수신 유닛들로부터 그들의 주소와 클럭 정보를 수집하기 위해서 조회 메시지를 브로드캐스트 할 수도 있다. 조회 과정에서, 조회를 수행하는 유닛은 어떠한 유닛이 통신 범위 내에 존재하는지, 그리고 어떤 특징을 가지고 있는지를 결정할 수 있다. 조회 메시지 역시 접근 코드이지만, 예비된 ID, 즉 조회로부터 유도된다. 아이들 유닛은 32홉의 조회 시퀀스에 의해 조회 메시지를 수신한다. 조회 메시지를 수신한 유닛은 자신의 ID와 클럭 정보를 포함하는 FHS 패킷을 응답신호로 전송한다. FHS 패킷의 전송 시에는 다수의 수신 유닛으로부터의 동시 전송을 방지하기 위해 무작위 백 오프 기법을 사용한다. 이 경우 하나의 시간 슬롯 상에서 2개의 접근 코드를 전송하기 때문에 다음 〈그림 1.107〉과 〈그림 1.108〉과 같이 2가지 경우가 발생한다.

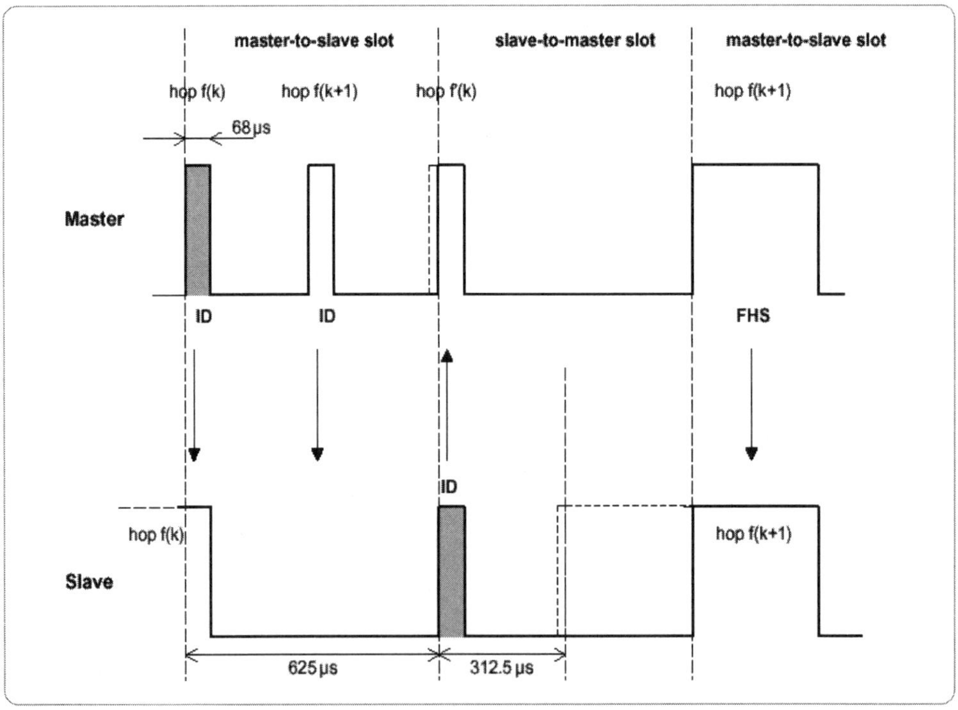

그림 1.107 처음 슬롯의 중간에서 페이지를 성공했을 경우 FHS 패킷의 타이밍

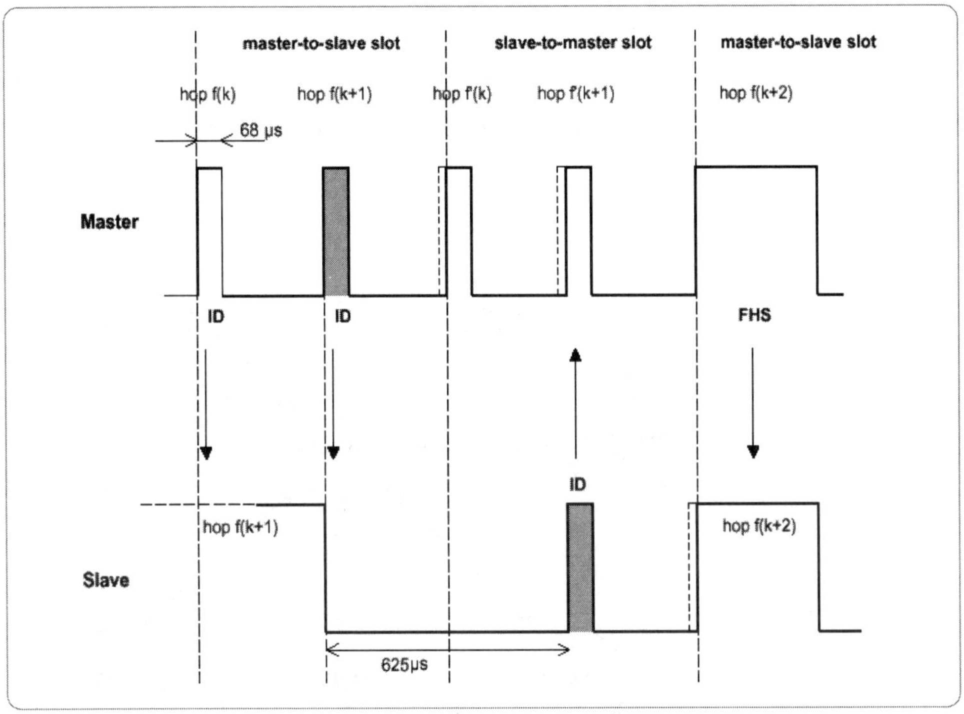

▎그림 1.108▎ 두 번째 슬롯의 중간에서 페이지를 성공했을 경우 FHS 패킷의 타이밍

페이지와 조회 과정 동안에는 32홉 주파수가 사용된다. 그러나 순수하게 데이터를 전송하기 위한 호핑 시스템에서서는 적어도 75개의 홉 주파수가 사용되어야 한다. 페이지와 조회 과정 동안에는, 신호 전송을 위해 접근 코드만이 사용된다. 이때의 접근 코드는 DS(Direct-Sequence) 코드로 이용된다. 따라서 32홉 시퀀스로부터 얻어진 처리이득과 DS로부터 얻어진 처리이득(Processing Gain)을 합하여, 하이브리드 DS/FH 시스템을 위한 충분한 처리이득(Processing Gain)을 얻을 수 있다. 이처럼, 페이지와 조회 과정 동안 블루투스 시스템은 하이브리드 DS/FH 시스템처럼 동작한다. 그러나 연결이 설정되어 있는 동안에는 순수한 FH 시스템으로 동작한다.

1.3.2.9 연결 상태(Connection states)

블루투스의 슬레이브는 액티브, 스니프, 홀드(Active, Sniff, Hold) 그리고 파크(Park)의 네 가지 동작모드 중에 한 가지 상태에 있을 수 있다. 이러한 연결 상태들은 〈그림 1.109〉의 상태 다이어그램과 같이 표현될 수 있다.

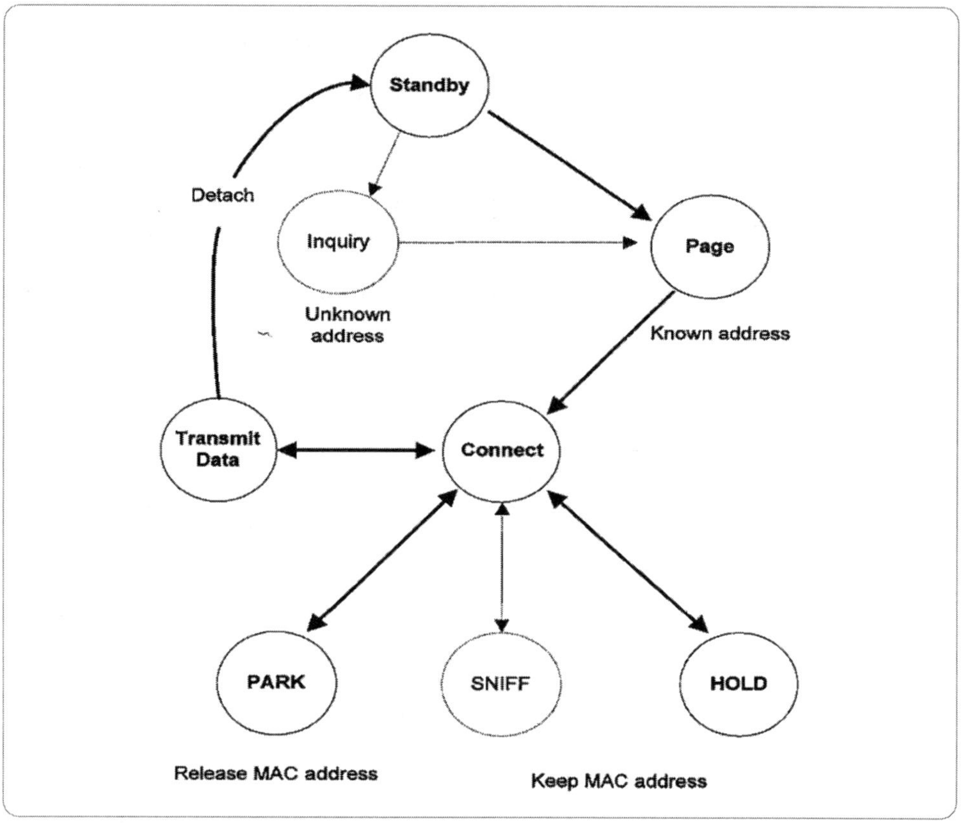

❙그림 1.109❙ 블루투스의 연결 상태 다이어그램

액티브모드에서는, 블루투스 유닛은 활동적으로 통신 채널에 참여한다. 마스터는 다른 슬레이브로부터의 요구에 그리고 다른 슬레이브로의 요구에 기초하여 전송 제어를 수행한다. 또한, 마스터는 슬레이브 유닛들이 채널과 동기화시키기 위하여 정기적인 전송을 지원한다. 액티브상태의 슬레이브들은 마스터-슬레이브 슬롯에서 패킷을 수신한다. 액티브 슬레이브들은 한 묶음들을 위한 마스터-슬레이브 홈들에 경청한다. 어떤 액티브 슬레이브가 마스터에 의해 불리지 않으면, 그 슬레이브는 다음번의 마스터의 전송 때까지 슬립 상태로 있을 수 있다. 전송되고 있는 패킷상의 패킷 종류 표시로부터, 전송을 위해 마스터가 예약해야 하는 슬롯수를 알아낼 수 있다. 언급되지 않은 슬레이브들은 마스터-슬레이브 슬롯에서 수신동작을 수행하지 않는다. 슬레이브들의 채널 동기화를 유지시키기 위해 주기적인 마스터의 전송은 필요하다. 슬레이브 유닛들이 채널 동기화를 유지하기 위해서는 접근 코드를 필요로 하기 때문에 어떤 종류의 패킷도 이러한 용도로 사용될 수 있다.

스니프 모드에서는 슬레이브의 듣기 수행 시간의 길이가 줄어든다. 어떠한 슬레이브가 ACL 링크에 참여한다면, 그 슬레이브는 모든 마스터의 트래픽의 ACL 슬롯을 들어야 한다. 스니프 모드일 경우, 마스터가 특정 슬레이브에게 전송을 할 수 있는 시간 슬롯의 수는 줄어든다. 즉, 마스터는 정해진 시간슬롯에서만 전송을 시작할 수 있다. 이러한 스니프 슬롯이라 불리는 시간 슬롯들은 Tsniff 주기를 가지고 규칙적으로 배치되어 있다. 슬레이브는 스니프 주기마다 Nsniff 시도 수만큼의 연속적인 스니프 슬롯을 듣는다. 슬레이브가 Nsniff 시도 RX 슬롯 중에 하나의 슬롯에서 패킷을 수신하게 되면, 그 슬레이브는 자신의 AM_ADDR(Active Member Address)에 해당하는 패킷을 수신할 때까지 계속 듣는 상태에 있어야 한다.

연결(CONNECTION) 상태에 있는 동안, 슬레이브에게 연결된 ACL 링크는 홀드 모드로 들어갈 수 있다. 홀드 모드는 슬레이브가 잠시 채널상에서 ACL 패킷을 지원하지 않는 것을 의미하다. 즉 홀드 모드에서는 슬레이브가 더 이상 채널상의 ACL 통신에 참여하지 않는다. 그러나 SCO 링크의 경우는 여전히 지원된다. 홀드 모드를 이용하면, 유닛의 통신 용량은 스캔동작, 페이징, 조회동작(Scanning, Paging, Inquiring), 그리고 다른 피코넷의 참여 등 다른 여러 동작들의 수행을 위해 자유롭게 사용될 수 있다. 홀드 모드에 있는 유닛은 더 낮은 전력을 소모하는 슬립 모드로 들어갈 수 있다. 홀드 모드에 있는 동안, 슬레이브 유닛은 자신의 AM_ADDR을 유지한다.

슬레이브가 더 이상 피코넷 채널에 참여할 필요가 없지만, 여전히 채널 상에 동기화된 상태를 유지하고자 한다면, 파크 모드라는 슬레이브의 동작이 거의 없는 저전력 상태로 들어갈 수 있다. 파크 모드에서, 슬레이브 유닛은 자신의 AM_ADDR을 포기한다. 대신에, 슬레이브는 파크 모드에서 사용되는 2개의 새로운 주소를 부여받는다. 8비트의 PM_ADDR(Parked Member Address)과 8비트의 AR_ADDR(Access Request Address)이 그것들이다. PM_ADDR은 어떠한 파크 모드에 있는 슬레이브와 다른 파크 모드에 있는 다른 슬레이브들과 구별하기 위해 사용된다. PM_ADDR, 이 주소는 마스터가 초기화 한 언파크 절차에서 이용된다. PM_ADDR뿐 아니라, 어떤 파크 모드에 있는 슬레이브가 자신의 48비트 BD_ADDR(Bluetooth Device Address)을 이용하여 스스로 언파크를 수행할 수 있다. 모두 0으로 채워진 PM_ADDR은 예비로 남기진 주소이다. PM_ADDR이 0인 주소를 가진 파크 모드 유닛이 있다면, 이 유닛은 BD_ADDR에 의해 언파크 과정을 수행할 수밖에 없다. 이 경우 그 PM_ADDR은 아무런 의미를 가지고 있지 않다. AR_ADDR은 슬레이브가 초기화 한 언파크 과정에 사용된다.

파크 모드에 있는 슬레이브들에게 전송하기 위해서는 이 슬레이브들이 AM_ADDR을 가지고 있지 않기 때문에 모든 패킷들은 브로드캐스트에 의해 전송되어야 한다. 파크 모드에 있는 슬레이브는 브로드캐스트 메시지가 있는지를 검사하고, 채널에 다시 동기를 맞추기 위해서 정기적인 간격으로 깨어나야 한다. 파크 모드의 슬레이브들의 동기화와 채널 접근을 위해서, 마스터는 비콘 채널을 제공한다. 보다 상세한 내용을 위해서는 블루투스 핵심규격을 참조한다.

1.3.2.10 홉 선택 방식(Hop selection mechanism)

블루투스는 특별한 홉 선택 방식을 사용한다. 홉 선택 방식은 ID와 클럭 입력을 가진 블랙박스와 같다고 볼 수 있고, 이러한 입력에 대한 출력 홉은 〈그림 1.110〉과 같이 나타낼 수 있다.

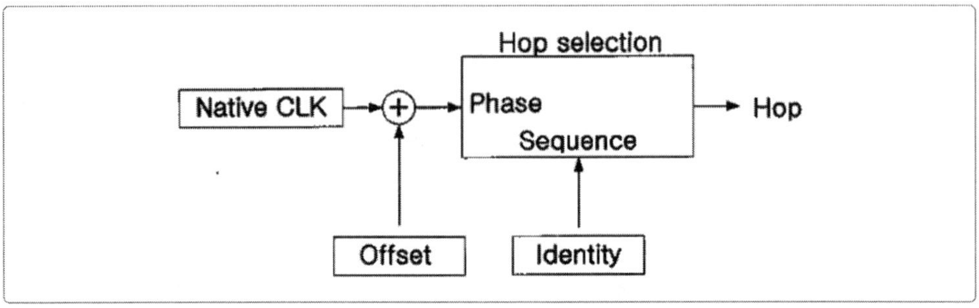

▎그림 1.110▐ 블루투스에서의 홉 선택 메커니즘

홉 선택 방식은 다음과 같은 필요조건을 만족시킨다.

❶ 홉은 유닛의 ID에 의해 선택되고, 위상은 유닛의 클럭에 의해 결정된다.

❷ 시퀀스의 주기는 약 23시간 정도여야 한다.

❸ 32개의 연속적인 홉은 $64MHz$의 대역폭을 차지하여야 한다.

❹ 평균적으로 모두 주파수는 동일한 확률로서 발생되어야 한다.

홉 시퀀스의 수는 커야 한다. 클럭 또는 ID의 변화에 의해 선택된 홉 채널도 즉시 바뀌어야 한다. 블루투스 홉 선택 방식에 의해 발생되는 시퀀스는 본질적으로 직교 성질을 갖는다. 그러나 79개의 홉 주파수를 가지고 만들 수 있는 직교 시퀀스의 수는 제한된다.

첫 번째 조건은 피코넷 마스터 유닛의 ID와 클럭에 의해 홉 채널이 정의되도록 함으로써 만족된다. 두 번째 조건은 몇 개의 피코넷들이 같은 장소에 존재할 때의 간섭 패턴이 반복되는 것을 막아 준다. 반복되는 간섭은 음성 신호와 같은 동기화서비스에 좋지 않은 영향을 준다. 대역의 확장은 짧은 시간 동안 가능한 한 신호를 최대의 확산시킴으로써 최대의 간섭 면역을 제공한다. 이러한 성질은 음성 서비스에서 중요한 성질이다. 또한 32홉 길이를 갖는 웨이크 업 시퀀스와 조회 시퀀스에서도 바람직한 특징을 제공한다. 대부분의 통신 규약은 넓은 대역폭 상에서 모든 주파수가 동일한 확률로 발생될 것을 요구한다. 많은 수의 피코넷들이 동일한 지역에서 동시에 존재할 수 있기 때문에, 다양한 홉 패턴이 사용될 수 있어야 한다. 이러한 사실은 사전에 저장된 시퀀스의 사용을 배제한다. 즉 홉 시퀀스는 논리 회로에 의해 그때그때 발생되어야 한다. 마지막으로, 맨 마지막 조건은 클럭을 뒤로 또는 앞으로 동작시킴으로써 시퀀스를 앞 또는 뒤로 동작시키는 유연성을 제공한다. 이러한 유연성은 페이지나 조회 과정에서 진행된다. 추가로, 이러한 유연성은 피코넷들 사이의 스위칭을 가능하게 한다. 즉, 유닛은 마스터 파라미터(Identity와 Clock)를 바꿈으로써 하나의 피코넷에서 다른 피코넷으로 스위치 할 수 있다. 홉 선택 방식은 〈그림 1.111〉과 같이 표현될 수 있다.

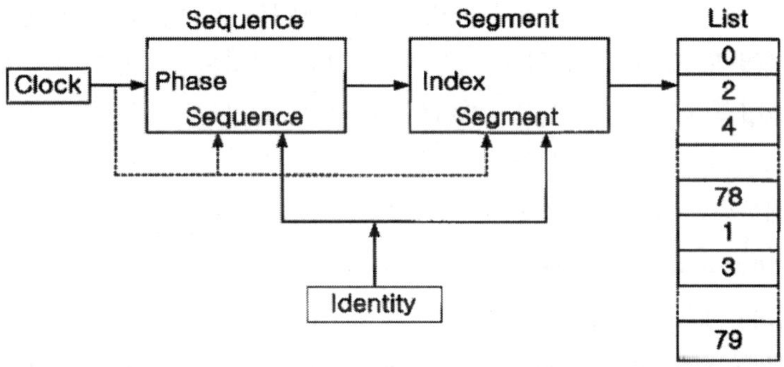

| 그림 1.111 | **블루투스 홉 선택 상세 메커니즘**(점선은 연결 모드에서만 사용되는 우선 클럭일 경우)

첫 번째 블록에서, ID는 불특정 허위(Pseudo-Random) 특성을 갖는 32홉 하위 시퀀스를 선택한다. 클럭의 최하위 부분은 슬롯비율(1,600slots/s)에 따라서 32개의 홉 시퀀스를 이용하여 주파수 호핑을 수행한다. 이처럼 첫 번째 블록은 32홉 세그먼트의 지표를 제공한다. 이러한 세그먼트는 79개의 홉 주파수 목록으로 매핑된다. 주파수 목록은 짝수의 홉이 목록의 처음 반을, 그리고 홀수의 홉이 목록의 나머지 반을 차지하는 방식으로 만들어진다. 32개의 연속적인 주파수의 임의 세그먼트는 약 64*MHz*의 대역폭을 차지한다. 페이징과 조회 과정 동안, 반송 주파수 목록상에 32홉 세그먼트 매핑은 고정된다. 클럭이 동작 중일 때, 동일한 32홉 시퀀스와 32홉 반송 주파수가 사용된다. 그러나 다른 ID는 다른 세그먼트와 다른 시퀀스를 매핑한다. 따라서 다른 유닛의 웨이크 업 홉 시퀀스는 임의의 것으로 잘 설정된다. 연결되어 있는 동안 클록의 상위 비트들은 시퀀스의 선정과 세그먼트 매핑 모두에게 영향을 준다. 32홉(1 세그먼트) 후, 시퀀스는 변경되고, 세그먼트는 앞 방향으로 1/2 세그먼트 크기(16홉)만큼 이동한다. 32홉 길이의 각 세그먼트는 사슬처럼 이어진다. 지표의 임의 선택에 의해 새로운 세그먼트로 바뀐다. 세그먼트는 반송 주파수 목록상에서 이동하며 결정되고, 평균적으로 모든 반송 주파수는 동일한 확률로 발생된다. 클록 또는 ID의 변화는 직접적으로 시퀀스와 세그먼트 매핑을 바꾼다.

1.3.2.11 에러 정정(Error correction) 기술

블루투스는 에러 정정을 위해 FEC(Forward Error Correction)와 패킷 재전송을 지원한다. FEC에는 1/3 코드와 2/3 FEC 코드가 지원된다. 1/3 코드는 수신 측에서 다수에 의한 결정을 위한 3비트 반복 코딩을 사용한다. 반복 코드의 경우, 순간적인 대역폭의 감소 때문에 추가적인 이득이 얻어진다. 결과적으로, 수신 필터링에 의한 ISI(Inter Symbol Interference)가 감소하게 된다. 1/3 코드는 패킷의 헤더부분에서 사용되고, 또한 SCO(Synchronous Connection-Oriented) 링크상의 동기화 패킷의 페이로드에 적용될 수 있다.

2/3 FEC 코드에는 쇼트해밍(Shortened Hamming) 코드가 사용된다. 디코딩을 위해 에러 트랩핑이 사용될 수 있다. 2/3 FEC 코드는 SCO 링크상의 동기화 패킷과 ACL 링크상의 비동기화 패킷의 페이로드에 모두 사용될 수 있다. 적용된 FEC 코드는 단순하고 인코딩과 디코딩 시간이 짧다. 이는 RX(Receive)와 TX(Transmit) 간의 처리시간의 제한된 경우에 바람직한 특징이다. ACL(Asynchronous Connection-Less) 링크에는 ARQ(Automatic Repeat request) 방식이 적용될 수 있다. ARQ 방식에서의 패킷 재전송은 패킷의 수신이 확인되지 않으면 실행된다. 각 페이로드는 에러를 검사하기 위한 CRC(Cyclic Redundancy Check)를 포함하고 있다. 블루투스의 ARQ 방식으로 정지대기(stop-and-wait) ARQ, 슬라이딩 윈도우(go-back-N) ARQ, 그리고 선택적 재전송(selective-repeat) ARQ와 같은 방식들이 고려되었다. 이러한 방식들 외에도, 복합 방식 또한 고려되었다. 그러나 구현상의 복잡함, 오버헤드, 그리고 비경제적인 재전송을 최소화하기 위하여, 블루투스는 패킷이 전송된 TX 슬롯 뒤에 바로 따라오는 RX 슬롯에서 패킷의 수신 여부를 알려 주는 빠른 ARQ 방식을 구현하였다. 〈그림 1.112〉는 이러한 빠른(fast)-ARQ 방식을 보여 준다.

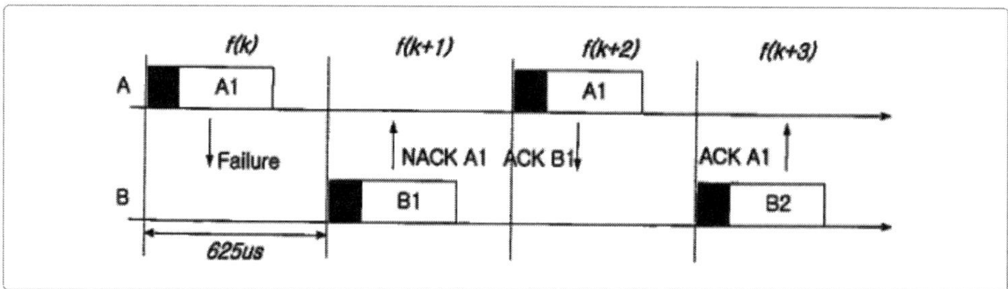

❙그림 1.112❙ 블루투스의 재전송 동작의 예

2/3 FEC 코드와 빠른(fast)-ARQ 방식을 혼합하면, 하이브리드 ARQ 방식 1이 된다. ACK/NACK(Acknowledgment/Negative ACKnowledgement) 정보는 응답으로 전송되

는 패킷의 헤더에 피드백 되어 전송된다. 수신된 패킷의 정확함을 결정하고 응답으로 전송되는 헤더부에 ACK/NACK를 만들 수 있는 시간은 오직 RX/TX 스위칭 시간뿐이다. 또한, 수신된 패킷의 헤더에 있는 ACK/NACK 정보는 바로 전에 보내진 페이로드가 올바르게 수신되었는지를 알려 주고 그 결과에 따라 재전송을 수행하거나 다음 패킷을 전송하여야 한다. 이 과정은 〈그림 1.113〉에서 설명된다.

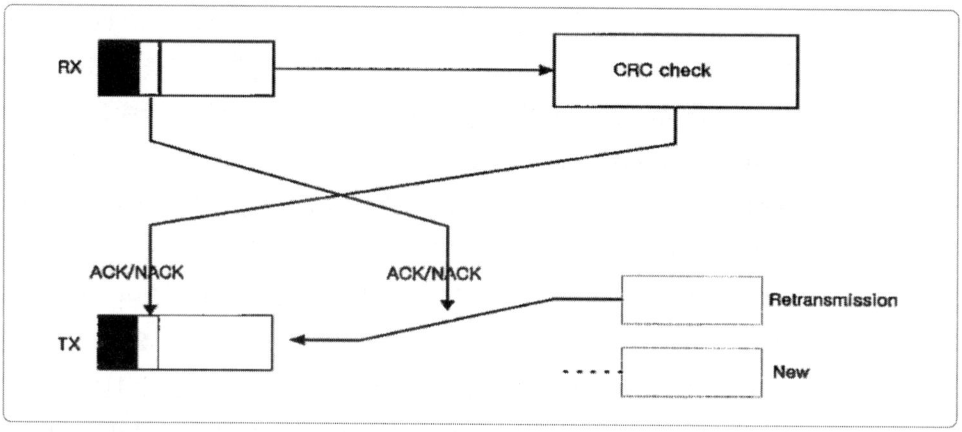

| 그림 1.113 | 블루투스 ARQ 메커니즘

짧은 처리 시간을 가정하기 때문에, 패킷이 수신되는 동안 즉시 디코딩이 수행된다. 또한, FEC 코딩 방식의 단순성은 이러한 패킷의 처리속도를 개선시켜 준다. 빠른-ARQ 방식은 정지대기 ARQ 방식과 유사하다. 그러나 지연 시간은 최소화되었다. ARQ 방식에 의해 발생되는 추가 지연은 사실상 거의 없다. 빠른-ARQ 방식은 에러가 발생한 패킷만을 재전송하기 때문에 슬라이딩 윈도우(go-back-N)보다 효율적이다. 빠른-ARQ의 효율은 선택적 재전송(selective-repeat) ARQ에 의해 얻어지는 효율과 같지만, 발생하는 오버헤드는 더 작다. 빠른-ARQ 방식을 위해서는 1*bit*의 시퀀스 수만 있으면 충분하다. 이 1*bit*의 시퀀스 수는 ACK/NACK 정보 상의 에러로 인해 올바른 패킷이 두 번 발생한 경우를 처리하기 위해 필요하다.

1.3.2.12 전력 관리(Power management)

블루투스를 설계하는 데 있어, 전력 소모를 줄이기 위한 많은 노력이 이루어졌다. 아이들 모드에서는 유닛은 T초마다 약 10*ms* 동안 스캔을 수행한다. 이러한 T는 1.28초에서 3.84초의 범위에 존재할 수 있다. 따라서 듀티 사이클은 1%보다 작게 된다. 또한 듀티 사이클을 더 감소시키기 위해 파크(Park) 모드가 정의되었다. 그러나 이러한 파크 모드는 피코넷이 설정된 후에만 적용될 수 있다. 아무튼 연결 설정이 이루어지고 난 후에는 슬레이브가 파크 모드로 들어갈 수 있다. 그 결과, 슬레이브는 작은 듀티 사이클만을 가지고 채널을 듣게 된다.

슬레이브는 자신의 클럭을 채널과 동기화시키기 위해 그리고 슬립 상태로 돌아갈지를 결정하기 위해 채널상의 접근 코드와 패킷 헤더만을 들으면 된다. 파크 모드의 슬레이브는 마스터와 동기화가 이루어진 상태이기 때문에 시간과 주파수의 불확실성이 없다. 따라서 훨씬 작은 듀티 사이클을 가질 수 있다. 연결 상태에 있는 동안 가능한 또 다른 저전력 모드는 스니프 모드이다. 스니프 모드에서의 슬레이브는 모든 마스터-슬레이브 슬롯을 스캔하지 않고 긴 간격마다 일정 간격으로 스캔을 수행한다. 연결 상태에서 데이터가 있는 경우에만 전송함으로써, 전력 소모를 최소화하고, 불필요한 간섭을 방지할 수 있다. 만일 교환되어야 할 정보가 없다면, 전송은 발생하지 않는다. ACK/NACK(Acknowledgment/Negative ACKnowledgement)와 같은 링크 제어 정보가 전송되어야 한다면, 페이로드가 없는 NULL 패킷을 전송한다. NACK는 어떠한 정보도 수신되지 않으면 기본적으로 설정되는 암시적인 성질을 가지므로, NACK 정보를 가지는 NULL 패킷은 전송할 필요가 없다. 오랫동안 데이터의 전송이 없는 경우에 마스터는 채널상에 존재하는 슬레이브들이 자신의 클럭과 동기화를 유지하고 편류값을 보상하도록 때때로 패킷을 전송하여야 한다. 클럭의 정확성과 슬레이브에 적용된 스캔 윈도우의 크기에 따라 동기화를 재설정하는 데 걸리는 주기가 결정된다. 유닛은 RX(Receive) 슬롯의 시작점에서 접근 코드의 스캔을 시작할 수 있다. 만약 특정한 스캔 윈도우상에서 접근 코드가 발견되지 않으면, 유닛은 다음 RX 슬롯까지 슬립 상태를 유지한다. 자신의 코드와 일치하는 접근 코드가 수신되면, 헤더가 디코딩된다. 디코딩된 헤더의 3비트 슬레이브 주소가 자신의 것과 일치하지 않으면, 패킷의 수신은 중단된다. 패킷의 헤더는 현재의 패킷이 어떠한 종류이고 얼마나 오랫동안 전송될 것인지를 알려 준다. 따라서 언급되지 않은 슬레이브들은 자신들이 얼마 동안 슬립 상태에 머물러야 하는지를 결정할 수 있다.

단거리 연결을 위한 블루투스 어플리케이션에서의 통상적인 송신전력은 0*dBm*이다. 이렇게 작은 송신 전력은 전력 소모를 제한하고 다른 시스템으로의 간섭을 최소화한다. 그러나 블루투스 라디오 표준에서는 20*dBm*까지 TX 송신 전력을 허용한다. 송신 전력이 0*dBm* 이상일 경우, 전력 제어에 입각한 폐쇄형 루프의 수신 신호 크기 표시(Received Signal Strength Indicator: RSSI)가 의무로 되어 있다. 전력 제어는 전송 손실과 느린 페이딩(Slow Fading)을 보상한다.

1.3.2.13 보안(Security)

블루투스가 주로 개인용 장치들 사이의 단거리 연결을 지향하지만, 기본적인 보안 요소는 권한이 없는 사용자의 사용이나 도청을 방지하기 위해 기본적인 보안을 포함하고 있다. 연결 설정 시에, 연결 설립에 관련된 유닛들의 ID를 검증하기 위한 확인

과정이 수행된다. 이러한 확인 과정은 〈그림 1.113〉에 설명된 것처럼 기존의 시도응답 루틴을 사용한다.

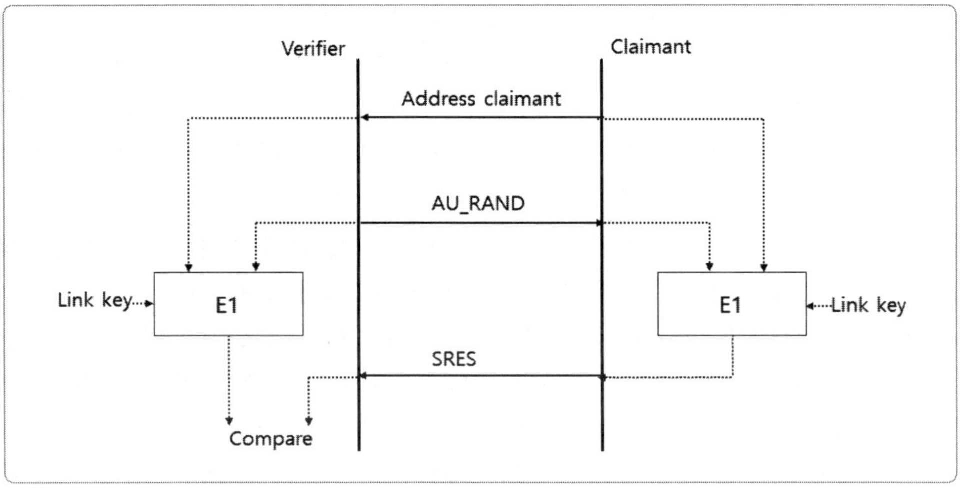

▌그림 1.114▐ 블루투스 인증 순서

〈그림 1.114〉의 우측에 있는 요구인(Clainmant)은 좌측의 증명인(Verifier)에게 자신의 48비트 주소를 전송한다. 증명인은 128비트 난수(AU_RAND) 형태의 시도를 응답 신호로 전송한다. 난수(AU_RAND), 요구인 주소, 그리고 128비트 공통 비밀 연결 키는 SAFER+에 기호한 컴퓨터 보안 해시 함수(Computational Secure Hash Function) E1의 입력인자가 된다. 이러한 연산 결과 32비트의 SRES(Signed Response)가 생성된다. 요구인에 의해 생성된 SRES는 증명인에게 보내진다. 증명인은 이 SRES를 자신의 SRES와 비교한다. 이렇게 계산된 2개의 SRES의 수가 일치할 경우에만 연결 설정의 다음 과정이 수행될 수 있다. 확인 과정은 단일방향 혹은 양방향 모두 가능하다. 32비트 SRES뿐 아니라, E1 알고리즘은 96비트 확인 암호 오프셋(Authenticated Cipher Offset : ACO)을 생성한다. 이 오프셋은 암호화 과정에 사용된다. 전파 통신의 속성 때문에 발생할 수 있는 도청을 방지하기 위해 패킷의 페이로드는 암호화되어 전송된다. 암호화는 스트림암호화(Stream-Ciphering)를 기반으로 한다. 페이로드는 2진수의 키 스트림과 모듈로 2연산을 수행한다. 이진의 키 스트림은 LFSR(Linear Feedback Shift Register)들을 기반으로 하는 두 번째 해시 함수 E0에 의해 만들어진다. 암호화가 가능하다면, 마스터는 슬레이브에게 난수(EN_RAND)를 보낸다. 각 패킷을 전송하기 전에 LFSR은 난수(EN_RAND), 마스터 ID, 암호화 키 그리고 슬롯번호를 초기화한다. 슬롯의 번호는 새로운 패킷이 전송될 때마다 바뀌기 때문에, 각 패킷마다 새로운 초기화가 수행되게 된다. 암호화 키는 비밀 링크키, 난수(EN_RAND) 그리고 ACO로부터

얻어진다. 보안 과정에 핵심적인 요소는 128비트의 링크키이다. 이 링크키는 블루투스 하드웨어에 존재하고 사용자에 의한 접근이 허용되지 않는 비밀키다. 링크키는 초기화 과정 중에 만들어진다. 사용자에 의해 시작된 초기화 과정은 두 개의 장치들을 연동을 필요로 한다. 초기화 권한을 주기 위하여, 사용자는 양쪽 장치들에 동일한 PIN(Personal Identification Number)을 입력하여야 한다. 사용자 인터페이스가 없는 장치들을 위해, 초기화는 짧은 시간 동안 가능하다. 일단 초기화가 실행되었으면, 하드웨어에 미리 설정되어 있는 128비트 링크키를 이용하여 사용자와의 특별한 상호 작용 없이 자동으로 확인 과정을 수행한다.

원칙적으로, 링크키는 2개의 유닛의 합의에 의해 결정된다. 따라서 N개의 유닛에 보안을 제공하기 위해서는, N(N−1)/2 링크키가 필요하다.

블루투스는 특정 어플리케이션을 위해 키의 수를 줄이는 방법을 제공한다. 하나의 유닛을 많은 사용자가 사용할 경우, 이 유닛과의 안전한 통신을 위해서 모든 사용자는 하나의 키를 사용한다. 게다가 하나의 피코넷 내에서는 동일한 암호화키를 사용하여 링크키의 수를 줄일 수 있다. 블루투스는 작은 수준에서 보안을 제공하기 때문에, 공용키와 같은 보다 진보된 보안 알고리즘은 상위 계층에 구현될 수 있다.

1.3.2.14 피코넷 사이의 통신(Inter-Piconet communications)

블루투스 시스템은 여러 개의 피코넷들이 동일한 지역 내에서 뚜렷한 성능 저하 동작할 수 있도록 최적화되었다. 동일한 지역에서의 다수의 피코넷 간의 연결을 스캐터넷이라 한다. 블루투스가 패킷 전송을 기본으로 한 통신을 수행하기 때문에, 다른 피코넷들을 연결하는 것이 가능하다. 이는 유닛들이 여러 개의 다른 피코넷에 참여할 수 있다는 것을 의미한다. 그러나 전파는 하나의 홉 반송주파수에만 맞추어질 수 있게 때문에, 유닛은 어느 한 순간에는 하나의 피코넷에서의 통신만이 가능하다. 그러므로 유닛은 피코넷 채널 파라미터들(예를 들면, 마스터ID, 마스터 클럭)을 조절하여 하나의 피코넷으로부터 다른 피코넷으로 스위치를 할 수 있다.

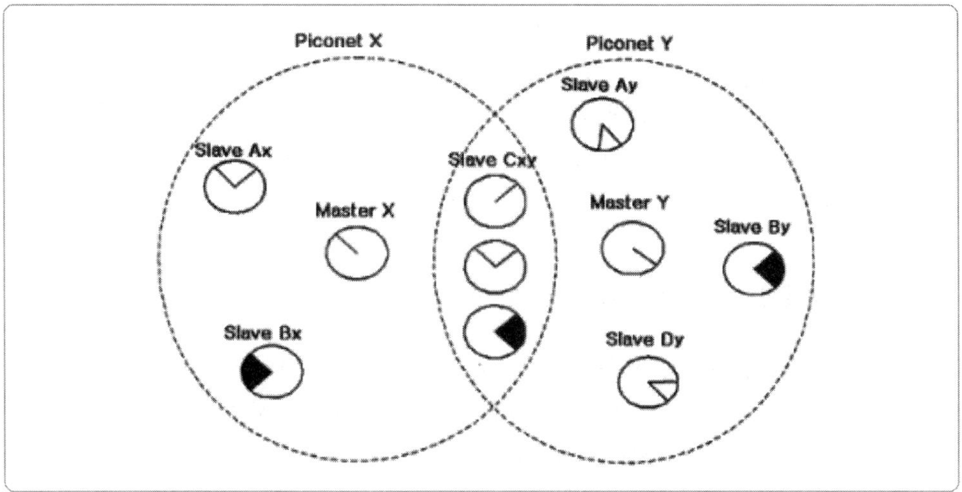

❙ 그림 1.115 ❙ 두 개의 피코넷에서 CXY 슬레이브의 관여

〈그림 1.115〉는 하나의 슬레이브 CXY가 서로 다른 두 개의 피코넷 X와 Y 사이를 스위칭하고 있는 예를 보여 준다. 유닛은 피코넷 간에 스위치를 하는 동안 역할을 바꿀 수 있다. 예를 들면, 유닛은 어느 순간 하나의 피코넷에서 마스터일 수 있고, 또 다른 어느 순간에는 다른 피코넷의 슬레이브가 될 수 있다. 물론 다른 피코넷에서 슬레이브일 수도 있다. 그러나 정의에 의하면, 마스터의 파라미터들이 피코넷 FH 채널을 결정하기 때문에 어떠한 유닛은 서로 다른 두 개의 피코넷에서 동시에 마스터 역할을 수행할 수 없다. 홉 선택 방식은 피코넷 간의 통신을 허용하기 위해 설계되었다. 〈그림 1.115〉와 같이 홉 선택 알고리즘의 입력 신호인 ID와 클럭을 바꾸어 줌으로써, 순간적으로 새로운 피코넷의 홉이 선택된다. 〈그림 1.116〉은 이와 같은 입력 파라미터의 변경을 구현한 예이다.

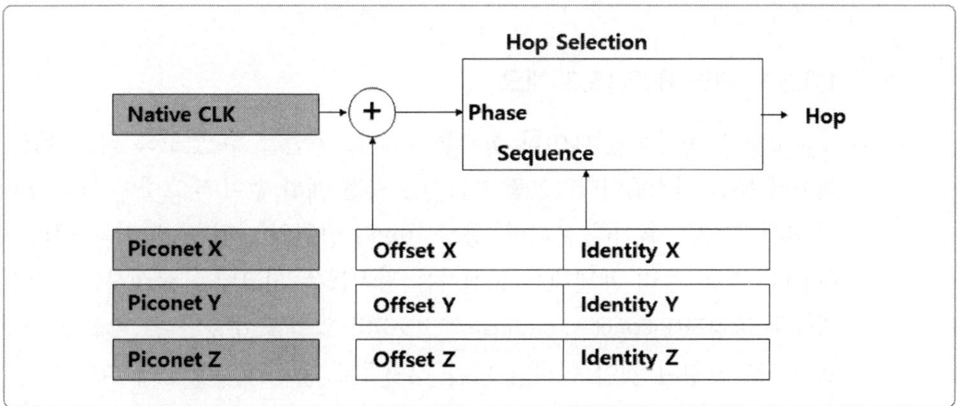

❙ 그림 1.116 ❙ Inter-Piconet 통신에서 홉 선택

다른 피코넷 사이의 스위치가 가능하도록 하기 위해, 트래픽 스케줄링 시 다른 피코넷 간의 슬롯 불일치를 해결하기 위한 가드타임이 포함되어야 한다. 블루투스에서는, 하나의 유닛이 잠시 동안 어떤 피코넷을 떠나서 다른 피코넷을 방문할 수 있도록 홀드(HOLD) 모드를 도입하였다. 피코넷 사이의 통신을 이용한 스캐터넷의 트래픽 스케줄링과 라우팅은 앞으로 연구해야 할 주제이다.

1.3.3 IEEE 802.15.3(HR-WPAN)

최대 1Mbps의 전송률과 세 개의 음성 채널로 제한된 데이터 전송을 지원하는 블루투스의 취약점을 극복하고 멀티미디어 전송이 가능한 기기들 간의 애드 혹 형태의 연결을 지원하기 위하여, IEEE 802.15.3에서 새로운 표준안인 고속 전송 HR-WPAN(High Rate-Wireless Personal Area Network: HR-WPAN)이 개발되었다.

HR-WPAN이 적용 가능한 서비스는 디지털 카메라, MP3, CDP, PC 간의 디지털 뮤직 분배 등의 대용량 데이터 전송 서비스와 디지털 캠코더와 TV 간, 랩톱 PC와 프로젝터 간 고화질/고음질의 A/V(Audio/Visual) 데이터 분배 등이다. 따라서 HR-WPAN은 기존의 WLAN(Wireless Local Area Network)과 비교하여 최대 55*Mbps*의 전송 속도를 지원하면서, 저소비전력과 저가의 연결성, 애드 혹 네트워킹, 멀티미디어 QoS를 제공할 수 있다. 또한 무선을 이용한 근거리 멀티미디어 서비스는 고속 전송 속도 외에 저비용, 간편한 사용 방법, 저전력 소모, 보안성, QoS(Quality of Service) 등이 요구된다. 그러나 현재까지 개발된 WLAN 및 블루투스 등의 규격은 이러한 조건을 만족시키지 못하고 있다. 따라서 IEEE 802.15.3 규격을 근간으로 하여 상기와 같은 요구사항들을 수용하는 무선 멀티미디어 접속을 수용하는 규격 개발을 지원하기 위한 포럼인 WiMedia가 결성되었다. 또한 WiMedia를 적용하면 디지털 TV와 DVD 플레이어 간의 무선 화상 전송, 셋톱박스와 홈시어터 간의 고해상/고음질 무선 연결, 디지털 캠코더와 컴퓨터 간 고속 데이터 연결이 가능하다.

1.3.3.1 IEEE 802.15.3 개요

피코넷은 독립적인 데이터 장비들이 서로 통신할 수 있도록 하는 무선의 애드 혹 데이터 통신 시스템이다(〈그림 1.117〉). 사전 계획 없이 피코넷이 필요에 따라 형성되기 때문에 애드 혹이라 불리며, 통상 10*m*의 범위의 사람과 개체를 포함할 수 있게 제한된다. 같은 물리 채널에서 통신하는 장치들은 피코넷을 구성하는데, 이 중 하나는 피코넷 조정자(Piconet Coordinator: PNC)의 역할을 수행한다. 피코넷 조정자는 접속 포인트로 고정된 것이 아니라 다른 장치들도 네트워크 상황에 따라 맡을 수 있다는 점이 IEEE 802.11과 다른 점이다. 명령 메시지는 피코넷 조정자와 장치 간에 교환되며, 데이터 메시지는 장치 간에 직접 피어 투 피어로 교환된다. 피코넷 조정자의 역할은 다음과 같다.

- 비콘으로 피코넷의 기본 타이밍을 제공
- QoS(Quality of Service) 요구를 관리
- 절전 모드를 관리
- 인증 요구를 관리(보안이 구현된 경우)

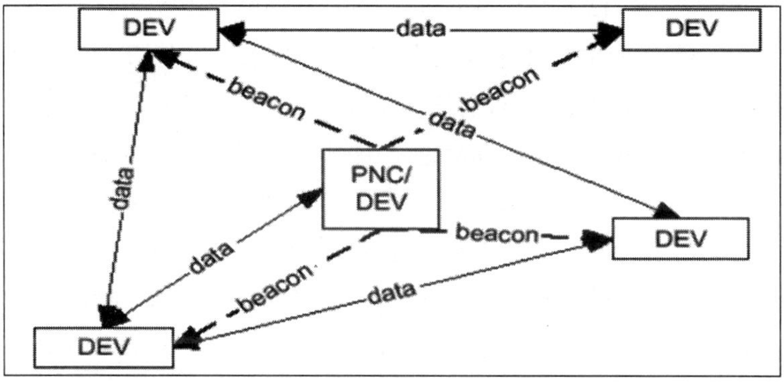

| 그림 1.117 | IEEE802.15.3 피코넷

IEEE 802.15.3 표준은 위와 같은 멀티미디어 데이터요구를 만족시키기 위해 전송속도를 20*Mbps* 이상으로 하고(최대 속도는 55*Mbps*), QoS 기능을 지원하도록 하고 있다. 또, 배터리 전력을 아끼기 위한 고급 전력 관리, 인프라 없이 참가/탈퇴가 빠르고 쉬운 애드 혹 연결 구성, 10*m*의 근거리에 최적화된 저비용/저복잡도의 MAC/PHY 구현 등을 특징적인 목표로 하고 있다. 다른 IEEE 802.15 또는 다른 무선 네트워크와 공존도 지원하도록 한다.

IEEE 802.15.3 MAC 규격의 주 설계 목표는 1) 애드 혹 네트워크 지원, 2) 멀티미디어를 위한 QoS 제공, 3) 전력 관리이다. 애드 혹 네트워크라 함은 장비가 네트워크 상황에 따라 마스터와 슬레이브 기능을 택할 수 있고, 복잡한 설정 절차 없이(1초 이내의 빠른 시간을 목표로 함) 네트워크에 참가하고 탈퇴할 수 있음을 의미한다. QoS를 지원하기 위해 시간 할당을 하는 TDMA(Time-Division Multiple Access) 방식을 채택하고 있다. 전력 관리는 IEEE 802.15.3 MAC의 중요한 특성으로 전류 소모를 급격히 줄이도록 절전 모드를 제공하고, 절전 모드에서도 QoS 지원은 계속될 수 있게 한다.

타이밍(Timing)은 〈그림 1.118〉과 같이 수퍼프레임에 기반한다. 수퍼프레임은 비콘, CAP(Contention Access Period), CFP(Contention Free Period)의 세 부분으로 되어 있다.

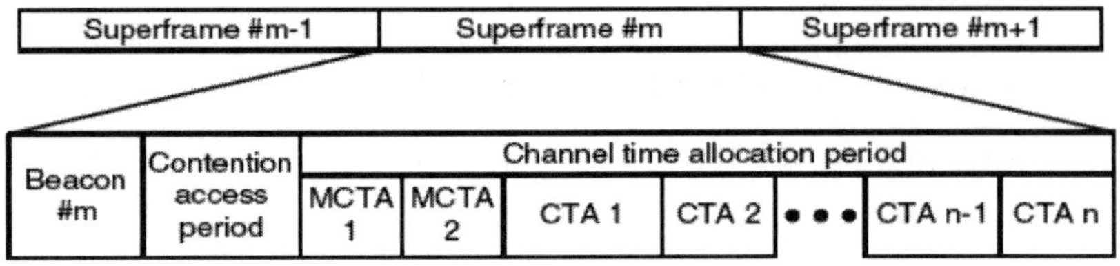

| 그림 1.118 | IEEE 802.15.3 피코넷 수퍼프레임

비콘은 수퍼프레임의 맨 앞에 전송되는데, 타이밍 할당과 피코넷 관리 정보(전력 관리, 새로 참여한 장비 정보 등)를 알려준다. CAP는 명령과 비동기 데이터 등의 QoS를 요구하지 않는 프레임을 교환한다. CFP는 MCTA(Management Time Slot)들과 GTS(Guaranteed Time Slot)들로 나뉘며, QoS를 요구하는 데이터 프레임, 즉 등시성 스트림(Isochronous Stream)과 비동기 데이터 연결에 사용된다. MTS(Multiple Terminal Simulator)는 피코넷 조정자와 장치 간에 관리 정보를 교환하기 위함이다.

매체 접근 방식을 보면, 비콘에서는 TDMA를, CAP에서는 CSMA/CA(Carrier Sense Multiple Access with Collision Avoidance)를, CFP의 CTA(Channel Time Allocation)에서는 고정된 시간 윈도우의 TDMA를, CFP의 MCTA에서는 특정 소스/목적지에 할당된 경우는 TDMA를, 그렇지 않고 공유될 때는 Slotted Aloha를 각각 사용한다.

IEEE 802.15.3 MAC의 기능은 다음과 같으며, 아래에서 중점적으로 살펴보기로 한다.

- 피코넷 시작/유지(Starting/Maintaining a Piconet)
- 피코넷 참가/탈퇴(Association/Disassociation with a Piconet)
- 채널 접근(Channel Access)
- 채널 시간 관리(Channel Time management)
- 동기화(Synchronization)
- 분할 및 취합(Fragmentation and defragmentation)
- ACK 및 재전송(Acknowledgments and retransmission)
- 피어 발견(Peer discovery)
- 다중 속도 지원(Multi-rate Support)
- 동적 채널 선택(Dynamic Channel Selection)
- 전력 관리(Power Management)
- 송신 전력 제어(Transmit Power Control)

1.3.3.1.1 피코넷 시작/유지

피코넷 조정자(Piconet Coordinator: PNC)가 될 수 있는 능력을 지닌 장치가 비콘을 보낼 때 피코넷이 형성된다. 다른 참가 장치가 없어도 피코넷 조정자가 비콘을 보내면 피코넷으로 간주한다. 피코넷 조정자 능력을 지닌 장치는 먼저 사용되지 않는 채널을 찾기 위해 채널을 스캔한다. 빈 채널이 있으면 비콘을 보내어 피코넷을 생성하고, 없으면 자식 피코넷이나 이웃 피코넷을 형성할 수 있는 옵션이 있다.

새로운 장치가 기존 피코넷에 참가할 때, 피코넷 조정자는 이 장치의 능력을 검사하여, 피코넷 조정자가 될 능력이 더 뛰어난 경우라면(지원 속도, 피코넷 조정자 능력 등의 능력 정보 "Capability Information"을 비교하여 판단), 이 장치에게 피코넷 조정자 역할을 넘겨줄 수 있다(이를 handover process라 부름). 현재의 피코넷 조정자가 종료할 경우, 피코넷의 남은 장치 중 하나에게 피코넷 조정자 역할을 넘겨줄 때도 Handover Process를 사용한다. Handover 중에 데이터 전송은 차질이 없도록 기존에 설정된 모든 시간 할당을 유지할 수 있어야 한다.

자식 피코넷은 부모 피코넷 하에서 형성되어, 1) 피코넷의 범위를 확장하거나, 2) 계산, 메모리 요구사항을 피코넷 조정자 능력이 있는 다른 장치에게 넘겨주기 위한 목적으로 이용된다. 전자의 경우가 이른바 멀티 홉 애드 혹 네트워크이다. 〈그림 1.119〉와 같이, 부모 피코넷이 할당해 준 private CTA(Channel Time Allocation)(자식 피코넷의 피코넷 조정자가 소스와 목적지를 자신으로 하여 채널 시간을 요청한 것을 부모 피코넷이 허가) 구간 내에서 동작한다는 점 외에는 참가, 인증, 승인(Acknowledgment: ACK) 등이 자율적으로 처리되는 피코넷이다. 비콘에는 부모 피코넷 조정자의 주소 정보를 포함시켜 부모에 종속됨을 알린다. 자식 피코넷의 피코넷 조정자는 부모 피코넷의 멤버이므로 부모 피코넷의 피코넷 조정자 또는 다른 장치와 자식 피코넷을 위한 private CTA 외 다른 구간에서 서로 데이터를 교환할 수 있다.

이웃 피코넷은 부모 피코넷 하에서 형성되어, 빈 채널이 없을 경우 서로 다른 피코넷 간에 같은 채널에서 주파수 스펙트럼을 공유하기 위한 목적으로 이용된다. 자식 피코넷과 마찬가지로, 부모 피코넷의 private CTA에 의존한다는 점 외에는 참가, 인증, ACK 등이 자율적으로 처리되는 피코넷이다. 이웃 피코넷의 피코넷 조정자는 부모 피코넷의 멤버가 아니어서, 부모 피코넷의 다른 DEV와 데이터를 교환할 수 없다는 점이 다르다. 단, 이웃 피코넷을 형성하기 위해 필요한 메시지 등 기타 명령 메시지를 private CTA 외 다른 구간에서 부모 피코넷의 피코넷 조정자에게 보낼 수 있다.

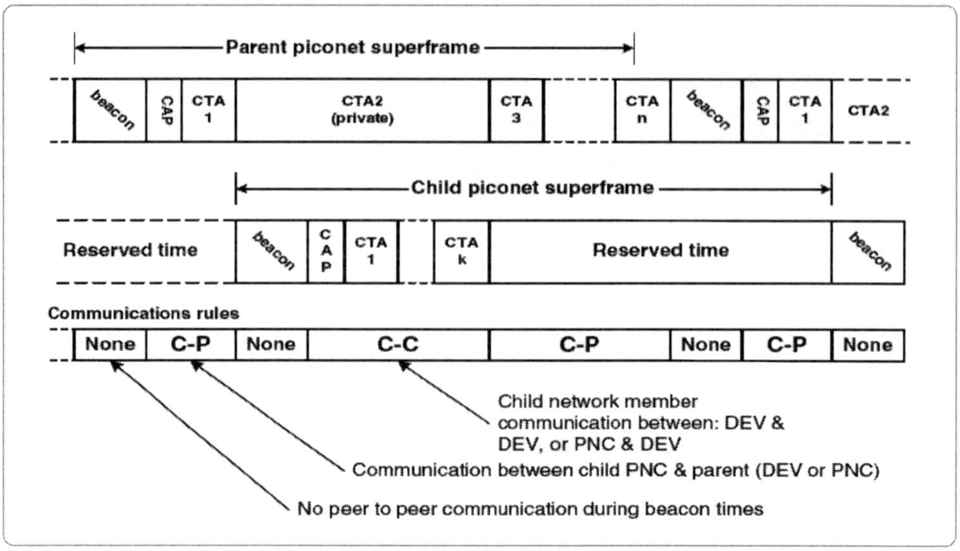

| 그림 1.119 | 자식 피코넷

피코넷 조정자가 종료할 때, 피코넷 조정자 능력을 지닌 다른 장치가 없으면, 피코넷 조정자는 비콘에 "PNC Shutdown" IE(Information Element)를 실어 피코넷을 소멸한다. 부모 피코넷이 종료될 때, 자식 피코넷들과 이웃 피코넷들 중 하나만이 계속 정상적으로 동작하고, 나머지는 피코넷 동작을 종료하는데, 존재할 피코넷은 부모 피코넷 조정자가 선택한다. 이때 계속 존재하는 피코넷은, 비콘에서 부모 피코넷 PNC의 주소를 제거하여 독립적인 피코넷으로 존재한다. 한편, 부모 피코넷 조정자는 탈퇴 명령을 보내거나, 할당된 스트림을 종료함으로써 각각, 이웃 피코넷과 자식 피코넷을 종료시킬 수 있다.

1.3.3.1.2 피코넷 참가/탈퇴

장치는 참가 과정을 통해 피코넷에 참가한다. 장치가 "Association Request" 명령을 보내고, 피코넷 조정자는 "Association Response" 명령으로 응답한다. 이 과정에서 1옥셋 장치ID를 부여받는데, 이것은 피코넷 내 유일한 식별자로서, 오버헤드를 줄이기 위해 6옥셋 장치 주소 대신 사용된다. 비콘에는 새 장치 정보(장치 ID, 주소, 능력 정보)를 싣는다. 참가 과정 이 종료되면, 피코넷 조정자는 기존 모든 장치에 대한 정보(장치 ID, 주소, 능력 정보, 참가 기간, 채널 시간 할당 수, SPS 정보)를 방송한다. 이로써 새 장치와 기존 장치는 상호 인식할 수 있다. 참가 과정 중, 새로 참여하는 장치가 제공하는 서비스와 피코넷의 기존 장치들이 제공하는 서비스에 대한 정보를 교환할 수 있는 옵션이 있다(여기서 서비스란 장치의 응용 계층에서 제공하는 기능을 말하며, 자세한 사항은 표준 외로 취급한다).

장치가 피코넷을 떠나고자 할 때, 피코넷 조정자가 장치를 제거하고자 할 때, 탈퇴 과정이 사용된다. 장치 ID는 더 이상 유효하지 않게 된다.

IEEE 802.15.3에서 특징 중 하나는 네트워크 참가와 탈퇴가 1초 이내의 짧은 시간에 이루어진다는 점이다. 이는 아무리 전송속도가 빠르더라도, 참가하는 데 시간이 많이 걸려서는 안 된다는 생각에서 규정된 것이다.

1.3.3.1.3 채널 접근

CAP(Contention Access Period)에서는 CSMA/CA(Carrier Sense Multiple Access with Collision Avoidance)와 백 오프 절차를 이용하는 경쟁 기반 채널 접근(Contention Based Channel Access)이 사용된다. 데이터를 보내고자 할 때, 매체가 사용되고 있지 않는 일정 기간을 기다린 후 전송하게 되는데, 이 기다리는 기간은 0과 백 오프 윈도우에서 랜덤하게 선택된다. 보낸 데이터에 대한 ACK(Acknowledgment)이 도달하지 않으면 백 윈도우 값을 지수적으로 늘려 동일한 방식으로 기다린 후 해당 데이터를 재전송한다. 피코넷 조정자는 CAP에서 보낼 수 있는 메시지 타입(데이터, 명령, 참가)을 결정하여 비콘의 "Piconet Synchronization Parameters"에 포함시켜 알린다.

CFP(Contention Free Period)에서는 TDMA(Time-Division Multiple Access) 방식이 사용된다. TDMA 방식은 모든 슬롯의 시작 시간이 보장되기 때문에 절전 기능과 QoS(Quality of Service) 특성 제공에 이용될 수 있다는 점이 중요하다. CTA(Channel Time Allocation)또는 GTS(Guaranteed Time Slot)는 시작시간과 기간이 보장되는 슬롯으로서, 수퍼프레임 단위로 채널 시간 할당이 바뀔 수 있는 Dynamic CTA와 특별히 스트림 연결을 위해 매 수퍼프레임마다 채널 시간이 할당되어 있고 그 위치는 일정한(바뀔 수는 있음) pseudo-static CTA로 나뉜다. 이러한 재배치는 CTA 내 타임 슬롯 할당을 최적화하기 위함이다. 모든 시간 할당은 비콘을 통해 알려진다. 채널 시간을 할당하는 알고리즘은 표준 외이며, 할당된 시간 내에서 보낼 데이터는 장치 자신이 결정한다. 시간 할당을 원하는 장치는 원하는 시간, 예를 들어 ACK를 필요로 할 경우, 데이터 프레임뿐만 아니라 ACK을 위한 시간과, 프레임 간 간격에 필요한 시간 등을 계산하여 "Channel Time Request" 명령을 피코넷 조정자에 보내야 한다.

MCTA(Management Time Slot)는 송신 또는 목적지가 피코넷 조정자피코넷 조정자이어야 한다는 점 외에는 CTA와 동일하다. 명령을 보내기 위해 보통 CAP를 사용하지만, 이 MCTA를 사용할 수도 있다. Open MCTA에서는 어떤 장치든 명령을 피코넷 조조정자에 보낼 수 있고, Association MCTA에서는 현재 참가하지 않고 있는 장치가 피코넷 조정자에 참가 명령을 보낼 수 있다. Open MCTA와 Association MCTA는 여러 장치가 공유한다고 볼 수 있는데 slotted aloha를 사용하여 매체 접근하며, 그렇지 않고 특정 소스/목적지에 할당된 보통의 MCTA에서는 TDMA를 사용하는 것이 차이점이다.

1.3.3.1.4 채널 시간 관리

명령, 관리 메시지 제외한 모든 데이터는 피어 투 피어로 교환되며, 3가지 방법이 있다.

- CAP(Contention Access Period) 동안, 비동기 데이터를 보낸다.
- CFP(Contention Free Period) 동안, 등시성 스트림(Isochronous Stream)을 위한 채널 시간을 할당한다.
- CFP 동안, 비동기 채널 시간을 할당한다.

채널 시간 할당 없이 소량의 데이터를 보내고자 할 때는 CAP를 이용하면 된다(첫 번째 방법). 장치는 규칙적으로 채널 시간이 필요할 경우, 등시성 채널 시간을 피코넷 조정자에게 요청한다. 앞서 말한 "Channel Time Request" 메시지를 보내는데, 이것은 자신이 어느 장치가 통신하기를 원하는지, 얼마나 많은 시간이 필요한지, 시간 할당이 되는 방법, 요청하는 타임 슬롯이 Pseudo-Static인지 Dynamic인지 여부, 우선순위 등을 포함한다. 시간을 할당하는 방법은 하나의 수퍼프레임 내 슬롯 수를 명기하는 방법(Super-Rate)과 슬롯을 몇 개의 수퍼프레임마다 할당할지 명기하는 방법(Subrate)이 있다. 전자의 경우 극도로 지연에 민감한 응용에 사용될 수 있다. 자원이 가용하면, 피코넷 조정자는 이 장치를 위해 GTS(Guaranteed Time Slot)에 시간을 할당하는데, 할당 간격은 규칙적이다. 할당된 채널 시간은 비콘의 CTA(Channel Time Allocation)에 포함되어 알려진다. 데이터 전송 요구사항이 바뀌면, 스트림을 생성하였던 장치는 이전의 할당에 대해 시간의 증감을 요구할 수 있다. 관련된 송신 장치, 수신 장치, 피코넷 조정자는 등시성 스트림을 종료할 권한이 있으며, 종료된 후에는 비콘에 해당 CTA가 null로 표시된다.

비동기 할당은 반복적인 채널 시간을 요구하는 것이 아니라, 데이터를 전송하는 데 필요한 총 시간을 요청한다. 피코넷 조정자는 이 요청에 대해 적절하게(조금씩 나누는 방법 따위) 시간을 할당하는데, 이때 할당은 규칙적이지 않아도 된다. 할당의 변경/종료에 대한 과정은 등시성 스트림 채널과 비슷하다. 데이터 전송 요구사항이 바뀌는 경우, 스트림을 생성하였던 장치는 이전의 할당에 대해 시간의 증감을 요구할 수 있다. 관련된 송신 장치, 수신 장치, 피코넷 조정자는 비동기 데이터 연결을 종료시킬 수 있다.

1.3.3.1.5 동기화

피코넷 내의 장치들은 PNC의 시간에 동기화해야 한다. 비콘에는 동기화를 위해 필요한 타이밍 파라미터들, 즉 비콘 번호, 수퍼프레임 기간, CAP 종료 시간, CAP에서 어떤 유형의 메시지가 보내질 수 있는지 등이 포함되어 있다. 장치들은 비콘 프리앰블에서 시계를 0으로 재설정한다. 이를 통해, 현재 참가 중인 장치는 비콘 시작시각과 타임 슬롯 할당을 이용해 언제 전송을 시작해야 할지 알 수 있으며, 미참가 중인 장치는 언제 참가(Association) 요청을 보낼 수 있는지 알 수 있다.

1.3.3.1.6 분할 및 취합

MAC 이하 계층이 서비스해야 할 위 계층에서 데이터 프레임(MSDU: MAC Service Data Unit)이 큰 경우를 MSDU의 분할/취합을 지원한다. 데이터 프레임을 분할할 수 있다는 것은 프레임 크기를 줄임으로써 링크의 프레임 에러율을 향상시킬 수 있음을 의미한다. 하나의 MSDU에서 분할된 각 조각은 MSDU 번호와 함께 자체 순서를 부여받음으로써 식별되며, 수신 장치에서 이러한 조각들을 버퍼에 임시 보관한 뒤 바른 순서대로 취합하여 위 계층에 전달한다.

1.3.3.1.7 ACK 및 재전송

프레임의 전송 여부를 확인하기 위해, 송신 장치는 3가지 방식의 ACK (Acknowledgment)를 사용할 수 있다. 1) No-ACK는 전송 보장이 필요하지 않은 프레임에 대해 사용하는 정책이다. 멀티캐스트나 브로드캐스트의 경우 반드시 No-ACK 방식으로 전송되어야 한다. 2) Immediate-ACK는 각 프레임에 대해 수신 후 일정 간격(1SIFS)을 둔 뒤 즉시 ACK를 보내도록 한다. 3) Delayed-ACK는 중간 ACK 없이도 여러 개의 프레임을 동시에 보낼 수 있다. 이 Delayed-ACK에는 ACK 없이 보낼 수 있는 프레임 수를 나타내는 필드가 있어서, 수신 측에서 설정/변경하여 송신 측에 알리고, 이 값을 이용하여 흐름 제어를 할 수 있다. 여러 프레임에 대한 ACK들이 하나의 프레임으로 보내질 수 있어, Immediate-ACK에 비해 오버헤드를 감소시킬 수 있다. 단, 이 방식은 스트림 데이터 프레임에만 적용될 수 있고, 수신 측에서 Delayed-ACK를 지원할 수 있어야 한다.

송신 장치가 ACK를 받지 못하면, 프레임을 재전송하거나 폐기할 수 있다. 그 결정은 보내어진 데이터 또는 명령 메시지의 유형, 재전송 회수, 송신에 소요된 시간 등을 따른다. CAP(Contention Access Period)에서 재전송 간격은 백 오프 규칙을 따른다. CFP(Contention Free Period)에서는 데이터 프레임 송신 후 SIFS 시점부터 RIFS 시점까지 매체가 유휴상태이면 ACK가 오지 않는다는 의미이므로 RIFS 시점에서 재전송한다.

1.3.3.1.8 피어(peer) 발견

IEEE 802.15.3 피코넷은 동적이며 애드 혹 네트워크이므로, 장치들이 다른 장치들의 서비스와 능력을 아는 것이 중요하다. 이를 위해 3가지 방법을 제시한다.

- 피코넷 조정자(Piconet Coordinator: PNC) 정보 요구 명령
- Probe 명령
- 피코넷 서비스 명령 및 피코넷 서비스 정보 단위

PNC로부터 특정 장치나 모든 장치에 대한 정보를 얻고자 할 때, 장치는 "PNC Information Request" 명령을 보내고, 피코넷 조정자는 참가 과정 동안 습득한 장치들의 능력 정보를 응답으로 보낸다. 이 정보는 장치의 ID, 주소, 지원하는 전송 속도(Data Rate), 피코넷 조정자가 되길 선호하는지, 메인 파워에 부착되었는지 등을 포함한다.

더 자세한 장비 정보를 얻기 위해 장치는 다른 장치에게 "Probe" 명령을 보내어, 필요한 IE, 즉 장치 주소, 능력 정보, 최대 지원 타임 슬롯 수, 송신 전력 파라미터, 피코넷 서비스 등의 그 장치에 관한 정보를 요청할 수 있다. 이 "Probe" 명령에는 위 요청뿐만 아니라, 자신에 대한 IE도 포함하여 알릴 수 있도록 되어 있다.

피코넷에서 제공되는 서비스를 알기 위한 과정은 두 가지가 있다. 첫째, 참가과정 중 참가하려 하는 장치는 "Association Request" 명령으로 피코넷의 서비스를 요청하면, Power Mains는 "Piconet Services" 명령으로 응답하는 절차가 있다. 둘째로, 장치로 하여금 어떤 서비스가 제공되고 있는지를 요청하고 또한 자신의 서비스가 무엇인지 알리기 위해 "Probe" 명령의 Piconet Services IE를 이용할 수 있다.

1.3.3.1.9 다중 속도 지원

하나의 기본 전송 속도 외에 여러 데이터 속도를 지원할 수 있는데, 이 지원 속도는 PHY에 의해 결정된다(전술한바, 2.4*GHz* PHY에서 22*Mbps*가 기본 속도). 데이터 프레임과 명령 프레임과 이에 대한 Imm-ACK, Dly-ACK은 소스와 목적지 간에 상호 지원 가능한 속도로 보낼 수 있다. 그렇지만, 참가 요청, 브로드캐스트 프레임 등의 나머지 프레임들은 기본 속도로 보내야 한다. 장치가 상대방 장치의 지원 속도를 알기 위해 1) 참가할 때 비콘에 포함되어 방송되는 능력 정보를 확인하거나, 2) 상대 장치에 "Probe" 명령을 보내거나, 3) 피코넷 조정자(Piconet Coordinator: PNC)에게 "PNC Information Request" 명령을 보내어 요청하는 방법을 쓸 수 있다. 주기적으로 "Channel Status Request" 명령을 통해 상대방의 송수신 상태를 파악하여 실제 동작하는 속도를 결정할 수 있는 옵션이 있다.

1.3.3.1.10 동적 채널 선택

피코넷은 허가되지 않은 주파수 대역에서 동작하므로, 같은 채널을 쓰는 다른 피코넷이나 다른 무선 개체로부터 방해받을 수 있다. 만일 채널의 상태가 QoS를 지원할 수 없다면, 서비스의 차질 없이 동작을 계속할 수 있도록 채널을 동적으로 변경할 수 있어야 한다. 피코넷 조정자(Piconet Coordinator: PNC)는 피코넷이 동작할 채널을 결정하는 의무를 지닌다.

피코넷 조정자는 채널의 품질을 판단하기 위해, 1) 다른 장치에 "Channel Status Request" 명령을 보내어 채널 정보(송신한 프레임 수, 수신한 프레임 수, FCS (Fluorescence Correlation Spectroscopy) 실패한 수신 프레임 수, 손실된 프레임 수)를 요청하거나, 2) 자신이 채널을 스캔하거나, 3) "Remote Scan Request" 명령을 보내 다른 장치가 현 채널 또는 다른 채널을 평가하게끔 하여 현 채널보다 좋은 채널을 알 수 있도록 한다(장치는 스캔된 총 채널 수, 최적화 된 순으로 즉 방해가 적은 순으로 채널 나열, 채널에 있는 피코넷 수와 그 정보 등을 알려 줌).

1.3.3.1.11 전력 관리

IEEE 802.15.3 표준의 중요한 목표 중 하나가 저전력 소비이다. 여러 수퍼프레임 이상의 기간에 걸쳐 장치가 휴면할 수 있도록 2가지 모드를 지원하는데, 액티브 (ACTIVE) 모드와 함께 다음의 세 가지 장치 모드를 이룬다.

- PSPS(Piconet Synchronous Power Save) 모드: 시스템 웨이크 비콘과 자신이 목적지로 된 모든 CTA(Channel Time Allocation)에서 웨이크 업해야 한다.
- DSPS(Device Synchronous Power Save) 모드: 주기적인 웨이크 비콘과 자신이 목적지로 된 모든 CTA에서 (웨이크 업)활성화 되어야 한다.
- synchronous Power Save(APS) 모드: Association Timeout Period(ATP) 전에 피코넷 조정자(Piconet Coordinator: PNC)와 통신을 하는 점을 빼면, Sleep State에 머무를 수 있다.

PSPS 모드는 피코넷 조정자가 정하는 주기로 휴면하도록 한다. 피코넷 조정자는 그 주기로 시스템 웨이크 비콘을 보내고, PSPS 모드의 모든 장치는 그 시스템 웨이크 비콘을 수신해야 한다. PSPS 모드로 전환하고자 하는 장치는 "PS Mode" 명령을 피코넷 조정자에게 보내고, 피코넷 조정자는 PSPS 상태 비트맵을 비콘에 실어 이 장치가 PSPS 모드로 전환하였음을 알린다. PSPS 모드의 장치로의 비동기 트래픽은 시스템 활성화 비콘에 할당되어야 한다.

DSPS 모드는 여러 장치들이 여러 수퍼프레임 동안 휴면하다 같은 시간에 깨어나서 데이터 트래픽을 교환할 수 있다. 동일한 휴면 패턴(휴면하다 활성화되어 비콘을 확인하는 주기, 이를 SPS Interval이라 함)을 가지는 장치들은 같은 DSPS Set에 가입한다. 활성화되는 주기 SPSI는 CTA(또는 Guaranteed Time Slot)가 할당된 주기(이를 CTRI라 함)보다 짧아야 하는데, 이는 주기적으로 활성화되어서 깨어난 그 CTA 구간에서 항상 통신하는 것이 아니라, 통신하는 주기가 또 있다는 말이다. 아래 〈그림 1.120〉에서 SPSI=2, CTRI=4인 경우를 보이고 있다. CTS는 4개의 수퍼프레임마다 할당되어 있고, 까맣게 표시되어 있다. 깨어난 수퍼프레임이 CTRI에 걸리지 않더라도, 비콘은 확인하여서 자신이 목적지로 되어 있는 시간 할당이 있을 경우 그 해당 GTS에서 데이터 수신을 하도록 해야 한다. SPS set은 또, 다른 장치로 하여금 SPS 장치가 언제 수신 가능한지를 정확히 알 수 있게 한다는 점도 있다.

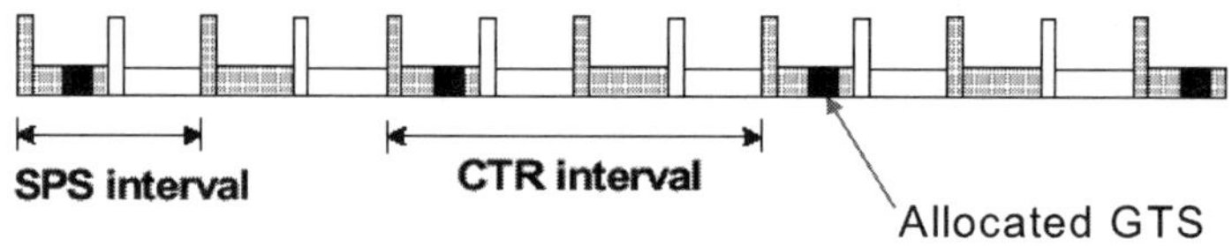

▎그림 1.120 ▎ SPS 모드의 시간 할당 예(GTS는 CTA와 같은 의미)

1.3.3.1.12 송신 전력 제어

송신 전력을 조절할 수 있음으로 인해, 장치의 배터리 전력 소모를 줄일 뿐만 아니라, 같은 채널을 공유하는 다른 무선 네트워크와의 간섭을 최소화할 수 있다. 첫 번째 방법은 피코넷 조정자(Piconet Coordinator: PNC)가 CAP(Contention Access Period), 비콘, MCTA(Management Time Slot)(Association MCTA 제외)에서의 최대 송신 전력을 설정하고, 피코넷 조정자가 비콘을 보낼 때, 장치가 CAP, Directed MTS에서 프레임을 보낼 때 그 이상의 전력을 사용하지 않도록 하는 것이다. CAP 구간에서 최대 전력을 둠으로써, 특정 장치가 상대적으로 높은 전력을 써서 매체를 더 많이 사용하는 것을 방지할 수 있다. 두 번째 방법은 GTS(Guaranteed Time Slot) 구간에서 장치가 수신 상태를 살펴보아 다른 장치에게 송신 전력을 증감시키도록 요청하거나, 또는 자신이 채널 상태를 추정하여 송신 전력을 조절하는 것이다. GTS 동안 좋은 링크로 연결된 장치 간에는 배터리 전력을 아끼고 간섭을 줄이기 위해 송신 전력을 줄일 수 있다.

PHY 계층은 2.4~2.4835*GHz* 주파수 대역을 각각 15*MHz*의 대역폭을 가지는 총 다섯 개의 채널로 나누어 사용한다. 실제로는 4개의 채널로 된 High Density 응용을 위한 채널 집합과 3개의 IEEE 802.11 공존 채널 집합으로 되어 있는데, 이 두 집합에 걸쳐 사용되는 채널이 2개 있어서 전체적으로는 5개의 채널이 되는 것이다. 만일 IEEE 802.15.3 장비가 IEEE802.11 네트워크를 감지하면 공존을 위해 후자의 채널 집합을 사용하여야 한다.

IEEE 802.11b와 같은 11*Mbps*를 기본으로 5가지 변조 방식에 따라, 11~55*Mbps*의 데이터 속도를 내도록 한다. 코딩되지 않는 Differential Quadrature PSK(QPSK) (22*Mbps*), Trellis 코딩된 QPSK(11*Mbps*), Trellis 코딩된 16-Quadrature Amplitude Modulation(QAM)(33*Mbps*), Trellis 코딩된 32-QAM(44*Mbps*), Trellis 코딩된 64-QAM (55*Mbps*)가 그것이다. DQPSK를 기본 변조 방식으로 하고, 통신 장비의 능력에 따라 33~55*Mbps*의 더 높은 데이터 속도를 이용할 수 있다. QPSK/TCM 대신 DQPSK를 기본으로 삼는 것은 PHY, MAC 헤더로 인한 오버헤드를 줄이기 위함이다. 11*Mbps* QPSK/TCM은 좀 더 견고하며, 히든 노드(Hidden node) 문제를 경감하기 위한 드롭백 모드로 사용된다.

송신 전력은 각국의 규제 단체(미국의 경우 FCC 15.249)의 규칙에 따라 10*mW* (0*dBm*)에서 100*mW*로 제한하고 있다. RF 및 Baseband 프로세서는 10*m*의 짧은 거리에서 최적화되어, 소비자 장비 내에 저비용, 소형 MAC, PHY 구현과 통합된다. 소비 전류 또한 데이터를 송수신할 때 80*mA*로 적게, 절전 모드에서는 최소로 소비되도록 한다.

1.3.3.2 IEEE 802.15.3b 표준

15.3b 표준은 멀티캐스트 관련 정보 단위(멀티캐스트 어드레스와 멀티캐스트 장치 ID를 매핑해 주는 멀티캐스트 그룹 IE)와 명령 프레임(멀티 캐스트 구성 요청, 멀티캐스트 구성 응답)을 새로 정의하여, 장치가 멀티캐스트 그룹에 조인하고 탈퇴하는 것을 피코넷 조정자에 요청할 수 있다.

브로드캐스트 할당의 경우 하나의 CAP(Contention Access Period)만 두고, 피코넷 조정자(Piconet Coordinator: PNC)와 장치 간에만 MCTA(Management Time Slot)를 두므로 관리응답시간(예를 들면 Association)이 커질 수 있고, 피어 투 피어 프로브 작동이 지원되지 않는 점을 보완하기 위해, CTA(Channel Time Allocation)에서 여러 장치들이 Slotted Aloha나 CSMA/CA(Carrier Sense Multiple Access with Collision Avoidance)를 써서 프레임을 전송할 수 있도록 한 새로운 CTA이다. 2-way CTA는 채널 사용률을 높이기 위해 제안되었는데, 소스 장치가 포기한 프레임을 목적 장치에게 보내어 명시된 시간 동안 전송 권한(Token)을 목적 장치에게 넘기는 방식이다. 이 시간이 지나면 소스 장치가 다시 전송을 개시할 수 있다.

변경된 표준은 인터넷 멀티캐스트 어드레스에 적합하게 멀티캐스트 그룹 ID를 사용할 수 있게 향상시켰고(멀티 캐스트 구성요청/응답명령), 장비의 동기화를 위한 MLME(MAC Layer Management Entity)를 추가하였고, 기타 스트림 관리 향상, 향상된 응용 프로그램 지원(응용 프로그램 특징 정보, 공급업체 특정 정보), Implied ACK (Target 장치가 ACK 대신 데이터 프레임 또는 명령 프레임으로 성공적인 수신을

ACKnowledge하는 방법) 등을 위한 부분이 추가되어 있다.

먼저 멀티캐스트 관련해서 개정된 MLME Primitive를 살펴보자. <표 1.26>에 다음 Primitive의 파라미터 설명이 정리되어 있다.

- MLME-MULTICAST-CONFIGURATION.request(RequestType, Multicast Adress): 이 Primitive는 장치가 멀티캐스트 MAC 주소(MulticastAddress 파라미터)를 지닌 그룹에 가입 또는 탈퇴하기 위해 요청하는 데 사용된다.
- MLME-MULTICAST-CONFIGURATION.request(ResultCode, MulticastAddress, Multicast GroupID, ReasonCode): 이 Primitive는 장치가 멀티캐스트 그룹에 가입 또는 탈퇴하고 하는 요청에 대한 결과를 보고하는 데 사용된다.

[표 1.26] 멀티캐스트 primitive들의 파라미터들

이름	유형	유효범위	기술
Request Type	Enumeration	JOIN, LEAVE	멀티 캐스트 그룹에 가입하거나 멀티 캐스트 그룹을 탈퇴 할 것인지 여부를 나타낸다.
Multicast Address	MAC address	Any valid multicast MAC address	특정 멀티 캐스트 그룹을 나타내는 MAC 주소이다.
Multicast Group ID	Integer	Any valid 장치ID as defined in 7.2.3.	특정 멀티 캐스트 주소와 연관된 멀티 캐스트 그룹에 피코넷 조정자가 할당 한 장치ID를 지정한다.
Result Code	Enumeration	SUCCESS, FAILURE	MLME 요청의 결과를 나타낸다.
Reason Code	Enumeration	REQUEST_TIMEOUT, NOT_ASSOCIATED, OTHER	결과 코드가 FAILURE인 이유

멀티캐스트 MAC 주소는 IEEE 802-2001에 정의되어 있다. IEEE 802.15.3 HR-WPAN 표준은 주소식별을 위해 장치 ID를 사용하므로, 장치 ID와 IEEE 멀티캐스트 MAC 주소의 매핑이 필요하다. 피코넷 조정자는 이 매핑 리스트를 관리함으로써 특정 멀티캐스트 MAC 주소를 사용하고자 요청하는 장치들을 추적한다. 장치는 피코넷 조정자에게 멀티캐스트 Configuration Request 명령 프레임(여기에는 멀티캐스트 MAC 주소가 표시되어 있고, "Join" 동작 명시) 패킷을 보내어 그룹으로의 가입을 요청한다. 그 주소가 아직 가용하면(즉, 해당 장치 ID가 할당되어 있지 않으면), 그 주소에 ID를 하나 할당하고 그 장치를 그룹에 추가한 후, 멀티 캐스트 구성 요청 명령 프레임으로 응답한다. 이미 그 멀티캐스트 MAC 주소에 대한 그룹 ID가 있다면, 그 장치를 그룹에 추

가시키고, 멀티 캐스트 구성 응답 명령 프레임으로 응답한다. 만일 명시된 멀티캐스트 MAC 주소가 유효하지 않으면, 피코넷 조정자는 그룹을 할당하지 않고 Reason Code가 "Failure, Not Valid"인 멀티 캐스트 구성 요청 명령 프레임을 응답한다. <그림 1.121>는 멀티캐스트 그룹 가입 동작의 메시지 연속 차트이다.

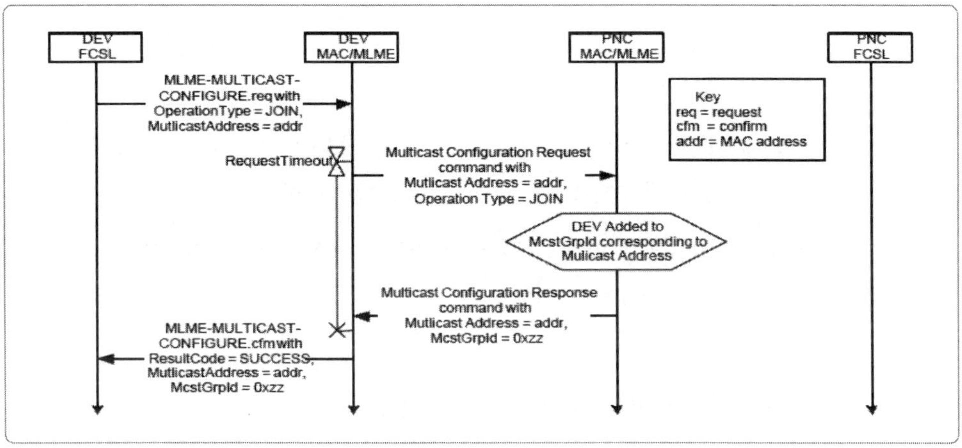

▌그림 1.121▐ 멀티캐스트 그룹 가입 동작의 메시지 흐름도

장치가 멀티캐스트 MAC 주소를 사용하지 않을 때, "Leave" 동작을 표시한 멀티캐스트 구성 요청(Configuration Request) 명령 프레임을 PNC에게 보낸다. PNC는 그 멀티캐스트 그룹에서 그 장치를 제거하고, 멀티캐스트 구성 응답 명령 프레임으로 응답한다. 멀티캐스트 그룹이 더 이상 멤버를 가지지 않으면, 피코넷 조정자는 해당 ID(McstGrpIDIf)를 해제한다. 그 ID는 재사용될 수 있다. <그림 1.122>에 멀티캐스트 그룹 이탈 동작의 메시지 연결 순서도이다.

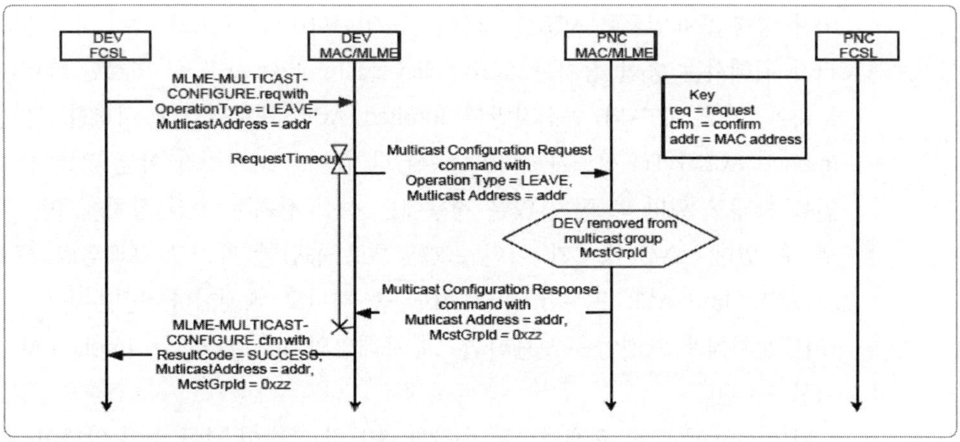

▌그림 1.122▐ 멀티캐스트 그룹 Leave 동작의 Message Sequence Chart

시간 동기화를 위한 프리미티브들은 피코넷의 비콘 타이밍으로써 상위 계층의 동기화 기능을 지원하기 위함이다. 채널 상에 감지되는 패킷의 프리앰블의 시작점과, 그것의 감지하는 시각과 상위 계층으로 지시하는 시각의 딜레이가 Implementation-Specific한 방법으로 상위에 전달된다. 시간 동기화를 위한 MLME 프리미티브들은 다음과 같다. 파라미터들은 〈표 1.27〉에 정리되어 있다.

- MLME-BEACON-EVENT.request(): MAC 동기화를 활성화시킨다.
- MLME-BEACON-EVENT.confirm(ResultCode, ReasonCode): MAC 동기화의 활성화에 대한 확인이다. 만일 MAC이 동기화를 지원하지 않거나 에러가 발견되면, ResultCode에 FAILURE, ReasonCode에 그 에러의 유형을 표시한다.
- MLME-BEACON-EVENT.indication(BeaconNumber): 비콘의 프리앰블의 시작(송신이든 수신이든)을 알린다.

[표 1.27] 시간 동기화 Primitive들의 파라미터들

이름	유형	유효범위	기술
Beacon Number	Integer	0–65535	수신 된 비콘의 비컨 번호
Result Code	Enumeration	SUCCESS, FAILURE	MLME 요청의 결과를 나타낸다.
Reason Code	Enumeration	NOT_SUPPORTED, OTHER	결과 코드가 FAILURE 인 이유

Implied ACK(Acknowledgment)는 새롭게 추가된 ACK 방식으로서, CTA(Channel Time Allocation) 타임 슬롯을 호칭을 양방향으로 사용할 수 있는 하나의 방법이다. 데이터 프레임의 수신을 위해 ACK 프레임을 따로 응답하지 않고, 다른 데이터 프레임이나 명령 프레임으로 ACK를 대신할 수 있는다(Imm-ACK로 즉시 응답해도 된다). 그러기 위해서는 송신 장치는 ACK policy를 "Implied ACK"로 명시한 데이터 프레임을 보내야 한다. CTA의 송신자만이 Implied ACK 프로세스를 시작할 수 있다. 만일 Implied ACK DTD 필드가 0이면, 수신 장치는 송신 장치가 아닌 다른 장치에게 프레임을 보내도 된다. 그렇지 않은 경우에는 수신 장치는 송신 장치에게만 프레임을 보낼 수 있다. 수신 장치가 어떤 프레임으로 응답할 때, 그 프레임의 ACK Policy는 No-ACK, Imm-ACK 또는 Implied-ACK 중 하나로 지정한다. 만일 송신 장치가 아닌 다른 장치에게 프레임을 보낸다면, 그 프레임의 ACK Policy는 Implied-ACK로 설정되어선 안 된다.

만일 CTA에 다른 프레임으로 응답할 충분한 시간이 남아 있지 않다면, 수신 장치는

Imm-ACK로 바로 응답한다. CTA의 끝을 모르는 경우에도 Imm-ACK로 응답한다. 만일 MAC Header만 제대로 수신하고 MAC 프레임 Body는 제대로 수신을 하지 못한 경우에도(즉, FCS 체크가 실패한 경우), 수신 장치는 데이터 프레임이나 명령 프레임으로 응답할 수 있다. 단, 이 경우에는 Implied ACK NAK 필드를 Set하여 프레임을 제대로 받지 못하였음을 알린다. Implied ACK는 브로드캐스트나 멀티캐스트에는 사용되지 않으며, 경합 액세스 기간(Contention Access Period)에서는 사용되지 않는다. 〈그림 1.123〉은 Implied ACK의 사용 예를 기술하고 있다.

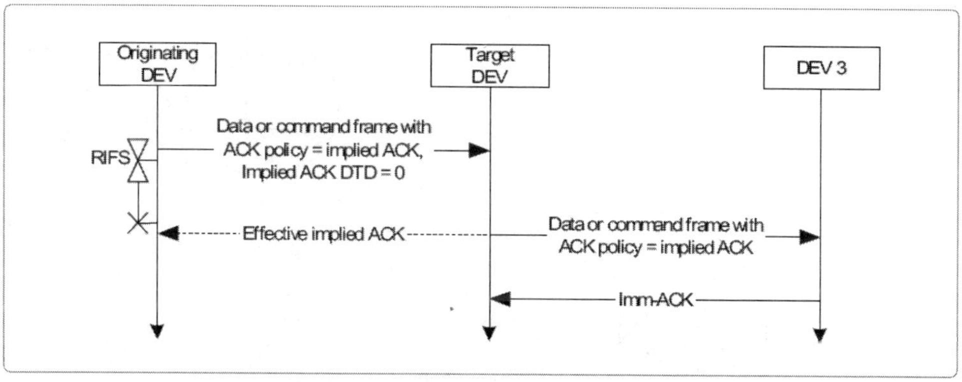

▌그림 1.123▐ Implied ACK의 메시지 순서도

1.3.4 IEEE 802.15.4(LR_WPAN): 근거리 저속 무선 프로토콜 표준

IEEE 802.15.4 LR-WPAN은 블루투스보다 낮은 20~250*Kbps*의 낮은 전송 속도와 저렴한 가격, 긴 배터리 수명, 간단한 구조 및 연결성을 제공하여 10*m* 이내의 작은 범위 내에서의 무선 연결을 요구하는 분야에 적합한 표준이다. 주요 적용 분야는 무선 센서를 응용하는 화학 공정이나 응급 상황 감지 시스템, 자동차 타이어 감지 시스템, 건강 감지 센서 및 모니터링, 대화형 장난감, 시큐리티, 창문 개폐, 냉난방 등의 가정 자동화 등이며 일반적으로 무선 센서 네트워크라고도 불린다. 또한 LR-WPAN인 IEEE 802.15.4의 상위 계층 설계를 위해 비영리 조직인 Zigbee Alliance가 결성되었다. 지그비에서는 표준화 기반의 안정적 데이터 전송을 위해 IEEE 802.15.4의 MAC과 PHY를 기반으로 그 상위에 네트워크 구조, 라우팅, 시큐리티 등을 추가한다. 이를 이용하여 지그비 프로파일은 서로 다른 생산자가 만든 비슷한 기기들 사이의 상호 운용성과 호환성을 제공하게 된다. 지그비에서는 다양한 응용 분야에 활용될 수 있도록 응용 프로파일의 정의 및 개발에 역점을 두고 있다. 지그비 외에도 IEEE 802.15.14 기반의 센서네트워크가 제안되어지고 있다.

낮은 전송 속도, 저전력 소모, 저렴한 가격을 목표로 다음과 같은 응용에 적합하도록 PHY와 MAC을 설계하였다－1) 자동화/제어: 가정, 공장, 창고, 2) 모니터링: 안전, 건강, 환경, 3) 상황 인식과 정확한 자산 추정(Situational Awarence and Precision Asset Location): 군사, 소방, 실시간 재고 추적, 4) 엔터테인먼트: 학습게임, 양방향 장난감.

원 홉 스타(One-Hop Star) 토폴로지와 멀티 홉 피어 투 피어 토폴로지를 지원한다. 후자의 논리적 구조는 네트워크 계층에 의해 정의된다. 〈그림 1.124〉 클러스터 기반 트리 네트워크 토폴로지에 명시될 수 있다.

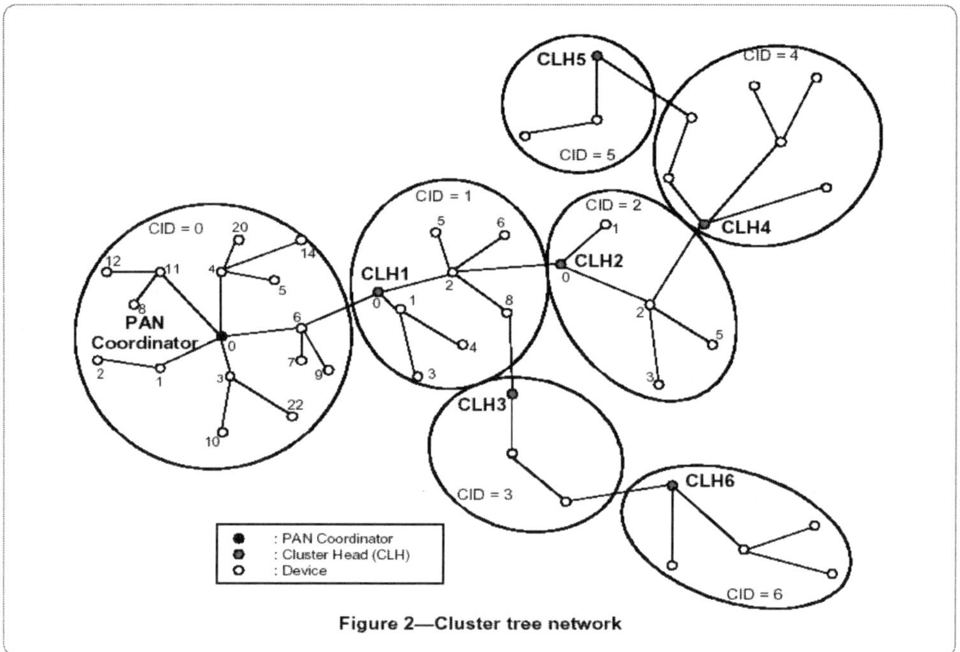

┃그림 1.124┃ 클러스터 기반 트리 네트워크 토폴로지 구성 예

물리층의 동작 대역은 2.4*GHz* 밴드에서 250*Kbps*의 16개 채널(이는 OQPSK를 변조로 사용하는 High-Band라 불림), 915*MHz* 밴드에서 40*Kbps*의 10개 채널, 868*MHz* 밴드에서 20*Kbps*의 1개 채널이다(이 둘은 BPSK를 변조로 사용하는 Low-band라 불림). 하나의 IEEE 802.15.4 네트워크는 각 채널의 가용성(Availability), 혼잡(Congestion) 상황, 전송 속도(Data Rate) 등을 고려하여 한 채널을 선택해서 동작한다.

장비의 단순화를 위해, 14개의 물리층 기초 함수들과 35개의 MAC층 기초 함수들을 정의한다. 이는 블루투스의 1/3에 해당되는 수치이다. 장비는 이 49개의 기초 함수를 모두 지원하는 FFD(Full Function Device)와 38개만을 지원하는 RFD(Reduced Function Device)로 나뉜다. RFD는 FFD와만 통신이 가능하고, FFD는 RFD, FFD와 모두 양방향 통신이 가능하고 PAN 조정자, 조정자, 장비로 동작할 수 있다.

데이터는 장비에서 조정자로, 조정자에서 장비로, 그리고 멀티 홉 네트워크에서는 피어 투 피어로 전송이 가능하며, Unslotted CSMA/CA(Carrier Sense Multiple Access with Collision Avoidance) 또는 Slotted CSMA/CA가 사용될 수 있다. 데이터 프레임을 조정자가 보관하고 있음을 비콘을 통해 알리면, 장비가 필요 시 받아 가는 데이터 추출 형태의 간접적 전송 방식도 지원한다. 장비는 자신의 어드레스가 비콘의 데이터 보류 리스트(Data Pending List)에 포함되어 있으면, 데이터 요구 명령(Data Request Command)을 CAP(Contention Access Period)구간에 조정자에 날리고, 조정자는 ACK 프레임을 보낸다. 장비는 해당 데이터를 받으면, ACK를 PAN 조정자에 보낸다. 조정자와 장비 간에는 보장 시구간(Guaranteed Time slot: GTS) 에서 CSMA/CA 없이 데이터 전송을 할 수도 있다.

IEEE 802.15.4 네트워크는 비콘 활성화 모드(Beacon-Enabled Mode) 또는 비콘 비활성화 모드(Non-Beacon-Enabled Mode)로 동작할 수 있다. 비콘 활성화 모드에서 조정자는 비콘을 주기적으로 브로드캐스트하고 장비들은 이 비콘을 동기화한다.

비콘 비활성화 모드에서 비콘 브로드캐스트는 없고, 장비가 요청할 경우 비콘을 유니 캐스트한다. 비콘 활성화 모드에서 수퍼프레임이 다음 〈그림 1.125〉와 같이 정의된다.

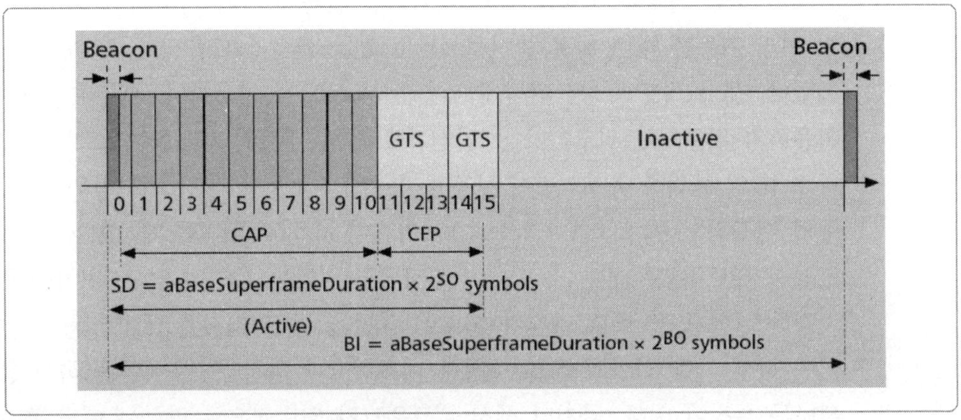

▌그림 1.125▌ IEEE 802.15.4의 수퍼프레임 구조

수퍼프레임은 활성화 부분(Superframe Duration: SD)과 선택적 비활성화 부분으로 구성된다. SD와 비콘 간격은 SO(Superframe Order)와 BO(Beacon Order)에 의해 계산된다. 활성화 부분은 aNumSuperframeSlots(디폴트 16)개의 같은 크기의 슬롯으로 구성되면, 비콘은 첫 번째 슬롯에 전송된다. 활성화 부분는 CAP와 선택적 CFP (Contention-Free Period)로 나뉘며, CAP에서는 Slotted CSMA/CA를 사용하며, CFP에서는 CSMA/CA를 사용하지 않는다. CFP는 7개의 GTS까지 구성할 수 있지만, 다른 장

비와 새로운 장비를 위해 충분한 양의 CAP를 남겨 두도록 한다.

저전력 특성은 비콘 활성화 모드에서 찾을 수 있다. SO 〈〈 BO로 설정함으로써 낮은 듀티 사이클이 가능하다. 배터리 수명을 연장하고자 하는 옵션을 설정하면, 장비는 비콘 프레임을 받은 후 정해진 백 오프 주기(디폴트 6) 후에 비활성화 된다. 즉, 6 최대 백 오프 구간 내에 경쟁 기반 트랜젝션을 시작하여야 한다. 배터리 수명 연장 모드에서는 CSMA-CA BE(Backoff Exponent) 백오프 윈도우(Backoff Window)는 2BE-1 주기에서 무작위 선택의 범위를 0~2로 제한한다. 이는 충돌 회피를 위해 노드가 유휴구간 정보검색(Idle Listening)하는 것을 줄여서 에너지를 보존할 수 있도록 한다.

IEEE 802.15.4는 3개 수준의 보안 방법을 제공한다. 비보안 모드와 암호 인증 사용 없이 접근 제어 목록(Access Control List: ACL)을 써서 비인가 장비들의 접근을 막는 수준의 보안 모드, 암호화 방법 중 하나인 대칭 키를 사용하는 수준의 보안 모드가 있다. AES의 경우, 대칭 키의 분배 시 도청의 위험이 있으므로 공개 암호키를 사용할 수 있다. 보안 기법이 승인되면, 장비는 CCM-64 모드(8바이트 MIC(Message Integrity Code))로 암호화와 데이터 무결성 제공을 사용해야 한다.

1.3.5 무선 센서 네트워크(Sensor Network)

무선 통신 기술과 전자 기술의 획기적인 발전에 따라 가격이 낮고 전력 소모가 적고 여러 기능을 하며 서로 통신을 할 수 있는 센서 노드를 작은 크기로 만들 수 있게 되었다. 센서 네트워크는 이렇게 작은 센서 노드를 이용하여 데이터를 감지하고 이를 활용하기 위한 네트워크이다. 일반적으로 센서 네트워크의 표준으로는 IEEE 802.15.4나 RFID의 물리층, MAC 층이 사용될 수 있으며, 이를 기반으로 상위 응용 메시지 표준의 대표적인 예로 ISA 100.11a 및 지그비 프로토콜을 들 수 있다.

센서 네트워크는 많은 노드들이 밀집되어 있다는 특성이 있고, 위치를 특별히 미리 지정하지 않으며, 노드 자체가 어떠한 연산을 통해 처리된 데이터를 전달하며, 또한 어떤 하부 기반 없이 스스로 구성한 네트워크가 하부 기반 역할을 하여 통신을 하게 된다는 특징이 있다. 하지만 센서 네트워크가 일반적으로 말하는 애드 혹 네트워크와 다른 점은 센서 네트워크에서는 노드가 훨씬 많다는 점, 노드가 밀집되어 있고, 실패가 발생하기 쉽다는 점, 토폴로지가 자주 바뀐다는 점, 전력, 컴퓨팅 능력, 메모리 등이 극히 제한적이라는 점 등을 들 수 있다. 특히 전력 소모 관리는 센서 네트워크에서 중요한 요소로서 한정된 배터리로 최대한 오랫동안 네트워크를 유지하는 것이 중요하다. 현재 에너지 소모를 줄이는 컴퓨팅 방법이나 라우팅 알고리즘, 데이터 전달 방법 등이 많이 연구되고 있다. 그리고 센서 네트워크는 스마트 팩토리(Smart factory) 및 디지털 트윈(Digital twin)과 연동해 산업용 IoT 기술로 진화되고 있다.

1.3.5.1 Smart Dust

Smart Dust는 UC Berkeley의 여러 연구진들과 회사가 참여했으며 DARPA의 MTO MEMS Program이 지원하는 프로젝트로서 밀리미터 단위로 만들어진 센서와 통신 기기들의 플랫폼을 지칭한다. Smart Dust 프로젝트는 전원과 컴퓨팅 능력과 센서 기능과 통신 기능을 가진 밀리미터 단위의 Smart Dust Mote를 만들고 이러한 센서 노드가 수집한 데이터를 가공하여 특정 Host에 전달하는 기능을 구현하는 데 목표를 두고 있다. 이러한 장치가 가능한 것은 근래에 비약적으로 발전하고 있는 디지털 회로기술, 무선 통신기술, MEMS(Micro Electromechanical Systems) 기술 덕분이다. 이러한 기술 덕분에 사이즈와 전력 소모, 단가 등이 줄어 작은 센서 노드를 만들 수 있게 되었다. Smart Dust 프로젝트의 목표는 $1mm^3$ 크기의 센서 노드를 만들고 수백 혹은 수천 개의 센서 노드를 연결할 수 있는 센서 네트워크를 구성하는 것이다. 센서 노드는 현재 수*mm* 크기에 센서와 전력, 아날로그 회로, 양방향 광통신 장치, 프로그래머블 마이크로 프로세서를 탑재한 Smart Dust 노드가 개발되어 있다. Smart Dust 프로젝트에서는 통신을 위해 광을 사용하는데, 이는 온오프 Keying을 통해 데이터를 전달한다. 또한 노드를 뿌리기 위해 마이크로 비행체, 마이크로 로켓 같은 장비를 개발하고 있다. 그리고 COTS Dust라고 하여 COTS(Commercial Off-The-Shelf) 제품을 이용하여 노드를 만들고 센서 네트워크에서의 알고리즘을 개발해오고 있다.

센서 네트워크의 장점을 잘 살릴 수 있는 분야는 유선으로 구성된 인프라를 갖추기 힘든 상황에 독립적인 노드들이 데이터를 감지하는 환경이다. 따라서 다음과 같은 시나리오들을 생각해 볼 수 있다.

- 의료 시스템: 응급 환자의 건강을 감시 및 상태파악을 통한 응급 처리 기능을 제공하거나, 전자섬유(E-Textile)를 이용하여 심장 마비 환자의 발작을 완화시키는 데 사용한다.
- 환경 감시 시스템: 산불, 홍수, 해수 변화 등을 미연에 감지하고 대처하기 위해 센서 노드들을 특정 지역에 배치하고 온도 등의 데이터를 측정하여 조기에 알람을 통해 대처할 수 있도록 할 수 있다.
- 농업용 시스템: 넓은 농토에 온도나 습도에 따른 용수 공급 등에 활용될 수 있다. 데이터를 수집하는 센서노드는 농업과 서식지 모니터링에서 유용하게 쓰인다. 센서 네트워크를 이용하여 농작물의 생산성, 품질, 재배와 수확물을 관리한다. 비가 내리면 수위 조절을 자동으로 조작하거나, 전염병이 돌면 해결한다. 비료, 물, 자양분의 양이 정해져 있는 모델은 특정한 환경에 정확하지 않으므로 센서 네트워크를 이용해 재 설립한다.

• 물류 시스템: 제품의 신선도를 위해 온도나 습도의 데이터를 기록해 두고 필요시 이 정보를 원거리에서도 제공할 수 있도록 할 수 있다. 이 밖에도 건강관리, 가축 관리, 주차 관리 등 많은 분야에 활용될 수 있는데 이 경우 시스템이 각기 다른 특성을 갖게 되므로 각각에 맞는 네트워크를 구성해야 할 필요가 있다.

1.3.5.2 센서 네트워크 기술의 MAC 프로토콜

본 절에서는 무선 센서 네트워크의 MAC 프로토콜의 중요한 이슈인 에너지 관리 문제에 대해 알아본다. 최근의 경향을 보면 에너지 절약과 지연시간의 교환(에너지 절약을 위해 노드가 슬립(Sleep) 상태로 들어가면 데이터 전달을 할 수 없으므로 초기화 할 때까지 기다려야 하는데, 이는 해결하기 위해 지연시간 증가를 야기함)에 대한 연구들이 활발하다.

〈표 1.28〉에 센서 네트워크에서 에너지 관리 이슈를 다루는 MAC 프로토콜들을 정리하였다. 크게 비동기적 방법과 동기적 방법으로 분류한다. '동기적이다'라는 의미는 노드들이 같은 슬롯에, 즉 같은 시각에 같이 깨어나서 통신을 한다는 뜻이다. 〈표 1.28〉에 정리된 것은 하나의 라디오만을 사용하는 것들인데, 이 외에도 웨이크업 라디오를 따로 두어 메인 라디오를 껐다 켰다 하는 부류의 프로토콜이 있다.

[표 1.28] 센서 네트워크를 위한 에너지 최소사용 기반 MAC 프로토콜

분류		Protocol 예
비동기방식(Asynchronous), 경쟁기반(Contention–based)		저전력 청취(Low power listening)[6] WiseMAC [7] BMAC [8]
동기방식 (Synchronous)	경쟁기반 (Contention–based)	S–MAC [9] T–MAC [10] DMAC [11]
	일정기반 (Schedule–based)	TRAMA [12] LMAC [13]

1.3.5.2.1 비동기 경쟁 방식의 프로토콜

가. 저전력 청취(Low Power Listening) 프로토콜

노드는 슬리핑하다가 주기적으로 웨이크 업해서, 채널을 감지한다(〈그림 1.126〉). 신호를 감지하면 액티브 상태로 머무른다. 송신 노드는 보낼 패킷의 프리앰블의 길이를 수신 노드의 웨이크 업 주기보다 길게 함으로써, 수신 노드를 깨운다. 〈그림 1.126〉은 저전력 청취 기반의 패킷 교환하는 예를 보여준다(CS는 Carrier Sense를 말함). 미카와

프리앰블 샘플링이 이 범주에 속한다. 웨이크업 주기를 길게 함으로써 작은 듀티사이클이 가능한 장점이 있으나(이것은 트래픽이 적은 경우에 적합하다), 프리앰블이 길어야 하므로 트래픽이 많은 환경에서 채널 사용률이 현저히 떨어진다는 단점이 있다. BMAC 구현에는 프리앰블 길이가 파라미터로 제공되어서 상위 계층에서 선택이 가능하도록 되어 있다.

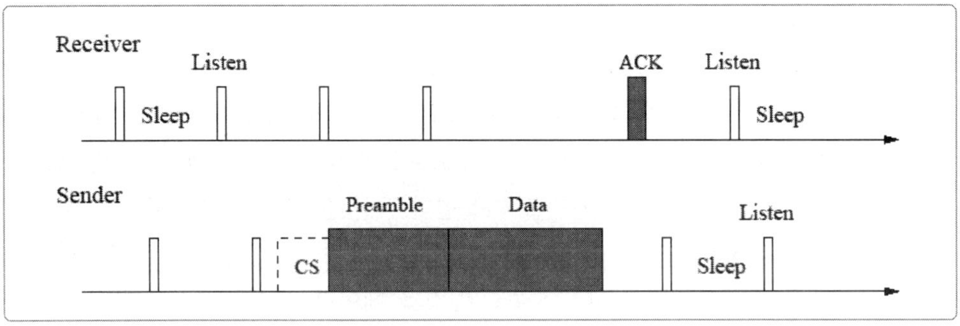

▌그림 1.126▐ Low Power Listening의 데이터 흐름도

나. WiseMAC

WiseMAC은 프리앰블 샘플링의 긴 프리앰블 단점을 보완한다(〈그림 1.127〉). 송신노드가 수신자의 샘플링 스케줄을 알면 긴 프리앰블을 쓸 필요가 없는 점을 이용한다. 데이터에 대한 ACK(Acknowledgment) 패킷을 받음으로써, ACK를 보낸 노드의 샘플링 스케줄을 알고, 이를 모든 이웃노드에 대해서 기록한다. 〈그림 1.127〉과 같이 송신자는 수신자의 샘플링, 즉 웨이크 업 시점을 알기 때문에 프리앰블의 길이를 Tp로 줄일 수 있다. 이렇게 함으로써, 송신자의 에너지를 절약할 뿐 아니라, 수신자의 에너지도 절약할 수 있다. 클럭 드리프트가 존재할 경우, 이전에 패킷을 교환한 후 경과한 시간에 비례하여 프리앰블의 크기를 조절하여, 클럭 드리프트로 인한 문제를 피할 수 있다.

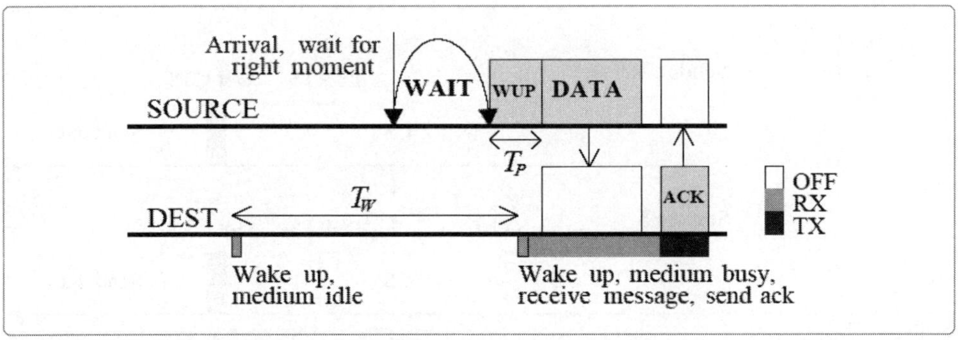

▌그림 1.127▐ WiseMAC의 데이터 흐름도

1.3.5.2.2 동기 및 경쟁 방식의 프로토콜

센서 노드들이 같은 슬롯에 웨이크 업하여 경쟁 방식으로 패킷 교환을 한다. 슬롯 기간 안에 통신이 집중되므로, 비동기 방법에 비해 충돌 확률이 높아진다. S-MAC, T-MAC, DMAC 등이 이 범주에 속하는데, 각기 동작 상태에서 슬립(Sleep) 상태로 전이하는 시점과 방법에서 구별된다.

가. S-MAC

주기적으로 활성화(Active)(즉 웨이크업) 기간과 슬립(Sleep) 기간을 반복한다(〈그림 1.128〉). 이것을 한 슬롯이라 한다. 활동주기는 300*ms*로 고정되고, 슬롯의 길이는 500*ms*에서 1s 사이가 전형적인 값이다. 노드들이 동일한 슬롯에 맞춰 깨어날 수 있도록 가상 클러스터링이라는 기법을 사용한다. 이것은 슬롯의 서두에 SYNC 패킷(노드 주소와 Next Sleep Time)을 브로드캐스트하여, 이를 수신한 다른 노드들이 클럭을 조절하여 동기화하는 방법이다. SYNC 패킷과 데이터 패킷은 Carrier Sense 후 전송된다(데이터 패킷의 경우 RTS/CTS(Request to Send / Clear to Send) 사용). 유동성이나 부트스트래핑(초기에 클러스터 형성 순서에 따라)으로 인해 여러 개의 가상 클러스터들이 존재할 가능성이 있다. 이 경우에 서로 다른 클러스터들의 경계에 위치한 노드들이 서로 다른 활성화 스케줄을 따르게 하는 옵션과 그중 하나만을 따르도록 하는 옵션이 있다.

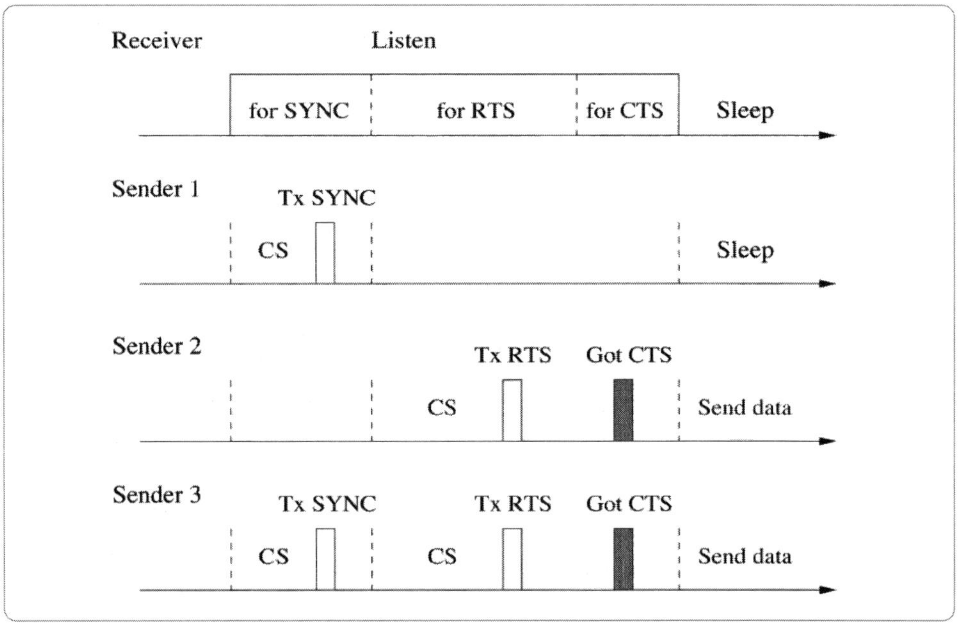

▌그림 1.128▐ S-MAC 데이터 흐름차트

나. T-MAC 프로토콜

듀티 사이클을 의무 사이클 동안 적응적으로 동작하게 한 S-MAC의 개선이다(〈그림 1.129〉). 트래픽 유형(Local Gossip, Convergecast 등)에 맞춰 자동적으로 듀티 사이클을 조절한다. 슬롯은 615*ms*로 고정하되, 활성화 주기의 끝을 조절하기 위해, 15*ms*의 타임아웃) 기법을 사용한다. 타임아웃 기간 동안, 아무런 동작(충돌이나 수신 메시지)이 감지되지 않으면, 슬립(Sleep) 상태로 전이한다. 감지할 경우에는 통신이 끝난 뒤 다시 타임아웃 동안 기다려 본다. 〈그림 1.129〉에서 노드들은 TA 동안 동작 상태를 유지한다. 노드 C가 노드B의 CTS를 Overhearing할 수 있도록 TA 값을 정한다. 이 방법의 문제는 송신하고자 하는 노드가 경쟁에서 다른 노드에게 져서 그 노드의 통신이 끝난 후 다시 RTS를 보내어 송신을 시도할 때, 해당 수신 노드는 이미 타임아웃 이후에 휴지기 상태로 전이하는 경우에 있다. 이를 이른 휴지기(Early-Sleeping) 문제라 부른다. 이 문제를 해결하기 위해 미래 예측형 RTS(Future RTS) 방법을 사용한다. 실험 결과를 보면, 지연시간/처리량 같은 성능보다는 에너지 절약에 더 적합한 것으로 나타났다.

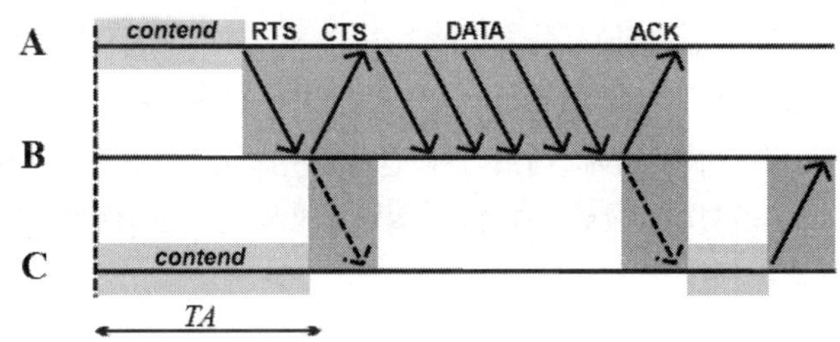

❙그림 1.129❙ T-MAC의 동작 사이클

다. DMAC

T-MAC처럼 적응기간 사이클(Adaptive Duty Cycle)을 채용한다. 지연시간(노드에서 싱크에 이르는)을 줄일 수 있다는 점이 향상되었다(〈그림 1.130〉). 싱크를 루트로 한 트리 구조에 맞춰, '1패킷 Receive 기간+1패킷 Send 기간+n Sleep 기간'으로 이루어진 슬롯 구조를 반복한다. 부모 자식 간에 Rx(Receive)와 Tx(Transmit)가 겹쳐지도록 슬롯을 진입한다. 패킷을 받고 위로 전달한 후 한 주기를 더 깨어 있는데, 이는 자식 중 경쟁에서 진 노드로부터 패킷을 받기 위함이다. 이 주기는 상위에서의 통신과 방해가 되지 않도록 시간상 떨어진 시점에 배치된다. 노드들이 하나의 싱크로 데이터를 전송하는 집약형 전송(Convergecast) 통신에 적합한 프로토콜이다.

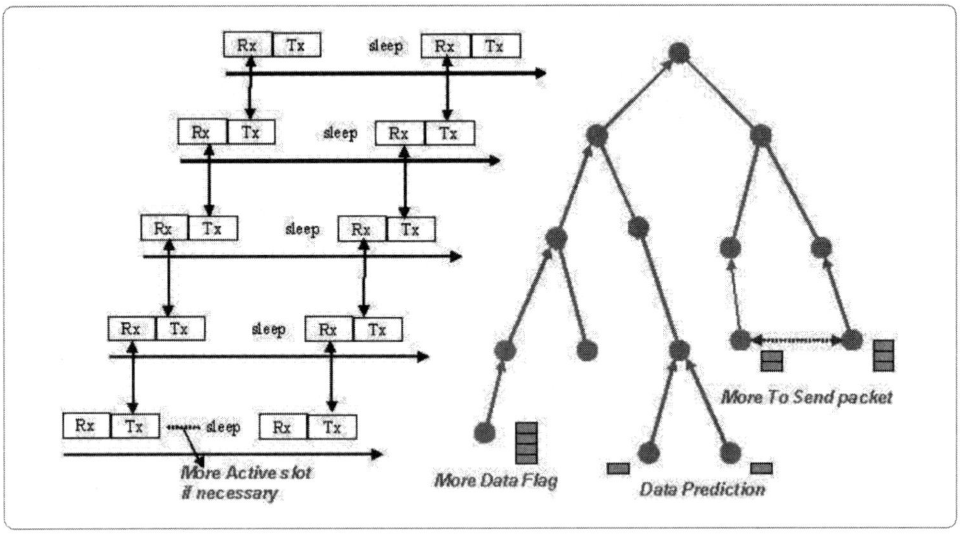

| 그림 1.130 | DMAC의 동작 사이클

라. FPA(Fast Path Algorithm) 프로토콜

여러 스케줄이 존재할 때 하나의 스케줄로 통일하는 방법을 제시하였다(이 점은 여러 스케줄이 공존하는 것을 허용하는 S-MAC과 차별되는 것이다). S-MAC의 Adaptive Listening이나 T-MAC의 Future RTS 방법이 다음 홉 또는 다음다음 홉 노드를 깨우는 한계를 극복하기 위해, 데이터가 전달되는 라우팅 경로를 따라 노드들이 깨어나는 방법을 제안하였다(〈그림 1.131〉). 최단경로는 첫 데이터가 전달되고 나면 설정이 된다.

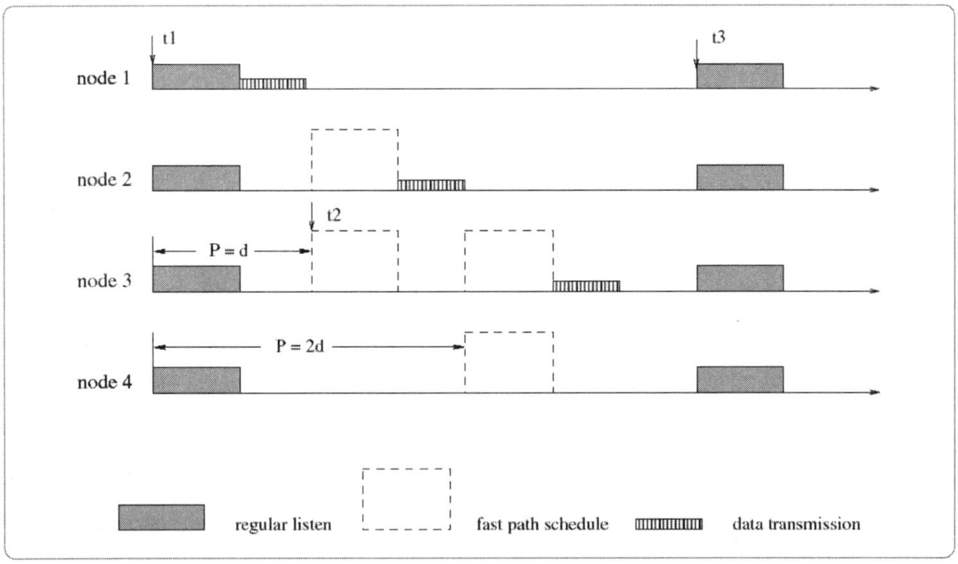

| 그림 1.131 | FPA의 동작 흐름도

1.3.5.2.3 스케줄에 기반한 프로토콜(TDMA protocols)

노드의 송신, 수신 시점에 대한 스케줄 정보를 사전에 다른 노드들과 공유한다. 따라서 통신과 관계없는 노드는 통신 시도를 하지 않으므로, 충돌 없는 통신이 가능하다. 이렇게 Idle Listening을 없애므로, TDMA 프로토콜은 에너지 절약에 적합하다. 하지만 스케줄을 정확히 따르기 위해서는 시간 동기화는 필수적이기 때문에, 멀티 홉 네트워크에서 이 오버헤드를 고려해야 한다. 여기서는 TRAMA와 LMAC에 대해 살펴본다.

가. TRAMA

노드는 자신의 한 홉 이웃 노드의 확인 작업과 자신을 거쳐 가는 트래픽 플로우에 대한 정보를 주기적으로 브로드캐스트 한다. 이렇게 함으로써, 노드는 자신의 한 홉 이웃 노드들의 트래픽 요구 사항과 두 홉 이웃 노드들의 개개 정보(Identity)를 알게 된다. 이 정보를 이용하여 노드는 충돌 없는 슬롯을 결정할 수 있다. 높은 채널 사용률(Channel Utilization)을 얻을 수 있지만, 상당한 지연시간을 감수해야 하고, 알고리즘 복잡도가 심하게 높다는 단점이 있다.

나. LMAC

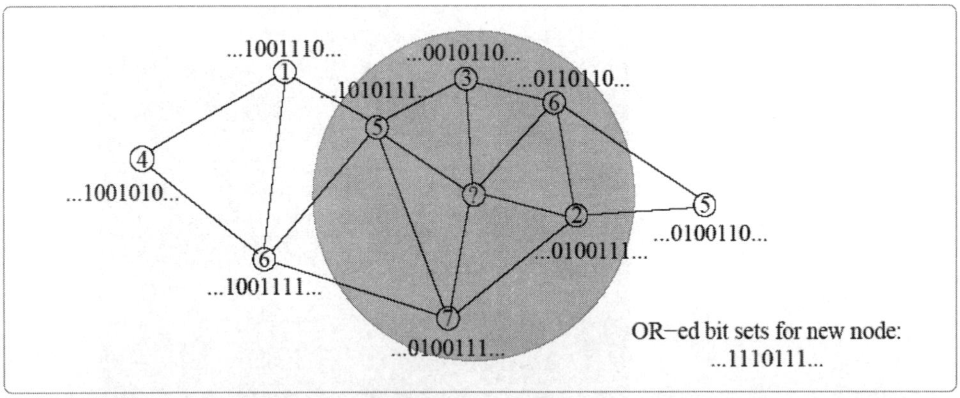

그림 1.132 LMAC의 패킷 흐름 전송도

고정된 크기의 슈퍼프레임이 반복되고, 한 슈퍼프레임은 여러 개의 TDMA 슬롯으로 구성된다. 슬롯은 트래픽 제어 섹션과 뒤이은 데이터 섹션으로 이루어지는데, 트래픽 제어 섹션에 이 슬롯을 소유하고 있는 노드 ID 정보와 이 노드의 이웃 노드가 차지하고 있는 슬롯들을 나타내는 비트 셋을 보낸다. 아울러 데이터의 목적지를 명시하여, 뒤이은 데이터 섹션에서 해당 목적지 노드만 깨어 있고 나머지 노드는 슬립(Sleep)할 수 있도록 한다. 새로운 노드가 2-홉에서 충돌되지 않는 슬롯을 선택하기 위해, 노드는 이웃노드로부터 얻은 비트셋을 OR 동작하여 나온 비트맵을 보고 0에 해당하는 슬롯이 비어있는 것으로 판단한다. 그중 하나의 슬롯을 무작위로 선택하고, 그 슬롯에서 제어 정보를 보내기 시작한다. 만일 둘 이상의 노드가 동일한 슬롯을 선택하여 충돌이 일어나면, 이 충돌을 감지한 다른 노드가 자신의 제어 부분에서 충돌을 통보한다. 이 통보를 받게 된 충돌 노드들은 다시 슬롯 선택 과정을 수행한다.

1.3.6 HomeRF(Home Radio Frequency) 및 IrDA(Infrared Data Association)

▎그림 1.133 ▎ Proxim's HomeRF PC Card adapter is a Type II card

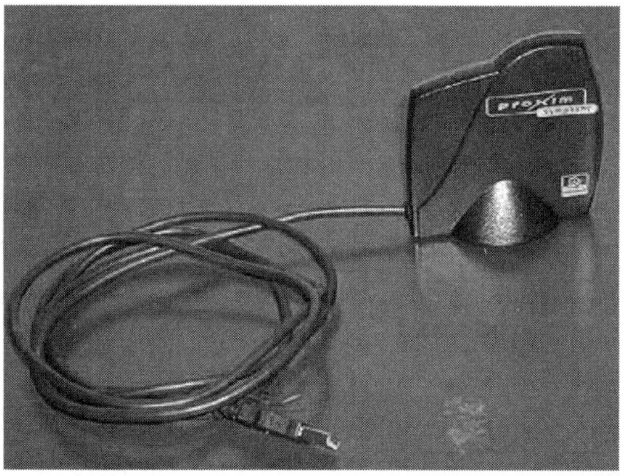

▎그림 1.134 ▎ Proxim's USB HomeRF adapter

HomeRF는 가정용 기기간의 무선 데이터 전송을 가능하게 하는 통신 프로토콜 이다. HomeRF WG(Working Group)는 PC와 가정 내의 가전기기 사이의 무선 디지털 통신을 위한 공개된 사양을 확립하려는 목적으로 설립되었다. HomeRF WG는 개인용 컴퓨터(PC), 가전기기, 주변기기, 통신, 소프트웨어, 반도체 산업을 주도하는 기업들을 회원으로 포함하여 가정 내에서의 무선 통신에 대한 프로토콜인 SWAP(Shared Wirele ss Access Protocol)가 개발했다.

HomeRF는 약 40여 개 이상의 기업을 회원으로 가지고 있으며 회원 수가 빠른 속도로 증가하고 있다. HomeRF는 SWAP 사양의 정의를 돕고, 사양의 일본어 번역을 맡고 있는 HomeRF-Japan 소위원회와 무선 멀티미디어를 지원하기 위한 차세대 SWAP을 계획하고 있는 SWAP-MM과 저가의 프로토콜을 만들고 있는 SWAP-LITE의 세 개의 소위원회로 나누어져 있다.

SWAP 사양은 가정 내 환경에서 무선 음성과 LAN 데이터 서비스를 지원하는 새롭고 일반적인 무선 접면을 정의한다. SWAP은 PC에 의해 개발되고 있는 무선 통신 능력을 가진 많은 제품들과 가정 내에서의 가전기기들 간의 통신을 가능하게 하도록 정의되었으며 PC와 주변기기, 전화, 가전기기들이 서로 전선으로 연결되지 않고도 통신할 수 있도록 해 준다.

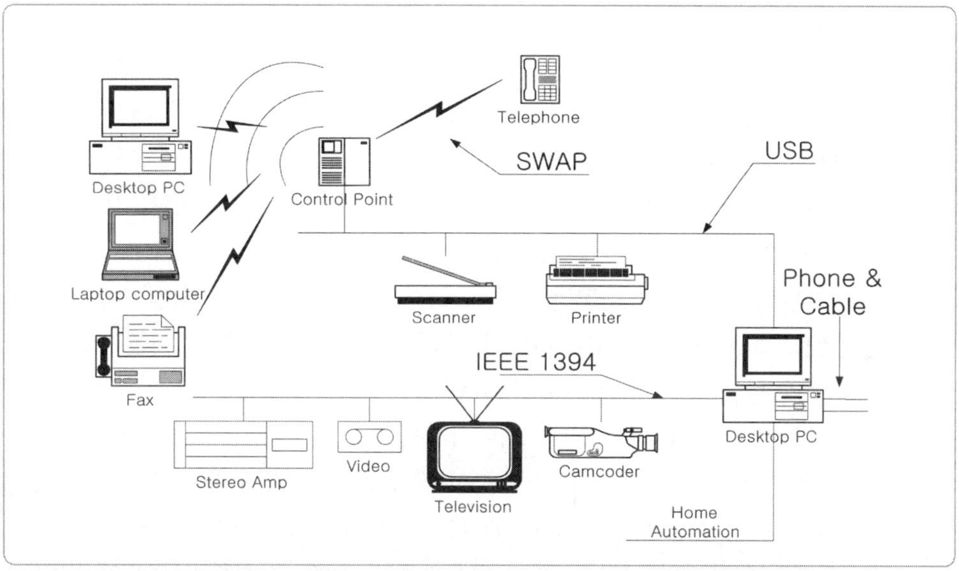

그림 1.135 SWAP의 기본 구조

SWAP는 전 세계적으로 사용이 가능한 2.4*GHz*의 대역폭을 사용하며 DECT(Digital Enhanced Cordless Telecommunication)와 IEEE 802.11 표준안의 요소들을 포함한다.

프로토콜 구조는 물리계층에서 IEEE 802.11의 무선 LAN 표준안을 닮았으며 음성과 같은 등시방식 서비스를 제공하기 위해 DECT 표준안의 일부를 추가함으로써 MAC(Medium Access Control) 계층을 확장시켰다. 따라서 SWAP의 MAC 계층은 TCP/IP와 같은 데이터를 기본으로 하는 프로토콜과 DECT와 같은 음성을 기본으로 하는 프로토콜을 함께 지원할 수 있다. 즉 SWAP은 음성 서비스와 데이터 전송의 시간적인 특성이 중요한 서비스를 제공하는 TDMA(Time Division Multiple Access) 서비스와 고속의 패킷 데이터를 전송하는 CSMA/CD(Carrier Sense Multiple Access/Collision Avoidance) 서비스를 지원한다.

SWAP의 주된 시스템 변수를 살펴보면 2.4*GHz* ISM 대역을 사용하고 100*mW*의 전송 전력을 사용한다. 50*hops/sec*로 네트워크를 호핑하며 데이터 전송속도는 2*FSK* 변환을 할 경우에는 1*Mbps*까지 가능하며 4*FSK* 변환을 하면 2*Mbps*까지 가능하다. 127개까지의 기기를 연결할 수 있으며 애드 혹 방식의 네트워크 구성이 가능하다. 또 음성 통신으로 6개의 완전한 양방향 대화가 가능하며 데이터 압축 기법으로 LZRW3-A를 사용하고 48비트의 네트워크 ID를 사용하여 여러 개의 지역 네트워크가 동시에 동작할 수 있다.

SWAP을 좀 더 자세히 살펴보면, SWAP의 TDMA(Time Division Multiple Access) 서비스는 등시방식 전송을 의미하고 등시방식의 전송을 하는 노드를 I노드라고 한다. 반면에 CSMA(Carrier Sense Multiple Access) 서비스는 비동기방식 전송을 의미하고 비동기방식의 전송을 하는 노드를 A노드라고 한다. 각 노드는 연결점(Connection Point: CP)으로서 네트워크를 관리할 수 있는 기능을 갖는다. 또한 CP는 PC의 부가적인 접면을 포함한다. 활성화된 연결점은 비콘을 전송하고 등시성 트래픽을 관리하며 PC가 없을 때라도 PSTN에의 접근을 지원할 수 있어야 한다. 전원 관리 노드는 A노드만이 가능하며 A노드 전원을 관리할 수 있고 PSTN에의 지원을 요구하지 않으며 활성화된 연결점으로 전이될 수 있다.

SWAP의 프레임 구조는 다음 그림과 같으며 연결점에서의 비콘 신호가 프레임 구조를 설정한다. 20*ms*를 하나의 프레임 단위로 사용하며 이는 125*μs*의 160배이다. TDMA를 지원하는 DECT와 CSMA/CD를 지원하는 IEEE802.11이 하나의 프레임 안에서 동시에 존재할 수 있다. 데이터 전송의 경우에는 IEEE 802.11로부터의 사양을 사용하며 신호의 발산 비용이 충분히 작고 모든 기기에 대해 홉 순서가 동일한 장점이 있다. 음성 전송의 경우에는 DECT를 사용한다. 32*Kbps*의 ADPCM을 사용하고 20*ms*의 프레임과 초기의 재전송, 끝의 아웃바운드, 상향 및 하향링크의 인터리빙을 지원한다.

등시방식 서비스는 무선의 전화나 비디오 폰에 사용된다. PC없이도 전화를 걸 수 있으며 PC가 연결될 경우 향상된 서비스를 제공할 수 있다. 반면에 비동기방식 서비스는 피어 투 피어 서비스이며 파일이나 모뎀, 프린터의 공유를 가능케 해 준다. 그 밖에 등시방식의 전송과 비동기방식의 혼용이 가능하며 비동기방식의 전송을 지원하는 노드는 전원 관리가 필요하다.

SWAP의 개발은 가정 내 무선 LAN 환경의 구축 및 휴대가 가능한 개인용 인텔리전트 기기, 가정 내 보안 시스템의 일시적인 제어 등의 실현을 가능하게 해 준다. SWAP는 최대 2*Mbps*의 전송속도를 가지므로 고화질의 영상 데이터 전달에 적합하지 않다. 따라서 HomeRF는 10*Mbps*의 전송속도를 가지는 멀티미디어 표준 개발을 목표로 연구 중이다. SWAP 1.2(Shared Wireless Access Protocol)은 HomeRF라는 단체에 의해 표준화된 통신 규약이다. SWAP은 음성 및 데이터 신호를 전송하고 공중전화망(PSTN)과 인터넷상에서 상호 통신을 위해 설계되었다. 블루투스 표준과 마찬가지로, SWAP은 OSI 7계층을 모두 규정하였다.

SWAP 기술은 현존하는 무선 전화기 기술(Digital European Cordless Telephone: DECT)과 무선 랜 기술(IEEE 802.11)의 확장선상에서 새로운 종류의 가정 무선 서비스를 위해 고안된 기술이다. 즉, SWAP은 Time Critical 서비스를 위한 TDMA 서비스와 고속의 패킷 데이터를 전달을 위해 CSMA/CA 서비스를 동시에 제공한다.

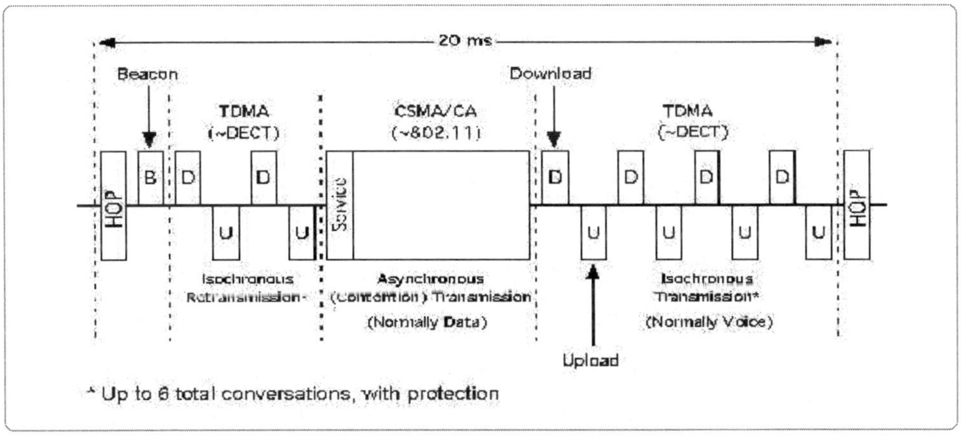

▌그림 1.136 ▌ SWAP 프레임 구조

SWAP 시스템은 애드 혹 네트워크로, 그리고 연결점을 이용한 하부 구조 네트워크로 사용가능하다. 데이터의 전송만이 가능한 애드 혹에서는 모든 스테이션은 동등하며, 네트워크의 제어는 스테이션들 사이에 분배된다. 상호 통신하고 있는 음성 신호와 같은 시간 제약이 있는 통신을 위해서는 시스템을 통합하기 위한 연결점이 필요하다.

PSTN으로의 게이트웨이 역할을 수행하는 연결점은 강화된 음성 및 데이터 서비스를 위해서 USB와 같은 표준 인터페이스를 이용하여 PC에 연결되어 사용할 수 있다. SWAP 시스템은 연결점을 이용하여 각 장치들의 웨이크 업과 폴링을 스케줄 하여 장치의 배터리 수명을 연장시키기 위한 전력을 관리하는 기능을 지원한다.

SWAP 네트워크는 최대 127개의 노드와 6개의 전 양방향 음성 통신을 수용할 수 있다. SWAP 시스템은 2.4*GHz* 대역에서 동작하며, 초당 50회의 홉을 가지는 FHSS(Frequency Hopping Spread Spectrum) 기법을 사용한다. 변조를 위해서는 Frequency Shift Keying이 사용된다.

SWAP의 매체 접근 제어(Medium Access Control: MAC)는 그림과 같이 등시성과

비동기 두 종류의 다른 슬롯들로 이루어져 있다. 특정 주파수에서 시스템의 형성되면, 연결점은 통신을 시작하기 위한 비콘 신호를 보낸다.

일단 동기화되게 되면, 전파는 음성과 데이터 송신을 위해 시간을 분할한다. 데이터는 프레임의 중간 부분에서 IEEE 802.11과 같은 CSMA/CA를 이용하여 송/수신된다. 음성 신호는 프레임의 뒷부분에서 TDMA를 이용하여 처리된다. 프레임의 앞부분은 이전 프레임에서 손실되거나 손상된 TDMA 데이터의 재전송을 위해 비축된다. 이렇게 TDMA와 CSMA/CA를 동시에 사용하기 때문에, SWAP은 하이브리드 프로토콜이라고 할 수 있다.

✤ 기타 가정 내 망 기술

그 밖에 VESA(Video Electronics Standards Association)는 PC와 주변기기, 그리고 가전제품을 Web 기반으로 통합하는 가정 내 통신망의 개발에 중점을 두고 있다. 또 스프린트의 ION(Integrated On-Demand Network)에서는 상호 네트워킹 장비에 의존하지 않는 가정 내 망 기술을 개발하고 있다.

VESA는 소니, 휴렛패커드(HP) 등의 기업이 회원으로 가입되어 있고 PC와 주변기기, 가전기기를 웹(WEB)을 기반으로 통합하는 VESA 홈 네트워크 표준안 마련에 적극 나서고 있다. 가정 내의 기기에 각각 IP 주소를 할당하여 제어할 수 있도록 하고 제어 명령어로서 HTTP(HyperText Transfer Protocol)를 사용한다. HTML과 XML 등의 웹언어를 지원하는 것이 특징이다. 이 표준안은 TV, VCR, DVD, PC 등을 연결하고자 하며 디지털 기기 간 전송 표준인 IEEE 1394를 기반으로 하고 있다.

스프린트사의 ION은 상호 네트워킹 장비에 의존하지 않으며 홈 터미널은 각각의 기기와 일대일로 연결되며 어떤 종류의 외부 네트워크와도 동작할 수 있다. 이 개념은 API(Application Program Interface)의 개발로 인해 현재의 기술만이 아닌 이후의 보다 나은 가정 내 기술도 다룰 수 있는 능력을 가지고 있다. 다만 ION의 경우는 ION식 가정 내 장비의 가격이 높기 때문에 임대하더라도 $150~250 이를 것이라 한다.

1.3.6.2 IrDA(Infrared Data Association)

IrDA(Infrared Data Association)는 IrDA-Data, IrDA-Control, 그리고 새롭게 제정된 표준인 Air의 세 가지의 적외선 통신 표준을 제정하였다. 본 절에서는 IrDA-Data를 중심으로 설명한다. 본문에의 IrDA는 IrDA-Data 표준을 의미한다. 일반적으로 IrDA는 케이블을 이용하여 연결하던 장치들에게 무선 연결을 제공하기 위해 사용되었다. IrDA는 좁은 각도(30° 원추체)상에서 Ad-hoc 데이터의 점 대 점(point-to-point) 전송만 지원할 수 있다. 동작 거리는 0에서 1*m* 이고, 전송속도는 9,600*bps* 에서 16*Mbps* 까지를 지원할 수 있다. 〈표 1.29〉는 IrDA 통신 프로토콜의 상세 포맷을 명시한다.

[표 1.29] IrDA 구성 및 특징

<table>
<tr><th>IrTran-P</th><th>IrObex</th><th>IrLan</th><th>IrCom</th><th>IrMC</th></tr>
<tr><td>LM-LAS</td><td colspan="4">Tiny Transport Protocol-Tiny TP</td></tr>
<tr><td colspan="5">Ir Link Mgmt-MUX-IrLMP</td></tr>
<tr><td colspan="5">Ir Link Access Protocol-IrLAP</td></tr>
<tr><td colspan="2">Async Serial-IR
9600-115.2Kb/s</td><td colspan="2">Sync Serial-IR
1.152Mb/s</td><td>Sync 4PPM
4Mb/s</td></tr>
</table>

일반적인 IrDA의 특징은 다음과 같다.

❶ 전 세계적으로 사용할 수 있는 일반적인 무선 연결로 입증되었다.

❷ 약 5,000만 유닛이 설치되었다.

❸ 많은 하드웨어와 소프트웨어 플랫폼이 제공된다.

❹ 점 대 점 케이블 대체를 위해 설계되었다.

❺ 새로운 표준과의 호환성이 보장되었다.

❻ 좁은 각도(30°)의 원추형의 포인트 앤 슛 방식의 어플리케이션이다.

❼ 다른 전자 장비와의 간섭이 전혀 없고, 하위 레벨에서의 보안이 제공된다.

❽ 고속 데이터의 속도는 현재 4*Mbps*이고 16*Mbps*는 현재 개발 중이다.

IrDA는 노트북, 데스크톱, 그리고 핸드 헬드 컴퓨터 등을 프린터, 전화기, 모뎀, 디지털 카메라, LAN 접근 장치, 의학용 그리고 산업용 장비 등의 여러 가지 주변기기들과 무선 데이터의 전송을 위한 연결 매체로서 사용된다. 전 세계적으로 1억 5,000만 개의 유닛이 설치되었고, 그 수는 매년 40%씩 증가한다. IrDA는 모든 종류의 개인용 컴퓨터, 주변기기, 임베디드 시스템과 장치들에 사용될 수 있다. 또한, IrDA의 전 세계적인 사용과 수용은 다른 표준 기구의 IrDA 표준을 가속화시키는 결과를 가져오고 있다. 전 세계적인 IrDA 표준의 채택과 구현은 범용의 하드웨어 포트와 빠른 소프트웨어 호환성을 가져다줄 것이다.

1.3.7 LoRa 무선통신망

장거리 저전력 무선 통신기술을 위해 LoRa 연맹에 의하여 제안되어지고 발전되어 온 LoRa 무선 통신기술은 무선 변조 기술인 CSS(Chirp Spread Spectrum)을 사용하는 물리 계층과 LPWA(Low Power Wide Area)을 사용하는 MAC 계층으로 나누어진다.

다른 확산 스펙트럼 방법과 마찬가지로, CSS는 레이더용 어플리케이션을 위하여 개발되어, 많은 군사 및 보안 통신 응용 분야에서 전통적으로 사용되었다. 데이터를 전송하기 위해 할당된 전체 대역폭을 사용하므로 효율성은 떨어지지만 채널 잡음에 강한 특징을 가지고 있다. 〈그림 1.138〉은 LoRa 베이스 스테이션에서 떨어진 거리에 따른 지원 데이터 전송 속도를 나타낸다.

[표 1.30] 무선 프로토콜 지원 성능 비교

Feature	LoRa	Sigfox	IEEE 802.11ac
Modulation	SS Chirp	GFSK/DBPSK	OFDM
Data Rate	290*bps*~50*kbps*	100*bps*~128*bytes*/*sec*	6.5*Mbps*~6.933*Mbps*
Power Efficiency	고성능	고성능	Medium
Security/Efficiency	가능(32*bit*)	가능(32*bit*)	가능(32*bit*)
Range	2-5*km* 도시지역 15*km* 비도시지역 45*km* 시골지역	2-5*km* 도시지역 - 30-50*km* 시골지역	〈 1.5*km*
Interface Immunity	고성능	저성능	저성능
Scalability	가능	가능	가능

LoRa 통신 프로 토콜은 LoRaWAN이라는 이름의 개방형 표준 시방으로 저전력 및 500*m*에서 1*km* 정도의 넓은 영역을 위한 통신 규약이다. 국지적 인터넷 연동 기술을 기반으로 비면허대역에서 동작되며 현재 국내외에서 축산 및 농업 사물 인터넷, 산업용 근거리 연동 기술로 활용되어지고 있다. LoRa 표준은 아래 그림〈1.137〉과 같이 물리층에서 변복조기술에 대한 정의와 MAC계층 및 응용 계층으로 정의되어 질 수 있다. 산업통신망 영역에서는 산업용 무선랜과 연동해 무선랜이 서비스 할 수 없는 넓은 영역에서의 종단 센서 및 구동기들의 데이터 전송이 가능하다. 또한, ISA.100.11a 표준 및 WirelessHART 기술이 적용되어지지 못하는 광역에서 저전력 통신망 기술로 광범위하게 적용되어질 수 있다.

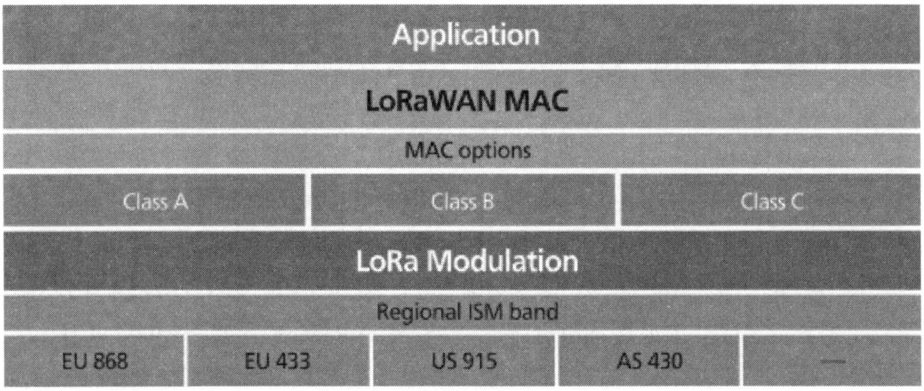

▌그림 1.137▐ LoRa 통신 프로토콜의 계층적 구소

LoRa(Long Range)는 Low Power Wide Area(LPWA)기술 중 하나로 산업 · 과학 · 의료(Industrial Scientific Medical(ISM)) 대역폭을 사용하고 있어 사설 네트워크를 구성할 수 있으며, IoT 플랫폼을 제작하기 적합한 대역폭의 무선채널을 가지고 있다. CSS와 LoRaWAN 프로토콜을 사용하며, 〈그림 1.138〉과 같이 수 *km* 이상의 유효거리를 이용한 폭 넓은 확장성을 가지고 있다.

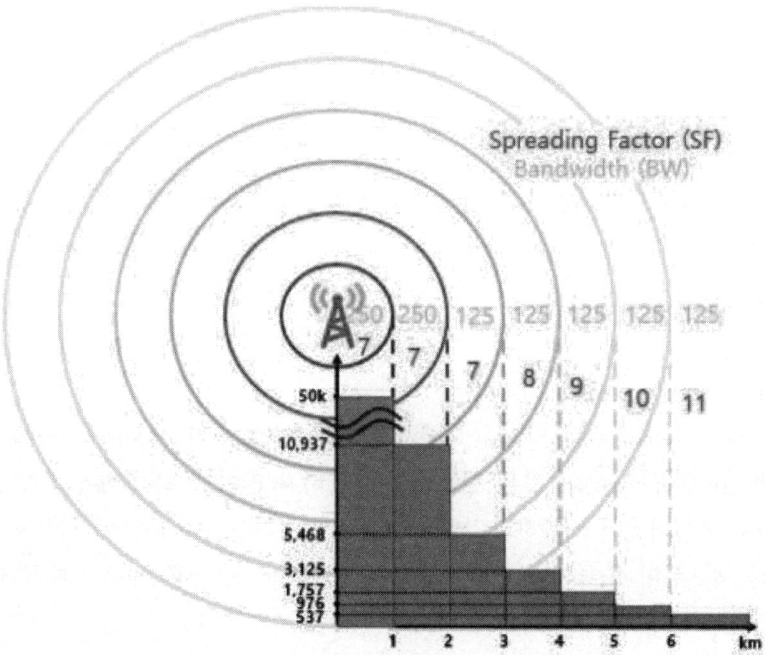

▌그림 1.138▐ 지원 LoRa 데이터 전송 속도

현재 LoRa는 LoRa 연맹에 의해 표준화가 진행되었으며 Orange(프랑스), Bouyques (프랑스), KPN(네덜란드)에 의해 상용화되었다. LoRa는 SemTech 모뎀칩, 단말모듈 (Microchip 등 11개 업체), 기지국(Kerlink, Cisco 등 4개 업체), N/W Server 솔루션 (Actility, IBM) 으로 넓은 영역에 시스템을 구축할 수 있다. 주파수 대역은 비면허 Sub Ghz 대역으로 800~900*Mhz*를 사용하며, RF 대역폭은 125*kHz*를 사용한다. 전송 속도는 18~37,500*bps* 이며 데이터 크기는 최대 200*Byte*를 지원하고, 기지국 당 수신 감도는 LTE 대비 20~30*dB* 우위에 있다. 현재 단말 통신 모듈 가격은 $5로 예상되고 있으며 이는 가격 경쟁력면에서 다른 통신 모듈에 비해 장점을 가짐을 알 수 있다.

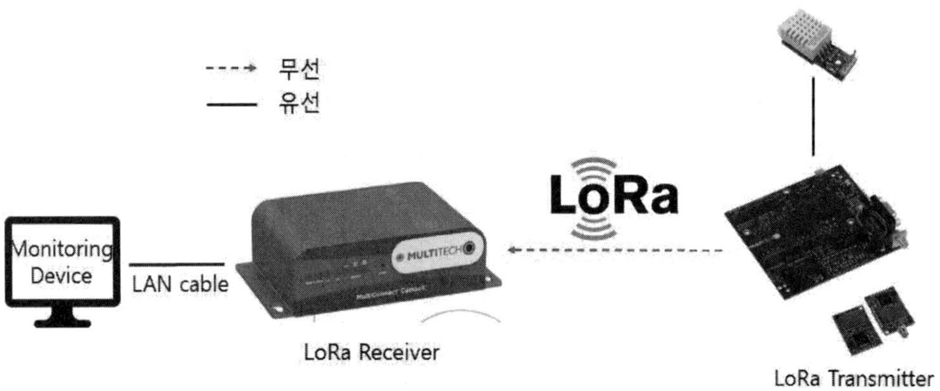

▎그림 1.139 ▎ LoRaWAN 프로토콜 토폴로지

〈그림 1.139〉는 LoRaWAN 프로토콜을 이용한 망 구성을 위한 토폴로지 구성도이다. LoRa 전송기(Transmitter)에 센서 노드(Sensor Nodes)를 부착 시켜 각 정보를 LoRa 망을 통해 원격 모니터링(Monitoring) 할 수 있는 구조를 가진다. 또한 LoRaWAN 프로토콜을 사용하여 디바이스가 복수 개의 기지국에 접속 가능하며 단순한 접속 절차로 대량의 디바이스 수용이 용이하다.

LoRa는 16.0934*km*에 달하는 전송 거리를 지원해주기 때문에 디바이스와 기지국 간에 리피터(Repeater)와 같은 인프라를 구축하지 않아도 되기 때문에 연결 단순화가 이루어져 구축비용이 저렴하다. 기본적인 구성이 간단하기 때문에 사용자의 요구사항에 따라 재구성이 용이하고 ADR(Adaptive Data Rate)을 지원해주기 때문에 신뢰성 있고 견고한 네트워크 구성이 가능하다.

이처럼 장거리 지원, 소량의 데이터 전송, 저전력 통신 등과 같은 이유로 IoT에 최적화된 네트워크 기술로 손꼽히고 있다. 현재 단말 및 게이트웨이 솔루션 등이 연맹 멤버를 통해 상용화되어 있고, 국내에는 SKT와 KT가 이를 활용하여 IoT에 보급하고 활성화하려는 움직임이 있다. 전용 NB-IoT의 경우 국내에서는 한 채널이 200*KHz*로 규정되어 있으며, 활성화 방안의 일환으로 900*MHz* 대역으로 실내 공동사용이 가능하게 상향되었다.

현재까지 IoT가 활성화되지 않은 요인이 통신거리, 전력소모, 월정료, 인프라 설치비용 등을 해결해야하는 솔루션이 필요했고, 이를 해결할 수 있는 기술로 LoRa 및 SigFox가 관심이 집중되고 있다. 이 기술들은 기존 셀룰러 망과 연동되어 상호 간의 장점을 채택하여 보완적 기술로도 활용될 수 있을 것으로 보인다. 국내에서는 SKT에서 LoRa 기반의 연동기술 해결책을 제안하고 있다.

1.4.
응용사례: 무선 기반 디스플레이 통신 S/W 모듈의 설계

일반적으로 PVM(Public View Monitor)는 대형 할인 마트, 백화점 등의 에스컬레이터, 각 매장의 입구, 혹은 매장내부에 위치하여 고객들에게 광고와 정보를 제공하는 디스플레이 장치를 말한다. 이 PVM은 이제 각 매장 및 공공주차장에서 쉽게 접할 수 있게 되었다. 하지만 기존의 장치는 이동형 메모리카드를 교체하거나 유선통신을 이용하기 때문에 업그레이드 및 유지보수가 불편한 단점이 있다. 최근에 Ethernet을 이용하여 업그레이드를 하는 방식 등이 제시되었지만 시스템의 비용과 편의성면에서 부족함이 많다.

본 장에서는 기존에 개발 되어 사용되고 있는 PVM 장치를 근거리 무선통신을 이용하여 유지 보수 및 내용을 업데이트 할 수 있는 통신 S/W모듈의 설계하고 개발방법을 예로 제시하고 설명해본다.

1.4.1 무선기반 PVM용 S/W 모듈 설계

우선 무선 PVM장치를 개발하기 위해서 2.4GHz 근거리 무선통신기술 중 IEEE 802.11, IEEE 802.15.4, Bluetooth 등의 통신기술의 장단점을 분석해 적용 기술을 선택해야한다. 이를 바탕으로 가격 및 전송 속도와 시스템 리소스 한계 등을 고려하여 Bluetooth를 무선 PVM 모듈의 통신방법으로 선정하였고 고용 문자, 영상 및 음성의 효율적 데이터 전송을 위하여 개발되었다. 이를 위하여 영상 디스플레이 장치 및 응용환경에 적합한 Bluetooth 프로토콜 스택을 사용자는 오픈 소스를 이용해 개발해보거나 사용할 수 있다. 또한 적용환경에 맞춰 간소화 된 통신 기능 및 응용서비스를 구현하였다. 개발된 무선기반의 PVM장치로 다양한 데이터를 전송하기 위해서 〈그림 1.140〉과 같이 OPP(Object Push Profile)로 시스템이 구현되었다.

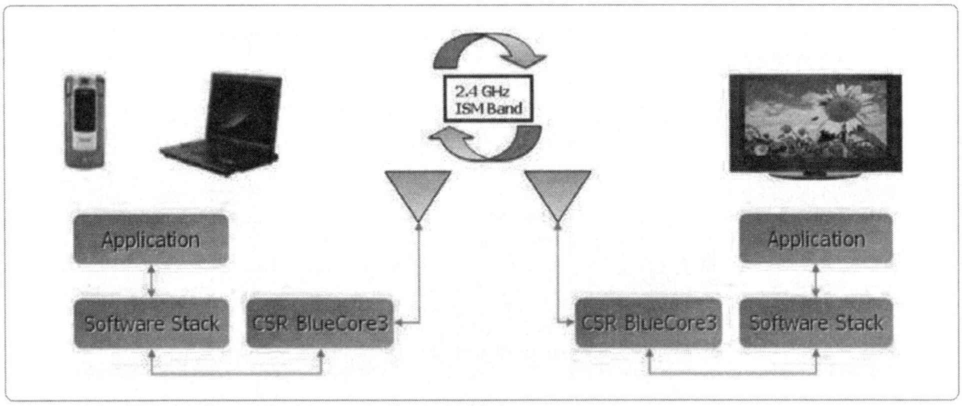

| 그림 1.140 | PVM 업데이트 시스템의 개요

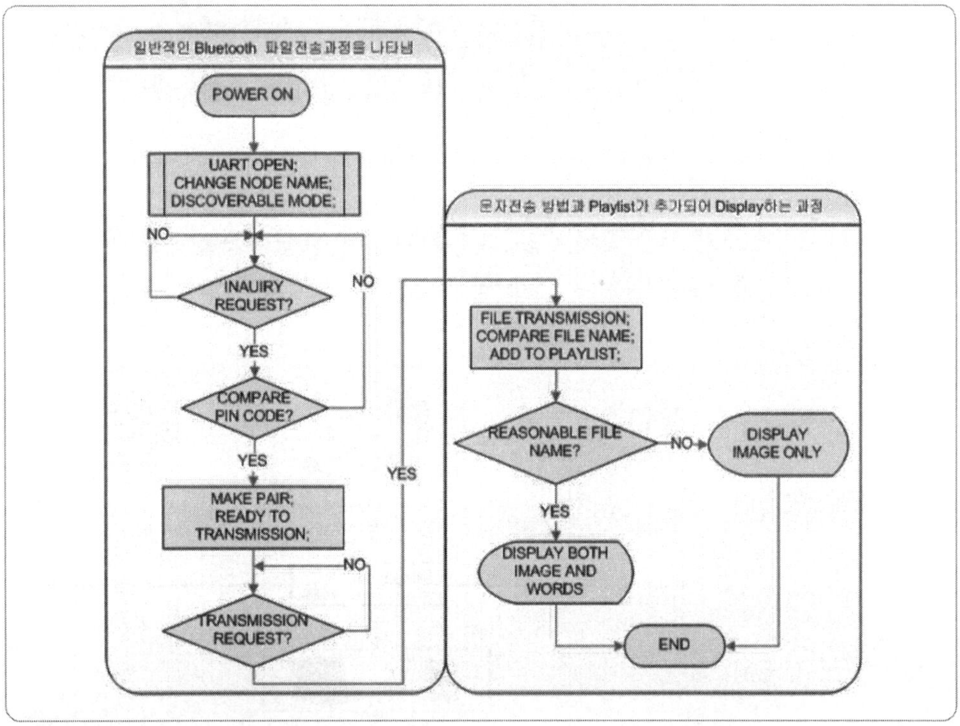

| 그림 1.141 | 구현 시스템의 흐름도 예

〈그림 1.1410〉은 예제로 개발된 무선기반 PVM의 무선파일 전송부터 디스플레이까지의 연동 과정을 나타낸 구현 시스템의 동작흐름도이다. 개발된 시스템은 사용자의 모바일 장치 또는 스마트 플랫폼으로부터 다양한 멀티미디어 데이터를 자동으로 업데이트한다.

우선으로 광고 문구를 전송하는 방법으로 파일명을 이용하는데 확장자를 제외한 문자가 PVM에 출력되게 된다. 송수신루틴에서 광고 문구를 따로 전송하게 된다면 다른

OPP를 사용하는 장치와 연동이 안 되고 또 PVM에서 사용하는 광고문구가 보통 100자 이하이기 때문에 일명을 문자전송의 수단으로 사용할 수 있다. 단, 디지털 카메라 등에서 자동으로 생성되는 파일등은 디스플레이 되지 않을 수 있다.

▍그림 1.142 ▍ 공공장소에서의 PVM의 사용 예

유동인구가 많은 곳에 〈그림 1.142〉과 같이 대형 PVM장치를 위한 광고내용을 근거리 무선통신을 이용하여 쉽게 업데이트하는 방법을 설명한다.

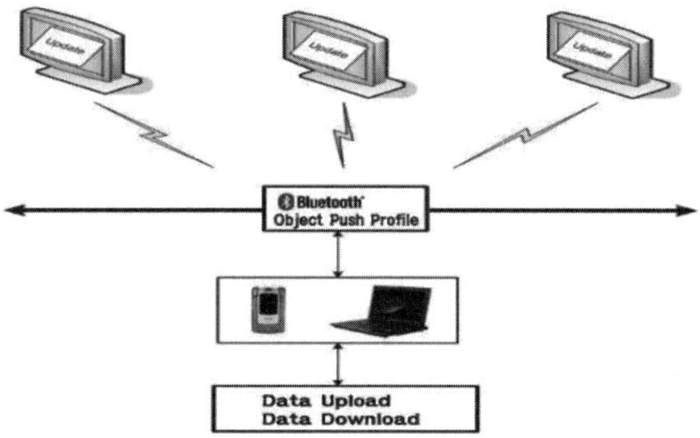

▍그림 1.143 ▍ 모바일 장치를 이용한 PVM 업데이트 동작 예

각 데이터의 업데이트 방법은 〈그림 1.143〉처럼 Bluetooth 파일전송(OPP) 기능이 있는 휴대전화나 스마트기기, 노트북 컴퓨터 등을 이용하여 관리자가 쉽게 업데이트 할 수 있다.

1.4.2 무선 PVM 장치 구현 및 테스트

본 장에서 구현된 시스템 전체 구조는 <그림 1.144>와 같이 각 장치의 좌측에 블루투스 모듈인 BTLDK-301이 UART인터페이스로 각각 연결되어 있고 PC에서 PVM으로 파일을 전송하여 업데이트 한 후 이를 하위란에 텍스트로 디스플레이 하고 있다. 또한 포터블 장치를 통해서도 쉽게 유지보수 및 데이터 전송이 가능하며 이를 통해 수신기능이 탑재된 임베디드 시스템 설계의 기초적 지식을 배울 수 있다. PVM 장치들은 대형마트나 백화점, 기차역 등에서 무선으로 텍스트 기반 콘텐츠들을 업로드 해 유지 관리를 용이하게 할 수 있다.

현재 출시되는 UHD TV나 QLED TV들은 기본적으로 블루투스 기능의 서비스들을 통신서비스들과 연동해 제공하고 있다.

▎그림 1.144 ▎ Bluetooth를 이용한 PVM 업데이트 시스템

Chapter

02

Fieldbus용 유무선 제어 통신망

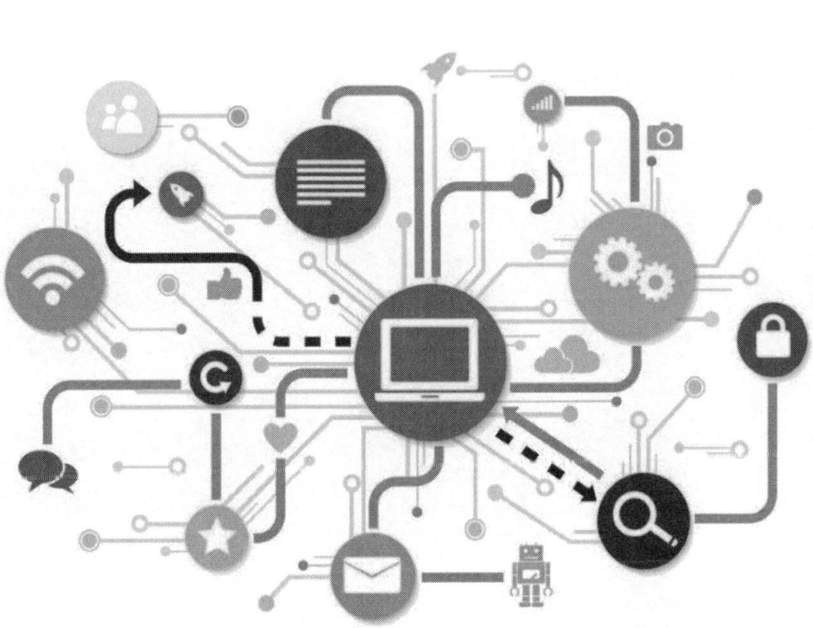

2.1. 필드버스 개요

이 장에서는 필드버스에 대한 기본적인 내용을 다룬다. 필드버스의 역사 및 표준화 과정에 대하여 간단히 서술하고, 필드버스들에서 공통적으로 발견되는 일반적인 사양들을 설명할 것이다. 또한 필드버스의 요건을 나열하고, 이 요건을 만족하기 위한 필드버스의 특성들과 이로 인한 필드버스의 유용성에 대하여 설명할 것이다. 또한, 마지막 절에서는 필드버스의 상위응용계층에서 사용되는 서비스 및 각 회사별 표준 서비스들에 대해서도 알아보기로 한다.

2.1.1 필드버스 역사 및 표준화

1940년대의 공정 계측 분야는 제어 기기의 감시를 위해 일정규격의 압력신호에 의존하여 왔다. 그러다가 1960년대에 4-20mA의 전류에 의한 아날로그 신호 표준이 계측 분야에 소개되었다. 그러한 표준에도 불구하고 표준 명세시에 의해 설계되지 않은 다양한 신호 레벨이 현장에서는 사용되었다. 1970년대 들어, 디지털 프로세서가 발전하면서 중앙제어기에서 계측 시스템을 감시하고 제어하는데 컴퓨터의 사용이 촉진되었고 1980년대에는 디지털 제어와 마이크로프로세서 환경에서 지능적 처리가 가능한 스마트 센서가 실제 현장에 적용되었다. 이로 인해, 시스템의 수행 능력을 극대화하기 위해서 다양한 종류의 디지털 계측기기를 필드 통신망으로 통합할 필요성이 커지게 되었다. 즉, 지능적인 계측과 제어를 보다 명확하고 효율적으로 하기 위해 필드버스 표준이 요구 되었다.

| 그림 2.1 | 지역별로 사용되는 필드버스의 종류

1990년대에 들어서면서 필드버스가 본격적으로 현장에 적용되기 시작하면서 IEC(International Electro-technical Committee)에서는 이에 대한 세계표준이 필요하다 여기고 독자적인 안(IEC Bus)을 세계표준을 추진하다 세계 각국의 반대에 부딪혀서 세계표준작업을 실패하고 대신에 각국에서 제안을 받아 여러 종류의 세계표준을 결정하게 되었다. 이때 참여한 것으로는 파운데이션 필드버스 (Type 1), 컨트롤넷(Type 2), 프로피버스(Type 3), P-net(Type 4), 고속 파운데이션 필드버스 이더넷(Type 5), 스위프트넷(Type 6), 월드FIP(Type 7), Interbus(Type 8) 등 총 여덟 개이다. 최근 결정된 Type 9와 프로피넷(Type 10)은 세 번째 개정판부터 나타나게 된다. 이렇게 해서 현재 나온 필드버스와 관련한 세계표준은 IEC 61158 이라는 하나의 문서번호를 가지고 있지만 내용은 여러 개로 나누어서 구성되어 있다. IEC 61158이 가진 각 부분들의 내용은 다음과 같다.

- IEC 61158-1: IEC 61158 시리즈에 대한 소개

  IEC 61158의 구조와 내용 그리고 IEC 61784와 조합하여 사용하는 방법을 설명하고 OSI 기본참조모델의 구조와 어떻게 관계되는지 살펴본다.

- IEC 61158-2: 물리계층 사양과 서비스 정의

  물리계층은 물리적 연결을 가로질러 데이터링크 계층의 전송을 하는 기능을 정의하고 필드버스 요소들의 요구사항을 구체화하며 매개체와 에러 조사 전에 행하는 데이터 통합성과 물리계층에서의 디바이스들 간의 상호작용성의 만족 가능한 레벨을 확인하기 위해 필요한 네트워크 설정요구사항들을 구체화한다.

- IEC 61158-3: 데이터 링크 계층 서비스 정의

  자동화시스템 요소들 간의 상호연결을 용이하게 하기 위한 부분이다. OSI 기본참조모델에 부분적으로 기반한 3계층 필드버스 참조모델에서 정의된 것과 관련된다. 두 참조모델 모두 각 계층별로 표준화의 영역을 분화한다. 데이터링크 서비스는 물리계층에서 유용한 서비스들을 이용하는 데이터링크 프로토콜에 의해 공급된다. 이 부분에서는 상위계층 프로토콜들이 이용 가능한 서비스 특성들을 정의한다.

- IEC 61158-4: 데이터 링크 계층 프로토콜 사양

  데이터링크 프로토콜은 물리계층으로부터 사용가능한 서비스를 이용함에 의해 데이터링크서비스를 공급한다.

- IEC 61158-5: 응용계층 서비스 정의

  응용 서비스는 데이터링크 또는 그 이하의 계층의 서비스들을 이용하는 응용프

로토콜에 의해 공급된다. 상위계층 프로토콜들이 사용가능한 응용서비스들을 정의한다.

- IEC 61158-6: 응용계층 프로토콜 정의
  이 표준은 필드버스응용계층(Fieldbus Application Layer(FAL)) 프로토콜을 설명한다. 정보교환과 응용서비스를 지원하는 응용 엔터티 요청 사이에 상호작용을 정의한다. 응용프로토콜은 데이터링크와 다른 하부계층들로부터 사용가능한 서비스를 이용하여 응용서비스를 제공한다.

- IEC 61158-7: 시스템 관리 (System Management)에 대한 서비스 정의

- IEC 61158-8: 적합성 테스팅 (Conformance Testing)
  표준 인증 적합성에 대한 테스팅 절차

2.2장에서 IEC 61158-3에서 채택한 여덟 가지 필드버스에 대하여 자세히 동작과 구조를 설명할 것이다.

2.1.2 필드버스의 계층 구조 및 데이터 특징

필드버스의 일반적인 계층 구조는 〈그림 2.2〉와 같이 구분될 수 있다. 즉 OSI 7계층 구조에서 7 계층인 응용 계층, 2 계층인 데이터 링크 계층 그리고 1 계층인 물리계층으로 구성되어 있으며 실제 사용되고 있는 각 필드버스들에는 조금씩 변형된 형태가 쓰이고 있다. 특히 데이터 링크 계층은 OSI 2 계층에서 4 계층까지의 기능을 적절히 축소한 범위에서 제공할 수 있도록 하며 임계시간을 갖고 있는 응용 기능을 처리할 수 있도록 버스를 관리한다. 필드버스 규약은 엄격한 실시간 요구가 만족되어야 하기 때문에 절대적으로 간략한 3 계층 구조를 택하며 필요한 기능들만으로 보통 제한하고 있다.

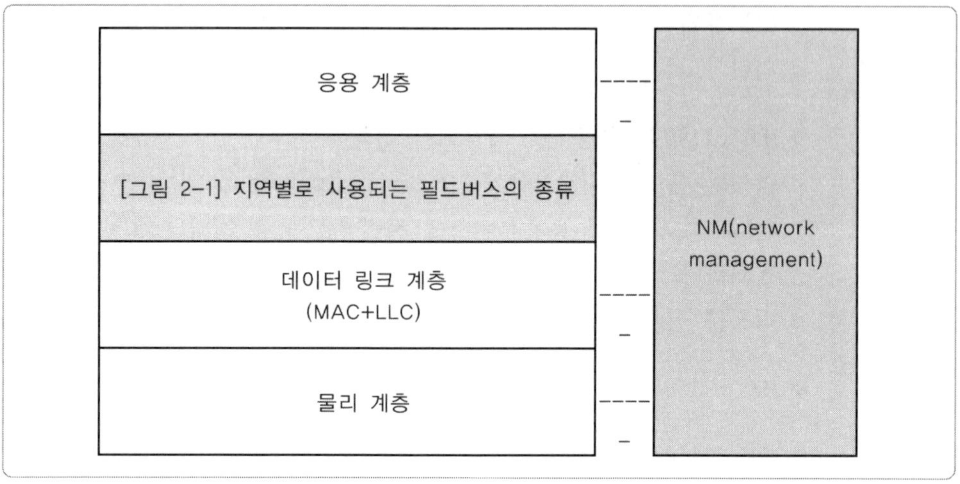

❙그림 2.2❙ 필드버스 3 계층 모델

가. 물리 계층(physical layer)

(1) 필드버스의 망 형태(topology)

필드버스의 노드들은 다른 형상을 가질 수가 있는데, 이러한 망 형태는 버스형, 스타형, 링형의 3가지 형태 중 하나로 구성될 수 있다. 대부분의 필드버스는 버스 형상의 통신망 구조를 기본적으로 갖는다. 〈그림 2.3〉은 필드버스로 이루어진 기본적인 버스 통신망 형상이다. 여기서는 각 공정단위와 이를 위한 센서 및 구동기가 제어기기와 데이터를 교환하는 통신망으로 연결된 것을 보여주고 있다.

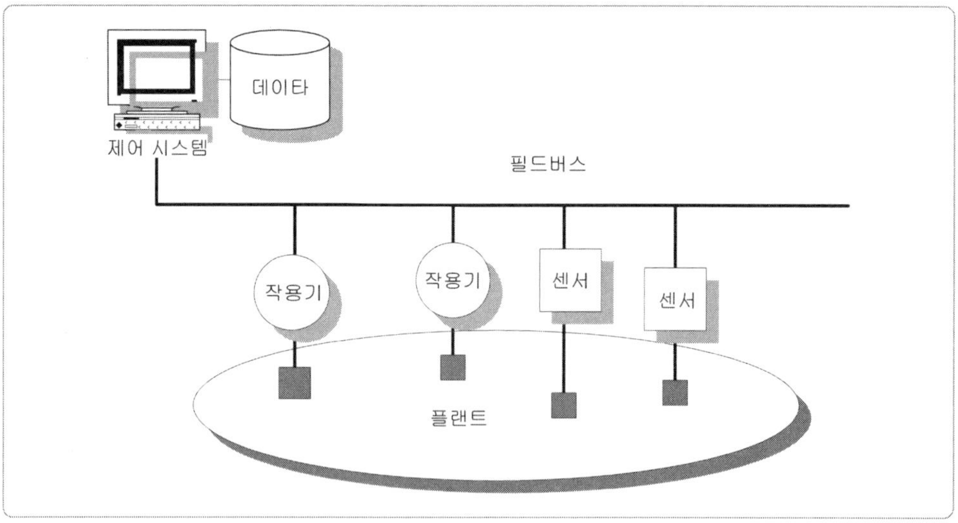

❙그림 2.3❙ 버스형 필드버스 통신망

(2) 필드버스의 전기적 기계적 특성

필드버스의 일반적인 전송매체로 다음과 같은 것들을 사용할 수 있다.

- 꼬임쌍선(twisted pair cable)
- 동축케이블
- 광섬유 케이블
- 전원선

필드버스에서는 네트워크를 통하여 각 연결 기기들에 파워를 공급할 수 있다. 전원을 공급할 때, 전원케이블로 전원을 공급하는 경우가 있고, 전송라인에 전원을 포함하여 전송하는 사양도 필드버스에서 공급한다. 필드버스의 각 파워모듈은 필드버스 세그먼트와 입력 전원공급모듈 사이에 갈바닉 절연을 한다. 그것은 DC 전원공급원이 디지털 필드버스 신호의 질을 떨어뜨리는 것을 막는다. 높은 전압 환경에서는 갈바닉 절연보다 절연 트랜스포머 방법이 더 효과적이므로 어떤 필드버스는 절연 트랜스포머 방법을 사용하기도 한다. 또 다른 전기적, 기계적 기능으로 본질적인 안전이라는 것이 있는데 발화가 쉽게 일어날 수 있는 환경에 필드버스가 설치될 때 충분한 전기적 또는 열에너지를 발산시킬 수 있도록 하여 화재를 미연에 방지하기 위한 기능이다. 가스를 발화시키는 온도 레벨 밑으로 전기적 설비에 필요한 전력량을 제한한다. 화학공장 등에서 사용되는 리모트 I/O 시스템 등이 이의 대표적인 사용 예이다.

필드버스는 일반적으로 버스 망의 형태를 가지며 세그먼트당 30~32개 정도의 노드를 수용할 수 있어야 한다. 전송 매체로는 주로 저렴한 꼬임 쌍선(twisted pair) 케이블(cable)을 사용하지만 경우에 따라서 동축 케이블(coaxial cable) 또는 광섬유(optical fiber)를 선택적으로 사용한다. 광섬유를 사용하는 경우는 고속 및 고신뢰의 데이터 전송이 가능하다. 전송매체와 물리적인 버스 인터페이스의 선택은 주로 필드버스 시스템의 응용 영역에 따라 결정된다. 요구되는 전송의 신뢰도의 정도 외에도 구입비용, 버스 선로의 설치 등도 함께 고려되어야 한다. 그러나 공장자동화, 공정제어 자동화, 빌딩 자동화 등의 다양한 응용 분야에 사용되는 요구조건을 만족시키기 위해서는 필드버스에 특별히 필요한 특성들, 예를 들어 인터페이스, 핀 배치, 버스 종단과 같은 것 등이 규정되어야 한다. 이러한 규정들은 미국 표준 EIA RS-485에 근거하여 만들어졌다. 버스 길이와 데이터 속도는 표준화 추진 기관에 따라 다르지만 일반적으로 버스 길이가 짧은 경우 높은 데이터 속도를 요구하고 버스 길이가 긴 경우 낮은 데이터 속도를 허용한다. 또한 필드버스는 작업 현장에 설치되기 때문에 주위환경에 대해 안전성을 갖추어야 한다.

나. 데이터 링크 계층(data link layer)

매체 접속 제어(MAC: Medium Access Control)는 반드시 두 가지 특별한 공정 및 공장 요구조건을 만족시켜야 한다. 비슷한 기능이 및 지능이 있는 기기들, 예를 들어 CNC(Computerized Numerical Control)나 PLC(Programmable Logic Controller)같은 것들 사이의 통신에 있어서 스테이션은 정해진 시간 내에 통신 작업을 수행하기 위해 충분한 시간을 가져야 한다. 그러나 복잡한 기기와 간단한 주변기기들 사이의 높은 레벨의 통신에서는 실시간 데이터 전송이 가능해야 한다. 위의 두 가지 요구조건을 만족시키기 위해서 증명된 매체 접속 방법이 존재한다. 필드버스 데이터 링크의 특성을 표현한다면 크게 두 가지로 요약이 되는데, 토큰 전달 방법을 사용한다는 것과 마스터와 슬레이브 스테이션으로 나누어서 매체 접속을 하는 방법이 그것이다. 토큰 패싱 방법은 정해진 시간 구간내에 버스를 접근할 수 있는 권한을 할당하여 토큰을 가지고 있을 때만 버스를 접근할 수 있다는 개념이다. 마스터/슬레이브 방법에서는 마스터가 슬레이브와의 통신에서 데이터를 전송할 권한을 갖고 있으며 슬레이브는 단지 수동적으로 반응한다는 개념이다.

❖ 마스터/슬레이브 방법

마스터/슬레이브 방법에서, 마스터라고 불리는 하나의 스테이션은 매체 접속을 제어한다. 제한된 시간동안 데이터를 전송할 권한을 분배시키는데, 그 대상은 슬레이브 스테이션이다. 그러므로, 통신망의 노드들은 작업의 요구조건에 따라서 서로 다른 우선순위를 할당받게 된다. 마스터/슬레이브 접근방식에서는 마스터 스테이션이 통신망 내의 데이터 전송을 관장하므로 망 관리의 면에서 장점이 있으나 마스터 스테이션에 고장이 생길 경우 데이터 전송이 완전히 중단되는 등 시스템 신뢰도 면에 있어서 결점이 있다. 이러한 결점을 보완하기 위하여 두 개 이상의 스테이션들이 마스터 스테이션의 역할을 주기적으로 돌아가면서 수행하는 다중 마스터(multi-master) 방식이 제안되고 있다.

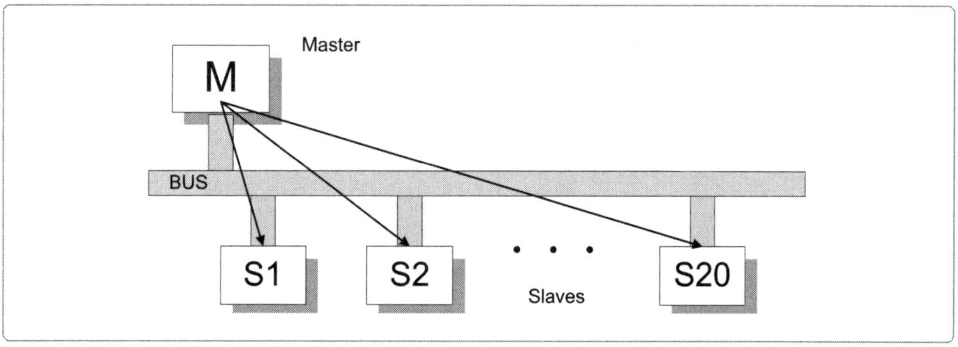

| 그림 2.4 | 마스터/슬레이브 방법

✤ 토큰 전달 방법(IEEE 802.4 참조)

기능적으로 동일한 스테이션이 여러 개 존재하는 근거리 통신망에서, 공정한 중재가 토큰 전달 방법을 통해서 이루어진다. 이 방법은 원래 링 형상구조를 위해 고안된 방법인데 버스형상구조에서 이용하고 있다. 링 형상구조에서는 물리적으로 원형으로 연결되어 있지만 버스형상에서는 선형구조를 이루고 있다. 그래서 토큰은 하나의 스테이션으로부터 다른 스테이션까지 논리적인 링 안에서 전달된다(〈그림 2.5〉 참고). 즉, 물리적으로는 링 형상이 아니지만 버스의 마지막 스테이션에서 처음의 스테이션으로 토큰이 전달됨으로써 링 구조와 같게 된다. 그래서 논리적으로 링 형상이라는 말을 사용한다. 여기서 토큰이라고 하는 것은 특정한 비트의 연속이다. 토큰은 또한 전송에 대한 씌어진 권한이라고 생각하면 된다. 만약 하나의 스테이션이 메시지를 전송하고자 한다면 토큰이 도달할 때까지 기다린 후 매체에서 그것을 꺼낸다. 데이터의 전송이 끝난 후 토큰을 바로 옆에 있는 스테이션으로 미리 정해진 시간 구간 안에 보내야 한다. 이 방법을 통해서 마스터들은 최대 토큰 회전 시간 안에 토큰을 받는 것을 보장받는다.

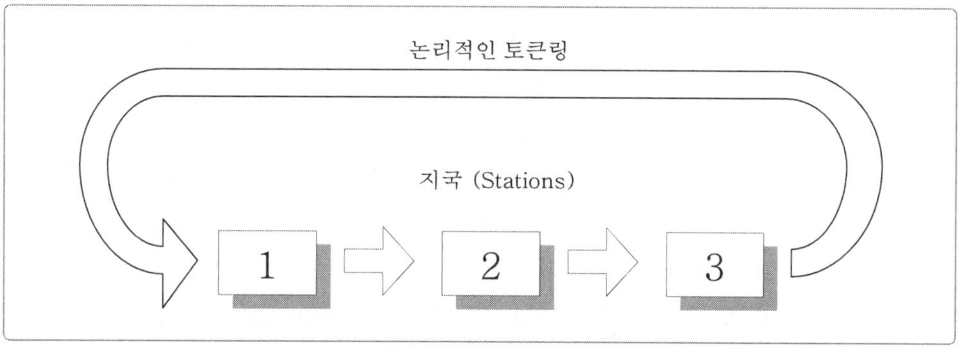

❙그림 2.5❙ 논리적 링

그러나 이 방법에서 하나의 결점은 토큰을 잃어버렸을 경우에 토큰을 관리하는 방법이 복잡하고 비용이 많이 들어간다는 것이다. 이 기능은 통신망의 각 노드에 구현되어 있어야 한다. 게다가, 전송 용량의 일부분이 접근 관리를 위해서 할당되어야 한다. 이 방법의 장점은 확정적인 특성 때문에 사용자를 위해 최대 응답 시간이 보장된다는 것이다. 토큰 버스 방식은 논리적 링(logical ring)을 구성하는 스테이션들이 어느 정도의 지능을 가지고 있어서 각 스테이션의 상태에 따라 언제든지 논리적 링을 재구성할 수 있고 토큰이 넘겨질 때마다 매번 토큰 전달 상태를 점검하는 기능 등으로 인하여 신뢰도 면에서 마스터/슬레이브 접근 방식보다 좋으나 이러한 기능들을 수행하기 위하여 각 노드가 위와 같은 접근 방식의 슬레이브 노드보다 복잡한 구조를 가져야 한다. 그리고 데이터 전송의 주기성을 보장하지 못한다는 단점이 있다.

✤ 혼성(hybrid) 접근 방법

대부분의 필드 자동화 시스템은 하나의 중앙 제어 스테이션과 여러 개의 분산된 필드 기기들로 구성되어 있다. 이것은 일반적으로 중앙 집중식 관리 방식으로 주기적인 데이터 트래픽이 필드 기로부터 중앙 제어 스테이션까지 전달된다. 이러한 통신 상황에 적절한 것이 마스터/슬레이브 방법이다. 반면에, 지역적인 작업 기기, 감시 기기, 프로그래밍 기기 들은 하위 혹은 중위 레벨의 필드 자동화 단위로 연결될 필요성이 존재한다. 이러한 종류의 통신에 적절한 방법이 토큰 전달 방법이다. 왜냐하면 매체 접속 권한의 공정한 분배를 보장할 수 있기 때문이다.

이외에도 이더넷에서 사용되는 CSMA/CD 또는 이를 일부 변경한 MAC 프로토콜을 사용하거나, TDMA 등의 시분할 방법을 사용하는 필드버스도 있다. 마스터/슬레이브 방식, 토큰버스 방식 등과 기타 MAC 프로토콜은 응답시간을 보장하거나 데이터의 주기적 전송, 비주기적 전송이 가능한가에 대해 예측할 수 있는 중요한 잣대가 된다.

데이터 링크 계층의 상부 구조인 LLC(Logical Link Control) 계층은 SDN(Send Data with No acknowledgement), SDA(Send Data with Acknowledgement), RDR (Request Data with Response) 및 SDR(Send Data with Response) 등의 서비스를 제공할 수 있도록 하고 있다. SDN은 하나의 떨어진 스테이션을 폴링(polling)하여 데이터의 전송을 요구하는 데 사용되며 SDR은 SDA와 RDR을 통합한 것으로 데이터의 송수신을 한 번에 처리할 필요가 있을 경우에 사용된다.

유니캐스트, 브로드캐스트, 멀티캐스트의 지원 여부가 필드버스마다 차이가 있으며, 마스터를 하나만 가지고 있거나 또는 여러 개를 가질 수 있는 필드버스 프로토콜도 있다. 또한 노드를 동작 중에 지장 없이 삽입할 수 있는 동적 삽입 여부도 필드버스의 데이터링크 계층의 특성에 따라 다르다. 데이터 보호를 위해서는 CRC, CRC16, 패리티 체크 등의 방법 들이 사용된다. 패킷들은 실시간 전송을 위해서 우선순위를 가지기도 하는데, 최대 127개의 우선순위를 지원하는 필드버스도 있다.

다. 응용 계층(application layer)

응용계층에서 제공되는 기본적인 서비스는 다음과 같다.

- 필드 기기들의 매개 변수 값을 설정 및 변경하고 변수들을 주기적으로 입출력할 수 있는 기능
- 클록(clock)의 동기(synchronization)등과 같이 시스템 운용을 위하여 주기적으로 수행해야 하는 동작

- 통신망을 효율적으로 운용하기 위한 망 관리 기능 등

이외에도 많은 서비스들이 제공되고 있으며 이는 2.1.3절에서 필드버스 메시지 사양(Fiedlbus Message Specification: FMS)을 설명하며 소개될 것이다. 이중 기본적인 기능은 원거리 변수 접근 기능으로 센서 데이터를 제어기에 주기적으로 전달하고 제어기에서 계산된 제어 명령을 구동기(actuator)에 주기적으로 제공해 주는 기능 등이 있으며 사건 관리 기능은 연속 프로세스(process)의 제어에 있어서 각 프로세스에서의 처리 상태를 점검하고 처리 상태에 따라 알맞은 기능을 수행한다.

라. 필드버스 데이터 특징

필드버스 상에서 전달되는 데이터는 다음과 같은 특징을 갖는다.

- 전체 시스템의 관리에 필수적인 센서와 구동기에 관련된 일련의 데이터와 명령들로 구성되어 있다. 이러한 데이터는 공정의 실시간 제어뿐만 아니라 시스템에 연결된 각종 기기들의 동작을 관리하기 위한 것이다.
- 전송속도는 제어를 하기 위한 각 공정의 변수에 의해 결정되며 각 공정의 다양한 요구사항을 만족할 수 있어야 한다.
- 전달되는 모든 데이터와 각 지점에서의 제어 명령은 많은 다른 제어 명령 간의 시간적 일치성(temporal consistency)을 보장할 수 있어야 한다.

필드버스의 데이터는 일반적으로 처리되는 응용의 관점에서 다음의 세 가지의 제한 조건을 만족해야 한다.

- 시간적 일치성(temporal consistency)
- 유효 시간(validity time)
- 공간적 일치성(spatial consistency)

(1) 필드버스에서의 시간의 개념

생산 설비의 주요 기능은 제한 또는 목적 범위 안에서 주어진 생산을 확보하는 것이다. 이러한 목적을 위해서 제어 대상인 프로세스(process)를 검사해야 하며 그 결과와 주어진 요건에 따라 프로세스를 진행할 수 있다. 이러한 검사에는 각 프로세스의 상태의 전개에 대한 정보가 필요한데 이는 다음의 2가지 방법에 의해서 얻어질 수 있다.

첫 번째 방법은 미리 결정된 이산적 순간에서의 프로세스의 전개를 관찰하는 것으로, 각 사건의 동시성 및 동기에 대한 정확한 정의를 가능하게 한다. 두 번째 방법은 프로세스의 전개를 연속적으로 관찰하는 것으로 물리적인 클록에 의해 제공되는 시간 값에 동시성의 정의가 의존한다. 이러한 2가지의 방법은 통신망의 상위 계층에서는

보통 후자의 방법이, 하위 계층에서는 전자의 방법이 주로 쓰이며 각 기기간의 주기적인 정보의 교환을 담당하게 된다. 여기에서는 주로 전자의 방법에 의한 시간의 개념이 이용될 것이다.

(2) 시공간의 일치성(time/space consistency)

주어진 계층에서의 제어 기기들이 표본 데이터 시스템이고 미리 정의된 각 순간에 다음 단계의 데이터를 추출한다면 유효한 데이터의 교환을 위하여 이들 데이터간의 시간과 공간의 일치 여부에 대한 정보가 있어야 한다. 시간의 일치성이란 주어진 제어 기기에서의 일련의 측정값이 같은 추출 주기에서의 하위 기기의 측정값에 상응해야 하는 것을 의미한다.

공간의 일치라는 것은 각기 다른 제어기에 전송되는 데이터들이 동일한 하나의 상태의 추출이면 서로 일치하거나 같은 추출 시점을 나타내야 한다는 것이다.

(3) 유효 시간(validity time), 신선성(freshness)

산업용 통신망에서 어떤 정보는 응용 제어 기기에 주어진 시간 안에 도달하지 않으면 소용이 없는 경우가 있다. 이러한 개념을 유효 시간 혹은 신선성이라는 것이다. 유효 시간이란 주어진 정보가 처음 생성된 시점부터 의미를 유지하고 있는 시간을 말한다. 신선성은 어떤 정보가 여전히 사용 가능한가를 나타내는 성질이다. 같은 정보라도 사용자에 따라서 서로 다른 유효 시간을 가질 수도 있다. 이는 통신망에서 사용자에게 생성 기간을 알려주는 방법을 제공해야 한다는 것을 의미한다. 이러한 문제는 사건에 기반을 둔 시스템 뿐만 아니라 표본 추출 데이터 시스템에도 적용된다.

(4) 용도별 요구사항

필드버스는 산업용 공장 등에 사용되는 이외에도 다른 영역으로 점점 그 사용영역을 넓히고 있다. 대표적인 예로 자동차 내에서 필드버스는 이미 많이 사용되고 있다. CAN(Controller Area Network)나 TTP(Time-Triggered Protocol)등이 자동차용 네트워크로 사용되는 대표적인 필드버스들이다. 또한 대형 운송수단인 기차, 배, 비행기 등에서도 필드버스들이 사용되며, 그것들에 사용되는 필드버스들은 각각 다른 요건들을 가진다. 최근에 필드버스는 가정에서 사용되는 가전기기들 간에 데이터를 교환하는 홈 네트워크로도 그 응용영역을 넓히고 있다. 이 여러 용도와 이 용도에 필요한 각종 요건들이 〈표 2.1〉에 열거되어 있다.

[표 2.1] 영역별로 요구되어지는 필드버스의 요구 사항

	자동차	대형운송수단			홈 네트워크	산업용통신망
		기차	배	비행기		
신뢰성	High	High	High	Very High	Low	High
응답시간	Short	Short	Middle	Very Short	Long	Middle
노이즈에 대한 강인성	High	High	Middle	Very High	Low	High
서비스 거리	Short	Short	Middle	Short	Middle	Long
노드 수	소형	중형	중형	중형	중형-대형	대형
매체	Coaxial, Fiber	TP, Fiber	Coaxial, Fiber	Fiber	Power Line, RF, TP, PNA	Coaxial, Fiber
매체접속제어	CAN, TTP	TCN	Ethernet	Token Ring	Ethernet, Token Passing	Token Bus
망형상	버스	버스	버스	링	다양함	다양함

2.1.3 필드버스의 메시지 규약

FMS 서비스는 사용자 어플리케이션이 표준 메시지 포멧 세트를 사용하는 필드버스 간에 메시지를 보낼 수 있도록 하여 준다. FMS는 메시지를 만드는데 필요한 통신 서비스, 메시지 포멧 그리고 프로토콜 동작 등을 기술한다. FMS는 어떤 필드버스에서는 응용서비스요소의 다른 이름으로도 사용된다.

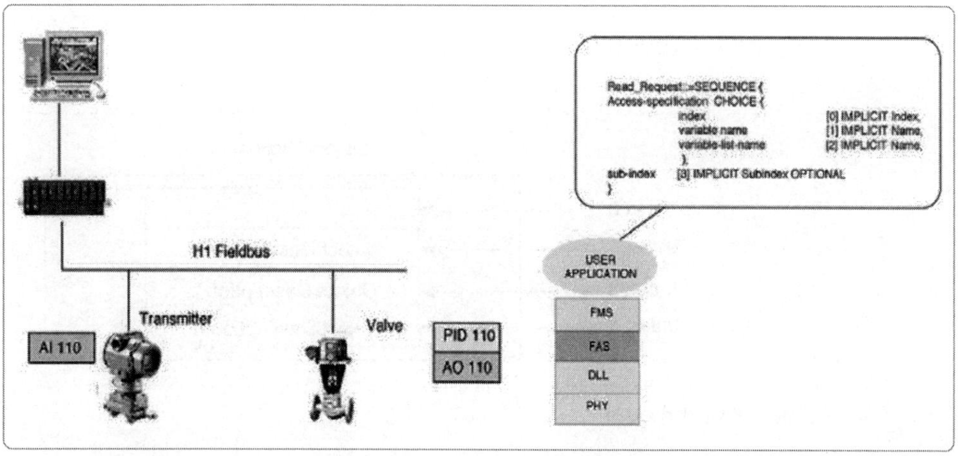

❙그림 2.6❙ FMS의 예

FMS 메시지의 정확한 포멧은 ASN.1(Abstract Syntax Notation 1)으로 불리는 정식 Syntax Description Language에 의해 정의 된다. ASN.1은 CCITT 우편 표준화의 일환으로 1980년대 초에 국제 전신 전화 협의회(CCITT: International Telegraph and Telephone Consultative Committee)에 의해 개발되었다. FMS 읽기 서비스를 위한 ASN.1 정의에 대한 부분적인 예를 〈그림 3.6〉에서 볼 수 있다. 이 예는 아이템들의 액세스 사양과 하위 인덱스 메시지의 시퀀스(sequence)에서 일어나는 것을 보여주고 있다. 액세스 사양은 변수를 액세스하는데 인덱스 또는 이름 중 하나를 사용하는 옵션이다. Sub-index는 옵션으로 선택할 수 있다.하위 인덱스는 배열(array) 또는 레코드 변수의 개별적인 요소를 선택하기 위하여 사용된다. 괄호([]) 안의 숫자는 부호화(encode)된 메시지의 필드들을 구분하기 위해 사용되는 실제 부호화되는 숫자이다.

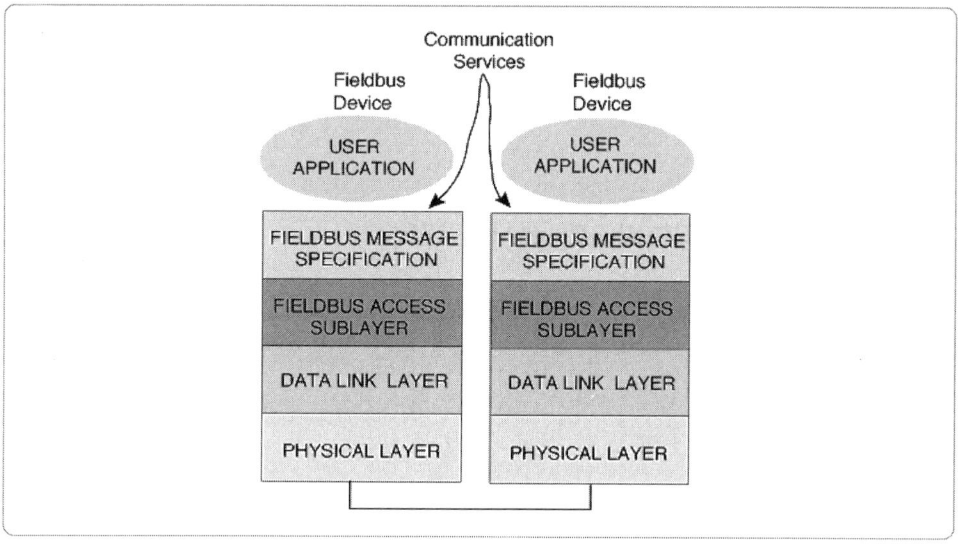

▎그림 2.7▎ FMS의 통신

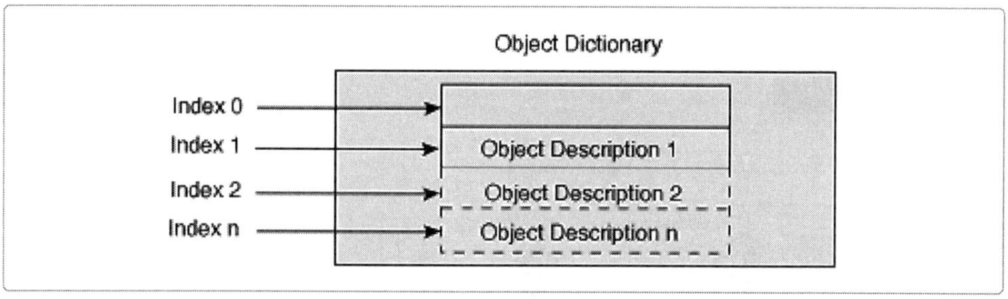

▎그림 2.8▎ 객체 사전

필드버스 간에 통신한 데이터는 "객체묘사(Object Description)"에 의해 기술된다. 객체묘사는 "OD(Object Dictionary: 객체 사전)"이라고 불리는 구조에서 함께 수집된다. 객체 묘사는 객체 사전의 인덱스에 의해 인지된다. 객체사전표제(Object Dictionary Header) 라고 불리는 인덱스 0은 객체사전의 설명을 제공하고 사용자 어플리케이션의 객체묘사를 위한 첫 번째 인덱스를 정의한다. 사용자 어플리케이션인 객체묘사는 인덱스 255 이상 부터 어디서든지 시작할 수 있다. 인덱스 255와 그 이하는 다른 모든 객체묘사를 만들기 위하여 사용되는 참/거짓(Boolean), 정수(Integer), 부동수(Floating), 비트스트링, 그리고 데이터 구조등과 같은 표준 데이터 유형들을 정의한다.

가상 필드 기기(VFD: Virtual Field Device)는 원격 사용자의 입장에서 봤을 때에 시스템의 데이터와 행동을 기술해주는 추상적인 모델이다. 이 모델은 모든 객체와, 서비스를 통해 사용자에게 접근 가능한 통신 객체의 설명을 포함하는 객체 VFD에 근거하여 만들어진다. 보통 하나의 기기는 하나의 VFD만을 가지고 있으나, 기기당 1개 이상을 갖도록 구현하는 것도 가능하다. FAS는 FMS에게 서비스를 제공하기 위해 DLL의 스케듈 특성과 비스케듈 특성을 이용한다. FAS 서비스 형태는 VCR에 의해 표현된다. VCR은 전화의 메모리 기능을 생각하면 이해가 쉽다. VCR은 클라이언트/서버 VCR, Report Distribution VCR, Publisher/Subscriber VCR 3가지로 나눌 수 있다.

FMS 서비스는 필드버스 상의 통신을 위한 기능 블럭과 같은 사용자 어플리케이션을 위한 표준화된 방식을 제공한다. 가상 필드기기와의 가상통신관계를 설정, 해제하는 Context 관리 서비스, 가상 필드기기 내에 있는 객체를 읽고 변경하는 객체사전 서비스, 기기 내의 객체와 관련된 변수들을 읽고 변경하는 변수접근서비스, 이벤트를 관리하기 위해 사용하는 이벤트서비스, 데이터 또는 프로그램 등을 원격으로 업로드 또는 다운로드하는 서비스, 원격으로 기기 내에 프로그램을 실행시키기 위한 프로그램 실행 서비스 등을 FMS는 가지고 있다. 〈표 2.2〉는 필드버스가 제공하는 FMS를 종합하여 크게 분류한 서비스 그룹들을 나열한 것이다.

[표 2.2] FMS의 서비스 그룹들

FMS 서비스 그룹	의미
Context Management Services	가상 필드기기와의 가상통신관계를 설정, 해제하는 서비스
Object Dictionary Services	가상 필드기기 내에 있는 객체를 읽고 변경하는 서비스
Variable Access Services	기기 내의 객체와 관련된 변수들을 읽고 변경하는 서비스
Upload/Download Services	데이터 또는 프로그램 등을 원격으로 업로드 또는 다운로드하는 서비스
Event Services	이벤트를 보고하거나 관리하는 서비스
Domain Access Services	Upload/Download Services와 유사
Program Invocation Services	원격으로 기기 내에 프로그램을 실행시키는 서비스
Administration services	Context Management Services + Object Dictionary Services
VFD support Services	가상 필드 기기(VFD: Virtual Field Device)와 관련된 서비스

2.2.4 필드버스의 유용성

필드버스는 최종 사용자에게 많은 이득을 준다. 필드버스의 주요 이점이면서 최종 사용자에게 매력적인 것은 비용 감소라고 할 수 있다. 최종 사용자는 설치 비용 감소, 유지비용 감소, 향상된 시스템의 성능에 따르는 비용 감소 등의 세 가지 주요 부분에서 비용 감소 효과를 얻는다.

가. 설치비용 감소

필드버스의 주요 특징 중의 하나는 배선을 현저히 감소시킨다는 것이다. 즉각 기기들이 서로 정보를 주고 받기 위해서 주 케이블 단 하나의 배선만 필요하게 된다. 필드버스는 점 대 점(point-to-point) 시스템이라기보다 다분기(multi-drop) 시스템이기 때문에 설치비용은 더욱 감소된다. 이러한 다분기 통신망에서 필드 배선 비용은 약 5분의 1 정도로 감소된다. 또한 필드버스 시스템은 재래의 버스 시스템보다 설치 시 노동력을 절감할 수 있다. 그리고 설치에 필요한 재료 역시 감소한다. 이렇게 필드버스를 이용하면 시스템 설계가 간단해지므로 더욱 빠르고 효율적인 시스템의 구성이 가능하다는 이점이 있다.

나. 유지비용 감소

필드버스 시스템은 재래의 버스 시스템보다 간단하기 때문에 전체적으로 유지에 필요한 노력이 감소한다. 이는 또한 필드버스 시스템의 장기간의 신뢰도를 향상시킨다. 필드버스 시스템에서는 운영자가 시스템의 모든 기기들을 쉽게 관찰할 수 있으며, 개별적인 시스템들 사이에서의 상호동작을 해석할 수 있다. 이는 어떤 문제의 원인을 발견하고 수정하는 작업을 더 쉽게 할 수 있도록 해준다. 또한 필드버스에서는 온라인으로 각 필드 기기의 점검을 실시할 수 있다. 온라인 점검은 배선의 단락 식별 등을 용이하게 할 수 있으며, 기기의 눈금을 읽는 등의 업무를 줄일 수 있다.

다. 향상된 시스템 성능

필드버스는 사용자에게 버스 시스템의 설계에서 향상된 유연성을 제공한다. 재래의 버스 시스템에서의 제어 프로그램에 포함되어야하는 어떤 알고리즘이나 제어 방식이 개개의 필드 기기에 존재할 수 있다. 또한 주제어 시스템의 전체적인 시스템 비용을 줄이고 장래의 확장성을 더 용이하게 한다.

필드버스 기술의 사용으로 인해 필드 기기로부터 정보 수집이 간략하게 되어 시스템의 성능은 향상된다. 측정된 값과 기기의 변수들은 그것들을 필요로 하는 모든 필드 제어 기기에서 유용하게 사용될 것이다. 이것은 원래의 데이터를 요구되는 단위로 변환할 필요가 없게 하고 다른 더 중요한 업무를 위하여 제어 시스템을 활용할 수 있게 한다. 이로 인한 정보의 단순화는 보다 우수하고 효율적인 프로세스 제어 시스템의 개발을 가능하게 한다. 필드버스 기술로 인하여 필드 기기와 제어 시스템 사이에 두 가지 통신이 가능하다. 제어 시스템에 대해서 뿐만 아니라 이것은 또한 여러 개의 관련된 필드 기기가 하나의 기기로 통합 관리되는 것을 가능하게 한다. 필드버스 기술의 사용으로 필드 계기는 눈금을 읽을 수 있고, 초기화 될 수 있으며 대부분의 재래의 아날로그 계측기보다 더 빠르게 운영되고 수리 될 수 있다. 이것은 필드버스 시스템을 운영하기 위한 전체적인 시간을 절감시킨다.

라. 그 외의 이점들

필드버스 기술이 가지는 비용적인 이득 외에도 그 밖에 다른 이점들이 있다. 필드 기기들의 표준화가 진행되고 많은 노력이 기울어지고 있다. 이렇게 필드 기기 들이 표준화된다는 것은 시스템의 확장이나 필드 기기의 첨가가 훨씬 더 간단해지고 어떤 인터페이스나 변환기도 필요하지 않는다는 것을 의미한다. 필드버스 규약은 보통 네 개의 계층과 하나의 관리 서비스를 포함한다. 필드버스는 사용자가 데이터 링크 계층이나 응용 계층에 관계할 필요가 없다는 장점을 갖는다. 사용자는 관리 서비스에 대한 제한된 지식만 있으면 될 것이다.

2.2.
유선 필드버스 기술

제 2.2장에서는 국방 및 산업용 필드버스 표준안인 Mill-STD-1533과 IEC 61158-3에서 제시된 8가지의 상용 필드버스와 기타 필드버스들 중 사용되는 빈도가 높은 필드버스들을 소개한다. 실제 판매되어 널리 사용되고 있는 필드버스들의 개요와 특성을 설명하고 이들의 동작원리를 알아보기 위해 전체 계층구조와 각 계층에 대하여 어떤 역할을 하는지에 대해 설명할 것이다. 이를 통하여 다양한 필드버스들의 비교를 할 수 있으며 필드버스 내부동작 원리에 대한 전문적인 지식을 습득할 수 있을 것이다. 2.2.1부터 2.2.8까지 IEC 61158-3에서 제안된 표준 필드버스들이며 2.2.9부터의 필드버스들은 IEC 61158에서 제안되지 않았으나 널리 사용되는 필드버스들이다.

2.2.1 MIL-STD-1553

MIL-STD-1553은 미 해군과 공군에서 사용하기 위해 개발된 필드버스이다. 통신망은 버스 형상으로 되어 있으며 맨체스터 II bi-phase 부호화방법을 사용하며 1*Mbps*의 전송속도를 지원한다. 통신망 상에는 마스터 역할을 하는 버스제어기(BC: Bus controller)가 있어서 모든 메시지교환을 지시한다. 통신망 상에는 하나의 버스제어기외에 최대 31개까지의 원격 터미널(RT: Remote Terminal)들이 있을 수 있다. 버스제어기와 원격 터미널간의 일대일 통신뿐만 아니라 원격 터미널간의 통신도 가능하다. 데이터 프레임은 16비트의 데이터와 1비트의 패리티, 그리고 3비트의 동기화비트로 구성된다. 군사용 목적인 만큼 케이블, 변성기 등의 부품이 잡음에 잘 견딜 수 있도록 엄격한 규정을 두고 있다. 〈표 2.3〉, 〈표 2.4〉, 〈표 2.5〉, 〈표 2.6〉은 MIL-STD-1553의 특성을 표로 나열한 것이다.

[표 2.3] 전기적, 기계적 특성

전송 미디어	표준 커넥터	노드로 전원공급	전송속도(*kbps*)	갈바닉절연	Intrinsic safety
꼬임쌍선	지원안함	없음	1000	절연 트랜스포머 이용	없음

[표 2.4] 망의 형태와 장치

형상	세그먼트 개수	장치 개수 중개기 없을 때	중개기 있을 때	집선기 있을 때	여러 세그먼트	최소 속도 시 망 길이	분기 길이	최대 속도 시 망 길이
버스	1	31	N/A	930	N/A	350*m*	6*m*	40*m*

[표 2.5] MAC 프로토콜의 특성

MAC 프로토콜	응답시간 보장	주기적 전송	비동기 전송
중앙집중형	Yes	YES	Partly Yes

[표 2.6] 데이터 링크계층 특성

점대점전송	브로드캐스트	멀티캐스트	멀티마스터개수	동적삽입	패킷보호
가능	가능	지원하지 않음	지원하지 않음	지원하지 않음	CRC

2.2.2 프로피버스(Profibus)

2.2.2.1 전체적인 구조 및 특징

필드버스 중에서 많이 사용되는 대표적인 것은 현재 프로피버스이다. 프로피버스는 독일에서 제정된 표준으로서 DIN 19245와 IEC61158에 자세한 기술적인 정보가 들어 있다. 〈그림 2.9〉에서처럼 프로피버스는 다양한 범위의 응용에 사용될 수 있는 개방 구조의 필드버스이다.

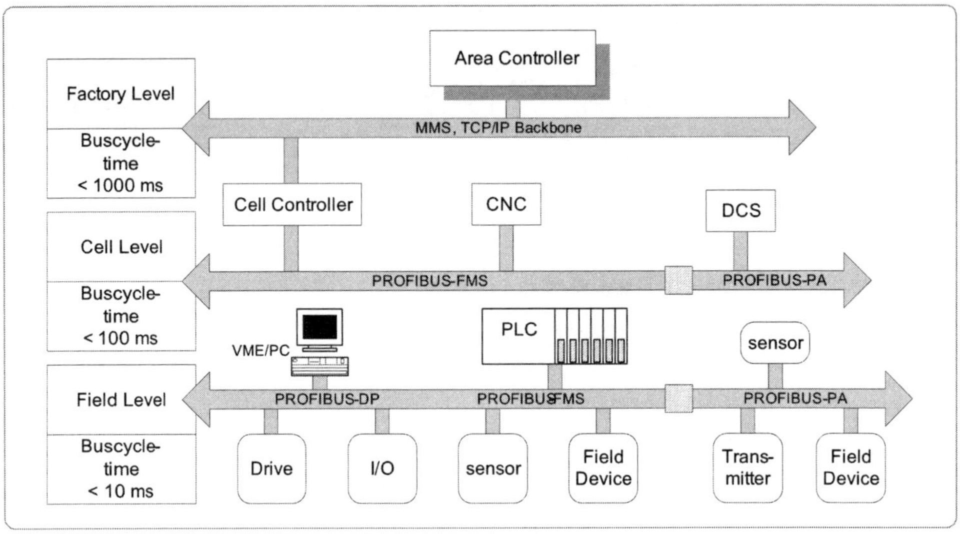

▌그림 2.9▐ 산업 현장에서의 통신

가. 프로피버스의 종류

〈그림 2.10〉은 프로피버스의 종류에 대해 설명하고 있다. 현재 프로피버스-FMS(Fieldbus Message Specification)와 프로피버스-DP(Decentralized Peripherals)의 두 종류가 표준으로 되어 있으며 공정제어 응용을 위한 표준, 즉 프로피버스-PA(Process Automation)가 표준 작업 중에 있다. 프로피버스-FMS는 일반 산업 응용에 사용하고자 할 때 유용하며, 프로피버스-DP는 실시간성이 중요하여 빠른 시간 내에 데이터를 전달하고자 할 때 유용하다.

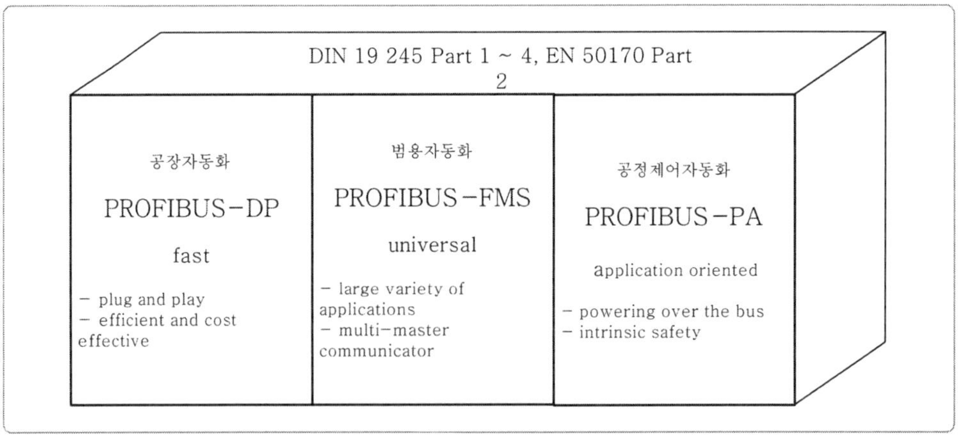

▌그림 2.10▐ Profibus의 종류

(1) 프로피버스-FMS

이것은 산업 현장에서의 통신 계층 구조에서 셀 계층(cell level)과 필드 레벨(field level)에서의 통신을 주로 담당하는 범용의 프로피버스이다. 중간 정도의 데이터 전송 속도에서 비주기적, 주기적 데이터를 처리하는 광범위한 통신을 감당해 내기 위해서 FMS(Fieldbus Message Specification) 서비스가 다양한 범위의 기능과 유연성을 제공해 준다. 프로피버스-FMS는 유럽 필드버스 표준인 EN 50170에 포함되어 있다.

(2) 프로피버스-DP

이것은 프로피버스의 성능을 최적화한 것이라고 할 수 있는데, 특히 실시간성이 중요한 요소로 작용하는 자동화 시스템과 분산되어 있는 주변기기 사이의 통신에 사용된다. 이것도 역시 유럽 필드버스 표준 EN 50170에 포함되어 있다.

(3) 프로피버스-DP

프로피버스-DP는 공정제어 자동화를 위한 것이다. 이것은 자동화 시스템과 분산되어 있는 필드 기기를 연결한다. 프로피버스-PA는 프로피버스-FMS에 기초를 두고 있으며 범용의 자동화로부터 공정제어 자동화까지의 통신을 허용한다.

〈그림 2.11〉은 프로피버스의 계층 구조를 OSI 참조 모델과 비교하여 나타낸 그림이다. 프로피버스의 계층 구조는 OSI 참조 모델에 바탕을 두고 만들어졌으며 아래와 같이 세 개의 계층으로 나뉘어져 있다.

- 응용 계층
- 데이터 링크 계층
- 물리 계층

OSI 참조모델	**PROFIBUS-FMS**	**PROFIBUS-DP**
Application Layer(7)	Fieldbus Message Specification (FMS) Lower Layer Interface (LLI)	Direct Data Link Mapper (DDLM)
Data Link Layer(2)	Fieldbus Data Link (FDL)	Fieldbus Data Link (FDL)
Physical Layer(1)	Physical Layer	Physical Layer

▌그림 2.11▐ 프로피버스 계층 구조

3계층부터 6계층까지는 성능 효율을 위해서 생략되었으며 몇 가지 기능들은 응용 계층으로 옮겨졌다. 다음의 특징들은 프로피버스 규약이 어떠한 기준으로 간략화 되었는지 보여주고 있다.

- 긴 메시지(〉235 바이트)는 지원하지 않음
- 짧은 메시지의 가로막기는 지원하지 않음
- 망 계층에서의 라우팅 기능은 지원하지 않음
- 최소의 구성 외에 응용 요구 사항에 따라 임의의 서비스 세트가 만들어질 수 있음
- 암호 보호 같은 다른 기능들은 선택사항임

프로피버스의 규약 효율은 향상되었지만, 간략화한 결과 시스템의 기능이 많이 줄어들었다. 그러나 최적화 되고 편리한 기능들을 사용자에게 제공하는 장점도 있으며, 이를 위해서는 규약, 서비스의 사양과 함께 통신망의 적당한 설계 및 매개 변수의 올바른 구성이 요구된다. 각 계층의 특징 및 상세한 내용은 다음에 설명되어 있다.

2.2.2.2 물리계층

프로피버스 표준은 여러 종류의 물리적인 인터페이스 중에서 선택하여 사용할 수 있도록 하고 있으며 현재 존재하고 있는 표준에 근거하여 규정하고 있다.

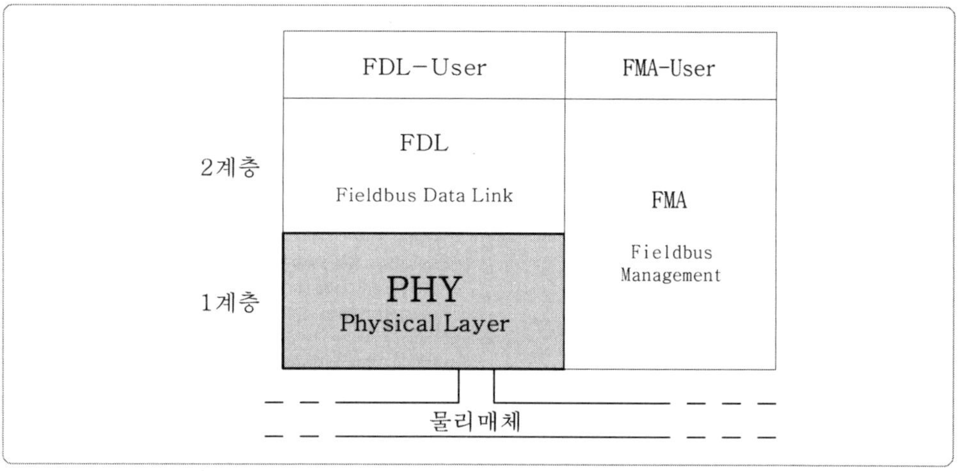

▎그림 2.12▎ 물리 계층

가. 전기적 특성(electrical characteristics)

전송 매체로 사용되는 선로는 차폐 꼬임 쌍선(shielded twisted pair)를 사용하며, 선로의 특성 임피던스 100Ω과 130Ω사이에 있다. 그리고 주파수는 100kHz보다 크며 도체부분의 면적은 최소 0.22mm^2(24 AWG: American Wire Gauge, 철사의 굵기를 재

는 기구)이다. 도체간의 정전용량은 약 60*pF/m* 이다. 선로의 길이는 최대 1,200*m*이며 데이터 전송 비트율에 따라 달라진다. 데이터 전송 비트율은 9.6, 19.2, 93.75, 182.5, 500*kbps* 이며 그에 따른 전송 선로의 길이는 〈표 2.7〉과 같이 달라진다. 선로에 연결할 수 있는 스테이션의 숫자는 32개이다. 마스터 스테이션, 슬레이브 스테이션, 중계기 등이 모두 하나의 스테이션으로 간주된다. 그래서 선로에 두 개의 중계기가 연결되어 있으면 실제로 연결할 수 있는 마스터, 슬레이브 스테이션의 숫자는 모두 30개가 된다. 〈표 2.8〉은 프로피버스의 전기적, 기계적 특성을 나열한 것이다.

[표 2.7] 전송 선로 길이에 따른 전송 비트율

최대 전송 선로 길이	전송 비트율
1,200m	9.6*kbps*, 19.2*kbps*, 93.75*kbps*
600m	182.5*kbps*
200m	500*kbps*

[표 2.8] 전기적, 기계적 특성

전송미디어	표준커넥터	노드로 전원공급	전송속도(kbps)	Intrinsic safety
꼬임쌍선	지원	없음	9.6~500	비표준

나. 형상 구조(topology)

프로피버스는 선형 버스 구조에 근거하고 있다. 버스는 하나의 선으로 구성될 수 있으며 여러 개의 드롭 케이블(길이〈 0.3*m*)을 연결할 수 있다. 보다 낮은 전송 속도의 범위를 제공하는 버젼(version)에서는 트리구조 형상을 허용한다. 이 방법은 유연성이 뛰어나고 동시에 광범위한 통신망 연결을 허용한다.

선로의 길이는 전송 비트율에 따라 달라진다. 93.75*kbps*의 경우, 최대의 선로 길이는 1,200*m*를 넘어서는 안 된다. 두 개의 선로는 그 길이를 연장하기 위해서 양방향 중계기를 사용가능하다. 2개의 스테이션 간에 최대 3개까지의 중계기가 사용될 수 있기 때문에 그 결과 4,800*m*가 실제로 구성될 수 있는 최대의 선로 길이이다. 스테이션의 개수는 선로 당 최대 32개까지 허용되며 연결된 각 중계기는 하나의 스테이션으로 간주되므로 스테이션의 최대 개수는 1이 적은 31개가 된다. 그러므로 버스 형상에서 네 개의 선로와 3개의 리피터로 구성되어 있으면 최대 122개의 스테이션이 연결될 수 있다. 전체 버스 구조에서 대개 32개의 능동 스테이션이 허용된다. 시간에 시급하지 않는 응용에서는 122개까지의 능동 스테이션도 허용된다.

〈그림 2.13〉에 이러한 내용이 설명되어 있다. 그림에서 최대 전송률은 93.75*kbps*로

가정되어 있으므로 하나의 선로는 길이가 최대 1,200*m*까지 될 수 있다. 그림에서 4개의 선로가 3개의 중계기를 통해서 연결되어 있다. 따라서 총 4,800*m*가 최대의 길이가 되는 것이다. 선로 2에 2개의 중계기가 연결되어 있다. 하나의 중계기는 선로 1과 선로 2에 연결되어 있고 다른 하나는 선로 2와 선로 3에 연결되어 있다. 선로 2에 연결될 수 있는 최대의 스테이션의 개수는 30개가 된다. 반사에 의한 간섭을 피해기 위해서 각 선로의 끝 부분에 종단 저항(termination resistor)으로 연결 되어 있다. 선로 3도 선로 2와 마찬가지로 2개의 중계기가 연결 되어 있다. 하나는 선로 2와 선로 3 사이에, 다른 하나는 선로 3과 선로 4사이에 연결 되어 있다. 그래서 선로 3에 연결될 수 있는 스테이션의 최대 개수도 30개가 된다. 선로 1과 선로 4는 중계기가 각각 선로 2와 선로 3에 하나씩 연결이 되어 있으므로 최대 31개의 스테이션이 연결될 수 있다. 허용 가능한 최대의 스테이션 구성은 아래의 표와 같이 설명되어질 수 있다.

[표 2.9] 중계기 개수에 따른 최대 지국 구성

중계기 개수	최대 선로 길이	최대 지국 개수
1개	2,400*m*	62개
2개	3,600*m*	92개
3개	4,800*m*	122개

[표 2.10] 망의 형태와 장치

형상	세그먼트 개수	장치개수 중개기 없이	중개기 있을 때	집선기 있을 때	여러 세그먼트	최소속도 시 망 길이	분기 길이	최대속도 시 망 길이
버스	64	32	127	〈7874	8128	350*m*	6*m*	40*m*

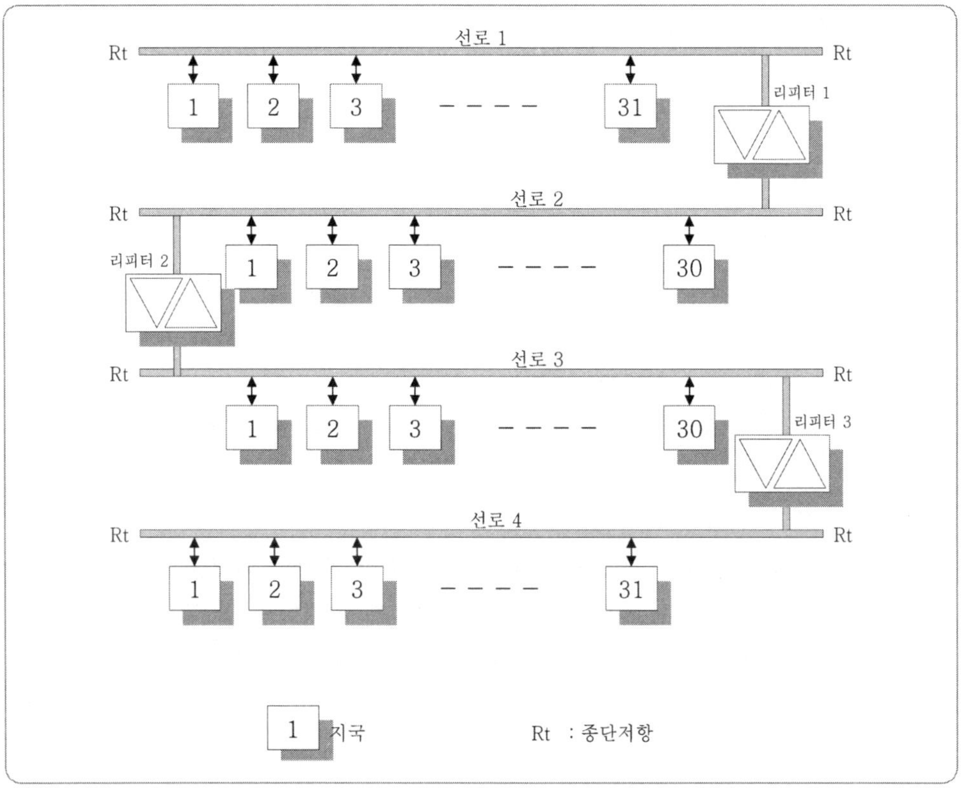

▌그림 2.13▐ 버스 형상 구조

다. 버스 커넥터 기술

각 스테이션은 9핀 D-sub 커넥터로 매체와 연결되는데, 스테이션에는 암 커넥터가 연결되고 버스 선로 쪽에는 수 커넥터가 연결된다. 6번 핀은 버스 케이블의 끝부분에 있는 스테이션에서만 필요한 신호이고, 1번 핀, 2번 핀, 4번 핀, 7번 핀, 9번 핀은 선택사항이며 반드시 필요한 핀들은 3번 핀, 5번 핀, 8번 핀이다. 데이터 그라운드는 5번 핀에 연결되고 전압 +는 6번 핀에 연결되는데, 이 두 개가 버스 종단기에 연결된다. 4번 핀과 9번 핀에 연결되는 제어 신호는 자체 제어 기능이 없는 중계기를 사용할 때 방향 제어를 위해 사용된다. 이때 RS-485 제어 신호를 사용하는 것이 권장된다. 2번 핀과 7번 핀은 필드 기기의 원격 개별적인 원격 전원 공급을 위해 예약되어 있다. 커넥터의 각 핀의 신호에 대한 설명은 〈표 2.11〉에 잘 나타나 있다.

[표 2.11] 핀 신호 의미

핀 번호	핀 이름	의미
1	SHIELD	차폐
2	RP	Reserved for Power
3	RxD/TxD-P	데이터 송수신 +
4	CNTR-P	제어 +
5	DGND	데이터 그라운드
6	VP	전압 +
7	RP	Reserved for Power
8	RxD/TxD-N	데이터 송수신 −
9	CNTR-N	제어 −

위에서 설명한 대로 구성될 수 있는 최소 조건의 연결을 보면 그림 2.14와 같이 주어진다. 3번 핀과 8번 핀을 서로 엇갈리게 연결하면 안 된다는 것에 주의해야 한다. 간단한 경우 데이터 그라운드와 다른 모든 연결에 있어서 그 전압이 $7V$를 넘지 않도록 해야 한다. 만약 이 조건이 만족되지 않으면 전압 평활기가 필요해진다.

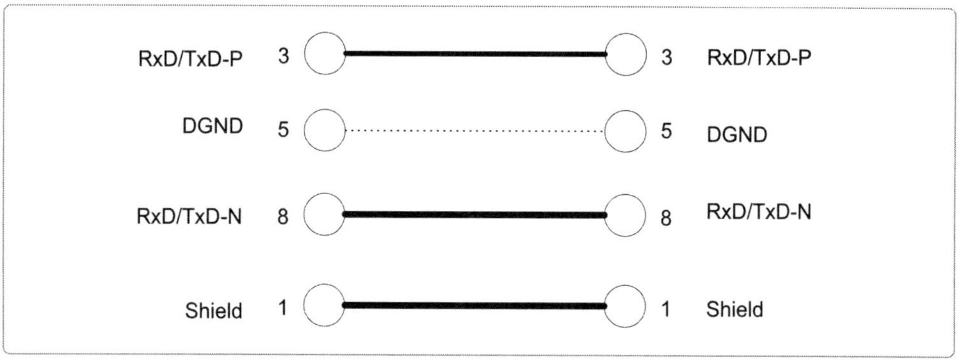

▌그림 2.14▐ 최소 구성(minimal configuration)

버스 케이블의 양 끝쪽에는 종단 저항을 부착해야 한다. 종단 저항 Rt는 풀다운 저항 Rd(데이터 그라운드에 연결된다)와 풀업 저항 Ru(전압 +에 연결된다)에 연결된다. 풀다운 저항과 풀업 저항을 달아주는 이유는 어떠한 스테이션도 데이터를 전송하지 않을 때 선로간의 전압이 미리 정의된 값을 유지하기 위해서이다. 공급 전압이 $5V \pm$ 5%로 주어질 때, 아래와 같은 저항 값이 권고된다.

- Rt = $150\Omega \pm 2\%$
- Ru = Rd = $390\Omega \pm 2\%$

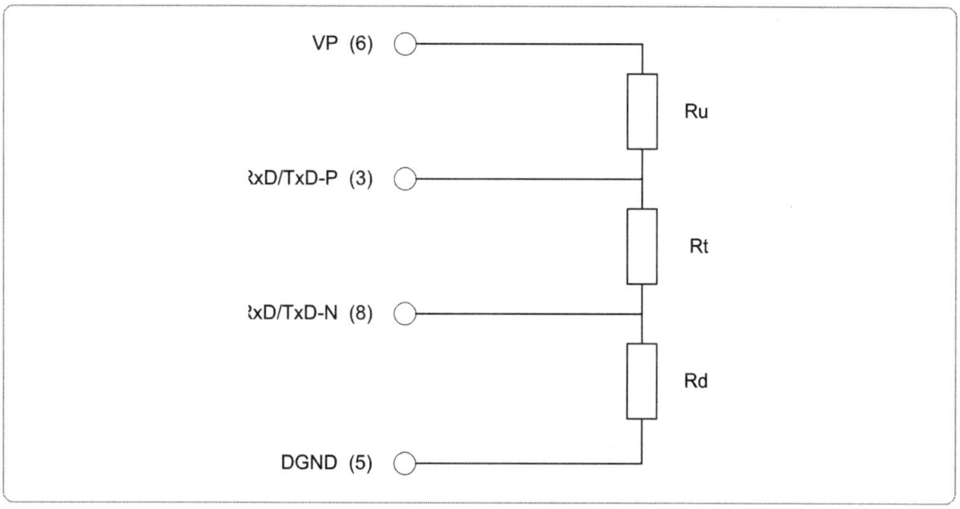

| 그림 2.15 | 버스 종단기

전압을 공급하는 핀인 6번 핀(VP)은 정해진 전압 허용도내에서 적어도 10mA의 전류를 공급할 수 있어야 한다.

라. 전송 기술

· 비트 부호화(bit encoding)

전송에 있어서 소요되는 노력을 줄이고 특정한 송신기/수신기에 의존하지 않게 하기 위해서 UART에 의해서 생성된 비트들을 그대로 사용한다. 이러한 부호화를 NRZ 부호라고 부르며 디지털 기술에서는 흔히 사용되는 기법이다. 이진수 '1'은 버스 커넥터의 3번 핀과 8번 핀 사이의 전압차가 양일 때로 나타내고, 이진수 '0'은 전압차가 음일 때로 나타낸다.

· UART 문자

UART 문자는 비동기 전송에 사용되는 시작-정지 문자이다. UART 문자는 DIN 66022, DIN 66203 표준에 기반하고 있다. 하나의 문자는 총 11개의 비트로 구성되어 있는데, 각각은 다음과 같다.

- 시작 비트(논리적 '0')
- 정지 비트(논리적 '1')
- 짝수 패리티 비트
- 여덟 개의 데이터 비트

짝수 패리티 비트가 의미하는 것은 데이터 비트가 짝수개의 '1'을 갖고 있다는 것이다. 이 경우에 패리티 비트가 '0'으로 세트된다. 데이터 비트가 홀수개의 '1'을 가질 경우에는 패리티 비트가 '1'로 세트된다. 즉, 11개의 비트의 '1'의 개수는 늘 짝수개가 된다. 〈그림 2.16〉은 UART 문자를 나타내고 있다.

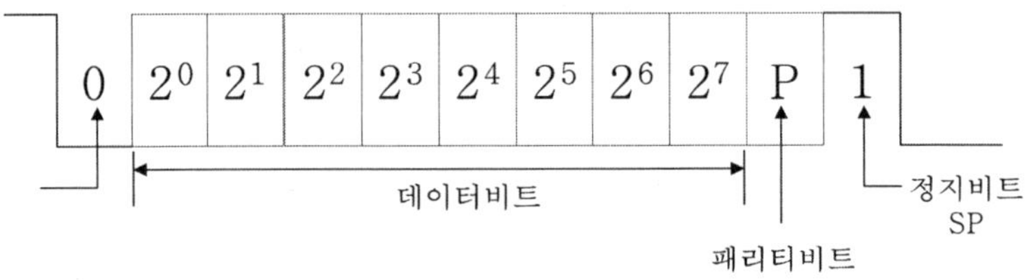

▌그림 2.16▐ UART 문자

2.2.2.3 데이터 링크 계층

프로피버스의 2계층은 필드버스 데이터 링크(Fieldbus Data Link)라고 불리며 FDL 이라는 약어로 표시한다. FDL은 주로 매체 접속에 대한 제어를 담당한다. 2계층의 구조는 〈그림 2.17〉과 같다.

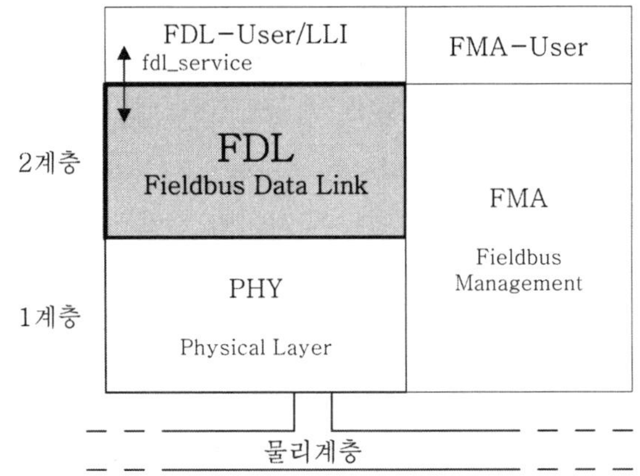

▌그림 2.17▐ Profibus 2계층

가. 데이터 전송 서비스

매체 접속과 토큰 회전 시간(token rotation time)을 제어하는 것 이외에, 필드버스 데이터 링크는 적절한 통신 규약을 사용하여 FDL 사용자(주로 LLI)에게 데이터 전송 서비스를 제공해야 한다. 프로피버스는 주기적 데이터 서비스와 비주기적 데이터 서비스로 크게 2가지의 서비스를 제공하는데 비주기적 서비스는 다음의 3가지가 있다:

- SDA(Send Data with Acknowledge)
- SDN(Send Data with No acknowledge)
- SRD(Send and Request Data)

SDA는 기본적인 서비스로서 능동 스테이션(active station)은 메시지를 수동 스테이션에게 보내고 곧바로 확인을 받을 수 있다. 수동 스테이션은 받은 데이터에 대해 응답을 하거나, 받은 데이터를 자신에게 전송하는 것만 할 수 있다. SDN 서비스는 주로 일제 송신이나 멀티캐스트 메시지에 사용된다. 이것은 현재 버스 접근 권한을 갖고 있는 하나의 능동 스테이션으로부터 버스상의 여러 다른 스테이션으로 전송되기 때문에 응답을 받지 않은 채로 남아 있게 된다. SDN 이외에 다른 모든 서비스들은 시작자와 응답자로 구성되어 응답을 필요로 한다. SRD 서비스에서는 데이터가 수동 스테이션으로 전송되며 그와 동시에 수동 스테이션으로부터 데이터를 요구하게 된다. 그러면 데이터는 곧바로 응답과 함께 보내진다. 이 서비스의 특별한 경우로서, 스테이션은 '빈 메시지'를 전송하고 데이터를 요구할 수 있다.

위에서 언급한 세 가지 비주기적 서비스 이외에도, 산업계의 응용에서는 주기적인 전송을 필요로 하게 된다. 중앙 집중 제어 방식인 폴링 방법이 적당한 전송방법인데, 센서와 같은 주로 간단한 필드 기기들의 전송에 사용된다. Profibus는 하드웨어와 가까운 레벨에 폴 목록을 저장하는 방법을 제공하고 있으며, SRD 서비스에 기반 하여 폴 목록에 포함된 폴링 할 스테이션의 주기적인 서비스를 구현하고 있다. 다음이 사용되는 서비스이다:

✤ CSRD(Cyclic Send and Request Data with reply)

폴링 절차를 데이터 링크 계층에 위치시킴으로써 실시간 응용 특성을 상당히 향상시키고 있다는 것이 특징이다.

나. 매체 접속 방법

프로피버스는 MAC 프로토콜로서 토큰 전달 방법을 사용한다. 정해진 시간 구간 내 버스를 접근할 수 있는 권한을 할당하여 토큰을 가지고 있을 때만 버스를 접근할 수 있다. 〈표 2.12〉은 프로피버스의 MAC 프로토콜과 그의 특성을 나열한 것이며 〈표 2.13〉은 데이터링크 계층의 특성을 간략하게 나열한 것이다. 능동 스테이션들은 토큰 전달 방법에 따라서 매체를 접속한다.

[표 2.12] MAC 프로토콜의 특성

MAC 프로토콜	응답시간 보장	주기적 전송	비동기 전송
토큰제어	NO	NO	부분적 YES

[표 2.13] 데이터링크 계층의 특성

점대점전송	브로드캐스트	멀티캐스트	멀티마스터 개수	동적삽입	에러검사
가능	가능	가능	127	가능	패러티

능동 필드 기기와 수동 필드 기기 간의 트래픽을 위해서 중앙 집중식 마스터/슬레이브 방법이 사용된다. 이러한 혼성 방법은 광범위한 자동화 요구조건을 만족시켜주며, 특히 성능, 응답 시간, 신뢰도 등을 만족시켜 줄 수 있다. 〈그림 2.18〉은 3개의 마스터 스테이션과 5개의 슬레이브 스테이션으로 구성된 전형적인 프로피버스 시스템 구성도이다. 토큰 전달 방법은 논리적인 링을 이루고 있다. 토큰은 하나의 능동 스테이션으로부터 바로 옆에 있는 능동 스테이션으로 정해진 순서에 따라 전달되며, 마지막에 있는 스테이션은 처음에 있는 스테이션으로 토큰을 넘겨준다.

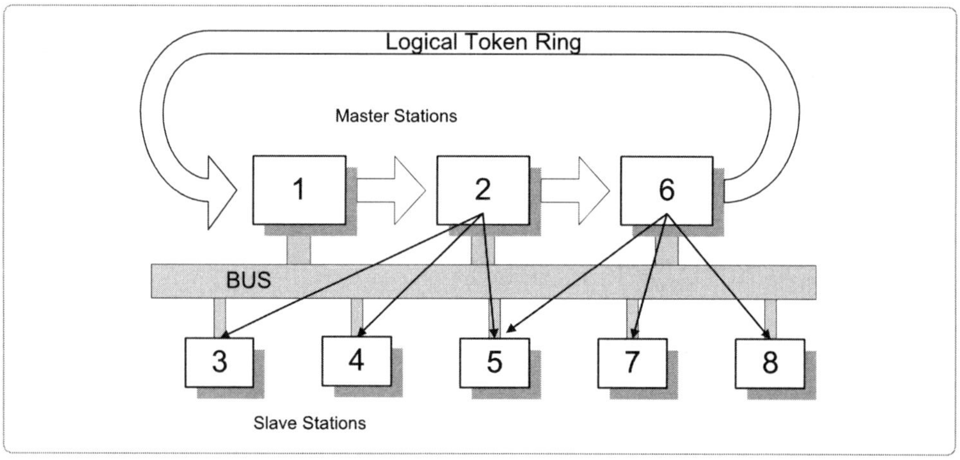

▌그림 2.18▌ Profibus 매체 접속 방법

다. 토큰 절차

✥ 토큰 전달

토큰은 토큰 프레임에 의해 정해진 스테이션의 주소의 산술적인 순서에 따라서 마스터 스테이션과 마스터 스테이션 사이에 전달된다. 하나의 예외가 있는데, 이것은 논리적인 토큰 링을 닫고자 할 때에 높은 주소를 가지고 있는 스테이션은 토큰을 낮은 주소를 갖고 있는 스테이션에게 토큰을 넘겨준다.

❖ 큰 수신

한 마스터 스테이션(TS)이 LAS(Link Active Scheduler)에 PS로 등록되어있는 스테이션으로부터 자신에게 수신되도록 주소가 되어 있는 토큰 프레임을 받았으면, TS는 토큰을 소유하게 되고 메시지 순환을 수행할 수 있게 된다. LAS는 전원이 켜지고, 갱신되고, 회복된 후의 상태인 "Listen_Token" 상태에 있는 마스터 스테이션에 의해 생성된다. 만약 토큰 전달자가 PS로 등록된 스테이션이 아니면, 수신자는 오류로 가정하고 토큰을 받지 않는다. 연속해서 같은 PS가 시도하면, 토큰 수신자는 논리적 링이 변경된 것으로 가정하여 토큰을 받는다. LAS의 PS는 이 새로운 PS로 대체된다.

❖ 토큰 전달

토큰 전달은 메시지 순환을 수행하다가 전달할 메시지가 없거나 토큰 보유 시간이 종료된 경우 발생하며 자신 다음에 있는 마스터 스테이션인 NS로 토큰 프레임을 전송한다. 토큰을 전달한 후 토큰 전달이 성공했는가를 검사하는데, 합성 종료 후 슬롯 시간(slot time)동안에 수신되는 프레임을 검사한다. 만약 유효한 프레임을 받으면 NS가 토큰을 가지고 메시지 순환 수행하는 것으로 가정한다. 만약 토큰을 전달한 스테이션이 유효하지 못한 프레임을 받게 되면 다른 마스터 스테이션이 전송을 하고 있다고 가정한다. 위의 두 가지의 경우 모두 토큰 전달 감시를 중지하고 "Active_Idle" 상태로 들어간다. 토큰 전달자가 슬롯 시간 동안 버스의 어떠한 활동도 감지하지 못하면, 토큰을 재전송하고 또 다른 슬롯 시간 동안 기다린다. 만약 두 번째 슬롯 시간 내에 버스 활동을 감지하면 "Active_Idle" 상태에 들어간다. 재전송 후에도 버스활동을 감지하지 못하면 마지막으로 한 번 더 전송한다. 만약 이 두 번째 재시도 후, 슬롯 시간 내에 버스 활동을 감지하면 "Active_Idle" 상태에 들어간다.

만약 두 번째 재시도 후에도 버스 활동이 없으면, 토큰 전달자는 토큰을 그 다음 마스터 스테이션으로 넘긴다. 이것을 LAS에서 계승자를 찾을 때까지 반복한다. 이런 절차 후에도 계승자를 찾지 못한 경우는 토큰 전달자는 논리적 링에 혼자 남은 것으로 가정하여, 메시지 순환을 수행하고, 요구되는 메시지 순환이 없을 경우 토큰을 자기 자신에게로 보내는 것을 계속한다. 만약 다음 스테이션 등록시간에 NS를 다시 찾게 되면 토큰 전달을 시도한다.

❖ 스테이션의 추가와 삭제

마스터와 슬레이브 스테이션들은 어느 순간에 전송매체와 연결되어 있을 수도 있고 떨어져 있을 수도 있다. 논리적인 토큰 링에 있는 각 마스터 스테이션은 스테이션의 추가 및 제거를 책임져야 한다. TS의 주소와 NS의 주소 사이의 주소 범위를 GAP라고 부르며 GAPL이라고 하는 GAP 목록 안에 표시되어 있다. 각 마스터 스테이션은 GAP 갱신 시간(TGUD) 간격으로 주기적으로 모든 GAP 주소를 시험하여 GAPL에 스테이션들을 추가하거나 삭제한다. 토큰을 받았을 때, GAP 갱신 시간이 되었고, 대기하고 있는 모든 메시지 순환이 수행된 후 아직 전송시간이 남아 있으면 GAP 유지는 즉시 시작된다. 그렇지 않으면 GAP 유지는 상위 우선순위 메시지 순환이 수행된 후에 다음 번 또는 연속적인 토큰 수신 후 즉시 시작한다.

GAP 유지는 "FDL 상태 요청" 액션 프레임을 사용하여 한 주소씩을 시험함으로써 수행된다. GAP 주소는 HSA를 초과하는 GAP은 제외하고 오름차순으로 시험된다. HSA를 초과하는 경우 HSA를 검사한 후 주소 0에서 이 절차는 계속된다. "준비되지 않음"또는 "슬래이브 스테이션"으로 응답하는 스테이션은 GAPL에 표시되고 다시 그 다음 주소들을 검사한다. 만약 한 스테이션이 "논리 토큰 링을 입력 할 준비가 되었다." 라고 응답하면, 토큰 보유자는 GAP 또는 GAPL을 변경하고 새로운 NS로 토큰을 넘긴다. 새로이 논리적 링에 들어온 스테이션은 이미 "Listen_Token" 상태에 있을 때 자신의 LAS를 구성한다. 그래서 이것은 GAP 범위 또는 GAPL과 자신의 NS를 결정할 수 있다. GAPL에 등록되어 있고 반복적인 "FDL 상태 요청"에 응답하지 않는 수동적인 스테이션은 GAPL에서 제거되고, 사용되지 않는 주소로 기록된다.

• 논리적 토큰 링의 초기화

초기화는 LAS와 GAPL을 갱신하는 특별한 경우로, 완전히 프로피버스 시스템이 초기화되었을 때, 최하위 주소를 가진 마스터 스테이션은 초기화를 시작한다. 최하위 주소의 마스터 스테이션에서 초기화가 시작되는 이유는 각 마스터 스테이션의 시간 경과(time-out) 타이머의 값이 주소에 비례하기 때문이다. "Listen_Token" 상태에 있는 한 마스터 스테이션의 시간 경과 타이머가 종료되었으면 (즉, rm T_T0 동안 어떤 버스 활동도 감지하지 못했을 경우) 이 스테이션은 토큰을 요구하고 ("Claim_Token" 상태), 초기화를 시작한다. 먼저 자신에게 두 토큰 프레임(TS==SA==DA인 토큰 프레임)을 전달함으로써 자신이 현재 논리적 링에서 유일한 마스터 스테이션임을 알린다. 그 후 다른 스테이션들을 등록하기 위하여 오름차순 주소 순으로 각 스테이션에 "FDL 상태 요청" 프레임을 전송하여 링 초기화를 한다. 만약 한 스테이션이 "마스터 스테이션이 준비되지 않음" 또는 "슬레이브 스테이션" 이라고 응답하면, 이것은 GAPL에 들어간다. 첫 번째로 "논리 토큰 링을 입력 할 준비가 되었습니다."이라고 대답한 마스터 스테이션은 NS로써 LAS에 등록되고, 토큰 보유자의 GAP 범위를 닫는다. 그 후 토큰 보유자는 토큰을 자신의 NS로 전송한다.

• 논리적 토큰 링의 재초기화

논리적 토큰 링을 재초기화 하는 경우는 "Active_Idle"상태에서 시간 경과 타이머가 종료된 경우에 발생한다. 이 경우 LAS와 GAPL이 이미 마스터 스테이션에 있기 때문에 완전한 버스 초기화 순서는 필요 없다. 토큰을 얻은 후 정규적인 메시지 순환을 수행하거나, 또는 NS로 토큰전달을 시작한다.

· 토큰 회전 시간

각 스테이션이 메시지를 어떤 최대의 시간 주기 동안 전송할 수 있도록 시간 간격을 정의하는 것이 필요하다. 마스터 스테이션에게 할당된 고정 전송 시간을 부여하는 것은 합리적인 해결책이 되지 못한다. 왜냐하면 어떤 스테이션이 보낼 메시지가 없으면 시간을 낭비하게 되고, 만약 보내야할 메시지가 많다면 시간이 모자라게 될 것이기 때문이다. 각 스테이션이 필요로 하는 전송 시간은 변할 가능성이 충분히 있으므로 가변적인 시간 배분이 필요하다. 이것은 토큰 회전 시간(TRT)을 측정하여 가능하게 된다. 스테이션이 토큰을 받자마자 토큰 회전 시간 측정이 시작된다. 그 다음 번에 토큰을 받았을 때, 즉 하나의 회전을 완성했을 때, 타이머의 값이 읽혀진다. 측정된 토큰 회전 시간은 미리 정해진 최대의 토큰 회전 시간(TTRT)과 비교되고 타이머는 다시 시작된다. 측정된 값이 미리 정해진 TTRT보다 작을 때에만 능동 스테이션은 프레임을 전송할 수 있게 된다. 그러나 이 방법 또한 전송 시간을 보장할 수 없기 때문에 우선순위의 개념을 사용한다.

· 프레임 우선순위

프로피버스에는 2개의 우선순위가 있다. 상위 우선순위 메시지와 하위 우선순위 메시지가 그것이다. 하위 우선순위를 갖는 메시지는 보통의 일반적인 데이터이고, 특별한 사건이 발생할 때 생기는 사건 데이터는 상위 우선순위를 가진다. 이 상위 우선순위 데이터는 보통 메시지의 대기열의 앞으로 이동하여, 다른 데이터보다 빨리 목적지에 도달할 수 있다. 이렇게 함으로써 긴급한 메지시나 중요한 메시지를 보다 빠르게 전송할 수 있다.

마스터 스테이션이 토큰을 받으면, 먼저 상위 우선순위 메시지를 처리하고 하위 우선순위 메시지를 처리한다. 토큰을 받았을 때 TRT가 TTRT보다 작으면 하나의 상위 우선순위 메시지만 처리되고 NS로 즉시 토큰을 넘겨줘야 한다. 일반적으로 토큰의 수신 후 또는 하나의 상위 우선순위 메시지 처리 후 다음과 같은 사항이 고려된다. 토큰 보유 시간, 즉 THT(=TTRT-TRT)가 0보다 클 때에만 메시지를 보낼 수 있다. 다시 말하면 THT〉0 인 동안에 보내야할 상위 우선순위 메시지를 처리한다. 상위 우선순위 메시지를 모두 처리하고 나서 여전히 THT〉0 이면 폴 테이블(poll table)에 있는 메시지를 처리하게 된다. 폴 테이블은 주기적으로 처리해야 할 데이터를 순서대로 나열해 놓은 것으로서, 차례대로 하나씩 처리된다. 폴 테이블에 있는 메시지를 모두 처리하고 나서도 THT 〉 0이면 하위 우선순위 메시지를 처리한다. 만약 남아 있는 하위 우선순위 메시지가 없으면 곧바로 토큰을 다음 스테이션으로 넘겨준다. 처리해야 할 메시지가 남아 있더라도 THT가 0보다 작아지게 되면 다음 스테이션으로 토큰을 넘겨줘야 한다. 메시지를 처리하고 있는 순간에 THT가 0이 되어 버리는 경우가 생길 수 있는데 이런 경우에는 처리하고 있던 메시지는 끝까지 처리를 해야 한다.

폴 테이블에 있는 메시지를 처리하다가 THT가 0이 되어 버린 경우에 토큰을 넘겨줘야 하는데, 그 다음번 토큰 수신 시 필요한 상위 우선순위 프레임을 모두 처리한 다음에 폴 테이블의 그만둔 곳부터 시작한다. 이러한 과정중의 예외가 있는데, 폴 테이블에 있는 메시지를 모두 처리하고 나서 하위 우선순위 메시지를 처리해야 할 시간이 되었는데, THT가 0보다 크지 않으면 하위 우선순위 메시지를 처리할 수가 없다. 이런 경우에 그 다음번 토큰 수신 시 상위 우선순위 메시지를 처리한 다음에 하위 우선순위 메시지를 먼저 서비스한다. 〈그림 2.19〉는 이러한 메시지 전송 순서를 보여주고 있다.

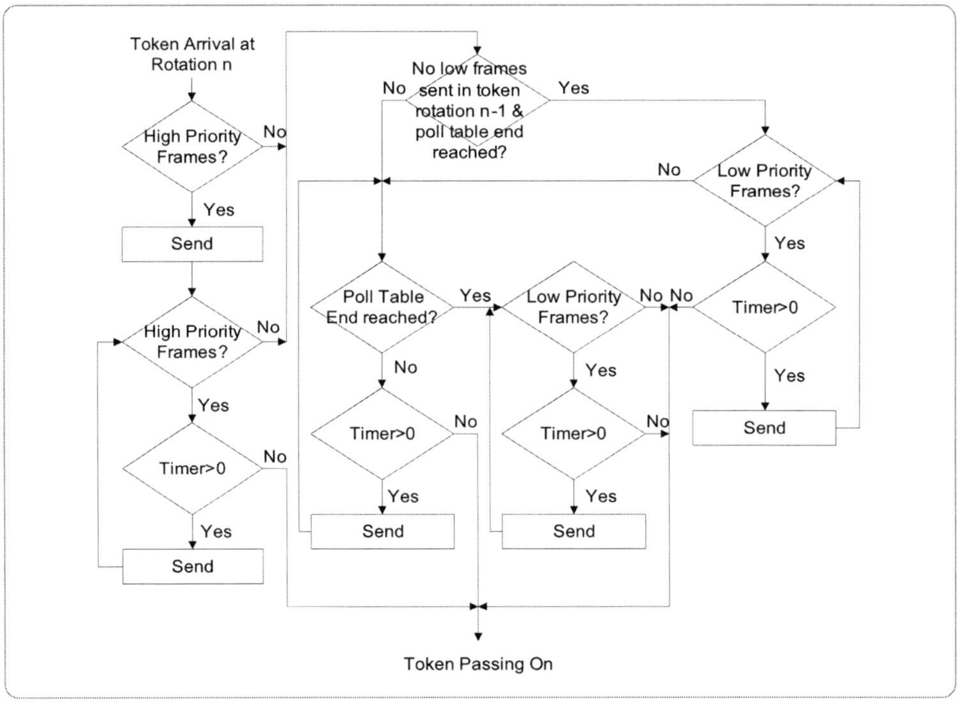

▎그림 2.19▎ Profibus 메시지 전송 순서도

라. 프레임 구조

프로피버스에서 데이터는 문자단위로 전송되지 않는다. 대신에 UART 문자로 이루어진 패킷으로 전송된다. 데이터 전송 서비스를 위해서 표준화된 프레임 서식이 필요하다. 게다가 효율적인 부호화가 되어야 하며 전송 시에 높은 신뢰성을 보장해야 한다.

따라서 프레임은 부가의 정보를 갖게 되며 필연적으로 규약 오버헤드를 증가시켜 결과적으로 규약의 실제 전송률을 감소시키게 된다.

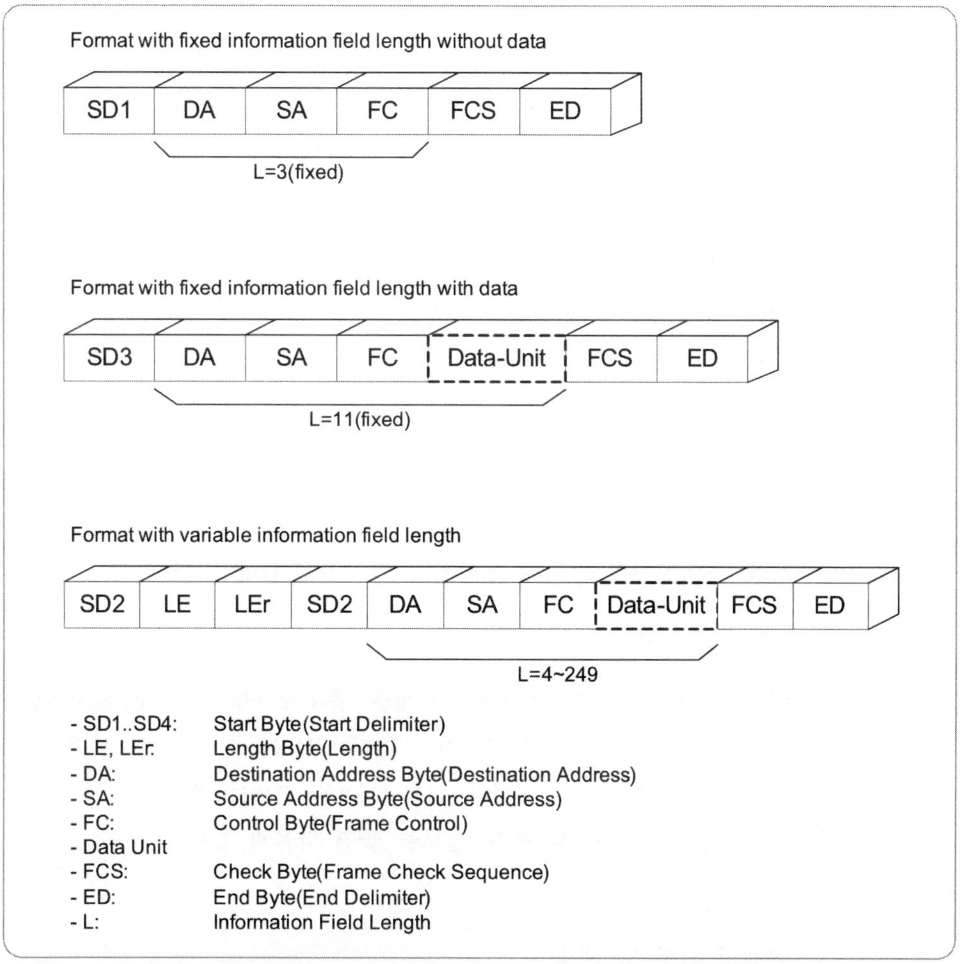

| 그림 2.20 | 프로피버스 프레임의 예

〈그림 2.20〉에 가능한 3가지의 프레임이 도시되어 있다. 처음에 있는 것은 데이터 필드 없는 호출 프레임(call frame)이며 짧은 프레임이다. 하나의 프레임은 항상 하나의 시작 기호(SD: Start Delimiter)로 시작되는데, 프레임 서식에 대한 부호를 포함하고 있다. SD 다음에는 수신지 주소(DA: Destination Address)와 송신지 주소(SA: Source Address)가 있는데, 송신자와 수신자를 구별해주는 역할을 한다. 그 다음에는 수신자가 프레임 유형을 알 수 있도록 해주는 프레임 제어(FC: Frame Control)가 위치한다. FC는 프레임의 우선순위와 제어 정보도 포함하고 있다. 프레임의 마지막에는 FCS(Frame Check Sequence)와 ED(End Delimiter)가 있다.

Profibus는 전송 에러에 대해서 좋은 보호 방법을 제공하지만 완전하게 에러를 피할 수가 없다. 이러한 에러의 원인으로는 송신기의 결함, 전송 매체의 오류, 신호의 반사, 송신기와 수신기 사이의 클록 주파수의 심한 차이 등이 될 수 있다. 에러가 없는 전송을 보장하기 위해서, 프로피버스는 해밍 거리(HD: Hamming Distance) 4를 제공한다. 해밍 거리는 2개의 유효한 UART 문자에 있어서 이진 비트가 얼마나 많이 다른가를 보여주는 척도이다. HD=4일 때, 하나의 문자에서 하나의 비트 에러는 검출되고 고쳐질 수 있다. 2개의 비트 에러는 검출될 수는 있지만 고쳐질 수는 없다.

시스템의 신뢰성을 향상시키기 위해, 프로피버스는 다음과 같은 동작 상태 및 에러 상태를 처리할 수 있다.

- 여러 개의 토큰이 회전하는 경우
- 토큰의 분실
- 토큰 전달 에러
- 결함이 있는 수신기를 가진 스테이션
- 동작 중에 스테이션의 추가와 삭제
- 능동 스테이션과 수동 스테이션의 임의의 조합에 의한 구성

2.2.2.4 응용 계층

프로피버스의 응용 계층은 2개의 부계층, 즉 FMS(Fieldbus Message Specification)와 LLI(Lower Layer Interface)로 이루어져 있다. FMS는 통신 객체, 서비스, 그리고 관련된 모델에 관한 기술을 하고 있다. LLI는 FDL과 FMS를 연결시켜주는 중간 다리의 역할을 하고 있다. 즉, LLI의 주요 업무를 들면 다음과 같다.

- FMA7의 서비스를 FDL 서비스로 대응
- 연결의 설정 및 해제
- 연결의 감독
- 흐름 제어

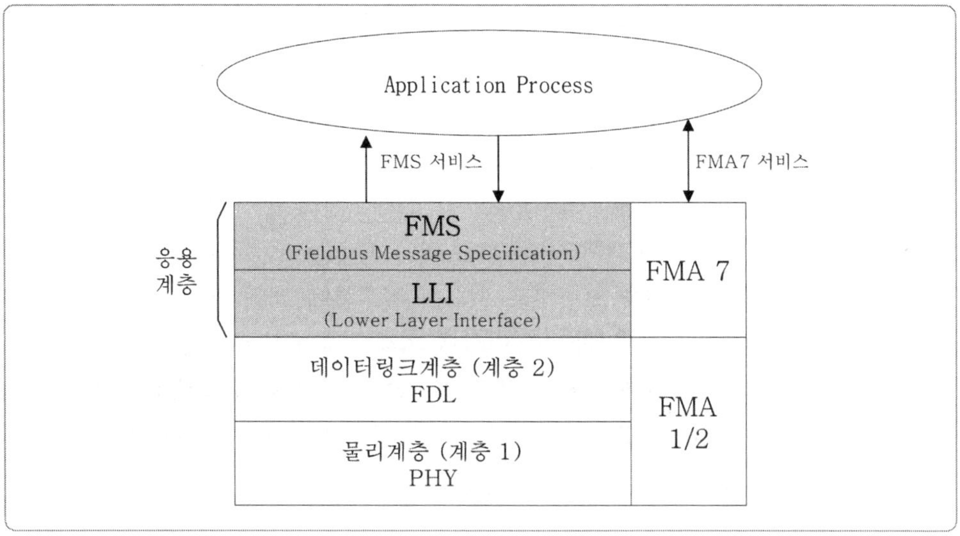

| 그림 2.21 | 응용 계층의 구조

가. 응용 계층의 통신 요소

통신 기능의 사용자 관점에서 보면 통신은 대게 2개의 스테이션에서 일어난다. 하나의 스테이션은 클라이언트(서비스 요구자)가 되고 다른 스테이션은 서버(서비스 제공자)가 된다. 예를 들어, 클라이언트는 PLC, 서버, 드라이브 같은 것이 될 수 있다. 보통의 기기 들은 클라이언트도 될 수 있고 서버도 될 수 있는데, 센서는 항상 서버로 동작한다. 통신을 하는 스테이션들은 메시지 전송의 관점에서 보면, 마스터와 슬레이브로 불린다. 통신을 고려하면, 마스터는 능동 스테이션이고 슬레이브는 수동 스테이션이다. 프로피버스에서의 매체 접속은 하나의 마스터로부터 다른 마스터로 전달되는 토큰 프레임에 의해서 배분된다. 클라이언트와 서버사이의 통신에 대해서 프로피버스 계층 7은 기본적으로 다음과 같은 세 가지의 통신 요소를 제공한다.

- 통신 객체(communication objects)
- 통신 서비스(communication services)
- 통신 관계(communication relationships)

통신 객체는 스테이션 사이에 교환되는 측정된 데이터, 프로그램 매개 변수 집합 등이 될 수 있다. 이런 객체들은 통신 서비스에 의해서 각각의 스테이션이 사용할 수 있도록 된다. 흔히 사용되는 서비스는 읽기/쓰기 서비스이다.

통신 관계는 각각의 스테이션 사이의 논리적인 연결을 설정한다. 물론 논리적 통신 관계의 실정을 위한 소건은 불리적인 조건이 필요하다. 두 개의 스테이션은 모두 통신망을 통해 연결되어 있어야 한다. 하나의 스테이션은 반드시 클라이언트가 되어야 한다.

왜냐하면 2개의 서버 사이에는 어떠한 직접적인 통신도 연결될 수 없기 때문이다. 스테이션의 모든 통신 관계의 디자인 데이터는 통신 관계 목록(CRL: Communication Relationship List)에 나열되어 있다. 표의 각 행은 하나의 통신 참조(CR: Communication Reference)의 매개 변수를 포함하고 있다. 그리고 각 통신 참조는 2개의 응용 프로세스간의 특정한 관계를 표시한다. 각 스테이션의 통신 객체 사이에서도 유사한 표가 존재한다. 이 표는 객체 사전(OD: Object Dictionary)이라고 불려진다. 각 행은 하나의 객체에 대한 입력을 포함하고 있으며 앞부분에 객체 색인(object index)으로 시작한다. 입력과 색인은 원격 스테이션에 의해서 읽혀질 수 있다.

기기의 통신 관계 목록과 객체 사전은 반드시 표의 형태로 존재해야 하는 것만은 아니다. 데이터 구조의 형태나 또 다른 형태로 존재해도 상관없다. 표준은 단지 버스 상에서의 그것들의 전송 구조만을 결정한다.

나. 프로피버스 객체

프로피버스 시스템에서의 통신은 객체를 기반으로 하고 있는데, 그것을 통해 구조화된 데이터가 전달된다. 객체들은 데이터 유령, 접근 권리, 접근키와 같은 요소들을 갖고 있다. 모든 객체 유형에 대해서 그것들에 적용될 수 있는 작동 집합이 정의되어 있다. 예를 들어 어떤 프로그램을 시작한다고 하면, '시작'이라고 하는 것은 '프로그램'이라고 하는 객체를 실행시키는 작동이다. 똑같은 작동을 하는 것일지라도 프로그램을 시작하는 것은 다른 기기에서는 다르게 실행될 수 있다. 실제 기기를 개방된 통신 시스템에 연결하기 위해서는 통신 객체의 실제 계산을 해당하는 프로피버스 서비스에 엄격하게 잘 대응시켜야 한다. ISO/OSI 모델에 의거하여 만들어진 통신 시스템들은 투명한 메시지 전송 시스템이다. 즉, 통신 시스템에서 프로그램의 내용은 중요하지 않다는 의미이다.

다른 응용 프로세스 간의 전달되는 객체의 내용은 통신 시스템에게 그 구조가 알려져 있어야 한다. 이것은 프로피버스에서 모든 프로세스 객체를 객체 사전에 등록시킴으로써 가능하다. 하나의 객체 사전은 모든 가능한 객체를 담고 있는 일종의 전화번호부라고 생각하면 된다. 어떤 프로세스 객체를 객체 사전에 등록시킴으로써 그것은 통신 객체가 되며, 모든 원격 응용 프로세스에게 알려지게 된다.

✤ 정적/동적 객체 타입

프로피버스에서, 정적/동적 통신 객체는 정의하는 시간의 차이에 따라서 구분된다. 정적 통신 객체는 통신망의 시작 단계 동안에 결정된다. 이러한 객체들은 그들의 구조에서 수정되거나 작동 중에 삭제될 수 없다. 반면에 동적 통신 객체는 작동 중에 객체 사전으로부터 정의되거나 삭제될 수 있다. 통신 객체들을 나열하면 다음과 같다.

- 정적 통신 객체:
  - 변수(단순 변수, 배열, 레코드)
  - 영역(domain)
  - 사건(event)
- 동적 통신 객체:
  - 변수 목록
  - 프로그램 기동
  - 데이터 타입

단순 변수의 구조는 데이터 유형에 의해서 정의된다. 이 데이터 유형은 프로피버스 표준에 의해서 결정되거나 데이터 유형으로부터 데이터 구조로 결합된다. 프로피버스는 다음과 같은 미리 정의된 데이터 유형을 갖고 있다.

- 부울(boolean)
- 정수(8, 16, 32비트)
- unsigned((8, 16, 32비트)
- 실수
- octet string(이진 부호화)
- 가시열(ISO 646)
- 날짜(달력 날짜와 시간 표시)
- 시간
- 시간 차이(ms 단위)
- 비트 열(octet 단위)

다. 통신 관계(Communication Relationships)

사용자의 입장에서 보면, 다른 스테이션과의 응용 프로세스의 통신은 논리적인 채널 상에서 이루어진다. 이러한 논리적 채널은 디자인 단계에서 정의되며 통신 관계 목록(CRL)에 들어간다. 각 스테이션은 통신 관계를 위해서 목록을 갖고 있다. 그것들은 통신망 관리에 의해서 계층 7 소프트웨어에 올려진다. 통신 관계 목록은 FMS-CRL과 LLI-CRL의 두 개의 부분으로 이루어져 있다. 그러나 최종 사용자에게 이러한 구분은 중요하지 않다.

하나의 스테이션은 최대 63개의 통신 관계를 가질 수 있다. 게다가, 그것은 특정한 통신 관계가 사용되는 일제 송신 메시지를 보내고 받을 수 있는 기능을 갖고 있다. 통신 참조는 한 스테이션 내에서 사용되는 통신 관계를 위한 부호이다. 서비스 요구가 버스로 전달되기 전에, 프로피버스의 인터페이스 프로그램은 CRL의 특정한 통신 참조에 의해 어떤 스테이션이 주소되어 있는지 찾아본다.

라. LLI(Lower Layer Interface)intitate

LLI 부계층은 주로 연결 관리에 관한 일을 수행한다. 프로피버스에서 7개의 연결 유형이 정의되어 있다. 그것은 다음과 같다.

✤ MMAC(Master-Master Acyclic Connection)

MMAC는 마스터 스테이션들 간의 비주기적인 데이터 전송을 위해서 사용된다. 연결은 시작 서비스를 사용하여 이루어진다. 데이터 전송 단계 동안에 계층 2 서비스인 SDA가 클라이언트와 서버간의 FMS PDU의 전송에 사용된다. 모든 확인 및 비 확인 FMS 서비스는 이 연결에 의해서 사용이 가능하다. MMAC 연결은 중단 서비스에 의해서 해제된다.

✤ MSAC(Master-Slave ACyclic), MSAC_SI(Master-Slave ACyclic with Slave Initiative)

MSAC와 MSAC_SI는 마스터 스테이션과 슬레이브 스테이션간의 비주기적인 데이터 전송을 위해 사용된다. MSAC와 MSAC_SI를 위한 연결은 Initiate 서비스를 사용하여 설정된다. 그 다음에 일어나는 데이터 전송의 단계에서 모든 확인 및 비 확인 FMS 서비스는 이 연결에 사용이 허용된다. 연결의 해제는 Abort 서비스를 통해 이루어진다. MSAC와 MSAC_SI의 차이점은 다음과 같다.

- MSAC_SI에서 슬레이브는 중요한 사용자 사건(e. g. 알람)을 마스터로 전송할 수 있다. 반면에, MSAC 연결에서는 슬레이브는 마스터로 사용자 데이터를 보낼 수 없다.
- MSAC_SI에서, 폴링은 연결 설정 동안에 시작된다. 폴링은 Abort 서비스가 연결을 해제하기 전까지 유지된다. MSAC에서, 폴링은 FMS 확인 서비스(시작 서비스 포함)가 있을 때 시작된다. 폴링은 해당하는 응답을 받으면 종료된다. MSAC_SI와 MSAC에서, 폴링은 서버로부터 응답을 받기 위해 사용된다.

- MSCY(Master-Slave CYclic), MSCY_SI(Master-Slave CYclic with Slave Initiative)
  MSCY와 MSCY_SI는 마스터 스테이션과 슬레이브 스테이션 사이의 주기적인 데이터 전송을 위해 사용된다. 연결은 시작 서비스를 사용하여 설정된다. 그 다음에 일어나는 데이터 전송 단계 동안, 확인 FMS 서비스 읽기와 쓰기가 사용 가능하다. 그리고 사건 처리를 위한 모든 비 확인 FMS 서비스가 마스터에 의해 사용될 수 있다. 폴링은 연결 설정 단계 동안에 시작되며, Abort 서비스가 연결을 해제하기 전까지 계속된다. MSCY와 MSCY_SI의 차이점은 MSCY_SI에서는 슬레이브가 사건을 마스터로 전송할 수 있다는 것이다.

- MULT(MULTicast), BRCT(BRoadCasT)

  MUTL와 BRCT는 하나의 능동 스테이션으로부터 여러 스테이션으로 데이터를 전달할 때 사용된다. 사실, MULT와 BRCT는 비 연결 통신이다. 비 연결 통신에서는 어떠한 연결 설정이나, 연결해제 동작도 이루어지지 않는다. 데이터 전송 단계 동안 계층 2 서비스 SDN이 사용된다.

마. FMS 서비스

FMS는 기기와 데이터 추출의 원격 제어를 위해 사용되는 메시지 응용 규약이다. FMS는 메시지의 문법측면에서 보면 MAP MMS(Manufacturing Message Specification)와 유사하다. 프로피버스는 확인 서비스와 비 확인 서비스의 2가지로 나누어진다. 비 확인 서비스를 사용하면 메시지는 하나의 방향으로만 전달되고, 확인 서비스를 이용하면 메시지에 대한 확인이 송신자로 보내어진다. 즉, 서버는 클라이언트로부터 요구가 있을 때에만 데이터를 제공할 수 있다. 비 확인 서비스에서 사용자 데이터는 요구가 오자마자 곧바로 제공된다. 프로피버스에는 모두 39개의 FMS 서비스가 있는데, 크게 5개의 그룹으로 나누어진다.

✤ 변수 접근(variable access)

서비스 그룹 '변수 접근'은 간단한 변수, 레코드, 배열, 변수 목록들에 대한 접근을 허용해주는 서비스를 제공해준다. 여기에는 다음과 같은 서비스들이 있다.

- Read
- Write
- ReadWithType
- WriteWithType
- PhysRead
- PhysWrite
- InformationReportWithType
- DefineVariableList
- DeleteVariableList

- 도메인 접속(domain access)

  '도메인 접속' 서비스 그룹은 논리적으로 연결된 메모리 영역의 다운로드, 업로드 서비스를 포함하고 있다. 올려놓기(loading) 프로세스 동안에, 응용은 많은 양의 데이터를 세그먼트로 나누어야 한다. 영역의 일치성을 확보하기 위해, 올려놓기 작업은 다운로드 순서 시작(Initiate Upload Sequence) 서비스에 의해서 항상 시작되어야 한다. 그리고 다운로드 시퀀스 종료(Terminate Upload Sequence) 서비스를 통해서 종료되어야 한다. 여기에는 다음과 같은 서비스가 있다.

- ▹ InitiateDownloadSequence
- ▹ DownloadSegment
- ▹ TerminateDownloadSequence
- ▹ RequestDomainDownload
- ▹ InitiateUploadSequence
- ▹ UploadSegment
- ▹ TerminateUploadSequence
- ▹ RequestDomainUpload

- 사건 관리(event management)

'사건 관리' 서비스 그룹은 객체 유형 '사건(event)'의 중요한 메시지를 하나의 스테이션으로부터 다른 스테이션으로 전달하는 서비스를 제공한다. 이 그룹에는 다음과 같은 서비스가 존재한다.

- ▹ EventNotification
- ▹ EventNotificationWithType
- ▹ AcknowledgeEventNotification
- ▹ AlterEventConditionMonitoring

- 프로그램 기동(program invocation)

'프로그램 기동' 서비스 그룹은 다음과 같은 서비스를 제공한다.

- ▹ CreateProgramInvocation
- ▹ DeleteProgramInvocation
- ▹ Start
- ▹ Stop
- ▹ Resume
- ▹ reset
- ▹ Kill

- 운영 관리(administration services)

'운영 관리' 서비스 그룹은 추상적인 모델에 근거하여 만들어졌는데, 다시 다음과 같은 서비스 그룹이 존재한다.

- ▹ VRD support
- ▹ OD management
- ▹ Context management

가상 필드 기기(VFD: Virtual Field Device)는 원격 프로피버스 사용자의 입장에서 봤을 때 시스템의 데이터와 행동을 기술해주는 추상적인 모델이다. 이 모델은 모든 객체와, 서비스를 통해 사용자에게 접근 가능한 통신 객체의 설명을 포함하는 객체 VFD에 근거하여 만들어진다. 예를 들어, 객체 사전은 VFD의 객체이다. 보통, 하나의 기기는 단지 하나의 VFD만을 갖고 있다. 그러나 기기당 1개 이상을 갖도록 구현하는 것도 가능하다. VFD는 통신 관계에 주소가 되어 있다. 여기에는 다음과 같은 서비스가 존재한다.

- Status
- UnsolicitedStatus
- Identify

객체 사전 관리(OD management)는 통신하는 스테이션의 VFD의 소스 객체 사전의 읽기와 쓰기를 위한 서비스를 제공한다. 현재 사용되는 객체의 객체 기술이 소스 객체 사전에서 수정이 되면, 관계된 스테이션은 그것을 알게 되어야 한다. 이것은 이 수정에 의해서 영향을 받는 연결을 없앰으로써 가능하다. 객체 사전에 추가를 하는 것은 객체 사전의 일치성에 영향을 주지 않는다. 객체 사전(OD) 서비스에는 다음과 같은 서비스가 있다.

- GetOD
- InitiateOD
- PutOD
- TerminatePutOD

콘택스트 관리(context management) 서비스는 연결을 시작하고, 연결을 해제하거나 취소하고, 불법적인 서비스 요구를 거부한다. 이것을 위해서는 통신 관계의 모든 스테이션에 의해서 만들어진 모든 동의를 포함해야 한다. 이 정보는 객체 사전과 통신 관계 목록에 저장되어 있다. 이 그룹은 다음과 같은 서비스를 제공한다.

- Initiate
- Abort
- Reject

2.2.3 월드에프아이피(WorldFIP)

2.2.3.1 전체적인 구조 및 특징

WorldFIP(간략히 FIP라고도 불림)는 유럽표준 EN50170과 IEC 61185 Type 7에 명시되어 있는 필드버스의 한 종류이다. FIP는 프랑스를 중심으로 유럽, 일본 등에 많이 보급되어 있다. FIP는 경제적인 측면으로서 케이블 비용 감소, 시스템의 설계 및 설치의 용이성을 고려했고, 기술적인 측면으로서 유지, 보수의 편리성, 센서와 연산 기기 사이의 점 대 점 연결방식을 개선했다는 특징을 가진다. FIP는 중앙 집중식, 분산식, 마스터/슬레이브(master/slave)식 등 다양한 구조의 시스템에 사용될 수 있으며 지능화 기기(스마트 센서 등)의 사용과 제어기 및 데이터의 분산을 가능하게 한다. 기본적인 FIP의 데이터 전송 구조는 브로드캐스트 방식으로, 동일한 데이터를 사용하는 모든 가입자(subscriber)에 대하여 데이터의 전송이 동시에 이루어진다. 즉 전송되는 데이터의 공간적, 시간적 일치성을 응용 계층 수준에서 보장한다. 또한 OSI(Open Systems Interconnection)의 개방형 통신망이기 때문에, 서로 다른 제조 회사의 기기라도 FIP를 지원하기만 하면 연결할 수 있다. FIP는 실시간 데이터와 비실시간 데이터를 지원한다.

FIP는 자동화 시스템에서 0 계층(센서, 작용기 등)과 1 계층(PLC, 제어기 등)사이의 연결을 제공하는 필드버스이다. 물리 계층, 데이터 링크 계층, 응용 계층의 3 계층 구조로 되어있다. 〈그림 2.22〉는 FIP의 계층 구조를 간략히 도시한 것이다. 이 절에서는 각 계층 구조의 특징 등 FIP의 이해를 위한 전반적인 내용에 대해 살펴본다.

계층	
응용 계층 판독/기입 등의 처리 다국적 언어 환경에서 코드화 처리 등	망관리
비어 있음	
데이터 링크 계층 프레임 형식 정의, 에러 검출, 통신 처리 제어 등	
물리 계층 부호화 처리, 전송 속도, 신호 파형, 케이블 길이, 기기의 형상 등 규정	

그림 2.22 FIP 통신 스택의 구조

2.2.3.2 물리 계층

FIP의 물리 계층은 IEC 국제 규격안 및 ISA의 규격으로 되어있는 DIS1158-2를 채용하고 있으며 버스에 연결된 각 기기간의 정보의 전달을 가능하게 해준다. 전송매체는 차폐 꼬임 쌍선(shielded twisted pair)이나 광섬유 등이 될 수 있다. 이 글에서는 꼬임 쌍선을 주 대상으로 설명하기로 한다. 데이터의 전송 속도는 다음의 3가지 등급으로 구분된다.

- S1: 31.25*kbps* (저속)
- S2: 1*Mbps* (중속)
- S3: 2.5*Mbps* (고속)

위의 사양에서 보통 S2가 사용이 되며 매체를 광섬유로 할 경우 5*Mbps*까지 가능하다. 부호화 방식은 간단한 방법 중 하나인 맨체스터 부호(Manchester code)를 사용하며, 데이터 링크 계층에 의해 전송될 비트를 부호화 한다. 맨체스터 부호화 방식은 이더넷을 비롯하여 현재 통신망에서 많이 사용되고 있다. FIP에서 사용되는 부호는 〈그림 2.23〉과 같다.

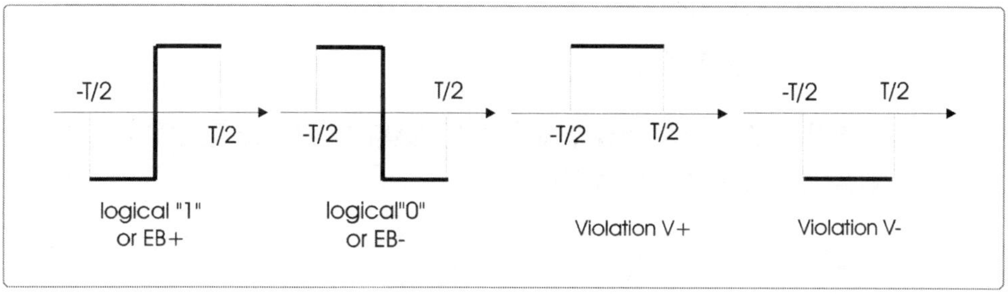

▌그림 2.23 ▌ FIP의 부호 (맨체스터 부호)

모든 FIP의 프레임(요구 프레임, 응답 프레임, 메시지 프레임 등)은 다음의 세 부분으로 구성되어 있다.

❶ FSS(Frame Start Sequence)

- PRE(PREamble): 송신측 클록과 동기 시키기 위해 수신측에 의해 사용된다(8비트).
- FSD(Frame Start Delimiter): 유효한 데이터(CAD)의 시작을 알리며 등화(equalization) 비트 EB+로 끝난다(6비트).

❷ 데이터 및 검사 필드(Data and Check Field)

- CAD(Control And Data) 필드: 데이터 링크 계층으로부터의 논리적 정보("0"과

"1")만을 갖는다.

❸ 프레임 종료 신호(FES: Frame End Sequence)

- 등화(equalization) 비트로 부터 시작하며 CAD의 끝을 의미한다(7비트).

따라서 물리 계층에서 실제 데이터(CAD)에 추가되는 부호는 모두 21비트이다.

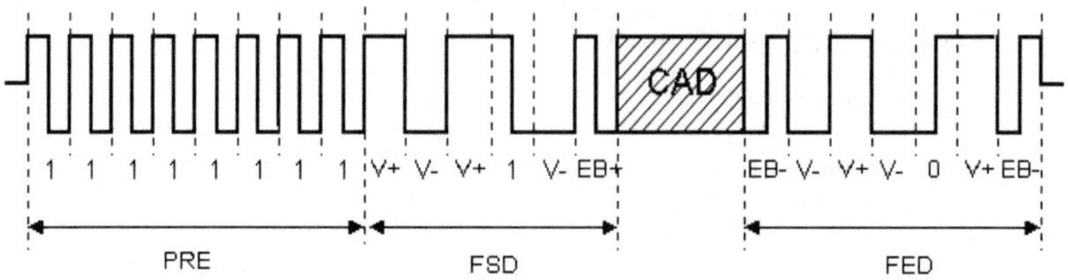

그림 2.24 FIP의 프레임 구조

FIP 표준은 전기적 적합성에 대해 다음의 3가지 계층을 정의한다.

- CH: 원거리에 사용될 수 있는 고 전력 계층
- CM: 중간 전력 계층
- CL: 저 전력 계층

적합 계층과 앞서 언급한 전송 속도 등급과의 관계를 정리하면 〈그림 2.25〉와 같다. 검은 부분이 권장되는 사양이다.

	S1	S2	S3
CH			
CM			
CL			

그림 2.25 적합 계층

〈표 2.14〉와 〈표 2.15〉는 각각 FIP의 전기적, 기계적 특성과 망의 형상 및 특성을 나열한다.

[표 2.14] 전기적, 기계적 특성

전송미디어	표준커넥터	노드로 전원공급	전송속도(*kbps*)	본질안전
꼬임쌍선 광섬유	지원	전송라인 케이블	31.25–2500	있음

[표 2.15] 망의 형상 및 특성

망 형상	세그먼트 개수	장치개수 중개기 없을 때	중개기 있을 때	집선기 있을 때	여러 세그먼트	최소 속도 시 망 길이	분기 길이	최대 속도 시 망 길이
버스 형 스타 형	128	64	256	24576	327 68	〉10*km*	50*m*	1*km*

2.2.3.3. 데이터 링크 계층

FIP의 데이터 링크 계층에서는 2가지 종류의 전송 서비스를 제공한다. 하나는 식별자를 가진 변수(identified variable)의 교환이며 다른 하나는 메시지의 전달(message transfer)이다. 이러한 데이터의 교환은 주기적 전송과 비주기적 전송으로 나누어진다. 우선, 주기적인 전송에서는 시스템이 구성될 때 전송되어야 하는 모든 객체(변수와 메시지)들의 이름과 주기 특성이 지정되어 사용자의 요구 없이도 데이터 링크 계층에서 자동적으로 데이터의 교환이 이루어진다. 비주기적인 전송은 사용자의 요구에 의해서 이루어지기도 하며, 어떤 조건을 만족하거나 특정한 상황이 되면 발생한다. 여기서는 하나 이상의 비주기적 변수 값이나 메시지의 전송이 이루어진다.

[표 2.16] MAC 프로토콜의 특성

MAC 프로토콜	응답시간 보장	주기적 전송	비동기 전송
중앙제어 스케줄링	가능	가능	부분적 가능

[표 2.17] 데이터링크 계층의 특성

점대점 전송	브로드캐스트	멀티캐스트	멀티마스터 개수	동적삽입	패킷보호
가능	가능	가능	안됨	가능	CRC16

다음에서 데이터의 전달을 위한 주소 매김 및 데이터프레임의 구성, 전송시간 등 FIP의 데이터 링크 계층의 특징을 살펴본다.

(1) 주소 매김(Addressing)

FIP 주소화 유형은 변수의 주소화와 메시지의 주소화로 나눌 수 있다. 분산 시스템에서 각 변수는 전체 시스템에서 유일하게 인식되는 식별자(identifier)로 구성된다. 이러한 식별자는 16비트의 정수를 사용하여 부호화된다. 따라서 이론적으로 구분될 수 있는 변수의 개수는 65536개가 된다. 이러한 변수의 교환은 물리적인 전송 객체의 주소화에 의하지 않고 통신망상의 전체 스테이션들이 식별자를 참조하여 그 변수의 생성과 소비에 해당하는 스테이션이 이를 인식하고 전송함으로써 이루어진다. 이와 같이, 변수의 교환은 전역적으로 이루어지며 주어진 식별자에 대하여 생산자는 오직 하나만 존재할 수 있다. 물론 한 식별자에 대한 여러 개의 소비자는 가능하다.

이와는 달리 메시지의 교환은 전달 주체와 수신지 주체의 주소를 가지고 점 대 점 또는 메시지 수신그룹에 의한 다중점 방식으로 이루어진다. 메시지의 주소는 24비트로 이루어져있으며 그것들은 스테이션의 주소뿐만 아니라 통신망 구역을 가리키기도 한다.

(2) 매체 배당 절차(Medium allocation mechanism)

FIP는 주기적, 비주기적 2가지 유형의 데이터를 다룬다. 주기적 데이터는 고정된 기한 안에서 주기적으로 전송되며, 비주기적 데이터는 사건에 의해 발생하여 비주기적으로 전송되는 데이터를 의미한다. 이러한 데이터의 전송은 FIP 통신망에서는 버스 중재자에 의해 조정된다. 버스 중재자는 FIP 망의 한 스테이션으로서 버스 사용권을 사전 스케줄 대로 할당하는 역할을 한다. 그러므로 통신망의 원활한 운영은 버스 중재자의 스케줄링에 의해 좌우된다고 할 수 있다.

데이터의 전송을 위해 FIP는 중앙 집중식 매체제어 방식인 생산자-분배자-소비자(PDC: Producer-Distributor-Consumer)구조를 이용한다. 따라서 스테이션의 주소화의 개념보다는 전역적으로 전송되는 변수의 식별이 중요하다. 하나의 변수는 하나의 생산자 스테이션과 하나 이상의 소비자 스테이션을 갖는다. 버스 중재자에 의해 브로드캐스트된 변수의 식별자에 의해 해당하는 생산자 스테이션과 소비자 스테이션이 이를 인식하고 바로 버스 중재자로 부터 버스 사용권을 받아서 생산자 스테이션이 변수를 버스 상에 내 놓으면 소비자 스테이션이 받아가는 구조이다. 따라서 FIP 통신망상의 모든 스테이션들은 다음과 같은 기능의 스테이션으로 구분할 수 있다.

- 버스 중재자(bus arbitrator) 스테이션: 통신망의 접근 관리
- 생산자/소비자 스테이션: 변수나 메시지의 생성 및 사용

어떤 FIP 스테이션도 버스 조정의 기능과 생산자 혹은 소비자 스테이션이 될 수 있다. 그러나 한 시점에서는 버스 상에 반드시 활성화된 하나의 버스 중재자만 있어야 한다. 즉 한 스테이션이 버스 중재자이면 다른 스테이션들은 생산자나 소비자 스테이

션이어야만 하는 것이다.

버스 중재자(BA)는 시스템이 초기화 될 때 미리 지정된 순간에 전송해야하는 변수를 읽기 위해 필요한 자원을 가지며 변수 식별자의 목록을 갖는다. 버스 중재자는 기본 주기(basic or elementary cycle)와 큰 주기(macro cycle)로 구성되어 있는 스케줄표에 의하여 각 기본 주기마다 정해진 순서대로 변수(사실은 변수의 식별자)를 전송하며 이를 큰 주기만큼 반복하는 일을 한다. 이러한 과정은 다음과 같은 질문-응답(question-response) 주기의 반복으로 요약할 수 있다.

✤ 질문 프레임의 전송

변수의 전송을 위해서 버스 중재자는 버스 상에 그 변수의 식별자를 전송하는데 질문 프레임(question frame) ID_DAT를 사용한다. 이 ID_DAT는 모든 스테이션의 데이터 링크 계층에 기록되고 그 중 오직 하나만이 그 식별자의 생산자로 인식한다. 소비자로 인식하는 스테이션은 하나 이상이다.

✤ 응답 프레임의 전송

그 변수의 생산자로 인식한 스테이션은 응답 프레임(response frame)인 RP_DAT에서 식별자에 의해 인식된 변수의 값을 전송한다. 이 값은 동시에 모든 소비자 스테이션에서 획득된다. 그러면 버스 중재자는 주사표의 다음 변수 식별자에 대해서 위의 작업을 반복한다.

생산된 값의 전송이나 소비되는 값의 수신은 버퍼의 전송을 통해서 이루어진다. 응용 프로그램은 오직 버퍼에 데이터를 올려놓을 수 있으며 이러한 버퍼의 전송은 사용자의 응용프로그램과 독립적으로 데이터 링크 계층에서 이루어진다. 즉 버퍼의 내용이 갱신되었는가에 상관없이 버스 중재자에 의해 사전에 스케줄된 순서에 의해 스테이션간의 데이터 전송이 이루어진다. 만약 버스 상에 하나 이상의 변수를 소비하는 새로운 스테이션이 버스에 접속될 경우 그 변수의 식별자가 이미 버스 중재자에서 갖고 있는 변수 목록에 있는 것이라면 특별한 부가 시간 없이 같은 서비스를 받을 수 있다. 물론 새로운 변수를 갖고 있다면 전체적으로 재 스케줄 하지 않는 이상 그 변수값의 교환은 불가능하다.

데이터 링크 계층의 상태 기계(status machine)에서 타이머는 꾸준히 버스에서의 활동을 감시한다. 그래서 만약 응답 프레임(response frame) RP_DAT가 손실되거나 전달되는 속도가 느리면 소비자 스테이션은 모든 다른 종류의 프레임은 무시하고 처음의 질문 프레임(question frame)을 기다리는 상태로 되돌아간다. 버스 중재자와 각 스테이션 간의 데이터의 전송방식을 간단히 나타내면 〈그림 2.26〉과 같다.

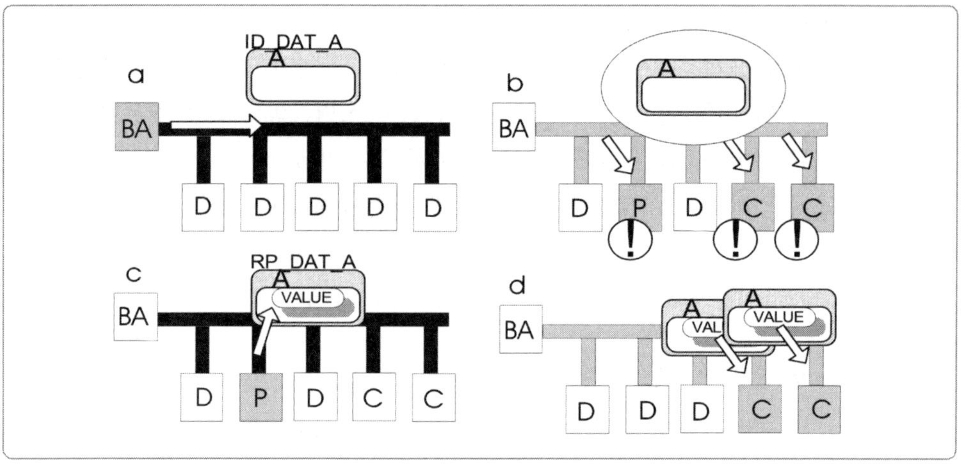

▌그림 2.26▐ FIP의 매체 제어 (BA: bus arbitrator, P: producer, C: consumer)

(3) 버스 조정 표

처음 시스템을 초기화 할 때 버스 중재자는 버스 상에서 전송될 변수와 각 변수의 주기, 변수 유형 등의 스케줄표(scan table)를 받아서 버스 중재를 위한 초기화를 한다. 만약, 이 초기화의 내용이 구현 가능한 것이고 변수의 교환에 대하여 시간의 제한사항을 준수하고 있다면 버스 중재자는 스케줄표의 내용대로 전원이 공급되는 한 반복한다. 즉 버스 중재자는 필드버스라는 오케스트라의 지휘자로서 필드버스 위에서 무한히 반복되는 돌림 노래를 연주한다. FIP에서는 이와 같이 변수들의 전송 시점이 결정적이기 때문에 각 변수들은 주기에 따른 올바른 전송이 보장된다.

- 첫 번째 방송
  - a. BA에 의한 질문 프레임(변수 A의 식별자)방송(broadcasting)
  - b. 해당 변수에 대한 생산자와 소비자 인식
- 두 번째 방송
  - c. 생산자가 응답 프레임(변수A의 값) 방송
  - d. 소비자가 응답 프레임 수신

〈그림 2.27〉에서는 버스중재자의 동작을 위한 사전실시간 스케줄링에 의한 스케줄표 스케줄의 작성과정을 설명하고 있다.

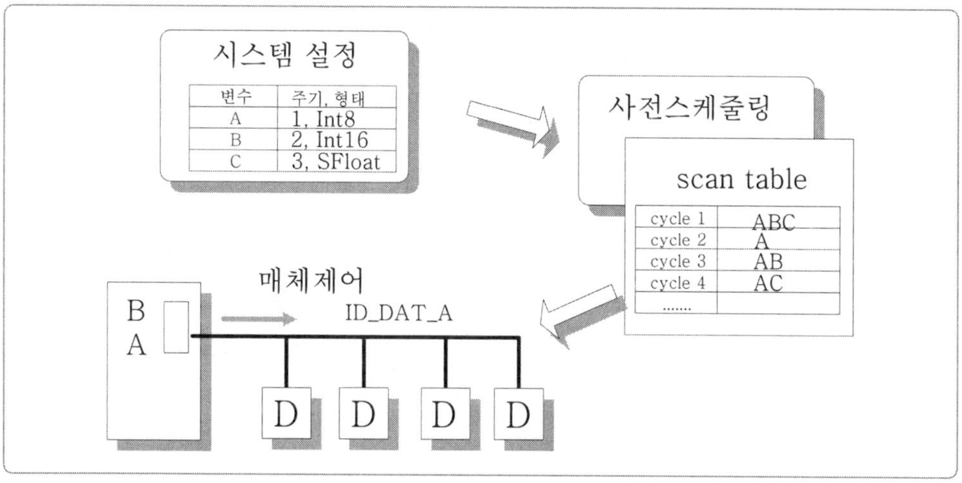

| 그림 2.27 | FIP 시스템의 버스 중재자의 초기화 과정

- 단계 1. 시스템 설정:
  전송해야하는 변수와 각 변수에 대한 생산자와 소비자 등 규정
- 단계 2. 사전 스케줄링:
  기본주기와 전체주기 결정 및 스캔 테이블 작성
  버스 중재자 스테이션에 스캔 테이블 설정
- 단계 3. 데이터의 전송:
  기타 환경의 초기화가 완료된 후 버스 중재자의 식별자 전송 시작.
  응용 계층에 독립적으로 스캔 테이블의 변수 및 메시지의 전송 반복

주기적인 변수를 각 주기별로 나열해 보면 모든 변수의 최대 공약수 만큼의 크기로 구분가능하다. 이를 기본 주기(elementary cycle)라 한다. 또한 변수의 배치 형태는 일정한 시간(모든 변수의 최소공배수)이 흐르면 반복되는데 이를 큰 주기(macro cycle)라 한다. 큰 주기는 기본주기의 병렬적인 결합으로 표현한다. 즉 큰 주기를 표현하기 위한 방법으로 서로 다른 변수 배치를 갖는 기본 주기에 식별자를 붙여서 이러한 식별자의 수열로서 표현하는 것이 가능하다. 이렇게 만들어진 수열을 표로 만든 것이 스케줄표이다. 버스 중재자는 또한 비주기적인 기본 주기를 다룰 수 있다. 이 경우에는 그 기본 주기 내에서 주기 데이터의 전송 시 받은 비주기 데이터 처리의 요구에 의해 처음 지정된 변수의 주기성에 상관없이 변수를 전송할 수 있다.

주기 윈도우 (주기적 변수)	비주기 윈도우 1 (비주기 변수)	비주기 윈도우 2 (비주기 메시지)	동기 윈도우

▌그림 2.28▐ 기본주기에서의 전송 윈도우 구성

이를 정리해보면 기본 주기를 〈그림 2.28〉과 같이 네 개의 작은 구간으로 나누어서 (4개의 전송 윈도우) 주기적인 데이터와 비주기적인 데이터를 처리한다.

전송 윈도우의 구성은 다음과 같다. 다음의 예를 통하여 대상 시스템에 대하여 버스 중재를 위한 스케줄표를 만드는 과정을 보인다.

예 1 버스 중재자의 올바른 스케줄을 위한 표의 구성과정

■ 시스템 사양

전송 속도: 1*Mbps*, 턴어라운드 시간: 20μ seconds

[표 2.18] 전송 되어야 하는 주기적 변수 사양

전송 변수(variables)	주기(ms)	변수 유형(types)	처리 시간(usec)
V1	1	INT 8	170
V2	2	INT 16	178
V3	2	OSTR 32	418
V4	3	SFPoint	194
V5	6	UNS 32	194

〈표 2.18〉에 의하면 버스 중재자가 다루어야 하는 변수는 모두 5개 이다. 각 변수에 대하여 주어져 있는 정보는 주기(단위: m second)와 형태(8-*bit* 정수 등)이다. 전송시간(여기서는 1*Mb/s*)과 턴어라운드(turnaround)시간을 사용하여 버스 중재자는 질문 프레임에 관련하여 전송에 필요한 기본적인 처리에 소요되는 시간을 계산할 수 있다. 이 표에서 처리시간은 μ second단위로 표시되어 있는데 이것은 20μ seconds의 턴어라운드 시간이 포함된 전송시간에 해당한다. 변수의 전송 시간에 대한 분포를 시간 축에 대하여 나타내어 보면 〈그림 2.29〉와 같다. 이 그림에서 기본 주기는 1*ms* 큰 주기는 6번의 기본 주기로 구성된다는 것을 알 수 있다.

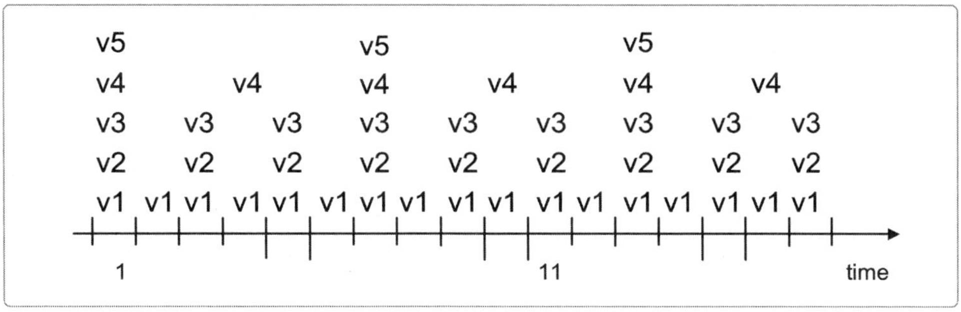

▌그림 2.29▐ 변수의 분포

기본 주기 내에서는 주기가 짧은 것이 우선순위가 보통 높게 처리되어 변수의 처리 순서가 결정된다. 기본 주기별로 처리되는 변수의 모습을 〈표 2.19〉에 나타냈다. 이 결과로부터 버스 중재자가 변수의 식별자를 전송하기 위한 스케줄표가 만들어진다. 만약, 주기적 변수의 전송에 있어서 기본 주기의 크기를 벗어나는 전송 시간이 걸리는 경우는 변수의 전송이 보장되지 않기 때문에 스케줄링 단계에서 미리 계산하여 그 시간을 넘지 않도록 스케줄표가 구성되어야 한다.

[표 2.19] 기본 주기에서의 변수의 처리

큰 주기 1	기본 주기 1	V1 V2 V3 V4 V5
	기본 주기 2	V1
	기본 주기 3	V1 V2 V3
	기본 주기 4	V1 V4
	기본 주기 5	V1 V2 V3
	기본 주기 6	V1
큰 주기 2	기본 주기 7	V1 V2 V3 V4 V5
	기본 주기 8	V1
....	.....	......

각 기본 주기에서 주기적인 데이터를 처리하고 남는 시간은 비주기 데이터의 전송에 사용된다. 즉, 기본 주기에서 제일 마지막으로 처리해야 할 변수의 생산자가 그 값을 보내는 것을 완료하면 버스 중재자는 다음 기본 주기의 시작까지 남은 시간을 비주기 전송에 대한 요구(request)를 처리하는데 사용할 수 있다. 만약 그러한 비주기 데이터의 전송요구가 없다면 버스 중재자는 기본주기가 끝날 때까지 통신망에 연결된 다른 스테이션들이 여전히 동작하고 있다는 것을 나타내기 위해 빈자리를 메우는 식별자(padding identifier)를 보낸다. 빈자리를 메우는 식별자는 어떤 스테이션에서도

생산되지 않는 식별자이다. 이 식별자가 없을 경우 침묵 한계 시간(silence time)을 초과하게 되어 통신망의 이상을 각 스테이션들이 감지하게 된다.

(4) 비주기 전송 요구

분산 시스템에서는 모든 변수가 버스 중재자의 주기적인 스케줄 표에 포함될 필요는 없다. 어떤 변수는 단지 특별한 경우에만 교환 될 지도 모른다. FIP에서는 비주기적인 데이터의 처리를 위해 다음과 같은 3단계의 절차를 사용한다.

예 2 FIP의 비주기 변수의 전송

단계 1

버스 중재자는 주기 윈도우에서 식별자 A에 대한 질문 프레임 ID_DAT_A를 전송한다. 변수 A의 생산자는 이를 인식하고 해당하는 값으로 응답을 하는데 그것의 응답 프레임이다. 이때 주기적 변수이외에 다른 변수의 전송을 요구할 때는 응답 프레임에 RQ라는 제어 필드를 표시하여 전달하고 버스 중재자는 변수 전송 요구를 위해 할당된 대기열(queue)에 식별자 A를 기록해둔다. 이 때 긴급한 데이터인지 보통 데이터인지에 의하여 2개의 우선순위 레벨이 명시될 수 있다. 버스 중재자는 각 우선 순위 레벨에 대하여 하나씩 2개의 대기 열을 가진다.

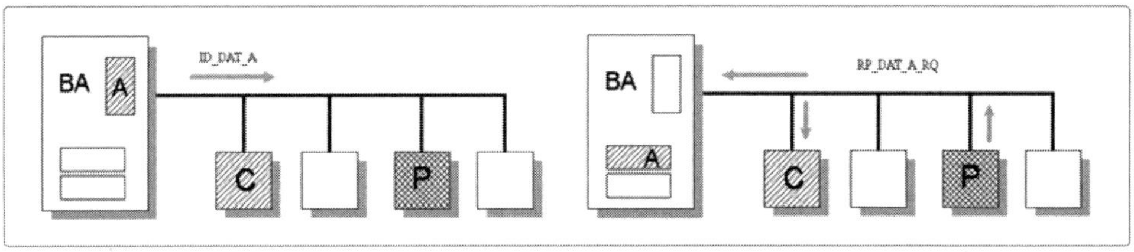

❙ 그림 2.30 ❙ FIP의 비주기 변수의 전송 [단계 1]

단계 2

비주기 변수의 전송을 위해 마련된 비주기 윈도우에서 버스 중재자는 식별자 A를 생산하는 스테이션이 원하는 변수의 목록을 알기 위해 식별 요구 프레임(identification request frame) ID_RQ를 전송한다. A의 생산자 스테이션은 이를 보고 응답 요구 프레임 RP_RQ에 비주기 전송을 원하는 변수 식별자의 목록으로 응답한다. 버스 중재자는 이 목록을 다른 대기 열에 저장한다.

응답 요구 프레임(response request frame)은 1에서 64개까지의 식별자를 포함할 수 있다.

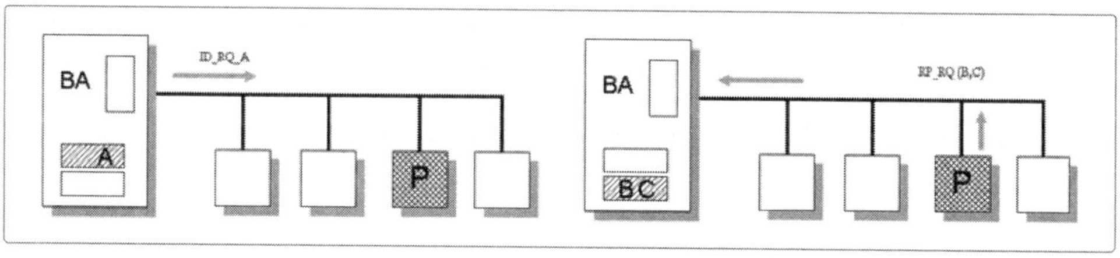

| 그림 2.31 | FIP의 비주기 변수의 전송 [단계 2]

버스 중재자는 이렇게 비주기 요구에 대한 모든 목록을 받은 후 차례로 ID_DAT를 보내어 변수의 전송을 중재하므로 RP_RQ를 보낸 후 통신망상의 다른 스테이션의 요구사항에 따라 바로 변수전송을 할 수도 있고 한참 지난 후에 전송을 하거나 또는 서비스를 못 받는 경우도 생길 수 있다. 이러한 지연시간은 통신망상의 데이터 량이나 처리속도에 따라 달라질 수 있다.

단계 3

마지막 세 번째 단계는 비주기 윈도우에서 버스 중재자가 대기 열에 저장되어 있는 비주기 전송 요구를 수행하는 것이다. 버스 중재자는 대기 열에서 다음 기본 주기까지 남은 시간의 범위 내에서 하나씩 요구를 만족시켜간다. 식별자를 전송하는 것은 스케줄 표에 의하지 않고 대기 열에 있는 것을 차례대로 보낸다는 것을 제외하고는 단계1과 동일하다. 비주기 전송을 요구하는 스테이션은 그 변수의 생산자이거나 소비자이어야 하지만 그렇지 아니한 경우도 가능하다. 이 경우 이러한 스테이션은 그 변수를 제삼자 변수로 하여 관리하고 있어야 한다.

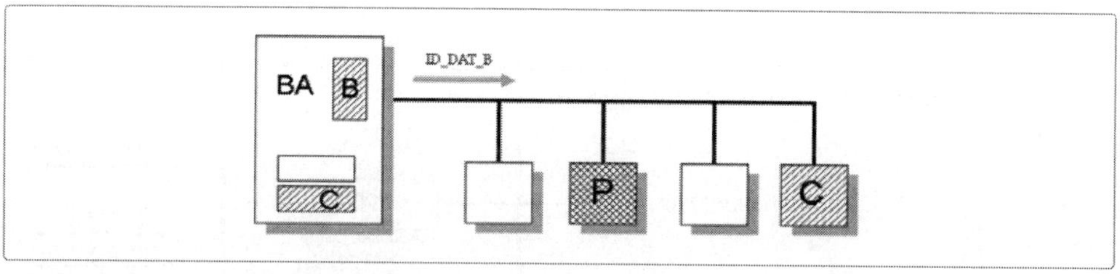

| 그림 2.32 | FIP의 비주기 변수의 전송 [단계 3]

또한 위의 예에서 보듯이 비주기 전송을 요구하려면 일단 기본 주기에서 한 번의 주기전송요구를 받아야 한다. 즉 주기변수의 전송을 하지 않는 스테이션은 비주기전송의 요구를 할 수 없다. 이러한 경우 한 스테이션이 처리하는 변수가 주기가 길어서 거의 전송 기회가 없을 경우에는 그 스테이션에 문제가 생겨서 급히 어떤 메시지를 전달하려고 해도 다음 자기 차례가 없을 경우는 불가능하다. 이는 FIP 데이터 전송방식의 단점으로 부각되는 것으로 이러한 문제를 해결하기 위해서는 비주기 변수를 사건 구동식(event-triggered)으로 하기 보다는 시간 구동식(time-triggered)으로 하여 위급한 메시지나 변수의 전송을 보장하는 방법을 사용할 수 있다.

비주기 전송은 자유요구(free requests)와 지정요구(specified requests)의 2가지 형태로 나눌 수 있다.

■ 자유요구(형식: L_FREE_UPDATE.req(list_ID, priority))

응용 계층은 데이터 링크 계층에 어떤 식별자나 비주기 창에서 순환되는 하나의 식별자에 대하여 이 서비스를 요구한다. 데이터 링크 계층 서비스는 지정된 식별자를 대기열에 첨가한다. 이 대기열은 요구된 모든 식별자를 포함한다. 이 요구는 그 스테이션에서 생산되도록 요구하는 첫 번째 식별자에 의해 버스 중재자에 전달된다.

예 3 FIP의 자유요구의 처리

단계 1

응용 계층이 변수 식별자 A와 B에 대한 긴급한 비주기 전송에 대한 요구를 하면 데이터 링크 계층은 이 두 개의 식별자를 긴급 비주기 전송 요구 대기열에 기록해 둔다.

단계 2

버스 중재자가 이 스테이션에서 생성될 변수 K를 요구할 때 데이터 링크 계층은 값 K로 응답하면서 RQ를 같이 지정한다.

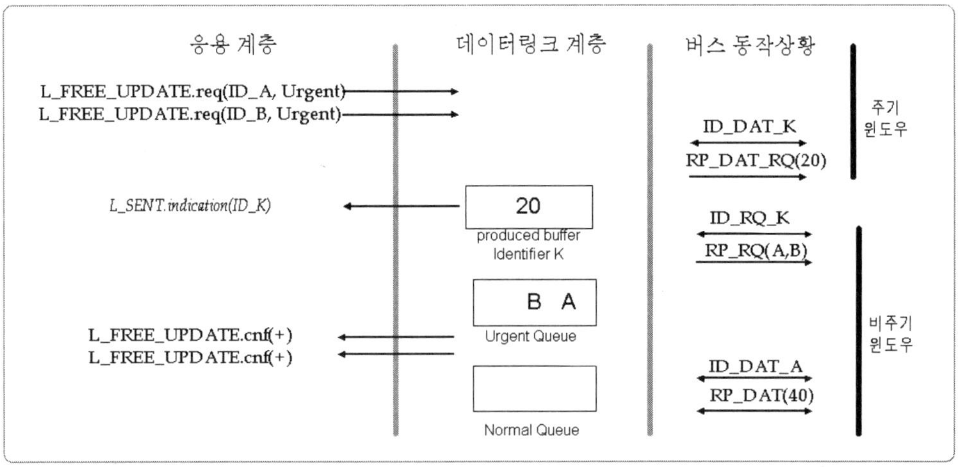

▌그림 2.33▌ FIP의 자유요구의 처리

단계 3

비주기 윈도우에서 버스 중재자는 긴급 대기열(urgent queue)의 식별자에 대하여 보낼 변수가 무엇인지를 요구한다. 데이터 링크 계층은 변수의 목록(A, B)으로 응답한다.

단계 4

데이터 링크 계층은 이 비주기 전송에 대하여 자유요구에 대한 확인을 하지만 그것이 요구가 만족되었다는 것을 의미하지는 않는다.

단계 5

비주기 윈도우 내에서 버스 중재자는 식별자 A와 B에 대한 비주기 요구를 수행한다.

■ 지정 요구(형식: L_SPEC_UPDATE.req(ID_Spec, ID_requested))

이 절차 함수는 자유요구와 거의 비슷하다. 이 요구는 버스 중재자가 매개 변수로 주어진 식별자 (ID_Spec)를 요청할 때 버스 중재자에 전해진다. 이 경우에 요구된 식별자는 일반 대기 열에 저장되지 않고 식별자로 구성된 요구 버퍼에 표시된다. 이는 데이터의 공간적 일치성(spatial consistency)을 위한 절차를 위하여 단지 응용 계층에서만 사용되는 서비스이다.

(5) 수취 비 확인 메시지 전송 요구(unacknowledged message transfer request)

FIP의 데이터 링크 계층에서는 점 대 점(point to point) 연결 모드나 일제 송신(broadcasting) 모드에서 수취 비확인 메시지 전송의 서비스를 제공한다. 비주기 메시지 전송 요구의 방법은 비주기 변수 전송 요구의 경우와 비슷하다. 이 절차는 다음의 3단계로 구성되어 있다.

단계 1

버스 중재자는 식별자 A를 요구한다. A의 생산자는 A의 값으로 응답하고 프레임 제어 필드(MSG 비트)에 그것이 메시지 전송 요구라는 것을 나타내며 버스 중재자는 메시지 요구 대기열에 요구를 전달하는 식별자 A를 기록한다.

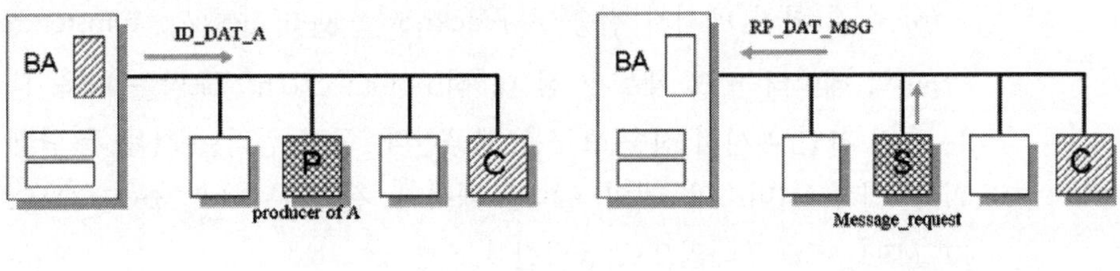

단계 2

비주기 메시지 전송 윈도우에서 버스 중재자는 식별자 A의 생산자에게 전송할 권리를 준다. 그러면 A의 생산자는 메시지를 전달한다. 이 메시지는 RP_MSG_NOACK 형태의 프레임에 자신의 주소와 수신지의 주소를 포함하고 있다. 그 때, 버스 중재자는 메시지 전송의 끝을 나타내는 프레임(RP_FIN)을 받기 위해 기다린다.

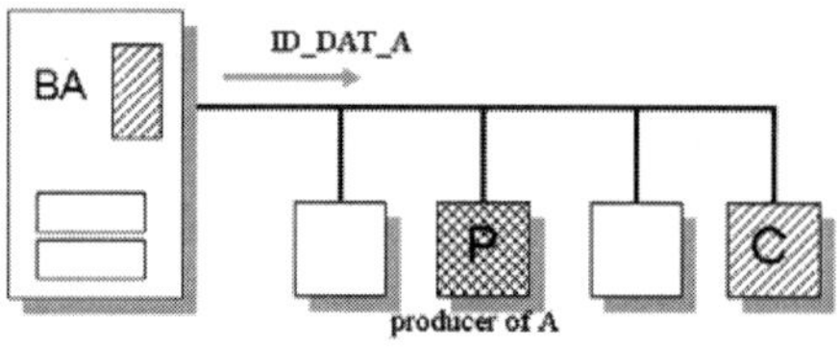

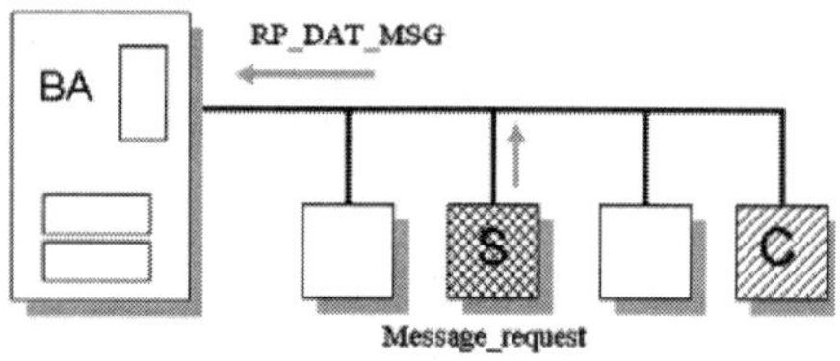

단계 3

세 번째는 생산자 스테이션이 버스에 메시지를 보낸 후에 RP_FIN 프레임을 보냄으로써 버스 중재자에게 버스의 제어를 되돌려 주는 단계이다.

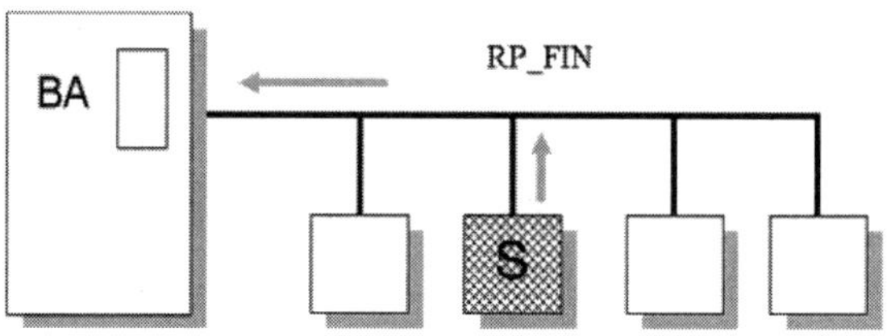

버스 중재자는 메시지의 생산자에게 통신망의 사용 권리를 줄 때 이 요구가 수취확인 될지 수취확인 되지 않을지 알지 못 한다. 따라서 수취 비확인 메시지 전송 중 기본 주기가 끝나서 미전송된 채 끝나버리는 상황을 방지하기 위해, 버스 중재자는 반드시 기본 주기 안에 요구를 만족시킬 충분한 시간이 있는지 확인하고 사용권을 넘겨줄 수 있어야 한다.

버스 중재자는 메시지 교환이 끝났다는 프레임을 무한정으로 기다리게 되는 것을 방지하기 위해 타이머를 설정한다.

(6) 수취 확인 메시지 전송 요구(acknowledged message transfer requests)

FIP의 데이터 링크 계층은 점 대 점(point-to-point) 교환을 더욱 신뢰성 있게 만드는 수취 확인 메시지 전송 요구를 제공한다. 동작 원리는 처음 두 단계에서는 수취 비확인 전송 서비스와 거의 같다. 메시지 전송자는 RP_MSG_NOACK 프레임 대신 RP_MSG_ACK 프레임으로 응답한다.

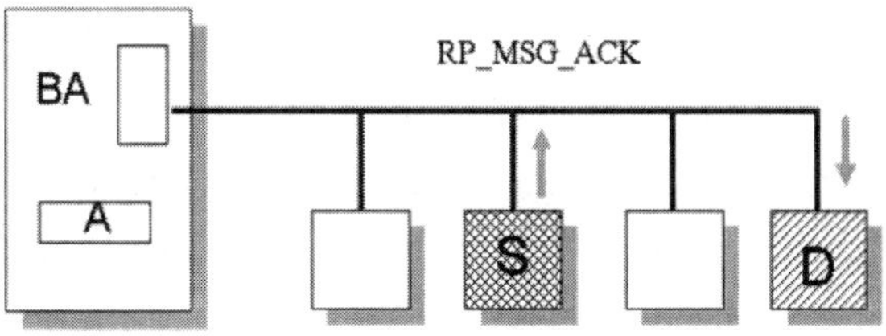

수신지 스테이션은 전송된 메시지를 모두 받은 후 수취 확인 (acknowledgement) 프레임으로 응답하고 전송자는 버스 중재자에게 메시지 교환의 끝을 알리는 신호(RP_FIN)를 보낸다.

이 서비스는 대상 스테이션이 메시지의 손실이나 중복을 감지할 수 있게 하는 2로 나눈 나머지에 의한 숫자 절차(modulo 2 message numbering mechanism)를 사용한다. 수취 확인이 없는 경우에 반복 횟수는 0과 2 사이에서 결정되는데 이 매개 변수는 전체 FIP 통신망운영 매개 변수이다.

(7) 프레임(Frames)

버퍼의 전송FIP의 식별자나 변수의 전송은 특정 버퍼의 전송으로 이루어진다. 이러한 버퍼 전송에는 2가지 형태의 프레임 – ID_DAT와 RP_DAT – 을 사용한다. 전송되는 모든 FIP 프레임에는 하위계층인 물리 계층의 정보가 추가되므로, 실제 전송되는 프레임은 유효한 데이터 프레임의 시작을 알리는 DTR 필드와 끝을 나타내는 FTR의 사이에 위치하게 된다. 모든 FIP 프레임은 그들이 받은 프레임의 형태를 인식하기 위해 통신망 가입자(network subscriber)에 의해 사용되는 제어 바이트(control byte)로 시작한다. 이는 변수 전달 요구와 수취확인 프레임(acknowledgement frame)을 구분하기 위해 사용된다. 또한 프레임의 수신에 있어서의 정확성을 검증할 수 있는 수단을 제공하기 위해서 프레임의 각 바이트들에 대한 특정한 다항식을 계산하여 이를 두 바이트의 프레임 검사 순서(FCS: Frame Check Sequence)로서 데이터 필드 뒤에 부가한다.

ID_DAT	DTR	Control	Identifier	FCS	FTR
	14 bits	1 byte		2 byte	7 bits

▌그림 2.34▐ ID_DAT 프레임

비주기적인 버퍼의 전송은 질문 프레임의 전송과 이에 따른 응답 프레임의 전송으로 이루어져 있다. 질문 프레임(question frame)은 변수의 전송 요구를 위한 ID_RQ와 메시지 전송을 위한 ID_MSG 프레임으로 나뉘는데 〈그림 2.34〉에 나와 있는 ID_DAT와 같은 형식을 갖고 있다. 이들의 구분은 제어 필드(control field)에 의해서 이루어진다.

ID_DAT 프레임에 응답으로써 전달되는 프레임(RP_DAT)의 형식은 〈그림 2.35〉와 같다. 이 그림에서 DATA 필드는 응용 계층으로부터 128바이트까지 가질 수 있다. 여기서의 제어 필드(control field)는 ID_DAT에서와는 달리 비주기 변수나 메시지 전송 요구가 있는지를 나타낸다.

RP_DAT	DTR	Control	DATA	FCS	FTR
	14*bits*	1*byte*	n *bytes* (n 〈= 128)	2b*ytes*	7*bits*

❙그림 2.35❙ RP_DAT 프레임

-응답 요구 전송 (response request transfer, RP_RQ)

RP_RQ	DTR	Control	List of identifier	FCS	FTR
	14*bits*	1*byte*	n * 16*bits*, n 〈= 64	2*byte*	7*bits*

❙그림 2.36❙ RP_RQ 프레임

비주기 변수의 전송 요구를 한 스테이션이 버스 중재자로부터 ID_RQ를 받을 때, 다음과 같이 부호 되는 RP_RQ 프레임으로 응답하여 전송을 원하는 변수의 목록을 보낸다. 요구 프레임은 64개의 16비트 식별자 즉 1번에 64개의 비주기 변수의 전송을 요구할 수 있다.

✤ 응답 메시지 전송 (response message transfer, RP_MSG_xxx)

메시지의 전송 요구를 한 스테이션이 ID_MSG 프레임을 받으면 수신과 송신 스테이션의 주소가 기록된 수취 확인 메시지 또는 수취 비 확인 메시지의 요구를 다음과 같이 부호되는 RP_MSG_NOACK나 RP_MSG_ACK 프레임으로서 알려준다. 제어 필드에서 한 비트를 이용하여 메시지의 전송이 수취 확인인지 수취 비 확인인지를 나타낸다. 수신지(destination)와 송신지(source) 필드는 통신 대상의 주소를 보여준다.

RP_MSG_xx	DTR	Control	destination	source	Message	FCS	FTR
	14*bits*	1*byte*	3*bytes*	3*bytes*	n * 8*bits*, n 〈= 256	2*bytes*	7*bits*

| 그림 2.37 | RP_MSG_xx 프레임

✤ 응답 수취 확인 전송 (response acknowledgement transfer, RP_ACK)

수신지 스테이션이 수취 확인을 필요로 하는 메시지를 받았을 때 다음과 같은 수취 확인 프레임을 보낸다. 이 프레임은 수취 확인 정보가 제어 필드에 실려 있기 때문에 데이터 영역이 없다. 메시지 교환의 종료를 나타내는 응답 프레임(end of message transaction response frame, RP_FIN)

RP_ACK	DTR	Control	FCS	FTR
	14*bits*	1*byte*	2*byte*	7*bits*

| 그림 2.38 | RP_ACK 프레임

수취 확인을 필요로 하는 메시지를 전송한 스테이션은 수신 스테이션으로부터 수취 확인을 알리는 프레임을 받은 후에 버스의 사용권을 다시 버스중재자에게 넘기기 위하여 메시지 교환의 종료를 알리는 프레임을 보낸다.

RP_FIN	DTR	Control	FCS	FTR
	14*bits*	1*byte*	2*byte*	7*bits*

| 그림 2.39 | RP_FIN 프레임

2.2.3.4 응용 계층

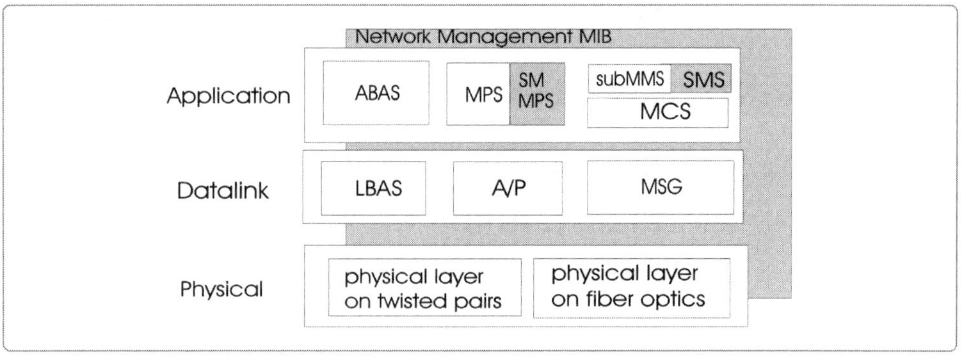

▌그림 2.40▐ FIP의 응용 계층 서비스 구성

FIP의 응용 계층 서비스는 세 가지의 집단으로 분류된다.

❶ 버스 중재기 응용 서비스(ABAS)

❷ 생산 주기/비주기 서비스(MPS: Manufacturing Periodic/aperiodic Service)에 의한 시간이 중요한(time critical) 통신, 실시간 통신의 보증, 변수의 동기

❸ subMMS(subset of messaging services-MMS ISO 9506)

C46-606에서는 발신기, 조작기, 입출력 멀티플렉서, 운용자 콘솔, 프로그래밍 콘솔, PLC등 여섯 종류의 장치가 정의되고 있다.

이 절에서는 주로 MPS를 설명한다. MPS 응용 계층이 사용자에게 제공하는 서비스는 다음과 같다.

- 국부적 읽기/쓰기 서비스(local read/write services)
- 원격 읽기/쓰기 서비스(remote read/write services)
- 변수 전송/수신 지시(variable transmission/reception indications)
- 소비된 정보의 신선성에 대한 정보(information on the freshness of information consumed)
- 데이터의 공간적/시간적 일치성에 대한 정보(information on the spatial and temporal consistency of data)

FIP의 경우 데이터 링크 계층은 응용 계층에서의 명령이나 데이터의 변경이 없어도 처음에 설정된 작업을 계속하여 반복적으로 수행하기 때문에 사용자 입장에서 데이터의 유효성을 보장 받으려면 응용 계층에서의 전송에 대한 사항을 필수적으로 고려하

여야 한다. 이를 위해서 FIP의 응용 계층에서는 데이터의 시간적, 공간적 일치성에 관한 정보를 제공하고 있으며 오래된 데이터의 여부를 위한 프롬프트니스와 리프레시먼트의 정보를 제공하고 있다. 다음에서 위에 언급한 주기적/비주기적 변수의 전송에 있어서 제공되는 서비스들에 대한 내용을 간략히 소개하겠다.

(1) 국부적 읽기/쓰기(local read/write)

FIP의 응용 계층은 사용자에게 자기 스테이션 내에서의 국부적 읽기/쓰기(local variable read/write) 서비스를 제공한다. 이 서비스는 버퍼에 값을 넣거나 버퍼에서 값을 꺼내기 위해 데이터 링크 서비스 L_PUT.req와 L_GET.req를 사용한다. 이렇게 버퍼에 올려놓는 과정은 통신망상에 어떤 영향도 미치지 않는다. FIP의 데이터 링크 계층은 지역 버퍼의 수정 여부에 상관없이 주기에 의해서 데이터를 무조건 처리한다.

(2) 수신/전송 지시(reception/transmission indications)

사용자가 선택하면, 확인된 변수의 전송 또는 수신에 대하여 알 수 있다. 예를 들어 사용자는 이 정보를 이용하여 통신망과 그 자신을 동기 시킬 수 있다. 응용 계층이 생산되거나 소비되는 변수에 대하여 전송이나 수신 표시를 받을 때, 응용 계층은 이 표시를 사용자에게 보낸다. 스테이션이 구성될 때, 생산되거나 소비되는 변수가 이 표시 중의 하나를 발생시키는지를 나타낼 필요가 있다.

(3) 원격 읽기/쓰기(remote read/write)

FIP의 응용 계층은 지정된 변수들에 대한 원격 읽기/쓰기 서비스를 제공한다. 즉 통신망을 통하여 다른 스테이션의 데이터에 접근하는 것을 의미한다. 다음은 변수 B에 대해 원격 읽기를 수행하는 단계이다.

1. 사용자는 변수 B의 원격 읽기를 요구한다. 이는 A_READFAR.req(var_B)에 의해 이루어진다. 응용 계층은 L_FREE_UPDATE.req(ID_B)를 사용하여 자유 갱신(free updating)을 요구한다.
2. 비주기적 전송 요구를 위한 대기열에 식별자 ID_B가 더해진다.
3. 버스 중재자에 의해 요구된 스테이션에서 생산된 첫 번째 식별자를 사용하여, 데이터 링크 계층은 제어 필드(control field)의 RQ 비트를 1로 하는 것으로 응답한다.
4. 비주기적인 스케줄 창에서 버스 중재자는 비주기적인 변수 송신 요구 대기열의 내용을 요구한다.
5. 이 대기 열을 송신하면 요구에 대한 확인(confirmation)이 갱신된다.
6. 나중에, 그리고 비주기적인 창에서 한 번 더 버스 중재자는 변수 Var_B를 스케

줄한다. 이 변수의 수신에 대한 표시가 응용 계층으로 보내질 것이다. 응용 계층은 최근에 수신된 값을 읽기 위해 국부적 읽기 서비스를 사용할 것이다.

7. 확인의 내용이 긍정(+)일 때 변수의 값이 이 확인에 포함된다. 응용 계층의 타이머는 오래 기다리는 것을 검사하는데 사용된다.

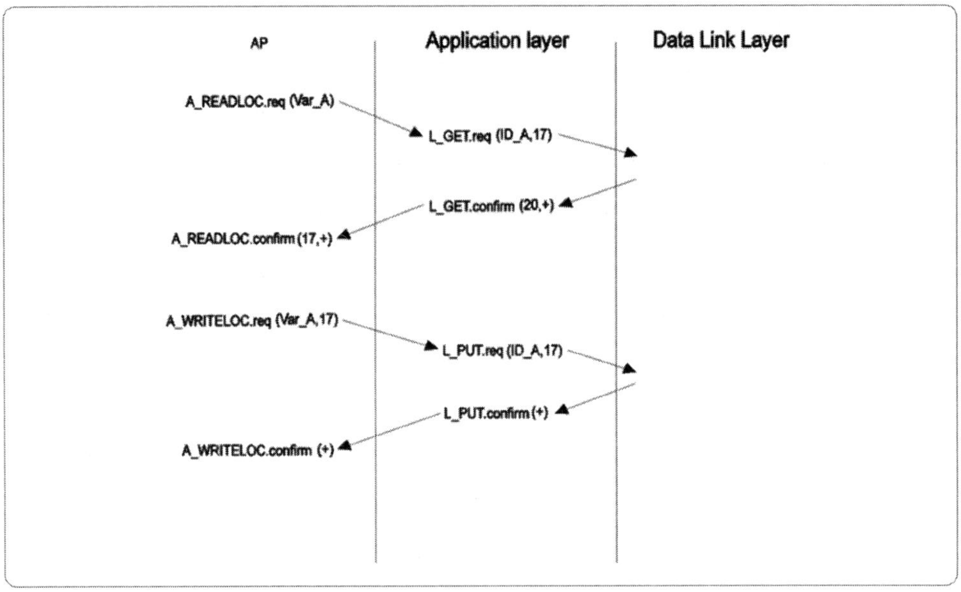

▌그림 2.41▐ 원격읽기 쓰기 과정

원격 쓰기인 WRITEFAR.req(var)의 단계는 원격 읽기의 경우와 거의 같다. 응용 계층은 변수를 가지고 있는 버퍼를 갱신하는 것으로 시작한다. 그 후 송신을 요구한다. 응용 계층이 변수의 송신에 대한 표시를 받으면 응용 계층은 이에 대한 확인을 보낸다.

(4) 재 동기(resynchronization)

응용 계층은 생산과 소비에 있어서 재 동기 서비스를 제공하여 비동기적인 응용 프로세스가 분산된 동기적 응용에 참가할 수 있도록 한다. 재 동기 기능은 응용 계층 레벨에서의 두 개의 기억장치를 사용한다. 하나는 생산 또는 소비 응용 프로세스를 통해서만 접속 가능한 전용 버퍼(private buffer)이고 다른 하나는 네트워크를 통하여 접속할 수 있는 공용 버퍼(public buffer)이다.

소비 재 동기 기능은 동기 된 변수를 수신한 경우 공용 버퍼의 내용을 전용 버퍼에 복사하는 것으로 구성된다.

생산 재 동기 기능은 동기 된 변수를 수신한 경우 전용 버퍼의 내용을 고용 버퍼에 복사하는 것으로 구성된다.

〈그림 2.42〉는 전용버퍼와 공용버퍼의 내용을 생산된 재동기 변수들의 시간에 대한

함수로 보여준다. 국부적 쓰기 서비스를 사용하여 사용자는 그 변수의 전용 버퍼를 갱신한다. 재 동기 변수들이 수신될 때마다 응용 계층은 전용 버퍼를 공용 버퍼에 복사한다. 이 버퍼에 있는 값은 다른 동기 변수가 수신될 때까지 없어지지 않는다. 동기 주기는 버스 중재자의 스케줄표에 있는 동기 변수들의 주기와 일치한다.

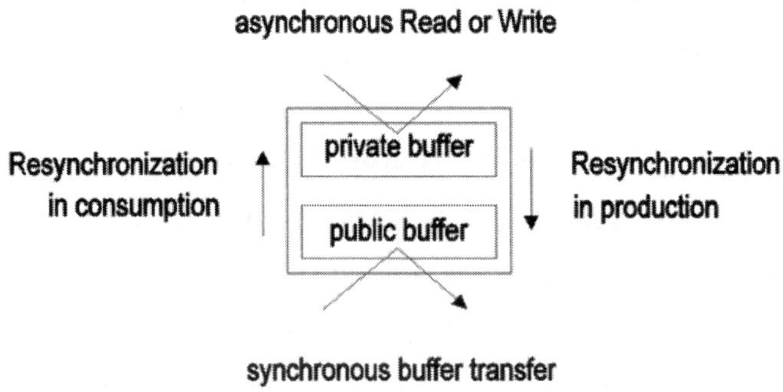

▎그림 2.42 ▎ 전용버퍼와 공용버퍼

재동기 기능은 선택적인 기능이다. 스테이션의 구성이 행해질 때 생산 혹은 소비될 각 변수들에 대해 그 변수가 재동기 될 것인지를 나타내어야 한다. 변수가 실제로 재동기 되면 관련된 재동기 변수들 또한 표시되어야 한다.

한 변수가 생산 시에 재동기 될 때 A_WRITELOC.req 서비스를 호출하면 새로운 값이 전용 버퍼에 들어간다. 데이터 링크 계층의 버퍼 갱신 서비스는 필요가 없다. 한 변수가 소비 시에 재동기 될 때 A_READLOC.req 서비스를 호출하면 전용 버퍼로부터 새로운 값을 가져간다. 데이터 링크 계층의 버퍼 읽기 서비스는 필요가 없다.

(5) 프롬프트니스/리프레시먼트(promptness/refreshment)

FIP는 응용 계층에서의 데이터의 유효성을 위해서 프롬프트니스와 리프레시먼트 타이머를 제공한다. 프롬프트니스는 데이터 링크 계층이 망을 통해 얻은 데이터가 응용 계층으로 전달되는 시점에서의 데이터의 유효성을 제공한다. 즉 소비자 입장에서 데이터의 유효기간의 경과여부를 살피기 위한 수단이다. 즉, 우유를 사가는 소비자가 우유에 적혀있는 유효기간을 살펴보는 것에 비유할 수 있다. 이를 위해서 프롬프트니스 타이머가 있다. 프롬프트니스 타이머는 데이터 링크 계층이 망을 통해서 데이터를 받아 응용 계층에 읽어 가는 버퍼에 쓰면 동작을 시작해서 응용 계층이 데이터를 버퍼로부터 읽어 가면 복귀(reset)된다. 만일 프롬프트니스 타이머가 소멸되면 버퍼에 저장된 데이터는 유효하지 않다는 것을 의미한다. 이는 데이터 링크 계층이 망으로부터 얻은 데이터가 어느 시점에 만들어진 것인지를 알 수가 없는 응용 계층에 데이터의 유효성을 알리는 중요한 수단이 된다. 즉, 이 프롬프트니스 타이머가 소멸되기 전에 해당 데이터를 사용하는 응용이 실행되어야 한다.

리프레시먼트는 데이터 링크 계층이 망을 통해서 데이터를 소비자에게 전달할 때 해당 데이터의 유효성을 나타낸다. 즉 전달자 입장에서 유효한 데이터를 보낼 수 있는지를 미리 판별하는 수단이다. 이는 지정시간 안에 응용 계층이 새로운 데이터를 데이터 링크 계층에 전달했는지 혹은 데이터 링크 계층에 데이터가 유효한 시간 내에 망을 통해서 전달되었는지 알 수 있도록 한다. 이는 우유를 판매하는 소매업자가 생산지로부터 넘어온 우유가 팔 수 있는 것인지 아닌지를 인수 날짜를 보고 아는 것에 비유할 수 있다. 리프레시먼트 타이머는 응용 계층에서 데이터 링크 계층이 사용하는 버퍼에 데이터를 쓰면 동작을 시작해서 데이터링크 계층에서 데이터를 읽어 가면 복귀(reset)된다. 만일 리프레시먼트 타이머가 소멸된 후에 데이터링크 계층에서 데이터를 읽어 가면 그 데이터는 유효하지 않다는 것을 의미한다. 데이터의 유효성을 알리기 위해 망을 통해 전달되는 데이터에는 데이터의 유효성을 알리는 표시도 함께 전달된다. 리프레시먼트는 데이터 링크 계층에서의 주기성이 만족되면 응용 계층에서도 일정한 주기를 맞추어 새로운 데이터를 데이터 링크 계층에 전달했는지 알 수 있다. 따라서 응용 계층에서는 이러한 프롬프트니스와 리프레시먼트 모두를 살펴봄으로써 올바른 데이터의 사용을 보장받을 수 있다. 이는 또한 응용 계층 레벨에서의 실시간성을 보장하기 위한 중요한 수단이 된다.

(6) 공간적 시간적 일치성(spatial and temporal consistencies)

FIP의 응용 계층은 변수 목록의 읽기 서비스를 제공한다. 변수 목록은 한 집단의 소비되는 변수로 이루어지며, 응용 계층에서 목록을 구성하는 모든 값들은 전체적으로 읽힌다. 그리고 그것은 사용자에게 소비하는 정보의 신선성(freshness)에 대하여 알려주는 특정한 상태가 제공한다. 또한, 그것은 이 목록의 모든 복사본이 이 목록을 소비하는 모든 통신 실체(entity)에서 같다는 것을 나타내는 공간적 일치성 상태를 제공한다. 시간적 일치성은 확인된 변수의 목록의 소비자에 의해 선택적으로 만들어질 수 있는 것으로 생산이나 소비 모두에 관계될 수 있다. 이러한 시간적 일치성의 표시는 모든 개개의 프롬프트니스 상태에 논리적 AND를 적용하여 생산된다. 즉 모두 유효해야 유효한 결과임을 의미한다.

공간적 일치성은 변수의 목록을 소비하는 응용 계층에 의해 선택적으로 만들어지는 이진 상태이다. 원리는 상대적으로 간단하다. 목록의 모든 복사본이 같다면, 상태는 참이고 그렇지 않으면 거짓이다. 하지만 실제로 이 원리를 적용시키는 것은 훨씬 더 복잡하다. 기본 주기의 구조에서 개개의 공간적 일치성 변수를 교환할 수 있어야 하며 잘못된 수신이 있는 경우에 재시작을 할 수 있는 절차를 사용해야 한다.

2.2.4 파운데이션 필드버스(Foundation Fieldbus)

2.2.4.1 전체적인 구조 및 특징

파운데이션 필드버스는 국제적인 자동화 회사들의 그룹 Fieldbus Foundation에 의해 개발되었다. 파운데이션 필드버스는 IEC와 ISA 조직을 기반으로 개발되었다. 파운데이션 필드버스는 적용 디바이스들의 수가 제한되어 있는 상대적으로 새로운 표준 필드버스이다. 파운데이션 필드버스는 〈그림 2.43〉과 같이 물리 계층 접속, 통신 스택, 사용자 계층의 3가지 주요부분으로 구성된다. 〈그림 2.43〉에 나와 있는 파운데이션 필드버스의 H1 and HSE는 상호보완적인 통신망으로 설계되었다. H1은 전형적인 프로세스 제어 응용에 적합하며, HSE는 저비용의 상업용 이더넷 설비에 적합하다. HSE는 고성능 제어응용과 플랜트 정보통합시스템을 위해 설계되었다. HSE는 100*Mbps* 고속 이더넷 및 스위치를 이용해서 구성되어질 수 있다.

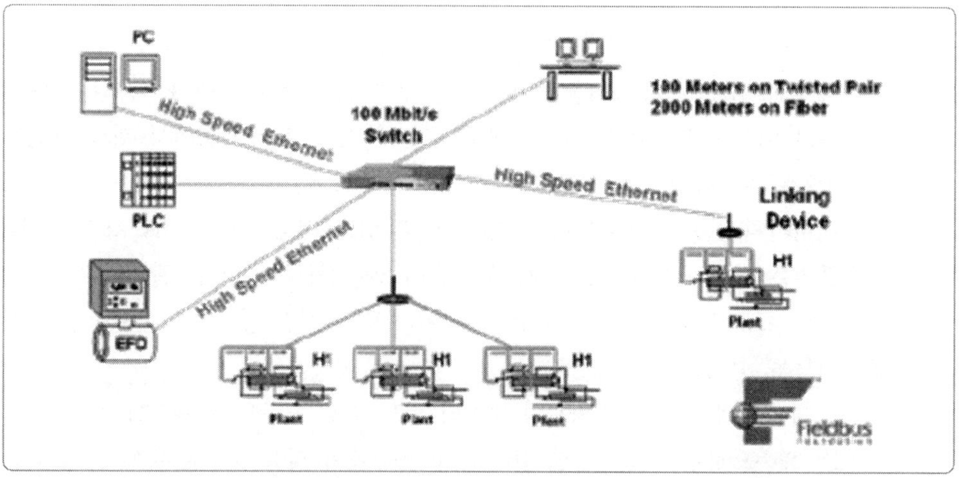

▌그림 2.43▐ 파운데이션 필드버스 구성도

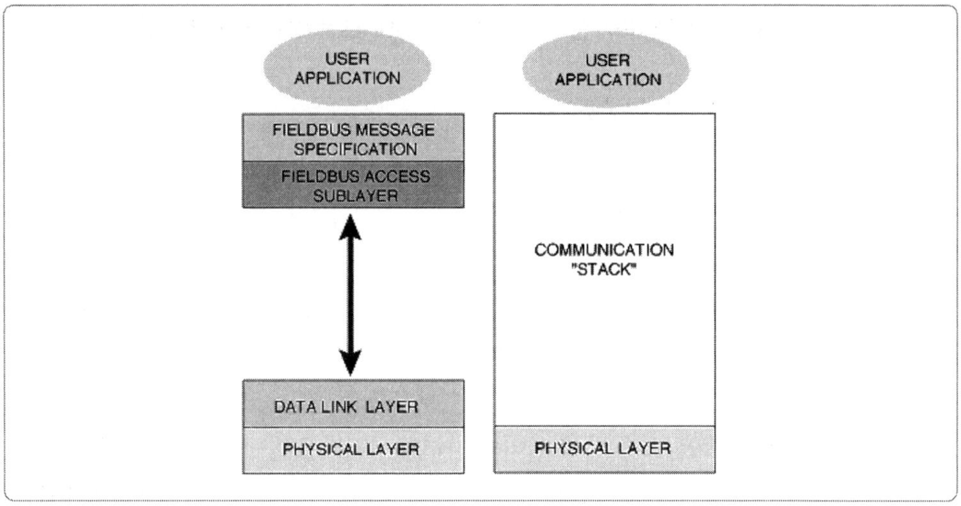

┃그림 2.44┃ 파운데이션 필드버스의 3계층 구조

파운데이션 필드버스의 계층구조는 〈그림 2.44〉와 같이 3계층을 가지고 있다. OSI 참조모델에서는 1,2,7계층에 해당한다. 제7계층에 해당하는 FMS(Fieldbus Message Specification)는 사용자계층의 명령들을 부호화 및 복호화 한다. FMS는 색인뿐만 아니라 태그 이름도 필드버스 데이터에 접근할 수 있도록 하기위해서 객체 사전을 포함한다. 제2계층에 해당하는 데이터 링크 계층은 제1계층을 통해서 필드버스 상에 전송되는 메시지의 전송을 제어한다. 또한 데이터 링크 계층은 LAS(Link Active Scheduler)라고 불리는 버스 스케줄러를 통해서 필드버스에 접근하는 것을 관리한다. LAS는 CD(Compel Data) 스케줄, Live List 유지, 데이터 링크 시간 동기화, 토큰 전달, LAS 중복 등의 기능을 수행한다.

데이터 링크 계층은 IEC의 데이터 링크 계층 표준의 부분집합이고 FMS는 프로피버스 표준으로부터 왔다. 데이터 링크 계층에서 다음 3가지 유형의 기기를 정의 하고 있다.

❶ LAS(Link Active Scheduler)가 되지 않는 기본 기기

❷ LAS(Link Active Scheduler)가 되는 링크 마스터 기기

❸ 더 큰 네트워크를 구성하기 위하여 개별 필드버스들을 내부적으로 연결하기 위하여 사용되는 브릿지

DLL에서는 LAS(Link Active Scheduler)라고 불리는 버스 스케줄러를 통하여 필드버스의 접근을 관리한다. LAS(Link Active Scheduler)는 주기적으로 전송될 필요가 있는 모든 기기들의 데이터 버퍼들에 대한 전송 시간 목록을 가지고 있다. 어느 기기가 버퍼로 데이터를 보낼 시간이 되었을 때 LAS는 해당 기기로 CD(Compel Data) 메시지를

통지한다. CD를 수신한 후에 해당 기기는 버퍼에 있는 데이터를 모든 기기들에게 방송 또는 발표를 한다. 이 데이터를 수신하도록 구성된 기기를 "수신자 (Subscriber)"라고 하고 데이터를 송신/방송하는 기기를 "발행자 (Publisher)"라고 부른다. LAS는 해당 기기에 통행 토큰(PT: Pass Token) 메시지를 발행하는 것에 의하여 필드버스 사용권을 기기에 승인을 한다. PT를 받은 기기는 메시지 송신을 완료할 때까지 또는 토큰을 보유할 수 있는 최대시간이 만료되기 전까지 메시지를 송신할 수 있는 권한을 갖는다. 이때 송신하는 메시지는 지정된 한곳 또는 여러 곳으로 보낼 수가 있다.

정기(定期) 데이터 전송(Scheduled Data Transfer)은 일반적으로 필드버스상의 기기들 사이에 제어 루프 데이터를 주기적으로 전달하는 용으로 사용된다. 필드버스 상의 모든 기기들은 정기(定期) 통신 메시지(Scheduled message)들의 전송 시간 사이에 "비정기(非定期) 통신 메시지(Unscheduled Communication message)"를 보낼 수 있는 기회가 주어진다.

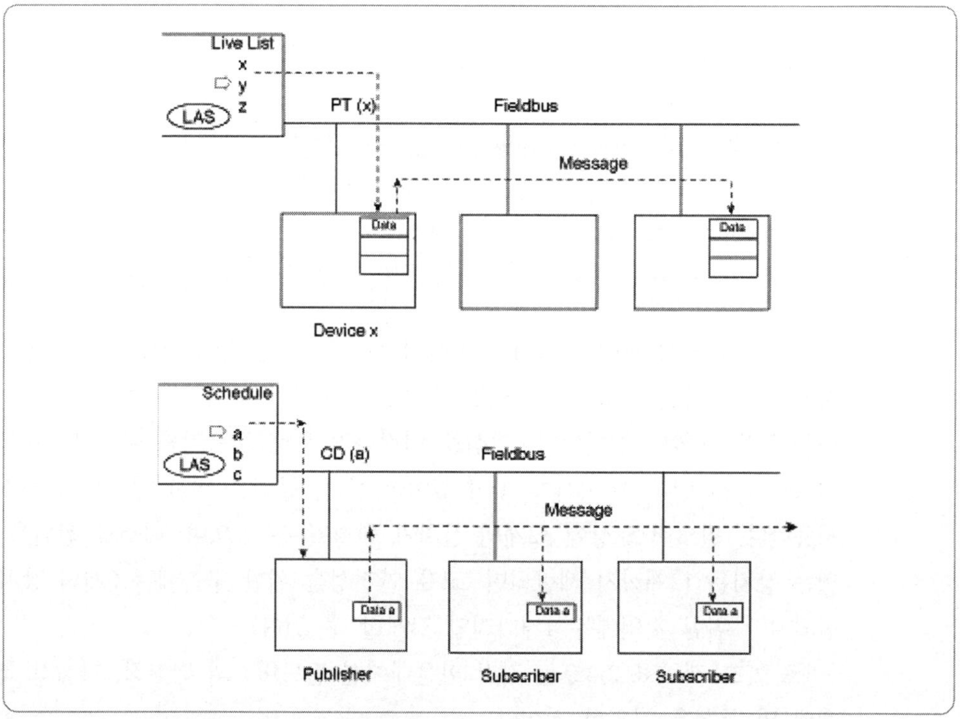

▌그림 2.45▐ 발행자/수신자 통신 방법

2.2.4.2 물리 계층

물리 계층의 요구사항은 IEC 1158-2에 정의되어 있다. 전송 속도는 31.25*kbps*와 1.0*Mbps*, 그리고 2.5*Mbps*가 있다. 파운데이션 필드버스의 31.25*kbps* 사양은 이미 존재하는 4-20-mA 선로 상에서 동작하도록 되어있어 적은 비용으로 공장을 개량시킬 수 있다. 31.25*kbps*의 통신 속도로 데이터를 송수신할 경우 전형적인 차폐 꼬임 쌍선(STP) 케이블로 1900*m* 정도까지 확장 가능하다. 높은 통신 속도로 송수신하는 경우에는 전송 가능 길이가 짧아지며, 케이블의 종류에 따라 송수신 가능한 케이블 길이가 달라진다.

[표 2.20] 통신 속도와 케이블 종류 및 길이

케이블 종류 속도	31.25*Kbps*	1.0*Mbps*	2.5*Mbps*
차폐막이 있는 꼬임 쌍선(Type A)	1900*m* (18AWG)	750*m* (22AWG)	500*m* (22AWG)
차폐막이 있는 다중 꼬임 쌍선(Type B)	1200*m* (22AWG)	X	X
차폐막이 없는 단일 혹은 다중꼬임쌍선(Type C)	400*m* (26AWG)	X	X
꼬임쌍선이 없는 다중도체 케이블(Type D)	200*m* (16AWG)	X	X

〈표 2.20〉에서 주어진 길이는 적합성 시험을 위한 길이이므로, 보다 좋은 케이블을 사용하면 주어진 길이보다 길어질 수 있다. 여기서 주어지는 최대 길이는 간선과 지선을 모두 포함한 길이이다. 지선을 연결하기 위해 접속기를 달게 되는데 이 스프라이스는 간선에서 1*M* 이하에 놓여 있어야 한다. 통신을 위한 신호는 멘체스터 방식을 사용한다. 필드버스 상에 32개의 장치가 연결될 수 있으며, 버스로 전원을 공급할 수 있는 장치는 12개까지 제한되며, 고유 안전성을 위한 구축에는 6개의 장치까지로 제한되지만 위험 지역에는 4개까지만 장착할 수 있다.

〈표 2.21〉과 〈표 2.22〉는 각각 파운데이션 필드버스의 전기적, 기계적 특성과 망의 형태 및 특성을 나열한 것이다.

[표 2.21] 전기적, 기계적 특성

전송미디어	표준커넥터	노드로 전원공급	전송속도(*kbps*)	갈바닉절연	본질안전 safety
꼬임쌍선 광케이블	지원	없음	31.25–2500	있음	있음

[표 2.22] 망의 형태 및 특성

망 형상	세그먼트개수	장치개수 중개기 없이	중개기 있을 때	최소속도시 망길이	분기길이	최대속도시 망길이
버스	65000	32	240	1900*m*	120*m*	750*m*

2.2.5 인터버스(Interbus)

2.2.5.1 전체적인 구조 및 특징

인터버스는 Phoenix Contact사에서 개발한 필드버스이다. 인터버스의 토폴로지는 링형으로, 모든 리모트 버스 디바이스들이 중계기의 기능을 가진다. 마스터/슬레이브 구조이고, 패킷 길이가 동일하다. 전송률은 현재 500*kbps*이며, 최대 4096개의 입출력을 연결 할 수 있다. 두 리모트 버스 디바이스들 사이의 길이는 최대 400*m*까지 가능하며 전체 연결의 길이는 13*km*까지 가능하다. 인터버스의 적합한 응용은 일반적인 센서/작동기 응용이다.

인터버스는 공정 제어를 위해서 링 구조에 기반한 고성능 분산 통신망에 개방형 시스템 방식으로 접근한 필드버스 시스템이다. 인터버스에서는 PC나 VME상에 설치된 제어 보드 혹은 PLC가 여러 종류의 장치들을 링의 형태로 연결하여 시리얼로 통신을 하게 되며 버스 중재(arbitration)가 필요하지 않다. 이러한 통신망 형상에서 중요한 역할을 하는 것은 제어 보드에서 명령을 내리는 칩과 각각의 장치에서 연결을 담당하는 칩이다. 인터버스-S에서는 CRC 오류 검사와 함께 오류의 원인과 발생지를 발견할 수 있도록 해준다. 전송 매체로는 꼬임 쌍선이나 광섬유 슬립 링, 적외선, SMG 등을 지원하며 최대 256개의 노드와 4096개의 디지털 입출력을 지원한다.

인터버스의 프로토콜 스택은 다른 필드버스와 같이 물리계층, 데이터 링크계층, 응용계층의 3계층으로 이루어진다. 제 1계층인 물리계층은 인터버스에서 특별히 정의하지 않으며 표준화된 다양한 미디어가 사용될 수 있다. 인터버스의 전기적, 기계적 특성은 〈표 2.23〉과 같다.

주요 특징은 다음과 같다.

- 마스터/슬레이브
- 링형 통신 구조
- 기기들은 트리형으로 배치된다.
- 입출력 데이터와 메시지들이 동시에 전달된다.

[표 2.23] 전기적, 기계적 특성

전송미디어	표준커넥터	노드로 전원공급	전송속도(*kbps*)	본질안전
꼬임쌍선 광섬유	지원안함	안됨	500	없음

인터버스는 물리계층, 데이터 링크계층, 응용계층의 3계층으로 구성된다. 그리고 인터버스의 토폴로지는 링형 시스템이다. 모든 디바이스들이 폐곡선의 전송경로로 연결된다. 각 디바이스는 입력신호를 증폭하고 먼 거리에 있는 노드들에 더 높은 전송률로 보낸다. 다른 링형 시스템과 달리 데이터의 포워딩과 돌아옴은 하나의 케이블을 경유하여 이루어진다. 이것은 일반적인 물리적 시스템의 형상이 열린 트리구조인 것을 의미한다. 주 라인은 버스마스터를 나가서 16레벨까지 서브네트워크를 구성하기 위해 사용될 수 있다. 이러한 버스 시스템은 변화하는 응용들에 적응될 수 있다. 〈그림 2.46〉과 같이 인터버스의 마스터/슬레이브 시스템은 16레벨의 네트워크를 거쳐서 512개의 디바이스를 연결하게 할 수 있다. 링은 자동적으로 마지막 디바이스에 의해 닫혀 진다.

점 대 점 연결은 터미네이션 저항을 필요하지 않게 한다. 시스템은 사용자 요구사항을 만족시키기 위해 디바이스를 추가 또는 제거하여 유연하게 적응될 수 있다. 셀 수 없이 많은 토폴로지들이 만들어질 수 있다. 브랜치 터미널들은 브랜치를 만들고, 브랜치들은 디바이스들의 연결과 분리를 가능하게 한다. 버스 세그먼트들 사이의 커플링 요소들은 부 시스템의 연결과 분리를 가능하게 한다.

데이터가 각기의 디바이스 상에 있는 DIP 또는 로터리스위치를 사용하여 버스주소를 얻는 다른 시스템과 달리 인터버스 시스템에서는 데이터가 자동적으로 시스템의 물리적 위치를 사용하는 디바이스들에 할당된다. 플러그 앤 플레이 기능은 초기 설치 시 이점을 제공한다. 〈표 2.24〉와 〈표 2.25〉는 각각 인터버스의 망의 형상 및 장치와 데이터 링크 계층 특성을 표로 나열한다.

[표 2.24] 망의 형상 및 장치

형상	세그먼트개수	장치개수 중개기 없을 때	중개기 있을 때	집선기 있을 때	여러 세그먼트	최소 속도 시 망 길이	분기 길이	최대 속도 시 망 길이
링	1	8	256	N/A	N/A	410*m*	1.5*m*	410*m*

[표 2.25] 데이터링크 계층 특성

점대점전송	브로드캐스트	멀티캐스트	멀티 마스터 개수	동적삽입	패킷보호
안됨	안됨	안됨	안됨	안됨	패리티

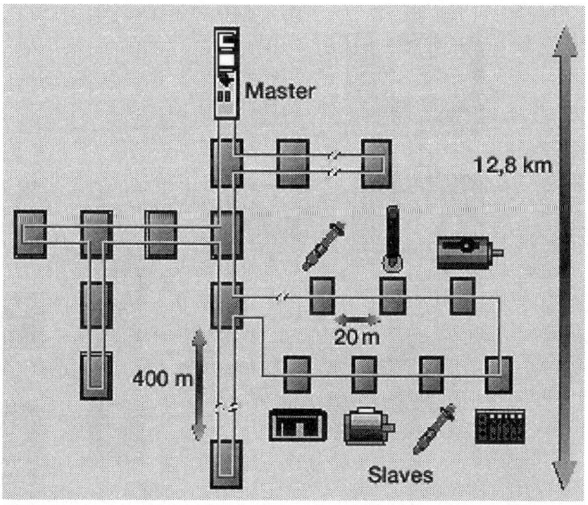

▌그림 2.46▐ 인터버스의 설치 예

인터버스는 다음과 같은 요소들로 구성된다.

❖ 제어 보드(control board)

제어 보드는 데이터 트래픽을 제어하는 마스터이다. 제어보드는 출력 데이터를 해당하는 모듈로 전송하고 입력 데이터를 받고, 그리고 데이터들의 전송현황을 모니터링 한다. 또한, 검사를 위한 메시지들이 사용자에게 보여지며 오류 메시지들이 호스트 시스템으로 이 제어보드에 의해 전송된다.

❖ 리모트버스(remote bus)

제어보드는 리모트버스를 거쳐서 리모트버스 디바이스들에 연결된다. 이 연결로부터의 브랜치는 리모트버스 브랜치로 언급된다. 데이터는 RS-485 표준인 동축케이블,

광케이블 등으로 전송된다. 입출력 모듈들이 이 리모트버스 디바이스들로서 사용될 수 있다. 각자가 지역적 전압공급원과 전기적으로 절연된 출력 세그먼트를 가진다. 데이터 전송선 뿐만 아니라 설치 리모트 버스는 전력을 데이터 전송선들, 연결된 입출력 모듈들 그리고 센서들에 공급할 수 있다.

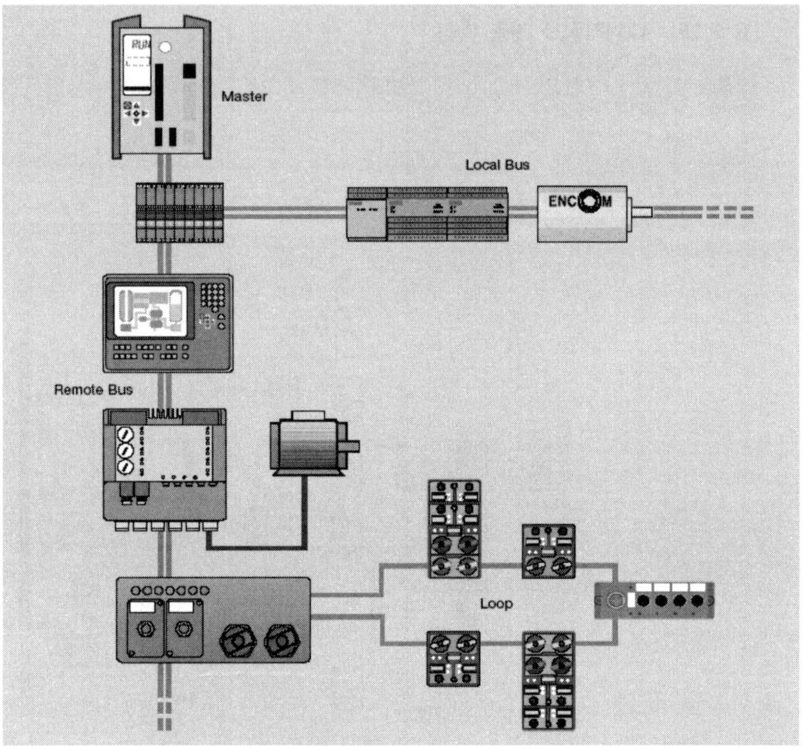

| 그림 2.47 | 인터버스에서의 각각의 컴퍼넌트들

❖ 버스터미널(bus tetminal)

버스터미널 모듈들 또는 내장된 버스 터미널 기능들을 가진 디바이스들은 리모트버스에 연결된다. 분산된 로컬버스들은 입출력 모듈들을 가진 버스터미널모듈 바깥으로 나와서 센서와 작동기, 인터버스 사이에 연결을 만든다. 버스터미널은 시스템을 개개의 세그먼트들로 나누어 사용자가 동작 중에 각 세그먼트들을 on/off 할 수 있도록 한다. 버스 터미널은 중계기의 기능처럼 데이터 신호를 증폭하고 전기적으로 버스 세그먼트를 절연하다.

❖ 로컬버스(local bus)

로컬버스는 버스인터페이스 모듈을 경유하여 리모트버스로부터 나오며 로컬버스 디바이스들을 연결한다. 브랜치들은 이 레벨에서는 허락되지 않는다. 통신을 위한 전력은 버스터미널모듈에 의해 공급되며, 출력을 위한 스위칭 전압은 출력모듈에서 분리되어 적용된다. 로컬 버스 디바이스들은 일반적으로 입출력 모듈들이다.

❖ 루프(loop)

기계들 또는 시스템 상의 분산된 센서와 작동기들은 인터버스 루프로 상호 연결된다. 케이블은 동시에 데이터를 전송하고 전력을 디바이스들에 공급한다.

2.2.5.2 물리계층

인터버스는 모든 디바이스들로부터 오는 메시지들에 대해 단지 하나의 프레임을 사용하는 합계 프레임(summation frame) 방법에 따라 동작하는 시스템이다. 마스터/슬레이브 접근 방법에서는, 버스 마스터가 최상위레벨 제어 또는 버스시스템으로의 커플링으로써 작동한다.

이 방식은 데이터 전달 동안 높은 레벨의 효율을 공급하며 데이터가 동시에 보내지고 받도록 한다. 이러한 전송 방식에서 인터버스는 일정한 그리고 예측 가능한 셋 포인트들과 실시간 제어 값들에 대한 샘플링 주기를 보증한다. 합계 프레임은 헤더, 루프백, 데이터 저장, 종료정보들로 구성된다. 모든 연결 입출력 디바이스들로부터의 데이터는 함께 묶인다. 요구되는 부가 정보는 사이클 당 단지 한번 전송된다. 합계 프레임 방법은 모든 디바이스들에 대한 프로세스 이미지가 일관되어 있다. 왜냐하면 모든 입력 데이터는 스캔타임의 같은 시점으로부터 나오며 모든 출력 데이터는 동시에 디바이스들에 의해 받아진다.

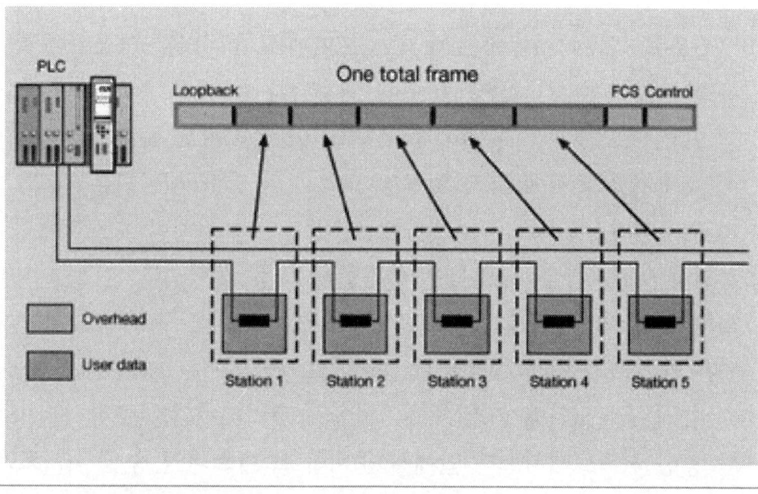

| 그림 2.40 | 물리적 진송 방법 – summation frame 방법

이외에 요구되는 정보는 사이클 당 단 한 번만 전송된다. 이 방법은 링 형으로 연결되어 있는 디바이스들에 의해 만들어진 레지스터로서 설명되어질 수 있다. 인터버스에서 이것은 많은 2진 메모리 셀들로 구성되며, 이 메모리 셀들은 셀에서 셀로 디지털 정보를 밀어낸다. 인터버스 디바이스는 병렬로 연결된 3개의 레지스터를 가진다. 입출력 데이터는 데이터 레지스터를 사용하여 전송된다. 인터버스 디바이스의 형태는 식별 레지스터에서 정의된다. 이것은 버스마스터가 디바이스들과 버스 토폴로지를 인식하고 주소를 지정하도록 한다. 데이터는 CRC(cyclic redundancy check) 16레지스터를 사용하여 저장되며 올바른 데이터 전송이 조사된다.

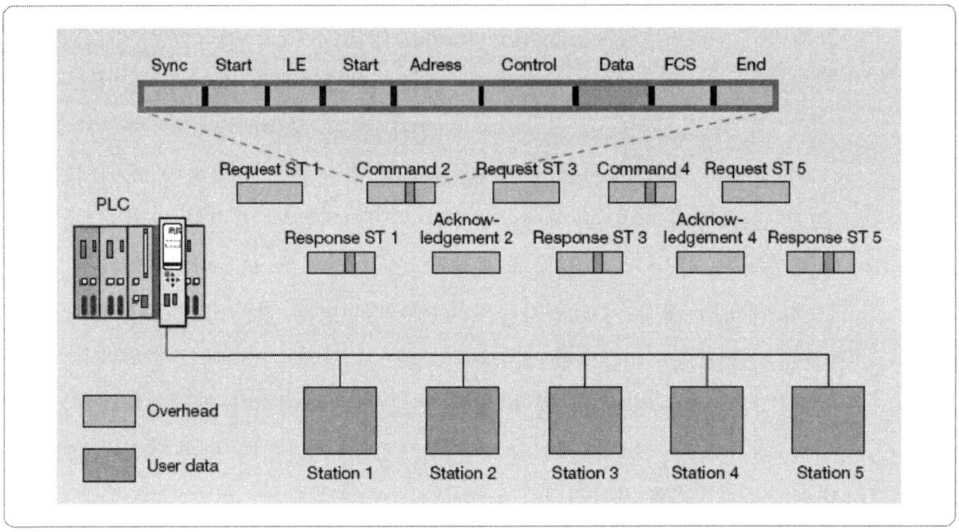

| 그림 2.49 | 메시지 기반 전송을 위한 선형구조

입출력 디바이스들에 보내지는 프로세스 데이터는 마스터에 연결된 출력 스테이션들의 물리적 순서로 출력 버퍼에 저장된다. 데이터 출력 동안, 입력 데이터의 형태로 된 프로세스 정보는 동시에 마스터의 입력 버퍼로 돌아간다. 일단 전체 합계 프레임이 보내지고 동시에 다시 읽혀졌다면, 모든 출력 데이터는 각각의 디바이스들에 정확히 위치된다. 데이터는 사용자에 의해 정의된 것처럼 호스트에 유용하게 만들어진다. 통신망은 모든 디바이스들을 연결함에 의해 설립되고, 이들 디바이스들의 구조는 정확히 합계 필드 프레임의 사용자 데이터 필드의 구조와 일치한다. 사용자 데이터의 양은 약 60%가 넘는다. 마스터/슬레이브 구조에서는 버스 접근 충돌은 발생하지 않는다.

버스를 접근할 때 버스 스테이션에서 출력데이터를 포함하는 데이터 패킷을 마스터가 송신 시프트레지스터 안에서 준비하고, 마스터의 송신 시프트레지스터로부터 데이터를 통해서 모든 버스 스테이션을 수신 시프트 레지스터까지 송신한다.

2.2.5.3 데이터 링크계층

인터버스의 데이터 링크계층은 〈그림 2.50〉과 같이 4 레벨로 구성된다.

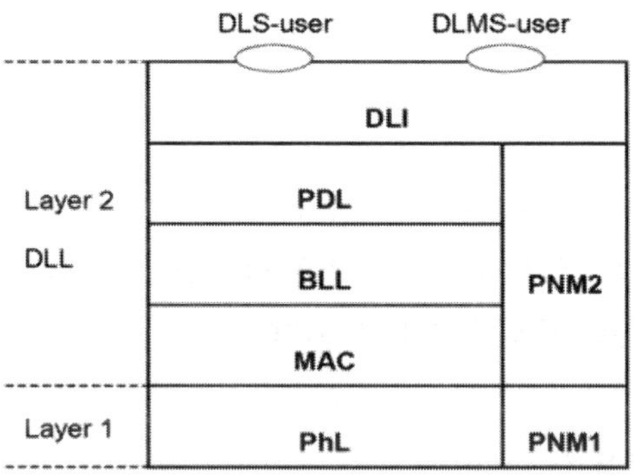

| 그림 2.50 | 인터버스의 계층구조

데이터 링크 레이어 인터페이스(DLI: Data Link Layer Interface)는 응용계층에 서비스 프리미티브를 공급한다. 주변 장치 데이터 링크(PDL:Peripherals Data Link)는 여러 개의 서비스 요구를 하나의 큰 사이클 BLL 서비스로 변환한다. PDL은 수신된 업데이트 메모리(receive update memory)에 접근하는 역할을 하며 하나의 합계 프레임의 데이터를 가진 업데이트 메모리를 전송한다.

기본 링크 레이어는 버스 접근 제어의 역할을 담당한다. 마스터의 경우에 BLL은 BLL_데이터 서비스가 PDL로의 인터페이스에 적절하도록 한다. 이 서비스는 특수한 데이터 사이클을 실행시키고 PDL과 BLL 간에 데이터가 교환되도록 허락한다. 슬레이브는 BLL이 받은 데이터를 PDL로 보내고 새로운 데이터가 PDL로부터 승낙되도록 하는 역할을 한다. MAC 계층은 전송매체로의 접근을 제어하고 16비트 CRC 형태인지 데이터를 검사한다. 인터버스는 합계 프레임을 사용한다. 모든 기기는 데이터폭에 따라 고정된 시간슬롯에 할당된다. 데이터 패킷의 순서는 연결된 기기들의 물리적 순서에 따른다.

주기적인 데이터(프로세스 데이터)와 비주기 데이터(파라미터 데이터)가 동시에 전달된다. 파라미터 데이터를 가진 기기들은 합계 프레임에서 2, 4, 8 옥테트의 고정된 길이를 사용하며, PDU같은 더 긴 메시지들은 DLL에 의해 분할된다. 데이터 전송은 양방향 전송이며, 전송 사이클은 데이터 순서에 따라 시작한다. 이것은 루프 백 단어와 이를 따르는 출력 데이터를 가진다. 출력 데이터가 마스터로부터 슬레이브로 보내지는 동안, 입력 데이터는 동시에 슬레이브에서 마스터로 보내진다. 합계 프레임의 출력 후에, 모든 출력 데이터는 올바르게 기기들에 위치된다. 32비트 길이의 프레임 체크 시퀀스는 전송데이터를 검증하기 위해 사용되며 CRC16을 이용한다. 프레임 체크 시퀀스에 의해 제어되는 데이터의 교환과 비교는 동시에 모든 기기들에서 수행된다. 그러므로 단지 하나의 CRC 오버헤드만이 프레임에서 필요하게 된다. 두 번째 16비트는 체크섬 상태 전송을 위해 쓰여 진다.

2.2.5.4 응용계층

응용계층은 공급자/구독자 모델을 이용하여 프로세스 데이터를 위한 주기적인 전송과 클라이언트/서버 모델을 이용한 파라미터 데이터를 위한 비주기 전송 2가지가 정의된다. 응용계층 서비스는 다음 응용서비스요소들(Application Service Elements, ASE)에 의해 응용계층 사용자에게 제공된다.

[표 2.26] 응용계층 서비스

Object Management service	Get Attributes
Application Process services	Identify Get Status Initiate Terminate Reject
Application Relationship services	AR – Unconfirmed Send AR – Establish AR – Abort
Variable ASE support service	Read Write Information Report
Function Invocation ASE services	Start Stop Resume reset

2.2.6 디바이스넷(DeviceNet)

2.2.6.1 디바이스넷의 기초

디바이스넷은 저비용의 통신링크이다. 산업 디바이스(리밋트 스위치, 광전센서, 프로세스센서, 바코드 판독기, 가변주파수 드라이버, 패널디스플레이, 오퍼레이터 인터페이스 등)가 네트워크에 접속하게 되고 이에 따라 하드 배선은 불필요하게 된다.

직접접속에 의해 하드 배선된 I/O 인터페이스에서는 쉽게 엑세스할 수 있을 뿐만 아니라 이용을 할 수 없는 중요한 디바이스 레벨의 진단 및 디바이스 간의 통신도 개선할 수 있다.

디바이스넷은 간단한 네트워킹 솔루션이다. 산업 자동화 디바이스의 배선과 설치에 드는 비용과 시간을 절약하고 복수의 벤더에 의한 동종의 구성요소에 상호 호환성을 제공하고 있다.

디바이스넷은 공개 네트워크 규격이다. 사양과 프로토콜이 공개되어 벤더는 시스템과 디바이스를 접속하기 위하여 하드웨어 또는 소프트웨어를 따로 구입하거나 저작권 사용료를 지불할 필요가 없다. 다만 Open DeviceNet Vendor Association Inc. (ODVA)를 통해서 저렴한 비용(현재는 US$350)으로 디바이스넷 사양서를 입수하게 되면 디바이스넷 제품을 개발하기 위한 무료 라이센스를 교부한다. 지원이 필요한 기업은 실장을 용이하게 하는 샘플코드, 개발용 도구 세트, 다수의 소스 개발 서비스 등을 추가로 구입할 수 있으며 중요한 하드웨어 구성요소는 세계 최대의 반도체 제조업자로부터 입수할 수 있다. 또한 디바이스넷 제품을 제조하고 있는(제조하려고 하는)기업은 ODVA에 가입하고, 디바이스넷의 향상된 기능을 위한 기술개발 워킹 그룹에 참가할 수 있다.

2.2.6.2 디바이스넷의 특징과 기능성

[표 2.27] 디바이스넷의 특징

<table>
<tr><th>항목</th><th colspan="3">설명</th></tr>
<tr><td>네트워크의 크기</td><td colspan="3">64노드 이하</td></tr>
<tr><td rowspan="5">네트워크 길이</td><td colspan="3">노드간의 최대 네트워크 거리는 통신 속도에 따라 다름.</td></tr>
<tr><td>Baud</td><td>Rate</td><td>거리</td></tr>
<tr><td>125</td><td>kbps</td><td>500m</td></tr>
<tr><td>250</td><td>kbps</td><td>250m</td></tr>
<tr><td>500</td><td>kbps</td><td>100m</td></tr>
<tr><td>데이터 바켓트</td><td colspan="3">0–8bite</td></tr>
<tr><td>버스 토폴로지</td><td colspan="3">선형(간선/지선):동일 네트워크 케이블 사의 전력 및 신호</td></tr>
<tr><td>버스 주소 지정</td><td colspan="3">멀티캐스트(일대다)의 쌍 대 쌍
멀티마스터와 마스터/슬레이브의 특수형
전체 풀 또는 상태변화(예외 베이스)</td></tr>
<tr><td>시스템 특성</td><td colspan="3">전원 투입상태에서 네트워크의 디바이스 삭제 및 교환</td></tr>
</table>

2.2.6.3 디바이스넷의 물리계층과 미디어

기본적인 간선, 지선 토폴로지는 신호와 전원 공급용으로 별도의 트위스트 쌍 버스를 제공한다. 굵은 케이블, 가는 케이블 양쪽 다에 사용할 수 있으며 〈표 2.28〉과 같이 종단 간 네트워크의 거리는 데이터 속도와 케이블의 굵기에 따라서 변한다.

디바이스는 직접 버스로부터 전원을 공급하여 같은 케이블을 사용해서 서로 통신할 수 있다. 네트워크의 전원을 단전시키지 않고 네트워크로부터 노드를 제거하거나 추가할 수 있다.

전원 탭은 네트워크 내의 어느 지점에서도 추가할 수 있으며, 이는 다수의 전원공급을 가능하게 된다. 간선의 정격전류는 8A이다. 광 절연형 기반의 네트워크 설계 시에는 외부 전원 디바이스가 같은 버스 케이블을 사용할 수 있다. 다른 CAN 기반의 네트워크에서는 네트워크 전체에서 하나만의 전원밖에 공급할 수 없다.

[표 2.28] 속도에 따른 케이블 길이

전송속도	125*kbps*	250*kbps*	500*kbps*
Thick 케이블에 의한 간선 길이	500*m*	250*m*	100*m*
Thin 케이블에 의한 간선 길이	100*m*	100*m*	100*m*
최대 지선 길이	6*m*	6*m*	6*m*
총지선 길이	156*m*	78*m*	39*m*

절연형 및 비 절연형 물리계층을 가지는 트랜시버의 간략한 블록도를 〈그림 2.51〉에 나타낸다. 디바이스넷 사양서에서는 구성요소의 요건, 잘못된 배선의 보정, 사용예 등의 추가 정보를 설명하고 있다.

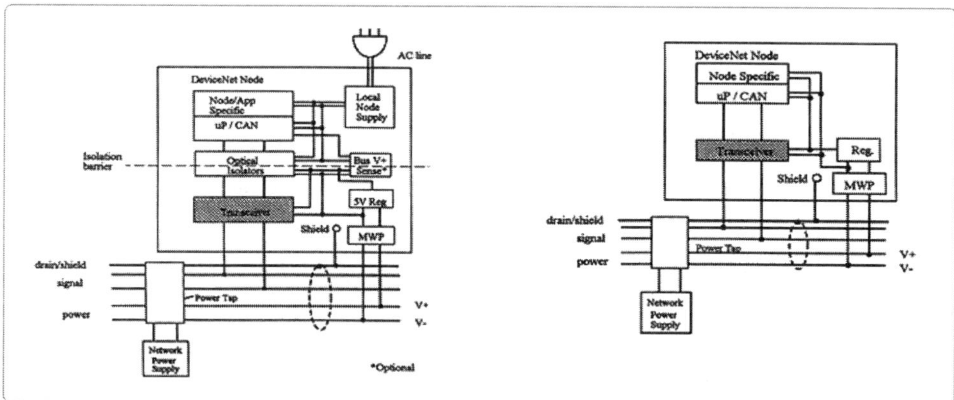

▎그림 2.51 ▎ 디바이스넷의 전원 결선도

디바이스넷 상에서는 〈그림 2.52〉와 같이 다양한 커넥터 유형을 사용할 수 있다. 차폐형, 비차폐형 커넥터 둘 다 사용할 수 있으며 대형(미니 커넥터) 및 소형(마이크로 커넥터)의 플러그를 사용할 수 있다. 차폐형 커넥터를 필요로 하지 않는 제품인 경우, 개방형 커넥터를 사용할 수 있다. 플러그 접속 커넥터가 필요하지 않는 경우는 스크류 커넥터 또는 램프 커넥터를 케이블에 직접 접속할 수 있다. 디바이스넷 사양서에는 싱글유형과 멀티 포트 유형을 구성할 때의 케이블과 커넥터의 구성요소의 사용 방법을 설명하고 있다.

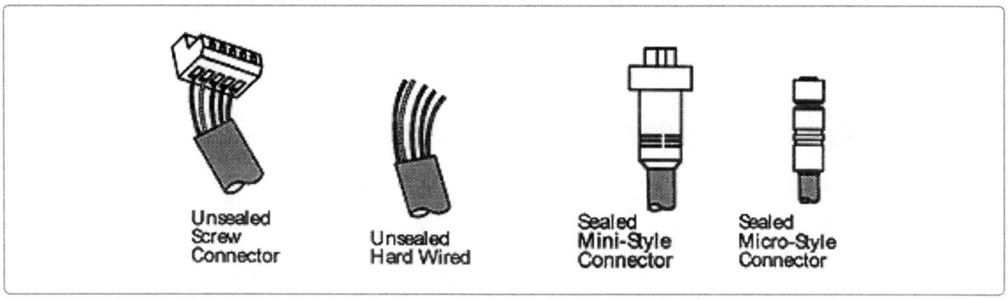

❙ 그림 2.52 ❙ 디바이스넷에서 이용 가능한 개방형 및 실드된 커넥터

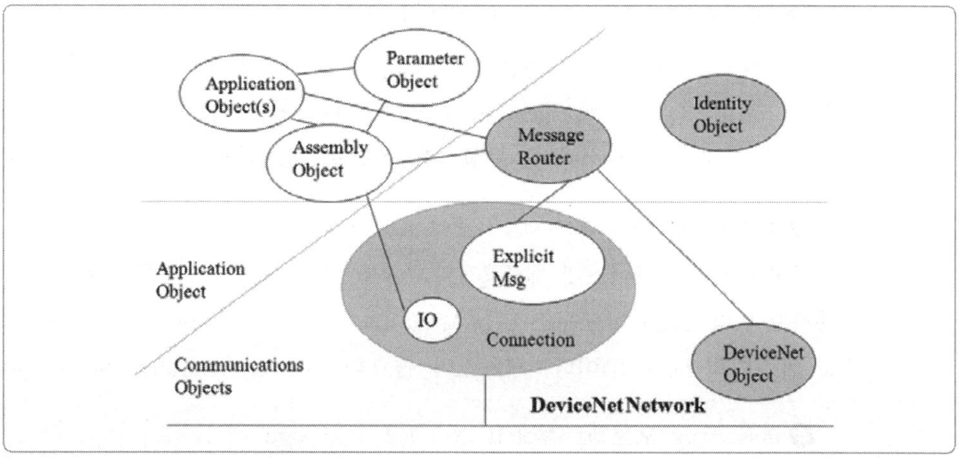

❙ 그림 2.53 ❙ 디바이스와 오브젝트 모델

2.2.6.4 디바이스 오브젝트 모델

오브젝트 모델은 속성(데이터), 서비스(메서드 또는 프로듀서) 및 디바이스넷 제품의 구성 요소 작동을 구성 및 실장하기 위한 형식이다(〈그림 2.53〉). 이 모델은 〈표 2-29〉와 같이 4개의 숫자로 된 각 속성 어드레스 지정 기구를 나타내고 있다. 4개의 숫자란 노드 어드레스(MAC ID), 오브젝트 클래스 ID, 인스턴스 신호, 속성 번호를 말한다. 이 4레벨의 어드레스는 명료 메시지(Explicit Messaging) 커넥션과 함께 디바이

스넷 네트워크상에서 데이터를 다른 장소로 전송시키는데 사용된다. 4개의 어드레스 지정 구성 요소의 범위는 다음과 같다.

[표 2.29] 디바이스넷 어드레스 구성값

어드레스	최솟값	최댓값
노드	0	63
클래스	1	65,535
인스턴스	0	65,535
속성	1	255

❶ Identity 오브젝트 Vol II, Rel 1.2, 6-3 page

일반적으로 디바이스넷 제품은 Identity 오브젝트의 인스턴스(Instance#1)를 1개 가지고 있다. 인스턴스는 벤더 ID, 디바이스 타입, 제품 코드, 수정사항, 중요도, 시리얼 넘버, 제품명, 상태 등의 Attribute를 가지고 있다. 서비스가 필요한 것은 Get_Attribute_Single 및 재설정이다.

❷ Message Router 오브젝트 -Vol II, Rel 1.2, 6-17 page

일반적으로 디바이스넷 제품은 Message Router 오브젝트의 인스턴스(Instance#1)를 한 개 가지고 있다. Message Router 오브젝트는 명료 메시지를 다른 오브젝트에 전달하는 제품의 구성 요소이다. 통상 디바이스넷 네트워크를 외부에서 볼 수는 없다.

❸ DeviceNet 오브젝트-Vol I, Rel 1.3, 5-50page

일반적으로 디바이스넷 제품은 DeviceNet 오브젝트의 인스턴스(Instance#1)를 한 개 가지고 있다. 노드 어드레스 또는 MAC ID, Bus-off 동작, Bus-off 카운터, 할당량 선택 및 마스터의 MAC ID이다. 서비스가 필요한 것은 Get_Attribute_Single 뿐이다.

❹ Assembly 오브젝트-Vol II, Rel 1.2, 6-25page

일반적으로 디바이스넷 제품은 옵션으로 1개 이상의 Assembly 오브젝트를 가지고 있다. 이 오브젝트의 목적은 서로 다른 어플리케이션의 서로 다른 속성(데이터)을 한 개의 속성(데이터)으로 그룹화 하여 1개의 메시지로서 전송할 수 있도록 하는 것이다.

❺ Connection 오브젝트-Vol I, Rel 1.3, 5-6page

일반적으로 디바이스넷 제품은 적어도 2개의 Connection 오브젝트를 가지고 있는데, 각 I/O 메시지는 디바이스넷 네트워크의 종점을 나타내고 있다. 이 두 종류의 커넥션은 명료 메시지 및 I/O 메시지로 부른다. 명료 메시지에는 속성 어드레스 지정, 속성

값 및 지정된 행동을 기술하는 서비스 코드가 포함되어 있으며, I/O 메시지에는 데이터만이 포함되어 있다. I/O 메시지의 경우 데이터의 취급에 관련한 모든 정보는 그 I/O 메시지에 관련한 Connection 오브젝트에 포함되어 있다.

[표 2.30] 오브젝트 클래스 별 번호 및 사양서 참조 페이지

오브젝트 클래스 번호	오브젝트 클래스 명	사양서 참조 페이지
1	Identity	Rel.2.0, Vol.2, pp 6-3
2	Message Router	Rel.2.0, Vol.2, pp6-16
3	DeviceNet	Rel.2.0, Vol.1, pp5-50
4	Assembly	Rel.2.0, Vol.2, pp6-23
5	Connection	Rel.2.0, Vol.2, pp6-86
6	Parameter	Rel.2.0, Vol.2, pp6-86

❻ 옵션인 Parameter 오브젝트는 구성 파라미터가 있는 디바이스로 사용된다. 한 개의 인스턴스가 각 구성 파라미터를 나타낸다. Parameter 오브젝트의 모든 파라미터에 엑세스하기 위한 환경설정도구의 표준적인 방법을 제공한다. Parameter 오브젝트의 속성인 구성 옵션에는 값, 범위, 문자열, 한계 값이 포함된다.

❼ Application 오브젝트

통상적으로 Assembly 또는 Parameter Class인 오브젝트를 제외하고 적어도 1개의 Application 오브젝트가 디바이스에 존재한다. 사양서 Volume II의 디바이스넷 표준적인 오브젝트가 다수 기술되어 있는 오브젝트 라이브러리가 있다.

2.2.6.5 메시지 서비스

디바이스넷 응용 계층에서는 ID의 우선순위의 결정 방법을 정의 하고, 서비스의 지정, 데이터의 전송, 그 의미의 결정 등을 실행하기 위한 CAN 데이터 필드의 사용방법을 정의 한다.

통신 네트워크에서는 정보의 전송방법이 중요하다. 지금까지의 통신기술은 특정한 송신 측과 수신 측을 가지는 메시지에 따라 구성되고 있었다. 디바이스넷에서는 종래의 송신-수신 기법이 아니라, 데이터에 ID 필드가 포함된 생산자/소비자(Producer-Consumer) 모델을 사용하고 있다. 이 ID에 의해 복수의 우선순위 레벨과 I/O 데이터의 효율적인 전송, 복수의 수신 기능을 실현할 수 있다.

디바이스는 적절한 ID를 사용하여 네트워크상에서 데이터를 송신한다. 데이터를 필요로 하는 디바이스는 대기상태가 되며, 디바이스는 적절한 ID를 인식하면 데이터를

수신한다.

디바이스넷은 I/O 메시지와 명료 메시지라고 불리는 두 종류의 메시지 서비스로 정의된다. I/O 메시지는 시간 및 제어지향의 데이터 전송 서비스이다. 이 메시지에 의해 한 개의 송신 측 응용과 1개 이상의 수시 측 응용 간의 전용 통신 경로를 제공한다. 메시지는 싱글 또는 멀티 캐스트 연결에서 교환되고 우선순위가 높은 ID를 사용하는 것이 일반적이다. I/O 메시지는 8바이트의 데이터 필드에는 프로토콜을 포함하지 않으나, 유일한 예외는 분할 전송된 I/O 메시지로 여기에서는 1바이트가 분할송신 프로토콜에 사용된다. 메시지의 기능은 연결 ID(CAN ID)에 의해 정의된다. 메시지가 이 ID에서 송신되기 전에 송수신하는 디바이스는 양방향으로 구성되어 있을 필요가 있다. 이 구성에는 데이터의 송신 측 및 수신 측의 송신 및 수신 객체 속성 주소가 포함된다.

명료 메시지는 두 의 디바이스 간에 다목적 포인트 투 포인트 통신 경로를 제공한다. 이 메시지에 의해 노드 구성과 문제 진단을 실행하기 위해서 사용되는 전형적인 요청/응답 지향의 네트워크 통신을 제공한다.

명료 메시지는 우선순위가 낮은 ID를 사용하는 것이 일반적으로 데이터 필드에 있는 메시지의 특정 의미를 포함하는데, 여기에는 실행한 서비스와 특정 객체 속성 주소 등이 있다.

분할송신 서비스는 8바이트를 초과한 메시지에 대해서 제공한다. I/O 메시지의 프레그먼트는 각각의 오버헤드의 프로토콜 1바이트에 상당한다. 이와 같은 유연성 덕분에 보다 정밀한 디바이스가 도입되고, 보다 많은 기능이 디바이스에 조합됨에 따라 분할송신 서비스를 기존의 디바이스넷 네트워크에 추가할 수 있다. 객체 지향 설계와 주소 지정 구성으로 인하여 디바이스넷은 기본적인 프로토콜과 연결 모델을 변경하지 않더라도 무제한으로 확장할 수 있다.

한편, 메시지 연결이 2개(I/O와 explicit)인 간단한 슬레이브 디바이스 어플리케이션은 4K ROM 및 RAM175 바이트(Built-in CAN 인터페이스 CPU인 Motorola 65HC05X4) 이하에서 처리할 수 있다.

I/O 메시지의 일반적인 포맷이 아래와 같이 나타나 있다.

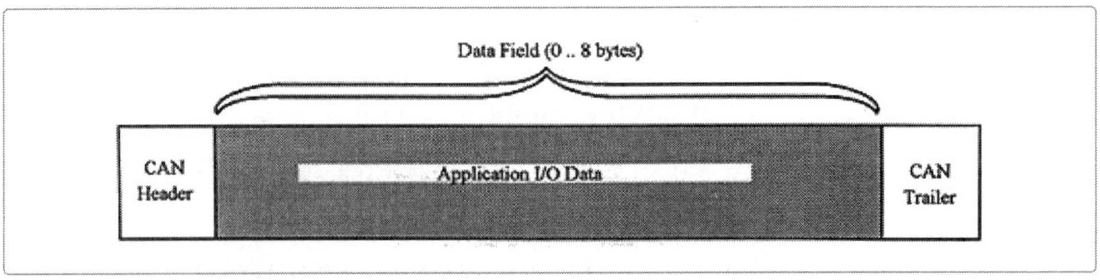

▌그림 2.54▐ I/O 메시지를 위한 형태

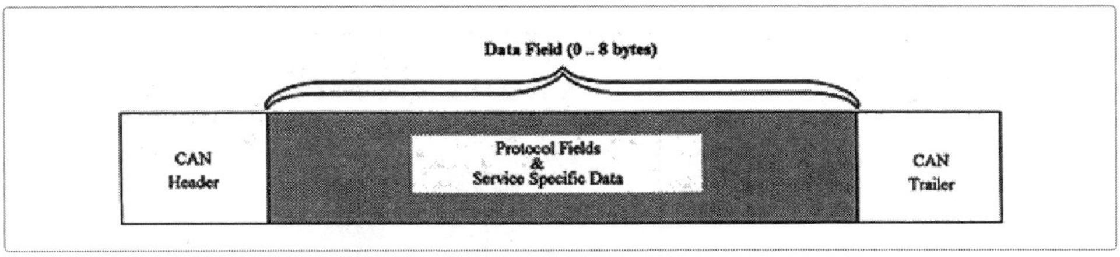

▌그림 2.55▐ 명료 메시지의 형태

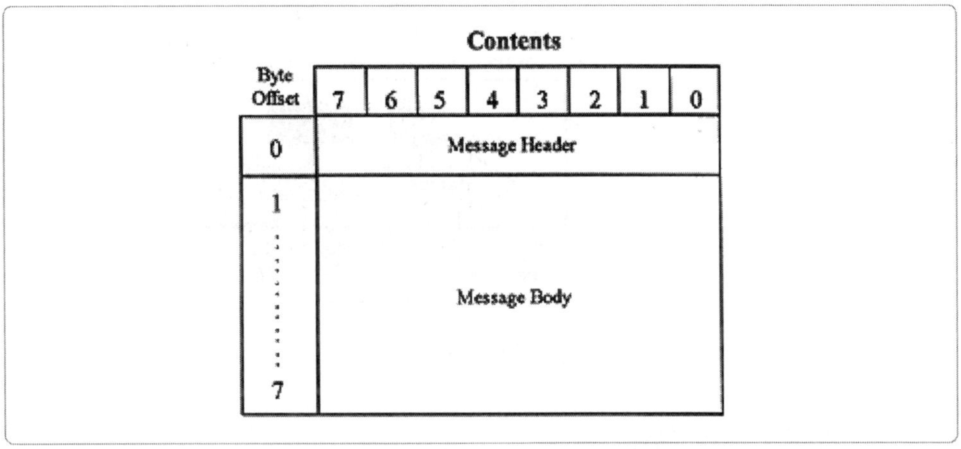

▌그림 2.56▐ 프레그먼트 되어 있는 명료 메시지의 데이터 필드의 형태

2.2.7 컨트롤 넷(ControlNet)

2.2.7.1 전체적인 구조 및 특징

컨트롤넷은 주로 실시간, 고속 자동제어 어플리케이션에 사용하도록 설계되었다. 컨트롤넷의 사양은 OSI 모델을 참조하여 만들어졌으며, 따라서 물리계층, 데이터 링크계층, 네트워크, 전송계층, 응용계층 그리고, 보조 관리기능들로 이루어진다. 컨트롤넷의 데이터 전송기법은 결정적이고 반복가능하다. 이 두 요소는 실시간 성능을 위해서 필수적인 것들이다. 결정론은 데이터가 전달될 때 믿을만하게 예측 가능할 수 있는 능력이며, 반복가능성은 전송 시간들이 일정하고 네트워크의 연결과 단절에 의해 영향을 받지 않는 것을 의미한다. 컨트롤넷은 다양한 응용을 만족시키기 위해 버스형, 트리형, 스타형과 조합형을 모두 지원한다.

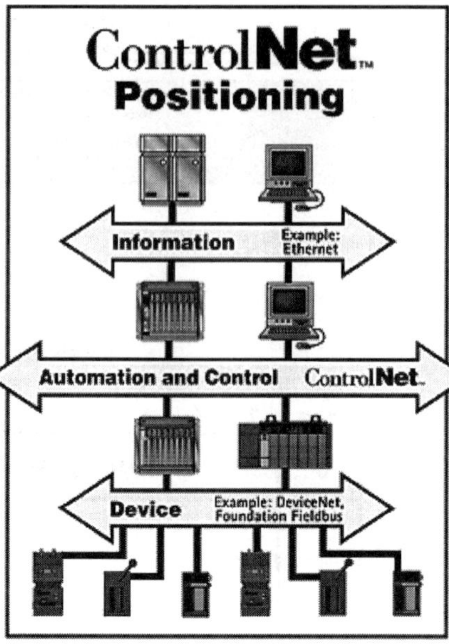

▌그림 2.57▐ 컨트롤넷의 사용 계층 예

2.2.7.2 물리 계층

컨트롤넷은 3개의 매체를 지원한다. RG6(cable TV) 케이블이 BNC 커넥터와 버스 형태로 사용되고 광 매체는 점 대점 연결로서 사용되며, NAP(Network Access Port)은 RS-422 형태의 연결이다. 이러한 RS-422연결은 명령, 트러블슈팅, 제어기 프로그래밍 등을 위해 컨트롤넷과 직접적으로 연결된다. 컨트롤넷은 99노드까지 연결가능하며 두 노드 사이의 거리는 1000*m*까지 확장될 수 있고, 48노드일 때는 250*m*, 중계기가 사용된다면 25*km*까지 가능하다. 컨트롤넷은 저가의 매체이중화를 지원한다. 이중화 시스템의 모든 부품들이 연결되어 있고 양쪽 케이블을 모두 듣다가 사용하기 좋은 신호를 결정한다. 데이터는 5*Mbit/s*로 전송되며, 맨체스터 인코딩을 사용한다. 그것은 정확한 클럭 보정과 동기를 지원하며 전송의 신뢰도를 증가시킨다. 전송된 패킷은 부가적인 오류 감지를 위해 16비트 CRC를 함유한다.

2.2.7.3 데이터 링크 계층

컨트롤넷은 CTDMA(Concurrent Time Domain Multiple Access)라 불리는 특수한 매체제어를 사용한다. 입출력 아날로그 데이터, 제어 또는 점 대 점 데이터 같은 시간에 민감한 데이터 전송의 성능을 특별히 높이는 역할을 하며 메시징, 프로그래밍 또는 연결설립과 같이 시간에 구애받지 않은 데이터가 이들을 침해하지 않는다. 이 방식은 타임 슬라이스 알고리즘이다. 시간은 반복되는 NUT's(Network Update Time)에 의해 나누어지고, 그것의 시간은 2*ms*와 100*ms* 사이로 설정된다. 각 NUT에서 전송 시간은 시간에 민감한 성질에 기반하여 할당된다.

매체접근은 각 NUT에서 내재적인 토큰 회전 알고리즘을 사용하여 각각의 노드에 허락된다. 중복 노드 주소 감지 또한 접근 방식에 들어있다. 버스 중재에 있어 버스 스케줄러는 가지고 있지 않다. 모든 노드들은 연속적으로 동기화되고, 그래서 정확히 그들은 그들의 데이터를 브로드캐스트하기 위해 언제 미디어를 접근해야 하는지 알고 있다. 토큰 로테이션은 낮은 어드레스부터 높은 어드레스로 라운드로빈 방식으로 작동한다. 그 후 다음 NUT 구간에서 다시 시작한다. 만약 한 노드가 고장 나면, 그 다음 높은 주소를 사용하는 다른 노드가 한 슬롯타임 동안 기다렸다가 다시 전송을 시작한다. 고장 난 노드가 얼마 후 다시 동작을 시작할 때, 전체적인 네트워크 기능에 영향을 주지 않고 자동적으로 동기화한다. 만약 어떤 노드가 보낼 데이터를 가지고 있지 않으면, 그것은 null 프레임을 전송한다.

컨트롤넷 노드들은 실시간데이터에 대해서 미리 전송시간을 예약한다. 이 스케줄링 된 서비스는 결정적이고 반복가능하다. 할당된 시간은 정확한 응용요구사항들에 기반한다. (교환율은 각 응용 데이터 패킷에 따라 다를 수 있다.) 남겨진 전송 시간은 비실시간 데이터를 지원하기 위해 사용된다. 이 스케줄링 되지 않은 서비스는 개개의 노드들에 의해 예약되지 않고 필요할 때 사용된다. 결과로서 스케줄링 되지 않은 서비스에서 보내진 데이터는 스케줄링된 서비스에서의 데이터에 영향을 주지 않는다. NUT의 끝 이전에 가드 밴드라는 슬롯이 있고, 이것은 노드를 동기화하기 위해 사용된다. 응용으로부터 개개의 다양한 사이즈의 데이터 패킷들이 MAC 프레임들에서 향상된 전송 성능을 위해 합쳐진다.

출발지와 목적지 주소를 사용하지 않고, 데이터 패킷들은 개별적으로 연결 ID (CID)로 라벨링 된다. 생산자는 데이터패킷을 브로드캐스트하고, 소비자는 이 패킷을 CID를 필터링하여 가져간다. 이 모델은 가상적으로 마스터/슬레이브, 멀티 마스터, 점대 점 같은 통신 모드들을 사용할 수 있다.

2.2.7.4 네트워크와 트랜스포트 계층

모니터링을 위해, 컨트롤넷은 응용 개체들 사이에 연결이 정보가 전달될 수 있기 전에 설립되는 것을 요구한다. 연결이란 끝단 사이에 경로 또는 가상의 데이터가 전송되는 경로를 일컫는다. 연결 성립에 요구되는 제한된 연결 안 된 전송들을 허락하는 특수한 메커니즘이 있으며, 다중의 전송 옵션들이 이 연결을 위해 사용가능하다. 연결들은 일대일 또는 멀티캐스트이다.

2.2.7.5 응용 계층

컨트롤넷 프로토콜의 상부계층은 최근 오브젝트 기반 설계 원리에 기반 한다. 통신과 응용 개체들 둘 다 오브젝트로써 참조된다. 이 방법을 통해서 한 노드의 모든 설정, 상태, 실행변수들에 대한 더 명확한 참조를 할 수 있다. 입출력 연결들은 중간 처리 없이 직접적이고 효율적인 입출력 데이터베이스와 효율적인 데이터 교환을 한다.

컨트롤넷은 복사카피와 지역 스케줄링 정보를 가지고 있다. 특수한 키퍼 노드들은 링크와 전역 네트워크용 스케줄링 파라미터들을 가진다. 주 키퍼는 시작과 온라인 설정동안 설정의 일치를 확인하고, 부 키퍼는 자동으로 주 키퍼를 백업한다. 각각의 스케줄된 연결들은 링크 상에서 현재 데이터 교환에 영향을 주지 않고 바뀌어 질 수 있다. 또한 노드들이 부가 또는 삭제될 수 있다. 컨트롤넷 프로토콜은 특수한 브로드캐스트 시간 알림 메시지를 가지고 각각의 노드의 실시간 클럭이 10*us* 이내의 정확도로 동기화되도록 한다.

2.2.8 피넷(P-net)

2.2.8.1 전체적인 구조 및 특징

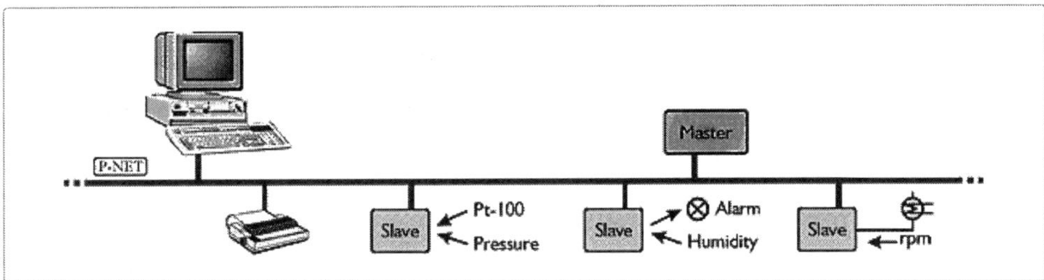

| 그림 2.58 | P-NET 필드버스

피넷은 1983년에 개발이 시작되어 1984년에 첫 상품이 출시되었다. 1986년에 다중 네트워크와 다중점 기능들이 프로토콜 규약에 부가되었다. 피넷 표준은 1989년에 완전한 표준이 세계에 공개되었고, 국제 피넷 사용자 협회가 1990년에 창설되었다. 피넷은 물리 계층, 데이터 링크 계층, 망 계층, 서비스 계층, 응용 계층의 5 계층 구조로 되어 있으며, 각 계층은 OSI 7 계층 모델의 1,2,3,4,7 계층에 해당한다. 피넷의 물리 계층은 차폐 꼬임 쌍선을 사용하는 RS-485 표준을 기초로 한다. 이것은 중계기 없이 1200*m*까지 전송될 수 있고 NRZ(Non Return to Zero) 부호를 이용한 비동기 전송방식을 사용한다. 또 하나의 세그먼트에 125개까지의 장치를 연결 할 수 있으나, 이중 마스터 스테이션은 32개까지 가능하다. 그리고 표준에 정해진 데이터의 전송 속도는

72.8*kbps*이다.

피넷에서 보낼 수 있는 데이터의 형태는 크게 단순형(simple type)과 복합형(complex type)으로 구분된다. 단순형에는 부울(boolean), 바이트(byte), 문자(character), 워드(word), 정수(integer), 긴 정수(long integer), 실수(real), 긴 실수(long real), 타이머(timer)가 있고, 복합형에는 배열(array), 문자열(string), 레코드(record), 버퍼(buffer)가 있다. 그리고 P-NET은 다중 접속구 마스터(multi-port master)라는 일종의 라우터를 이용하여 계층적인 다중 통신망 구조를 만들 수 있다.

피넷은 〈그림 2.59〉처럼 OSI 모델 1,2,3,4,7 계층을 따라서 구현되어 있다. 일반적으로 필드버스는 1, 2, 7 계층으로 구현되어 있다. 피넷은 멀티넷 구조를 가지기 때문에 3,4 계층을 가진다. 1 계층은 버스로 비트들을 전송한다. 2 계층은 멀티마스터 토큰을 다루며, 데이터를 시작지와 목적지 어드레스를 가지는 프레임으로 만든다. 또한 오류 감지를 수행한다. 3 계층은 목적지 주소에 따라 프레임을 보내고 받는 역할을 한다. 메시지는 또 다른 피넷 포트 밖으로 또는 피넷 서비스 내로 보내도록 요구될 수 있다. 4 계층은 2개의 다른 작업을 수행한다. 첫 번째는 소프트와이어 리스트에서 변수가 또 다른 노드에 위치된다고 알려졌을 때, 데이터를 소프트와이어 리스트를 통해 내부 메모리에 읽고 쓰는, 피넷 서비스를 공급하는 것이다. 7 계층은 다른 노드들에 있는 변수를 접근하기 위한 응용 프로그램에 의해 사용된다.

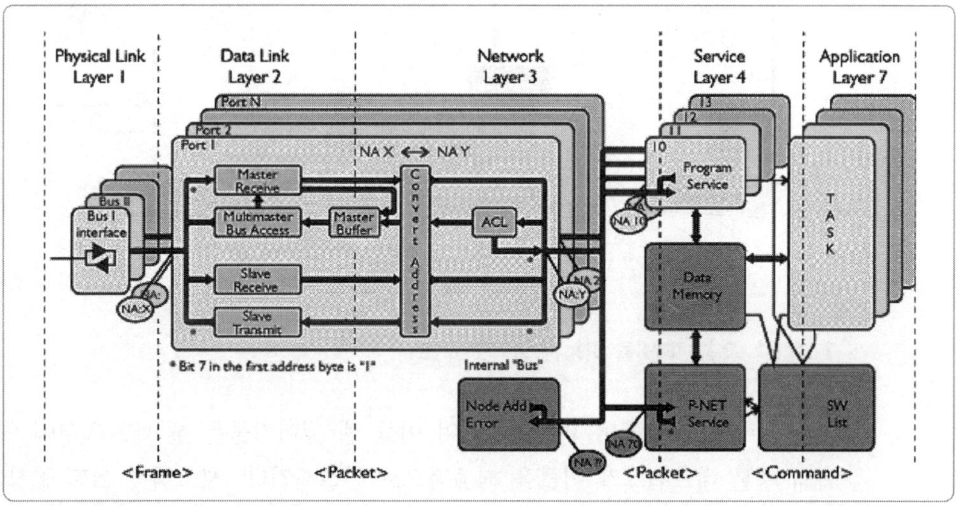

| 그림 2.59 | P-NET 모델

2.2.8.2 물리 계층

피넷의 전기사양은 RS-485표준에 기반 한다. 차폐 꼬임 쌍선 케이블을 사용한다. 따라서 중계기 없이 케이블 길이는 1200m까지 가능하다. 데이터는 NRZ(Non-Return-to-Zero) 인코딩으로 비동기 전송된다. 피넷 인터페이스들은 전기적으로 절연된다. 버스 세그먼트당 125 디바이스까지 가능하다. 피넷은 초당 300 데이터 처리까지 가능하면 300개의 독립적인 주소를 가진다. 피넷 슬레이브들은 데이터의 프로세싱을 조정하고 동시에 프레임들의 전송 또는 수신을 한다. 피넷의 표준 데이터 전송률은 0.768Mbps이다. P-NET은 멀티마스터 버스이다. 그것은 버스 세그먼트당 32개의 마스터까지 사용이 가능하다. 모든 통신은 원리에 기초한다. 거기에서 마스터는 요구를 보내고, 그러면 슬레이브는 응답을 한다. 요구들은 읽기 또는 쓰기이다. 〈그림 2.60〉은 P-NET의 마스터/슬레이브의 구조를 보여준다.

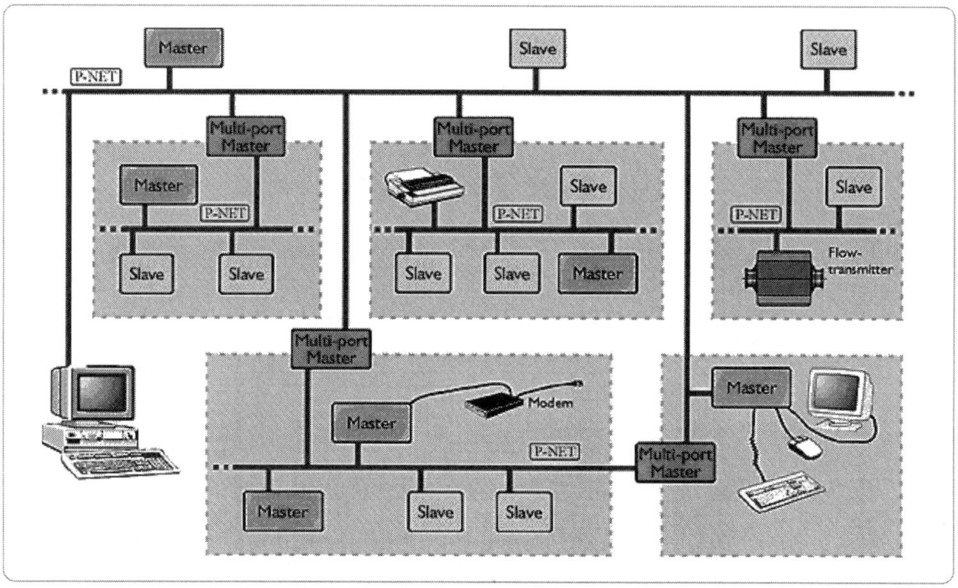

▌그림 2.60▐ 피넷을 이용한 멀티넷 구조

필드버스는 셀 제어기에 연결되며 이들 셀 제어기들은 셀 네트워크에 연결되며 고속의 백본 네트워크가 이들을 최종적으로 연결시킨다. 시스템을 어떤 공장의 각 섹션과 일치하는 셀들로 나누는 것은 다른 섹션들에 영향을 안주고 어떤 섹션을 차폐시킬 수 있게 한다. 프로그램 실행은 셀 당 하나 또는 그 이상의 독립적인 프로세서들에서 분산되어 실행될 수도 있다. 하나의 셀에 있는 소프트웨어/하드웨어는 다른 셀들에 영향을 주지 않는다. 각각의 셀은 다른 셀들과 시작과 중지 프로세스들 같은 제한적인 데이터만을 교환한다. 피넷은 여러 버스 세그먼트들 사이의 직접적인 주소 지정을 허락한다. 이것은 멀티 넷 구조라 알려져 있으며, 이것은 피넷 프로토콜의 특징이다. 〈그림 2.60〉은 멀티넷 구조를 나타낸다. 통신은 두 개 이상의 피넷 인터페이스들을 가진 노드들을 경유하여 다른 버스 세그먼트들을 통해 이루어진다. 하나의 버스 세그먼트의 어떤 마스터가 멀티포트 마스터들에 특별한 프로그램 없이 다른 버스 세그먼트에 있는 노드에 접근할 수 있다.

〈그림 2.61〉처럼, 세그멘테이션은 각 버스세그먼트에서 독립적인 로컬 트래픽을 가지도록 한다. 이 방식은 업데이트 레이트와 데이터 속도성능을 증가시킨다.

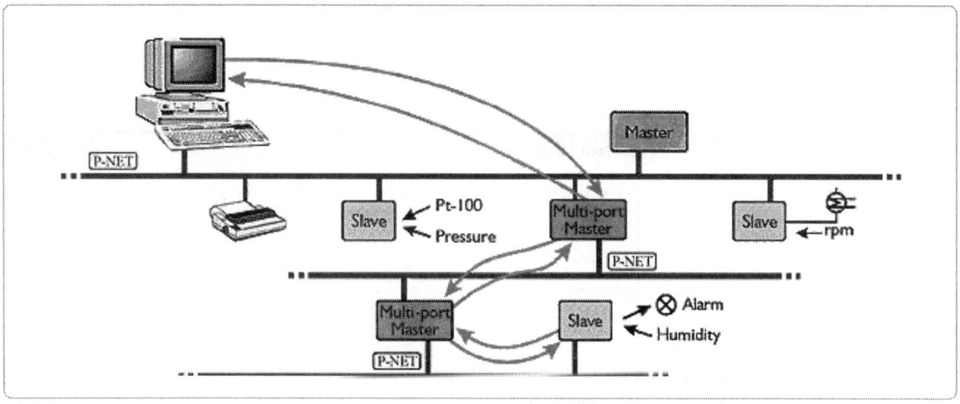

그림 2.61 멀티포트 마스터를 이용한 다른 세그먼트로의 접근

2.2.8.3 데이터 링크 계층 – 가상 토큰 패싱

버스에 접근하는 권리는 토큰에 의해 피넷 마스터에서 다른 마스터로 전달된다. 피넷은 가상 토큰 패싱(virtual token passing) 방법을 사용한다. 실제로 메시지가 버스를 통해 보내지도록 하지 않는다. 어떤 마스터가 버스접근을 마쳤을 때, 토큰은 자동적으로 그 시간에 기반 한 순환메커니즘으로 다음 마스터로 건네진다. 가상 토큰 패싱 방식은 마스터가 없어도 가능하도록 한다. 이 방식은 프로피버스와 비슷하다. 즉 마스터 스테이션들이 돌아가며 토큰을 보유하면서 매체에 접근할 권리를 가지고 있고, 이 마스터 스테이션들의 요구에 대한 응답으로 슬레이브 스테이션들이 데이터를 전송할 수 있다. 그러나 프로피버스와 다른 점은 토큰을 전달하는 방법에 있다. 피넷에서는 가상 토큰 패싱이라는 토큰 전달 방법을 사용하는데, 이 방법은 실제로 토큰 프레임을 전송하는 것이 아니라 아이들 버스 주기 카운터(idle bus bit period counter)와 접근 카운터(access counter)라는 2개의 계수기를 이용하여 매체의 쉬는 상태(idle) 시간을 측정함으로써 각 마스터 스테이션이 매체를 접근할 수 있는 권리를 가지는지 스스로 계산하도록 하는 것이다. 이 방법을 사용함으로써 토큰 전달 오버헤드를 줄일 수 있다고 한다. 이러한 구조는 모든 마스터 스테이션들이 같은 우선순위를 가지고 있을 수

밖에 없고, 스테이션을 추가할 경우에는 모든 스테이션들의 구성을 변경해야 한다는 단점이 있다.

각 피넷 마스터는 1부터 시작하는 노드 주소를 받는다. 모든 마스터는 아이들 버스 주기 카운터를 가진다. 그것은 버스가 아이들인 동안 증가한다. 카운터는 버스가 액티브할 때 0으로 리셋 된다. 각 마스터는 또한 액세스 카운터를 가지며 그것은 아이들 버스 주기 카운터가 40,50,60..이 될 때마다 증가한다. 마스터에 있는 액세스 카운터가 노드 주소와 같을 때, 그 마스터는 토큰을 보유하고 버스에 대한 접근할 수 있게 된다. 액세스 카운터가 마스터들의 최대 수를 초과할 때 그것은 1이 된다.

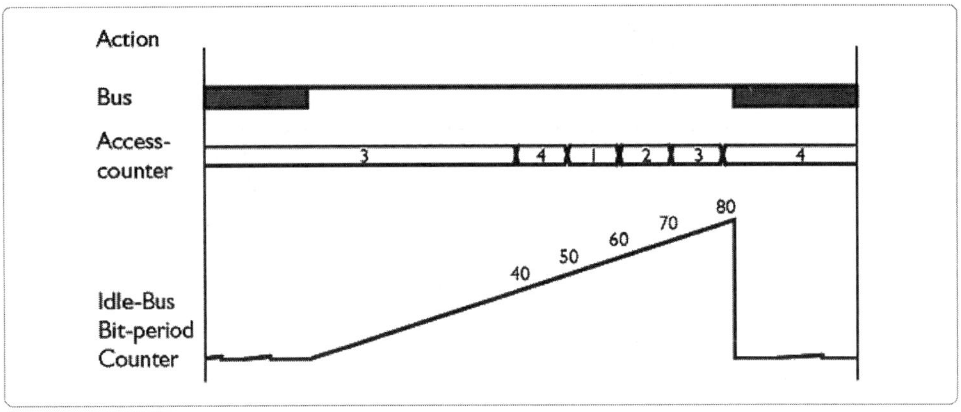

▌그림 2.62▐ 가상 토큰 패싱

〈그림 2.62〉는 피넷에서 네 개의 마스터들이 있을 때의 가상 토큰 패싱의 예제를 보여준다. 먼저, 3번 마스터가 토큰을 가지고 슬레이브로 부터 응답을 받고 있다. 그리고 버스는 아이들이 되고 40 아이들 비트 주기들이 세어졌을 때, 모든 액세스 카운터들은 1씩 증가한다. 그리고 4번 마스터가 버스에 접근하도록 허락된다. 4번 마스터가 보낼 것이 없기 때문에, 50비트 피리어드 후에 1번 마스터가 버스 접근을 허락받는다. 1번 마스터가 버스를 사용할 필요가 없다. 그래서 아이들 버스 비트 주기 카운터는 60에 도달할 때, 가상 토큰은 2번 마스터로 전달된다. 2, 3번 마스터들은 접근을 요구하지 않기 때문에, 아이들 버스 비트 피리어드가 80과 같을 때, 토큰은 결국 4번 마스터로 전달된다. 이번에는 4번 마스터가 접근을 요구한다. 데이터가 버스에서 나타나고, 그래서 모든 아이들 버스 비트 피리어드 카운터들이 0으로 리셋 된다. 가상 토큰 패싱은 130*μsec* or 10*bit* 주기에서만 발생한다. 아무 데이터도 실제로 버스에서 보내지지 않는다. 하나의 네트워크는 같은 우선순위를 가진 최대 32개의 마스터를 가질 수 있다. 결과적으로, P-NET은 어떤 버스 중재기능도 요구하지 않는다.

2.2.9 스위프트넷(SwiftNet)

2.2.9.1 전체적인 구조 및 특징

스위프트넷은 보잉항공사가 고속으로 비행데이터를 처리해야 하는 필요로 만들어졌다. 스위프트넷은 IEC 61158의 유형 6의 표준이다. 모든 필드버스 노드들의 로컬 클럭을 함께 잠그고 모든 알람들을 기록하고 이벤트 리포트의 시간 앨리어싱(time aliasing)을 제거하기 위해 효율적으로 다른 필드버스에서 생길 수 있는 지터와 불규칙적인 스케줄을 제거한다. 패킷으로부터 어드레스와 제어필드를 제거하고 모든 노드의 시간동기 동작을 보장하는 TDMA 버스 프로토콜을 사용한다. 99% 이상의 대역폭이 데이터를 전송하는데 이용된다. TDMA 동작은 스위프트넷의 버스동기프레임의 주파수는 1/256보다 적다. 시간 동기는 50μsec까지 가능하다. 스위프트넷은 고속, 동기 데이터 취득, 또는 넓은 영역에서 좋은 성능을 낼 수 있으며 즉, 비행 테스트나 비행체 모의실험, 복잡한 수치 시스템 또는 운송시스템들의 응용에 적합하다. 스위프트넷은 〈그림 2.63〉처럼 ASIC을 사용한다. 이 ASIC은 실시간 프로토콜 기능을 수행하며 생산자들 사이에 호환성을 보장하도록 한다.

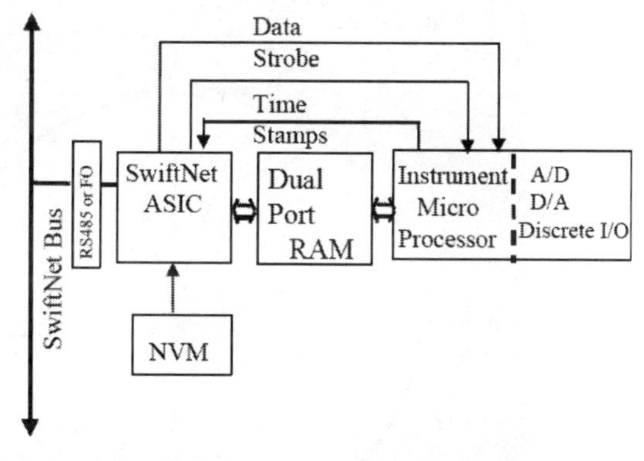

그림 2.63 스위프트넷의 ASIC 구조

2.2.9.2 물리 계층

스위프트넷은 양단에서 특성 임피던스로 터미네이션된 EIA 485 물리계층을 사용한다. EIA 485 물리계층은 선형 버스, 트리, 스타 형 토폴로지, 그리고 이들의 조합된 형태를 모두 지원한다. 노드들의 최대 수는 세그먼트 당 32개이고, 로컬 링크 당 최대 노드 수는 중계기를 사용할 때 버스 형에서 122개이고, 스타 형에서 922개이다. 맨체스터 인코딩이 오류를 최소화하고 버스 동기를 위한 특수한 프레임 딜리미터를 만들기에 사용된다. 2개의 독특한 동기 딜리미터가 사용된다. 하나는 버스 사이클의 끝을 알리고, 다른 하나는 낮은 정확도의 크리스탈을 지원하기 위해 중간 시간 보정을 허락한다.

2.2.9.3 데이터 링크 계층

스위프트넷의 데이터 링크계층은 동기 TDMA 매체접근방식을 사용한다. 사일런트(silent) 프레임 주소와 사일런트 제어 필드를 사용하며, 실시간 데이터에 대한 스캔률을 최대화한다. 이 구조는 메시지 기반 시스템보다 더 높은 프레임 전송률을 준다. 각 버스 사이클은 같은 길이의 슬롯으로 나뉘며, 전형적으로 버스 사이클 당 216 슬롯이 있다. 2N의 주기로 슬롯들은 각 채널로 할당된다. 각 채널은 하나의 데이터 아이템에 할당된다. 이 데이터 아이템은 스캔되는 변수 또는 더 긴 변수의 grains이다. N=1일 때, 정확히 버스대역폭의 50%가 하나의 변수에 대한 동기 접근을 위해 사용될 수 있다. 그림에서는 A채널이 버스가 지원할 수 있는 최대 스캔률로 스캔된다. B와 C채널들은 최댓값의 25%로 스캔되고, D, E, F 채널들은 12.5%로 스캔된다. 각 링크에 하나의 선출된 노드(Conductor)가 버스동기프레임을 통해서 모든 노드를 동기화한다.

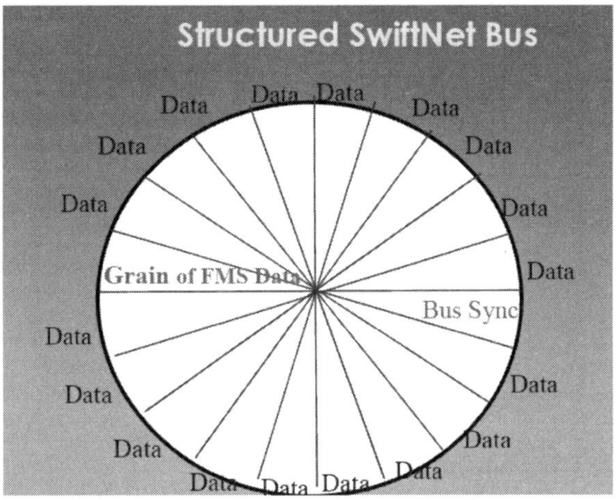

| 그림 2.64 | 스위프트넷 버스 제어 방식

2.2.9.4 응용 계층

스위프트넷은 응용 계층서비스를 지원하며 응용 서비스 요소(ASE: Application Service Elements)라는 명칭으로 그룹화 되어 있다. 프로피버스와 파운데이션 필드버스의 FMS와 같은 개념이다. 즉, MMS를 참조한 응용계층서비스이다.

❶ 가상 필드기기(Virtual Field Device) 응용서비스요소－VFD의 상태, unsolicited 상태, 표식

❷ 오브젝트 사전(Object Dictionary) ASE－오브젝트 내용의 읽기 및 쓰기

❸ Context Management ASE－서비스의 initiate, abort, reject

❹ Application Relationship ASE - unconfirmed send, confirmed send, abort, establish, get buffered message, status, XON-OFF services

❺ 변수 접근(Variable Access) ASE－읽기, 쓰기, 그리고 단순한 기록변수들의 리포트 정보

❻ Event ASE－이벤트의 notification, acknowledging, condition monitoring, time- stamping

❼ Load Region ASE－업로드, 다운로드

❽ 함수 기동(Function Invocation) ASE－함수기동의 시작, 중지, 재시작, 리셋, 생성, 삭제

2.2.10 서코스(SERCOS)

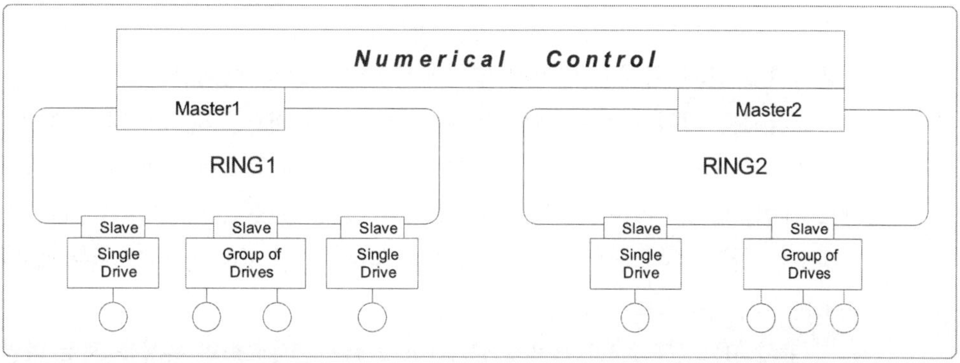

| 그림 2.65 | 서코스의 형상

서코스는 NC(Numerical Controller)의 내부에서 사용되는 필드버스 시스템으로 독일의 VDW와 ZVEI 사가 공동으로 개발한 것이다. 서코스의 망의 형태는 〈그림 2.65〉에 나와 있다. 서코스는 제어기와 구동기 사이에 광 데이터 전송을 사용한다. 루프에서 NC가 접속되는 부분을 마스터라고 하는데 루프안의 모든 통신을 감독, 통제하게 된다. 그리고 구동기가 루프와 접속하는 부분을 슬레이브 라고 한다. 대부분의 공작기계에서 구동기들은 NC에 의해 좌표화된 작업을 수행하게 되는데 이러한 구동기들

은 토크, 속도, 위치 제어를 통해 제어 된다. 서코스는 이러한 토크, 속도, 위치의 작업 모드를 처리할 수 있다.

서코스는 동기화를 위해 주기적인 데이터를 전송한다. 이것은 NC로 부터의 새로운 명령 신호가 모든 구동기에서 동시에 실행되고, 모든 데이터들이 동시에 측정한 실제값을 NC로 보낼 수 있음을 의미한다. 서코스에서 전송되는 데이터들은 용도에 따라서 MST(Master Data Telegram), AT(Amplifier Telegram), MDT(Master Data Telegram)의 세 가지로 분류할 수 있다.

망의 형태는 기기들과 점 대 점의 광 전송 선로로 구성되고 전송 선로는 광 선로를 가지지 않는 광섬유 케이블로 이루어진다. 전송은 단 방향으로 이루어지고 마스터와 슬레이브가 통신망을 구성하게 된다. NC는 하나 이상의 마스터를 가질 수 있고, 하나의 마스터는 물리 계층과 그 위의 규약 계층에서 단지 하나의 링을 다룬다. 슬레이브는 구동기들을 광섬유 링에 접속하는데 사용되며, 물리 계층에서 슬레이브는 K개 구동기의 광섬유 링으로의 접속을 나타내게 된다.

서코스 인터페이스에서 데이터 교환은 연산 데이터와 절차 명령의 전송으로 구성된다. 모든 연산 데이터와 명령들은 ID번호로 구분되어지고, 모든 ID 번호는 일곱 개의 요소로 구성되는 관련 데이터 블록을 가지고 있다. 서코스 인터페이스는 주기적과 비주기적 데이터 교환(서비스 채널)을 구분하는데 주기적 데이터 교환 중에는 단지 데이터 블록의 요소 7(연산 데이터)만이 전송될 수 있고 데이터 블록의 모든 요소의 전송은 단지 서비스 채널을 통해서만 발생할 수 있다. 비주기적 데이터 교환은 주기적 데이터 교환의 특별한 데이터 영역에서 단계적으로 행해진다.

교환되는 데이터의 형태와 길이는 서코스 인터페이스의 상태와 슬레이브에 연결되어 있는 구동기들의 운용 모드에 따라 달라지는데 중요한 운용 모드는 위치 제어, 속도 제어, 토크 제어이다. 구동기로부터의 상태 신호나 구동기로의 제어 신호와 같은 정보는 항상 주기적으로 전송되고 모든 다른 연산 데이터는 그 응용에 따라 주기적 또는 비주기적으로 전송될 수 있다.

〈표 2.31〉, 〈표 2.32〉, 〈표 2.33〉, 〈표 2.34〉는 서코스의 특성을 표로 나열한 것이다.

[표 2.31] 전기적, 기계적 특성

전송미디어	표준커넥터	노드로 전원공급	전송속도(*kbps*)	갈바닉절연	본질안전
광섬유	지원	없음	2000	있음	없음

[표 2.32] 망의 형태와 장치

세그먼트 개수	장치개수 중개기 없을 때	중개기 있을 때	집선기 있을 때	여러 세그먼트	최소 속도 시 망 길이	분기 길이	최대 속도 시 망 길이
1	254	N/A	254	N/A	40m	N/A	40m

[표 2.33] MAC 프로토콜과 특성

MAC 프로토콜	응답시간 보장	주기적 전송	비동기 전송
TDMA	가능	가능	불가능

[표 2.34] 데이터링크 계층 특성

점대점 전송	브로드캐스트	멀티캐스트	멀티 마스터 개수	동적삽입	패킷보호
안됨	가능	안됨	안됨	안됨	CRC

2.2.11 이더넷아이피(Ethernet/IP)

자동화 영역에서의 이더넷 및 TCP/IP의 진입이 가속화되면서 고속 이더넷, 스위칭, 전이중 통신 기술을 이용한 기술 개발의 수요가 증대 되었다. 이를 만족시키기 위해서 이더넷 기반의 프로토콜(Ethernet/IP, ProfiNet, Foundation Fieldbus HSE, Interbus on Ethernet, IDA, Open Modbus)이 개발 되었는데, 이중에 하나가 이더넷/IP이다. 현재 상호간 비 호환 문제가 발생하여 전체 통합 표준을 제정 중에 있다.

이더넷 기반 필드버스의 레이어 7 특징을 살펴보면 다음과 같다.

✥ 캡슐화 시스템(Encapsulation system)

이더넷/IP, 파운데이션 필드버스 HSE, Modbus-TCP 등등이 이에 해당

약간 수정된 필드버스 프레임이 TCP/IP 프레임인 "사용자 데이터"로서 변환되어 보내진다.

✥ 분산 자동화 시스템(Distributed automation system)

IDA, ProfiNet가 해당

응용 개체가 몇 개의 제어기에 분산되어 제어된다.

산업용 이더넷 프로토콜은 로크웰 오토메이션(Rockwell Automation)의 지원 하에 ODVA에 의해 개발되어졌다. 일단 이더넷과 다른 특징은 컨트롤넷과 디바이스넷에서 사용된 CIP(Control & Information Protocol)를 이용하여 전체 프로토콜 스택을 구성한 것이다, 일반적으로 이더넷이 가지고 있는 이더넷 헤더, IP 헤더, TCP 헤더, 캡슐화

헤더 등을 가진다. 캡슐화 헤더는 제어 명령, 형식 및 상태 정보, 동기화 데이터에 대한 정보를 지닌다.

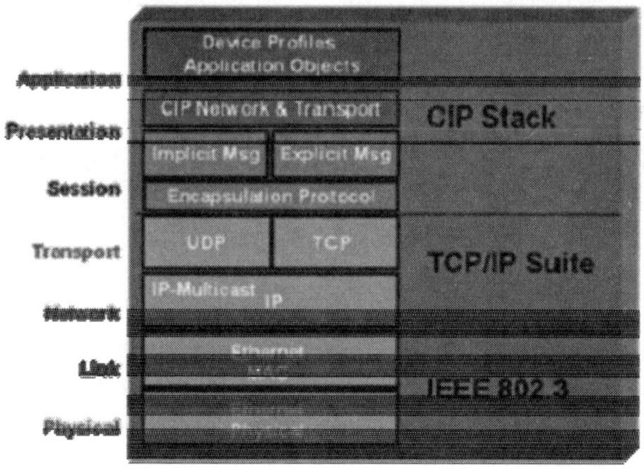

▌그림 2.66▐ 이더넷 기반 프로토콜

2.2.12 론웍스(LonWorks)

론웍스는 Echelon사에서 개발한 필드버스로 론톡(LonTalk) 규약을 이용하여 분산제어 통신망을 구현한 것이다. 론톡은 메시지 기반의 통신 규약으로 통신 실체 간 통신을 가능하게 해주며 정보 및 데이터 교환이 전송 매체에 종속되지 않도록 하는데 필요한 모든 하드웨어와 펌웨어의 기능들까지 포함시킨 것이 특징이다. 론웍스는 Motorola사의 펌웨어인 Neuron 칩에 ISO/OSI 참조 모델의 7 계층을 모두 구현하여 응용 프로그램을 이용한 통신 구현에 있어서 투명성을 보장해준다. 지원하는 전송 매체로는 꼬임 쌍선, 전력선, 전파 신호, 적외선, 동축 케이블, 광섬유 등이 있다.

론웍스는 지적 분산 제어를 위한 네트워크 기술로 현재 그 적용분야는 빌딩 오토메이션을 시작으로 산업 오토메이션, 홈 오토메이션, 에너지시스템(전력, 가스, 석유 등) 감시제어, 수송시스템 감시제어, 오락시스템 감시제어 비상시스템 등 다방면에 쓰이고 있다. 론웍스 기술을 채용한 제품을 개발하고 있는 기업 수는 현재 전 세계적으로 3500사 이상으로 상화하고 있고 그 제품 수는 1500종 이상으로 예상되고 있다. 아울러 BAC-NET, CEMA, SEMI 등의 공식 표준 네트워크 기술로서 채용되고 있다.

론웍스의 발상 시점은 컴퓨터 산업에서 과거 30년간에 일어난 변화라고 할 수 있다. 일찍이 컴퓨터라고 하는 것은 냉방용 공조가 갖추어진 계산기실에 설치 보관되었던 고가의 대형 계산기(Main Frame)를 의미하였다. 이 시스템에서는 한대의 계산기에 몇십, 몇 백의 단말이 접속되어 다수의 USER로부터의 요구를 집중적으로 처리한다. 론웍스에는 뉴런 칩(Neuron Chip)이라 부르는 저가격의 LSI를 각종 센서, 스위치나 구동기에 분산적으로 배치하고 이것을 연결하여 제어 네트워크 시스템으로 구축하였다. 뉴런 칩은 여러 가지 제어기능 및 론톡이라 부르는 통신기능을 내장하고 있기 때문에 복잡한 제어 네트워크까지도 대단히 단기간적으로 구축하는 것이 가능하다. 또한 N뉴런 칩 조합한 센서, 조작기, 조절기는 전체적으로 공통의 프로토콜인 론톡으로 통신하여 시스템의 개방성이 보증된다. 그 위에 꼬임선, 전력선, 동축케이블 광케이블, 무선, 적외선 등 다양한 통신매체가 이용 가능케 되어 신축 건물은 물론 기존 건물을 포함한 모든 자동화 시스템의 요구에 대응하는 것이 가능할 수 있다.

실제로 적용되어진 사례를 살펴보면 다음과 같다. 캐나다 데버의 웨스팅 호텔의 경우 도어개폐감지/요금체계와 PLT-20 기반의 전력 선반송 통신선이 설치되었으며 전체적으로 450 노드가 설치되어 졌다. 미국 시카고의 니카보카 호텔에는 멀티벤터에 의한 공조시스템, 윈도우 베이스의 감시시스템, 꼬임 통신선이 설치되어져 사용되어지고 있다, 이는 설치비용의 절감과 신기능을 추구하는 등 우수한 성능 향상을 제공하는 것으로 보고되었다.

대규모 적용사례로서는 런던의 히드로 공항에 있는 영국항공 본사빌딩이 대표적이다. 여기서는 공조시스템 조명시스템, 입 퇴실 관리시스템, 방범시스템의 각 서브 시스템이 론웍스에 의해 감시 제어되고 있고 전체 노드 수는 10,000을 초과하고 있다. 정부관련 빌딩에 대해서도 론웍스에 의해 제어감시가 다수 행해지고 있다. 예를 들면, 시카고의 EM 센터연방정부 빌딩에는 현재 론웍스에 기초한 공조시스템에 의한 개보수 공사가 진행 중에 있다. 연면적 10만평m 정도의 대규모 연방정부 빌딩은 재판소, FBI, 사법성, 이와 같은 공공 프로젝트는 엄밀한 입찰을 통해서 업체가 결정되어지므로 결과적으로 론웍스에 기초한 시스템제안을 한 계약자가 최적의 수주를 성공하였다. 론웍스 기반의 시스템이 저가가 되는 이유는 다수의 벤더 중에서 최선의 가격과 신뢰성이 높은 제품을 취합 선택할 수 있기 때문이지만 더욱 중요한 점은 배관배선의 절약과 제어반이 불필요화가 되기 때문이다. 〈표 2.35〉, 〈표 2.36〉, 〈표 2.37〉, 〈표 2.38〉은 론웍스의 특성을 표로 나열한 것이다.

[표 2.35] 전기적, 기계적 특성

전송미디어	표준커넥터	노드로 전원공급	전송속도(*kbps*)	본질안전
꼬임쌍선 광섬유 무선 전원선	지원	없음	4.9–1250	없음

[표 2.36] 망의 형태 및 장치

형상	세그먼트 개수	장치 개수 중개기 없을 때	중개기 있을 때	집선기 있을 때	여러 세그먼트	최소 속도 시 망 길이	분기 길이	최대 속도 시 망 길이
버스		63	32385	N/A	32385	1500*m*	0.3*m*	500*m*

[표 2.37] MAC 프로토콜의 특성

MAC 프로토콜	응답시간 보장	주기적 전송	비동기 전송
변형 CSMA/CD	불가능	불가능	가능

[표 2.38] 데이터링크 계층 특성

점대점전송	브로드캐스트	멀티캐스트	멀티 마스터 개수	동적삽입	패킷보호
가능	가능	가능	32385	가능	CRC

2.2.13 그 밖의 필드버스: HART & ARCNET & 비트버스(BITBUS)

2.2.13.1 HART

HART는 Highway Addressable Remote Transducer의 약자이다. HART 규약은 Bell 202 FSK(Frequency Shift Keying)을 쓴 디지털 신호를 4-20*mA* 아날로그 신호에 중첩시켜 동시에 아날로그와 디지털 신호를 이용할 수 있다. 이러한 특징은 두 방향의 통신을 가능하게 해주고 스마트한 기기들 사이에서의 추가적인 정보의 교환을 할 수 있게 해준다. HART 규약은 디지털과 아날로그 통신을 모두 지원하기 때문에 디지털 통신에서 얻을 수 있는 이점과 함께 기존의 아날로그 기기들과의 호환성이 보장된다는 장점이 있다. HART에서는 또 상호운용성을 보장하기 위해서 DDL(Device Description Language)을 이용하여 각 장치를 기술하여 호스트 기기가 그 장치에 쉽게 접근할 수 있도록 해준다. 통신망의 형상은 점 대 점 및 다분기(multi drop)형이 지원되며, 다분기인 경우에는 디지털 신호만 지원된다. 각 장치 당 최대 256개의 변수가 지원되고 꼬임쌍선을 쓸 경우 최대 3,048*m*까지 연장할 수 있다. 〈표 2.39〉, 〈표 2.40〉, 〈표 2.41〉은 HART의 특성을 표로 나열한 것이다. 최근 들어 Wireless HART망과 연동되면서 다시 주목을 받고 있다.

[표 2.39] 전기적, 기계적 특성

전송미디어	표준커넥터	노드로 전원공급	전송속도(kbps)	갈바닉절연	본질안전
꼬임쌍선	지원안함	전송라인으로	1.2	절연 트랜스포머 이용	있음

[표 2.40] 망의 형태와 장치

형상	세그먼트 개수	장치개수 중개기 없을 때	중개기 있을 때	집선기 있을 때	여러 세그먼트	최소 속도 시 망 길이	분기 길이	최대 속도 시 망 길이
버스	N/A	15	–	238–1	N/A	3048*m*	–	30480*m*

[표 2.41] 데이터링크 계층 특성

MAC 프로토콜	점대점전송	브로드캐스트	멀티캐스트	멀티마스터개수	동적삽입	패킷보호
중앙집중＋슬롯	안됨	가능	안됨	2	가능	CRC16

2.2.13.2 ARCNET

ARCNET은 내장 시스템과 실시간 시스템에 사용되기 위해서 만들어진 필드버스의 일종이다. 이것은 물리 계층과 데이터 링크 계층, 그리고 전송 계층 기능의 일부로 구성된다. ARCNET의 큰 특징은 결정적 성능을 보인다는 것이다. 즉 사용자는 최악의 경우의 메시지 전송 시간을 미리 계산할 수 있다. 그리고 논리적인 링을 형성하여 토큰을 통해서 매체를 할당하는 방식을 사용하며 링 상에서 노드의 추가나 삭제는 자동적으로 이루어진다. 그리고 규약의 오버헤드가 3에서 4바이트로 작다. 통신매체로는 동축 케이블이나 광섬유 또는 RS485 꼬임 쌍선을 사용하고, 전송 속도는 표준에는 2.5*Mbps*로 정해져 있지만 156*Kbps*에서 20*Mbps*까지 사용할 수 있다.

2.2.13.3 비트버스(BITBUS)

비트버스는 분산 제어를 위해 인텔에서 제안된 필드버스이다. 데이터 링크의 규약으로는 IBM의 SDLC를 사용하고 있으며 물리층은 RS485규격의 NRZI 부호화를 사용한다. 전송률은 64*kbps*, 375*bps*, 2.4*Mbps*를 사용할 수 있다. 〈그림 2.67〉은 비트버스의 계층 구조를 나타낸 것이다. 비트버스는 분산제어 시스템의 관리를 위해 하나의 마스터에 여러 개의 슬레이브 노드가 연결되어 있는 형상을 가지고 있다. 비트버스는 이러한 계층적 시스템을 제어하기 위한 고속의 직렬 통신 버스이며 하나의 마스터에는 최대 250개까지의 슬레이브가 연결될 수 있다. 데이터 링크 규약에 의해서 하나의 마스터와 여러 개의 슬레이브가 연결된다. 메시지 규약은 어떤 작업을 수행하기 위해서 마스터가 슬레이브에게 명령하고 슬레이브가 마스터에게 응답하는 구조를 지원한다. 원격 접근 제어에서는 슬레이브 노드에서의 범용 동작들을 수행하기 위한 상위 레벨의 명령과 응답들이 정의된다. 〈표 2.42〉, 〈표 2.43〉, 〈표 2.44〉, 〈표 2.45〉는 비트버스의 특성을 표로 나열한 것이다.

▌그림 2.67▌ 비트버스의 계층 구조

[표 2.42] 전기적, 기계적 특성

전송미디어	표준커넥터	노드로 전원공급	전송속도(*kbps*)	본질안전
꼬임쌍선	지원	케이블로	62.5-2400	없음

[표 2.43] 망 형상 및 장치

형상	세그먼트 개수	장치 개수 중개기 없을 때	중개기 있을 때	집선기 있을 때	여러 세그먼트	최소 속도 시 망 길이	분기 길이	최대 속도 시 망 길이
버스	1	32	250	〈64k	N/A	1200*m*	0.3*m*	3000*m*

[표 2.44] MAC 프로토콜의 특성

MAC 프로토콜	응답시간 보장	주기적 전송	비동기 전송
중앙 집중형 마스터/슬레이브	가능	가능	부분적 가능

[표 2.45] 데이터링크 계층 특성

점대점전송	브로드캐스트	멀티캐스트	멀티 마스터 개수	동적삽입	패킷보호
안됨	안됨	안됨	1	안됨	CRC

2.2.14 필드버스 비교

2.2.1부터 2.2.13까지 다양한 필드버스들과 그들의 내부를 소개하고 설명하였다. 여러 필드버스들이 공통점을 많이 가지고 있는 한편으로, 망형상, 통신망 계층구조, 성능, 버스중재방법, 물리적 변수 등등이 다르게 구성되어있으며, 그들 나름대로의 특징을 가지고 있는 것을 파악하였을 것이다. 실제로, 전 세계적으로 여러 다른 회사에서 출시된 수백 종의 각기 다른 특성의 필드버스들이 출현하여 왔으며 위에서 설명한 필드버스들이 사용되는 빈도가 높은 것들이다. 각 필드버스들은 그들 나름대로의 장점 및 특성이 있는데, 프로피버스의 경우는 다른 필드버스에 비해 속도가 빠르며 실시간 통신을 위하여 토큰 버스 원리를 적용한다. 다중마스터가 가능하다는 것이 프로피버스의 특징이며, 버스에 전력이 없다는 것이 특징이다. 프로피버스는 브로드캐스트, 멀티캐스트, 일대일 전송 등 모두가 가능하다. 월드에프아이피는 꼬임쌍선을 이용하여 결정적이고 신뢰성 있는 프로세스 변수들과 메시지들의 통신을 수행한다. FIP의 생산자/소비자 모델은 다른 필드버스들에 비해 시간 제약 관련된 실시간 성능을 우수하게 하며 따라서 분산제어에 적합하다고 할 수 있겠다. 디바이스넷은 프로그램형 논리 제어기(PLC)와 인터페이스가 잘된다는 특징을 가진다. 그러나 지역적인 디바이스 레벨의 필드버스이기 때문에 짧은 거리 이내에서 64접점까지만 사용이 가능하다. 프로피버스와 인터버스는 디바이스넷과의 비교대상으로 흔히 지정되며 이들은 범용 디바이스 레벨 통신망으로서 성능이 좋다고 알려져 있다. 컨트롤넷은 디바이스넷 상부 다음 레벨의 필드버스, 즉, 고성능 자동화와 프로세스 제어를 타겟으로 하고 있는데, 이는 응답시간이 빠르며 FIP와 함께 결정적이라는 장점이 있다. 인터버스는 속도가 빠르다는 장점을 가지고 있으며 일찍 널리 인기를 얻은 필드버스 중의 하나이다. 검사기능이 우수하다는 장점이 있어 여전히 인기를 얻고 있다. CAN(Controller Area Network) 통신은 속도가 빠른 버스이며 가격적으로 경제적인 센서/구동기 링크이다. CAN은 자동차용으로 제작되었으나 현재 공장 자동화에서 많이 사용되며 디바이스넷, Honeywell's SDS 등의 직렬 센서 버스의 기초가 된다. 이는 디바이스넷의 중심에 자리 잡고 있다. 론웍스는 다른 필드버스와 달리 넓은 거리에서도 동작한다. 실질적인 피어 투 피어 통신망이며, 수천 점으로 확장이 가능하다는 특징을 가진다. 그러나 비교적 느리고 복잡한 단점이 있다. 파운데이션 필드버스는 객체지향 프로토콜이며 다

양한 메시지 형태를 가진다. 파운데이션 필드버스와 월드에프아이피는 메시지 전달을 보장하기 위하여 스케줄러를 사용하는데, 결정론과 반복가능성은 이 두 필드버스에서 중요한 장점으로 꼽힌다.

필드버스의 시장은 크게 유럽과 북미로 나뉘며, 그 주요 사용되는 용도 또한 다르다. 미국에서는 디바이스넷, 프로피버스와 파운데이션 필드버스가 산업기기들을 대상으로 많은 판매가 이루어지고 있다. 디바이스넷은 자동차, 재료, 반도체 공정 등에서 많이 사용되며, 파운데이션 필드버스는 프로세스제어에서 많이 사용된다. 프로피버스는 유럽에서 인기가 많으며, 두 분야 모두에서 많이 사용된다. 이러한 필드버스 기술들은 이더넷 기반의 필드버스 기술로 진화되고 있으며 PC기반의 플랫폼으로 전환되고 있다.

2.3. 무선 필드버스 기술

산업 공장 분야에로 적용될 수 있는 무선 제어망 기술에는 IEEE 802.11 무선랜 계열과 IEEE 802.14.1의 블루투스, 그리고 IEEE 802.14.5의 센서 네트워크가 있다. 본 절에서는 첫 번째로 무선 기술이 공장 환경에서 실시간 처리되기 위해 해결해야 할 문제점을 분석하고, 공장 환경에서 도움이 될 수 있는 검증된 무선 기술에 대하여 살펴보고, 마지막으로 적용할 수 있는 무선 기술과 기존에 사용되던 유선 기술을 접목하여 효율적으로 사용할 수 있는 방안과 문제점의 해결 방안을 토의함으로써, 무선 기술을 산업 공장 기기에 효과적으로 적용할 수 있는 가능성을 제시한다.

산업 환경에서 사용되어지는 무선 제어망 기술은 기기의 이상 및 오작동 알람 등의 비주기적 긴급 데이터와 기기의 상태 및 제어를 위한 주기적 I/O 데이터의 전송을 위해 신뢰성과 실시간성을 만족해야한다. 이러한 제약들로 인해 현장에서는 대부분의 유선기반의 제어망 및 필드버스 기술들이 사용되어져 왔다. 하지만 최근 들어 무선통신 기술의 성능과 신뢰성이 향상되고 노드 당 가격이 저렴해지면서 무선 통신 기술을 이용한 무선 제어망에 대한 연구들이 진행되고 있다.

무선 기술의 적용은 장비들의 연결성, 케이블링과 같은 유선 필드버스의 한계를 극복할 수 있고, 산업용 시스템의 유연성(flexibility)을 높일 수 있는 장점들이 있다. 이로 인해 〈그림 2.68〉과 같이 기존 무선기술의 장점들과 필드버스의 요구 사항들을 바탕으로 IEEE 802.15.4 기반의 Wirless HART, ISA100.11a 무선 제어 기술 들이 연구되어지고 있다.

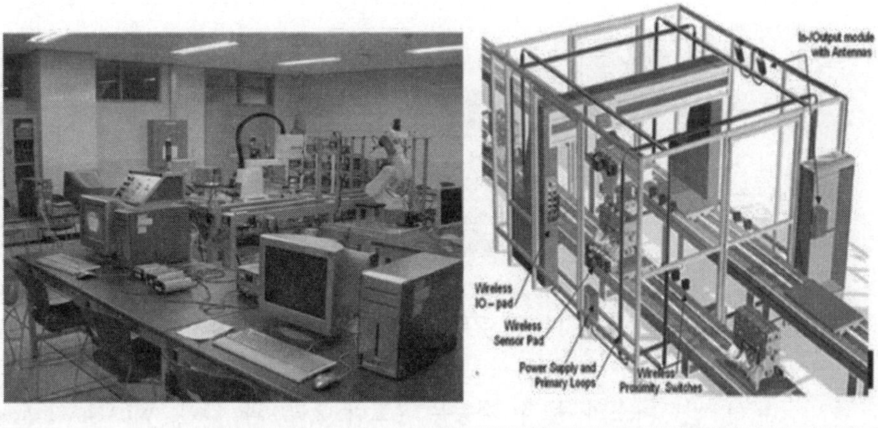

▌그림 2.68▐ 무선 제어 모듈 설치의 예: 자동창고에 적용한 무선 제어 모듈

2.3.1 산업용 무선 제어 통신망의 설계 방법

무선 채널과 무선 송수신기를 이용한 무선 필드버스 기술을 산업용 환경에 적용하기 위해서는 극복해야 할 여러 가지 문제 들이 있다. 그 중에 대표적인 것들로 이중화, 경로손실, 송수신기의 반이중방식으로 인한 제한, 물리 계층의 오버헤드, 그리고 예측이 어려운 채널 에러 등이 있다. 또한 유선 필드버스에 무선 통신 기술을 적용하기 위해서는 다음과 같은 문제들을 예로 들 수 있다.

WorldFIP에서와 같이 공급자-분배자-수요자(Producer-Distributor-Consumer) 전달 모델을 사용한다고 할 때 해결할 수 없는 일관성 문제가 제기될 수 있다. Profibus와 같은 필드버스 시스템에서 토큰 패킷의 반복되는 손실은 논리 고리(Logical Ring)의 안정성에 심각한 영향을 미친다. 궁극적으로는 이동성에 대한 대처방안이 없기 때문에 이에 적절한 방안이 필요한 토큰-패싱(Token-Passing) 프로토콜이 필요하다. 이런 이유로 토큰 패실 기반의 무선 제어망 기술들이 연구되어졌다.

CAN[23]과 같은 필드버스 시스템을 사용하는 방식에서는, 미디어 접근 제어(MAC) 기법으로 패킷 충돌을 회피할 수 있는 결정론적 방식(Deterministic Mechanism)을 사용해야 한다. 이로 인해 반이중(Half-duplex) 방식을 사용해야 한다는 제약조건이 존재한다. 그래서 CSMA(Carrier-Sense Multiple Access) 방식에 의존하는 프로토콜은 무선 방식에 부적합하다.

현재까지는 〈그림 2.69〉와 같은 게이트웨이를 이용한 유무선 하이브리드 네트워크에 대한 연구 사례들이 많이 연구되어져 왔다. 이 유무선 하이브리드 네트워크는 무선 통신 네트워크를 통합하기 위해 유무선 중계 장치들을 이용하고 사용하였다. 이를 위해서는 각 이종 유무선 망간의 시각 동기화 및 중계 장치로 인한 전송 지연 등이 설계 시에 고려되어져야 한다.

▌그림 2.69▐ 산업용 이기종 유무선 게이트웨이 장치의 예

무선 필드버스의 물리 계층은 〈그림 2.70〉과 같은 WLAN(Wireless Local Area Network) 또는 WPAN(Wireless Personal Area Network) 표준들을 사용할 수 있다. 전

송속도나 서비스 영역 등이 무선 필드버스의 요구 사항들에 부합할 경우 하위층 표준으로 사용될 수 있다. 물리 계층보다 상위 계층에 대해서는 데이터 링크 계층이나 이미 존재하고 있는 필드버스 표준 규격 들로부터도 해법을 도출할 수 있다.

어플리케이션 계층의 경우도 기존의 방법을 응용하는 것이 유리하다. WirelessHART의 경우는 유선 필드버스인 HART의 어플리케이션 계층 프로토콜을 사용했다. 또는 MMS[23] 같은 응용 계층을 바탕으로 설계하는 방법도 대안이 될 수 있으며 Profibus와 FIP 경우 어플리케이션 계층 프로토콜들이 MMS를 응용한 대표적인 것들이다.

〈그림 2.70〉의 (a)와 같이 무선 필드 버스의 데이터 링크 계층은 WLAN/WPAN 표준들이 디바이스 레벨 통신 요구사항 들과 일치점들이 있으면 이 표준들을 응용하는 것이 편리하다. 어플리케이션 계층의 경우에는, 이미 존재하는 유선 필드버스의 프로토콜 또는 이를 응용한 기술들을 사용하는 것이 바람직하며 무선의 장단점을 고려해 설계 되어져야 한다.

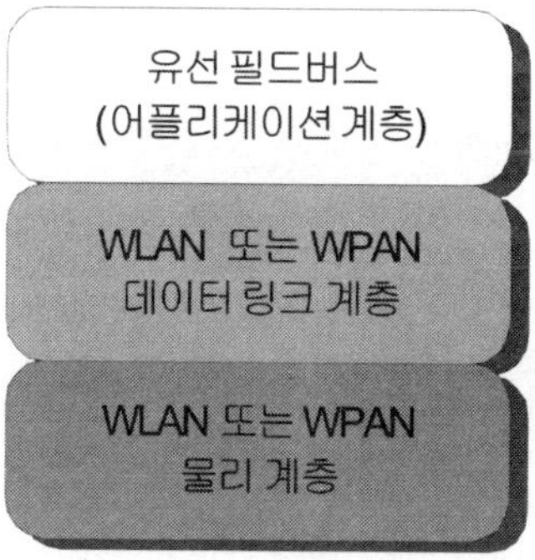

❙ 그림 2.70 ❙ 무선 제어망 구현 기술 예: (a) 기존 프로토콜 활용 (b) 유무선 연결 장치 활용

[표 2.46] IEEE802.15.4 기반의 WirelessHART, ISA100.11a의 비교

구 분	WirelessHART	ISA100.11a
응용층	HART 기반	개방형
트랜스포트 계층	TCP 기반의 블록 전송	UDP
네트워크 계층	HART 기반 주소 체계 + 메쉬 라우팅(이중화 지원)	IP v6 + 메쉬 라우팅
데이터링크	Prioritized-TDMA, C-hopping	CSMA/CA, C-hopping
물리 계층	IEEE802.15.4+FHSS/AFH	IEEE802.15.4
주파수 대역	2.4*GHz* ISM/20-250*Kbps*	2.4*GHz* ISM/20 250*Kbps*

〈그림 2.70〉과 같은 구조를 고려할 때 많이 고려되어지는 제어용 프로토콜이 IEEE 802.15.4 프로토콜이다. IEEE 802.15.4는 많은 입출력 노드 수를 요구하는 필드버스 환경에 적합한 장점 들을 가진다. 하지만 산업 환경에서의 대부분의 데이터는 4바이트 이하의 주기적인 입출력 데이터 및 이벤트성 알람 데이터 이므로 입출력 데이터를 지원 하면서 산발적 알람 데이터를 동시에 지원해야한다. 또한, 하위 영역 장치들의 제어를 위해서는 실시간성 및 신뢰성의 보장이 필수적 요소들이다. 이러한 부분들을 고려해 IEEE 802.15.4 기반의 물리층을 사용하되 신뢰성이 고려된 상위 계층들을 이용한 다양한 연구들이 시도되었으며 그 중 대표적인 예들이 〈표 2.48〉의 Wireless HART와 국제표준으로 최근에 제안되어진 ISA100.11a이다. 〈표 2.47〉은 무선 제어망 기술에 후보들이 될 수 있는 프로토콜들의 비교 분석표이다.

[표 2.47] WLAN(IEEE802.11)과 WPAN(블루투스, IEEE02.15.4) 기술들의 비교

구 분	블루투스	IEEE 802.15.4	IEEE 802.11a/b/g
통신 거리	10(50~100*m*)	10*m*	50~100*m*
최대 전송데이터	723*Kbit/s*	〈 125*Kbit/s*	30.6*Mbit/s* (Ethernet), 2.6*Mbit/s* (60*bytes* payload)
전력소모	낮음	매우낮음	중간
데이터 주기성	있음 (polling 알고리즘에 의존)	있음	DCF: 없음, PCF: 있음(jitter 포함), HCF: 있음
재전송	있음	있음	있음
FEC	구현가능	없음	없음
노드 개수	8	2~65,000	•
주파수 대역	2.4*GHz* ISM	868*MHz*, 902-928*MHz*, 2.4*GHz* ISM	5-6*GHz*/2.4*GHz*/2.4*GHz*
물리 계층	FHSS/AFH	DSSS	OFDM/DSSS

무선기반의 산업용 무선 제어통신망을 설계 및 구현하기 위해서는 무선 채널의 영향 및 산업 환경의 외적인 요소를 먼저 고려하여야 한다. 유선 채널보다 무선 채널에서 결함 현상이 다양할 것이고, 유선 채널에서보다 무선 채널에서 에러가 더 자주 발생할 것이다. 하지만, 무선 채널에서의 전송 에러는 일시적인 반면(딥 페이드 상태로 갔다가 다시 채널 상태가 원활히 복귀되는 경우), 유선 채널에서의 전송 에러는 치명적인 경우가 많다(전선 결손, 하드웨어 부분 훼손). 이를 위해서 WirelessHART 및 ISA100.11a 처럼 새로운 프로토콜 메커니즘이나 응용계층 메커니즘의 재구성이 필요

하다고 할 수 있겠다. 또한, 무선 필드버스 설계의 어려움을 줄일 수 있도록 패킷 손실이나 패킷 전송 한계를 고려한 유연한 상위 계층을 설계하는 것이 바람직하다.

2.3.2 Wireless HART

산업용 무선 제어망에 대한 관심과 국제 표준을 위한 작업들이 경쟁적으로 진행되고 있다. 특히 프로세스 산업 분야에서 산업용 무선 해법에 대한 수요가 급격하게 증가함에 따라 이에 따른 업체 및 단체 간의 연구 및 개발이 치열하게 진행되고 있다.

무선 제어망 기술은 기기의 이상 및 오작동 알람 등의 비주기적 긴급 데이터와 기기의 상태 및 제어를 위한 주기적 I/O 데이터의 전송을 위해 신뢰성과 실시간성을 만족해야한다. 이러한 제약들로 인해 현장에서는 대부분의 유선기반의 제어망 및 필드버스 기술들이 사용되어져 왔다. 하지만 최근 들어 무선통신 기술의 성능과 신뢰성이 향상되고 노드 당 가격이 저렴해지면서 〈그림 2.71〉과 필드 버스 영역에서 Wireless HART, ISA 100.11a(SP 100)와 같은 무선 제어 통신 기술 들이 활용하기 위한 제품들 및 관련 응용 제품들이 소개되고 있다.

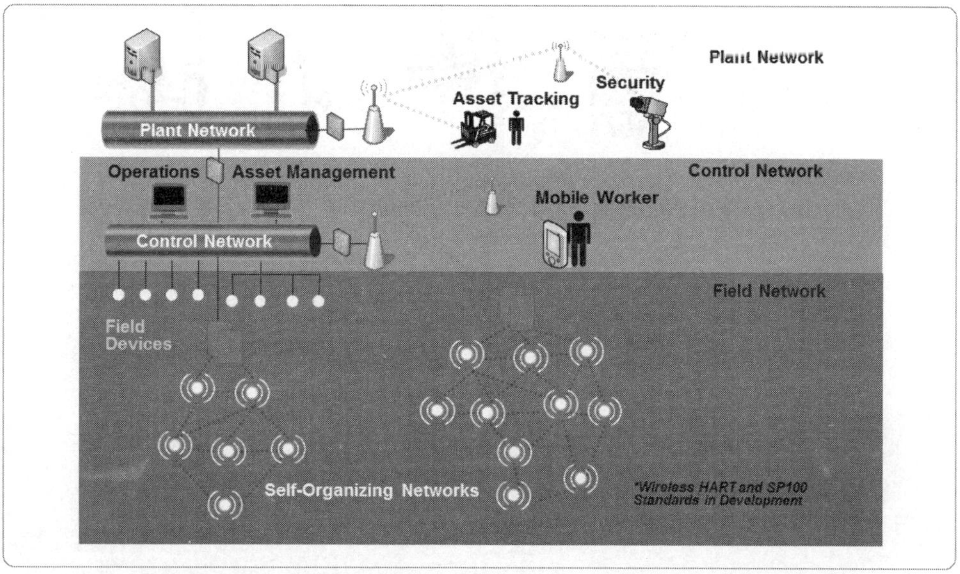

▌그림 2.71▐ 무선 제어 망의 응용 영역

본 절에서는 WirelessHART 표준에 대해 살펴보고자 한다. WirelessHART(IEC62591)는 2004년부터 표준작업이 시작되었고 국제적으로 승인된 표준 프로토콜로 HART 계열 유/무선장치와 상호호환성을 제공하면서 산업 현장에 적용되고 있다.

Wireless HART는 〈그림 2.72〉의 망 구조에서 볼 수 있듯이 개방형 구조의 표준이며 OSI 스택의 하부 및 제한된 전력소모 조건을 지원하는 고정형, 휴대형, 이동형 장치와 연결되는 저속의 무선연결에 대한 호스트 응용장치(Host Application), 네트워크 관리기(Network Manager), 프로세스 제어기(Process Automation Controller)등의 구조를 표준에서 정의하고 있다. 그 사용 목적은 시간 제약이 존재하는 산업용 공정 장치 및 그 응용 시스템 설계에 부합된다.

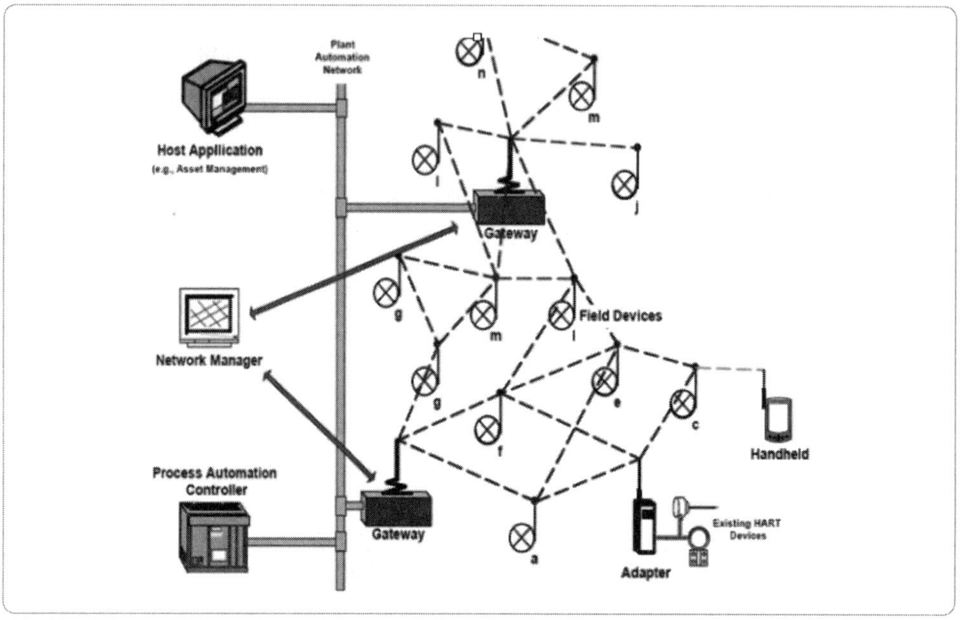

▌그림 2.72▐ Wireless HART 장비의 구성도

〈그림 2.72〉에서 볼 수 있듯이 3가지 종류의 관리 및 제어 장치 들과 백본 자동화 제어망을 통해 연결되도록 구성 되어 있으며 이를 위해 Wireless HART 장치들은 무선 게이트웨이를 사용하고 있다.

그리고 기존에 설치된 유선 HART 필드버스 응용 장치들과는 어댑터를 통해 Wireless HART와의 연결 기능을 제공한다.

각 장치별 종류 및 기능들을 살펴보면 〈표 2.48〉과 같다.

[표 2.48] Wireless HART 장비의 기능별 분류 및 그 역할

무선 HART 장치	사용용도
무선 HART 필드기기 (WFD: WirelessHART Field Device)	플랜트에 연결된 무선 HART와 연동된 디바이스. 무선 HART 필드 디바이스들은 WFD라 칭하며 가장 기본이 되는 단위 요소
무선 HART 게이트웨어 (WirelessHART Gateway)	유일한 ID를 가진 망 단위당 하나의 게이트웨이를 통해 WFD와의 통신 기능 제공. 백본망과 연결된 응용 관리 및 제어기와의 연결
무선 HART 네트워크 관리자 (Wireless HART Network manager)	통신망의 유지, 스케줄링 및 최적화를 지원하는 신규 노드의 가입 및 기존 노드의 이탈을 관리, 전체 망의 관리 및 장애 관리
무선 HART 어댑터 (WirelessHART Adapter)	기존의 유선 HART 디바이스 연동기능 제공
무선 HART 소형기기 (WirelessHART Handheld)	근접한 무선 HART 필드기기 접속기능 제공

2.3.2.1 Wireless HART 프로토콜 스택 구조

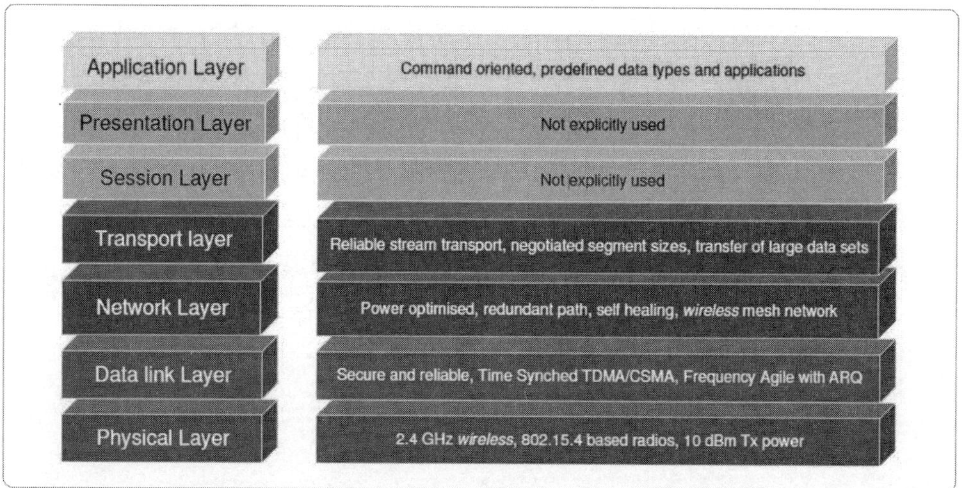

| 그림 2.73 | OSI 7 계층 vs. Wireless HART 프로토콜 스택 계층

OSI 7 계층 구조를 참조 모델로 WirelessHART 프로토콜을 살펴보면 〈그림 2.73〉과 같다. 물리층은 IEEE 802.15.4 표준을 그대로 사용하며 데이터 계층은 실시간성을 보장하기 위해 IEEE 802.15.4 표준의 GTS(Guaranteed time Slot)와 유사한 개념의 TDMA와 CSMA를 혼용해서 사용한다. 특히 신뢰성 및 안정성을 보장하기 위한 ARQ

기법 및 전송 기법을 사용한다. 트랜스포트와 네트워크 계층은 무선 메쉬망을 지원하기 위해 설계되었으며 전송 전격 최적화, 자기치유 기능, 이중화 경로 설정을 통해 디바이스 또는 경로 설정에 장애가 발생해도 주어진 시간 내에 데이터가 안전하게 전송하도록 다양한 기능들을 제공한다.

WirelessHART 네트워크는 메시 네트워크 구조로 되어 있으며 각 센서는 라우터 및 리피터로 작동한다. 이런 방식을 채용함으로써 네트워크의 범위가 하나의 중앙 게이트웨이에 의존하지 않으며 대규모 분산 네트워크 구조를 설치할 수 있다. 통신 경로가 중단되는 경우 시스템은 중단 없는 통신을 유지하기 위해 자동으로 신호 경로를 재지정해 무선 통신에서 가용성 수준이 높아지게 한다.

따라서 WirelessHART 네트워크는 필드 장치에서 안정적인 무선 통신이 가능하도록 동시에 여러 통신 경로를 사용할 수 있다. 프레젠테이션 및 세션 계층을 포함하고 있지 않으면 응용 계층은 HART 장치들과 연동될 수 있도록 HART 응용 계층을 사용한다.

특히 WirelessHART 프로토콜은 시분할 다중 접근(Time Division Mutiple Access: TDMA) 방식 기반의 스케쥴링을 기반으로 통신이 이루어지므로 ISA 100.11 a에 비해 실시간성이 강조된 영역에 사용될 수 있다. 이때, 스케쥴링은 중앙제어 방식의 네트워크 관리기에 의해서 수행되며 이를 위해 각 장치들의 통신 요구사항이 고려된 전체적인 네트워크 라우팅 정보를 이용하게 된다.

또한 최근에는 WirelessHART 표준을 따른 기기의 수가 증가하고 있고 상호 운영성에서도 많은 개선이 이루어진 것으로 보고되고 있다. 이에 따라 정유업체나 대규모 플랜트 공정을 기반으로 한 산업 시설에 적용되어지고 있다.

그러나 실시간성 측면의 장점에도 불구하고 WirlessHART 프로토콜은 사용자 입장에서는 6LowPAN이 지원되는 ISA 100.11a 프로토콜에 비해 확장성이 떨어진다는 측면을 추측해 볼 수 있다. 향후 현재까지 정확한 응용 표준이 없는 ISA 100.11a 프로토콜과 WirelessHART가 장단점을 서로 보완해 새로운 표준으로 통합될 수 있는 가능성도 적지 않다고 연구자들은 예측한다.

2.3.3 산업용 무선랜

공장 자동화 같은 실시간성 및 신뢰성이 요구되는 환경에서 산업용 무선랜을 선정한 배경 요인에는 또한 간섭에 대한 높은 내성과 검증된 네트워크 신뢰성 등이 포함되었다. 최대 54*Mbps*에서 100*Mbps*의 IEEE 802.11a/b/g/n 표준에 따른 산업용 무선 LAN(IWLAN)이 최근에는 생산 라인, 크레인 시스템, 고층 창고, 심지어 지하철 터널에도 적용되고 있다. 산업용 무선 LAN의 이러한 활용도 증가는 일반 무선 LAN 기기들이 공장 자동화와 발전소 같은 열악한 설치 환경을 버티지 못하고 있는 상황에서 당연한

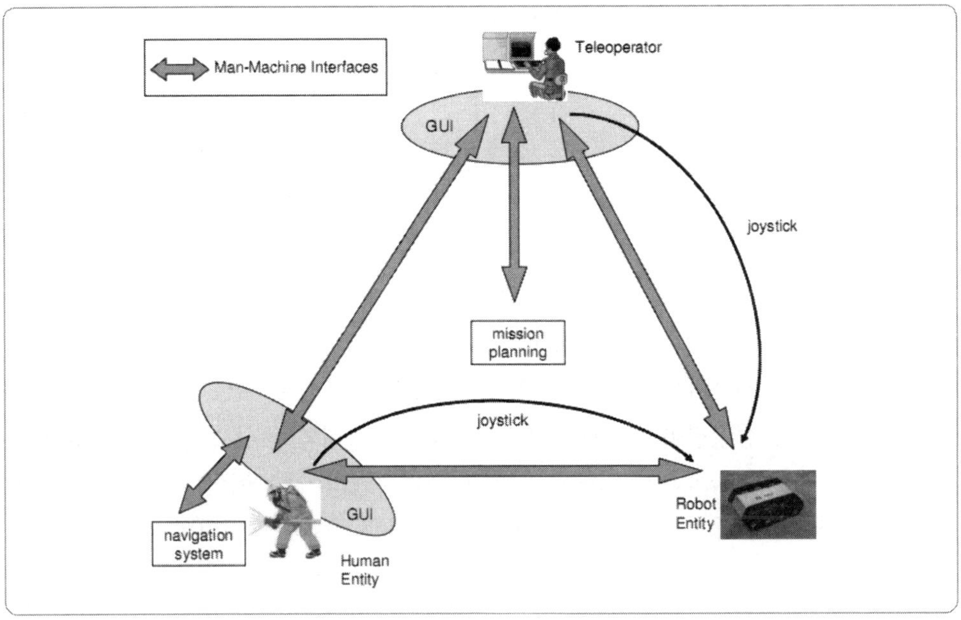

┃그림 2.74┃ 소방용 로봇에 적용된 산업용 무선랜

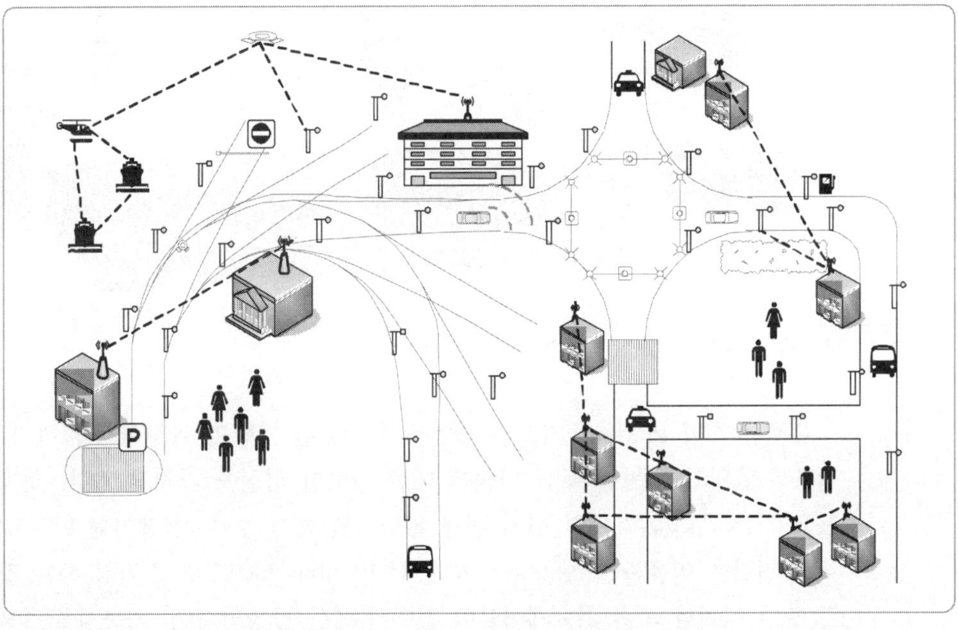

┃그림 2.75┃ 무선랜 기술을 이용한 도시 교통 정보 시스템 구축 사례

무선 통신은 산업 자동화 및 이동 기기가 많은 물류 및 창고 관리 시스템에서 유선 케이블이 비싸거나 설치하기 어려운 경우 또는 뛰어난 활용성이나 기기와 시스템 컴포넌트의 이동성이 필요한 경우에 사용된다. 이러한 어플리케이션에서는 PLC, 입/출력

모듈, HMI 시스템 간의 직접 통신과 더불어(IWLAN이 기업 네트워크에 연결된 경우) 비디오 전송, 인터넷 데이터 통신, 음성 통신(Voice over IP) 등의 부가 서비스까지 점진적으로 구현되어야 한다.

이런 경우 데이터 속도는 가혹한 산업 환경에서도 효과적인 무선 통신을 제공한다. 안테나 기술 및 이중화 기술 등을 통해 넓은 대역폭을 제공할 뿐만 아니라 여러 경로를 통한 신호 전파 및 더욱 광범위한 서비스로 전송 중에도 신뢰성을 높인다.

유선 필드버스 프로토콜은 매체접근제어 방식(MediaAccess Control, MAC)으로 결정론적인 메커니즘을 사용한다. 이 메커니즘은 산업용 무선 매체에선 요구사항을 고려하면 적용하는 것이 어렵다. 또한 반이중 무선 송수신기는 무선통신의 채널 상에서 동시에 송수신이 가능해야 하므로 반이중 방식의 통신 방법은 부적절하다. 이러한 문제점들을 극복하기 위해서 수년간 무선 기반의 필드버스 적용 방법 예들이 연구되어 졌다. 그 중 대표적이 사례가 바로 산업용 무선랜 기술이라고 볼 수 있다.

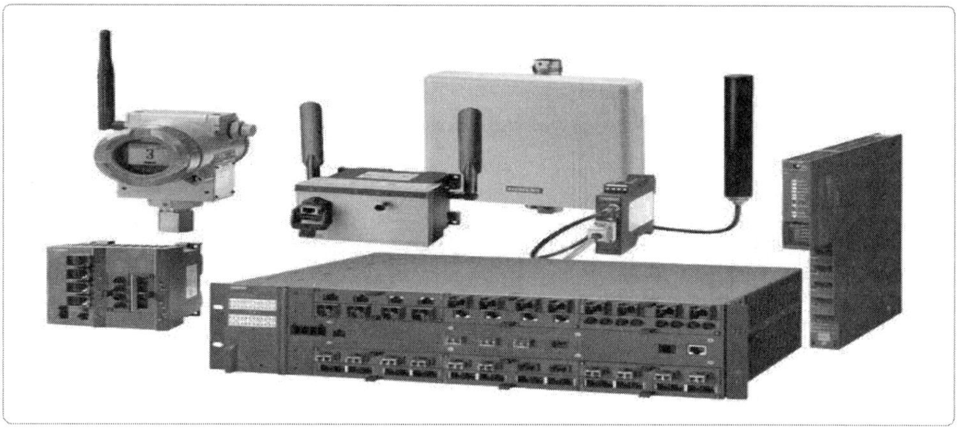

❙ 그림 2.76 ❙ 지멘스의 산업용 무선랜 제품군

유무선 혼합 Profibus 기술은 산업용 무선통신 기반의 환경설치를 하기 위한 기존 필드버스 망과 연동된 무선 기술에 대한 다양한 장점을 가지고 있다. 첫째 스테이션들은 기존 케이블에 대한 설치 변경 없이 간단하게 추가 및 제거를 할 수 있고, 둘째 무선 연결을 이용하면 Profibus LAN에서 Profibus LAN으로 스위칭 하는 것이 쉬우므로 고장 나거나 파손되는 케이블이 없어서 생산 공정의 고장 가능성을 줄일 수 있다. 즉 무선 제어 기술을 이용해 신뢰성을 보강 할 수 있다는 것이다.

자동화의 낮은 레벨에선 제어기와 센서 및 구동기 사이의 실시간 통신이 요구되면서, 이더넷과 같은 무선 네트워크가 관심 있는 해결책으로 제시되고 있다. 하지만 이러한 기술의 도입은 이미 적용된 필드버스와 호환성에서 많은 문제점이 있다. 따라서 이에 대한 해결 방안으로 ProfibusDP 필드버스 프로토콜을 고려하여 이더넷과 무선랜/블루투스를 각각 기반으로 하는 하이브리드 유/무선 네트워크를 적용하는 기술들이 널리 사용되어지고 있다.

유연성과 효율성 측면에서 실질적인 혜택을 제공한다. 지멘스의 산업용 무선랜은 IEEE 802. 11의 WLAN 무선 전파표준을 기초로 개발되어 생산 현장의 설비들을 무선으로 제어할 수 있다. 아울러 산업용 어플리케이션의 특수한 요구조건을 충족하기 위해 WLAN 표준에 더하여 부가기능을 갖추고 있는데 바로 iFeatures라는 특수 사양으로 실시간성이 요구되는 명령 수행을 위한 전용 데이터 전송 속도나 고속 로밍 등이 이에 포함된다. 지멘스는 무선 긴급차단 기능(Emergency Cut-Off)을 포함한 산업용 무선랜 기능을 제공한다.

종래에는 긴급차단 기능을 구현하기 위해 별도의 배선이 필요했지만 iFeatures를 적용하여 긴급차단 기능을 무선으로 구현했다. 지멘스 테크놀로지의 우수성은 도요타뿐만 아니라, 이 시스템을 채택한 아우디(Audi)와 폭스바겐(VW) 등 유수의 자동차 회사들을 통해서도 입증된 바 있다. 최신 개발된 산업용 무선랜의 포트폴리오는 분산 스테이션 및 iHOP 기능을 포함하고 있다.

특히 iHOP기능은 해당 구역에 무선 전파간섭이 있는 경우, 이때 해당 액세스 포인트(AP)와 그 액세스 포인트와 접속된 무선 리시버에 안정적인 무선 채널로 자동적으로 변경해준다. 개방형 산업통신인 PROFINET, 고장 안전 감시 시스템, 무선 네트워크 등이 통합적으로 구동되는 네트워크를 구축하고 있다

산업용 무선 LAN의 적용분야가 점차 넓어지고 있다. 생산라인을 넘어 크레인, 자동창고, 지하철 터널에 이르기까지 다양한 분야에서 산업용 무선 LAN이 각광받기 시작했다. 산업용 솔루션이 고속성을 제공하면서도 에러 없는 정보전달을 통해 시스템의 안정성을 확대해 주기 때문이다

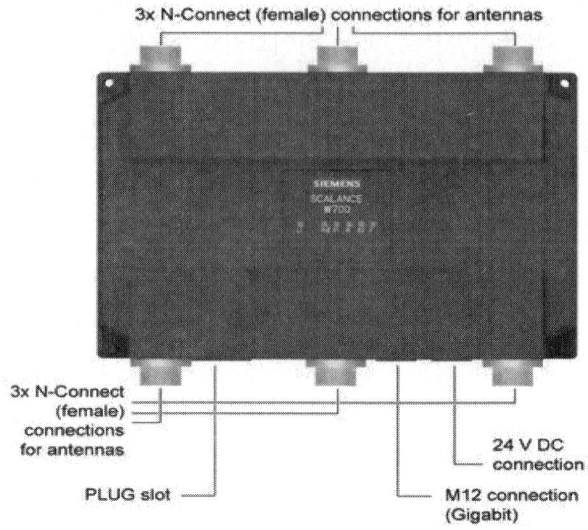

▌그림 2.77▐ 지멘스의 SCALANCE W700 시리즈

Simatic Microbox 하드웨어를 기반으로 한 이 중앙 스테이션은 최대 32개 액세스 포인트를 지원하며, 중앙 위치에서 이들을 구성, 모니터링 및 제어를 수행한다. 이로써 시운전과 작동을 크게 단순화하고 비용 효율성을 높일 수 있다. 2개의 컨트롤러를 사용하는 이중화 동작에서는 컨트롤러당 액세스 포인트를 64개까지 지원할 수 있기 때문에 네트워크 가용성이 더욱 향상된다. 이와 같은 개선으로 IWLAN은 점점 증가하는 네트워크 요구사항을 만족하고 항상 절대적으로 믿을 수 있는 통신을 보장한다.

삼성전자가 네트워크 사업의 경쟁력을 강화하기 위해 독자적으로 산업용 무선랜 액세스포인트(AP)를 개발하고 있다. 산업용 무선랜 AP는 가정용 제품과는 달리 커버리지가 넓고 접속 수용 인원도 많다. 관리 용이성을 확보하기 위해 여러 AP를 하나로 묶어 조작하고 제어하는 무선 컨트롤러(APC)가 포함되는 것도 특징이다.

삼성전자 네트워크 사업부가 이 같은 산업용 무선랜 AP를 독자 개발하는 이유는 기업과 공공기관이 모바일 오피스 환경의 필요성을 인식함에 따라 유무선통합(FMC Fixced Mobile Convergence) 인프라 구축 시장이 활기를 띠고 있기 때문이다.

2.3.4 ISA 100.11a 무선통신망

산업 환경에서 사용되어지는 무선 제어망 기술은 기기의 이상 및 오작동 알람 등의 비주기적 긴급 데이터와 기기의 상태 및 제어를 위한 주기적 I/O 데이터의 전송을 위해 신뢰성과 실시간성을 만족해야한다. 이러한 제약들로 인해 현장에서는 대부분의 유선기반의 제어망 및 필드버스 기술들이 사용되어져 왔다. 하지만 최근 들어 무선통신 기술의 성능과 신뢰성이 향상되고 노드 당 가격이 저렴해지면서 Wirless HART, ISA 100.11a와 같은 무선 제어 통신 기술들이 활용 되고 있다.

그 중 먼저 ISA 100.11a 표준에 대해 살펴보고자 한다. ISA100.11a는 ISA100.11a 장치간의 상호환성을 제공하면서 산업현장에서 있을 수 있는 다른 무선 장치들과의 공존, 예를 들어 휴대폰, IEEE 802.11 기반의 장치들, IEEE 802.16 기반의 장치들 및 다른 무선규격등과의 공존성을 언급하고 있다.

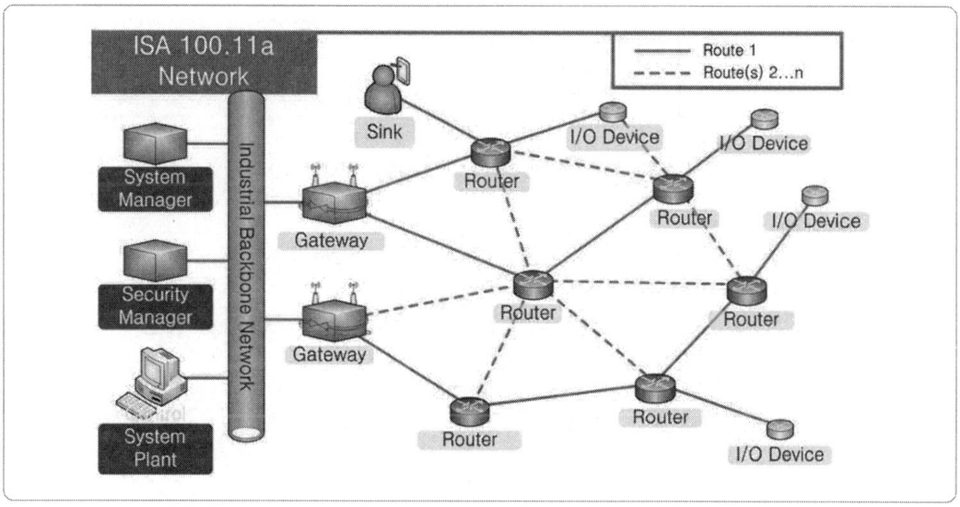

| 그림 2.78 | ISA100.11a의 망 구조도

ISA100.11a는 ISA100 무선 워킹 그룹에서 정의한 표준 중에서 첫 번째 작품이며, 시스템 모니터링 분야, 제어 분야에서 신뢰성이 있고 안전한 동작을 제공하는 것을 목표로 설계되었다.

ISA100.11a는 <그림 2.78>의 망 구조에서 볼 수 있듯이 OSI 스택의 하부 및 제한된 전력소모 조건을 지원하는 고정형, 휴대형, 이동형 장치와 연결되는 저속의 무선연결에 대한 네트워크, 시스템 관리, 게이트웨이, 보안관리(Security manager) 등의 구조를 표준에서 정의하고 있다. ISA100.11a응 이용해 산업 응용 시스템 구현을 위한 대상 시스템은 지연 시간이 100*ms* 단위인 실시간선 모니터링 및 제어분야에 대한 성능의 조건들을 언급한다. <그림 2.79>에서 Class 2까지를 지원하는 것을 목표로 하고 있다. ISA100.11a는 누구든지 구현하고 사용할 수 있는 공개규격이며 최종 사용자가 복잡하지 않게 사용할 수 있도록 6LowPAN을 이용한 인터넷 연동도 지원하고 있다.

<table>
<tr><th>Category</th><th>Class</th><th>Application</th><th>Description</th><th rowspan="7">Importance of message timeliness increases ↑</th></tr>
<tr><td>Safety</td><td>0</td><td>Emergency action</td><td>(always critical)</td></tr>
<tr><td rowspan="3">Control</td><td>1</td><td>Closed loop regulatory control</td><td>(often critical)</td></tr>
<tr><td>2</td><td>Closed loop supervisory control</td><td>(usually non-critical)</td></tr>
<tr><td>3</td><td>Open loop control</td><td>(human in the loop)</td></tr>
<tr><td rowspan="2">Monitoring</td><td>4</td><td>Alerting</td><td>Short-term operational consequence (e.g., event-based maintenance)</td></tr>
<tr><td>5</td><td>Logging and downloading/uploading</td><td>No immediate operational consequence (e.g., history collection, sequence-of-events, preventive maintenance)</td></tr>
</table>

▌그림 2.79▐ 실시간성을 고려한 ISA 100.11a의 적용분야

다음은 ISA100.11a 네트워크의 특성을 나타낸다.

- 매쉬(Mesh), 스타-매쉬 혼합(Star-Mesh), 스타(Star) 토폴로지와 같은 네트워크 토폴로지를 지원
- 제한된 에너지 자원을 가지면서 라우팅 능력이 없는 필드 장치
- 기존 네트워크와의 게이트웨이를 통한 접속
- 산업용, 발전소용 네트워크에서 선택적인 이중화(Redundancy)
- 장치 간 상호호환성 지원
- 데이터 무결성, 암호화, 인증, 전송지연 예방을 포함하는 보안성
- 산업현장에서의 다른 무선 장치와의 공존성 검증
- 간섭이 있는 경우의 강인성 보장

ISA100.11a는 다른 무선장치와 다중경로에 따르는 간섭을 없애기 위해 지능적인 채널 호핑 알고리즘을 사용한다. 이것은 낮은 성능의 주파수를 계속하여 사용하는 것을 방지함으로 신뢰성을 높일 수 있다. ISA100.11a 장치는 〈그림 2.80〉의 참조 모델을 바탕으로 설계되어 질 수 있다.

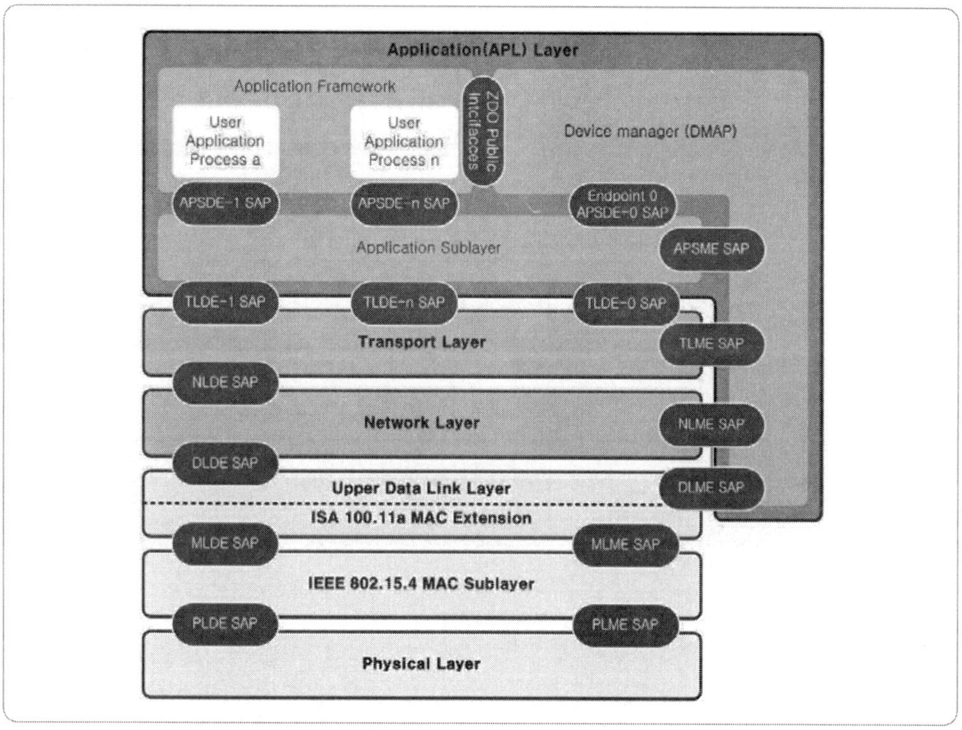

▌그림 2.80▐ ISA 100.11a 참조 모델

2.3.4.1 ISA100.11a 프레임 구조

ISA100.11a는 IEEE 802.15.4 표준과 완전히 호환되나 IEEE 보안은 사용하지 않고 보안요소로 공유된 데이터 링크 계층 서브네트 시간을 사용하는 더 간단한 메시지를 사용하여 비슷한 결과를 얻고 있다. 〈그림 2.81〉은 ISA100.11a의 데이터 링크계층에서의 프레임 구조이다. 데이터 링크 헤더(DHR)와 데이터 링크 페이로드(DLL Payload)로 구성되어 있으며, DHR에는 DHDR(DHR Header), DMXHR(DHR MAX Extension Sub-header), DAUX(DHR Auxiliary Sub-header), DROUT(DHR Routing Sub-header)로 구성되어 있다.

DHDR은 데이터 링크 계층의 옵션 설정부분과 Dispatch필드를 포함한다. DMXHR은 IEEE에서는 규정되어 있지 않은 패킷전송과 ACK수신을 위해 필요한 부가적인 필드를 포함한다. DAUX는 이웃발견, 시간전송, 정보교환, 명령 교환을 쉽게 하기 위한 정보를 포함한다. 일반적으로 이 필드는 사용하지 않는다. DROUT는 메시지 경로설정에 필요한 정보를 포함한다.

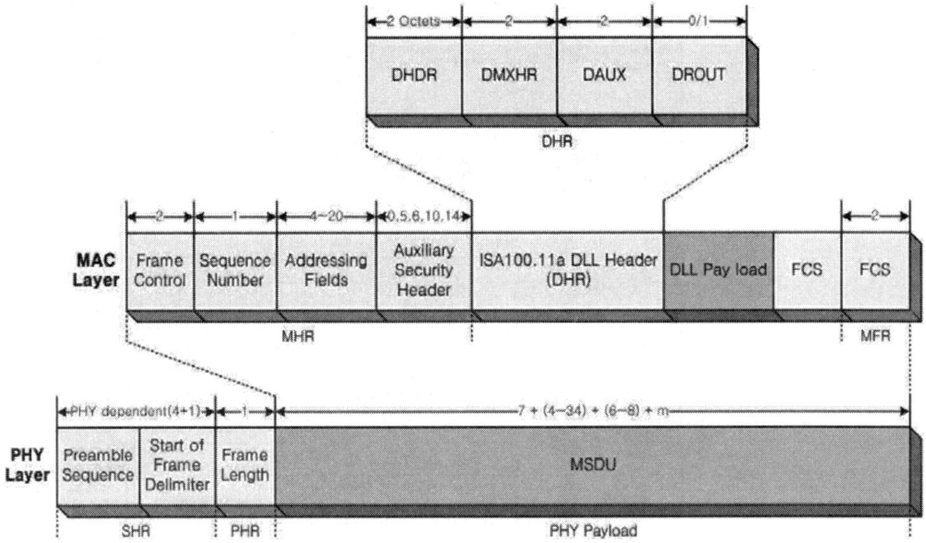

| 그림 2.81 | ISA 100.11a 프레임 구조

〈그림 2.82〉와 같이 ISA 100.11a 기반 개발 장치 및 소스 코드들이 제공 되고 있으며 이를 이용해 대형 공장이나 정유 시설 등에 적용할 수 있는 무선 제어 장치를 개발할 수 있다.

| 그림 2.82 | ISA 100.11a 기반 장치의 개발 툴킷의 예

2.3.5 유무선 혼합 제어 통신망 연구사례

공장 자동화 시스템에서 제어기와 센서/구동기를 연결시키는 제어용 네트워크는 중요한 요소이다. 이들 장치들은 유기적으로 동작해야 하므로 장치간의 통신 및 제어를 위한 네트워크 기반 실시간 제어 시스템이 필요하게 된다.

산업용 제어 통신망에 무선 기술을 적용하기 위해 일반적인 방법으로 유무선 게이트웨이를 사용할 수 있다. 유무선 게이트웨이는 매체접근 방식에 따른 통신 우선순위와 최대지연 요소를 고려해 양측 네트워크의 메시지 전송과 노드 제어 역할을 수행해야 한다.

이종의 유무선 네트워크가 공존하게 되면 이를 구현하고 활용하기 위해서는 정확한 동기화가 어렵다. 그러므로 유무선 네트워크 간에 동기화 메시지 전송과 제어를 위해서 유무선 게이트웨이의 내부적 알고리즘을 통해 네트워크 간에 시간 동기화를 고려해야 한다.

실시간이 요구되는 산업용 환경에서 양측의 네트워크를 통해 전달되는 메시지에 대해 중간 제어 계층인 게이트웨이 내부에서 실시간적인 동기화를 보장하는 3단계의 순차적 알고리즘을 살펴보고 사용 가능성을 설명하고자 한다.

실시간 혼합 네트워크는 〈그림 2.83〉과 같이 네트워크 A는 유선으로 구성되며, 네트워크 B는 무선으로 구성된다. 중간 계층의 역할인 게이트웨이는 네트워크 A와 B의 마스터 역할을 하게 되며, 센싱 데이터를 얻거나 제어를 위한 데이터를 전송한다.

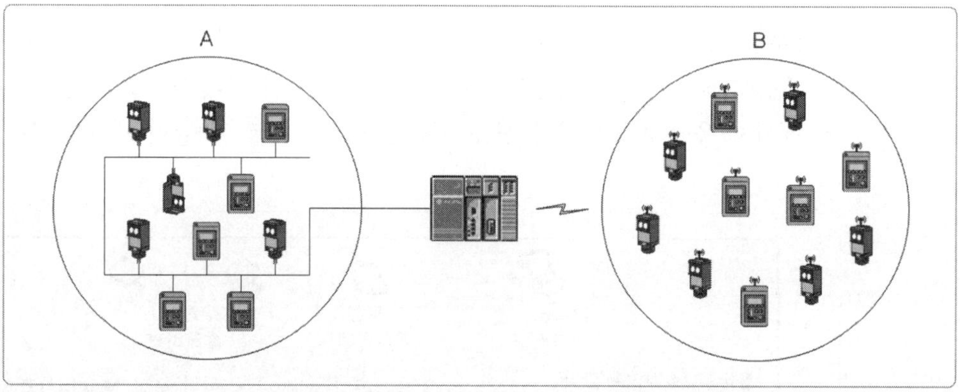

| 그림 2.83 | 산업용 유무선 혼합 네트워크 구성의 예

네트워크 A의 특정 메시지는 네트워크 B의 구성 노드들에게 양방향 영향을 줄 수 있다. 네트워크 A의 경우 네트워크 B에 비해 상대적으로 매체 접속을 위한 시간이 작고, 전송속도도 크다. 그러므로 A에서 B로의 메시지 및 제어신호 전파는 네트워크 B의 채널상황에 의해 제한된다.

유선 네트워크에서의 각 노드 동기화와 채널 접근 지연은 무선 네트워크에 비해 작다. 그러므로 무선 네트워크의 채널 접속 지연과 각 노드의 동기 오차를 위한 보정 알고리즘과 지연으로 인한 응답 시간의 증가 등이 중요한 문제들이 될 수 있다.

예를 들어 유무선 하이브리드 모듈은 〈그림 2.84〉에서 나타낸 것처럼 유선 I/O 슬레이브와 무선 게이트웨이 및 무선 슬레이브 등이 포함된 디바이스넷 모듈과 무선 모듈로 구성된다. 디바이스넷 기반의 프로토콜이 아니더라도 이와 유사한 구성이 될 수 있다.

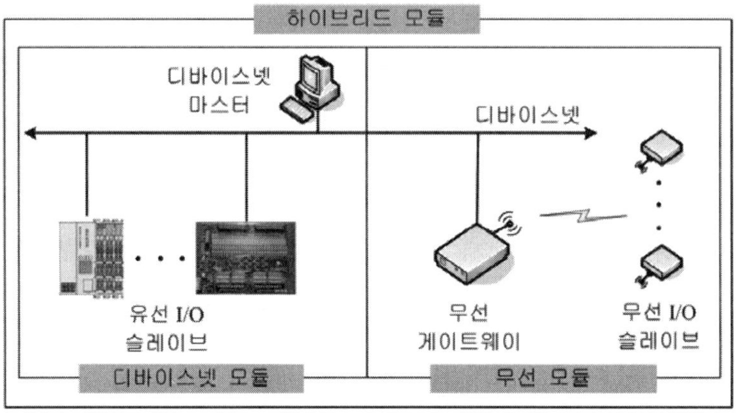

▎그림 2.84▎ 유·무선 하이브리드 모듈의 구조

유무선 하이브리드 네트워크의 성능 분석을 위해, 기존의 마스터/슬레이브 서비스 중 폴링/COS 서비스의 경우와 무선 I/O 슬레이브의 상태 변화로 인한 메시지 발생에서 메시지 응답 ACK까지의 전송 시간을 〈그림 2.85〉와 같이 나타낼 수 있다.

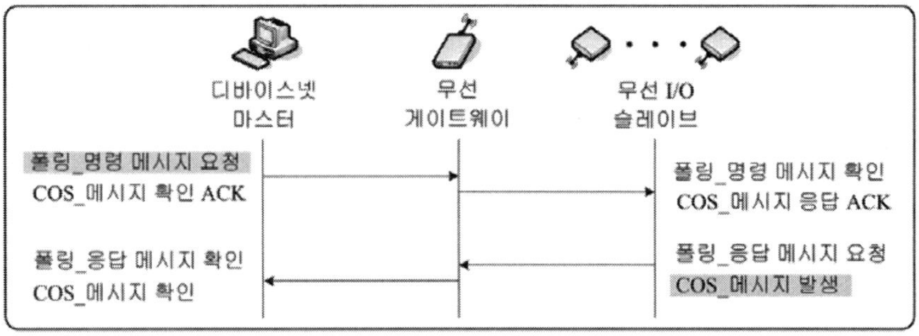

▎그림 2.85▎ 유무선 하이브리드 네트워크의 폴링/COS 서비스 과정

유무선 혼합형 네트워크에서 문제는 게이트웨이 사용으로 인한 동기화 문제 및 이와 관련된 채널지연과 주파수 지연이 있을 수 있다. 일반적으로 유선 필드버스의 대표적인 예인 CAN에서는 NTP(Network Time Protocol)를 이용하여 동기화로 문제들을 해결된다.

ISA 100.11a와 WirelessHART IEEE 802.15.4 기반의 무선 제어망은 저전력을 위해 노드 트랜시버의 전력을 송수신에만 사용하기 때문에 전송 간격이 큰 비주기 노드의 경우에는 동기화가 어렵다. 그래서 각 표준들은 나름대로의 보완책을 제시하고 있다.

산업용 무선 센서 네트워크에 적용되는 동기화 알고리즘들은 내부적 클럭 보정방식과 이벤트 순서화 방식, 클럭 참조방식으로 나누어지며, 각각 장단점들은 아래와 같다.

TPSN(Timing-sync Protocol for Sensor Networks)은 각 노드의 레벨 설정으로 순차적 동기화를 수행하는 구조를 가진다. 유무선 공유 네트워크의 경우 게이트웨이와 유선과 무선 양측의 계층만을 가지므로 TPSN의 레벨 설정 방식은 비효율적이다. 이것을 개선한 TSync(Time Synchronization service)는 마스터 노드에서 하위 노드와의 타임스탬프 계산으로 클럭 오차 값을 브로드 캐스팅하여 각 노드가 동기화를 수행하는 알고리즘이다. 구조적으로 유무선 공유 네트워크에 적용 가능한 알고리즘이지만 IEEE 802.15.4의 경우 오차 값의 브로드 캐스팅을 위해 타 노드와 경쟁이 필요하고, 긴 시간 동안 채널을 이용하지 않는 노드는 동기화가 어렵다. Global Sync(Global Clock Synchronization)는 클러스터 구조에 적합한 동기화 알고리즘으로 유무선 공유 네트워크처럼 연결정치의 지연이 큰 경우 적용하기 어렵다. FTSP(Flooding Time Synchronization Protocol)는 기준 시간을 플러딩 기법을 통해 망에 알려 동기화 하는 방식으로 유선 및 유무선 공유 네트워크에서는 비효율적이다.

이벤트 순서화 방식의 예로는 이벤트나 메시지의 순서 및 시간적 관계를 유추해내는 TS-adhoc(Time Synchronization in ad hoc networks) 알고리즘이 있다. 이는 마스터 노드를 이용해 상대적인 시간차만을 이용하는 알고리즘이다. 유무선 공유 네트워크의 경우 각각의 노드가 서로 참조되어 센싱/구동 되어야 하기 때문에 적합하지 않다[40].

클럭 참조 방식은 시간 동기화를 위해 각 노드의 시간 정보를 이용해 개별 노드에서 시간 차이를 계산하고 유지하는 알고리즘이다. RBS가 대표적이며, 이를 변형한 Tiny/mini-sync와 LTS, Adaptive sync가 있다. LTS(Lightweight Time Synchronization)는 높은 에너지 효율을 위한 알고리즘이다. 공장 환경에 적용될 유무선 공유 게이트웨이의 경우 한정된 공간에서의 네트워크를 유지하므로 에너지 효율보다는 시간적인 정확성이 요구된다. Tiny/mini-sync는 센서 노드에 효율적인 동기화 알고리즘으로 LTS와 마찬가지로 공장 환경에서의 요구되는 노드 특성과 차이가 있다.

상기에 설명된 알고리즘들을 이용해 아래 〈그림 2.86〉은 CAN 망과 IEEE 802.15.4

기반의 무선 제어망의 연결을 나타낸다.

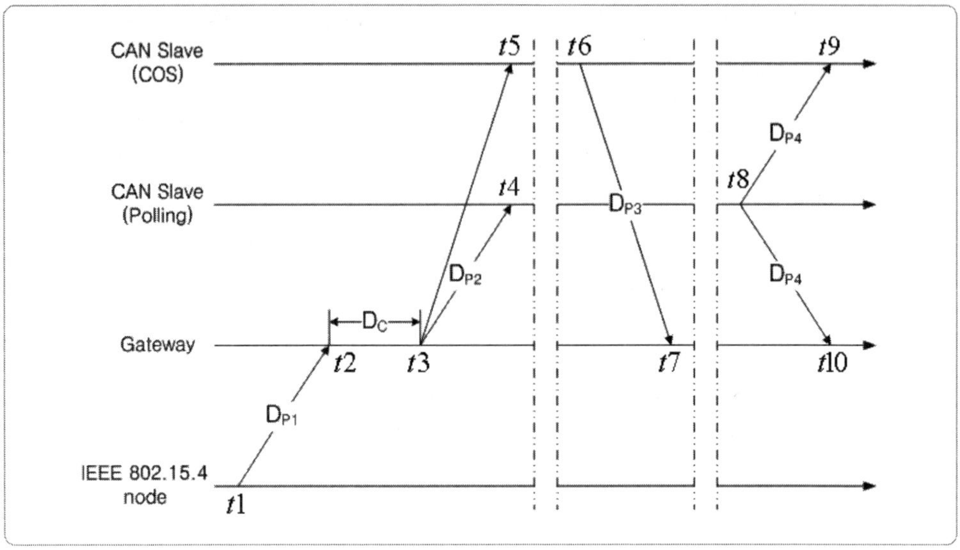

▌그림 2.86▐ IEEE 802.15.4 기반 노드에서 CAN 기반 노드로 메시지 전달과정

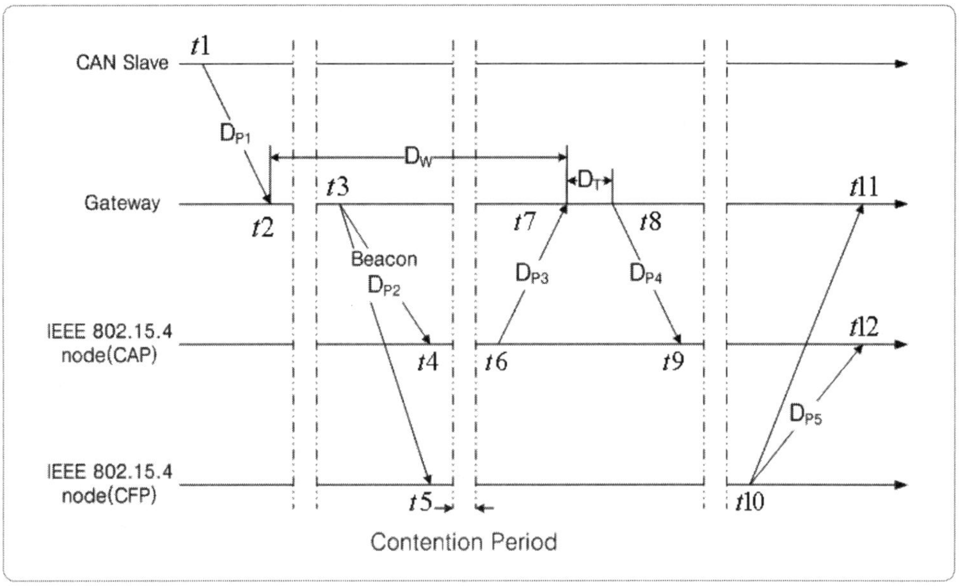

▌그림 2.87▐ CAN 기반 노드에서 IEEE 802.15.4 기반 노드로 메시지 전달 과정

〈그림 2.86〉은 CAN 노드에서 IEEE 802.15.4 노드로 메시지 전달과정을 보여준다. IEEE 802.15.4는 조정자 노드가 메시지를 전송하기 위해 메시지 수신 요청을 하는 절차를 가진다. 〈그림 2.86〉의 시간 *t*2는 게이트웨이에 도착한 CAN의 메시지를 다음

비콘 전송까지 버퍼에 대기 상태가 된다. 그리고 비콘 전송에서 메시지의 크기와 도착 주소를 전송주소영역에 기록하여 해당 노드로 전송된다. 비콘을 받은 노드가 CFP(Contention Free Period) 노드일 경우 자신의 GTS 슬롯에서 전송요청을 한다. CAP 노드의 경우 경쟁구간에 참여하여 채널을 선점하고, 전송을 요청한다. 게이트웨이 내부에서 총 지연 D_W 후 시간 $t7$에서 전송 요청을 받고, 트랜시버의 지연 D_T 후 시간 $t8$에 전송한다.

〈그림 2.86〉과 〈그림 2.87〉에서 시간 동기화와 양방향간의 채널전송지연을 해결될 수 있지만 각 노드들의 주파수 지연 요소를 제거하기는 어렵다. 주파수 지연은 각 노드에서 동일한 진동소자로 구동되더라도 시간, 온도, 압력 등의 요소에 따라 오차가 발생하여 기준 시에 대해 서로 지연이 발생한다. 이는 전송지연과는 독립적이며 노드 자체적으로 주파수 지연을 보정하는 알고리즘이 필요하다. 노드 내부의 주파수 지연이 누적되면, 센싱/구동을 위한 메시지들은 시간 오차가 발생하고 이는 주파수 오차가 된다. 누적된 주파수 오차는 노드의 전송시간에 영향을 주어 각 노드들이 하나의 채널을 공유할 경우 채널 효율을 감소시킨다.

산업용 블루투스 디바이스넷 게이트웨이를 이용한 유무선 하이브리드 네트워크의 데이터 전송 시간을 오실로 스코프와 연동된 프로그램을 이용해 살펴보면 〈그림 2.88〉과 같이 나타난다. 〈그림 2.89〉는 〈그림 2.88〉에 나타난 종단 간 시간의 전체 흐름도를 보여준다.

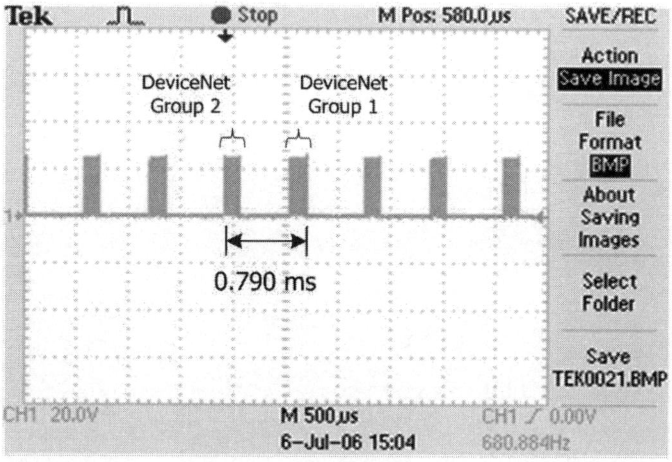

▌그림 2.88▐ 디바이스넷 게이트웨이의 시그널 측정

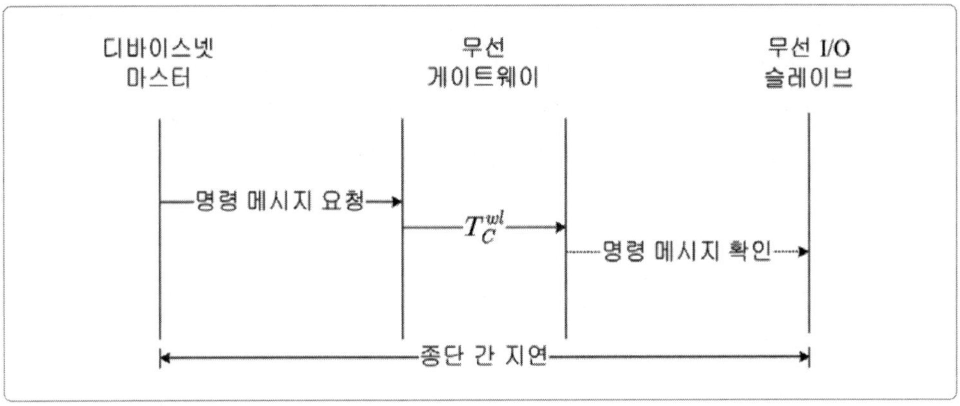

▌그림 2.89▐ 유무선 제어망의 종단 간 지연의 예

2.4. 응용사례 1: MIL-STD-1553B 필드버스 기반의 내장형 시스템

MIL-STD-1553B 프로토콜은 높은 신뢰성을 요구하는 국방 및 항공우주산업과 같은 다양한 산업분야에 표준 통신 프로토콜로 사용되어져 왔다. 특히 국방 분야에서는 MIL-STD-1553B 프로토콜의 고 신뢰성과 물리적 통신 성능 및 2중 신뢰성망 구조(Dual Redundancy)로 인해 다양한 국방 및 산업용 실시간 시스템 개발에 사용되어져 왔다. 그러나 MIL-STD-1553B 데이터 버스 시스템을 구성하는 주요 부품들이 대부분 고가이며, 지원되는 인터페이스가 PCI나 PCMCIA 등으로 제한적이어서 응용소프트웨어의 설명이 복잡하고 개발시간이 오래 걸린다. 최근에는 USB, Ethernet 등의 인터페이스를 지원하는 제품들도 개발되고 있으나 높은 가격과 기술 의존도로 인하여 시스템 개발에 제약이 따르고 있다. 이로 인해 시스템의 구현비용을 절감하고, 기술의존도를 낮추기 위해 IP Core 기반의 MIL-STD-1553 컨트롤러가 개발되었고, FPGA기반의 MIL-STD-1553 컨트롤러를 구현하는 기술개발이 진행되었다. 그러나 이러한 기존의 기술개발들은 단일칩 기반의 MIL-STD-1553B 서브시스템을 고려하지 않았다. 이에 본 장에서는 단일칩 기반의 MIL-STD-1553B 서브시스템 설계기법을 다룬다. 해당 설계기법은 FPGA에 MIL-STD-1553B 컨트롤러 IP Core를 합성하여 시스템을 구현하므로 시스템의 구현 및 수정 비용을 절감할 수 있다. 또한 FPGA를 사용하므로 FPGA의 용량이 허용하는 한 다수의 서브시스템을 단일칩에 구현할 수 있어 설계공간을 최소화 할 수 있다. 또한, 설계 기법의 효용성을 설명하기 위해 RT 서브시스템을 구현하고 성능을 분석하였다.

본 장의 구성은 다음과 같다. 기존 설계방식의 문제점을 분석하고, FPGA와 IP Core를 이용한 RT 서브시스템 설계기법과 내용을 설명한다. 그리고 제안한 RT 서브시스템의 효용성을 설명하기 위해서 MIL-STD-1553B BC(Bus Controller)를 모의환경으로 구성하여 설계된 기능 및 성능 분석을 다룬다.

2.4.1 기존 MIL-STD-1553B 서브시스템 문제점 소개

MIL-STD-1553B 데이터 버스의 서브시스템의 제어 모듈 구성도는 〈그림 2.90〉과 같다. 서브시스템은 CPU, 메모리, MIL-STD-1553 컨트롤러, MIL-STD-1553 트랜스포머 및 주변회로 등으로 이루어져 있다.

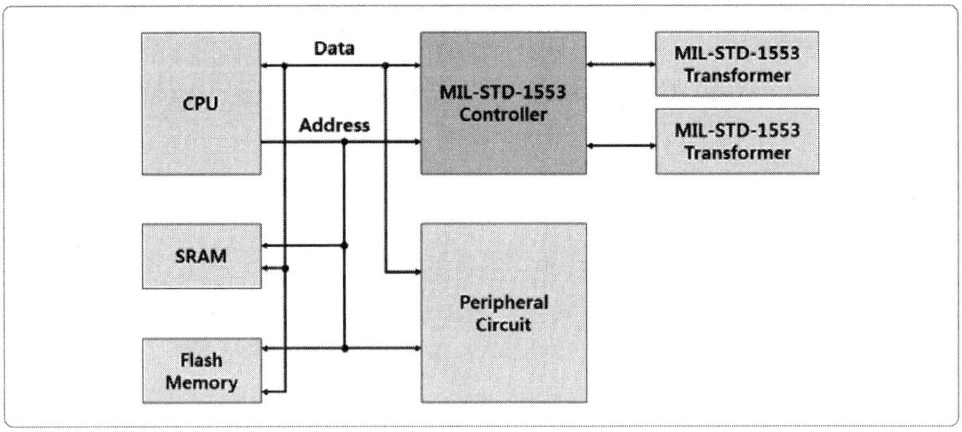

❙그림 2.90❙ MIL-STD-1553B 서브시스템 구성

기존의 MIL-STD-1553 컨트롤러는 고가의 부품으로 시스템 구현비용 증가의 원인이 된다. 또한 콘솔 시스템에 사용되는 범용 MIL-STD-1553 카드 및 시험용 장비에 활용되는 MIL-STD-1553 카드 등은 PCI, PCMCIA 및 VME과 같이 한정적인 인터페이스를 지원하여 개발 및 유지보수 비용증가의 원인이 되고 있다. 그리고 시스템을 구성하는데 다양한 부품들이 사용되어 각 부품들에 대한 기술 의존도가 크고, 단일칩 기반의 시스템에 비해 넓은 설계 공간이 필요하다. 이와 같은 문제들을 해결하기 위해 MIL-STD-1553B 내장형 시스템의 설계기법에 관한 기술개발이 진행되었다. 하지만 이와 같은 기술개발은 구현한 시스템과 MIL-STD-1553B 버스를 연결하기 위해 MIL-STD-1553B 트랜시버 및 트랜스포머 외에 다른 하드웨어를 추가로 구현하여 사용하므로 제한된 인터페이스 문제를 완전히 해결하였다고 보기 어렵다. 또한, MIL-STD-1553B 다른 기술개발의 경우 MIL-STD-1553B의 성능 시험과정에서 일부 기능만을 제한적으로 구현하여 사용하였다. 따라서 본 장에서는 FPGA와 IP Core를 이용한 단일칩 기반의 MIL-STD-1553B 설계기법을 설명하여 기술의존도를 낮추고 설계공간을 최소화 해보고자 한다.

2.4.2 MIL-STD-1553B 필드버스 기반의 내장형 시스템 설계 방법

2.4.2.1 MIL-STD-1553B RT 서브시스템 요구사항 분석

본 절에서는 MIL-STD-1553B 필드버스 기반의 내장형 시스템 설계기법을 설명한다. 이 설계기법의 효용성을 확인하기 위해 MIL-STD-1553B RT 서브시스템을 구현하고 성능을 분석한다. 이를 위해 먼저 MIL-STD-1553B RT 서브시스템의 주요 요구사항을 분석하였다. MIL-STD-1553B RT 서브시스템의 전기적 요구사항을 〈표 2.49〉에 나타내었다.

핵심이 되는 FPGA 디바이스 및 데이터버스 정합회로를 설명할 때 〈표 2.41〉에 나열된 요구사항을 만족시킬 수 있는 부품 및 구조를 고려하여야 한다.

[표 2.49] MIL-STD-1553B RT 서브시스템 주요 요구사항

항목	규정
Input Level	1.0– 0.0 [Vp-p]
Output Level	18.0–27.0 [Vp-p]
Response Time	4 [us] 이하
Intermessage Gap	4 [us] 이상

2.4.2.2 MIL-STD-1553B RT 서브시스템 요구사항 분석

예로 들 수 있는 MIL-STD-1553B 내장형 시스템 설계기법을 〈그림 2.91〉에 나타내었다. 해당 설계기법은 FPGA에 CPU IP Core 및 MIL-STD-1553 컨트롤러 IP Core를 합성하고, 일부 메모리와 주변회로를 FPGA로 구현하는 것이다. 기존에는 MIL-STD-1553B Controller, CPU, SRAM, Flash Memory, 그리고 기타 주변 회로를 특정 IC를 사용하여 구현하기 때문에 설계에 요구되는 공간이 상대적으로 크고, 각 모듈 간 인터페이스를 일치시켜야한다. 하지만 이들을 FPGA에 내장시킴으로써 각 모듈 간 인터페이스를 일치시킬 필요가 없어지고, 부품의존도 및 설계공간을 최소화시킬 수 있다. 특히 하드웨어 및 소프트웨어 기능이 프로그램 가능해지므로 FPGA의 성능에 따라 단일칩에 복수의 서브시스템을 구현할 수 있는 장점이 있다. 선택한 MIL-STD-1553 컨트롤러 IP Core는 MIL-STD-1553B Transceiver 및 Transformer를 포함하지 않기 때문에 개별 모듈로 구현한다. 이 설계기법에 따라 설계한 MIL-STD-1553B 내장형 시스템을 〈그림 2.92〉에 나타내었다. 이를 기반으로 MIL-STD-1553B RT 서브시스템(Subsystem) 프로토타입을 구현하여 설계기법의 효용성을 설명한다.

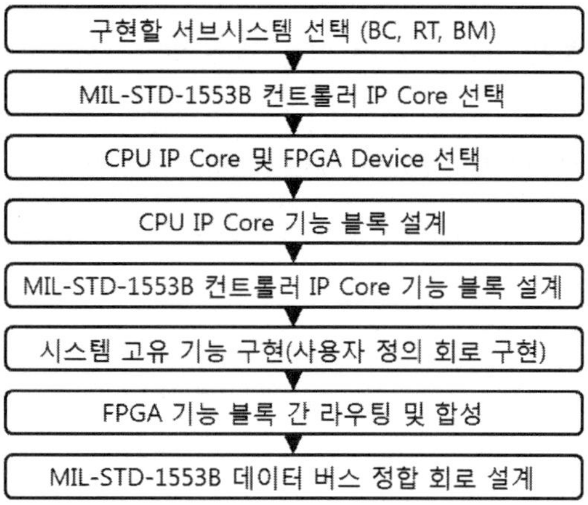

▌그림 2.91▐ MIL–STD–1553B 내장형 시스템 설계기법

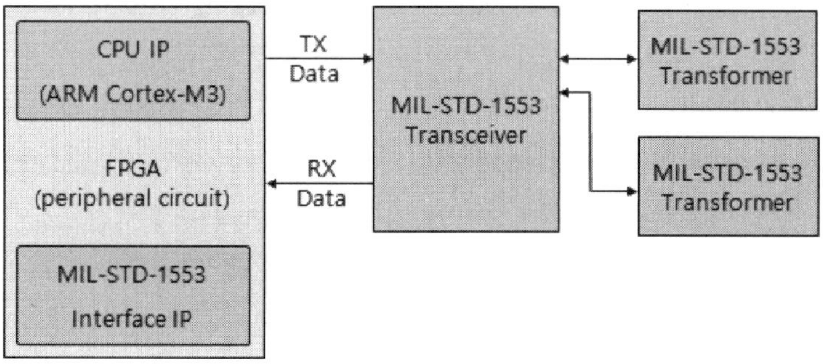

▌그림 2.92▐ FPGA기반 MIL–STD–1553B 서브시스템 컨트롤 모듈 구성

가. MIL–STD–1553B 컨트롤러 IP Core 구조

MIL-STD-1553 컨트롤러 IP Core는 Microsemi사의 Core1553BRT_APB로서 RT 전용 IP Core다. Core1553BRT_APB IP Core는 RT 전용으로 제작된 IP Core를 사용하여 BC 및 BM(Bus Monitoring) 프로토콜의 미사용 로직을 배제하여 시스템 구현 비용을 줄일 수 있다. Core1553BRT_APB는 이중화 MIL-STD-1553B 데이터 버스의 RT로 인터페이싱 할 수 있는 기능을 제공한다. Core1553BRT_APB는 AMBA(Advanced Microcontroller Bus Architecture) 기반 프로세서 시스템에 간단히 연결할 수 있는 APB(Advanced Peripheral Bus) 슬레이브 인터페이스와 내부 메모리 버퍼, RT 역할을 위한 버스 인코더, 버스 디코더, 명령어 디코더, RT 프로토콜 컨트롤러, 명령 적법화 블록과 내장 메모리로 구성된다.

나. CPU IP Core 및 FPGA 디바이스의 응용

CPU IP Core로 ARM사의 CortexTM-M3을 적용하였다. CoretexTM-M3 프로세서는 고성능, 저비용 플랫폼을 제공하기 위해 개발된 32*bit* 프로세서로서 AMBA 인터페이스로 연동된다.

MIL-STD-1553 컨트롤러 IP Core및 CPU IP Core를 하나의 부품에 합성하기 위하여 Microsemi사의 SmartFusion cSoC(Customizable SoC) FPGA 디바이스 제품군 중 A2F200 시리즈를 선택하여 적용하였다. 적용한 FPGA 디바이스는 프로세서, FPGA, 아날로그 회로의 세 가지 기능 블록으로 분할되어 있다. 각 기능 블록에 Microsemi사에서 제공하는 소프트웨어를 이용해 IP Core 및 사용자 로직을 합성할 수 있다. 이를 통해 하드웨어 공간 및 시스템 구현 비용을 감소시킬 수 있다.

2.4.2.3 MIL-STD-1553B 기반의 내장형 시스템

MIL-STD-1553B 기반의 내장형 시스템은 선택한 부품들을 이용한 CPU 기능블록 설계, MIL-STD-1553 컨트롤러 IP Core 설계, 사용자 로직 설계로 구분한다. 우선 SmartFusion 디바이스의 프로세서 기능 블록에 전용 프로세서인 CoretexTM-M3 IP Core를 배치하여 설계한 시스템의 CPU 역할을 담당하게 하였다. FPGA 기능 블록에는 Core1553_BRT_APB IP Core와 사용자 로직을 구현한 다음, APB 버스 IP Core를 이용하여 프로세서 기능 블록과 FPGA 기능 블록을 연결하였다. 여유분의 FPGA 셀과 아날로그 기능 블록에 사용자가 원하는 로직을 추가로 설계 가능하다. MIL-STD-1553B 데이터 버스 연동 기능을 설계, 구현 및 검증하기 위하여 MIL-STD-1553B 버스 연동에 필요한 사용자 로직만 적용하여 설계하였다. 자세한 설계방법은 다음과 같다.

가. CPU IP Core 기능블록 설계

설계할 내장형 시스템의 MIL-STD-1553 컨트롤러 IP Core 및 사용자로직을 구동하기 위해 FPGA에 내장된 CPU 기능블록을 설계해야 한다. CPU IP Core에 필요한 기능은 MIL-STD-1553 컨트롤러 IP 코어에 공급할 클록 분주 기능, FPGA 및 주변 하드웨어 상태 관리 기능이 있다. Libero SoC 소프트웨어 툴로 MSS 툴 사용을 선택하여 프로젝트를 생성하면 CPU IP Core를 포함하는 MSS 기능 블록을 프로젝트에 배치할 수 있다. 생성된 프로젝트에서 1개의 외부입력 신호를 MSS 리셋 신호로 사용하고, 출력 리셋 신호를 이용해 FPGA 및 주변회로 하드웨어 상태를 초기화 시킬 수 있도록 설정하여 〈그림 2.93〉과 같이 MSS 블록을 완성하였다.

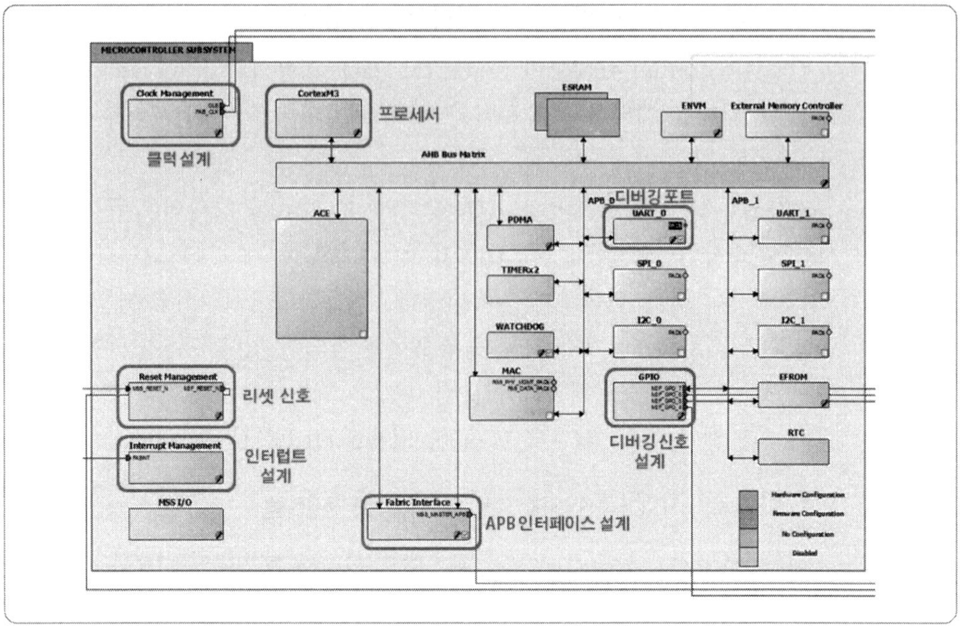

❙그림 2.93❙ 마이크로컨트롤러 서브시스템 설계도

FPGA영역에 설계할 Core1553BRT_APB의 인터럽트 신호를 처리할 수 있도록 FABINT 인터럽트를 사용하게 설정하여 MIL-STD-1553B 데이터 버스로부터 수신하는 BC의 커맨드 워드를 실시간으로 처리할 수 있도록 하였다.

UART 직렬통신 포트는 최종적으로 구현할 RT 서브시스템을 디버깅할 수 있도록 활성화 시키고, 4개의 GPIO 신호를 디버깅용으로 사용할 수 있도록 활성화하였다. 이 신호들은 FPGA 외부에 LED를 부착하여 MIL-STD-1553B 데이터 버스로의 데이터 통신 상태를 육안으로 확인할 수 있도록 하였다.

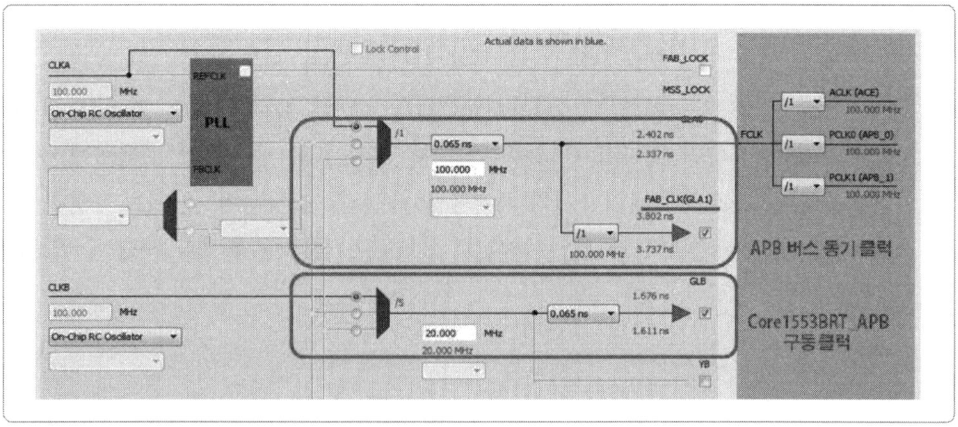

❙그림 2.94❙ MSS연동을 위한 인터페이스 구조

시스템의 구동 클록으로 AMBA APB 버스 동기 클록과 Core1553BRT_APB의 구동 클록이 필요하다. 내장 오실레이터로 공급되는 100*MHz*의 클록을 20*MHz*로 분주하여 Core1553BRT_APB에 공급하고, APB 버스 구동 클록으로 100*MHz*의 클록을 공급하였다. FPGA에 추가할 Core1553BRT_APB, 사용자 로직, 그리고 MSS을 연동하기 위한 인터페이스 구조를 〈그림 2.94〉와 같이 설정한다.

나. MIL-STD-1553B Controller 기능블록 설계

본 절에서는 MIL-STD-1553B RT 서브시스템을 구현한다. 따라서 RT의 기능을 하는 IP Core인 Core1553BRT_APB를 Libero SoC 툴을 이용하여 디자인 캔버스에 배치한 다음, 사용 옵션을 다음과 같이 설정한다. 먼저 클록 속도를 20*MHz*로 설정하여 MSS 출력 클록과 연결한다. 모드 코드 적법화 모드는 외부입력 모드로 선택하여 사용자 로직을 통해 명령 적법화를 판단하도록 한다. 그리고 RT 주소 외부입력 모드를 해제하여 소프트웨어로 RT 주소 설정 변경이 가능하도록 설정하고, 인터럽트 극성 및 방송모드 지원 여부를 설정하여 원하는 시스템 옵션을 완성한다.

(1) MIL-STD-1553B 버스 인터페이스 I/O신호 라우팅

MIL-STD-1553B 버스 인터페이스 신호는 RT 주소와 관련된 RTADDR, RTADDRP, RTADERR 신호가 있다. RTADDR은 5비트 RT 주소로서 코어가 동작하게 될 RT 주소를 외부에서 받는 입력신호이고, RTADDRP는 RTADDR과 함께 홀수 패리티로 설정되는 외부 입력신호이다. RTADERR은 RT 주소 패리티 오류가 발생할 경우, High 로직으로 세팅되는 출력신호이다. 이 세 종류의 신호는 FPGA에서 전기적 신호로 RT 주소를 설정할 수 있도록 FPGA I/O신호로 할당하였다.

BUS B의 입출력 및 활성화 신호이다. 이 신호들은 MIL-STD-1553 트랜시버에 연결할 수 있도록 FPGA의 I/O신호로 할당하였다.

(2) 제어/상태 신호 라우팅

RSTIN과 resetN 신호는 비동기 초기화 입력신호로서 Active Low 신호이다. 이를 FPGA 외부 입력 리셋 신호와 연결한다.

CLK 신호는 Core1553BRT_APB 코어의 구동 클록 입력신호이며 20*MHz*로 MSS에서 공급하는 신호를 입력으로 받도록 한다.

BUSY, SYNCNOW, BUSreset, FSM_ERROR 신호들은 사용자 로직과 연결하여 제어 논리를 수행하도록 연결한다. BUSY 신호는 Core1553BRT_APB 코어가 송신 또는 수신 상태이거나, 모드 코드 명령을 처리중임을 의미하는 출력신호이다. SYNCNOW 신호는 RT가 커맨드 워드 또는 데이터 워드를 수신하였을 때, 동기화를 이룬 상태에서 한 클록동안 High로 펄스를 출력하는 신호이다. BUSreset 신호는 RT가 리셋 모드 명

령을 수신할 때마다 High로 펄스가 출력되는 신호이다. FSM_ERROR은 디바이스에서 에러가 발생한 경우 단일 클록동안 High로 펄스가 출력되는 신호이다. 만일 FSM_ERROR신호가 High로 셋 되었다면 코어를 초기화해야 한다.

(3) 명령 적법화 인터페이스 신호 라우팅

명령 적법화 인터페이스 신호는 BC로부터 수신하는 커맨드 워드가 Core1553BRT_APB가 지원하는 적법한 명령인지 확인하는 신호이다. FPGA 내부 로직과 연동하는 신호로서 사용자 정의 로직과 연결되도록 라우팅 한다.

CMDVAL은 커맨드 워드 정보와 방송 여부를 포함한 12bit의 신호이다. CMDSTB 신호는 CMDVAL값이 바뀔 경우 단일 클럭 동안 펄스가 발생되는 신호이고, CMDOKAY는 CMDVAL이 Core1553BRT_APB에 적법할 경우 Active High로 입력받는 입력신호이다.

다. 사용자 정의 로직 구현

여기서 설명하는 설계기법은 FPGA에 IP Core를 합성하여 MIL-STD-1553B 데이터 버스 시스템을 구현하는 방법이므로 구현한 시스템은 RT, BC, BM 중 개발자가 원하는 시스템으로 동작한다. 따라서 개발자가 구현한 시스템에 따라 지원하지 않는 모드 코드를 “Illegal Mode Code”로 판단하는 로직이 필요하다. Core1553BRT_APB 핸드북을 참조하여 CMDVAL 입력 신호를 이용해 모드 코드 정보를 확인하고, 지원하는 모드 코드에 대해서만 CMDOK 신호를 출력하는 로직을 VHDL로 코딩하여 설계한 시스템이 지원하는 신호에만 동작하도록 설계할 수 있다. 구현한 사용자 로직은 APB버스를 이용하여 〈그림 2.95〉와 같이Cortex-M3 및 Core1553BRT_APB와 연결하였다.

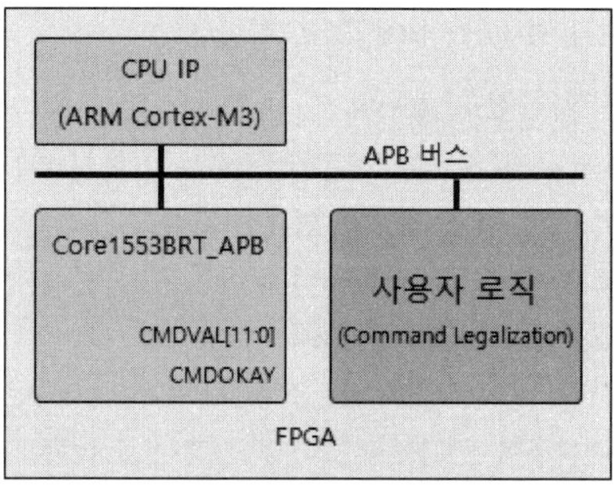

❙그림 2.95❙ 사용자 정의 회로가 추가된 FPGA 블록다이어그램

라. FPGA 기능 블록 간 라우팅 및 합성

통합 설계한 디바이스의 프로세서, FPGA, 아날로그 회로의 세 가지 기능 블록을 연결한다. 그리고 FPGA 외부와 연동할 신호를 디바이스의 I/O 핀으로 할당하고 FPGA에 데이터버스 설계를 완료한다.

2.4.2.4 MIL-STD-1553B 트랜시버 및 트랜스포머 설계

MIL-STD-1553 컨트롤러 IP Core는 트랜시버 기능 및 트랜스포머 기능을 지원하지 않으므로 Holt IC사의 듀얼 트랜시버인 HI-1574를 FPGA 외부 회로에 〈그림 2.96〉과 같이 연결하였다.[63] 이를 통해 MIL-STD-1553 규격 요건을 충족하고 구현 비용을 줄일 수 있다.

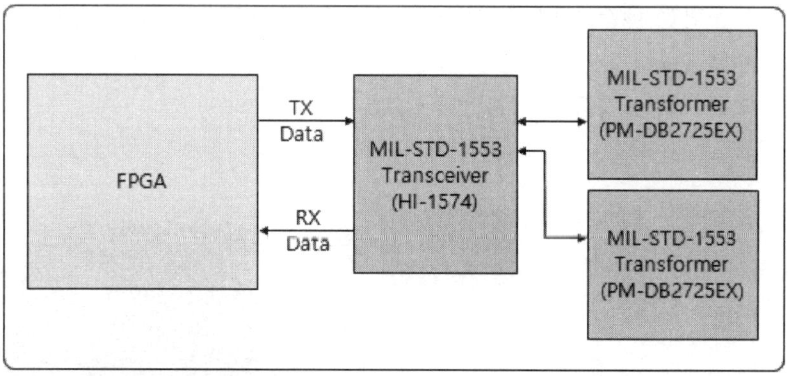

▎그림 2.96▎ 데이터 버스 정합회로 블록다이어그램

적용한 트랜시버의 트랜스미터는 CMOS/TTL Manchester II bi-phase 신호를 입력받아 격리 변압기로 전송할 차동 전압 신호로 변환한다. 차동 전압은 버스 격리 변압기 운전에 적합한 신호로 변환되어 출력된다. 리시버는 MIL-STD-1553 데이터 버스로부터 직접 연결 또는 변압기 연결 방식으로 수신한 bi-phase 차동 전압의 데이터를 수용한다. 리시버의 입력은 CMOS 데이터를 RX A/B신호로 출력하여 컨트롤러로 전달된다.

MIL-STD-1553 트랜스포머는 MIL-STD-1553 데이터 버스가 최적의 성능으로 동작할 수 있도록 신호레벨을 변환해주는 부품이다. 선택한 IP Core가 MIL-STD-1553B 트랜스포머를 포함하지 않으므로 Holt IC사의 트랜스포머인 PM-DB2725EX를 사용하여 설명하고자 한다.

2.4.2.5 MIL-STD-1553B RT 서브시스템 프로토타입 제작 예

기술개발 결과를 검증하기 위하여 설계한 회로와 구동전원, 리셋회로, 디버깅 회로 및 발진자 회로를 구현하였다. 기존 MIL-STD-1553B 서브시스템은 특정 IC들을 이용하여 구현하기 때문에 시스템의 확장 및 수정이 어렵다. 특히 시스템 확장 및 수정을 위해서 새로운 장비를 구입하여야 하므로 시스템 개발에 높은 비용이 소요되는 단점이 있다. 하지만 해당 기법을 이용하면 RT로 사용하던 모듈을 BC 및 BM으로 전환하여 사용하거나, 다수의 서브시스템을 하나의 FPGA에 구현하여 시스템 확장 시 소요되는 비용을 절감할 수 있다. 또한 다수의 데이터 버스 시스템을 단일 FPGA에 구현하여 리던던시로 활용하는 등, 시스템 신뢰성 향상에 기여할 수 있다. 그리고 FPGA를 통해 소형화 된 시스템 구현이 가능하며 이를 통해 다양한 항공시스템에 적용 할 수 있다.

구현한 테스트베드가 MIL-STD-1553B RT시스템의 요구사항을 충족하는지 확인하기 위해 〈그림 2.97〉과 같이 1553B 카드 및 시험용 소프트웨어가 설치된 노트북과 연결하여 시험환경을 구성하였다.

▌그림 2.97▐ 제안한 RT 서브시스템의 테스트베드 구성

2.4.2.6 실시간 데이터처리를 위한 펌웨어 구현

Core1553BRT_APB IP는 BC로부터 메시지를 수신하면 인터럽트를 발생시키고, 메시지의 커맨드 워드를 디코딩하여 RT의 다음 동작을 처리한다. Core1553BRT_APB는 BC로부터 수신 받은 데이터 워드를 저장하거나 BC로 송신하는 데이터 워드를 MIL-STD-

1553B 데이터 버스로 송신하는 역할을 한다.

송신할 데이터 처리는 Core1553BRT_APB와 APB로 연동되는 프로세서의 펌웨어에서 담당한다. 구현한 펌웨어의 순서도는 〈그림 2.98〉과 같다.

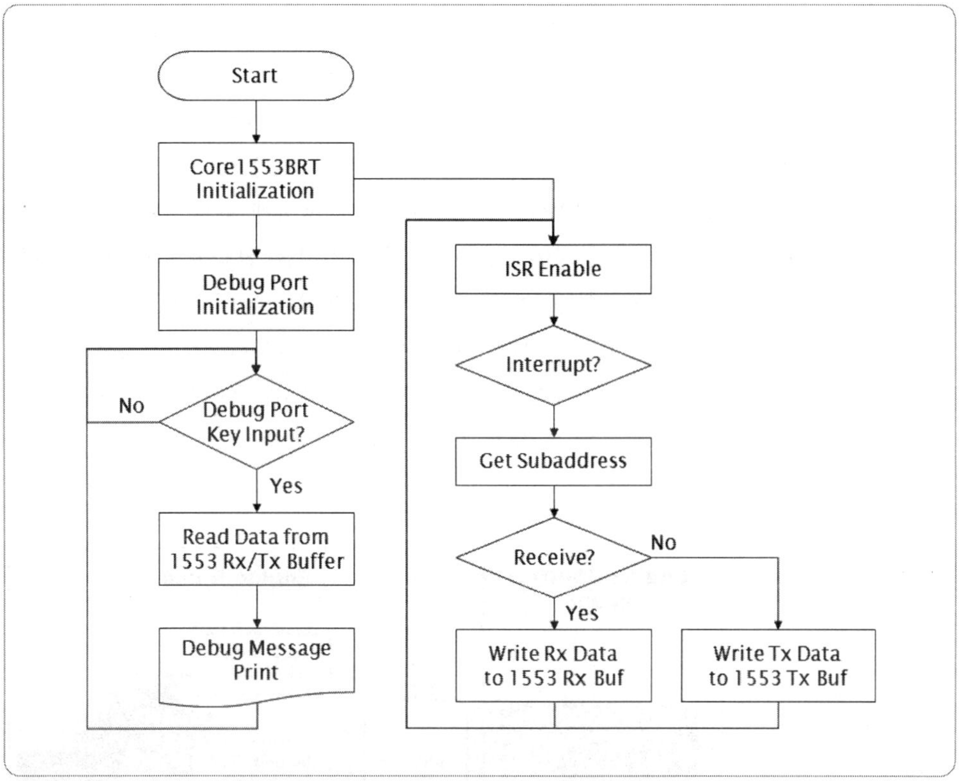

▌그림 2.98▐ 구현한 테스트 베드의 펌웨어 흐름도

펌웨어의 기초 및 구현기술은 이 책의 전반부에 위치한 1.1.4절의 펌웨어 구현 기초기술을 참고하기 바란다.

2.5. 응용사례 2: 필드버스 기반의 선박 엔진용 분산 제어 시스템

지능화된 첨단 대형 선박의 안전, 신뢰성, 효율적 운용을 위하여 합법장치 물품유지 보수, 환경제어 분야에서 선박의 조종과 제어에 한 통합 정보 시스템(Integrated Information System)의 표준화가 정의되고 있으며, 선박용 네트워크 구조와 프로토콜, 분산제어 시스템에 대한 기술 개발들도 활발히 진행되고 있다.

선박은 대부분 해상 위에서 관련 업무를 수행하게 된다. 운행 중 선박이 위급상황에 빠지게 되면 고립 상황이 발생되고 사고 처리를 신속하게 대처하기 어려워 인명사고나 해양오염을 야기할 수 있다. 이러한 문제점들을 해결하고 선박을 효율적이고 안정적으로 운행하기 위해서 선박 내에 제어용 통신장치들을 설치하고 분산 제어 시스템을 구축하여야 한다. 기존의 대형 선박 환경에서는 엔진, 전자장비(레이더, GPS등), 화물칸 등을 모니터링하기 해서 AMS(Alarm Monitoring System)가 구축되어 있다.

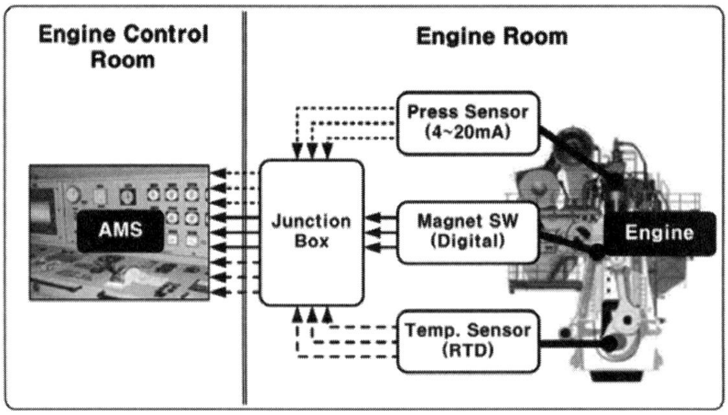

▌그림 2.99▐ 선박 엔진을 한 분산 제어 시스템 구성

〈그림 2.99〉는 선박 엔진실의 센서 데이터들을 최종 엔진 제어실까지의 분산 제어를 위한 시스템 구성도를 보여준다. 기존의 시스템은 센서와 AMS간 1:1 방식의 병렬 구조로 배선이 되어 있으며 대형 엔진의 경우 3층 구조로 6기통 이상으로 설계 되어 있다. 엔진 기통의 수가 늘어남에 따라 모니터링을 위한 센서들의 수도 늘어나게 되고 각 층 마다 입·출력 신호들을 취합 할 수 있도록 JB(Junction Box)가 설치되어 있다. 이러한 배선 시스템의 구조는 전선을 기하급수적으로 증대시키게 되고 설비의 복잡성

과 배선에 의한 비용이 증가되며 유지보수가 어렵다는 문제점이 있다.

본 장에서는 대형 선박 엔진을 보다 효율적으로 감시 및 진단하기 위한 이중화된 필드버스(Field-bus) 기반의 엔진 분산 제어 시스템을 설명해본다. 제안하는 대형 엔진용 분산 제어 시스템은 JB 내에 I/O Module을 장착하고, 입력된 신호들을 제어 특성에 맞도록 분류한다. 각각의 JB들은 CAN(Controller Area Network) 통신을 이용하여 분류된 Data들을 공유하고 JB와 AMS는 MODBUS를 이용하여 통신함으로써 기존의 1:1 방식의 신호와 명령체계를 효과적으로 개선 할 수 있다.

2.5.1 선박 엔진용 분산 제어 시스템 설계를 위한 요구사항

선박용 시스템 설계는 선급협회에서 정의한 선급기술규칙에 의거해야 한다. 선급은 상선에 매기는 선박의 등급으로써 배가 외항할 수 있다는 보증이다. 선박 장품(ESA: Electronic Sub Assembly)은 육상용 시스템에 비해 기능인 면에서 단순하고 규모가 작으나, 성능이나 안정성 측면에서 고려해야 할 것이 많다. 우선 하드웨어적으로는 염분, 습도, 온도, 접지 등을 고려해야 하고, 선박 엔진용 분산 제어 시스템의 하드웨어 설계를 위한 관련 선급기술규칙은 일반적으로 다음과 같다.

- CPU의 경우 이중화 시스템으로 설계
- 시스템 전원부의 이중화 설계
- 전원 고장 시 즉시 복구(제한 스위칭 시간: 2초)
- 비휘발성 메모리만 사용 가능

소프트웨어적으로는 범용성을 갖추고, 고장 발생 시 복구방법을 지원해야 한다. 특히 신뢰성을 위해 이중화 설계가 중요하게 여겨지고 있다. 통신시스템의 경우에 이중화는 선급에서도 규정한 항목에 포함되어 있다. 선급에서 고려하는 통신관련 선급기술규칙은 다음과 같다.

- 전송 프로토콜은 범용성을 가진 국제표준을 사용
- 데이터 링크의 이중화(설비 시에 각 링크의 배선 경로는 이격시켜야함)
- 데이터 응답시간은 최대 2초 이내여야 함
- 데이터 전송완료 검증(CRC: Cyclic Redundancy Check) 지원
- 전송 오류 발생 시 재전송 지원

2.5.2 필드버스 기반 선박 엔진용 분산 제어 시스템

2.5.2.1 13,000*kW*급 선박 엔진의 사양

본 절에서는 STX의 13,000*kW*급 2행정 저속 엔진에서의 이원화된 필드버스기반 분산 제어 시스템을 구현한다. 〈표 2.50〉은 8기통 S50MC-C 엔진 모델의 사양을 나타낸다. S50MC-C 모델은 저속 2단 엔진으로 대형 선박에 탑재되는 모델이다.

〈표 2.50〉 S50MC-C 엔진의 사양

Model	S50MC-C
Speed(rpm)	127
mep(bar)	19.0
Specified fuel oil consumption(SFOC)	171*g/kWh*
Lubrication oil consumption	4-5*kg*/crl.24h
Cylinder oil consumption	0.1-15*g/kwh*

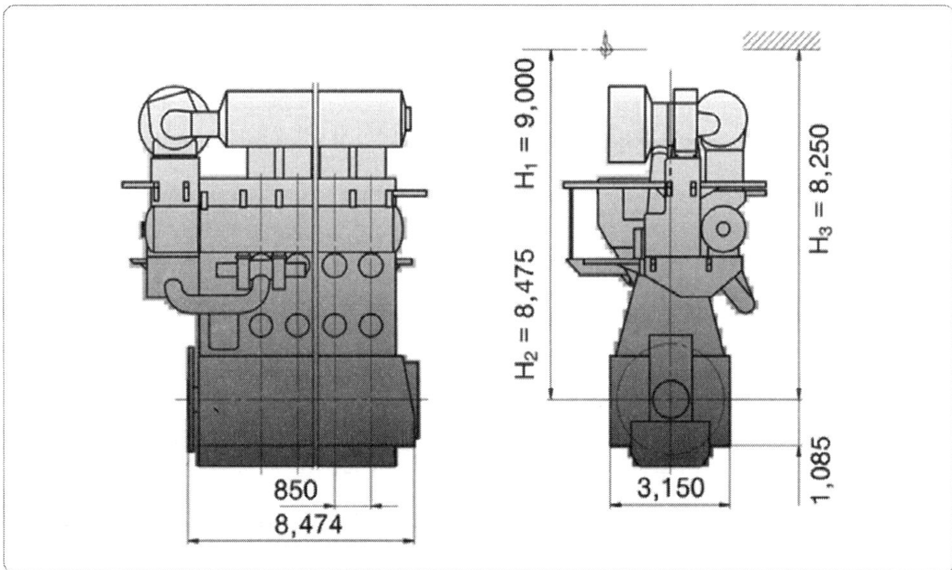

Ⅰ그림 2.100Ⅰ S50MC-C 엔진의 외형 치수도(단: *mm*)

〈그림 2.100〉은 S50MC-C 엔진의 외형 치수도를 나타내며 설비 및 유지보수를 위해서 3층 구조로 3개의 JB로 구성되어 있다. 각각의 JB들은 온도센서, 유압센서, 공압센서, 엔진 제어 신호들을 취합하여 AMS로 신호를 보낸다. 현재의 시스템은 JB들과

AMS 사이에 1:1로 배선되어 있으므로 설비가 복잡하며 유지보수가 어렵다는 단점이 있다.

2.5.2.2 MODBUS 및 CAN 기반 대형 선박 엔진용 분산 제어 시스템

AMS는 조작 제어실을 통해 알람, 제어, 모니터링 정보를 제공하며 Tank, PMS (Performance Management System), Propulsion Control, Cargo Alarm, Loading Calculator, Valve & Pump Control을 관리 할 수 있는 다기능 시스템이다. S50MC-C 엔진용 AMS는 Kongs-berg사의 모듈을 사용한다.

[표 2.51] MODBUS 통신 사양

Serial interface	RS485
Protocol	MODBUS RTU standard
Baud rate	9600 bps
Data bits	8
Parity	Even
Stop bits	1
Function code	03 (Read holding registers)
Master address	01 (AMS)
Slave address	02 (JB #1), 03 (JB #3)

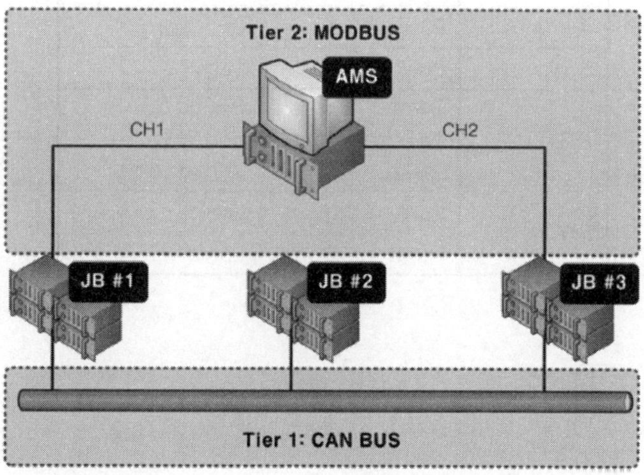

▌그림 2.101▐ 이원화된 필드버스 기반 선박 엔진용 분산 제어 시스템의 구성도

〈그림 2.101〉은 MODBUS와 CAN 통신을 이용한 선박 엔진용 분산 제어 시스템의 구성도를 보여준다. 통신 이중화를 해서 링 토폴로지(Ring topology)로 구성하며 각각의 JB는 CAN 통신을 이용하여 데이터를 공유한다. 그리고 AMS는 통신 이화를 해서 2채널의 MODBUS를 지원한다. AMS의 경우 자체적으로 채널의 이상 유무를 판단하여 MODBUS 채널을 선택으로 스위칭하게 된다.

가. MODBUS 통신

MODBUS 통신의 종류는 크게 MODBUS Serial, MODBUS Plus, MODBUS TCP/IP 등 세 가지로 나누어진다. 이중에서 상용화된 AMS의 경우 RS485 기반의 MODBUS RTU(Remote Terminal Unit) 전송방식을 지원한다. 네트워크 구성은 AMS을 마스터(Master) 모듈로 JB를 슬레이브(Slave) 모듈로 설정하며 두 장비 간 통신 프로토콜은 〈표 2.52〉와 같다.

[표 2.52] 각 JB의 입력 데이터 및 센서 리스트

	Condition	Type	Q'TY	Range
JB1	RTD	Temp.	10	0~200℃
		Temp.	10	-50~600℃
	4~20mA	Temp.	10	-50~600℃
		Press.	7	0~4/6/15/40 kg/cm^2
	S/W	Low	5	Logic
		High	1	Logic
JB2	RTD	Temp.	15	0~200 ℃
	4~20mA	Press	1	0~10kg/cm^2
	S/W	Low	2	Logic
JB3	RTD	Temp.	8	0~200℃
		Temp.	1	0~100℃
		Temp.	18	-50~120℃
	S/W	Low	3	Logic
		Hugh	8	Logic

Start	Slave Address	Function	Starting Address	No. of Registers	Error Check (CRC)
≥3.5 char	1 byte	1 byte	2 bytes	2 bytes	2 bytes

(a)

Start	Master Address	Function	Byte Count	Data	Error Check (CRC)
≥3.5 char	1 byte	1 byte	2 bytes	2 bytes	2 bytes

(b)

▌그림 2.102▐ MODBUS 임 구조: (a) 요청, (b) 응답

〈그림 2.102〉는 AMS에서 요청되는 MODBUS 프레임 구조와 JB에서 응답하는 프레임 구조를 보여준다. 시작 필드(Start Field)는 서로 다른 프레임 간의 구별을 위한 최소한의 시간을 의미한다. 통신 속도 9600*bps* 에서 1비트 전송시간은 0.104*msec* 이며, 〈그림 2.102〉의 경우 (3.5 character times, 1 character = 8*bits*) Start time은 2.9*msec*이다. Start time 이에 다른 프레임이 전송되면, 이전 프레임의 연속으로 인식하게 된다. 주소 필드(Address Field)는 통신 시 수신측의 ID를 의미하며 RS-485의 통신 규약에 의해 1-31 까지 설정가능하다. 함수 필드(Function Field)는 마스터에서 슬레이브로의 데이터 요청을 한 여러 가지 지정된 코드이며 "0x03"으로 지정한다. 이 코드는 대상이 되는 슬레이브 디바이스로 부터 하나의 파라메타 또는 다수의 연속된 파라메타 값을 읽어오는 코드이다. Register Address, Data, Byte count는 데이터 필드(Data Field)로써 함수 코드(Function Code)에 따라 달라지며 필드 구성은 최소 2바이트이다.

나. CAN 통신

선박에서의 통신은 데이터의 신뢰도와 안정성이 중요시 된다. 그 중 엔진 분산 제어 시스템의 경우 선박 내에서도 외란에 의한 노이즈가 많이 발생되므로 신뢰성이 높은 통신기법이 요구된다. CAN 프로토콜은 에러 감지 기법과 재전송 기능을 제공하며 물리층에서는 높은 잡음 면역성을 가지고 있기 때문에 데이터의 높은 안정성과 사용가능성을 보장한다. 또한, CAN은 2가닥 꼬임선(Twist pair wire) 반이중 통신 방식으로 고속 응용 시스템에 합하며, 주요 특징으로는 다음과 같다.

- 다중통신(멀티-마스터/멀티-슬레이브)
- 시리얼 버스 타입
- 메시지 기반
- 멀티마스터 구조로 데이터 충돌 발생문제 해결

본 절에서는 엔진의 상태를 실시간으로 모니터링 하기 위해서 각각의 JB를 CAN 프로토콜을 이용하여 통신을 지원한다. 〈그림 2.103〉은 JB들의 CAN 프로토콜을 이용한 데이터 공유 절차를 보여다. 기본으로 JB는 센서로부터 얻어지는 아날로그 신호를 디지털 데이터로 변환하는 과정을 거친다. ADC(Analog-Digital Converter) 작업을 마친 후 CAN Bus를 통하여 주변 JB들에게 데이터를 공유하며 다시 센서로부터 데이터를 수집하여 반복 작업을 하게 된다. 각각의 JB들은 다양한 타입의 센서로부터 데이터를 수집하며 각 타입별 수집 하는 센서들의 수도 다르게 구성되어 있다. 그러므로 각 JB들의 ADC 처리 시간은 다르게 편성된다.

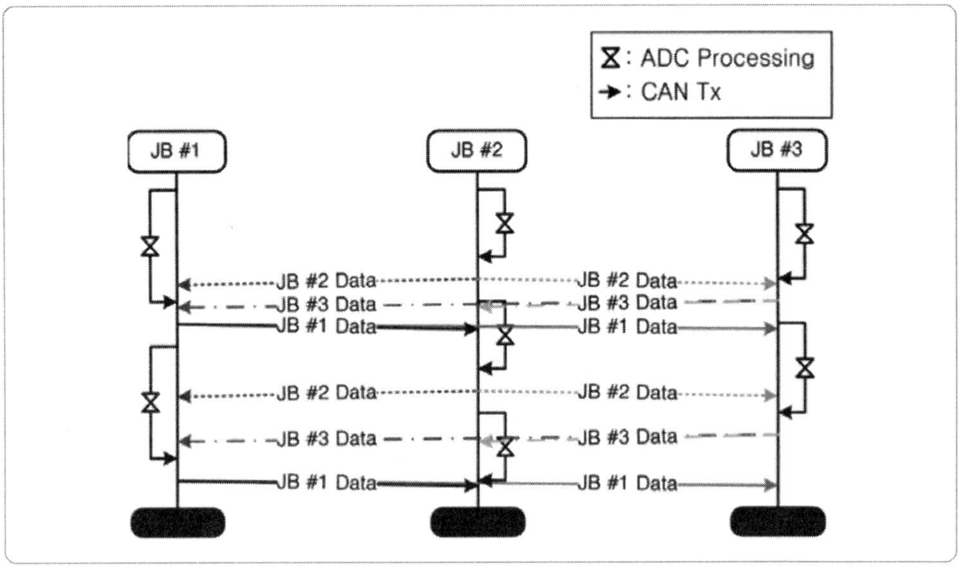

▌그림 2.103▐ JB들의 CAN 통신 절차

또한, JB #1 또는 JB #3의 경우 AMS의 MODBUS Query에 의하여 응답 처리 지연이 발생되므로 각각의 JB들은 통신 중 패킷 충돌이 발생할 확률이 존재한다. 하지만 CAN 프로토콜의 경우 CSMA/CD(Carrier Sense Multiple Access with Collision Detect)를 지원하기 때문에 링크계층에서의 패킷 충돌에 의한 문제점은 발생 되지 않는다. CAN 프로토콜의 통신 동작 원리는 다음과 같다.

- CAN Bus 라인의 사용 여부 악(Idle or Busy)
- 메시지 간 충돌 검출 수행(이더넷 통신 방법과 유사: CSMA/CD)
- 데이터 메시지는 주소가 아닌 식별자(11*bits* or 29*bits* ID)로 구분
- 메시지를 수신하여 식별자를 통해 사용여부 결정

다. 선박 엔진용 분산 제어 시스템

사용되는 JB는 JB내에 결선되어 있는 센서들의 타입에 의해서 3가지의 모드로 나눠지게 된다. 구현을 위해서는 각 JB의 센서들을 지원하는 3가지 타입의 JB로 설계해야 하지만 개발의 용이성과 유지보수의 편리성을 위해서 통합 JB를 구성하여 외부 입력을 통하여 모드를 변경할 수 있도록 설계한다. 〈그림 2.104〉는 통합 JB의 시스템 순서도를 보여준다. 총 3가지의 JB 모드를 지원하고 선택된 JB모드에 따라서 연결되어 있는 센서들의 ADC 작업을 수행하게 된다. 그리고 CAN 통신을 이용하여 Bus 내의 JB들에게 센서 데이터를 공유하게 되며 작업 수행 중 JB는 3가지 타입의 인터럽트를 사용한다.

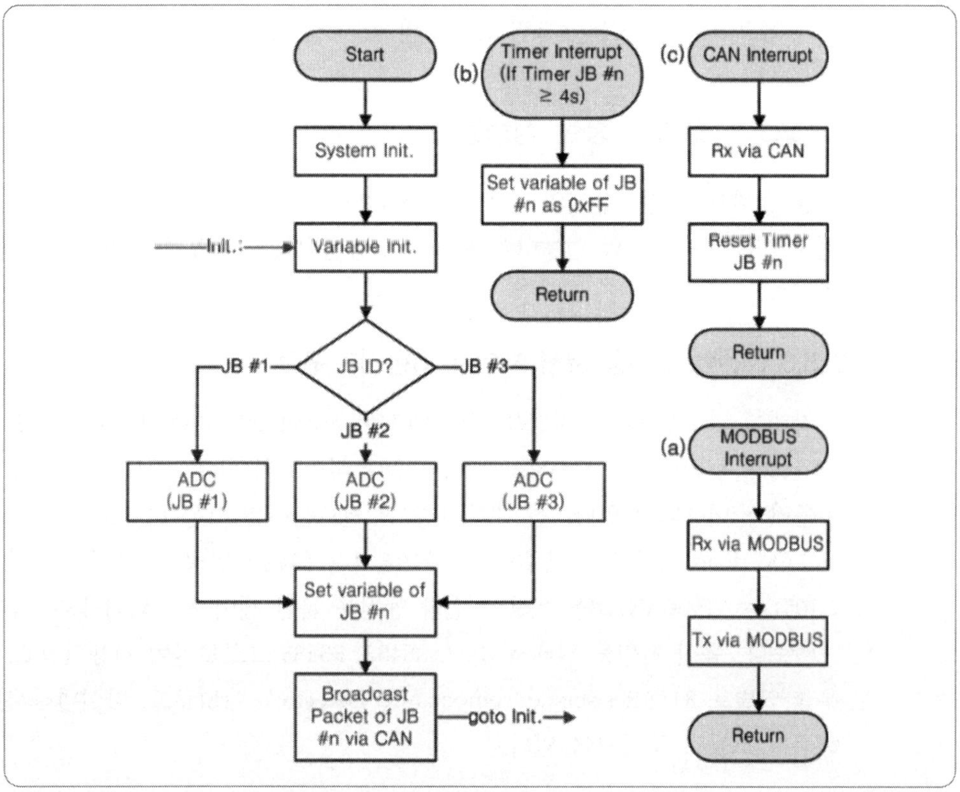

그림 2.104 선박 엔진용 분산 제어 시스템의 순서도

- MODBUS 인터럽트: MODBUS에서 발생되는 요청의 경우에는 본 시스템에서 실시간성을 요구하는 응답 데이터가 된다. 응답시간은 2장에서 나열한 통신관련 선급기술규칙에 의해서 2초 이내에 응답이 되어야 하므로 인터럽트 우선순위가 높게 설정된다. MODBUS 인터럽트의 처리는 〈그림 2.104〉의 (a)의 순으로 요청

메시지를 수신 후 응답 메시지를 송신한다.

- Timer 인터럽트: JB는 주변 JB들의 데이터들이 일정시간동안 업데이트 되지 않을 시에 문제가 있는 JB 센서들의 값을 0xFF로 변환한다. 그래서 AMS에서 JB로 데이터를 요청하게 되면 문제가 발생된 JB의 데이터들을 0xFF로 전송되어 AMS에서 이상 유무를 판별할 수 있도록 한다. 실제 AMS에서 0xFF의 데이터는 에러 메시지로 판별 하고 있다. Timer 인터럽트의 처리는 〈그림 2.104〉의 (b)와 같이 처리가 되며 4초 이내로 데이터가 갱신되지 않으면 에러 메시지로 간주한다.
- CAN 인터럽트: 다른 JB로부터 CAN을 통하여 데이터가 수신되면 CAN 인터럽트에 의해서 데이터가 처리된다. 그리고 데이터 수신이 완료되면 해당 JB의 타이머를 리셋 시켜 AMS 요청에 의한 정상적인 응답처리를 수행하게 한다. CAN 인터럽트 처리 순서는 〈그림 2.104〉의 (c)와 같다.

2.5.3 실측의 통한 성능평가

본 절에서는 선박 엔진의 상태 값을 모니터링하기 위한 CAN 및 MODBUS 기반 JB를 설명하고 실제 AMS와 연동하여 모듈의 성능을 선급기술규칙에 의거하여 평가해 보고자 한다.

2.5.3.1 선박 엔진용 분산 제어를 위한 JB 구현

각 JB들의 CAN 통신 지원을 하여 MCU는 Atmel사의 8비트 마이크로컨트롤러 AT90CAN128을 사용한다. AT90CAN128은 128*k* 바이트의 Flash 메모리를 가지며 CAN 컨트롤러가 내장되어 있다. 칩 내부의 CAN 컨트롤러는 모든 타입(Data, Remote, Error and Overload)의 임을 전송할 수 있으며, 최대 1*Mbps* 의 전송속도를 보장한다. 〈그림 2.105〉는 AT90CAN128을 이용한 선박 엔진용 분산 제어 시스템의 블록 다이어그램을 보여준다. 통신 지원을 위해서 CAN, RS482, RS485 프로토콜이 사용되었고, ADC의 경우 타입별로 RTD(Resistance Temperature Detector), 아날로그, 바이너리 신호를 변환해주는 모듈로 구성되어 있다.

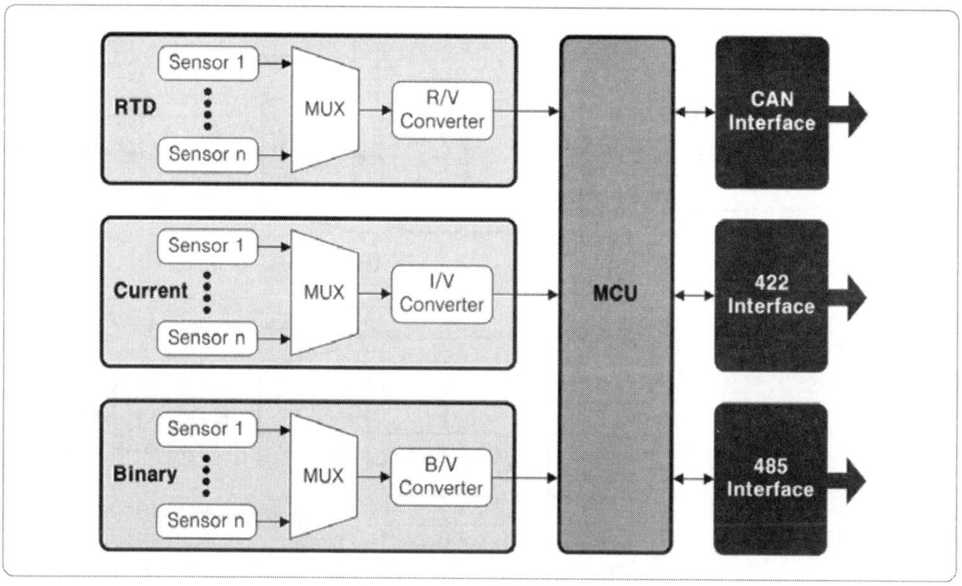

▌그림 2.105 ▌ 선박 엔진용 분산 제어 시스템의 블록 다이어그램

가. 통신 인터페이스

AT90CAN128은 CAN 컨트롤러만 지원을 한다. 각 JB들 간의 원활한 통신 유지를 해서는 트랜시버가 필요하다. 본 절에서는 필립스사의 고속 제어용 트랜시버인 PCA82c250 칩을 사용한다. 그리고 통신 링크층의 임피던스 매칭을 해서 120옴의 종단 저항을 이용한다. MODBUS 통신은 UART를 통하여 데이터를 송·수신하게 된다. 그리고 외부 입력에 의해서 RS232, RS422, 또는 RS485 모드로 선택되며 각각의 변환 방식을 지원한다. JB의 MODBUS 통신의 경우에는 AMS측의 응답 프레임과 요청 프레임만 지원하게 되며 나머지 함수 코드는 지원 되지 않는다.

나. ADC 인터페이스

선박 엔진은 실린더 배출 가스 온도, 냉각 청수 배출구 온도, 메인 베어링 온도 등의 상태를 감시하기 위해서 여러 타입의 온도 센서와 압력 센서 및 냉각오일, 흐림 감지 센서 등으로 구성되어 진다. 〈표 2.52〉는 각각의 JB에 결선되어지는 센서들의 타입과 수량 등을 보여준다. 각 타입별로 디지털 값으로 변환하기 하여 3가지 타입의 컨버터를 필요로 한다.

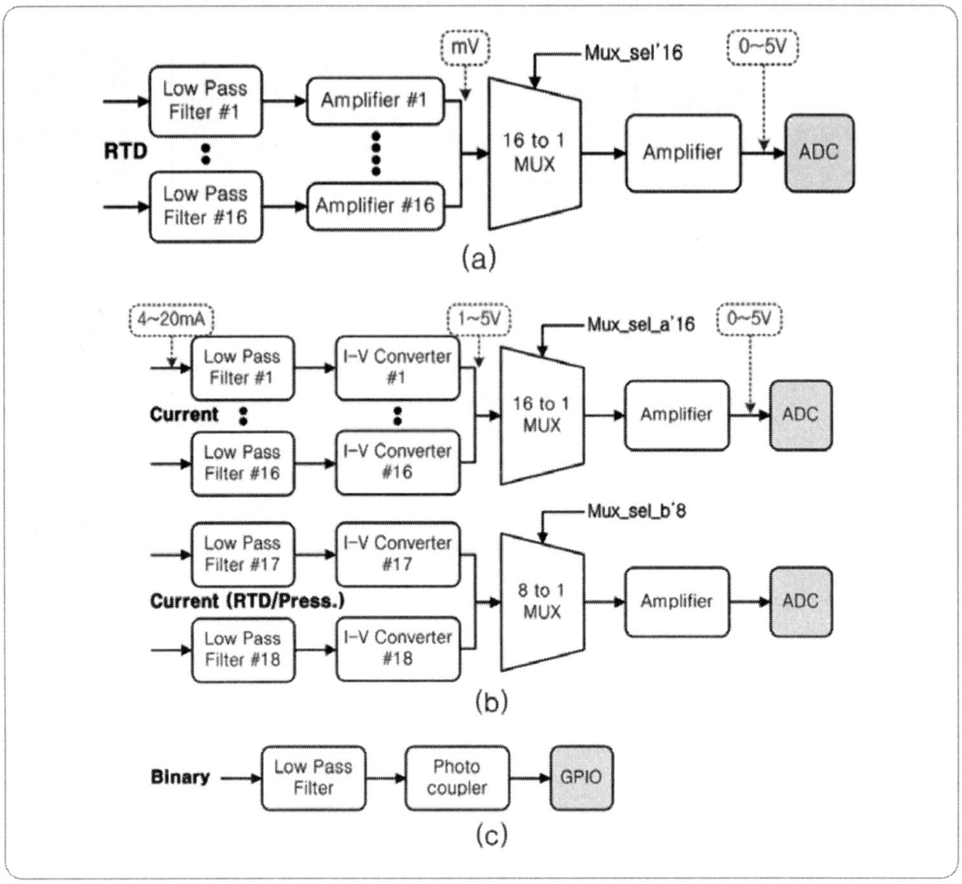

▌그림 2.106▐ 선박 엔진용 분산 제어 시스템의 블록 다이어그램

- R/V 컨버터: R/V 컨버터는 온도를 측정하기 해서 사용된다. 온도센서의 저항 값을 전압으로 변환하여 필터링 후 증폭기를 통하여 0~5V의 범위의 전압으로 변환한다. 변환된 전압레벨은 ADC를 통하여 실제 온도 값을 디지털로 변환한다. JB는 R/V 컨버터를 2개로 구성하여 최대 32개의 입력을 지원한다.
- I/V 컨버터: I/V 컨버터는 열전도를 이용한 온도 측정 및 압력센서를 이용하여 엔진내부의 실린더 배출 가스 온도, 냉각 청수 배출구 온도를 측정하는데 사용된다. 센서의 출력 값은 4~20mA의 전류 값으로 필터링 후 전류-전압 변환기를 통하여 센서의 출력 값을 1~5V의 전압 레벨로 나타낸다. 그리고 증폭기를 통하여 0~5V의 전압 레벨로 변환 후 ADC를 통하여 디지털 값으로 변환한다. JB는 최대 18개의 입력에 대한 I/V 컨버터를 지원한다.
- B/V 컨버터: B/V 컨버터는 엔진룸에서 사용되는 엔진 제어용 스위치의 ON/OFF 상태와 냉각오일 흐름감지 센서의 상태 값을 나타내기 해서 사용된다. 냉각오일

흐름감지 센서는 메인 베어링 온도 및 선박 엔진 내부의 윤활유 기름 속의 수분 함량, 냉각오일 여부 등을 측정하며 출력은 ON/OFF로 나타낸다. B/V 컨버터는 필터링 후 포토커플러를 통하여 엔진시스템에서 발생되는 노이즈를 차단하게 된다. 전열된 데이터는 GPIO(General Purpose Input/Output)를 통하여 MCU에 입력된다.

다. 구현된 JB의 PCB

〈그림 2.107〉은 실제로 구현된 JB의 PCB 파트를 보여준다. PCB를 중심으로 한 입력으로는 JB 모드를 선택할 수 있는 3P 스위치, 옵션을 선택할 수 있는 5P 스위치, CAN 통신 커넥터, MODBUS 통신 커넥터, 파워 커넥터, 프로그램 업데이트용 다운로드 커넥터로 구성되어 있다. 출력은 상태 값을 표시하는 LED와 텍스트 LCD로 구성되어 있다.

구현된 PCB는 선박용 환경에서의 내구성 테스트(온도, 습도, 충격 등)와 신뢰성 테스트(외부 외란 등)를 통하여 검증이 완료되었으므로 선급협회에서 실시하는 선급검증만 완료되면 실제 선박용 엔진시스템에도 장착 및 운용이 가능하다.

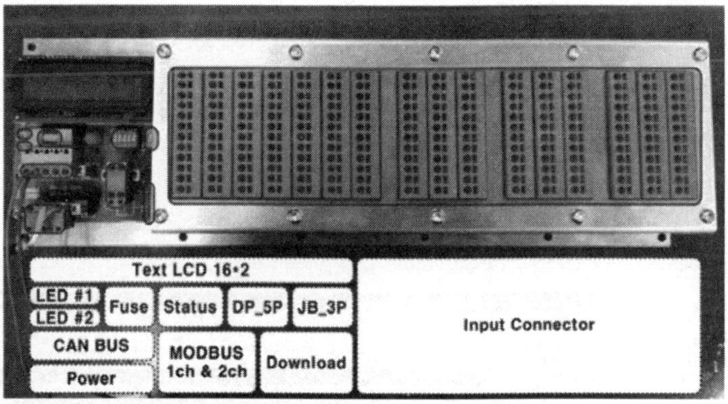

▌그림 2.107▐ 구현된 JB의 PCB 파트

2.5.3.2 JB의 성능 평가

성능 실험을 해서 실제 AMS 모듈과 모니터링 프로그램을 구된 JB와 연동하여 모의 실험용 테스트베드 환경을 구축하다. 〈그림 2.108〉은 테스트 베드 환경을 보여준다. 입력 센서 데이터의 경우 전압 가변장치를 이용하여 각 타입별 센서 범위 내에서 임의의 값을 발생시켰으며, AMS의 데이터 요청 주기는 1초로 설정한다.

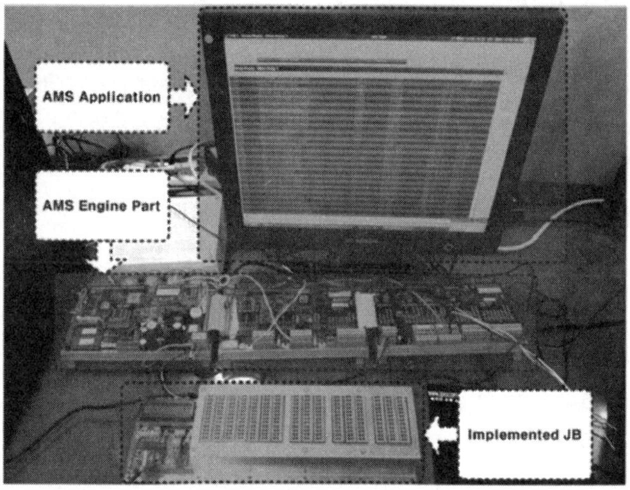

▌그림 2.108▐ JB의 성능 테스트를 위한 테스트 베드

가. 실제 AMS 모니터링 프로그램을 통한 호환성 테스트

〈그림 2.109〉는 실제 AMS 요청에 따른 JB의 응답 데이터를 AMS 측에서 수신하여 PC의 모니터링 프로그램을 통하여 실시간으로 데이터를 표시하는 것을 보여준다. 테스트 결과 모니터링 프로그램을 통하여 JB로부터 정상적으로 패킷 교환이 이루어지는 것을 확인 할 수 있었다. 그리고 임의적으로 ADC의 입력 값을 가변 하였을 때 1 이내에 해당 센서의 데이터가 업데이트 되는 것을 확인할 수 있었다.

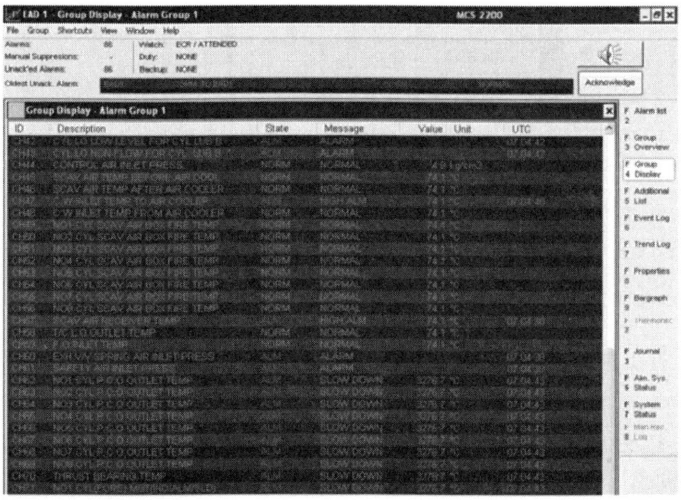

▌그림 2.109▐ AMS 모니터링 프로그램

나. AMS의 MODBUS 이중화 검증

선급기술규칙에 의해서 통신시스템은 이중화 통신을 만족시켜야 한다. AMS와 JB간의 MODBUS 이중화 테스트를 해서 JB #1에 연결된 MODBUS 채널 1의 커넥터를 분리시켜 AMS가 MODBUS 채널 2를 이용하여 JB #3와 통신을 하는지를 검증하였다. 〈그림 2.110〉의 (a)와 같은 시나리오로 오실로스코프의 채널 1은 MODBUS 채널 1의 Tx를 측정하고 오실로스코프 채널 2는 MODBUS 채널 2의 Tx를 측정한다. 이는 MODBUS 채널 1의 케이블이 분리되었을 때 채널 2를 통하여 JB3에 요청신호 전송여부를 분석하기 위함이다.

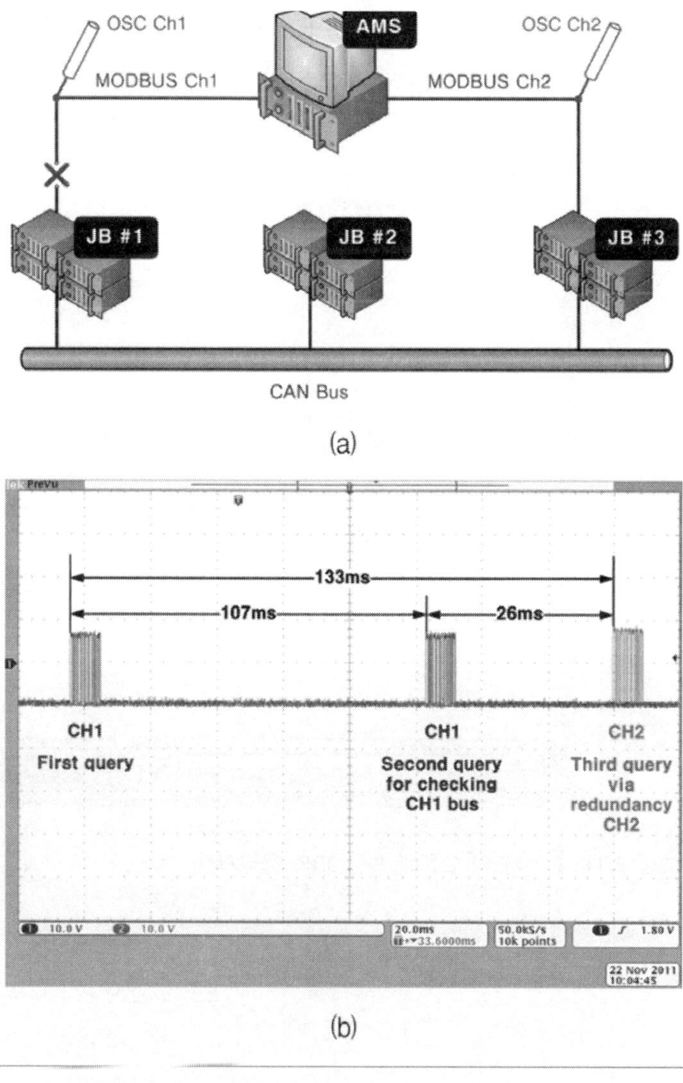

| 그림 2.110 | AMS의 MODBUS 이중화 검증: (a) 실험 시나리오, (b) 측정 결과

실험 결과 〈그림 2.110〉의 (b)에서 볼 수 있듯이 MODBUS 채널 1의 케이블 분리에 따라 신호가 끊어지는 것을 확인할 수 있다. 또한 일정시간 뒤에 오실로스코프 채널 2에 JB #3로 재요청을 한 패킷신호가 측정되는 것을 볼 수 있다. 스위칭 전에 발생되는 지연시간의 경우 AMS에서 MODBUS 채널 1의 상태를 점검 후에 채널 2로 스위칭하기 때문에 발생되는 지연으로는 시험결과에 의해 133*sec*의 스위칭 시간을 갖는 것을 확인 할 수 있다.

다. AMS의 요청에 의한 JB의 응답시간

통신관련 선급기술규칙에 따라 MODBUS를 이용하여 AMS측에서 JB로 데이터 요청 메시지를 전송하면 JB는 2초 이내에 응답을 해야 한다. 〈그림 2.111〉은 구현된 실제 시스템에서 오실로스코프를 이용하여 측정된 파형이다. 측정 방법은 RS485의 Tx와 Rx를 오실로스코프 두 채널을 이용하여 요청과 응답 신호를 측정하였다. 결과를 통하여 알 수 있듯이 AMS 측에서 요청 메시지 후 22.3*msec* 만에 응답 메시지가 전송되는 것을 알 수 있다.

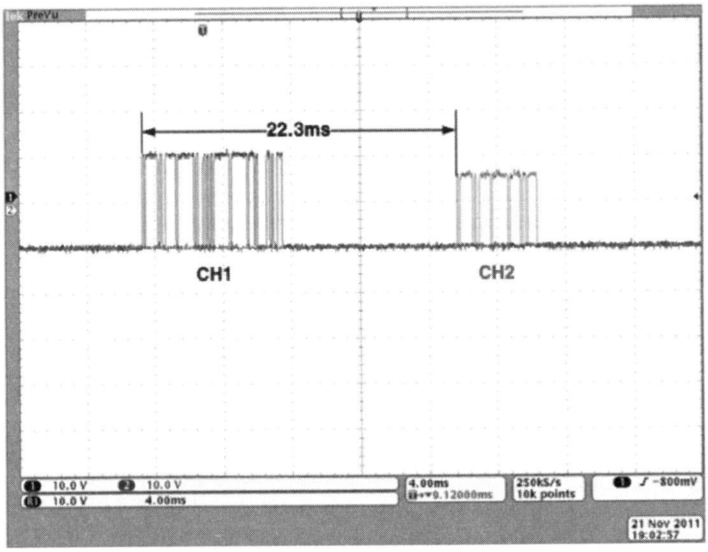

❙그림 2.111❙ AMS의 요청에 의한 JB의 응답시간

2.6.

응용사례: IEEE 802.15.4를 이용한 디바이스넷 기반의 무선 게이트웨이 설계

공장 자동화 시스템의 하위영역에서는 제어기와 센서/구동기(Sensor/Autuator)를 연결시키기 위해 필드버스를 사용한다. 최근에는 무선 통신 기술의 성능과 신뢰성이 향상되고, 무선기기들의 가격이 저렴해지면서 무선 통신 기술을 이용한 산업용 무선 필드버스 장치에 대한 기술개발이 진행되고 있다.

IEEE 802.15.4는 저가의 다중노드 지원과 저전력으로 넓은 영역의 모니터링 및 제어가 가능하기에 산업용 환경의 제어 네트워크 구조에 적합하다. 또한 무선을 사용함으로 인해 배선의 단점을 개선하고, 설치비용이 절감된다. 본 장에서는 기존의 대표적인 유선통신망인 디바이스넷과 저전력, 저가, 저속의 무선 통신 기술인 IEEE 802.15.4를 이용한 무선 게이트웨이의 설계 방법을 설명하고자 한다. 또한, 이종 네트워크의 시간적인 동기화를 고려하여 무선 게이트웨이 내부적 지연을 해결하기 위한 개선 방안을 살펴본다.

2.6.1 무선 게이트웨이 구현의 문제점

디바이스넷은 연결 기반 통신 모델을 사용한 마스터/슬레이브 관계 기반의 통신 구조를 사용한다. I/O 메시지의 빠른 연결과 처리를 위해 제어 어플리케이션에서 전력 공급시 미리 정의된 데이터 유형과 용량에 의해 자동으로 초기화 된다. 연결이 이루어진 장치는 데이터 교환이 간소화 되어 I/O 메시지들의 전송을 효율적으로 처리한다.

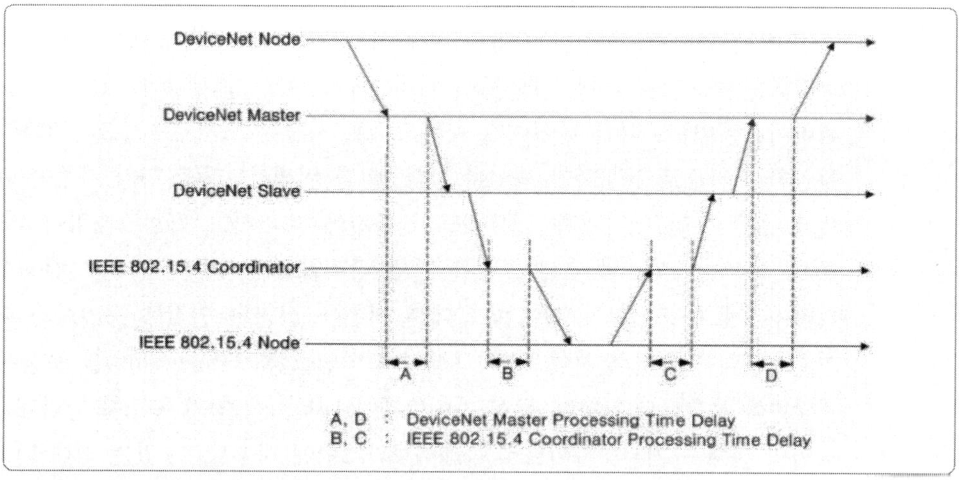

❙ 그림 2.112 ❙ 게이트웨이를 이용한 유무선 네트워크의 타이밍 흐름도

IEEE 802.15.4를 포함하게 되는 무선 게이트웨이는 물리 층 인터페이스의 수정으로 메시지 교환만을 처리한다. 〈그림 2.112〉와 같이 서로 다른 네트워크 연결의 문제점은 게이트웨이 내부에서 전송 간의 프로세싱 지연과 양쪽 디바이스들의 클럭 불일치이다. 본 절에서는 무선 게이트웨이의 내부에서 교환하는 데이터를 위한 프레임을 구성하여 문제점 개선방안을 제시하였다.

2.6.2 무선 제어용 게이트웨이 설계

〈그림 2.112〉는 무선 게이트웨이의 내부 구조를 나타낸다. 데이터의 흐름은 디바이스넷 마스터에서 슬레이브로 CAN 프레임을 전달하고 이를 I/O를 통하여 내보낸다. IEEE 802.15.4 디바이스는 I/O로 들어온 데이터를 각각의 노드로 전달하게 된다.

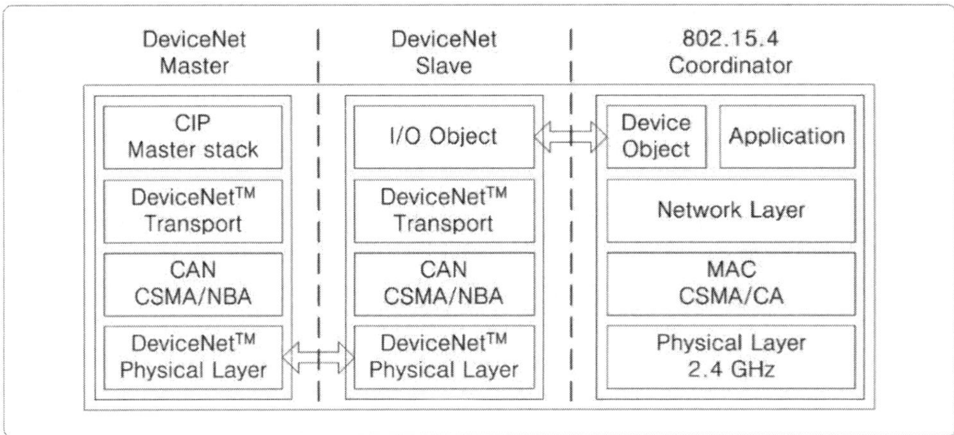

▌그림 2.113▐ 무선 게이트웨이의 내부 구조

전체 네트워크의 시간 동기화를 위해서는 무선 게이트웨이 내부 디바이스들의 시간 동기화는 중요하다. 무선 게이트웨이 내부에서 디바이스넷 슬레이브와 IEEE 802.15.4 디바이스는 서로 다른 타이머가 사용되므로 시간적 오차가 다르게 변화하기 때문에 동일한 시간으로 동기화가 되어야 한다. 이를 위해서는 동기화의 기준이 되는 클럭이 필요하다. 그러므로 양측 네트워크의 중간에 위치하고 프로그래밍이 가능한 IEEE 802.1 5.4 디바이스의 로컬 클럭을 전체 네트워크의 기준 시간으로 사용할 수 있다. 디바이스넷 마스터와 슬레이브 간에는 사전에 정의된 연결로 동기화가 이루어진다. 기준시간의 공유를 위하여 내부 프레임에 타임스탬프(Timestamp)를 포함시켜 시간을 전달한다. 〈그림 2.114〉는 무선 게이트웨이 내부 프레임의 구조를 나타내고 있다. 프레임의 전체 크기는 8바이트로 슬레이브가 1번에 사용할 수 있는 최대 I/O 크기이다. 헤더와 노드 주소를 위해 2바이트를 할당하고, 타임스탬프와 에러 체크를 위한 프레

임 체크 열(Frame Check Sequence)을 각각 1바이트 할당하였다. 데이터의 크기는 노드 센싱과 제어를 해 4바이트를 할당하였다.

4bits	6bits	6bits	32bits	8bits	8bits
Frame Header	Destination Node Address	Source Node Address	Data	Timestamp	Frame Check Sequence

▍그림 2.114▍ 무선 게이트웨이 내부 프레임

2.6.3 무선 제어망 테스트베드 실험

본 절에서는 제안된 설계 방법을 이용하여 〈그림 2.115〉와 같은 테스트 베드 구성 및 실험을 설명하고자한다. 또한 데이터 교환과 전송시간 측정을 위해 CAN 분석기를 이용을 제안한다. 〈그림 2.115〉는 양측 네트워크의 동기화를 알아보기 위해 전송 간 시간을 측정한 예시이다.

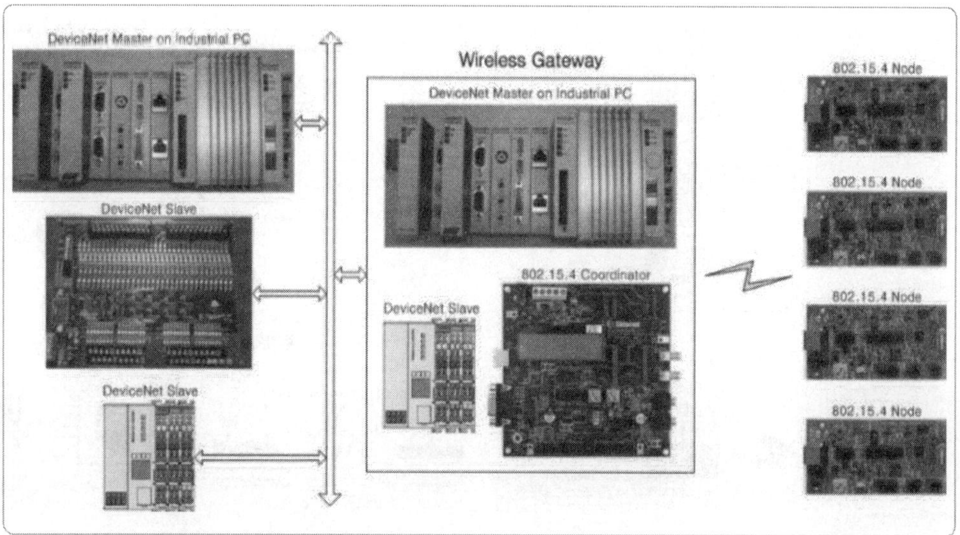

▍그림 2.115▍ 유무선 네트워크의 테스트베드

2.7. 응용사례 4: 스마트 팜 네트워크 시스템

2.7.1 무선기반의 스마트 팜 네트워크 설계

본 절에서는 구현 가능한 무선통신기술을 이용한 스마트 팜 네트워크 시스템의 전반적인 구성을 살펴본다. 온실과 사용자 사이의 온실 외부 네트워크 구성과 사용된 장비 및 작동 모드 별 사용자에게 제공하는 서비스를 설명한 후, 내결합 통신망(Fault Tolerant Network) 알고리즘을 제안한다. 마지막으로 스마트 팜 네트워크 시스템에서 제공하는 서비스를 설명한다. 구현 가능한 스마트 팜을 한 이중화 무선 인터페이스의 아키텍처는 〈그림 2.116〉과 같이 표현되며, 구현 가능한 시스템에서 사용된 통신 장비 및 센서들의 목록은 〈표 2.53〉과 같다.

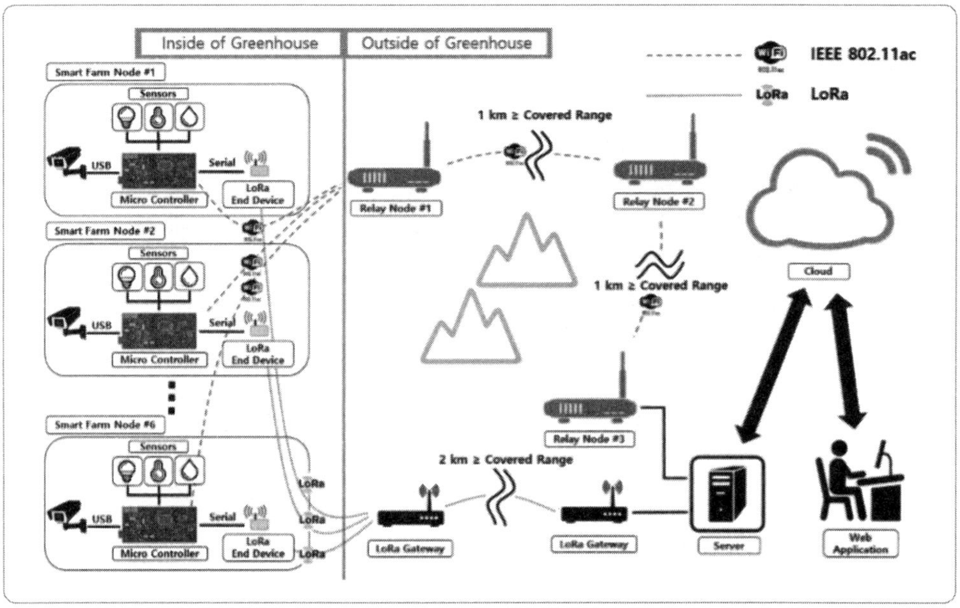

▌그림 2.116▌ 구현 가능한 스마트 팜 네트워크 시스템 구성도

[표 2.53] 구현 가능한 시스템에서 사용될 수 있는 장비 및 센서들

Module	Quantity	Usage
LoRa mDot	6	Low-power & long-range IEEE 802.15.4g communication
MultiConnect Conduit	1	LoRa Gateway
Wireless Access Point	3	Relay node
Intel Edison Developer Board	6	Processing unit to develop embedded system around the nodes and camera
PC Server	1	Server
Camera	6	Capture video image
Temperature and Humidity Sensor	6	Measure temperature and humidity
CO2 sensor module	6	Measure CO2
Light Sensor	6	Measure light level

AP(Access Point)는 2개의 NIC(Network Interface Card)를 내장하고 있다. 하나는 Wi-Fi 서비스를 제공하기 한 랜카드이며, 또 다른 랜카드는 AP간 백홀망을 구성한다. 〈그림 2.117〉은 AP 내부의 구성도이다. 백홀망에서는 5*GHz* 주파수 대역의 직선적인 방사를 하여 3×3 지향성 안테나를 사용하며, 이는 LOS 환경에서 하나의 홉 당 최대 1km의 유효 통신거리를 가진다. 또한 Wi-Fi 서비스를 제공하기 위한 안테나는 Monopole 안테나로 10*m* 반경에서 스마트 디바이스로 네트워크에 접속이 가능하다. 〈표 2.54〉는 스마트 팜에 사용된 AP들의 설정 내용이다. 〈그림 2.116〉과 같이 서버는 사설 IEEE 802.11 무선 백홀망을 통하여 무선으로 2*km* 떨어진 노드에서 캡처한 영상 데이터 이미지와 센서 데이터를 수신 할 수 있다. 3개의 장거리 무선 액세스 포인트는 IEEE 802.11 기반의 지향성 고주파 안테나와 높은 RF 출력으로 이 장거리 무선 통신을 가능하게 한다.

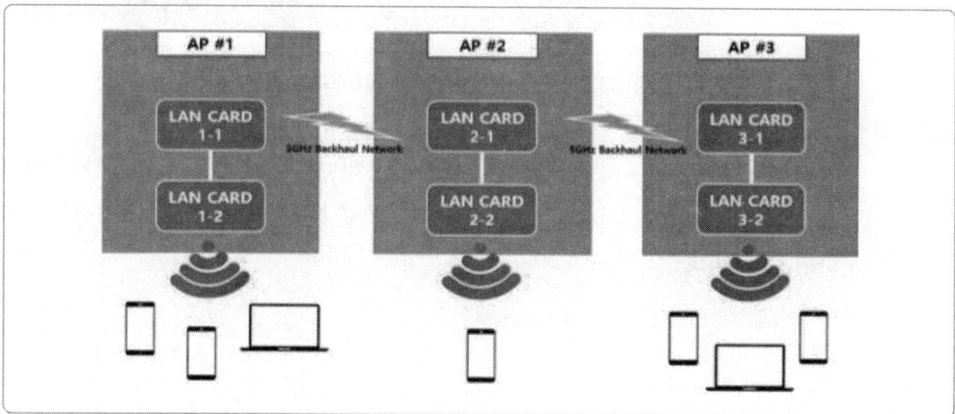

▍그림 2.117▍ IEEE 802.11 무선 백홀망 구성도

〈그림 2.118〉은 구현 가능한 스마트 팜 시스템의 이중화 네트워크를 구성하는 네트워크 중 IEEE 802.11ac 프로토콜이 적용된 네트워크 시스템의 AP 및 안테나이다.

구현 가능한 시스템에서는 IEEE 802.11 무선 백홀망과 더불어 LoRa 통신망을 구성한다. 〈그림 2.119〉는 LoRa mDot, MultiConnect Conduit으로 구성된 네트워크 시스템이다. LoRa 네트워크를 사용한 데이터 전송의 경우, 송신기 및 수신기 모듈 모두 4.5*dBi* 이득의 무 지향성 안테나와 915*MHz*의 작동 주수를 사용하며, 14*dBm*의 송신력을 사용한다.

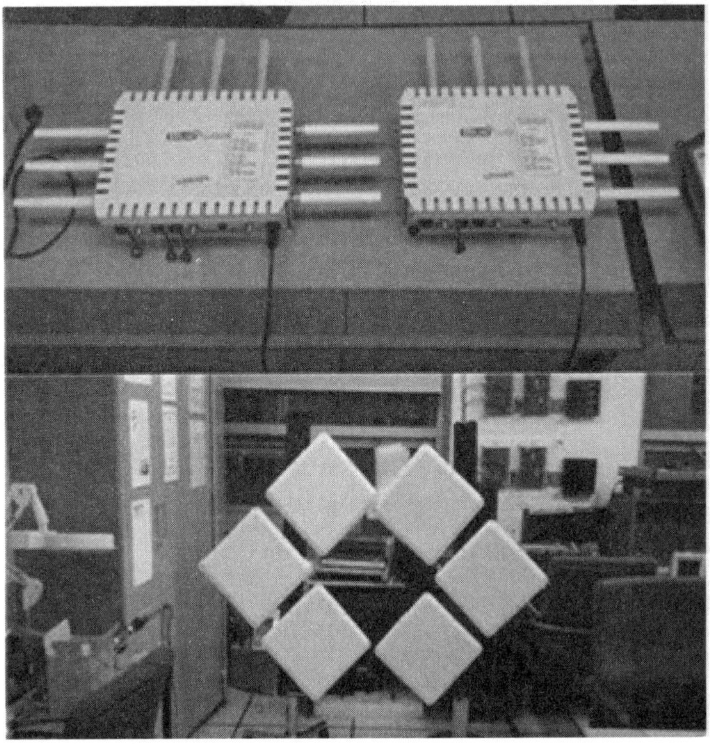

▎그림 2.118▎ IEEE 802.11ac AP 및 지향성 안테나

이는 스마트 팜 네트워크 시스템을 이용하여 온실 내에서 취득한 정보를 사용자에게 달하는 동시에, 사용자가 온실 내부의 환경을 제어하기 한 명령을 액추에이터에 반영하게 된다.

▌그림 2.119▐ LoRa 게이트웨이 및 단말기

[표 2.54] 구현 가능한 IEEE 802.11 무선 백홀망 AP 설정 파라미터

Service	Value	AP					
		AP #1		AP #2		AP #3	
MESH Network	SSID	MESH 1	MESH 2	MESH 1	MESH 2	MESH 1	MESH 2
			MESH _1_2	MESH _1_2	MESH _2_3	MESH _2_3	
	IP	192.168.1.1		192.168.1.2		192.168.1.3	
	MAC	18:D0:71:B8:EF:EC		18:D0:71:B8:EF:E2		18:D0:71:B8:EE:66	
Wi-Fi	IP	192.168.1.4		192.168.1.5		192.168.1.6	
Wi-Fi (2.4GHz)	SSID	W-iFi_Node 1 _2.4GHz		Wi-Fi_Node 2 _2.4GHz		Wi-Fi_Node 3 _2.4GHz	
	MAC	18:D0:71:B9:6E:60		18:D0:71:B9:6D:C0		18:D0:71:B9:56:00	
Wi-Fi (5GHz)	SSID	Wi-Fi_Node 1 _5GHz		Wi-Fi_Node 2 _5GHz		Wi-Fi_Node 3 _5GHz	
	MAC	18:D0:71:B9:6E:70		18:D0:71:B9:6D:D0		18:D0:71:B9:56:1C	

다음은 구현 가능한 스마트 팜 네트워크 시스템에서 달하는 정보는 다음과 같다.

- Sensor Message: 온실 내부의 스마트 팜 노드에서 취득한 온도, 습도 및 CO2의 값
- Command Message: 온실 내부의 환경을 작물이 잘 자랄 수 있는 환경으로 조성하기 위해 사용자가 액추에이터에 전달하는 값
- Video Streaming Message: 카메라에서 취득한 온실 내부 환경의 연속된 이미지 스트리밍 메시지
- Invader Alarm Message: 온실 내부에 외부인의 침입을 감지하는 메시지

위의 메시지들은 구현 가능한 스마트 팜 네트워크 시스템에서 다음과 같은 3가지 모드를 통해 사용자에게 제공된다.

- Wi-Fi 모드
- LoRa 모드
- Hybrid 모드

Wi-Fi 모드는 IEEE 802.11ac 통신 프로토콜을 사용하여 스마트 팜 내부의 모든 노드에서 서버로 센서값 및 액추에이터 메시지, 그리고 영상 데이터 이미지를 전송한다. 따라서 사용자는 처리된 센서 값을 모니터링하고 카메라를 통해 촬영한 영상 데이터 이미지를 스트리밍으로 볼 수 있다.

LoRa 모드는 LoRa 통신 프로토콜을 사용하여 저전력 저대역폭으로 센서값 및 액추에이터 메시지를 서버로 전송한다. 이 모드에서 제공하는 데이터 전송 속도는 다른 모드와 비교하여 영상 데이터 스트리밍을 지원하기에 낮으므로, 영상 데이터 이미지를 대신하여 온실 내부에 침입자의 여부를 알려주는 Invader Alarm Message를 제공한다.

Hybrid 모드는 IEEE 802.11 무선 백홀망과 LoRa 통신 프로토콜을 상황에 맞게 조합하여 사용하게 된다. Hybrid 모드에서는 Wi-Fi 모드와 같이 IEEE 802.11 무선 백홀망을 통하여 스마트 팜 내부의 모든 노드에서 센서값 및 액추에이터 메시지, 영상 데이터 이미지를 전송하게 된다. 차이점은 외부 환경에 취약한 IEEE 802.11 무선 백홀망의 무선 채널에 장애 발생시 LoRa 모드로 넘어가 스마트 팜이 운용된다. 이 때 오류 노드를 찾는 장애조치가 동시에 수행된다.

〈표 2.55〉는 이중화 네트워크 운용모드를 나타낸 것이다.

IEEE 802.11 무선 백홀망 노드에 오류가 생길 시에 이를 감지하고, LoRa 통신 프로토콜을 통하여 스마트 팜 네트워크 시스템 사용자에게 오류의 사실을 알리는 Fault Tolerant Network 알고리즘을 Hybrid Mode에 적용 할 예정이다. 알고리즘 1(그림 2.120)은 Fault Tolerant Network 알고리즘을 표현한 Pseudo Code이다.

[표 2.55] 이중화 네트워크 운용모드

	LoRa 모드	Wi-Fi 모드	Hybrid 모드
운용 프로토콜	IEEE 802.15.4g	IEEE 802.11ac Backhaul	IEEE 802.15.4g, 802.11ac Backhaul
평상 시	Command, Invader Alarm and Sensor Message	Command, Sensor and Video Streaming Message	Command, Sensor and Video Streaming Message
IEEE 802.11ac Backhaul 네트워크 노드 오류 시	Command, Invader Alarm and Sensor Message	-	Command, Invader Alarm and Sensor Message

두 번째 알고리즘으로 그림 2.121에 표기된 Fault Tolerant Network 알고리즘 내부에서 Ping Request를 이용해 결함이 있는 노드를 찾아내는 과정이다. 하나의 노드를 발견하고 이에 대한 조치가 이루어지면 다음 노드로 넘어가게 된다. 이를 구현된 스마트 팜 네트워크 시스템에 적용하여 스마트 팜 네트워크 시스템의 안정성을 확보하고자 한다.

```
Algorithm 1: Fault Tolerant Network Algorithm
Fail counter ← 0;
Select Frequency Channel;
Set Receiver & Transmitter Address;
Set Counter Threshold;
while Power = On do
    if Fail Counter ≤ Counter Threshold then
        Collect Data(Video images, Sensor data, Actuator Message);
        Transmit Video Images & Sensors' Data to Server via IEEE 802.11ac;
        if Server Receive Sensors' Data & Video Images
        then
            Fail Counter ← 0;
        else
            Fail Counter ← Fail Counter + 1;
        end
    else
        if Fault is Fixed then
            Fail Counter ← 0;
        else
            Stop Collecting Video Images;
            Run Faulty Node Detection Function;
            Prepare Message to Send Data(Sensor Data, Actuator Message) and Faulty Node Information
            Transmit Message to Server via LoRa;
        end
    end
end
```

그림 2.120 Fault Tolerant Network 알고리즘을 표현한 Pseudo Code

```
Algorithm 2: Faulty Node Detection Function
Set i =1;
N←Number of Nodes;
while i < N+1
    Ping Relay Node i;
     if Respond of Relay Node i is Request Timed Out(RTO) then
        Report to Server that Relay Node i is Faulty Node;
        i ← N+2;
    else
        i ← i+1;
          if i = N+1 then
            There is no Faulty Node;
          end
    end
end
```

| 그림 2.121 | Ping Request를 이용한 결함이 있는 노드를 찾아내는 과정

2.7.2 무선기반의 스마트 팜 구현

구현 가능한 스마트 팜 관리 시스템의 유용성을 증명하기 위하여, 스마트 팜 내부의 온도, 습도, CO2의 농도 및 조도의 양을 측정하는 센서를 설치하여 시스템을 테스트 한 후 실제 토마토 온실에 시스템을 구축해볼 수 있다. 〈그림 2.122〉은 스마트 팜 시스템의 구조이다. 온실 내부에 설치된 카메라와 센서들은 이미지 및 데이터를 수집한다. 액추에이터는 온실 통합제어기의 명령을 수신하여 천장이나 벽면 등을 개폐하여 작물이 생육하는데 적합한 환경을 구현한다.

스마트 팜 관리 서버는 데이터베이스, 웹 서버, 센서 관리자 및 이미지 정보 관리자로 구성되어 이 온실 데이터 및 이미지들을 관리하게 된다. 사용자는 스마트 팜 내부의 AP에 속하여 스마트 팜의 내부 상황을 모니터링 할 수 있다.

스마트 팜 시스템의 효율성을 확인하기 위한 노력의 일환으로, 〈그림 2.122〉에서 볼 수 있듯이 실제 팜에서의 사용을 검증하기 위해 실증 온실을 구축하다. 또한 실증 온실의 환경은 〈표 2.56〉과 같다.

본 절에서는 2가지 성능 평가가 있다. 하나는 멀티 홉 장거리 무선을 통한 영상 데이터 스트리밍의 성능 평가이며, 또 다른 하나는 센서의 데이터를 전송하는 LoRa에 대한 성능 평가이다. 실험은 강릉에 있는 토마토 실증 온실에서 수행되었다. 실험에서 내부 또는 외부 간섭 효과는 고려하지 않았다. 지향성 안테나는 모든 릴레이 노드에

설치되며, 간섭 현상을 피하기 위하여 충분히 높은 위치에 설치되었다. 그러므로 해당 지향성 안테나가 형성하는 무선 채널에 LOS 환경이 확보되었다고 충분히 말할 수 있다. LoRa 네트워크 장비의 경우 송신기 및 수신기 모듈 모두에서 4.5*dBi*의 안테나 이득과 14*dBm*의 송신력, 915*MHz*의 작동 주수를 사용한다. 모든 경우에 대해 이론인 분석 및 측정 결과가 입증되며, 측정된 결과는 이론적인 분석으로부터의 기대값과 비교된다.

▌그림 2.122▐ 구축된 실증 온실

[표 2.56] 실증 온실 주요 파라미터

Parameter	Value
Greenhouse Size	12*m* x 16*m* x 6*m*
Location	Gangneung, South Korea
Height of Crop	85cm
Number of Crop	120
Kind of Crop	Tomato
Number of Smart Farm Node	6
Average Temperature	27℃
Average Humidity	65%

2.7.1.1 영상 데이터 스트리밍 성능평가

본 절에서는 이론적인 분석을 통해 영상 데이터 스트리밍 성능 평가 방법을 설명하고 스마트 팜 시스템에서 멀티 홉 무선 네트워크를 통한 영상 데이터 스트리밍 결과를 보여준다. 영상 데이터 품질은 처리량 모델에 의해 밀접하게 나타났으며 스마트 팜 시스템에서 관찰 한 것과 유사하게 나타났다. 이론 분석을 통한 영상 데이터 스트리밍 평가 방법을 소개한 후, 스마트 팜 시스템에서 멀티 홉 무선 네트워크를 통한 영상 데이터 스트리밍 결과를 보여준다. 영상 데이터 품질 또한 처리량 모델에 의해 밀접하게 표시되며 스마트 팜 시스템에서 관찰 한 것과 유사하게 나타난다.

영상 데이터 스트리밍의 경우 모의실험에서 영상 데이터 평가 도구인 Evalvid를 사용한다. Evalvid는 영상 데이터 추적 파일을 분석하고 패킷 손실 비율, 프레임 지연 및 지터 및 프레임 PSNR(Peak Signal-to-noise ratio)를 포함한 영상 데이터 성능 메트릭을 계산하는 프로그램이다. 〈표 2.57〉은 이 영상 데이터 스트림의 중요한 특성을 나타낸다.

[표 2.57] 영상 데이터 스트리밍 주요 파라미터

Parameter	Value
Picture resolution	1,280 × 720*pixels*
Frame refresh rate	24*frame/sec*
Total frames	3,016
Number of I-frames	2
Number of P-frames	754
Number of B-frames	2,010
Avg. I-frame size	31,992*bytes*
Avg. P-frame size	23,463*bytes*
Avg. B-frame size	2,623*bytes*
GOP size	12*frames*
GOP structure	IB BPB BPB BPB B
Total packets	22,848

2.7.1.2 성능평가 및 모의실험

구현 가능한 시스템의 성능평가를 위하여, 본 절에서는 〈그림 2.123〉과 같은 IEEE 802.11 무선 백홀망 시스템을 구성하였다. 이 무선 백홀망은 AP를 릴레이 노드로 사용하여 장거리 무선 통신을 구현하며, 스마트 디바이스와 연동되는 무선 네트워크 플랫폼을 구현한다. 모든 노드들은 서버 어플리케이션을 설치하여 AP에 연동을 한다. 사용자는 AP에 연동된 모든 노드들의 IP주소에 접속하여 해당 노드의 정보를 취득하게 된다.

또한 LoRa 네트워크는 〈그림 2.124〉과 같이 LoRa 게이트웨이 두 개와 데이터 채집을 위한 LoRa 단말기로 이루어졌다. LoRa 게이트웨이와 LoRa 단말기의 통신이 아닌 LoRa 게이트웨이 간의 통신 네트워크를 구축함으로써, 장거리 통신이 이루어질 LoRa 게이트웨이 간의 무선채널을 하나로 통합하였다. 또한 IEEE 802.11무선 백홀망과 같이 LoRa 네트워크 시스템을 검증하기 위해 〈그림 2.125〉의 장소에서 성능평가를 실시하였다.

첫 번째 검사할 성능으로는 거리에 따른 스마트 팜 네트워크 시스템의 최 Throughput 이다. IEEE 802.11 AP 간의 거리를 100m 마다 실험하여, 최대 Throughput를 측정한다. 두 개의 IEEE 802.11 AP가 서로 통신하는 상황에서, IEEE 802.11 AP 하나는 한 곳에 고정되고 다른 IEEE 802.11 AP는 실험을 하여 고정된 IEEE 802.11 AP와의 거리를 점차 100m씩 늘려나갔다.

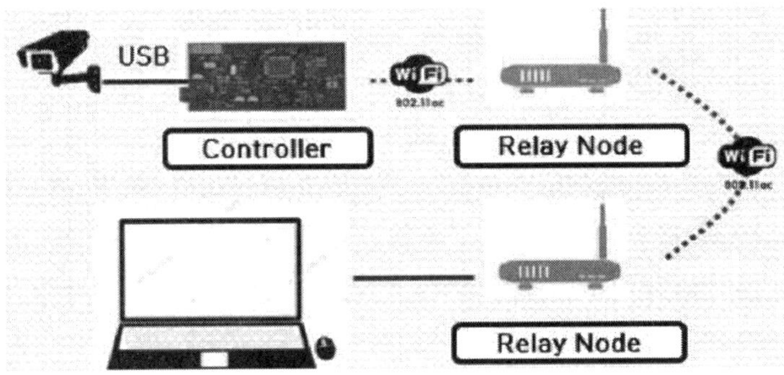

▍그림 2.123▍ IEEE 802.11 무선 백홀망 시스템 구성도

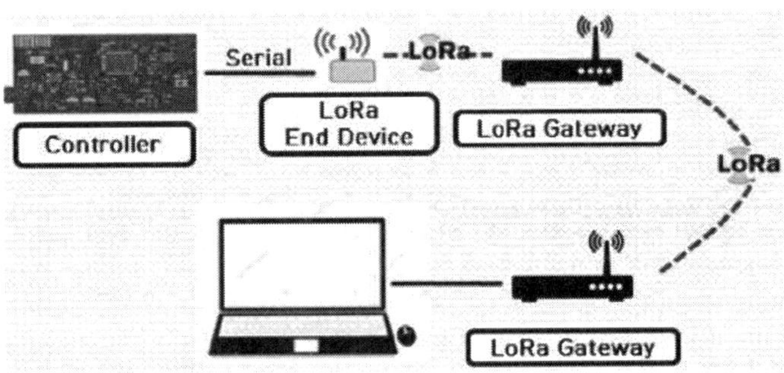

▍그림 2.124▍ LoRa 네트워크 시스템 구성도

▌그림 2.125▐ IEEE 802.11 무선 백홀망 및 LoRa 성능분석 실험환경

〈그림 2.126〉에서 나타난 것과 같이, 한 홉에서 데이터 이미지 전송을 처리하기 위한 Throughput을 지원하는 거리는 0*m*부터 최대 1400*m*까지다. 1400에서 2000*m* 사이의 거리에서는 영상 데이터를 보낼 수 있지만 Throughput이 낮아질수록 IEEE 802.11ac 네트워크 시스템이 지원하는 영상 데이터 스트리밍의 QoS도 손상된다. 2-홉의 경우에도, 첫 번째 AP는 한 곳에서 머무르고 두 번째 AP와 세 번째 AP는 100*m*마다 이동을 하게 된다. 비록 2개의 홉을 가지고 있지만 첫 번째 AP와 세 번째 AP사이에는 릴레이 AP가 있으므로 700*m* 이하의 거리에서는 한 홉의 경우보다 낮은 Throughput을 보이지만, 700*m* 이상의 거리에서는 멀 티 홉의 확장성이 장점으로 나타나기 시작한다. 이미지 전송처리가 가능한 Throughput을 0에서 약 2300*m*까지 지원한다. 〈그림 2.127〉은 스트리밍 된 영상 데이터의 I-임 패킷 손실 비율(PLRi)을 보여준다. I-프레임은 영상 데이터 스트리밍에서 중요한 유형의 프레임이다. 디코더는 I-프레임을 검사하여 동일한 GOP(Group of Pictures)에 서 P-프레임과 B-프레임을 디코딩하게 된다. 따라서 P-프레임 또는 B-프레임에서 패킷 손실이 발생하면 이는 단지 이웃한 이미지와 현재의 이미지에 영향을 준다. 이 문제는 H.264 오류 은폐 알고리즘에 의해 쉽게 해결될 수 있다. 즉, I-프레임의 오류는 다른 모든 프레임에 영향을 주므로, 영상 데이터 품질을 판단하는 중요한 척도라고 말할 수 있다. 또한 PLRi는 전송하는

영상 데이터 스트림의 수에도 영향을 받게 되는데, 영상 데이터 스트림의 수가 증가함에 따라 PLRi은 영상 데이터 트래픽의 증가와 제한된 버퍼 공간을 차지하기 위한 영상 데이터 스트림들의 경쟁에 의하여, 3가지 시나리오 모두에서 증가한다. 1-홉 시나리오의 경우, 버퍼에서 오버로우가 발생할 가능성이 높아지며 PLRi가 훨씬 높아진다. 2-홉 시나리오는 링크 경합 사이의 더 나은 절충점을 가지며 1-홉 시나리오에 비해 PLRi가 낮다. 다음은 LoRa 네트워크 시스템 성능에 한 이론적인 계산방법과 측정 결과를 통해 무선통신 채널의 길이에 따라 경로 손실을 입증하고자 한다. 무선 채널에서 경로 손실은 송신기와 수신기 사이의 경로를 따른 전력 손실을 나타낸다. 서로 다른 매개 변수와 다른 상황에 대해 고려된 서로 다른 모델이 경로 손실을 예측하기 위하여 다음 식을 사용하여 송신기와 수신기 사이의 경로 손실을 측정하였다.

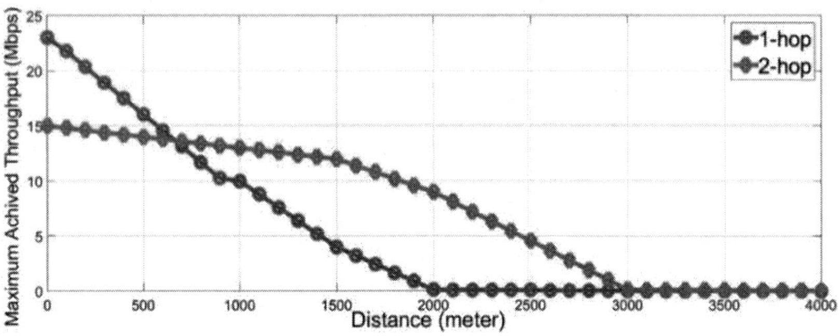

▌그림 2.126▐ IEEE 802.11 무선 백홀망 네트워크 거리 별 최대 Throughput

$$PL_{measured} = P_t - P_r + G_t + G_r \quad (1)$$

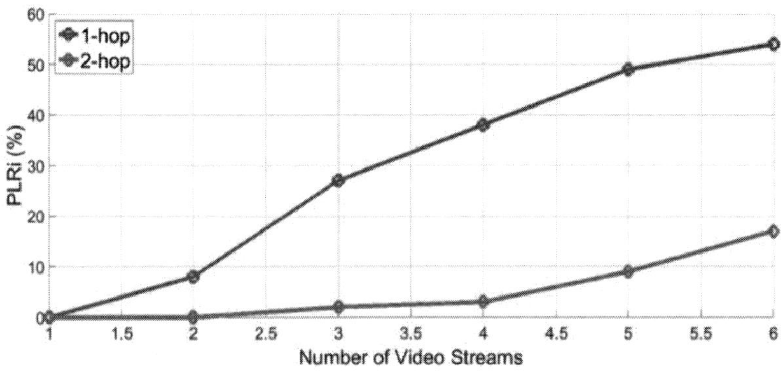

▌그림 2.127▐ IEEE 802.11ac 네트워크 I-프레임 패킷 손실 비율

위의 식에서 P_t는 송신 전력, P_r은 수신 전력, G_t는 송신기 이득, G_r은 수신기 이득이다. 구현 가능한 시스템에서 사용되는 안테나의 파라미터에 따라 G_t와 G_r의 값은 모두 $4.5dB$이다. 수행된 실험에서 수신 게이트웨이는 교내의 실험실에 설치가 되었으며, 송신 게이트웨이는 실험실과 약 $2km$ 떨어진 실외 환경에서 데이터를 채집하여 전송한다. 무선 채널 환경에는 교내의 건물들과 우거진 나무들을 포함한다. 이러한 이유 때문에 다음 식을 사용하여 이론적인 경로 손실을 계산해내며, 이를 로그-거리 경로 손실 모델이라고 한다.

$$PL_{measured} = PL_0 + 10_{\Upsilon}\log\left(\frac{r}{r_0}\right) + \sigma_f \tag{2}$$

여기서 PL_0는 기준 거리 r_0에서의 경로 손실, γ는 경로 손실 지수, r은 송신기와 수신기 사이의 거리, σ_f는 쉐도우 페이딩으로 인한 표준 편차이다. 〈그림 2.128〉은 기준거리 r_0를 기준으로 송수신 LoRa 게이트웨이 사이의 거리에 따라 경로손실을 측정하였다. 경로손실을 측정된 거리 d, Logarithmic Transmitter-Receiver Separation은 기준거리 $r_0 = 5m$을 기준으로 다음과 같이 구해졌다.

$$d = \log\left(\frac{r}{r_0}\right) \tag{3}$$

〈그림 2.129〉는 스마트 팜을 한 네트워크 시스템에서 LoRa Point to Point 네트워크의 성능평가 파라미터를 나타낸다. RSS(Received Signal Strength) SNR(Signal to Noise Ratio)을 측정하는 성능평가는 〈그림 2. 216〉을 참고하여 IEEE 802.11 무선 백홀망이 영상 데이터 스트리밍을 충분히 지원할 수 있는 것으로 측정된 $2km$ 범위에서 수행된다. 표준 편차와 평균은 10개의 샘플들을 이용하여 다음과 같은 공식에 의해 구해졌다.

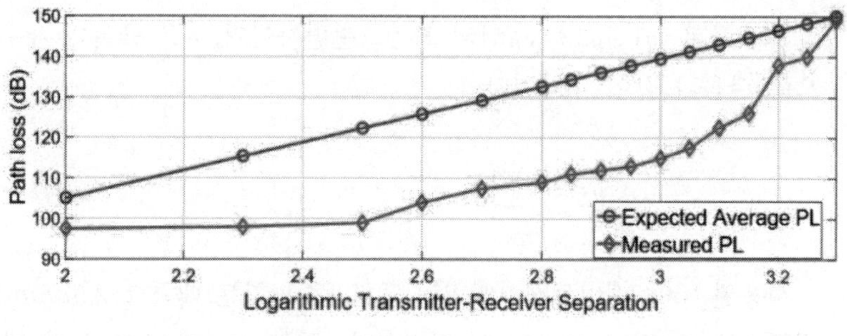

▌그림 2.128▐ LoRa 네트워크 경로 손실

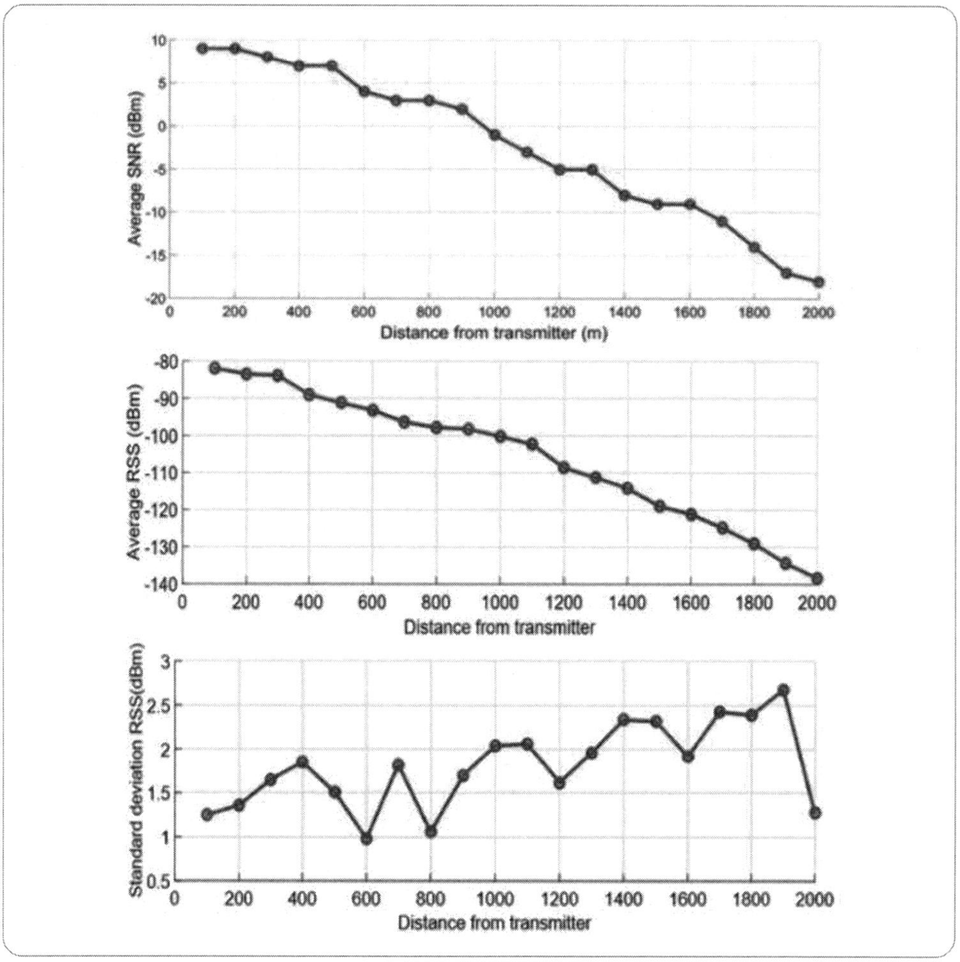

| 그림 2.129 | LoRa 네트워크 성능평가 파라미터 (a) SNR 평균, (b) RSS 표준편차, (c) RSS 평균

$$S = \sqrt{\frac{\sum_{i=1}^{n}(y_I - \bar{y})^2}{n-1}} \qquad (4)$$

S는 표본 $\{y1,\ y2, \ldots, yn\}$의 표본표준편차이며, n은 표본의 개수, y는 표본의 평균으로 다음과 같이 구해졌다.

$$\bar{y} = \frac{1}{n}\sum_{i=1}^{n} y_i \qquad (5)$$

사용된 LoRa 게이트웨이의 RSS 표본표준편차는 대략 1~2.5dBm으로 나타나며, RSS 평균은 200m당 5~10dBm씩 감소한다. 구현 가능한 스마트 팜 네트워크 시스템에서 제공하는 3가지 모드는 사용하는 무선 프로토콜의 특성에 기반 하여 제공할 수 있는 정보의 형태가 다르나, 〈표 2.55〉와 같이 여러 가지 형태의 정보를 지속적으로 제공함으로써 온실 내의 상황을 사용자가 인지할 수 있게끔 한다.

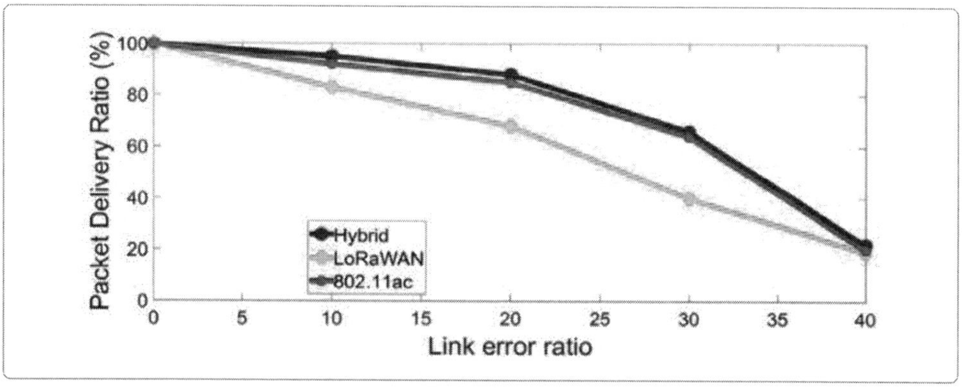

| 그림 2.130 | 스마트 팜 네트워크 시스템의 운용모드 별 성능평가

스마트 팜 네트워크 시스템에 Fault Tolerant Network 알고리즘을 적용할 시, 네트워크 안정성을 향상시킬 수 있다는 것을 증명하고자 모의실험을 진행하였다.

〈그림 2.130〉에서는 네트워크 시스템 노드에서 일정한 확률로 에러를 가질 때, 달하고자 하는 데이터의 전송 성공확률을 나타낸다. 3가지 운용모드 중, Hybrid 모드에서 안정된 네트워크를 제공할 수 있음을 알 수 있다. 이를 통하여, 스마트 팜 네트워크 시스템의 오류를 극복하고 안정인 모니터링 서비스를 제공하기 위한 무선 네트워크 상황에 따른 운용모드를 선택 및 운용할 수 있다.

Chapter

03

상위 응용층 및 미들웨어, IoT 연동 기술

3.1. MMS 통신 프로토콜

MMS(Manufacturing Message Specification)는 개방형 시스템 간 상호접속의 MAP 3.0 규약에 정의된 개방형 시스템 간 상호접속 응용 계층 서비스이다. 1987년에 발표된 것을 시점으로 하여 공장 등의 생산 환경에서 사용되는 MMS를 기반으로 지멘스의 FMS, FIP의 응용 메시지 표준, 발전소의 ICCP/TASE.2 통신망 프로토콜을 규정한다.

MMS는 생산에 관련된 프로그램이 가능한 공장 현장 장치(Factory Field Device: FFD) 들을 제어하고 조정하기 위해 사용된다. 이 FFD에는 로봇(Robot), 수치 제어기(NC: Numerical Controller), 프로그램 가능 논리 제어기(PLC: Programmable Logic Controller), 프로세스 제어기(PC: Process Controller)가 포함된다.

MMS가 구현된 컴퓨터는 다수의 서로 다른 생산 동작에 연관된 FFD를 제어할 수 있다. 이 환경에서, 다수의 FFD를 제어하는 컴퓨터를 종종 셀 제어기라 부른다. MMS는 전형적으로 각각의 FFD와 그것의 셀 제어기 사이의 통신, 셀 제어기 사이의 통신 또는 셀 제어기와 공장의 다른 컴퓨터들 사이의 통신에 사용된다.

MMS 규약은 통신망을 통해 작업을 수행하는 다수의 통신망 서비스를 정의한다. 다음과 같은 상황에 사용 가능하다.

- 하나 또는 여러 FFD에 실행 이미지 전송하기
- MMS 변수를 사용하여 FFD와 원격 컴퓨터의 자료 처리하기
- FFD들로부터 상태 정보 요구하고 얻기
- FFD의 조작자 콘솔(operator console) 조작하기
- FFD들의 프로그램 실행 제어하기
- 컴퓨터들 사이에 파일 전송하기

그러나 다른 통신망 서비스처럼 MMS는 모든 목적에 효과적인 도구는 되지 못하며, 다음과 같은 종류의 응용에는 부적합할 수 있다.

- 분산 데이터베이스(distributed database)
- 전자 우편(e-mail)
- 정교한 파일 전송, 처리, 또는 관리, 분산 파일 시스템
- 가상 터미널(virtual terminal)

3.1.1 개요

이 장은 개방형 시스템 간 상호접속(OSI: Open Systems Interconnection) 통신망, MAP (Manufacturing Automation Protocol) 3.0 정의, 그리고 MMS(Manufacturing Message Specification)의 일반적인 특성에 대해 소개한다.

다음 개념들이 이 장에서 다루어진다.

- 개방형 시스템 간 상호접속 통신망의 기초
- MMS와 MMS 프로그램 인터페이스의 기초
- 통신의 MMS 모델
- 가상 생산 장비(Virtual Manufacturing Device: VMD)와 MMS 객체와 같은 추상적 개념들
- MMS 서비스와 함수들

3.1.2 MMS 기초

이 절에서는 이 책 전반에 걸쳐 많이 나오는 개념들을 소개한다. 다음 사항들은 우리가 MMS 응용 프로그램을 설계하거나 코드화할 때 기본적인 생각의 뼈대를 이룬다. 이 절은 다음과 같은 내용들을 포함한다.

- 가상 생산 장치
- MMS 객체와 정의 그리고 사용
- MMS 서비스의 다양한 활용

3.1.2.1 가상 생산 장치에 대한 소개

많은 판매자들이 FFD를 만들며 각각의 장치는 그것 자체의 기능적 성분, 처리 자원, 저장 요소 및 구조를 가지고 있다. 이러한 복잡함에 대처하기 위해서, MMS는 어떠한 FFD에도 적용할 수 있는 일반적인 장치인 가상 생산 장치를 채용했다. 가상 생산 장치에 대한 MMS의 개념은 클라이언트 프로그램에게 서버 자원과 기능에 대해 예측가능하고 일관된 설명을 할 수 있게 해 준다.

MMS에 대한 MMSI 인터페이스는 가상 생산 장치들을 기술하는 자료 구조를 사용한다. 이 자료 구조에 포함된 값들은 자원과 능력, 그리고 서버의 상태를 정의한다.

1) 가상 생산 장치에 대한 클라이언트의 관점

물리적 장치는 가상 생산 장치로 MMS에 모델링 된다. 가상 생산 장치는 클라이언트가 이해하는 일반적인 형식으로 서버의 실제 자원과 기능을 나타낸다. 클라이언트는 가상 생산 장치만을 인식하며 가상 생산 장치가 기술하는 자원의 사용만을 요구할 수 있다.

이 일관된 방법은 클라이언트가 서버를 조정하는 것을 쉽게 만든다. 즉, 모든 서버는 클라이언트에게 같은 형태로 제시되며, 클라이언트는 사용하는 각각의 FFD에 대한 세부 사항을 모두 알 필요가 없어진다.

2) 가상 생산 장치에 대한 서버의 관점

서버로 동작하기 위해서, 응용 프로세스는 통신망을 나타낼 하나 또는 여러 가상 생산 장치를 정의한다. 이것은 실제 구조와 그것이 정의하는 가상 생산 장치 사이 관계의 내부적인 대응을 요구한다. 가상 생산 장치에 정의되지 않은 자원은 원격 응용 프로세스가 사용할 수 없다. 그리고 하나의 장치는 여러 개의 가상 생산 장치로 모델링 될 수 있는데, 하나의 가상 생산 장치에서 그것의 실제 자원의 한 부분을 나타내고, 하나 또는 여러 다른 가상 생산 장치에서 나머지를 나타낼 수도 있다. 예를 들어, 프로그램 가능 논리 제어기가 몇 개의 로봇을 제어할 수 있다고 하면, 각각의 로봇은 프로그램 가능 논리 제어기에서 개개의 가상 생산 장치로서 모델화될 수 있다.

3) 가상 생산 장치의 요소

MMS 객체는 MMS 응용이 조작할 수 있는 요소임을 상기하여야한다. MMS 객체는 실제 객체와 환경을 나타낸다. 가상 생산 장치는 다음 MMS 객체를 포함할 수 있다.

- 변수(Variables)
- 자료 형(Data Types)
- 영역(Domains)
- 프로그램 기동(Program Invocations)
- 조작자 스테이션(Operator Stations)
- 능력(Capabilities)

이 객체들 중 일부는 가상 생산 장치의 영구적인 특성이 될 수 있다. 다른 것들은 일시적이며, 단지 특정 연결에 대해서만 존재한다. MMS에서 MMS 객체는 자료 구조의 형태를 취한다. 이 자료 구조에서 값들은 국부와 원격 가상 생산 장치 모두에서 MMS 객체를 정의한다. MMS 객체는 다음에 설명된다.

3.1.2.2 MMS 객체에 대한 소개

MMS 객체에 대한 다음 설명들은 일반적이고 기본적인 내용들을 다루고 있다. 자세한 내용은 각 MMS 객체에 해당하는 부분을 참고하기 바란다.

1) 변수

MMS 변수는 MAP 통신망 위에서 자료를 읽고 쓸 수단을 제공한다. MMS는 접속이 복잡한 자료형을 다룰 수 있기 때문에(배열과 구조를 포함하여), 프로그램 변수의 직접적인 읽기와 쓰기를 허용함으로써 상당한 노력을 절약하게 해준다. 대신에 MMS 인터페이스와 서비스 제공 프로세스가 해당 변수가 메모리 상에 어디에 있는지, 자료형은 무엇인지 등, 프로그램 변수에 대한 상당한 정보를 가지고 있어야 한다. 그리고 변수 중에 어떤 것은 동적이며 어떤 것은 정적이다. 그러므로 응용 프로세스는 실행하는 동안 MMS 인터페이스에게 이러한 정보를 제공해야만 한다. MMS는 동적으로 이 정보를 정의하기 위해서 몇 개의 함수를 제공한다.

MMS 변수에는 정의된 범위가 있다. 어떤 변수의 범위는 가상 생산 장치이고, 어떤 변수의 범위는 응용 연계(Application association: AA)이다. 여기서 범위라고 하는 것은 변수에 대한 접근성과 변수의 존재 범위를 동시에 나타낸다.

- 가상 생산 장치 한정의(VMD specific) 변수는 가상 생산 장치가 존재하는 한 존재하며, 그리고 그 가상 생산 장치에 대한 어떤 클라이언트도 그 변수를 사용할 수 있다. 예를 들어, 한 가상 생산 장치 한정의 변수는 그 장치를 활성화시키는 특정 프로그램 기동에 관계없이 장치에 대한 통계를 위해 존재할 수도 있다.
- 응용 연계 한정의(AA-specific) 변수는 단지 하나의 특정한 연결에 대해 정의되는 변수이다. 이 변수는 단지 연결이 존재하는 한 존재한다.
- 영역 한정의(Domain-specific) 변수는 특정한 영역이 존재할 때마다 존재하는 변수이다. 단지 원격 영역 한정의 변수만이 지원된다.

MMS 변수들은 목록으로 함께 나타날 수 있다. 이것은 자료를 더 쉽게 다루게 한다. 우리는 하나의 변수 목록을 읽거나 씀으로써 여러 개의 변수를 한 번에 읽거나 쓸 수 있다.

2) 형

MMSI는 우리에게 응용이 공유할 수 있는 MMS 형 설명을 정의하도록 해준다. 우리에게 익숙한 C 자료형처럼 모든 MMS 변수는 모두가 MMS에서 정의한 어떤 자료형이 된다. MMS 형 설명은 실행 중에 정의된다. 이것은 일반적으로 프로그래밍을 요구한다. MMS 자료형은 범위와 수명에 대해 위에서와 같은 규칙을 지니며 가상 생산 장치 한정,

영역 한정(원격의 형에 대해) 또는 응용 연계 한정 중 어느 하나일 수 있다.

3) 영역

영역은 실행 가능한 정보, 자료 또는 둘 다를 포함하는 이미지이다. 영역은 서버에서 특정 자원에 묶여 있고 특정 가상 생산 장치에 속한다. 영역들을 빌딩 벽돌처럼 볼 수도 있다. 하나 또는 여러 영역들이 서로 연결되어 다음에 다루어질 프로그램 기동이라고 하는 더 크고 복잡한 단위를 형성한다. 영역에 대한 예로 다음과 같은 것들이 있을 수 있다.

- 자동적으로 안내되는 전달 매체에 대한 경로 자료
- 표준 픽업 캡(pickup cab)상의 꼭대기를 용접하는 로봇 팔을 움직이는 명령과 자료 (〈그림 3.1〉에서 영역 1)
- 확장된 픽업 캡(pickup cab)상의 꼭대기를 용접하는 로봇 팔을 움직이는 명령과 자료(〈그림 3.1〉에서 영역 2)
- 쉬고 있는 또는 "안전한" 자세로 로봇 팔을 움직이는 명령과 자료(〈그림 3.1〉에서 영역 3)

4) 프로그램 기동

프로그램 기동은 하나 또는 여러 영역들의 순서 있는 집합으로 구성된 실행 가능한 프로그램이다. 여러 가지 방법으로 다양한 영역들을 연결함으로서 프로그램 기동은 다양한 작업을 실행할 수 있다. 하나의 가상 생산 장치는 하나 이상의 프로그램 기동을 포함할 수 있으며, 서로 다른 프로그램 기동들은 영역들을 공유할 수 있다. 〈그림 3.1〉은 이러한 관계를 보여준다.

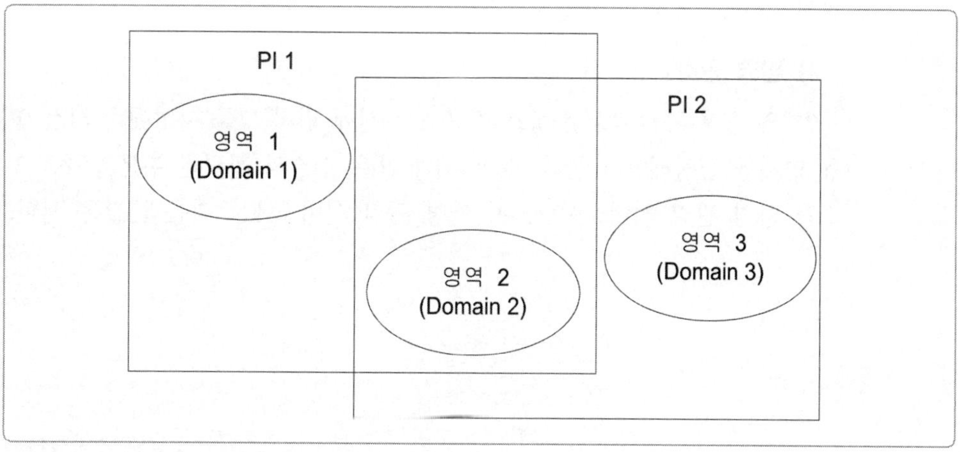

그림 3.1 2개의 PI와 연계된 3개의 영역

5) 조작자 스테이션

가상 생산 장치는 조작자와 상호작용할 수 있는 조작자 스테이션을 포함할 수 있다. 클라이언트 응용은 장치에 대한 원격 입출력 제어를 위해 가상 생산 장치의 조작자 스테이션 객체를 사용할 수 있다.

6) 능력

가상 생산 장치의 능력은 가상 생산 장치의 다른 특성을 구성한다. 능력은 어떤 영역에 할당될 수 있는 서버에서의 실제 자원을 나타낸다. 능력에 대한 예로는 다음과 같은 것들이 있을 수 있다.

- 영역을 포함하는 메모리
- 표시 또는 프린터에 대한 입출력 자원
- 모터와 센서로 구성된 전달자 시스템
- 각각의 단위에서 확인 자료를 포함하는 바코드 스캐너

실제 장치 능력은 흔히 능력을 이름 짓는 문자열로써 표현된다. 하나의 능력은 다른 혹은 모든 것을 포함한 능력에 포함될 수 있다. 또한 서로 다른 능력들은 공유될 수 있거나 그렇지 못할 수 있다. 능력은 기술적으로 MMS 객체가 아니라 더 일반적인 가상 생산 장치 속성임에 주의하여야한다. 특정 속성에 대한 정확한 의미는 장치 판매자와 협력하는 응용 프로세스들에 의해 정의된다.

3.1.2.3 MMS 서비스에 대한 소개

이 절은 앞 절에서 기술된 객체를 조정하는 서비스를 소개한다. MMS 객체는 실제 장치와 물리적 환경 사이의 관계를 모델링한다. MMS 사용자는 이들 객체를 조정함으로써 유용한 제조 작업을 할 수 있다.

1) 환경 관리

2개의 응용 프로세스는 상호 작용하기 전에 먼저 그들 사이에 논리적 연결 또는 응용 연계를 설정해야만 한다. 응용 연계 혹은 연결과 관련된 부분을 주로 다루는 서비스가 환경 관리 서비스이다. 이 환경 관리 서비스에는 다음과 같은 서비스가 있다.

[표 3.1] MMS의 환경관리 서비스 목록

순번	서비스 명
1	연결 초기화(Connection initiation)
2	연결 받아들이기(Connection acceptance)
3	연결 해제(Connection dissolution)
4	국부 가상 생산 장치의 활성화와 관리(Activation and management of a local VMD)
5	서비스 제공 프로세스의 활성화와 관리(Activation and management of a SPP)

이를 위한 함수들은 다음과 같다.

[표 3.2] MMS 환경관리 서비스 지원을 위한 함수 목록

함수명	설명
mm_vactivation()	MMS 문맥을 구축하기 위해 국부 가상 생산 장치를 활성화한다.
mm_vdeactivation()	국부 가상 생산 장치를 비활성화 한다.
mm_vreset()	국부 가상 생산 장치를 비활성화고 복귀한다.
mm_aeactivation()	서비스 제공 프로세스를 기동한다.
mm_aedeactivation()	서비스 제공 프로세스를 비활성화 한다.
mm_aereset()	서비스 제공 프로세스의 연결을 모두 끊고 서비스 제공 프로세스가 활성화되었던 초기 상태로 만든다.
mm_connect()	정의된 응용 프로세스에 논리적인 연결을 만들거나 지정된 응용 프로세스에 응용 연계를 형성한다.
mm_listen()	연결 표시(connect indication)를 받을 준비를 한다.
mm_slisten()	연결 표시를 받는 것을 중지한다.
mm_answer()	연결 표시에 대해 응답한다.
mm_conclude()	연결 종료를 요구한다.
mm_coresponse()	연결 종료 표시(conclude indication)에 대해 응답한다.
mm_ireceive()	원격 요구자로 부터의 표시(indication)를 수신한다.
mm_cancel()	이전 확인 요구(confirmed request) 서비스를 취소한다.
mm_caresponse()	최소 요구에 대해 응답한다.

2) 가상 생산 장치 지원 함수

가상 생산 장치 지원 서비스를 사용하여 특정 가상 생산 장치에 대한 자세한 내용을 얻을 수 있다. 가상 생산 장치에서 얻을 수 있는 정보로는 장치의 제조자 이름(vendor name), 모델명, 판 번호(revision), 가상 생산 장치의 현재 상태, 가상 생산 장치에 정의되어 있는 MMS 객체들의 목록, 가상 생산 장치의 능력이 있다.

위와 같은 정보들은 다음 함수들을 사용하여 얻을 수 있다.

[표 3.3] 가상 생산 장치 지원 함수 목록

함수명	설명
mm_identify()	가상 생산 장치에 관한 ID 정보(제조자 이름, 모델명, 판 번호)를 요구한다.
mm_vresponse()	가상 생산 장치에 관한 ID 정보를 요구자에 알려준다.
mm_status()	0가상 생산 장치의 상태 정보를 서버에 요구한다.
mm_sresponse()	상태 정보를 위한 요구자의 요구에 응답한다.
mm_gnlist()	가상 생산 장치에 정의된 MMS 객체들의 목록을 서버에 요구한다.
mm_nlresponse()	가상 생산 장치에 정의된 능력과 자원들의 목록에 대한 요구자의 요구에 응답한다.
mm_gclist()	가상 생산 장치에 정의된 능력과 자원들의 목록을 서버에 요구한다.
mm_gcresponse()	가상 생산 장치에 정의된 능력과 자원들의 목록에 대한 요구자의 요구에 응답한다.
mm_ustatus()	요구자에 비요청 상태(Unsolicited status) 정보를 보낸다.

3) 영역 관리 함수

[표 3.4] 영역 관리 함수 목록

함수명	설명
mm_idsequence()	영역을 내려 받기하기 위해 서버에 요구한다.
mm_idresponse()	영역을 내려 받기하기 위한 요구자의 요구에 응답한다.
mm_dsegment()	영역 세그먼트를 전송하기 위해 요구자에 요구한다.
mm_dsresponse()	영역 세그먼트를 전송하기 위한 서버의 요구에 대해 응답한다.
mm_tdsequence()	내려 받기 시퀀스를 종결하기 위하여 요구자에 요구한다.
mm_tdresponse()	내려 받기 순서의 종결을 위한 서버의 요구에 대해 응답한다.
mm_iusequence()	영역을 올려주기하기 위해 서버에 요구한다.
mm_iulresponse()	영역을 올려주기하기 위한 요구자의 요구에 응답한다.
mm_usegment()	영역 세그먼트를 전송하기 위해 서버에 요구한다.
mm_usresponse()	영역 세그먼트를 전송하기 위한 요구자의 요구에 대해 응답한다.
mm_tusequence()	올려주기 순서를 종결하기 위해 서버에 요구한다.
mm_turesponse()	올려주기 순서를 종결하기 위한 요구자의 요구에 대해 응답한다.
mm_rddownload()	영역 내려받기 순서를 기동하기 위해 요구자에 요구한다.
mm_ddresponse()	영역 내려받기 순서를 기동하기 위한 서버의 요구에 대해 응답한다.
mm_rdupload()	영역 올려주기 순서를 기동하기 위해 요구자에 요구한다.
mm_duresponse()	영역 올려주기 순서를 기동하기 위한 서버의 요구에 대해 응답한다.
mm_ddelete()	정의된 영역을 삭제하기 위해 서버에 요구하고 모든 연계메모리를 해제한다.
mm_ddtresponse()	정의된 영역을 삭제하기 위한 요구자의 요구에 대해 응답하고 모든 연계메모리를 해제한다.
mm_gdattribute()	정의된 영역에 관한 속성 정보를 얻기 위해 서버에 요구한다.
mm_daresponse()	정의된 영역에 관한 속성 정보를 얻기 위한 요구자 요구에 대해 응답한다.
mm_ldcontent()	파일 저장소나 파일 서버로 부터 목적 영역으로 파일을 로드하기 위해 서버에 요구한다.
mm_ldresponse()	목적 영역으로 파일을 로드하기 위한 요구자의 요구에 대해 응답한다.
mm_sdcontent()	서버에 정의된 영역의 내용을 파일이나 파일 저장소에 저장시키기 위해 요구한다.
mm_sdresponse()	영역의 내용을 파일이나 파일 서상소에 저장하기 위한 요구자의 요구에 대해 응답한다.

4) 프로그램 기동 관리 함수

[표 3.5] 프로그램 기동 관리 함수 목록

함수명	설명
mm_cpinvocation()	프로그램 기동을 생성할 것을 서버에 요구한다.
mm_cpresponse()	요구자의 프로그램 기동 생성 요구에 대해 응답한다.
mm_pidelete()	정의된 프로그램 기동을 삭제할 것을 서버에 요구한다.
mm_dpresponse()	요구자의 프로그램 기동 삭제 요구에 대해 응답한다.
mm_strt()	정의된 프로그램 기동를 시작할 것을 서버에 요구한다.
mm_sttresponse()	요구자의 프로그램 기동 시작 요구에 대해 응답한다.
mm_stop()	정의된 프로그램 기동을 중지할 것을 서버에 요구한다.
mm_stpresponse()	클라이언트의 프로그램 기동 중지 요구에 대해 응답한다.
mm_resume()	정의된 프로그램 기동을 재개할 것을 서버에 요구한다.
mm_rsmresponse()	요구자의 프로그램 기동 재개 요구에 대해 응답한다.
mm_rst()	정의된 프로그램 기동을 복귀할 것을 서버에 요구한다.
mm_rsresponse()	요구자의 프로그램 기동 복귀 요구에 대해 응답한다.
mm_gpinvocation()	정의된 프로그램 기동의 속성을 얻기 위해 서버에 요구한다.
mm_piaresponse()	정의된 프로그램 기동의 속성을 얻기 위한 요구자의 요구에 대해 응답한다.
mm_kill()	프로그램 기동을 소멸할 것을 서버에 요구한다.
mm_kresponse()	요구자의 프로그램 기동 소멸 요구에 대해 응답한다.

5) Variable Access Functions

[표 3.6] Variable Access 함수 목록

함수명	설명
mm_read()	한 개 혹은 다수의 변수값을 읽기 위해 서버에 요구한다.
mm_rresponse()	한 개 혹은 다수의 변수값을 읽기위한 요구자의 요구에 대해 응답한다.
mm_write()	한 개 혹은 다수의 변수값을 쓰기 위해 서버에 요구한다.
mm_wresponse()	쓰기 요구에 대한 요구자의 요구에 대해 응답한다.
mm_rinformation()	한 개 혹은 다수의 변수값을 요구자의 요구 없이 요구자에게 전달한다.
mm_gaattribute()	서버에 정의된 변수(변수 데이터 형태)의 속성을 얻기 위해 요구한다.
mm_gvresponse()	변수의 속성을 얻기 위한 요구자의 요구에 대해 응답한다.
mm_dlvariable()	국부 가상 생산 장치에 MMS 변수를 만든다.
mm_glvariable()	국부 MMS 변수의 속성을 얻는다.
mm_lvdelete()	국부 가상 생산 장치로 부터 변수를 삭제한다.
mm_dllist()	변수들의 목록을 만들어서 국부 가상 생산 장치에 목록을 저장한다.
mm_gllist()	국부 변수 목록의 속성을 얻는다.
mm_lldelete()	국부 가상 생산 장치에서 변수 목록을 삭제한다.
mm_dltype()	새로운 MMS 데이터 형의 사양과 이름을 가상 생산 장치에 정의한다.
mm_gltype()	이름 형의 사양을 얻는다.
mm_ltdelete()	MMS 데이터 형을 삭제한다.
mm_nmtype()	새로운 MMS 형을 만든다.
mm_nvspecification()	변수의 사양을 만든다.
mm_nvassociation()	변수를 나타내는 단일 객체(Variable association)를 만든다.
mm_ndata()	MMSI가 사용할 수 있도록 프로그램 변수값의 복사본을 만든다.
mm_vget()	국부적 프로그램 변수로부터 데이터를 얻고 MMS 변수 연계 객체의 사용을 위한 데이터 핸들을 만든다.
mm_vput()	데이터 핸들을 통해 접속된 MMS 변수 연계로 부터 프로그램 변수로 데이터를 만든다.
mm_imtype()	원격 가상 생산 장치에 의해 사용된 데이터 형을 해석한다.
mm_ivspecification()	변수 사양이 지정된 변수 식별자(identifier)를 얻는다.
mm_ivassociation()	변수 연계에 관한 자세한 정보를 얻는다.

[표 3.7] Variable Access 함수 목록 (계속)

함수명	설명
mm_ndata()	MMSI가 사용할 수 있도록 프로그램 변수값의 복사본을 만든다.
mm_vget()	국부적 프로그램 변수로부터 데이터를 얻고 MMS 변수 연계 객체의 사용을 위한 데이터 핸들을 만든다.
mm_vput()	데이터 핸들을 통해 접속된 MMS 변수 연계로 부터 프로그램 변수로 데이터를 만든다.
mm_imtype()	원격 가상 생산 장치에 의해 사용된 데이터 형을 해석한다.
mm_ivspecification()	변수 사양이 지정된 변수 식별자(identifier)를 얻는다.
mm_ivassociation()	변수 연계에 관한 자세한 정보를 얻는다.
mm_idrepresentation()	데이터 핸들을 통해 MMS 변수의 값을 얻는다.
mm_dvariable()	원격 가상 생산 장치에 변수를 정의하고 이름을 부여한다.
mm_dvresponse()	변수를 생성하기 위한 요구에 대해 응답한다.
mm_vadelete()	원격 가상 생산 장치에 이름 있는 변수 접근(variable access) 객체를 삭제하기 위해 서버에 요구한다.
mm_vadresponse()	이름 있는 변수 접근 객체를 삭제하기 위한 요구자의 요구에 대해 응답한다.

6) 운용자 통신 함수

[표 3.8] 운용자 통신 함수 목록

함수명	설명
mm_input()	데이터 스트링을 전송하라고 서버에 요구한다.
mm_inresponse()	데이터 스트링을 전송하라는 요구자의 요구에 대해 응답한다.
mm_output()	조작자 스테이션에 데이터 스트링을 출력하라고 서버에 요구한다.
mm_otresponse()	데이터 스트링을 출력하라는 요구자의 요구에 대해 응답한다.

7) MAP 사건 관리 함수

[표 3.9] MAP 사건 관리 함수 목록

함수명	설명
em_wait()	사건의 발생을 기다리라는 함수이다. 비동기 서비스 방식을 사용할 경우에 이용하는 유용한 함수로 미리 정의된 사건이나 프로그래머가 정의한 사건이 발생하면 해당 사건의 발생을 응용에 알려준다.

8) 지원 함수

[표 3.10] MAP 사건 관리 함수 목록

함수명	설명
mm_didcb()	MMSI 자료제어블록에 해당하는 메모리를 할당하고 기본값으로 초기화한다.
mm_dfdcb()	mm_didcb에 의해 할당된 메모리를 해제한다.
mm_fdmemory()	응용이 수행되는 동안 MMS에 의해 자동적으로 할당되는 비자료 제어블록(non-DCB) 메모리를 해제한다.
mm_mlist()	MMS 목록을 새로 만들거나 목록에 구성 요소를 추가한다.
mm_leextract()	MMS 목록으로부터 구성요소를 얻는다.
mm_dhandle()	핸들의 논리적 사본이나 물리적 사본을 만든다.
mm_fhandle()	데이터 핸들을 해제하고 할당된 자원을 복구한다.

3.1.3 MMS 통신망 모델

이 절은 MMS의 설계와 실행을 도와주는 기본적인 개념을 다룬다. 이 개념을 잘 이해하는 것이 MMS 응용을 만드는데 중요하다.

3.1.3.1 MMS 모델에서의 프로세스

1) 응용 프로세스(Application Process: AP)

응용 프로세스는 실행 중에 있는 응용 프로그램이다. 다시 말하면, 응용 프로세스는 우리가 MMS 응용을 시작할 때 만들어지는 프로세스이다. 응용 프로세스는 생산 환경에서 제어하거나 혹은 감시할 때 어떤 방식으로든 사용된다.

2) 서비스 제공 프로세스(Service Provider Process: SPP)

MMS에서 서비스 제공 프로세스는 응용 프로세스의 종속 프로세스이다. 응용 프로세스가 서비스 제공 프로세스를 만들며, 그 때 서비스 제공 프로세스는 응용 프로세스가 만든 MMS 요구를 돕는다. 응용 프로세스는 서비스 제공 프로세스의 존재를 제어한다. 서비스 제공 프로세스는 응용 프로세스에 의해서 만들어지고 종결되며 항상 응용 프로세스가 끝날 때 종결된다. 하나의 응용 프로세스가 하나보다 더 많은 서비스 제공 프로세스를 만들 수 있고, 하나의 서비스 제공 프로세스는 하나 이상의 원격 장치들과 통신할 수 있다.

응용 프로세스와 서비스 제공 프로세스의 관계를 예를 들어 살펴보면, 어떤 응용 프로세스가 원격의 상대방에 대해 연결을 설정하려면, 그것은 mm_connect() 함수를 호출해야만 한다. 이 함수는 요구 서비스 제공 프로세스(request SPP)에 통지하고 적절한 세부 사항을 제공한다. 서비스 제공 프로세스는 연결을 설정하기 위한 실제 절차를 수행한다. 일단 연결이 설정되면, 서비스 제공 프로세스는 연결과 관련된 세부 사항과 함께 이 사실을 다시 응용 프로세스에 알린다.

3.1.3.2 용어

통신망을 기술하기 위해서, MMS에는 관련된 시스템에 대한 몇몇 용어들이 정리되어 있으며 이 개념들은 프로피버스, 파운데이션 필드버스 FIP등과 같은 필드버스 통신망 기술들이 거의 동일하게 적용된다.

1) 클라이언트와 서버

MMS 프로세스에서 클라이언트는 MMS 응용을 운영하는 셀 제어기이다. 서버는 셀 제어기의 명령 아래에 있는 FFD이다. 이 정의에 기초하여 MMS는 기본적으로 클라이언트 기능을 실행한다. 그러나, 통신 실체 간 통신을 허용하고 서비스의 균형을 유지하지 위해서 MMS는 임의의 서버-클래스 함수를 실행한다.

2) 요구자와 응답자

요구자는 원격 시스템에 대해 요구를 하는 응용 프로세스에서 작동하는 서비스 제공 프로세스이다. 응답자는 응답 응용 프로세스에서 요구를 받아 응답하는 서비스 제공 프로세스이다.

3) 호출 응용 프로세스(calling AP)와 피호출 응용 프로세스(called AP)

Mm_connect()를 통해서 연결 요구를 하는 응용 프로세스를 호출 응용 프로세스라고 부른다. Mm_answer()을 통해서 요구에 응답하는 응용 프로세스를 피호출 응용 프로세스라고 부른다. 이들 용어는 mm_connect()와 mm_answer()에 대한 함수 파라미터에서 나타난다.

4) 송신 그리고 수신 응용

서비스 제공 프로세스가 요구 또는 응답 중 하나를 줄 때, 그것은 송신 서비스 제공 프로세스이다. 수신 응용은 보완적인 임무를 가진다. 서비스 제공 프로세스는 자주 MMS 서비스 처리 동안 양쪽의 임무를 취한다.

〈그림 3.2〉는 이 관계를 보여준다. 앞에서 설명한 용어들은 이 책 전반에 걸쳐 나타나기 때문에 이들에 대해 잘 알아두면 유용하다.

3.1.3.3 응용 프로세스 사이의 상호작용

응용 프로세스는 작동 시스템과 운영되는 시스템의 물리적 자원 사이에서 작용한다. 더 나아가, 응용 프로세스는 원격 시스템 상의 다른 응용 프로세스와 함께 협력해야 한다. 생산 자동화를 이룩하려면 모든 응용 프로세스들은 생산 환경을 잘 묘사할 수 있어야 한다. 다시 말하면 협력하는 응용 프로세스들은 실행되는 환경과 작업에 대한 공통된 모델을 가져야 한다. 이 절에서는 이런 개념들을 설명한다.

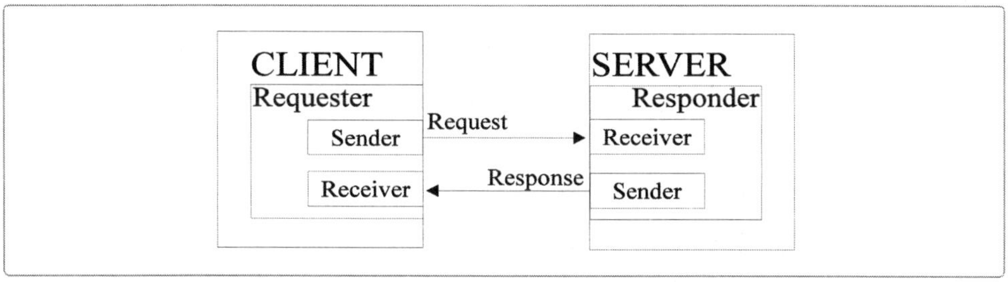

▌그림 3.2▐ MMS 용어들 사이의 관계

실제 환경은 압축기, 컨베이어, 수압 펌프 등과 같은 실제 장치를 포함한다. 공장 자동화 시스템은 이 실제 환경과 그것의 내부 제어 메커니즘을 MMS 객체로 모델링한다. MMS 객체에는 다음과 같은 것들이 있다.

- 자료 유형(Data types)
- 변수(Variables)
- 조작자 스테이션(Operator stations)
- 프로그램(Programs)

이 MMS 객체들은 MMS 응용이 조정할 수 있는 요소들이다. 이 객체들과 이들 사이의 관계를 가지고 환경 모델을 구성하게 된다. 이 객체들의 어떤 특성은 객체의 정의에 의해 고정되고 또 어떤 것들은 동적이며 실행 과정 중에 변화하기도 한다. 예를 들면 어떤 프로그램의 한 정적 특성은 140킬로바이트와 같은 파일의 크기이고, 동적 특성은 쉬는 상태(IDLE), 동작중(RUNNING) 등 그 프로그램의 상태라고 할 수 있다.

협력 중인 응용 프로세스들의 활동은 다음 2개의 요인에 기반 한다.

- 공통의 환경 모델: 모델이 포함하는 객체, 특성, 상호 작용 등의 영향
- 응용 프로세스들의 이전 상호작용의 영향

예를 들어 임의의 두 응용 프로세스간의 상호작용을 고려해보자. 둘 다 어떤 특정 프로그램이 어떤 장치에서 작동하는지를 알고, 더 나아가, 그것들은 프로그램이 그 장치에서 시작되었는지에 대한 정보도 공유한다. 성공적인 상호작용은 양쪽이 관련된 모든 객체의 존재와 특성에 동의하고, 계속되는 상호작용의 영향을 이해하는 한 계속된다. 만약, 응용 프로세스들 중 어느 하나가 다른 응용 프로세스에게 특정 변수의 값을

제공할 것을 요구하는 경우, 응답하는 응용 프로세스가 이 변수에 대해 모른다면 에러 응답을 할 수 밖에 없다. 이런 경우에는 상호작용이 계속되지 않을 수 있게 된다.

이 개념은 MMS 응용을 개발하는 사람들에게 중요하다. 이것은 MMS 응용 프로그램이 다음과 같은 사항을 포함해야 한다는 것을 의미한다.

- MMS 응용이 동작하는 환경에 대한 정보 및 지식은 다음과 같은 것들이 있다.
  - 통신할 수 있는 다른 응용 프로세스에 대한 지식. 즉, 다른 응용 프로세스가 이 응용객체로부터 무엇을 기대하는 가와 그것들이 무슨 일을 실행하는 가에 대해 알아야 한다.
  - 다른 응용 프로세스와 함께 공유하는 객체들에 대한 지식
  - 공유하는 객체의 특성과 관계에 대한 지식
- 다른 응용 프로세스와의 상호작용을 성공적으로 하는 조건을 가지고 있어야 한다.
- 실패하는 경우와 다른 기대하지 못한 조건을 다룰 수 있어야 한다.
- 어떻게 이 모든 요인들이 실제 환경과 실행되는 작업에 관계되는지에 관한 명확한 이해를 하고 있어야 한다.

3.1.3.4 서비스 제공 프로세스와 응용 개체(Application Entity: AE)

앞에서 언급했듯이 MMS 응용은 몇 개의 장치 상의 프로그램들 사이의 상호 작용과 협력에 의존한다. 이러한 분산된 환경은 많은 수의 협력하는 응용 프로세스로 이루어져 있다. 그러나 응용 프로세스가 하는 것의 대부분은 국부적이며 다른 응용 프로세스와 통신하는 것과는 관계없다. 이런 의미에서 통신망과 관련된 일부 응용 프로세스를 기술하기 위해서, 개방형 시스템 간 상호 접속 통신망 모델에 대해 응용 개체라는 용어를 사용한다.

MMS에서 서비스 제공 프로세스와 인터페이스 라이브러리는 응용 개체와 밀접한 관계가 있다. MMSI 인터페이스와 서비스 제공 프로세스는 응용 프로세스에게 MMS 서비스를 사용할 능력을 제공하며, '응용 개체 기동'을 구성한다. 하나의 응용 프로세스는 같은 응용 개체에 있는 기동의 여러 서비스 제공 프로세스를 시작할 수 있다. MMS 라이브러리에 있는 함수들과 자료 구조들 중 약간은 '응용 개체'를 그들의 이름 중 일부로써 포함한다. 예를 들면 mm_aeactivation() 함수는 list_of_ae_title이라 불리는 변수를 파라미터로 받는다.

3.1.3.5 MMS 통신의 기본

MMS 통신의 기본 개념 중 기본적인 내용들을 소개한다. 이들 개념에 대해 잘 이해하는 것이 MMS 응용을 설계하고 실행하는 데에 있어서 필수적이다.

3.1.3.6 MMS 통신의 작동 방법

1) 요구(Request)

응용 프로세스가 MMS 서비스를 요구할 필요가 있을 때 하는 것이다. 요구는 협력하는 응용 프로세스로부터의 응답을 끌어내려는 의도를 가진 외적인 알림이다.

2) 지시(Indication)

요구가 도착지에 다다르고 협력 응용 프로세스에게 보여지게 되었을 때, 그 응용 프로세스는 그것을 지시라고 본다. 지시는 응용 프로세스가 반응하도록 요구하는 내적인 알림이다.

3) 응답(Response)

응용 프로세스가 지시를 받고 그것에 반응하면 요구자에게 응답을 준다. 응답은 요구자에게 다시 요구의 결과를 전달하려는 의도를 가진 외적인 알림이다.

4) 확인(Confirmation)

응답이 그것의 도착지에 다다르고 원래 요구한 응용 프로세스에게 보여지게 되었을 때, 그 응용 프로세스는 그것을 확인이라고 본다. 확인은 응용 프로세스가 이전 요구의 결과와 관련된 정보를 포함하기 위한 내적인 알림이다.

3.1.3.7 확인, 비확인 서비스

MAP 3.0 프로토콜은 두 가지 형태의 MMS 서비스를 정의한다. 확인 서비스는 요구, 지시, 응답, 확인의 전 과정을 사용한다. 확인되지 않는 서비스는 단지 요구와 지시만을 사용한다. 그것들은 응답이나 확인을 사용하지 않는다.

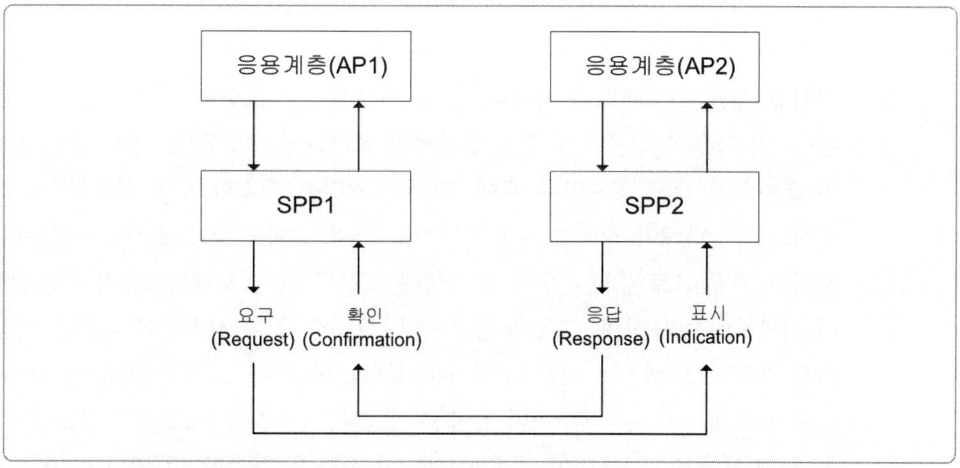

| 그림 3.3 | 4가지 MMS 메시지

1) 확인 서비스

확인 서비스를 요구하면 응답자는 요구를 받아 처리했다는 것과 그 결과를 알려준다. 말하자면, 응답자가 요구에 대한 확인을 한다. 확인 서비스 요구는 요구, 지시, 응답, 확인의 완전한 순환으로 이루어진다. 대부분의 MMS 서비스가 확인 서비스이며 예를 들면 mm_read()가 있다. 이 함수는 서버에게 MMS 변수로부터 자료값을 제공할 것을 요구한다. 확인은 요구된 자료를 포함한다.

2) 비확인 서비스

우리가 비확인 서비스를 사용할 때, 응답자는 확인을 보내지 않는다. MAP 3.0 프로토콜의 낮은 수준의 요구의 전달이라 할 수 있다. 수신자는 요구를 처리하나, 받았음을 알리지는 않는다. 비확인 서비스는 단지 하나의 요구와 지시만을 포함한다. 응답이나 확인은 없다. 예를 들어, FFD는 특정 프로그램이 실행을 완성했을 때 셀 제어기에 통지하기를 원할 수 있다.

그 때 FFD는 UnsolicitedStatus()라는 비확인 함수를 사용할 수 있다. 이 함수는 클라이언트에게 현재 상황을 알린다.

3.1.3.8 동기, 비동기 통신

우리는 동기 함수 호출에 익숙하다. 동기 호출을 따르는 코드는 호출의 효과가 완료되었다고 가정한다. 예를 들어, mm_malloc()함수가 되돌아왔을 때, 에러의 경우를 제외하고는 메모리가 할당되어진다. mm_malloc()함수의 호출은 어떤 막연한 시간이 지나서 메모리를 할당하게 하지는 않는다. 따라서 이 호출의 효과는 동기적이라고 한다. 우리는 어떠한 MMSI 함수에 대해서도 동기 호출을 할 수 있다.

우리는 또한 많은 MMSI 함수에 대해서 비동기 호출도 할 수 있다. 이들 함수는 호출이 동기인지 비동기인지를 명시하는 파라미터를 포함한다. 우리가 비동기 호출을 했을 때, 인터페이스는 처음에 호출이 유효한지를 결정한다. 만약 그렇다면, 요구는 서비스 제공 프로세스를 지나며, 응용 프로세스는 호출이 성공되었다는 것을 통보받는다. 이 경우의 성공은 요구의 성공적인 초기화에 해당된다. 응용 프로세스가 성공적인 초기화에 대해 통보받은 후에, 그것은 처리를 계속할 것을 허용한다. 그것은 나중에 요구 그 자체가 성공했는지 아닌지를 서비스 제공 프로세스에게 묻는다. 그 동안, 서비스 제공 프로세스는 원격 시스템에 요구를 다시 보낸다. 원격 시스템은 이 요구에 기반하여 행동하며, 그것에 응답한다. 요구한 국부 시스템이 확인을 받았을 때, 서비스 제공 프로세스는 다른 도착하는 확인들과 함께 그것을 대기시킨다. 후에, 국부 응용 프로세스의 요구에, 서비스 제공 프로세스는 원격 시스템이 제공한 정보를 제공한다. 만약 원격 시스템이 성공적으로 이 요구를 처리할 수 없다면, 이 결과는 바로 응용 프로세스에게 알려지게 된다. 통신망 요구가 처리되는 동안 응용 프로세스도 또한 처리를 계속하도록 허용된다는 사실에 주목하자. 이 호출과 그것의 궁극의 효과는 비동기이다.

MMSI 함수에 대해 비동기 호출을 하는 능력은 응용 설계와 코드화에 중요한 역할을 한다. 이 능력은 또한 MMS에게 비동기 함수 호출의 궁극적인 결과를 보고하는 em_wait() 함수를 제공할 것을 요구한다.

✤ 비동기 응용

예를 들어, 셀 제어기가 10개의 서로 다른 프로그램 가능 논리 제어기로부터 통계를 모으고 있고, 응답의 순서는 중요하지 않다고 가정하자. 셀 제어기는 10개의 장치로부터 자료를 읽는 10개의 비동기 호출을 줄 수 있다. 그러고 나서 그것은 응답이 되돌아 올 때마다 통계를 처리한다. 통계 전부를 처리하는 작업은, 셀 제어기가 각각의 장치에게 따로따로 묻고 그것의 응답을 기다려야 하는 방법보다는 이러한 방식으로 바로 처리될 수 있다.

다른 예제로서, 5개의 프로그램 가능 논리 제어기에게 프로그램 자료를 내려줄 필요가 있는 셀 제어기를 상상하자. 프로그램 가능 논리 제어기가 준비되었을 때, 그것들은 자동자 몸체 용접 작업과 같은 어떤 일을 함께 수행하고 있을 것이다. 셀 제어기는 처리를 빠르게 하기 위해 비동기로 내려 받기를 수행할 것이다. 5개의 내려받기 모두가 끝났을 때, 셀 제어기는 작업을 시작하라는 비동기 요구에 연속적으로 빠르게 5개의 프로그램 가능 논리 제어기를 활성화시킬 수 있다.

3.1.3.9 MMSI에서 콘택스트 센서티브

많은 MMSI 함수의 효과는 함수가 실행되었을 때의 응용 개체 기동의 현 상태에 의존한다. 응용 개체 기동의 상태는 모든 환경을 반영해 준다. 앞에서 지적되었던 바와 같이, 이 상태들은 종종 이전의 MMSI 함수 호출의 결과이다. 다른 함수들은 이전의 사건에 무관하다.

함수는 그들의 속성에 따라 분류된다.

- 만약 어떤 함수가 국부적인 범위에 영향을 주든지 원격으로 영향을 주든지 간에 응용 개체와 함께 상호작용하면 그것은 콘택스트-센서티브(context-sensitive) 라고 말한다.
- 만약 어떤 함수가 국부적인 범위에 영향을 주든지 원격으로 영향을 주든지 간에 응용 개체와 상호작용하지 않으면 그것은 콘택스트-프리(context-free) 라고 말해진다. 이 함수들은 종종 나중에 콘택스트-센서티브한 함수 호출에 사용될 MMS 자료 구조를 조정한다. 대부분의 콘택스트-프리 함수들은 변수 접근 관련 서비스

와 관계있다.

예를 들어, mm_stop() 함수에 대한 호출을 고려하자. mm_stop()에 대한 호출은 원격 장치 상의 프로그램의 실행을 멈추도록 한다. 이것을 실행하는 것은 원격 장치 상의 AE와의 상호작용을 요구한다. 그러므로 mm_stop()은 콘택스트-센서티브하다. 그리고 mm_mlist() 함수를 고려하자. 이 함수는 다른 MMSI 함수가 사용되기 위한 항목들의 목록을 만든다. 이것은 서비스 제공 프로세스와의 상호작용을 요구하지는 않는다. 그러므로 mm_mlist()는 콘택스트-프리하다.

이들 개념은 MMS 전반에 걸쳐 나온다. 예를 들어, 콘택스트-프리 함수들은 어떤 응용개체와도 상호작용하지 않기 때문에, 그것들은 정의상 논리적이고 원격의 응용 프로세스들에 어떠한 작용도 할 수 없다는 것에 주목하자. 그 반대로, 콘택스트-센서티브 함수는 이들 함수가 통신망을 가로질러 정보의 교환을 할 수 있기 때문에 원격 응용 프로세스들에게 어떤 작용을 할 수 있다.

3.1.4 MMS 서비스

3.1.4.1 읽기 서비스

읽기 서비스는 가상 생산 장치가 가상 생산 장치안에 정의된 하나 이상의 변수의 값을 돌려주는 것을 요구하기 위해 클라이언트 MMS이용자에 의해 사용된다.

1) 구조

이 구성요소 서비스 프리미티브들의 구조는 표와 같다.

❶ 인수

이 파라미터는 읽기 서비스 요구에 대한 서비스 특정 파라미터들을 전송한다.

✜ 지정 회신

이 부울 파라미터는 응답 프리미티브가 발생되었을 때 결과(+) 파라미터에 변수 접근 지정 파라미터가 요구되는지를 나타낸다. 만약 참이고 응답 프리미티브가 성공을 나타내면, 지시 프리미티브의 변수 접근 지정 파라미터의 값이 응답 프리미티브의 결과(+) 파라미터안에 반환된다. 만약 거짓이면, 변수 접근 지정 파라미터는 포함되지 않는다.

✜ 변수 접근 지정

이 파라미터는 접근되는 변수들을 나타낸다.

[표 3.11] 파라미터의 변수 접근 지정 예

파라미터 이름	요구	지시	응답	확인	적합성 형성 블럭
인수	M	M(=)			
지정 회신	M	M(=)			
변수 접근 지정	M	M(=)			
결과(+)			S	S(=)	
변수 액서스 지정			C	C(=)	
액서스 결과 목록			M	M(=)	
결과(–)			S	S(=)	
오류 형			M	M(=)	

❷ 결과(+)

결과(+) 파라미터는 요구되는 서비스가 성공임을 나타낸다.

❖ 변수 접근 지정

만약 지시 프리미티브에서 요구되었다면, 이 파라미터는 존재한다. 그렇지 않으면 생략된다. 만약 포함되면 이것은 지시 프리미티브로부터 입수한 변수 접근 지정 파라미터를 포함한다.

❖ 접근 결과 목록

이 파라미터는 변수 접근 지정 파라미터에 의해 나타내어지는 순서로 특정 변수들의 값을 포함한다. 이 목록 각각의 요소는 접근 결과인 데, 이는 변수 형 기술과 교체 접근(적용 가능하다면)이 적용된 후 접근 시의 실변수의 값, 또는 분산 접근 객체에 의해 나타내어지는 구조화 변수의 값, 또는 접근 오류의 원인을 나타낸다.

❸ 결과(-)

결과(-) 파라미터는 서비스 요구가 가상 생산 장치에 의해 유효하지 않거나 받아들일 만하지 못하거나 거부되어짐을 나타낸다. 오류 형 파라미터는 요구가 거부되는 이유를 제공한다.

2) 서비스 절차

서비스 요구의 유효성을 검증한 후 가상 생산 장치는 지정된 변수의 값에 대한 읽기를 시도하고, 변수 접근 지정 파라미터에 지정된 순서대로 각각에 대해 읽기 시도의 접근 결과를 반환한다.

3.1.4.2 쓰기 서비스

쓰기 서비스는 가상 생산 장치가 하나이상의 변수의 내용을 요구 상에 제공된 값으로 대치되도록 요구하기 위하여 클라이언트 MMS 이용자에 의해 사용된다.

1) 구조

구성요소 서비스 프리미티브들의 구조는 다음과 같다.

[표 3.12] 구성요소 서비스 프리미티브들의 구조

파라미터 이름	요구	지시	응답	확인	적합성 형성 블럭
인수	M	M(=)			
변수 액서스 지정	M	M(=)			
데이터 목록	M	M(=)			
결과(+)			S	S(=)	
쓰기 결과 목록			M	M(=)	
성공			M	M(=)	
데이터 액서스 오류			C	C(=)	
결과(–)			S	S(=)	
오류 형			M	M(=)	

❶ 인수

이 파라미터는 쓰기 서비스 요구에 대한 서비스 특정 파라미터들을 전송한다.

✤ 변수 접근 지정

이 파라미터는 쓰일 변수들을 지정한다.

✤ 데이터 목록(List Of Data)

이 파라미터는 변수 접근 지정 파라미터에 의해 나타내지는 변수에 쓰이는 값을 나타낸다. 이 값들은 변수 접근 지정 파라미터 안에 기술되는 변수들의 순서대로 이 목록 안에서 발생한다. 데이터 파라미터는 적용과 같이 변수의 형 기술(또는 분산 접근 기술) 그리고 교체 접근 기술에 의해 결정된다.

❷ 결과(+)

결과(+) 파라미터는 요구되는 서비스가 성공했음을 나타낸다.

✜ 쓰기 결과 목록

쓰기 결과 목록 파라미터는 요구 상에 식별된 변수들의 순서에 따른 지정된 목록을 반환한다. 이 목록은 각 변수에 대해 그 변수에 대한 쓰기가 성공했다는 확인이거나 실패의 이유를 나타낸다.

✜ 성공

이 논리형의 파라미터는 주어진 변수에 대해 쓰기가 성공인지 (참) 아닌지 (거짓)를 나타낸다.

✜ 데이터 접근 오류

만약 실패가 표시되면 이 파라미터는 실패에 대한 원인을 제공한다.

❸ 결과(-)

결과(-) 파라미터는 서비스 요구가 유효하지 않거나 가상 생산 장치에게 수용 불가하여 거부되었음을 나타낸다. 오류 형 파라미터는 요구가 거부된 이유를 제공한다.

2) 서비스 절차

가상 생산 장치는 전체 변수 접근 지정과 데이터 목록을 검사하여 서비스 요구의 유효성을 검증한다. 만약 데이터 목록의 요소들이 변수 접근 지정상의 형 및 요소 수와 일치하지 않으면, 결과(-)가 반환된다. 그렇지 않으면 가상 생산 장치는 지정된 각 변수의 값을 쓰려고 시도하고, 변수 접근 지정 파라미터에서 지정된 순서대로 쓰기 실패 원인의 표시나 쓰기 성공의 확인을 반환한다. 쓰기 결과 목록과 함께 결과(+)가 반환된다.

3.1.4.3 정보 보고 서비스

정보보고 서비스는 MMS 이용자에 의해 자신이 읽은 대로 다른 MMS 이용자에게 하나 이상의 지정된 변수들의 값을 알려주기 위해 사용된다.

1) 구조

구성요소 서비스 프리미티브들의 구조는 표와 같다.

[표 3.13] 구성요소 서비스 프리미티브들의 구조

파라미터 이름	요구	지시	적합성 형성 블럭
인수	M	M(=)	
변수 액서스 지정	M	M(=)	
액서스 결과 목록	M	M(=)	

❶ 인수

이 파라미터는 정보보고 서비스 요구에 대한 서비스 특정 파라미터들을 전송한다.

✜ 변수 접근 지정

이 파라미터는 보고되는 값들에 대한 변수들을 식별한다.

✜ 접근 결과 목록

이 파라미터는 변수 접근 지정 파라미터에 의해 지정된 순서대로 지정된 변수들의 값들을 포함한다. 목록의 각 요소는 접근 결과이고, 이것은 접근시의 변수 값이나 실패의 원인을 나타낸다.

2) 서비스 절차

MMS는 정보보고 서비스의 호출 또는 수신 절차를 지정하지 않는다. 이 서비스의 사용은 응용에 따른다. 정보보고 결과는 만약 상대편 MMS 이용자가 개시 서비스에서 지원되는 서비스 파라미터에 정보보고 서비스의 지원을 표시하지 않았다면 전송되지 않는다. 이것은 비확인 서비스이다.

3.1.5 MMS 부가 표준안 사례

Profibus FMS(Fieldbus Message Specification)는 국제 생산 메시지 규약인 MMS (Manufacturing Message Specification)의 API 기능이 강화된 MMS 부가 표준안으로 볼 수 있다.

FMS 프로토콜 구성 중 FM 7(Fieldbus Management) 7)은 FMS 네트워크의 구성 및 관리를 위한 서비스로서 각 노드의 정의, 노드간의 통신관계 설정, 통신객체의 등록 및 삭제, 변경, OD관리 등을 수행할 수 있다.

PROFIBUS-FMS의 핵심은 응용계층 서비스인 FMS이다. PROFIBUS-FMS의 물리계층과 데이터계층은 PROFIBUS-DP와 동일하다. 따라서 PROFIBUS-FMS는 DP 네트워크와 같은 버스에 혼성으로 사용할 수도 있고 별개로 구성 될 수도 있다. FMS는 응용계층의 서비스 및 메시지 표준으로서 공장자동화 응용프로그램에서 필요로 하는 메시지 교환, 복잡한 구조화된 데이터의 전송, 장비의 제어프로그램 및 데이터 파일의 전송, 이벤트 감시 및 처리, 제조장비 프로세스 및 동작의 원격 제어를 위한 다양한 고수준 서비스 및 메시지 정보를 제공한다.

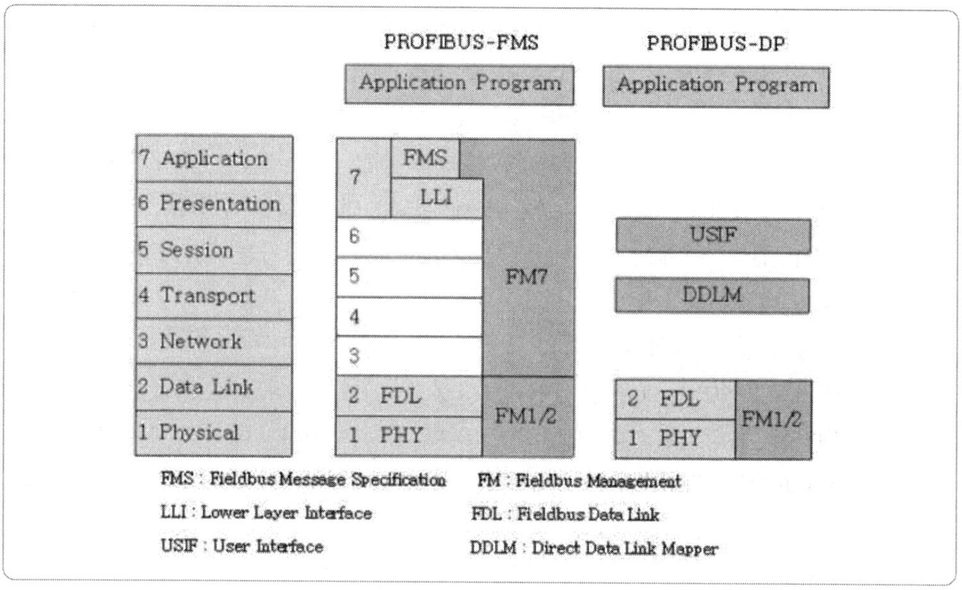

▌그림 3.4▐ PROFIBUS-FMS 프로토콜 계층 구성

FMS는 객체지향 모델링의 개념에 따라 정의된 13가지 통신객체와 이들 객체가 수행하는 39가지 통신서비스로 구성된다. 클라이언트-서버 방식의 통신서비스를 제공한다. FMS는 GM(General Motors)에서 80년대 중반에 제안한 공장자동화 통신 표준인 MAP(Manufacturing Automation Protocol)의 최상위 응용계층 메시지 표준으로 제안되어 90년 초에 표준이 확정되었던 MMS(Manufacturing Message Specification)를 단순화 개량한 MMS Subset이다.

필드버스가 널리 보급됨에 따라 CIM(Computer Integrated Manufacturing) 구축을 위해 필수적으로 요구되는 제어네트워크와 상위 정보네트워크(Information Network)와의 통합, 연동을 위하여 필드버스에 MMS를 개량한 MMS Subset을 도입하게 되었다. 이를 MMS on Fieldbus 라고 부를 수도 있다. FMS는 PROFIBUS를 지원하는 제조장비나 통신카드에 널리 채택되어 분산제어에 활용되고 있다.

LLI(Low Level Interface)는 응용계층 서비스인 FMS와 하위 데이터링크 계층 FDL(Fieldbus Data Link)을 연결하고 FMS서비스를 FDL서비스로 Mapping 하여 데이터를 전송하고, 노드간의 통신관계(Communication Relationship: CR)를 설정, 관리하며, 통신을 초기화하는 등의 기능을 수행한다.

LLI 연결은 CRL(Communication Relationship List)을 사용하여 동적으로 설정할 수 있다. FMS 노드 간에는 설정된 통신관계에 따라 다양한 방식의 통신이 가능하며 FMS 노드간의 통신 관계 구성은 Connection-Oriented/Connectionless, 마스터-마스터/마스터-슬레이브, 주기/비주기 방식 등으로 구분할 수 있다.

클라이언트는 마스터가 되고, 서버는 마스터 또는 슬레이브가 될 수 있다. 두 마스터 간에는 일대일 접속이 되고 한 마스터는 동시에 클라이언트이자 서버일 수도 있다. 클라이언트는 한 접속 상의 한 서비스를 복수로 호출 가능하다. 마스터 간에는 Token Bus 방식으로 전송권을 서로 교환한다. 한 슬레이브가 여러 마스터에 접속 가능하며 여러 마스터가 동일한 슬레이브의 변수 값을 수정할 수 있다. 노드간 논리적 통신 접속 관계는 일시 또는 영구적으로 설정가능하며 Communication Relation List(CRL)에 저장된다. 감시제어대상인 NC, Robot, PLC, PC, Remote I/O 모듈 등의 제조장비 또는 제어장치 측의 통신카드에 내장된 변수(Variables), 사건(Events), 장비제어프로그램(Programs), 제어프로그램 및 데이터 파일(Domains) 등의 통신 객체에게 원하는 통신서비스를 요청하여 수행 할 수 있다. 데이터 전송방식은 Cyclic(주기), Acyclic(비주기) 방식이 가능하며 서비스 요청(Request) 당 244*byte*까지의 사용자 데이터를 포함할 수 있다.

FMS 네트워크가 유용한 경우는 다음과 같다.

- 다수의 PLC등 제어기를 관리, 조정, 통제하고 정보 시스템과 통합된 대규모 PLC 네트워크
- 조립, 가공 라인에서 NC, Robot, PLC 등의 복잡한 장비들의 통제, 조정, 시스템 통합
- Cluster Tool 등 복잡한 장비 내에서 복수의 제어기의 조정, 통합 특히, 장비의 제어 프로그램/Recipe등을 자주 바꾸거나 제어/상태 변수 등을 PC등 컴퓨터로 전송하거나, 대용량 데이터, 프로그램 전송, 프로그램 실행 및 프로세스를 원격 제어할 때
- 지능형 장비(PLC, NC, Robot 등)간의 직접통신, 분산 제어하는 경우

3.1.5.1 MMS의 부가 표준안 ICCP/TASE.2

3.1.5.1.1 ICCP/TASE.2 개요

실시간 정보교환은 발전 시설 및 발전소 내부에서 상호 연결된 시스템에서 중요한 부분을 차지하는 요소이다. 이러한 환경을 위해서 국제적으로는 IEC(International Electrotechnical Commission)의 TASE.2(Telecontrol Application Service Element Two)로 알려진 ICCP(Inter Control Center Protocol)가 사용된다.

ICCP(Inter-Control Center Communications Protocol)는 미국의 발전소 관련기구와 미국 전력연구소(Electric Power Research Institute: EPRI)가 주축이 되어서 만들어진 발전소용 메시지 규약이다.

ICCP와 TASE.2는 기술적으로 볼 때 국제표준화기구(International Organization for standardization: ISO)의 생산메세지 규약(Manufacturing Message Specification: MMS)의 API 기능이 강화된 MMS 부가 표준안으로 볼 수 있다.

MMS 표준은 기본 표준안인 ISO 9506-1, 2와 부가표준안인 ISO 9506-3, 4, 5, 6 으로 이루어져 있다. 대표적 필드버스 프로토콜인 프로피 버스의 FMS(Fieldbus Message Specification)가 다른 부가 표준안의 형태인 것과 유사하다고 볼 수 있다.

수력, 원자력, 화력 등의 전기 발전 관련 및 에너지 산업에 관련된 산업 기기 제작 관계사와 관련 기관들이 실시간 데이터 교환 및 정보 모델링을 위한 TASE.2를 표준안으로 선택하는 것에 있어서 합의하였다. 미국에서는 TASE.2가 ICCP로 통하고 있으며 미국 전력연구소(EPRI)의 전력관련 통신규격(Utility Communication Architecture: UCA)의 실질적인 첫 결과물이 되었다. 개방성을 제공하고 유연성을 가진 국제 생산 메시지 규약 기반의 TASE.2 의 객체 모델은 응용층의 프로토콜과 독립적으로 이루어지기 때문에 유지 보수 및 확장에 많은 장점들을 가지고 있다.

3.1.5.1.2 UCA(Utility Communication Architecture)에서의 MMS

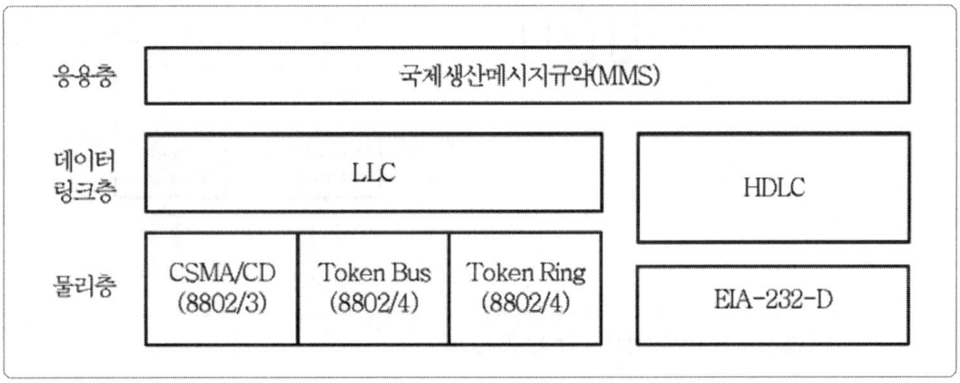

| 그림 3.5 | 3계층 UCA 규격

미국 전력연구소(EPRI)의 전력관련 통신규격(UCA)의 3계층 구조는 7 계층에서 응용 계층, 데이터 링크 계층 그리고 물리 계층만을 사용한다. 이 3 계층 구조는 실시간이 요구되는 산업용 제어 통신망인 필드버스 망에서 많이 사용되는 유형이다.

근거리 통신망(LAN)에서 사용되는 3 계층 구조는 MMS와 LLC(Logical Link Control) 그리고 매체를 다루는 규약으로 이루어진다. 매체를 다루는 규약은 CSMA/CD, 토큰 버스(token bus) 또는 토큰 링(token ring)이다.

3 계층 구조에서 데이터 링크 계층과 물리 계층에 대한 규격은 다음의 몇 가지를 제외하면 7 계층 구조와 동일하다.

- LLC의 경우 유형 1 뿐만 아니라 유형 3까지 지원된다. 이는 ISO 8802/2에 지정되어 있다.
- FDDI는 3 계층 구조에서는 지원되지 않는다.
- 예외 조건을 검출하기 위하여 전송하는 LLC는 MMS 표준 내에 정의된 MMPM (Manufacturing Message Protocol Machine)에게 상태를 알려주어야 한다.

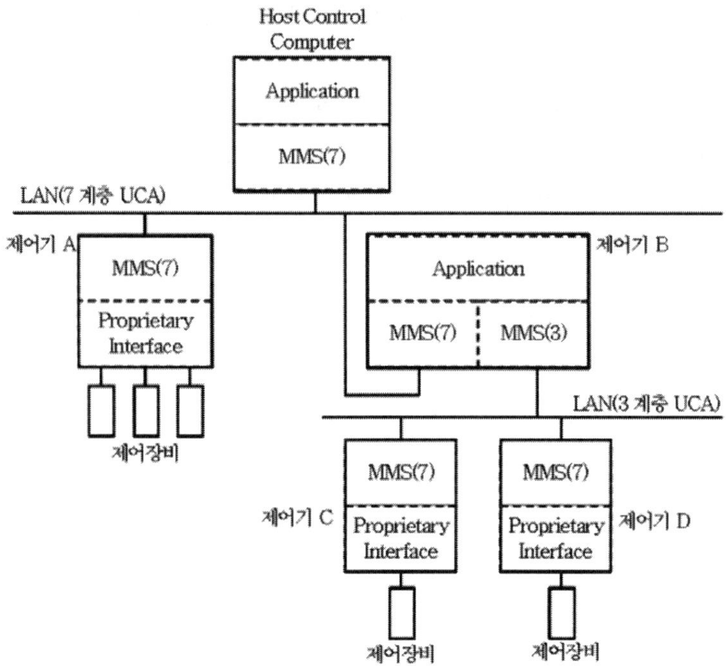

▌그림 3.6▐ UCA 에서의 MMS 사용 예

MMS는 UCA에서 응용계층을 구성하는 규격 중의 하나로 사용되고 있다. MMS는 7 계층과 3계층 UCA 에 모두 사용되고 있으며 주 컴퓨터와 지능형 제어기 사이의 통신을 담당하고 있다. EPRI 에서 발행한 UCA 관련 보고서에는 MMS를 사용한 UCA의 예를 다음과 같이 설명하고 있다.

제어기 A와 B는 7 계층 UCA와 MMS를 사용해서 주 컴퓨터와 통신을 한다. 그러나 제어기 B는 3 계층 UCA를 사용하는 MMS 통신도 지원하도록 되어 있어 좀 더 단순한 시스템인 제어기 C, D와 통신을 하는 경우에도 MMS를 사용하고 있다.

3.1.5.1.3 MMS의 부가 표준안 ICCP/TASE.2 구성

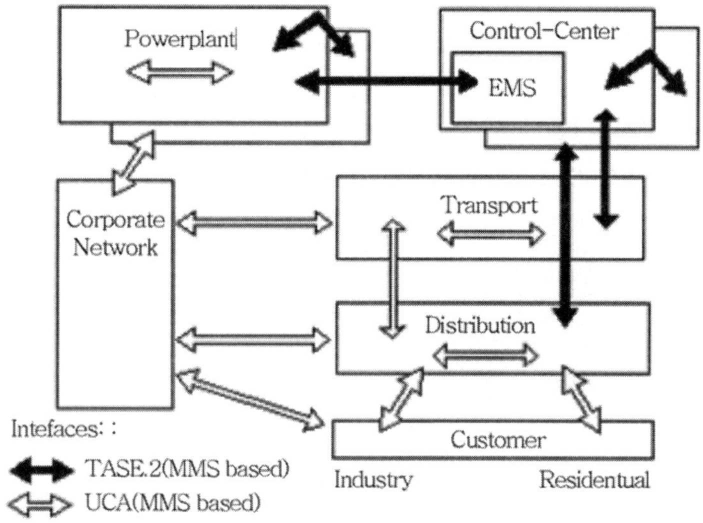

┃그림 3.7┃ ICCP(TASE.2) 모델의 통신 서비스 형태

제어센터란 하나 이상의 공장에 대해서 작업과정을 감시하고 결과를 예측하고 공정을 스케줄링 하는 시스템들의 집합을 말한다. 이런 제어센터들은 여러 개의 LAN에 접속되어 있어서 작업에 필요한 정보들을 얻기도 하고 멀리 있는 타 제어센터들과 필요한 정보들을 교환하기 위하여 상호 접속되기도 한다. 이러한 유사한 형태로 산업용 생산 공정에서 많이 사용되는 응용계층의 규약으로 MMS가 있다.

그러나 MMS는 범용의 생산 메시지 규격이므로 여기에서 제공되는 특수한 서비스들을 사용하기 위해서는 응용 프로그램을 제작하는 사람이 MMS 의 각종 서비스에 대해서 많은 것을 알아야 한다. 그러므로 이러한 불편을 없애기 위해서 전력산업 통신규약(Utility Communication Specification) 워킹 그룹에서 MMS의 특정한 서비스들만을 모아 그 기능을 이용하여 제어 센터들 사이의 통신을 위해 필요한 서비스들을 정의한 것이 ICCP(Inter-Control Center Communication Protocol)이다.

ICCP는 기본적으로 MMS의 클라이언트/서버 모델을 기본으로 한다. ICCP에서의 서비스는 스테이션이 서버로 동작할 경우에는 실행 모듈(action), 클라이언트로 동작할 경우에는 동작 모듈(operation)이라고 한다. 그러므로 응용 프로그램의 작성자는 동작 모듈의 사용법만을 잘 알면 된다. 실행은 ICCP를 구현하는 쪽에서 적당한 메커니즘을 제공힌다.

ICCP에서는 제어센터들 간의 통신을 위해 필요한 8종류 31개의 동작 모듈들을 제공한다. 각 동작 모듈 들은 해당하는 서버측의 실행 모듈이 정해져 있다. 각 동작 모듈과 실행 모듈에서 하나 이상의 MMS 서비스들을 이용한다. 예를 들면, 데이터값 가져오기(Get Data Value)나 기기선택(Select Device) 등의 동작 모듈과 이것들의 실행 모듈은 MMS 의 읽기 서비스만을 적절히 사용한다. 그러나 동작기기(Operate Device)와 같은 동작을 모은 MMS의 쓰기 서비스를 사용하고 실행 모듈에서는 쓰기 서비스와 사건 통지 서비스를 사용하여 구현한다.

3.2. 실시간 미들웨어 표준: DDS

Data Distribution Service(DDS)는 이기종의 플랫폼에 탑재되는 응용 소프트웨어간의 실시간 통신을 지원하는 OMG 표준을 만족하는 산업용 실시간 미들웨어이다. 미들웨어는 응용 프로그램과 운영 체제 사이의 계층에서 소프트웨어만으로 구성되기 때문에 응용이 통신 환경으로부터 독립성을 가질 수 있게 한다. 이러한 독립성은 다양한 장비가 존재하는 분산 환경에서 개발 용이성, 재사용성, 유지보수성, 확장성 등을 향상시킨다. 다수의 데이터 생성자와 소비자가 네트워크로 연결돼 있는 대규모 분산 시스템의 경우 Pub/Sub 기반의 미들웨어를 적용했을 때 시스템 성능을 크게 향상할 수 있다. 또한, DDS는 미들웨어들 중 다수의 QoS를 설정할 수 있기 때문에, 실시간 고신뢰 데이터 교환이 국방 분야의 데이터 통신 플랫폼으로 많이 사용되고 있다.

DDS는 Pub/Sub 기반의 Topic 중심의 통신으로 End-Point의 익명성을 부여하게 된다. 이는 End-Point인 발간자 및 구독자의 편의성, 독립성 등을 도모한다. 그러나 반대로 통신과정에서 문제가 발생했을 때는 익명성으로 인해 응용에서 문제의 근원을 찾아내는 데 많은 시간소요가 발생한다. 데이터 구독에 문제가 발생하였을 때 점검해야 할 부분은 토픽 설정, QoS, 네트워크의 물리적인 문제 등 무수히 많이 존재한다. 이러한 DDS의 문제점은 실시간성이 요구되는 대규모 분산 시스템에서 오류 발생 시 신속한 대처가 불가해 진다.

이러한 시간 소요를 줄이기 위해 대규모 분산 시스템 내 다수의 End-Point들이 발생시키는 로그들을 관리 및 분석하기 위한 Log Analysis Tool들이 연구되었다. 해당 연구는 다양하고 분산된 장비들의 응용들에서 발생 정보 및 오류가 기록된 로그파일을 원격으로 수집 및 분석할 수 있게 한다. 이를 통해 개발자들이 End-Point에 접근하는 물리적인 시간 소요를 줄이며, 원하는 단어를 검색하는 등 사용자 인터페이스를 제공하여 사용자가 오류를 검출하는데 또한 시간 소요를 줄여준다. 그러나 로그 파일을 원격으로 수집하는 경우 로그 파일의 용량에 따라 시간 소요가 달라진다. 그리고 해당 연구는 로그 파일의 수집이 사용자 기반으로 이루어지기 때문에 신속한 대처에는 적합하지 않다. 따라서 본 장에서는 DDS 계층의 API를 이용하여 오류를 즉각적으로 감지하여 실시간으로 Monitoring을 할 수 있는 도구를 설계 및 구현 과정을 다룬다. 본 장에서 제안하는 도구는 DDS의 Data-Centric Publish-Subscribe(DCPS)의 인터페이스를 활용하여 각 End-Point들의 메시지 및 상태를 분석하여 전시한다.

본 장의 구성은 다음과 같다. 기존의 문제점을 분석하고, DDS의 계층 및 인터페이스를 활용한 설계 및 구현 내용을 설명한다. 그리고 제안한 도구의 효용성을 설명하기 위해 기존 Log Analysis Tool들과 비교하여 성능 분석을 다룬다.

3.2.1 기존 Log Analysis Tool의 문제점 분석

기존 DDS 기반 대규모 분산 시스템에서는 통신상에서 발생한 문제점의 근원을 찾아내기 위해서, DCPS API를 사용하여 각각의 노드들에 통신과 관련된 정보를 로그 파일로 생성한다. 문제가 발생했을 때 각 노드들의 로그 파일을 살펴보고 문제 여부를 결정한다. 이러한 과정은 개발자들이 오류 원인 노드를 추정하고 노드에 직접 접근하여 로그 파일을 열어보는 등 많은 시간소요가 발생한다. 이러한 문제점을 해결하기 위해 Log Analysis Tool을 사용하고 있다.

▌그림 3.8▐ Log Analysis Tool 구성도

기존 DDS 기반 Log Analysis Tool의 구성도는 〈그림 3.8〉과 같다. 대규모 분산 시스템의 응용이 운용과정에서 오류가 발생했을 때, 응용 개발자들이 오류의심 노드를 선별하여 기록된 로그 파일을 원격으로 분석하는 구조를 가진다. 해당 도구는 UDP 및 TCP 통신을 이용하여 오류가 발생한 노드들이 포함된 네트워크에 정보를 요청하고, 해당 정보를 이용하여 로그 파일을 요청 및 수신한다. 즉, 대규모 시스템에서 개발자들이 로그 파일을 수집 및 분석하는데 불필요한 시간 소요를 줄여주기 위한 도구이다. 그러나 노드들에 접근하는 불필요한 시간 소요를 크게 줄여줄 수는 있으나, 사용자가 로그 파일 리스트를 각 노드에 요청하고 로그 파일 전송 받는다. 이때 로그 파일의 크기는 $100 Mbyte$에서 $10 Gbyte$가 넘는데, $10 Gbyte$의 경우 파일을 전송받는데 수십 분이 소요된다. 이를 문제점을 해결하기 위해 스마트 기기를 위한 Log Analysis Tool이 개발되었다. 해당 연구는 모든 로그 파일의 내용을 전송하는 기존 연구의 단점을 해결하기 위해 원격 노드에 필터 인자를 전송하여 인자와 관련 있는 데이터만을 송수신하여 분석할 수 있게 하였다. 또한 해당 연구는 Pub/Sub 기반인 MQTT를 적용하여 이기종 플랫폼에 쉽게 접근 할 수 있게 하였다. 그러나 해당 도구 또한 정보를

요청하고 파일을 전송 받는 과정에서 시간 소요가 발생하는데, 이는 대규모 분산 시스템에서는 많은 자원적 손실을 유발한다. 따라서 본 장에서는 DDS API를 사용하여 실시간으로 메시지 상태를 확인하고, 메시지 유입 분석을 통해서 네트워크의 전체 상태를 분석할 수 있는 도구를 구현할 수 있다.

3.2.2 DDS의 실시간 모니터링 도구 설계 및 구현

3.2.2.1 DDS 인터페이스 분석

현재 운용 중인 대규모 분산 시스템 내에 DDS 통신 구조는 〈그림 3.9〉와 같다. 먼저, DDS는 Application, DCPS, RTPS(Real-Time Publish-Subscribe), Transport 4계층으로 구성되어있다. Publisher와 Subscriber는 각종 센서 및 장비들이 데이터를 발간 혹은 구독하는 노드들이다. 각 노드들은 토픽을 이용하여 Transport에서 TCP/IP 혹은 UDP 기반으로 동작한다. 그리고 RTPS 과정을 통해서 대규모 분산 시스템 내에 Pub/Sub 기반 통신 환경을 구축한다. 그리고 각 노드들은 DCPS의 API를 이용하여 다양한 응용들을 구현한다.

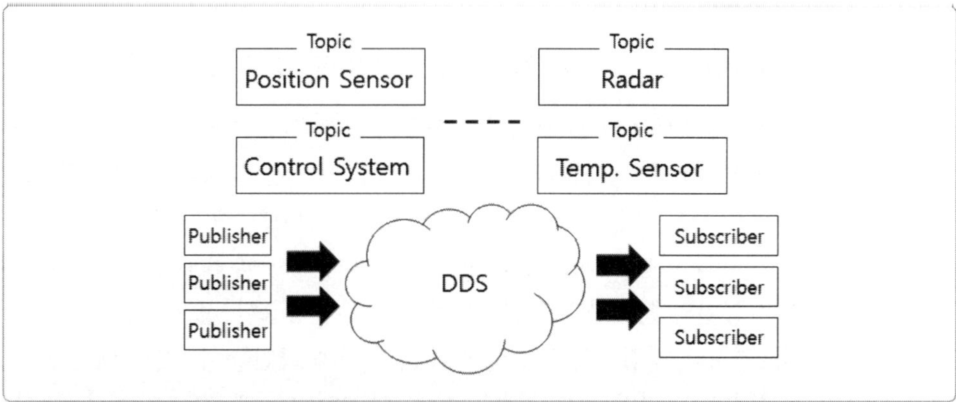

▌그림 3.9▌ 대규모 분산 시스템의 DDS 통신 구조

본 장에서 제안하는 도구는 DCPS API를 사용하여 노드, Topic 등 다양한 정보를 취합하고 분석하는 단계로 이어진다. 〈표 3.14〉는 DCPS 인터페이스에 사용되는 주요 리스너이다. 각 리스너를 활용하여 DomainParticipant(DP), Publisher(Pub), DataWriter (DW), Subscriber(Sub), DataReader(DR), Topic의 상태 및 정보를 가져올 수 있다. DW와 DR이 최종적인 End-Point이며 DW와 Pub은 송신, DR과 Sub은 수신, 각 상태 및 메시지를 확인할 수 있다. DW, Pub, DR, Sub은 클래스 내부의 Handle을 얻어올 수 있으며, 이는 수신노드에서 송신노드의 정보까지 불러올 수 있다.

[표 3.14] DDS DCPS 주요 인터페이스

DCPS Interface(수신자)	
Classification	수신자 Name
Topic	on_inconsistent_topic
DW	on_liveliness_lost
DW	on_offered_deadline_missed
DW	on_offered_incompatible_qos
DW	on_publication_matched
Sub	on_data_on_readers
DR	on_sample_lost
DR	on_data_available
DR	on_sample_rejected
DR	on_liveliness_changed
DR	on_requested_deadline_missed
DR	on_requested_incompatible_qos
DR	on_subscription_matched

3.2.2.2 대규모 분산 시스템의 DDS 모니터링 도구 요구사항 분석

3.2.2.2 장에서는 DDS 모니터링 도구를 구현하기 위한 필요 데이터 및 DDS의 시스템 요구사항에 대해 다룬다. DDS 모니터링 도구에 필요한 첫 번째로 데이터는 노드의 IP이다. 노드 IP는 오류 검출 시 직접적인 위치를 제공하는 역할을 한다. 두 번째로는 Topic의 이름, Type, QoS 정보이다. 이는 Pub과 Sub이 통신함에 있어 설정 값에 따라 통신의 문제가 발생할 수 있기 때문에 중요한 정보이다. 또한 Topic의 Status 정보를 가져와 직접적인 통신의 상태를 가져와 확인할 수 있기 때문에 Status도 필요한 정보이다. 마지막 필요 정보는 Topic의 DR/DW, TimeStamp이다. 먼저, DR/DW는 발간자와 구독자의 정보를 가져오는 것이기 때문에, 발간 구독자의 문제점을 파악하는데 필요하다. TimeStamp는 송·수신 시간을 파악하여 미들웨어 상 문제인지, 응용 혹은 노드의 문제인지 확인하는데 필요한 정보이다.

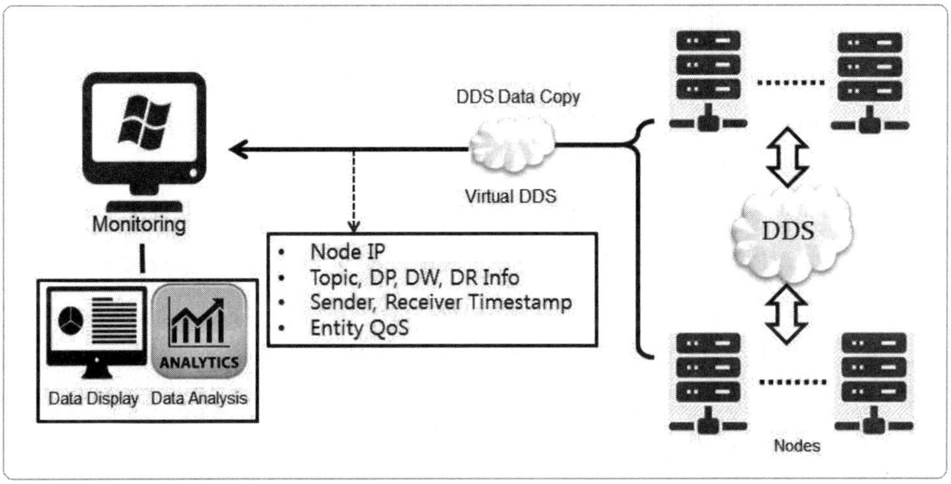

▌그림 3.10▐ 대규모 분산 시스템을 위한 DDS 모니터링 구조도

〈그림 3.10〉은 대규모 분산 시스템을 위한 DDS 모니터링 구조도이다. DDS Monitoring 도구는 대규모 분산 시스템 내 DDS는 현재 보안 및 이중화를 위해 DDS의 데이터를 직접적으로 수정하거나 접근하는 방식을 지양하고 있다. 그렇기 때문에 〈그림 3.10〉과 같이 가상의 DDS(Virtual DDS, V-DDS)를 한 단계 추가로 생성하여, V-DDS에 데이터를 요청하는 방식으로 구성되어 있다. V-DDS는 DCPS 계층의 API를 이용하여 DDS의 모든 데이터를 복제하여 또 하나의 DDS를 생성한 것이다. DDS 데이터를 복제할 때는 〈표 3.14〉의 수신과 관련돼있는 Sub, DR, Topic 내의 리스너를 사용하게 된다. 즉, V-DDS는 구조적으로 DDS와 동일하지만 데이터를 발간하지 않기 때문에 V-DDS를 통해 데이터를 얻고자 할 때 사용할 수 있는 인터페이스는 Sub, DR, Topic 내의 리스너이다. 〈표 3.15〉는 이러한 제한요소에 따른 지원 가능한 요소를 정리한 표이다.

[표 3.15] V-DDS System Requirements

System Requirements		
Index	Classification	Requirements
1	네트워크계층	TCP/IP, UDP
2	DCPS, RTPS	1.2, 2.1 Version (OMG DDS Standard)
3	V-DDS Interface	DomainParticipant수신자
		Topic수신자
		Subscriber수신자
		DataReader수신자

3.2.2.3 대규모 분산 시스템을 위한 DDS 모니터링 도구 설계

DDS 실시간 모니터링 도구(이하 DDS-MT)는 DDS 표준 기반 대규모 분산 시스템 내의 제어 통신망에서 발생되는 수많은 데이터들을 실시간으로 모니터링하기 위하여 설계되었다. 이를 위해 DDS-MT는 OMG 그룹에서 정의한 IDL(Interface Definition Language)를 이용하여 DCPS Interface 내에 있는 리스너를 코드 생성할 수 있게 설계되었다. 인터페이스들은 3.3.2.2절의 대규모 분산 시스템의 요구사항에 따라 〈표 3.21〉과 같으며, V-DDS의 인터페이스는 메시지의 다양한 상태에 따라 이벤트를 발생시킨다. 이때 DDS-MT는 메시지 내용, 상태뿐만 아니라 Node, Entity, Topic 정보와 QoS 정보를 얻어온다. 이러한 정보들을 취합 및 DB에 저장시키고 직관적으로 도시하며 송수신 시간을 분석하여 그래프로 전시한다.

DDS-MT는 〈그림 3.11〉과 같이 어플리케이션 운영을 위해 객체 지향 언어인 C++ 기반으로 개발되었으며, MYSQL 기반의 데이터베이스, IDL, V-DDS, DDS로 구성되어 있다. DDS에서 생성된 메시지와 Entity 등의 정보가 발생하였을 때 V-DDS에서 모든 데이터를 복제하여 저장한다. 이때 DDS에서 V-DDS로 전달하는 방법은 DCPS API의 수신측의 리스너를 활용한다. 이러한 인터페이스는 Monitoring Tool에서 IDL을 활용하여 Domain Module에서 리스너를 구현한다. Domain Module 내에는 리스너가 구현되어있는 Connector Class, 수집한 데이터들을 저장하고 관리하는 MainSystem Class, 사용자의 환경설정이 저장되는 Filter Class로 구성되어 있다. 수집한 데이터들 중 분석이 필요한 데이터들은 Domain Module을 통해 Database에 저장된다. 마지막으로 User Interface에서 Domain Module의 실시간 데이터 및 Database로부터 가져온 데이터를 분석 및 전시하는 구조를 가진다.

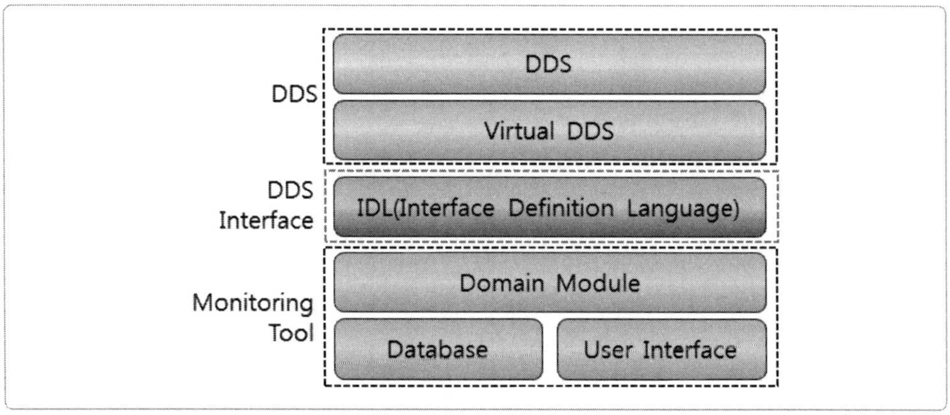

▎그림 3.11 ▎ DDS-MT의 계층적 구조 설계

〈그림 3.12〉는 〈그림 3.11〉의 세부적인 클래스다이어그램으로 User Interface 모듈, Database 모듈, 그리고 Domain 모듈로 구성되어 있다. User Interface에서는 Entity 속성을 전시 및 Tree 구조로 보여주는 PropertiesView와 TreeView, Entity 관계를 확인할 수 있는 RelationshipView, 실시간 통신 상태를 전시하는 TopiclistView, 통신 기록을 분석한 결과를 보여주는 GraphView, 각 View 들을 관리하는 UIManager로 구성된다. Database 모듈에서는 MySQL에 데이터를 저장 및 읽어올 수 있도록 하는 DataManger 클래스가 있다. 마지막으로 Domain 모듈에서는 전체 모듈을 연결시켜주는 MainSystem, VS-DDS와 연결되는 Connector, 그리고 사용자가 설정한 데이터를 관리하는 UserOption으로 구성된다.

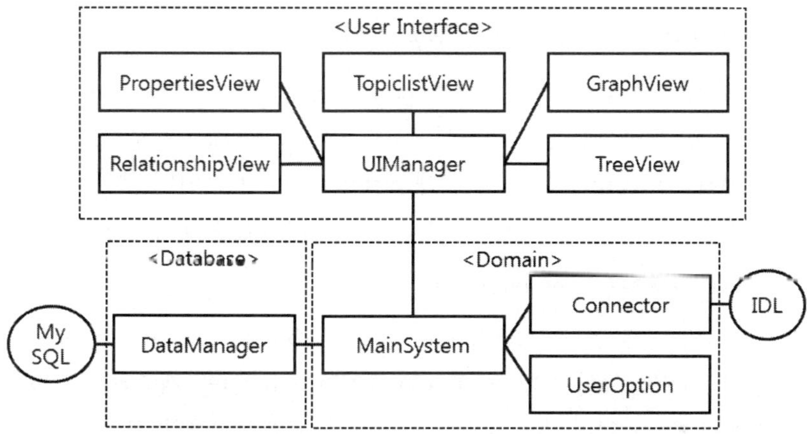

❙ 그림 3.12 ❙ DDS-MT total classdiagram

이러한 설계를 통해 기존 Log Analysis Tool들과 비교하여 가져올 수 있는 장점은 다음과 같다. 먼저 기존 도구에 비해 실시간성을 보장한다. 기존 도구는 사용자가 상태이상을 인지하고 원격 노드지에 접속하여 로그 파일을 가져 오는 것에 반해, DDS-MT는 DDS의 인터페이스를 활용하여 이벤트 기반으로 동작하기 때문이다. 또한 기존 도구의 Log 정보는 메시지 상태, 수신 시간, Topic, 메시지 일부 내용인데 비해, DDS-MT는 메시지 상태, 송수신 시간, 메시지 전체 내용뿐만 아니라 Node, Entity, Topic 정보 및 QoS 정보 또한 얻어온다. 마지막으로 기존 도구는 로그 파일에 저장되어 있는 정보들을 전시하는 게 전부이지만, 본 도구는 〈그림 3.13〉과 같이 분석하여 가공데이터를 제공하여 사용자 편의를 도모하였다.

3.2.2.4 대규모 분산 시스템을 위한 DDS 모니터링 도구 설계

(1) DDS 환경 구현

DDS 환경을 구축하기 위해서 OpenDDS 3.1v을 사용하여 RTPS 2.1v을 맞춰주며, DCPS 1.2v내에 정의되어 있는 7가지 인터페이스들을 사용한다. 각 인터페이스는 on_liveliness_changed, on_sample_rejected, on_subscription_matched, on_requested_deadline_missed, on_requested_incompatible_qos, on_sample_lost, on_data_available로 구성되어 있다. OpenDDS가 동작하기 위해서 Perl, Visual Studio vs2015를 설치하여 명령 프롬프트를 실행하여 OpenDDS 폴더 경로에서 Configure 명령어 실행 및 환경변수를 설정한다. 추후 DDS-MT 프로젝트를 디렉토리에 포함시키고, Configure 후 생성된 'DDS_TAOv2_all.sin'을 실행하여 전체프로젝트를 빌드 함으로써 완료된다.

(2) DCPS Interface 코드 구현

(1)에서 언급한 7가지 인터페이스들을 DDS-MT Connector 클래스에 구현하고, VS-DDS 요구사항을 고려하여 'DDS_TAOv2_all.sin' 프로젝트 내에 있는 DataReader 수신자, Subscriber 수신자 클래스에서 Connector 인터페이스를 호출한다. 이를 통해 실시간으로 발생한 데이터를 7가지 인터페이스를 통해 수집할 수 있게 된다.

(3) DDS-MT User Interface

〈그림 3.13〉은 3.3.2.3절에서 설계한 DDS-MT User Interface를 구현한 GUI를 보여준다. ①은 〈그림 3.12〉의 TreeView이며 Entity들을 계층적으로 확인할 수 있다. ②는 TopiclistView이며 실시간으로 송수신하는 메시지들의 상태, 송수신 시간, QoS 등을 전시한다. ③은 GraphView로 축적된 메시지의 송수신 시간을 분석하여 최근 100건의 메시지 지연 및 시간대별 데이터 누적 횟수를 보여준다. ④는 RelationshipView이며 Entity들의 도식적 구조 확인하고, 실시간으로 Entity의 상태가 변할 때 상태 종류에 따라 색상이 변하여 사용자에게 상태를 알려준다. 마지막으로 ⑤는 PropertiesView로 User Interface 내에 Item 선택에 따라 상세 정보를 확인 할 수 있다.

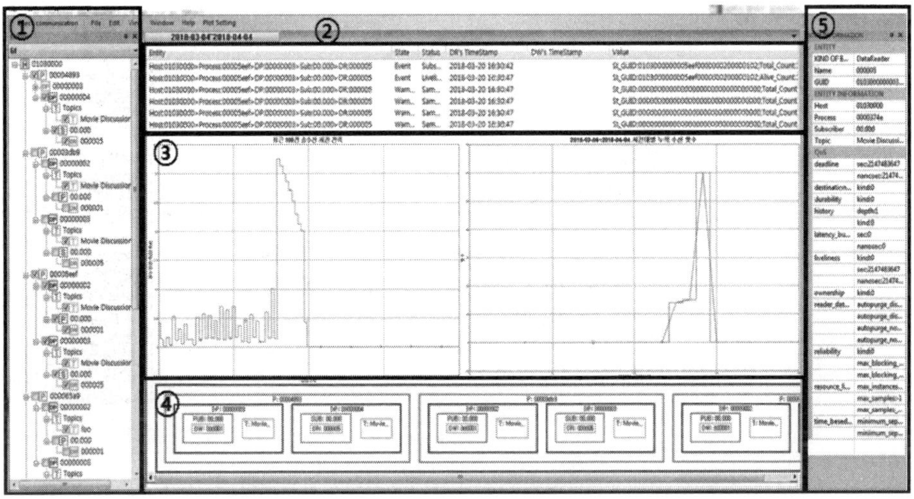

| 그림 3.13 | DDS-MT GUI 전체 구성

3.2.3 DDS의 실시간 모니터링 도구 성능

성능 평가를 위해 본 논문에서는 오류 발생으로부터 사용자가 오류 사실을 알게 될 때까지 소요되는 시간을 측정한다. 기존 도구와 본 도구의 비교를 위해 3가지 환경을 설정한다.

첫 번째는 기존 도구가 요청하는 파일의 크기를 100*Mbyte*로 고정한다. 기존 도구는 다양한 크기의 로그 파일이 존재하는데, 그 크기는 100*Mbyte*부터 10*Gbyte*에 이른다. 제안하는 도구와 기존 도구의 파일 크기에 의한 비교 분석은 무의미하기 때문에 최소 파일 크기인 100*Mbyte*로 고정한다. 두 번째는 오류 검출을 위한 노드는 5개로 설정하며, 각 노드들은 같은 네트워크에 존재한다. 이는 기존 도구의 실험 환경과 같게 하여 정확한 비교를 위함이다. 세 번째는 사용자에 의해 발생하는 시간은 입력 1번에 발생하는 시간을 0.5초라고 정한다. 0.5초는 개발자가 입력하는데 걸리는 최소한의 시간이며, 이는 모의실험에 객관성을 제공하기 위함이다.

모의실험 환경은 〈그림 3.14〉와 같이 구성하였다. 기존 시나리오는 DDS 환경 내에서 네트워크 계층만을 사용하여 원격 노드의 로그 파일을 취합하여 분석하며, 이를 TCP 기반 오류 검출 기법이라고 명명한다. 그리고 MQTT 기반 모니터링 도구 또한 TCP 기반으로 동작하기 때문에 같은 환경에서 돌아갈 수 있고, 이를 MQTT 기반 오류 검출 기법이라고 명명한다. 본 도구는 V-DDS를 통해 각 노드에서 생성하는 DDS 메시지, Entity 정보들을 취합하고, 이를 DDS 기반 오류 검출 기법이라고 명명한다.

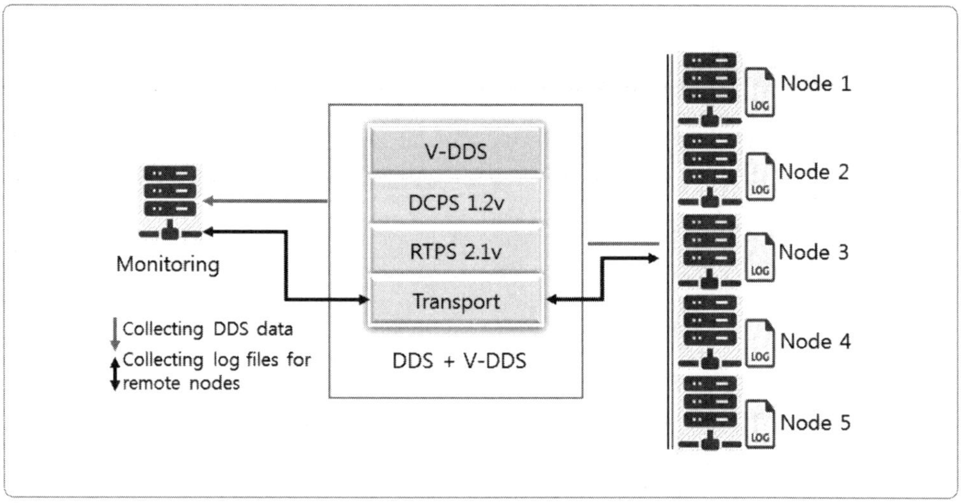

▌그림 3.14▐ Log Analysis Tool 및 DDS-MT의 모의실험 환경 구성

<그림 3.15>는 오류 발생 노드의 개수에 따른 오류 검출 지연 시간을 비교한 그래프이다. 사용자에 의한 지연시간을 포함하지 않으며, 수평 축은 오류가 발생된 노드의 개수이고 수직 축은 오류를 검출하는데 걸린 시간을 나타낸다. 기존 파일 전송 기반 오류 검출 기법은 오류 발생 노드별 파일 전송이 모두 이뤄지기 때문에 파일을 5개를 처리하는 만큼 지연시간이 발생된다.

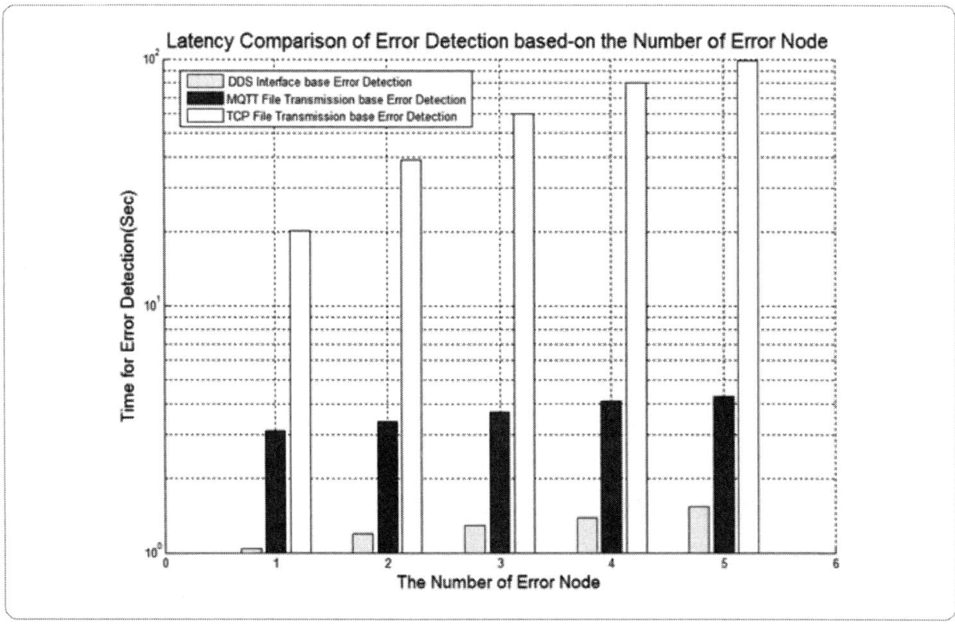

▌그림 3.15▐ 오류 노드 개수에 따른 오류 검출 시간 비교

MQTT 파일 전송 기반 오류 검출 기법은 기존 TCP 기법에 비해 오류 발생 노드 수에 큰 영향을 받지 않는다. 그러나 MQTT 기법의 지연은 최소 3.1초에서 최대 4.3초로 노드 수의 증가에 따라 0.2~0.3초의 지연이 발생한다. 이는 MQTT 기법에서 하나의 메시지를 수신하는데 걸리는 지연이다.

제안하는 오류 검출 기법은 최소 1.04초에서 최대 1.54초로 오류 발생 노드의 수가 증가함에 따라 지연이 약 0.1초씩 증가한다. 이는 인터페이스의 리스너가 순차적으로 발생하기 때문에 다수의 리스너를 처리하는데 걸리는 시간이다. 이는 DDS 및 V-DDS를 포함하는 서버 컴퓨터의 CPU 성능에 영향을 받는다.

〈그림 3.16〉은 오류 발생 개수의 증가에 따라 오류 검출에 필요한 입력의 개수를 비교한 그래프이다. 오류의 개수가 1개일 때 TCP 및 MQTT의 FTED는 모든 노드들의 정보를 요청하는 과정을 진행하며, 파일 요청 과정도 포함한다. 그리고 추가적인 파일 분석 과정을 진행하는데, MQTT 기반 FTED의 경우 송신 노드에서 파일 분석 후 전송하기 때문에 TCP 및 MQTT FTED는 각각 3, 2개 이다. DDS 인터페이스 기반 오류 검출의 경우 인터페이스의 리스너 기반으로 오류를 검출하기 때문에 사용자의 입력을 필요로 하지 않는다. 오류가 2개부터는 노드의 정보를 가지고 있기 때문에, TCP 기반 FTED의 경우 사용자의 입력은 파일 요청 및 파일 분석 과정이 있기 때문에 입력의 개수가 2개씩 증가한다. MQTT 기반 FTED의 경우 파일 요청 과정만을 필요로 하기 때문에 1개씩 증가한다.

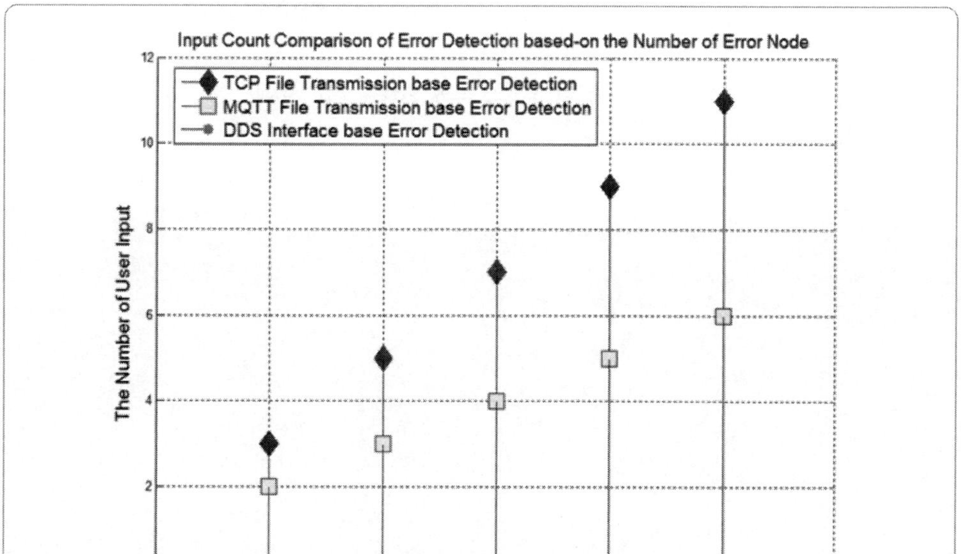

┃그림 3.16┃ 오류 노드 개수에 따른 오류 검출에 필요한 입력 개수 비교

〈그림 3.17〉은 〈그림 3.16〉의 결과에서 사용자에 의한 지연이 포함된 비교 그래프다. 수평축은 오류가 발생된 노드의 개수이고 수직축은 오류 검출에 걸리는 시간을 나타내었다. 기존 오류 검출 기법은 오류 개수가 증가함에 따라 사용자의 지연시간 또한 추가되기 때문에 대규모 분산 시스템에서의 모니터링 도구로는 부적합하다고 볼 수 있다.

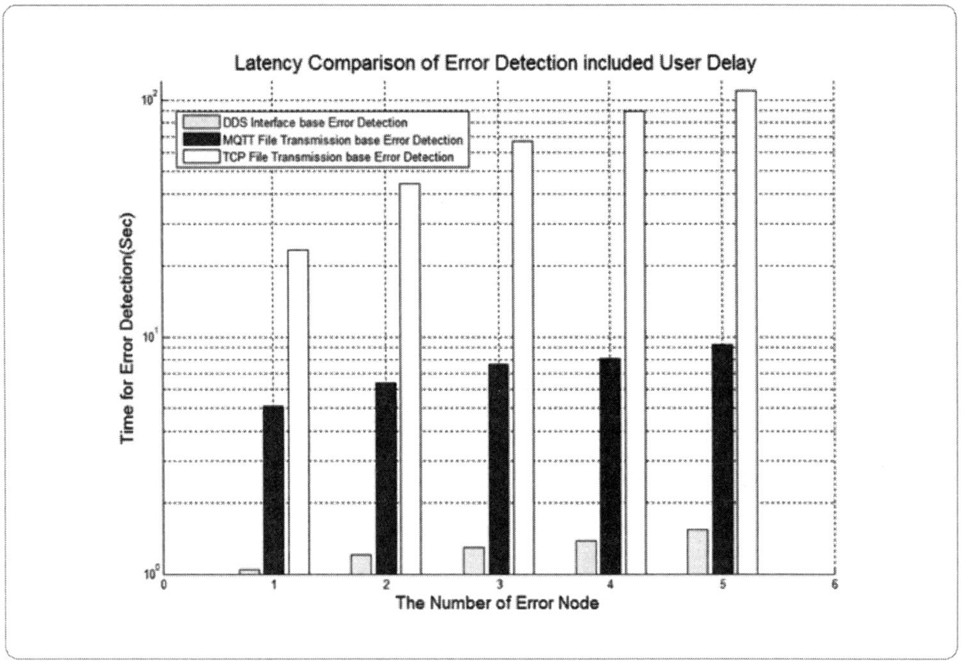

▌그림 3.17▐ 사용자 지연이 포함된 오류 검출의 지연 비교

3.3. 산업용 IoT 구현 기술

3.3.1 산업용 IoT 시스템을 위한 MMS 구현

ISO 9506은 산업 환경에서 제어 가능한 장치간의 실시간 데이터 통신을 위한 국제 표준으로서 다양한 장치간의 메시지 규격을 통일하여 다양한 서비스를 제공하며 이를 통해 장치의 유지, 보수에 소요되는 시간뿐만 아니라 비용 절감 효과를 가진다. 하지만 MMS 각 계층에서의 보안이 고려되고 있지 않고 있으며 하나의 메시지를 통해 하나의 기기만을 제어 할 수 있다는 단점이 있다. 따라서 MMS를 산업용 IoT(Industrial Internet of Things: IIoT) 환경에 적용하기 위해서는 보안성에 대한 추가적인 분석과 보완사항이 필요하다.

최근 IoT는 교통, 병원, 산업현장, 가정, 회사 등 다양한 분야에 적용되고 있으며 또한 IoT 환경에 맞추어 다양한 기술들이 개발되고 있다. 개발되는 프로토콜은 어플리케이션 계층에서 동작하는 프로토콜로써 목표로 하는 환경에 따라 다른 장단점을 가지고 있다. 따라서 제안하고자 하는 플랫폼에 IoT를 위한 통신 프로토콜을 적용하기 위해서는 플랫폼을 적용하고자 하는 환경에 대한 분석이 우선적으로 이루어져야한다. 특히 산업 환경을 위한 IoT 통신을 선정할 경우, 실시간성, 신뢰성, 안정성이 제일 먼저 고려되어야 하며 이러한 특성을 기반으로 기술 분석이 이루어져야한다.

본 장에서는 MMS의 단점을 극복하여 IIoT에 적용하고자 단방향 통신기술을 사용하였으며 이에 관련된 내용을 언급한다. 또한 기존 IoT 통신을 분석하여 산업 환경에 적합한 통신 기술을 선정한다. 이를 기반으로 설계한 MMS 기반의 산업용 IoT 플랫폼을 소개한다.

3.3.1.1 관련 연구 및 문제점 분석

✤ 단방향 통신 기술

최근 발전시설, 산업, 군, 금융 네트워크 등을 목표로 하는 해킹 등의 공격은 현재 사회에 큰 영향을 끼친다. 이를 방지하기 위하여 물리적 네트워크의 분리를 통해 보안성을 높이고자 하였으나 이는 외부 망으로 정보전달이 불가능하여 업무의 효율성이 저하되고 신규 네트워크 구축에 많은 비용이 소요된다. 이러한 단점을 극복하기 위하여 높은 보안성을 요구하는 내부 망에서 상대적으로 낮은 보안성을 요구하는 외부 망 사이의 단방향 통신을 가능하게 하여 정보를 전달할 수 있게 하는 단방향 통신 연구가 진행되고 있다.

다양한 단방향 통신 중 물리적 계층에서의 단방향 통신을 위한 기기 또는 단방향 회선을 이용한 단방향 통신은 높은 보안을 요구하는 네트워크로 향하는 데이터를 차단하여 외부로 부터의 공격에 대응 할 수 있으며, 높은 보안을 요구하는 네트워크로 부터의 데이터는 낮은 보안을 요구하는 네트워크로 데이터 전송도 가능하다. 이를 통해 보다 효율적인 업무가 가능하게 되며 높은 보안성을 요구하는 네트워크는 보호 될 수 있다. 하지만 네트워크 확장에 추가적인 비용이 소요되며 UDP 기반의 통신으로 인해 데이터 전송 신뢰성이 낮다.

중계시스템을 이용한 단방향 통신은 총 3개의 네트워크로 구성된다. 중계 서버가 존재하는 중계 시스템은 허가된 시스템의 접속만을 지원하며 중계 서버는 다른 네트워크에서 전송된 자료들을 저장하고 전달하는 역할을 한다. 중계 시스템을 통한 정보 교환방식을 사용함으로서 1:N으로 연결 될 수 있다는 장점이 있다. 하지만 추가적인 중계 시스템이 요구되며, 중계 시스템에서 모든 네트워크의 데이터를 관리하기 때문에 부하가 크다는 단점이 있다.

✥ IIoT 통신 프로토콜

IoT는 산업, 의료, 도시계획, 군사작전 등 넓은 분야에 사용됨에 따라 기존의 통신 기술을 IoT 환경에 적용하기 위한 다양한 연구가 이루어지고 있다. MQTT(Message Queue Telemetry Transport)와 CoAP(Constrained Application Protocol)은 높은 에너지 효율을 가지며 낮은 자원 량을 가지는 센서 네트워크와 같은 네트워크에서 동작하기 위해 개발되었다. 하지만 대부분의 센서 네트워크는 주기적으로 데이터를 전송하므로 IoT 통신 프로토콜은 데이터 전송의 신뢰성에 초점을 두지 않으며 실시간성 또한 주된 요소로 고려되지 않는다. 또한 IoT를 통한 높은 접근성으로 인해 보안문제가 대두되고 있다. 따라서 IIoT 통신기술 선정에서 기존 프로토콜의 보완 및 향상이 필요하며 또한 신뢰성과 실시간성을 보장하며 보안성 향상 가능 여부를 중점적으로 고려해야한다.

〈표 3.15〉를 통해 다양한 IoT를 위한 통신 프로토콜을 비교하였다. CoAP과 XMPP (Extensible Message and Presence Protocol) 와 같이 요구/응답 타입의 클라이언트-서버로 이루어진 모델은 MQTT와 AMQP(Advanced Message Queuing Protocol)와 같은 발간(Publish)/구독(Subscribe) 모델에 비해 네트워크 오버헤드가 높으며 메시지 전송에 있어서의 신뢰성이 상대적으로 낮음을 알 수 있다. MQTT는 경량의 메시지 전송을 통해 한정적인 리소스를 사용하는 네트워크에서 효율적이며, XMPP는 높은 보안성과 실시간성을 가지고 있지만 높은 네트워크 오버헤드를 가진다. AMQP는 금융 네트워크에서의 효율적인 통신을 위해 구현 가능한 프로토콜로써 MQTT보다 많은 서비스를 제공하고 신뢰성이 높지만, 메시지 오버헤드가 크다. 각각의 프로토콜은 서로 다른 환경에 적합하게 설계되었기 때문에, 사용자는 구현하고자 하는 환경에 적합한 프로토

콜을 선정해야 한다.

[표 3.16] IoT 통신 프로토콜의 비교

	MQTT	CoAP	XMPP	AMQP
개발 년도	1999	2014	2004	2013
메시지 전달 형식	브로커 중심의 발간/구독 형식	요구/응답 형식 (클라이언트-서버)	요구/응답 형식 (클라이언트-서버)	브로커 중심의 발간/구독 형식
통신 프로토콜	TCP	UDP	TCP	TCP
보안 기법	SSL/TLS	DTLS	SASL/TLS	SASL/TLS
특성	고 신뢰성, 간편한 유지 보수, SSL/TLS의 한계	신속성, RESTful 모델, MQTT보다 낮은 신뢰성	고 신뢰성, 실시간성에 근접한 서비스 지원, 높은 네트워크 오버헤드	고 신뢰성, 다양한 메시지 시나리오, 고 보안성

〈표 3.16〉의 비교를 통해 클라이언트/서버 모델을 사용하는 CoAP과 XMPP보다 발간/구독 모델을 사용하는 MQTT와 AMQP가 높은 확장성과 고신뢰성의 메시지 전송을 보장함을 확인하였다. 특히 MQTT는 QoS를 통해 산업용 기기의 환경에 따라 안정성과 빠른 메시지 전송시간을 적절하게 사용할 수 있다.

3.3.2 MMS기반의 산업용 IoT 플랫폼 설계

❖ 요구사항 분석

[표 3.17] MMS기반의 IIoT 플랫폼과 기존 네트워크의 요구사항

	MMS 기반의 IIoT 플랫폼	일반 IIoT 플랫폼
신뢰성	높음	중간
안정성	중간	높음
실시간성	중간	높음
보안성	중간	매우 높음
확장성	높음	낮음
구현 난이도	매우 낮음	높음
비용	낮은	높음

발전소, 군과 같은 높은 신뢰성을 요구하는 환경에서 IoT 플랫폼을 적용하기 위해서는 〈표 3.17〉과 같은 요구사항을 만족해야한다. 산업 환경에서 사용하는 통신에서 중요한 요소로는 정확성, 실시간성, 안정성 등이 있다. 제안하는 플랫폼에서는 데이터 신뢰성과 정확성에 초점을 맞췄으며, 실시간성과 보안성은 추가 요소로서 고려된다.

✤ 시스템 모델

제안하는 MMS 기반의 산업용 IoT 플랫폼에는 MQTT와 MMS 2가지의 프로토콜이 사용된다. MMS를 통해 산업 환경에 사용되는 기기들의 접근을 지원하고, MQTT를 통해 IIoT 환경에서의 동작을 구현하였다.

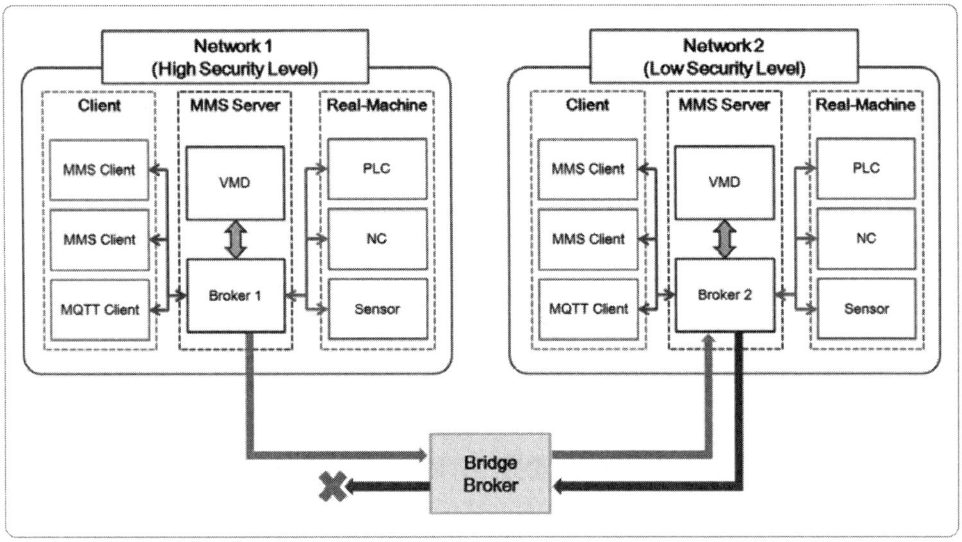

▎그림 3.18▎ MMS기반의 IIoT 플랫폼의 구조

MQTT와 MMS를 사용한 IIoT 플랫폼은 그림과 같이 구성된다. 각 네트워크에 속해 있는 클라이언트들은 MQTT 브로커를 통해 토픽을 발간 및 구독한다. 토픽의 페이로드는 MMS 기반의 메시지로 MMS의 일부 서비스를 지원한다. 각 네트워크는 보안 등급(Leve l)을 가진다. Level 1이 Level 2보다 높은 보안 등급을 가지며 보안 등급에 따라 네트워크 사이 데이터 교환 시 전송방향이 결정된다. 전송방향이 결정되면 MQTT 브로커가 중계기와 같이 동작되어 네트워크 사이 단방향 통신이 이루어진다. 이때 중계기와 같이 사용되는 MQTT 브로커를 브릿지 브로커라 하며, 네트워크 간 데이터 교환을 담당한다. 브릿지 브로커는 각 네트워크에 속해있는 브로커들로부터 토픽을 전달 받는다.

❖ 통신 규약 설계

본 플랫폼에서 사용할 통신을 이용하여 기존에 MMS를 사용하고 있는 기기뿐만 아니라 모바일 기기와 같은 IoT 디바이스간의 통신을 지원한다. 모든 토픽은 MMS 서버의 브로커를 통해서 교환되며 이때 메시지는 MMS를 기반으로 하며 PDU(Protocol Data Unit)로 인코딩 되어서 브로커로 전송된다.

[표 3.18] IIMP의 데이터 분류

데이터 타입	데이터 종류
Periodic Data	센서 값, 클라이언트의 상태 정보
Non-Periodic Data	제어 명령 메시지(Read, Write, Start, Stop)

MMS 서버에 존재하는 MQTT 브로커로 전송된 토픽은 VMD에서 디코딩 된 후 다시 MQTT로 브로커로 전송된다. MQTT로 전송된 데이터는 토픽을 구독하는 기기들로 전달되며, 이를 통해 하나의 토픽을 통해서 여러 대의 기기의 접속이 가능하게 된다. MMS 클라이언트 또는 IoT 기기가 전달하고자하는 MMS 서비스, 명령과 같은 정보는 토픽의 메시지를 통해 전송된다.

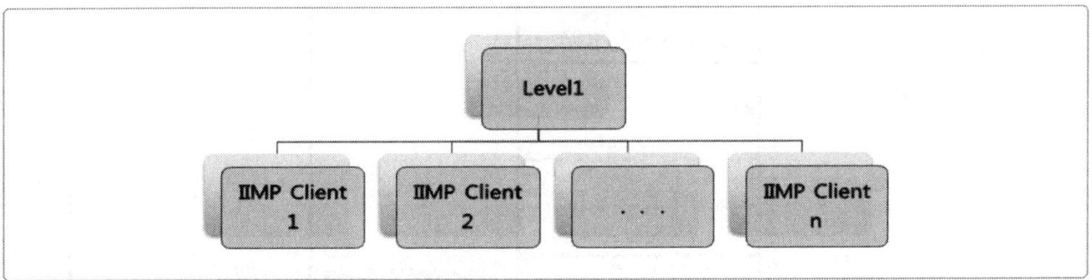

▎그림 3.19▎ 제안하는 플랫폼의 토픽 레벨

플랫폼에서 사용되는 데이터는 〈표 3.18〉과 같이 크게 주기적으로 발생하는 데이터(periodic data)와 비주기적으로 발생하는 데이터(non-periodic)로 나누어진다. 주기적으로 발생하는 데이터의 경우에는 일정 시간마다 데이터가 발생되므로 전송된 데이터가 손실되더라도 다음에 전송되는 데이터를 이용하여 손실된 데이터를 보완할 수 있다. 따라서 센서 값, 클라이언트의 현재 상태와 같이 데이터의 손실 또는 변경에도 시스템에 미치는 영향이 적은 데이터를 주기적인 데이터로 분류하였다. 반면에 사용자로부터 발생한 제어 명령, 변수 값 변경 등과 같이 비주기적으로 데이터의 경우에는 제한 시간 내에 데이터 전송이 완료되어야 하며 이를 만족시키지 못할 경우에는 시스템에 미치는 영향이 높다.

[표 3.19] IIMP에서 제공되는 MMS 서비스

서비스 명	기능
Program Invocation Management	- 프로그램의 시작 및 정지.
Variable Access	- 서버에 선언된 변수의 읽기 및 쓰기.
Journal Management	- Journal 쓰기. - Journal 검색.

따라서 주기적인 데이터와 비주기적인 데이터의 전송에 있어서 우선순위를 부여하여 비주기적 데이터의 실시간성을 높이고자 하였으며 MQTT의 가변 헤더에서 1비트를 할당함으로써 구분하게 된다. 추가적으로 사용될 토픽 형식은 〈그림 3.19〉에서 나타난다. 디바이스가 속해있는 네트워크의 보안등급이 토픽의 최상위 레벨에 존재하며, 기기에 따라 번호가 정해진다. 예를 들어 네트워크 1에 포함되어있는 IIMP 클라이언트가 토픽을 발간하게 될 경우 토픽은 Level 1/IIMP Client 1/이 된다.

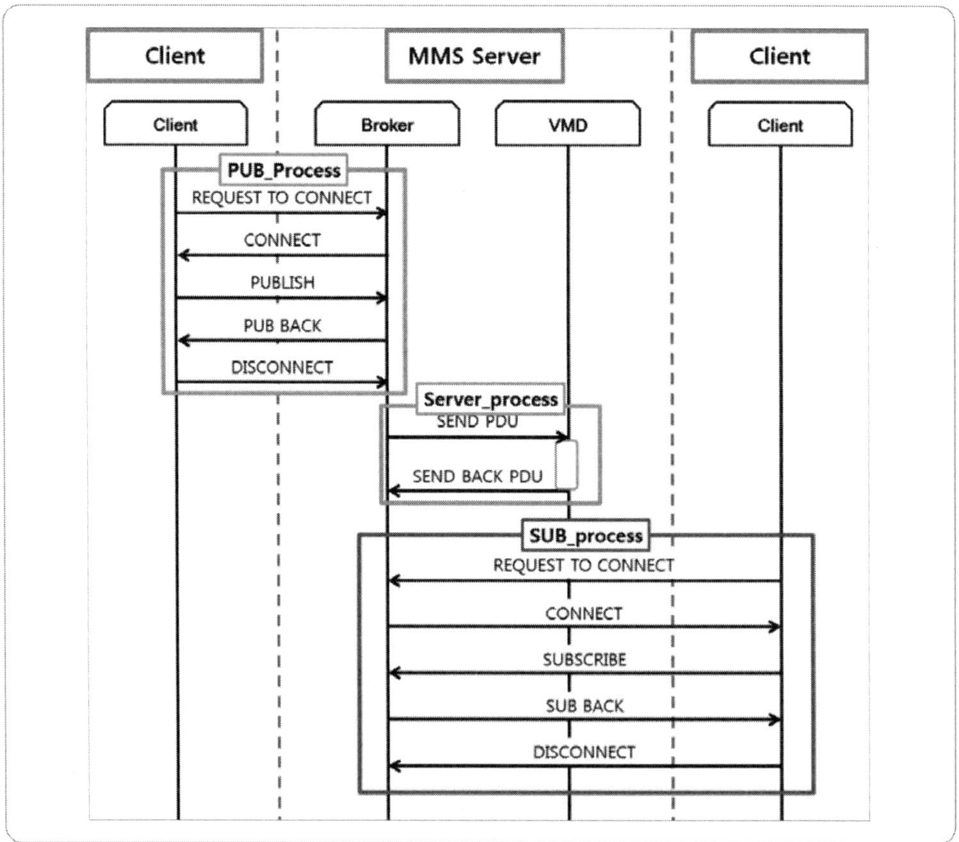

❙그림 3.20❙ 통신 프로세스

〈표 3.19〉은 플랫폼에서 제공할 MMS 서비스 목록이다. 다양한 MMS 서비스 중 Program Invocation Management, Variable Access, Journal Management 서비스를 지원하며 MMS 서비스를 통해 산업용 기기들을 관리한다. 브로커로 전송된 발간 데이터는 브로커가 존재하는 서버 내부 통신을 통해 VMD로 전달되며 전달된 데이터는 디코딩 되어 MMS 서비스를 구분할 수 있게 된다.

〈그림 3.20〉은 통신의 프로세스 순서도를 보여준다. QoS가 1일경우를 기반으로 구성되어있으며, 이는 메시지 전송 안정성을 보장하면서 QoS 2 대비 전송속도를 줄이기 위함이다. 발간 프로세스(PUB_Process)에 따라 클라이언트는 발간을 하며 이때 클라이언트의 ID와 Password를 통해 브로커에 인증된 클라이언트임을 확인한다. 연결된 브로커의 주소에 의해 클라이언트에서 발간된 토픽의 최상위 토픽인 Level 1이 설정된다. 서버 프로세스(Server_process)에서 브로커로 발간된 토픽이 MMS 서버의 VMD에게 전달되며 디코딩한 정보를 바탕으로 MMS 서비스를 실행하고 클라이언트에 정보를 전달한다. 전달 된 정보는 구독 프로세스(SUB_Process)에 따라 MQTT 브로커를 통해 구독하고자 하는 클라이언트에 전송된다. 구독 토픽을 구독할 경우에는 발간과 마찬가지로 브로커에 연결을 요청한 후, 클라이언트의 ID와 패스워드가 등록되어 있는 경우 연결을 승인하게 된다.

〈그림 3.21〉은 브릿지 브로커를 이용한 브로커와 브로커 간의 통신 순서를 보여준다. 브릿지 브로커는 브로커 1과 브로커 2로부터 구독 받을 토픽과 단방향 통신 규약에 따라 발간 할 토픽을 설정한다. 이는 낮은 등급의 보안을 가진 네트워크에서 높은 등급의 네트워크로 메시지를 전송할 경우, 외부로부터의 공격에 취약해 지는 것을 방지하기 위함이다. 이후 브로커 1과 브로커 2와의 통신을 위해 소켓을 생성 및 연결한다. 한 번의 연결을 통해 브릿지 브로커는 하나의 브로커에서 발간된 토픽을 빠르게 전달할 수 있다. 〈그림 3.21〉에서는 네트워크 1이 네트워크 2보다 높은 보안 등급을 가진다. 따라서 브로커 1은 네트워크 2에서 발간된 토픽 T2을 구독할 수 없으며 이를 통해 네트워크 1은 외부로부터의 접속을 차단할 수 있다. 반대로 브로커 2는 네트워크 2가 네트워크 1보다 보안 등급이 낮기 때문에 네트워크 1에서 발간된 토픽 T1을 구독할 수 있다. 네트워크의 수가 증가하는 경우, 2가지 이상의 보안 등급을 설정 할 수 있으며 이 경우에는 같은 보안 등급의 네트워크 간의 데이터 전달도 가능하게 된다. 또한 브릿지에서 데이터 전달의 방향이 정해지므로 추가적인 네트워크 증설에도 브릿지 브로커를 통한 단방향 통신이 가능하게 된다.

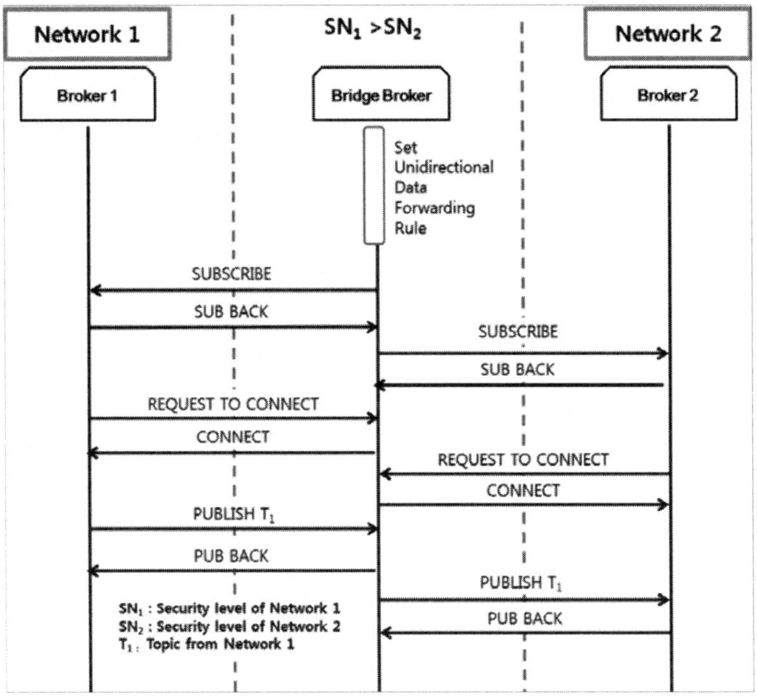

▌그림 3.21▐ 브로커 간 통신 프로세스

3.3.2.1 단방향 통신 규약 설계

Algorithm 1 Unidirection data forwarding rule

procedure UDF(SN_d, SN_s) ▷ SN_d : *Security level of destination network,* SN_s : *Security level of Source network*

if ($SN_d \geq SN_s$) then

Disposal T_s ▷ T_s : *Topic from Source network s*

else

forward T_s to N_d ▷ N_d : *Destination Network*

end procedure

▌그림 3.22▐ 브릿지 브로커에서 동작하는 단방향 통신 규약

브릿지 브로커는 단방향 통신 규약에 따라 토픽의 구독 가능 여부를 판단한다. 각 네트워크는 2가지의 보안등급(Level 1, Level 2)을 가지고 있으며, 보안 등급 Level 1이 Level 2보다 높은 보안 등급임을 뜻한다. 알고리즘 1은 브릿지 브로커에서 동작하는 단방향 통신 규약을 보여준다. 토픽을 발간한 네트워크(Ns)에서 토픽을 전달하고자 하는 네트워크(Nd)로 토픽을 전달하기 위해서는 브릿지 브로커를 이용해야한다. 이때 브릿지 브로커는 Nd의 토픽 구독 가능 여부를 판단하기 위하여 Ns의 보안 등급(SNs)과 Nd의 보안 등급(SNs)을 비교한다. 두 네트워크의 보안등급을 비교하여, SNd가 SNs보다 높거나 같을 경우에는 발간된 토픽(Ts)이 폐기되며 Nd에서 구독 할 수 없다. 반대로 SNd가 SNs보다 낮으면 Ts를 Nd에서 구독할 수 있다.

3.3.3 MMS 기반의 산업용 IoT 플랫폼 성능평가 및 분석

✤ 모의 실험을 통한 성능평가

MMS기반의 산업용 IoT 플랫폼의 성능을 평가하기 위해 다음과 같이 모의실험을 구성하였다. MQTT의 브로커는 Mosquitto를 사용하였으며 클라이언트와 브릿지 브로커는 Mosquitto의 라이브러리를 이용하여 구현하였다. 또한 브릿지 브로커의 구현을 위해 기존의 Mosquitto 브로커에 추가적으로 단방향 통신 규약을 적용하였다. 브릿지 브로커를 포함하여 총 3개의 브로커와 클라이언트로 구성되어 있으며, 각 브로커는 PC에 설치되어 있다. 브로커가 설치되어있는 PC는 유선으로 이어져 있으며 클라이언트에서 브로커로 발간하는 경우는 Wi-Fi 통신을 이용한다.

[표 3.20] 모의실험의 파라미터

Parameter	value
서버의 OS	Window 7 64*bit*
사용한MQTT 브로커	mosquitto
브로커 수	3
브로커의 QoS	1,2
클라이언트의 QoS	1
메시지 크기	20*byte*
발간 주기	10*ms*
Data rate	100*Mbps*

기본 브로커는 네트워크에 하나씩 존재한다고 가정하였으며, 각 브로커는 소속되어

있는 네트워크의 클라이언트들의 발간과 구독을 전달하며 이때 MQTT 통신은 TCP 통신을 기반으로 되어있다. 브릿지 브로커를 이용한 단방향 통신의 가능 여부를 판단하기 위하여 브로커 1에 발간을 하는 클라이언트의 최상위 토픽의 보안등급은 Level 1이며, 브로커 2에 발간을 하는 클라이언트의 최상위 토픽의 보안등급은 Level 2이다. 두 개의 브로커에서 발간된 토픽들은 브릿지 브로커로 발간되며 네트워크의 브로커가 구독을 원할 시, 발간된 토픽의 최상위 토픽에 따라 구독 여부가 결정된다. 브로커-브릿지 브로커간의 통신에서도 QoS설정이 가능하며 이를 통해 데이터의 신뢰성을 높일 수 있다.

따라서 브릿지 브로커의 QoS 설정에 따른 데이터 전송시간을 비교하여, 성능 평가를 하였다. 이때 성능 평가를 위하여 포트 하나에 입력되는 패킷의 양에 따른 브로커 1과 브로커 2사이의 전송시간을 실험을 통해 도출하였다. 제안하는 시스템의 성능 평가를 위해 브로커 1로 발간된 토픽이 브릿지 브로커를 통해 브로커 2까지 전달되는 시간을 측정하였으며, 기존의 단방향 통신에서 사용하는 UDP는 브릿지 브로커를 통하지 않고 브로커 1에서 브로커 2까지의 토픽 전달 시간을 측정하여 비교하였다. 실험을 위한 세부 설정 사항을 〈표 3.20〉에 표시하였다.

〈그림 3.23〉과 〈그림 3.24〉는 브릿지 브로커를 통한 메시지 전달을 보여준다. 타임스탬프가 1510893080일 때 낮은 보안등급을 지닌 네트워크의 클라이언트가 10*ms*의 주기로 브로커 2로 최상위 토픽이 Level 2인 토픽을 발간하였으며 발간된 토픽은 브릿지 브로커로 전달된다. 하지만 브로커1의 로그 파일에서는 브릿지 브로커로부터 토픽을 구독한 기록이 없음을 보여준다. 이를 통해 브릿지 브로커가 Level 2로 발간된 토픽의 구독을 제한함을 알 수 있다. 반면에 클라이언트가 10*ms*의 주기로 브로커1로 최상위 토픽이 Level 1인 토픽을 발간하였을 때 브릿지 브로커는 브로커1로부터 발간된 토픽을 전달받아 브로커 2로 다시 발간함을 보여준다. 브릿지 브로커를 통해 발간된 Level 1 토픽은 브로커 2에 전달됨을 볼 수 있다. 이를 통해 브로커 1을 통해 발간된 토픽이 브로커 2로만 전달되며 브릿지 브로커를 통한 단방향 통신이 가능함을 보여준다.

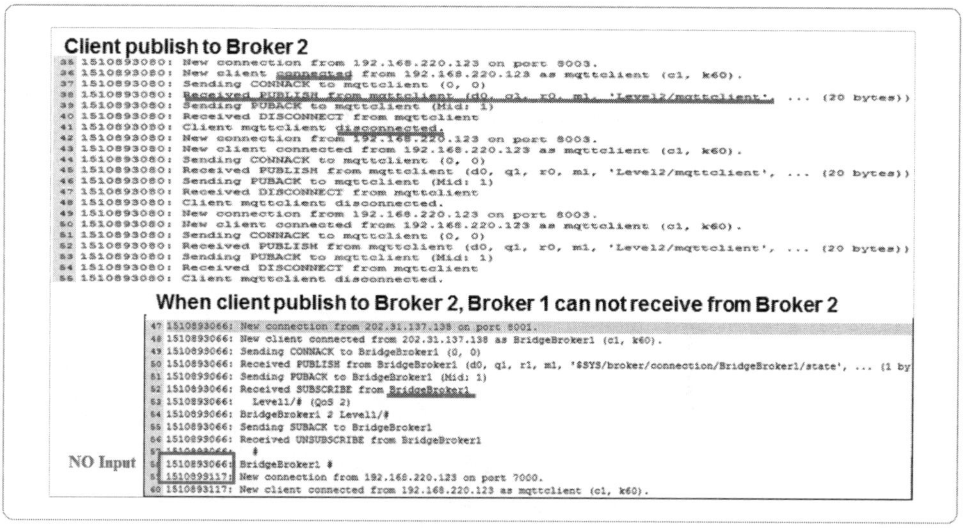

▌그림 3.23▐ 브로커 2에서 브로커 1로의 단방향통신

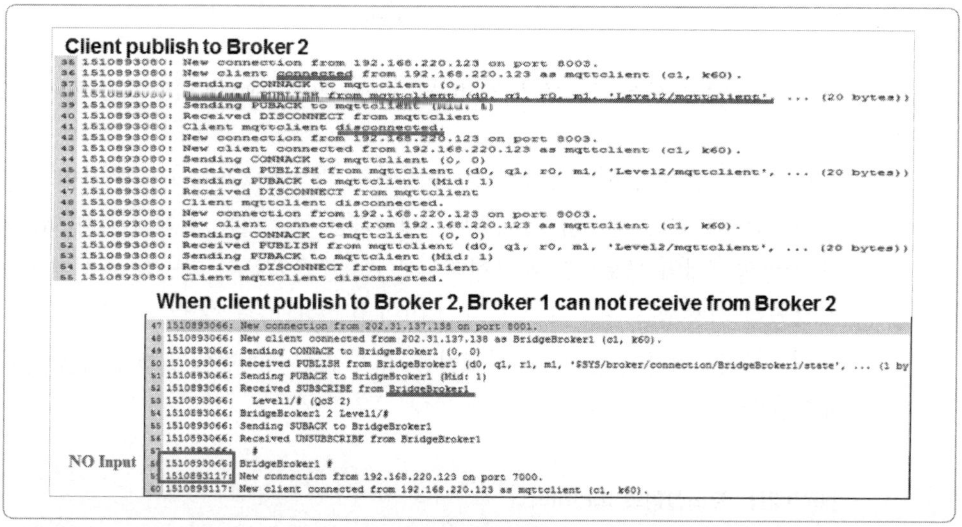

▌그림 3.24▐ 브로커 2에서 브로커 1로의 단방향통신

제안하는 플랫폼의 데이터 전달속도를 평가하기 위하여, 기존에 단방향 통신에 사용하고 있는 UDP 통신과 브로커를 이용한 통신을 비교하였다. 〈그림 3.25〉는 제안하는 플랫폼에서의 MQTT를 이용한 단방향 통신과 UDP를 이용한 통신의 전송속도 비교를 보여준다. 단일 포트를 통해 10*ms*의 주기로 발간되는 패킷의 양이 증가함에 따라 UDP는 MQTT에 비해 짧은 전송시간을 보임을 보여준다. 전송되는 패킷의 양의 증가에 따른 전송시간 증가율은 MQTT보다 UDP가 적으며, 이는 MQTT의 TCP 통신사용으로 인한 차이이다.

✥ 모의실험을 통한 성능평가

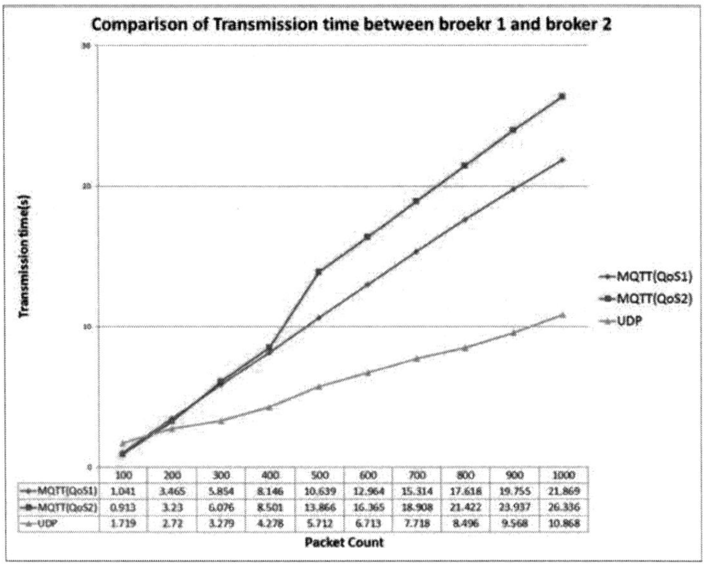

▌그림 3.25▐ 브로커 1과 브로커 2 사이의 UDP와 MQTT QoS에 따른 통신 속도 비교

UDP와 MQTT의 패킷 손실률을 측정하기 위하여 <표 3.21>과 같이 모의실험 환경을 구성하여 성능 평가를 실시한다. 제안하는 브로커는 실험과 같이 mosquitto를 사용하며 총 3개의 브로커를 사용한다. 제안하는 플랫폼의 단방향 통신에 UDP와 MQTT 브로커를 사용했을 경우의 메시지 길이의 변화에 따른 패킷 손실률과 종단 간 지연을 통해 성능을 평가한다. 본 모의실험은 결과 값은 500번의 모의실험을 통한 평균값을 보여준다.

[표 3.21] 모의실험의 파라미터

파라미터	값
MQTT	mosquitto
브로커 수	3
브로커의 QoS	1
메시지 길이	1,000–16,000*byte*
최대 bandwidth	33*Mbps*
Noise distribution	가우시안
SNR	30*dB*
모의실험 횟수	500
모의실험 도구	Omnet++

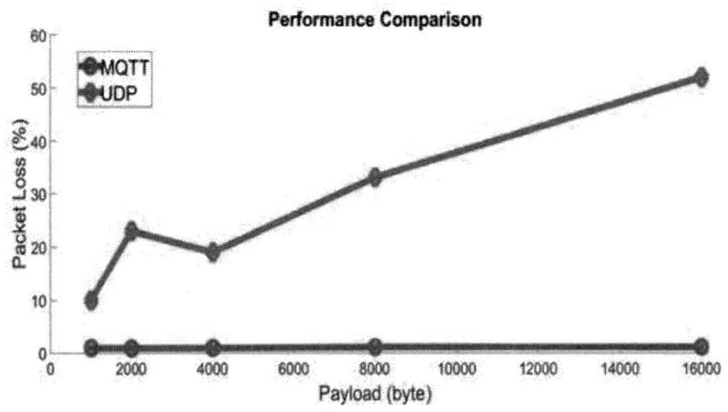

| 그림 3.26 | 페이로드에 따른 MQTT와 UDP의 패킷 손실율 비교

〈그림 3.26〉은 UDP와 MQTT 브로커를 사용했을 때의 단방향 통신에서 발생하는 패킷 손실률을 보여준다. 그림에서와 같이 UDP는 패킷 정정기법이 지원하지 않기 때문에 페이로드가 증가함에 따라 패킷 손실률이 높은 것을 알 수 있다. 반면 MQTT 브로커는 TCP 기반의 통신을 이용하여 패킷 손실률이 낮으며 이를 통해 데이터 신뢰성이 높은 것을 알 수 있다.

〈그림 3.27〉은 UDP와 MQTT를 사용했을 때의 종단 간 지연을 보여준다. 페이로드가 2,000*byte* 이하인 경우에는 MQTT와 UDP의 종단 간 지연은 크게 다르지 않다. 하지만 페이로드가 증가함에 따라 UDP는 높은 종단 간 지연 증가율을 보인다.

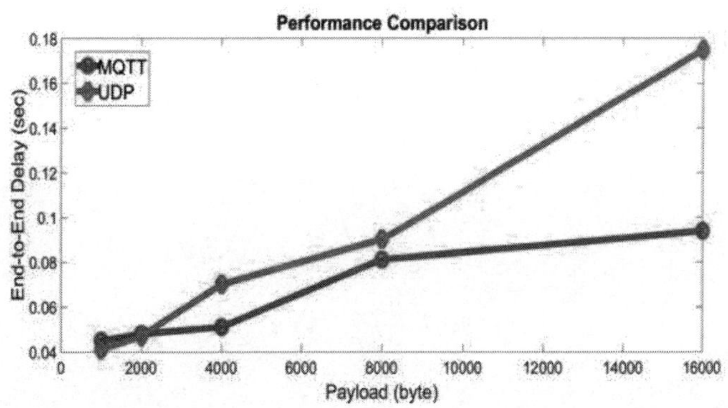

| 그림 3.27 | 페이로드에 따른 MQTT와 UDP의 End-to-End 지연

결론적으로 산업용 메시지 기반의 IoT 시스템 구축을 위해서는 기존 표준의 메시지 부하를 최소화하고 신뢰성 및 보안 확보를 위한 물리저 중심 흐름의 제어도 선택적으로 필요하다.

참고문헌

- J. Desbonnet and P. M. Corcoran, "System Architecture and Implemenation of A CEBus/INTERNET Gateway", IEEE Transactions on Consumer Electronics, vol. 43, no. 4, pp.1057~1062, Nov. 1998.
- J. Hong, et al., "Two-way CTA for TCP Application", 15-04-0320-00-003b-2-way-cta.ppt, July 2004.
- U.S. Dept. of Commerce, National Institute of Standards and Technology, Information Technology Laboratory, Specification for the Advanced Encryption Standard (AES). Federal Information Processing Standard Publication (FIPS PUB) 197. Springfield, VA: National Technical Information Service. 26 Nov. 2001.
- Y. Li et al., "Energy and Latency Control in Low Duty Cycle MAC Protocols", IEEE WCNC '05, 2005.
- G. Lu et al., "Delay Efficient Sleep Scheduling in Wireless Sensor Networks", IEEE INFOCOM '05, March 2005.
- Jason L. Hill and David E. Culler, Mica: A wireless platform for deeply embedded networks,. IEEE Micro, vol. 22, no. 6, pp.12~24, Nov/Dec 2002.
- A. El-Hoiydi, J.-D. Decotignie, C. Enz, and E. Le Roux, Poster abstract: WiseMAC, an ultra low power MAC protocol for the WiseNET wireless sensor network. In 1st ACM Conf. on Embedded Networked Sensor Systems (SenSys 2003), Los Angeles, CA, November 2003.
- J. Polastre, et al., "Versatile Low Power Media Access for Wireless Sensor Networks", ACM SenSys '04, 2004.
- W. Ye, J. Heidemann, and D. Estrin, An energy-efficient MAC protocol for wireless sensor networks, In 21st Conference of the IEEE Computer and Communications Societies (INFOCOM), volume 3, pp.1567~1576, June 2002.
- T. van Dam and K. Langendoen, An adaptive energy-efficient MAC protocol for wireless sensor networks. In 1st ACM Conf. on Embedded Networked Sensor Systems (SenSys 2003), pp.171~180, Los Angeles, CA, November 2003.
- G. Lu, B. Krishnamachari, and C. Raghavendra, An adaptive energy-efficient and

low-latency MAC for data gathering in sensor networks, In Int. Workshop on Algorithms for Wireless,Mobile, Ad Hoc and Sensor Networks (WMAN), Santa Fe, NM, April 2004.

- V. Rajendran, K. Obraczka, and J. Garcia-Luna-Aceves, Energy-efficient, collision-free medium access control for wireless sensor networks, In 1st ACM Conf. on Embedded Networked Sensor Systems(SenSys 2003), pages 181192, Los Angeles, CA, November 2003.
- L. van Hoesel and P. Havinga. A lightweight medium access protocol (LMAC) for wireless sensor networks, In 1st Int. Workshop on Networked Sensing Systems (INSS 2004), Tokyo, Japan, June 2004.
- A. El-Hoiydi. Aloha with preamble sampling for sporadic traffic in ad hoc wireless sensor networks. In IEEE International Conference on Communications (ICC), New York, April 2002.
- A. El-Hoiydi, J.-D. Decotignie, and J. Hernandez, Low power MAC protocols for infrastructure wireless sensor networks, in Proceedings of the Fifth European Wireless Conference, Barcelona, Spain, Feb. 2004.
- G. Zhu, C.-H. Liao, M. Suzuki, Y. Narusue, and H. Morikawa, "Evaluation of LoRa receiver performance under co-technology interference," 2018 15th IEEE Annu. Consumer Commun. & Netw. Conf., 2018
- J. Lim, J. Lee, D. Kim, and J. Kim, "Performance analysis of LoRa(Long Range) according to the distances in indoor and outdoor spaces," J. KIISE, vol. 44, no. 7, pp. 733-741, 2017.
- Element14, "The LoRaWAN as an IoT network solution(2017)," Retrieved Apr. 30, 2018, from http://kr.element14.com/lorawan- as-an-iot-network-solution.
- IEEE 802.15.1 standard, "Part 15.1: Wireless medium access control (MAC) and physical layer (PHY) specifications for wireless personal area networks (WPANs)", 2005.
- F. De Pellegrini, D. Miorandi, S. Vitturi and A. Zanella, "On the Use of Wireless Networks at Low Level of Factory Automation Systems", IEEE Trans. on Ind. Inf., vol. 2, n.2, pag. 129-143, 2006.
- A. Willig, K. Matheus. "Wireless technology in industrial network" Proceedings of

the IEEE, Vol. 93, Issue 6, June 2005.

- D-H.Choi and D-S.Kim, "Wireless Fieldbus for Networked Control System using LR-WPAN", International Journal of Control, Automation, and Systems, vol. 6, no. 1, pp. 1-7, February 2008.
- 권욱현, 김형석, 김동성 "산업용 필드버스 통신망", 성안당, 2004
- D-S.Kim, S.K. LEE "Feasibility Analysis of Hybrid Control Network based on Common Industrial Protocol" Vol.33, Issue 4, pp.357-366, Computer Standards and Interfaces, 2011
- 김동성, 정지원, "공장 자동화용 혼합형 네트워크를 위한 실시간 동기화 알고리즘의 성능 분석: CAN과 센서 네트워크", 제어·로봇·시스템학회 논문지, Vol. 16, No. 2, pp. 194-201, February 2010
- Dong-Sung Kim, Joseph Jeon and Prasant Mohapatra, "Scheduling of Wireless Control Networks based on IEEE 802.15.4: Mixed Traffic Environment", Control Engineering Practice, 2012
- Nguyen Quoc Dinh and Dong-Sung Kim, "Performance Evaluation of Priority CSMA-CA Mechanism on ISA100.11a Wireless Network", Vol. 34, Issue 1, Jan. 2012 , pp. 117-123, Computer Standards and Interfaces, 2012
- Dong-Sung Kim, Joseph Jeon and Prasant Mohapatra, "Scheduling of Wireless Control Networks based on IEEE 802.15.4: Mixed Traffic Environment", Control Engineering Practice, 2012
- 삼성전자 산업용 무선랜 기술 http://www.ddaily.co.kr/news/news_view. php?uid =83245
- Nguyen Quoc Dinh and Dong-Sung Kim, "Performance Evaluation of Priority CSMA-CA Mechanism on ISA100.11a Wireless Network", Vol. 34, Issue 1, Jan. 2012, pp. 117-123, Computer Standards and Interfaces, 2012.
- Dong-Sung Kim, Joseph Jeon and Prasant Mohapatra, "Scheduling of Wireless Control Networks based on IEEE 802.15.4: Mixed Traffic Environment", Control Engineering Practice, 2012.
- Morel, P., Croisier, A., "A wireless gateway for fieldbus", IEEE International Symposium of Wireless: Merging onto the Information Superhighway, Personal, Indoor and Mobile Radio Communications, Vol. 1, September 1995, pp. 105-109

- Ji-Won Jung, Seung-Ki Lee, and Dong-Sung Kim, "Performance Analysis of Wired/Wireless Hybrid Network based on Common Industrial Protocol", Journal of Control, Automation and Systems Engineering, Vol. 13, No. 11, November 2007
- J. Elson, K. Romer, "Wireless Sensor Networks: A new regime for time synchronization", ACM SIGCOMM Computer Communication Review, Vol. 33, Issue 1, January 2003, pp. 149-154
- J. Elson, D. Estrin, "Time synchronization for wireless sensor networks", Proceedings of the 15th International Symposium on Parallel and Distributed Processing, April 2001, pp. 1965-1970
- S. Ganeriwal, R. Kumar, M.B. Srivastava, "Timing-sync Protocol for Sensor Networks", Proceedings of the 1st international conference on Embedded networked sensor systems, November 2003, pp. 138-149
- H. Dai, R. Han, "TSync: a lightweight bidirectional time synchronization service for wireless sensor networks", ACM Mobile Computing and Communications Review, Vol. 8, Issue 1, January 2004, pp. 125-139
- Qun Li, Daniela Rus, "Global Clock Synchronization in Sensor Networks", IEEE Infocom 2004, March 2004
- M. Maróti, B. Kusy, B. Simon, Á. Lédeczi, "The Flooding Time Synchronization Protocol", Conference on Embedded Networked Sensor Systems, 2004, pp. 39-49
- Kay Romer, "Time synchronization in ad hoc networks", Proceedings of the 2nd ACM international symposium on Mobile ad hoc networking & computing, October 2001, pp. 173-182
- S. PalChaudhuri, A.K. Saha, D.B. Johnson, "Adaptive clock synchronization in sensor networks", Proceedings of the 3rd international symposium on Information processing in sensor networks, April 2004
- J.V. Greunen, J. Rabaey, "Lightweight time synchronization for sensor networks", Proceedings of the 2nd ACM International Conference on Wireless Sensor Networks and Applications, 2004, pp. 11-19
- M.L. Sichitiu, C. Veerarittiphan, "Simple, accurate time synchronization for wireless sensor networks", IEEE Wireless Communications and Networking, Vol. 2, March 2003, pp. 1266-1273

• J.H. Kim, B.G. Kim, “Avionics MIL-STD-1553B message design,” in Proc. of Conference of The Korean Society of Aeronautics and Space Sciences, pp. 1628-1632, Yongpyeong Resort, Korea, Nov. 2011.

• H.C. Kim, D.M. Ahn, G.Y. Hong, “A study for operation technique plan of low-cost UAV data bus,” The Journal of Advanced Navigation Technology, Vol. 16, No. 6, pp.1024-1031, 2012.

• K.S. Yoon, J.T. Lee, J.B. Jo, K.Y. Bang, “Data transfer mechanism for improving performance in embedded training system,” in Proc. of Institute of Electronics and Information Engineers Fall Conference, Seoul National University, Korea, pp. 195-196, Nov. 2009.

• G.T. Sung, “A design of interface module for multiple level MIL-STD-1553 bus topology,” Journal of the Korea Institute of Information and Communication Engineering, Vol. 10, No. 6, pp. 1045-1054, 2006.

• G.P. Kim, G.H. Ahn, Y.S. Kwon, S.J. Yun, S.H. Lee, “Analysis and implementation of high speed data processing technology using multi-message chain and double buffering method with MIL-STD-1553B,” Journal of the KIMST, Vol. 16, No. 4, pp. 422-429, 2013.

• “MIL-STD-1553 Designer's Guide,” sixth edition, DATA DEVICE CO., pp. IX-3-IX-10, 2003.

• “MIL-STD-1553 Tutorial,” AIM GmbH,, pp. 1-1-2-10, 2010.

• Y.L. Im, J.H. Lee, “Semiconductor IP technology and market trend,” Weekly ICT Trends, ETRI, Vol. 990, 2001.

• Y.O. Kwon, K. Park, M.J. Kim, “Technology trends of high speed serial transceiver embedded FPGA”, Weekly ICT Trends, ETRI, Vol. 990, 2003.

• C.H. Lee, “SoC(System-on-Chip),” Journal of TTA, No. 93, 2004.

• S.H. Kim, “Current issues and trends of IP based SoC design,” SITI Newsletter, Vol. 1, No. 2, 2002.

• M.G. Lee, “MIL-STD-1553 communication built in FPGA,” Chungnam National University, 2008.

• B. Sourav, C. D. Naidu, Y. P. Sai and P. Kishore, “Design and Implementation of

Remote Terminal for MIL-STD-1553 B," 2017 IEEE 7th International Advance Computing Conference (IACC), Hyderabad, pp. 270-274, 2017.

- R. H. Randhawa and M. Imran, "A low cost design of MIL-STD-1553 devices," 2012 IEEE First AESS European Conference on Satellite Telecommunications (ESTEL), Rome, pp. 1-4, 2012,
- C. Hou, S. Wang, Q. Wang and H. Zhang, "Performance analysis of high-speed MIL-STD-1553 bus system using DMT technology," 2013 8th International Conference on Computer Science & Education, Colombo, pp. 533-536, 2013.
- "Core1553BRT_APB Handbook," Actel Corporation, pp. 5 - 8, 2010.
- "AMBA APB Protocol Version:2.0 Specification," ARM, pp. 1-2 - 1-3, 2010.
- "Actel SmartFusion Microcontroller Sybsystem User's Guide," Actel Corporation, pp. 7-8, May 2010.
- "SmartFusion Customizable System-on-Chip," Actel Corporation, pp. 3-1 - 3-6, May 2010.
- "HI-1573, HI-1574 MIL-STD-1553 3.3V Monolithic Dual Transceivers," HOLT IC, pp. 1-11, 2009.
- Won Seop Choe, Dong In Han, Chan Oh Min, Sang Man Kim, Young Sik Kim and Dae Woo Lee, "Design of an FPGA-Based RTL-Level CAN IP Using Functional Simulation for FCC of a Small UAV System," International Journal of Aeronautical and Space Sciences, Vol. 18, No. 4, pp. 675~687, Dec, 2017.
- 유영호, "차세대 IT선박 기술분석과 전망," 전자공학회 , Vol. 35, No. 2. pp. 19-29, 2008.
- 이광일, 박준희, 최원석, 문경덕, "선내 통신 국제 표준화 동향," TTA Journal, No. 126, pp. 45-51, 2009.
- 권기협, 김준우, 김동성, 김태민, "산업용 이더넷을 이용한 지능형 대형 선박을 위한 제어 네트워크 설계 및 성능 분석," 한국해양정보통신학회 추계학술대회, pp. 709-711, 2010.
- Hyu-Chan Park, Jang-Se Lee, Kil-Woong Jang, Jeong-Woo Lee, Joong-Hyun Park, and Soon-Yul Kang, "Development of Network Platform for Integrated Information Exchange on Shipboard," Int. Jour. of Computer Science and Network Security, Vol.

10, No. 1, pp. 215-219, Jan. 2010.

- 이승준, 김철환, 노경식, 최수영, 강성인, 추영열, “CAN 통신을 이용한 선박 상태 모니터링 시스템,” 한국멀티미디어학회 추계학술회 , pp. 59-63, 2008.
- 이창의, 김달용, 유영호, 신옥근, “NMEA2000을 이용한 임베디드 선박 모니터링 시스템의 개발,” 한국마린엔지니어링학회지, Vol. 33, No. 5, pp. 746-755, 2009.
- 조광환, “선박용 Alarm Monitoring System의 개발: PCM과 MPM의 통신분석,” 울산학교자동차 선박기술학원 , 2006.
- Peter Huitsing, Rodrigo Chandia, Mauricio Papa, and Sujeet Shenoi, “Attack taxonomies for the Modbus protocols,” Int. Jour. of Critical Infrastructure Protection, Elsevier Science, Vol. 1, pp. 37-44, 2008.
- BOSCH, “CAN Specification Version 2.0,” Link: http://www.semiconductors.bosch.de/pdf/can2spec. pdf, Robert Bosch GmbH, 1991.
- S.K.Lee and D-S.Kim, “Feasibility Analysis of Wired/Wireless Hybrid Industrial Network base d on CIP”, SICE-ICASE, pp. 4971-4976, 2006.
- IEEE 802.15.4 Standard-2003, “Part 15.4: Wireles s Medium Access Control and Physical Layer S pecifications for LR-WPANs”, IEEE-SA Standar d, 2003.
- Schiffer V., Vandesteeg K.W., Vasko D.A., Lenne r J.A., “Introduction to DeviceNet safety”, IEEE- WFCS, pp. 293-300, 2000.
- Morel, P., Croisier, A., “A wireless gateway for f ieldbus”, IEEE International Symposium of Wire less, pp. 105-109, 1995.
- Emerson Farrugia and Robert Simon, “An efficie nt and secure protocol for sensor network time synchronization”, Journal of Systems and Softwa re, pp. 147-162, 2006.
- T. Rappaport, Wireless Communications: Principles and Practice, Prentice Hall PTR., 2nd Ed., pp. 38-39, 2002.
- ISO9506-1: 1990, Industrial automation systems-Manufacturing Message Specification-Part1: Service definition
- ISO9506-2: 1990, Industrial automation systems Manufacturing Message Specification-Part2:Protocol specification
- ISO/ TC184/ SC5/ WG2 N578: 1996, Communications and interconnections

- RFC 1006:1987, ISO Transport Service on top of the TCP
- MAP 3.0 Specification: 1993
- ISO/IEC8824-1: 1995, Information technology-Abstract Syntax Notation One(ASN.1): Specification of basic notation
- ISO/IEC8825-1: 1995, Information technology-ASN.1 encoding rules: Specification of Basic Encoding Rules(BER), Canonical Encoding Rules(CER) and Distinguished Encoding Rules(DER)
- M. Lefebvre, E. Gressier, S. Natkin "MMS sur TCP/IP: une nouvelle solution pour l'echange de donnees en informatique de production". RTS'95, Paris, Janurary 1995.
- E. Gressier-Soudan, M. Lefebvre, M. Rozier. "Protocole de messagerie MMS sur Chorus: differentes approches". RTS'96, Paris, Janurary 1996.
- P. Castori, P. Pleinevaux, "Mechanisms to ensure ordered execution in MMS", Proc. of ETFA'95, IEEE International Conference on Emerging Technologies for Factory Automation, Paris (France), October 10-13, 1995.
- P. Castori, "XED: A Simple but Powerful Extension to MMS Events", Proc. of IASTED Systems and Control'94, pp. 1-5, Lugano (Switzerland), June 1994.
- T. Richner, P. Castori, P. Pleinevaux, "Architecture of an MMS Event Manager", Proc. of COMPEURO'93, Paris (France), May 1993, pp. 439-444.
- ISO9506-1: 1990, Industrial automation systems-Manufacturing Message Specification-Part1: Service definition
- ISO9506-2: 1990, Industrial automation systems Manufacturing Message Specification-Part2:Protocol specification
- ISO/ TC184/SC5/WG2 N578: 1996, Communications and interconnections
- RFC 1006:1987, ISO Transport Service on top of the TCP
- MAP 3.0 Specification: 1993
- ISO/IEC8824-1: 1995, Information technology-Abstract Syntax Notation One(ASN.1): Specification of basic notation
- ISO/IEC8825-1: 1995, Information technology-ASN.1 encoding rules: Specification of Basic Encoding Rules(BER), Canonical Encoding Rules(CER) and Distinguished

Encoding Rules(DER)

- M. Lefebvre, E. Gressier, S. Natkin "MMS sur TCP/IP: une nouvelle solution pour l'echange de donnees en informatique de production". RTS'95, Paris, Janurary 1995.
- E. Gressier-Soudan, M. Lefebvre, M. Rozier. "Protocole de messagerie MMS sur Chorus: differentes approches". RTS'96, Paris, Janurary 1996.
- P. Castori, P. Pleinevaux, "Mechanisms to ensure ordered execution in MMS", Proc. of ETFA'95, IEEE International Conference on Emerging Technologies for Factory Automation, Paris (France), October 10-13, 1995.
- P. Castori, "XED: A Simple but Powerful Extension to MMS Events", Proc. of IASTED Systems and Control'94, pp. 1-5, Lugano (Switzerland), June 1994.
- T. Richner, P. Castori, P. Pleinevaux, "Architecture of an MMS Event Manager", Proc. of COMPEURO'93, Paris (France), May 1993, pp. 439-444.
- 김동성, 네트워크 기반 임베디드 시스템의 기초 및 실습(Practice and Essentials of Networked Embedded Systems), KSI, 2012.3
- D.-S. Kim, W.-H. Kwon, Z. J. Haas, "Implementation of Virtual Factory Communication Systems using Manufacturing Message Specification," The Handbook of Industrial Information Technology, CRC Press, FL, June, 2004.
- D.-S. Kim, Z. J. Haas, "Virtual Factory Communication Systems using ISO 9506 standard and Its Application to Networked Factory Machine", The Industrial Communication Systems Handbook, CRC Press, FL, November, 2004.
- D. D. Tan, D.-S. Kim, "Dynamic Traffic-Aware Routing Algorithm for Multi-Sink Wireless Sensor Networks", Wireless Networks, Volume 20, Issue 6, pp. 1239-1250, August 2014.
- P. T. A. Quang, D.-S. Kim, "Clustering Algorithm of Hierarchical Structures in Large-scale Wireless Sensor and Actuators Networks", Journal of Communications and Networks, Vol. 17, No. 5, pp. 473 - 481, October 2015
- Tran Nhon, D.-S. Kim, "Real-Time Message Scheduling for ISA100.11a Networks", Computer Standards and Interfaces, Volume 37, pp. 73–79, 2015.
- Da-Hye Kim, Ha-Yeon Lee and Dong-Seong Kim, "Enhanced Industrial Message Protocol for Real-time IoT Platform", IEIE Transactions on Smart Processing &

Computing, Vol.7, No.5, pp.378-384, 2018.

- Nguyen Trong Tuan, Dong-Seong Kim, and Jae-Min Lee, "On the Performance of Cooperative Transmission Schemes in Industrial Wireless Sensor Networks", IEEE Transactions on Industrial Informatics, Vol. 14, Issue. 9, pp.4007-4018, 2018.
- Nguyen Bach Long and Dong-Seong Kim, "TDMA-Based Efficient Cooperative Relaying Selection Scheme in Multi-hop Wireless Networks", Computer Standards and Interfaces, Vol. 53, pp. 39-47, 2017
- Pham T. M. Thu, Nguyen T. Tien and Dong-Seong Kim, "Geographical Awareness Hybrid Routing Protocol in Mobile Ad Hoc Networks", Wireless Networks, Vol. 23, Issue 1, pp. 1-13, 2017.
- Gereziher W.Adhane, D.-S. Kim, "Distributed Control System for Ship Engines Using Dual Fieldbus", Computer Standards & Interfaces, vol. 50, pp. 83-91, 2017.
- Nguyen Bach Long, Tran Nhon, D.-S. Kim, "Rate-Estimation Based Relay Selection Scheme for Large-Scale Wireless Networks", IET Communications, Vol. 10, No. 12, pp. 1501-1507, 2016.
- D.-S. Kim, Hoa.T.D, "Industrial Sensors and Controls in Communication Networks", Springer, 2018

약어목록

- A/V: Audio/Visual
- AA: Application Association
- ACK/NACK: Acknowledgment/Negative ACKnowledgement
- ACL: Access Control List
- ACL: Asynchronous Connection-Less
- ACO: Authenticated Cipher Offset
- ADC: Analog-Digital Converter
- ADR: Adaptive Data Rate
- AE: Application Entity
- AM_ADDR: Active Member Address
- AMBA: Advanced Microcont roller Bus Architecture
- AMS: Alarm Monitoring System
- AP: Acess Point
- APB: Advanc ed Peripheral Bus
- API: Application Program Interface
- ARQ: Automatic Repeat request
- ASE: Application Service Elements
- ASN.1: Abstract Syntax Notation 1
- AT: Amplifier Telegram
- ATN: Attention
- ATP: Association Timeout Period
- BC: Bus controller
- BD_ADDR: Bluetooth Device Address

- BE: Backoff Exponent
- BER : Bit Error Rate
- BIOS: Basic Input/Output System
- BM: Bus Monitoring
- BO: Beacon Order
- bps: bites-per-second
- BRCT: BRoadCasT
- BSS: Basic Service Set
- CAD: Control And Dat
- CAN: Controller Area Network
- CAP: Contention Access Period
- CCA: Clear Channel Assessment
- CCITT: International Telegraph and Telephone Consultative Committee
- CCK: Complementary Code Keying
- CCSK: Cyclic-Code Shift Keying
- CD: Compel Data
- CDMA: Code-Division Multiple Access
- CEBus: Consumer Electronic Bus
- CFP: Contention Free Period
- CIM: Computer Integrated Manufacturing
- CIP: Control & Information Protocol
- CLA: Common Applcation Language
- CNC: Computerized Numerical Contro
- CoAP: Constrained Application Protocol

- COTS: Commercial Off-The-Shelf
- CP: Connection Point
- CPI: Clocks Per Instruction
- CR: Communication Reference
- CR: Communication Relationship
- CRC: Cyclic Redundancy Check
- CRL: Communication Relationship List
- CSMA/CA: Carrier-Sense Multiple-Access/Collision Avoidance
- CSMA/CD: Carrier Sense Multiple Access with Collsion Detection
- CSMA/CD: CSMA/Collision Detection
- CSoC: Customizable SoC
- CSRD: Cyclic Send and Request Data with reply
- CSS: Chirp Spread Spectrum
- CTDMA: Concurrent Time Domain Multiple Access
- CTS: Clear To Send
- CTS: Clear_To_Send
- DA: Destination Address
- DAB: Digital Audio Broadcasting
- DC: Date Code
- DCD: Data Carrier Detect
- DCE: Data Communication Equipment
- DCPS: Data-Centric Publish-Subscribe
- DDL: Device Description Language
- DECT: Digital Enhanced Cordless Telecommunication

- DLI: Data Link Layer Interface
- DP: Decentralized Peripherals
- DS: Direct Sequence
- DS/SS: Direct Sequence/Spread Spectrum
- DSPS: Device Synchronous Power Save
- DTE: Data Terminal Equipment
- DTR: Data Terminal Ready
- ED: End Delimiter
- EEPROM: Electrically Erasable Programmable Read-Only Memory
- EIA: Electronic Industries Association
- EMI: Electro Magnetic Interference
- ENAFE: Enhanced Analog Front End
- EOI: End Or Identify
- EPRI: Electric Power Research Institute
- ESA: Electronic Sub Assembly
- ESS: Extended Service Set
- ETSI: European Telecommunications Standards Institute
- FAL: Fieldbus Application Layer
- FC: Frame Control
- FCC: Federal Communications Commission
- FCS: Fluorescence Correlation Spectroscopy
- FCS: Frame Check Sequence
- FDDI: Fiber Distributed Data Interface
- FDL: Fieldbus Data Link

- FDMA: Frequency-Division Multiple Access
- FEC: Forward Error Correction
- FES: Frame End Sequence
- FFD: Full Function Device
- FH: Frequency Hopping
- FHS: Frequency Hopping Synchronization
- FHSS: Frequency Hopping Spread Spectrum
- FIP: Field Instrumentation Protocol
- FM7: Fieldbus Management 7
- FMS: Fiedlbus Message Specification
- FPA: Fast Path Algorith
- FSK: Frequency Shift Key
- FTAM: File Transfer Access and Management
- FTSP: Flooding Time Sy nchronization Protocol
- GFSK: Gaussian-Shaped Frequency Shift Keying
- GM: General Motors
- GMSK: Gaussian Minimum Shift Keying
- GMSK: Gaussian Minimum Shift Keying
- GOP: Group of Pictures
- GPIO: General-Purpose Input/Output
- GTS: Guaranteed Time Slot
- HART: Highway Addressable Remote Transducer
- HD: Hamming Distance
- HDLC: High-level Data Link Control procedure

- HEC: Header Error Correction
- HIPERLAN: High-Performance Radio LAN
- HomeRF: Home Radio Frequency
- HR-WRAN: High Rate-Wireless Personal Area Network
- HV1: High Quality Voice 1
- ICCP: Inter Control Center Protocol
- ID: Identifier
- IDL: Interface Definition Language
- IE: Information Element
- IEC: International Electro-technical Committee
- IFC: Interface Clear
- IIoT: Industrial Internet of Things Application Process
- ION: Integrated On-Demand Network
- IrDA: Infrared Data Association
- IS : Inter Symbol Interference
- ISM: Industrial Scientic and Medical
- ISO: International Organization for standardization
- ISR: Interrupt Service Routine
- JB: Junction Box
- LAN: Local Area Network
- LAPB: Link Acess Procedure Balanced
- LAS: Link Active Scheduler
- LFSR: Linear Feedback Shift Register
- LLC: Logical Link Control

- LLI: Lower Layer Interface
- LPW: Low Power Wide Area
- LTS: Lightweight Time Synchronization
- MAC: Medium Access Control
- MAP: Manufacturing Automation Protocol
- MDT: Master Data Telegram
- MEMS: Micro Electromechanical Systems
- MIC: Message Integrity Code
- MLME: MAC Layer Management Entity
- MMAC: Master-Master Acyclic Connection
- MMPM: Manufacturing Message Protocol Machine
- MMS: Manufacturing Message Specification
- MOK: M-ary Orthogonal Keying
- MPS: Manufacturing Periodic/aperiodic Service
- MSAC: Master-Slave ACyclic
- MSAC_SI: Master-Slave ACyclic with Slave Initiative
- MSDU: MAC Service Data Unit
- MST: Master Data Telegram
- MTS: Multiple Terminal Simulator
- MULT: MULTicast
- NAP: Network Access Port
- NC: Numerical Controller
- NIC: Network Interface Card
- NRZ: Non Return to Zero

- NTP: Network Time Protocol
- NUT: Network Update Time
- NVR: Non Voltile Register
- OCDM: Orthogonal Code Division Multiplexing
- OD: Object Dictionary
- OFDM: Orthogonal Frequency Division Multiplexing
- OS : Open Systems Interconnection
- PAR: Peak-to-Average Ratio
- PC: Personal Computer
- PC: Process Controller
- PDC: Producer-Distributor-Consumer
- PDL: Peripherals Data Link
- PDU: Protocol Data Unit
- PIN: Personal Identification Number
- PLC: Power Line Carrier
- PLC: Programmable Logic Controller
- PM_ADDR: Parked Member Address
- PMS: Performance Management System
- PNC: Piconet Coordinator
- PnP: Plug and Plug
- PSNR: Peak Signal-to-noise ratio
- PSPS: Piconet Synchronous Power Save
- PVM: Public View Monitor
- PWM: Pulse Width Modulation

- QAM: Quadrature Amplitude Modulation
- QoS: Quality of Service
- QPSK: Quadrature Phase Shift Keying
- RDR: Request Data with Response
- REN: Remote Enable
- RFD: Reduced Function Device
- RF : Radio Frequency Interference
- ROM: Ready Only Memory
- RSS: Received Signal Strength Indicator
- RT: Remote Terminal
- RTD: Resistance Temperature Detector
- RTS: Request To Send
- RTS: Request_To_Sender
- RTU: Remote Terminal Unit
- SA: Sour ce Address
- SCO: Synchronous Connection-Oriented
- SCO: Synchronous Connection-Oriented
- SD: Start Delimiter
- SD: Superframe Duration
- SDA: Send Data with Acknowledgement
- SDN: Send Data with No acknowledgement
- SDR: Send Data with Response
- SN: Serial Number
- SNR: Signal to Noise Ratio

- SO: Superframe Order
- SPP: Service Provider Process
- SRES : Signed Response
- SRQ: Service Request
- SUPERNET: Shared Unlicensed Personal Radio Network
- SWAP: Shared Wireless Access Protocol
- TASE.2: Telecontrol Application Service Element Two
- TCP/IP: Transmission Control Protocol/Internet Protocol
- TD: Transmitted Data
- TDD: Time-Division Duplex
- TDMA: Time-Division Multiple Access
- TH: Time-Hopping
- TH : Token Hold Time
- TOP: Technical and Office Protocol
- TPSN: Timing-sync Protocol for Sensor Networks
- TS-adhoc: Time Synchronization in ad hoc networks
- TSync: Time Synchronization service
- TTP: Time-Triggered Protocol
- UART : Universal Asynchronous Receiver/Transmitter
- UCA: Utility Communication Architecture
- U-NI : Unlicensed-National Information Infrastructure
- UPnP: Universal Plug and Play
- USB: Universal Serial Bus
- UWB: Ultra Wide Band

- VCO: Voltage Controlled Oscillator
- VESA: Video Electronics Standards Association
- VFD: Virtual Field Device
- VMD: Virtual Manufacturing Device
- VN: Vendor Name
- WG: Working Group
- WLAN: Wireless Local Area Network
- WPAN: Wireless Personal Area Network
- XMPP: Extensible Message and Presence Protocol

저자약력

김동성 dskim@kumoh.ac.kr

- 웹사이트 http://nsl.kumoh.ac.kr (Networked Systems Lab)
http://ict.kumoh.ac.kr (ICT-CRC)

- 1988~1994 한양대학교 전자공학 학사/석사
- 1994~1998 서울대학교 제어계측사 기술 연구센터 책임 연구원
- 1998~2003 서울대학교 전기 및 컴퓨터공학부(실시간시스템 전공) 박사
- 2003~2005 미국 코넬대학교 ECE, 박사 후 연구원
- 2004~현재 금오공과대학교 전자공학부 교수
- 2007~2009 U.C. Davis 전산학부 객원교수/방문연구원
- 2014~2017 kit융합기술원 원장(연구 및 연구기획 총괄)
- 2014~현재 ICT융합특성화연구센터(과기정통부 ITRC 사업, 6년차) 센터장
- 2018~현재 한국연구재단 대학중점연구소사업(사업명: ICT융합특성화연구센터) 총괄책임자
- 2007~현재 IEEE 및 ACM Senior Member, 한국통신학회(상임이사)AFCEA, IEIE, KSII 평생회원 등
- 2016~현재 국방부 CIO 및 해군군수사령부 함정 기술 연구소 자문 위원

정가 31,000원

산업용 통신망 시스템 - 펌웨어 구현에서부터 IoT 연동기술까지

2019년 2월 08일 초판 인쇄
2019년 2월 10일 초판 발행
저　자 : 김동성
발행자 : 송　준
발행처 : 홍릉과학출판사
주　소 : 서울시 강북구 인수봉로 50길 10
01093
등　록 : 1976년 10월 21일 제5-66호
전　화 : (02) 999-2274~5, 903-7037
팩　스 : (02) 905-6729
e-mail: hongpub@hongpub.co.kr
http://www.hongpub.co.kr
ISBN: 979-11-5600-659-6

저자와의 협의하에 인지생략